# Möbel und Innenausbau

Klaus Pracht       Handbuch der
Holzkonstruktionen

# Möbel und Innenausbau

Klaus Pracht

Handbuch der
Holzkonstruktionen

Verlagsanstalt
Alexander Koch

# Vorwort

**Der Autor:**
Klaus Pracht, Dipl.-Ing. Architekt BDA. Tischlerlehre und Meisterprüfung, Studium der Innenarchitektur an der Werkkunstschule Berlin, Hochbaustudium an der Technischen Universität Berlin und in London. Professor an der Fachhochschule Hannover. Lehrangebote: Entwurf, Konstruktion und Zeichnen. Arbeitsbereiche: Hochbau, Ausbau und Produktentwicklung. Autor zahlreicher Veröffentlichungen zu allen Themen des Holzbaus.

Die **Aufgabe** dieses Buches ist es, darüber zu informieren, wie im Möbel- und Innenausbau Konstruktionen funktionsgerecht, materialgerecht, gestalterisch überzeugend und wirtschaftlich geplant werden können.

Dieses **Buch** will Kenntnisse über das Konstruieren von Möbeln und Innenausbauten vermitteln. Die Fakten werden in kurzen Einzelinformationen betont grafisch dargestellt. Alle Themen werden kapitelweise abgehandelt.

Die **Zielgruppen** dieses Buches sind:
● Innenarchitekten, an sie wendet sich das Buch vornehmlich.
● Tischler, ihnen soll es einen Überblick über den gesamten Bereich des Möbel- und Innenausbaus bieten und die Zusammenarbeit mit den Architekten befruchten.
● Hochbauarchitekten, ihnen soll es eine Hilfe bei der Planung der Innenausbauten sein.
● Tischlergesellen, ihnen mag es zur Weiterbildung dienen.
● Studenten der Architektur und Innenarchitektur, ihnen soll es Grundlagen vermitteln.

Die **Informationen** sind in erster Linie gezeichnet. Kurze Texte dienen zur Erläuterung.
● Zeichnungen sind für technische Informationen eindeutiger als Texte, die erst gedanklich umgesetzt werden müssen und dadurch Fehlinterpretationen ermöglichen. Zeichnungen lassen sich im übrigen schneller erfassen und werden bildhaft erinnert.

**Technische Angaben** sind zum Verständnis der Zeichnungen erforderlich:
● Die Zeichnungen sind nicht vermaßt, da die Dimensionen vom Planer selbst festgelegt werden sollen.
● Details werden aus Platzgründen im Maßstab 1:2 wiedergegeben.
● Vollholz und Holzwerkstoffe sind durch Schraffuren der Schnittflächen gekennzeichnet. Wenn beide Materialien eingesetzt werden können, sind Rasterflächen eingetragen.
● Beschläge sind ohne Herstellernachweise und ohne Firmenbezeichnungen wiedergegeben, da sie bei der schnellen Entwicklung bald überholt sind. Sie werden als Planungsgrundlage nur in ihren Funktionen erläutert.

ISBN 3-87422-599-2

© 1983 by
Verlagsanstalt Alexander Koch GmbH
D-7022 Leinfelden-Echterdingen
Alle Rechte vorbehalten.
Technische Zeichnungen von Studenten der FHS Hannover: Andrea Alpers, Christiane Otter, Mathias Lange, Hermann Midderts
Satz und Reproduktionen:
Walter Huber, 7140 Ludwigsburg
Druck: Karl Weinbrenner & Söhne, 7022 Leinfelden-Echterdingen
Bindearbeit: Heinrich Koch, 7400 Tübingen
Printed in Germany

Bestellnummer 599

# Geleitworte

## Der Schreinermeister:

Traditionelle Konstruktionen haben auch heute noch im Schreinerhandwerk neben modernen technisierten Bearbeitungsmethoden ihre Berechtigung und ihren Stellenwert. Der Fülle der Aufgaben steht eine Vielfalt der Konstruktionsmöglichkeiten im Möbel- und Innenausbau gegenüber. Zwischen Konstruktion, Material und Gestaltung besteht ein untrennbarer Zusammenhang. Dieses Buch, das die wichtigsten Konstruktionen vorstellt, zeigt den großen Reichtum der Holzbearbeitungsmethoden und gibt damit Anregungen für die jeweils angemessene Lösung.

Die Kürze der Texte ist zu begrüßen, sie entspricht den Erfordernissen der Praxis. Die klare Gliederung in Abschnitte ermöglicht die leichte Orientierung. Die Anschaulichkeit der Zeichnungen erleichtert das Verständnis ohne die Gefahr von Mißverständnissen. Beispiele von ausgeführten Möbeln und Innenausbauten schlagen die Brücke von der Theorie zur Praxis.

Dieses Handbuch ist gerade auch dem Schreinerlehrling und -gesellen zu empfehlen.

Hermann Maier,
Obermeister der Schreinerinnung Stuttgart, Vorsitzender des Stuttgarter Arbeitskreises Schreinermeister e. V.

## Der Innenarchitekt:

Eine der Grundvoraussetzungen für die Entwurfsarbeit der Innenarchitekten ist das Wissen um die vielfältigen Holzkonstruktionen in Zusammenhang und engem Bezug zu Material und Hilfsmittel, ohne deren Kenntnis zwingende Ergebnisse nicht geschaffen werden.

Die Anwendung der richtigen Verbindung beeinflußt Form, Gestaltung und Inhalt positiv.

Dieses Buch hilft anregen, für Probleme Lösungen zu finden unter Berücksichtigung des gewählten Werkstoffs.

Die Tradition guter Bücher über Holzkonstruktionen für Möbel und im Innenausbau wird mit dieser Arbeit würdig fortgesetzt.

Kaum eine Frage bleibt ungelöst, so weitreichend sind die in Frage kommenden Leistungen zeichnerisch, informativ und unmißverständlich dargestellt.

Der notwendige Praxisbezug ist klar herausgearbeitet und ablesbar.

In der Hand der Studierenden und für den planenden, praktizierenden Innenarchitekten, ist das vorliegende Buch bei richtiger Umsetzung der Problemstellungen, eine gute Arbeitshilfe und bietet fachlich fundierte, wertvolle, nützliche Anregungen und Hinweise.

Durch das umfassende, zeitlose Spektrum des Handbuchs ist gewährleistet, daß dem Lernenden die Augen geöffnet werden und dem Gelernten der Sinn wieder geschärft wird für die Vielfalt klassischer handwerklich oder industriell gefertigter Holzkonstruktionen.

Professor Alfred Baetzner,
Freier Innenarchitekt BDIA, Stuttgart

## Der Architekt:

Architektur ist nicht zu trennen vom Innenraum, seinem Ausbau und dem Möbel. Wenn auch der Architekt in der Praxis mit dem Schreiner und bei größeren Projekten mit dem Innenarchitekt eng zusammenarbeitet, erfordert das Ziel, das Bauwerk „aus einem Guß" zu planen und herzustellen, Fachwissen sowohl über traditionelle wie auch über moderne Konstruktionen im Möbel- und Innenausbau. Architekten brauchen in den vielfältigen Bereichen des Bauens ein fundiertes Grundlagenwissen, doch sie sehen sich einem unüberschaubaren Angebot von Veröffentlichungen gegenübergestellt. Deswegen sind klar gegliederte und kurz gefaßte Informationen notwendig, die eine schnelle und anschauliche Information ermöglichen.

Das Verständigungsmittel des Architekten ist primär die Zeichnung. Deswegen ist die bildhafte Information im Bereich der konstruktiven Gestaltung und Fügetechnik jeder anderen vorzuziehen. Dieses Handbuch folgt diesem Grundsatz. Zusammen mit den kurzen Texten sind die Darstellungen leicht verständlich und einprägsam.

Als Arbeitsgrundlage für Praxis und Studium ist dieses Handbuch zu begrüßen.

Professor Dipl.-Ing. Wolf Gerischer,
Freier Architekt, Düsseldorf

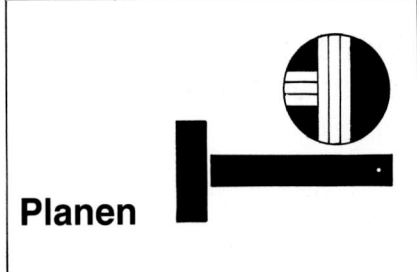

# Planen

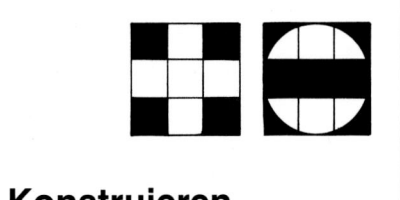

# Konstruieren

# Elemente für Möbel und Ausbau

## Ausgeführte Beispiele

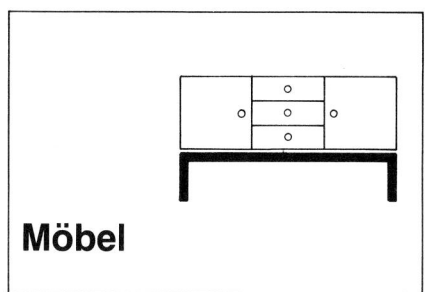

# Möbel

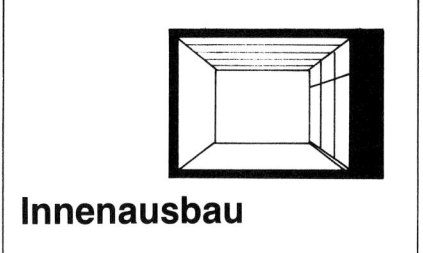

# Innenausbau

# Möbel und Innenausbau

Handbuch der Holzkonstruktionen

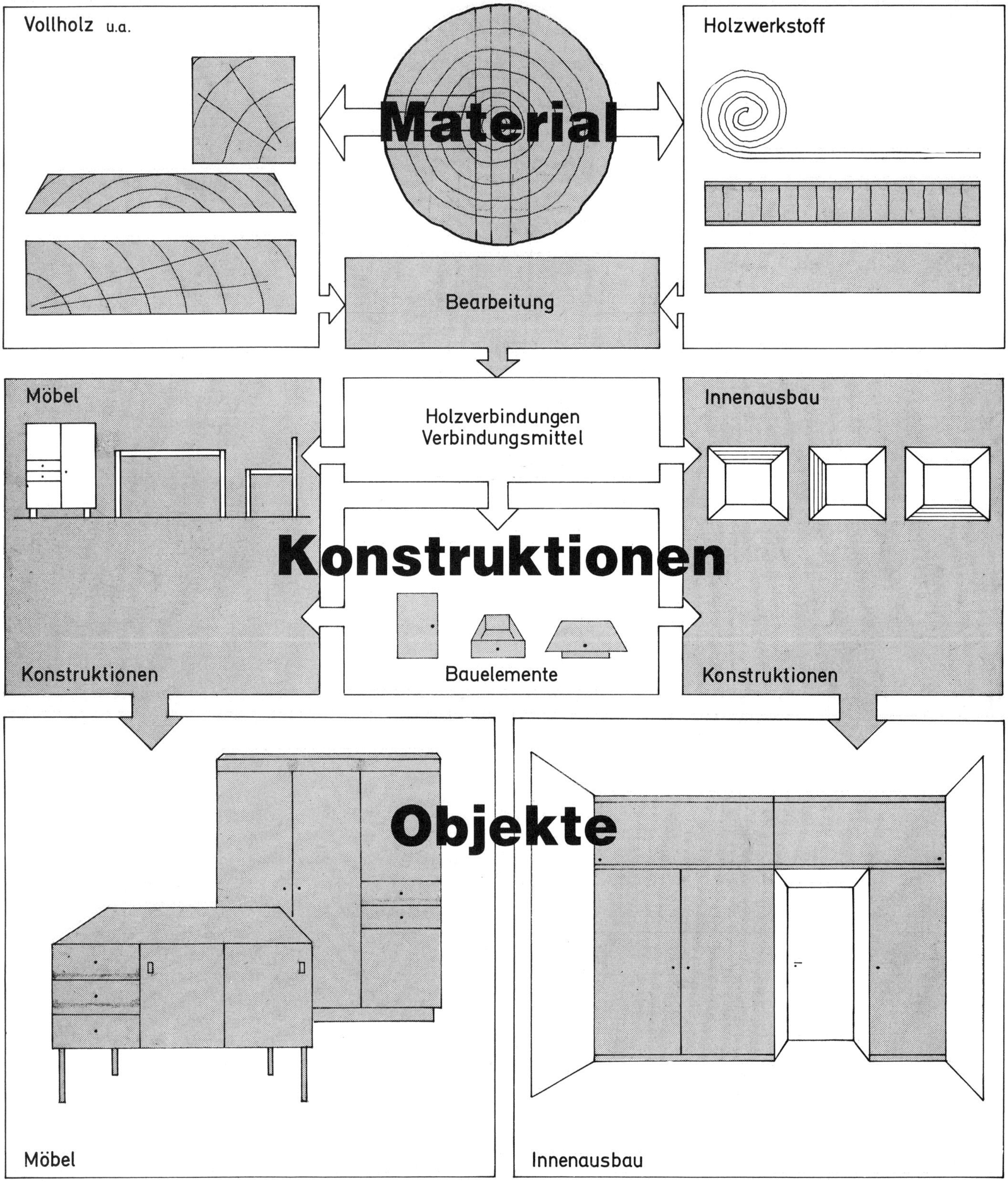

**Vollholz** u.a.

**Material**

**Holzwerkstoff**

Bearbeitung

**Möbel**

Holzverbindungen
Verbindungsmittel

**Innenausbau**

**Konstruktionen**

Konstruktionen

Bauelemente

Konstruktionen

**Objekte**

Möbel

Innenausbau

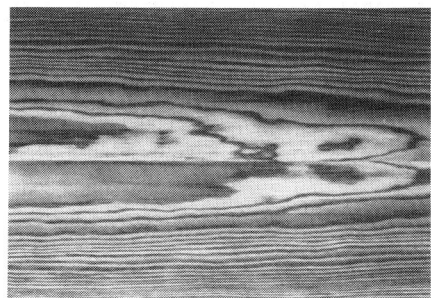

# Vom Material zum Produkt

# Möbel und Innenausbau

**Herstellungsvorgang**

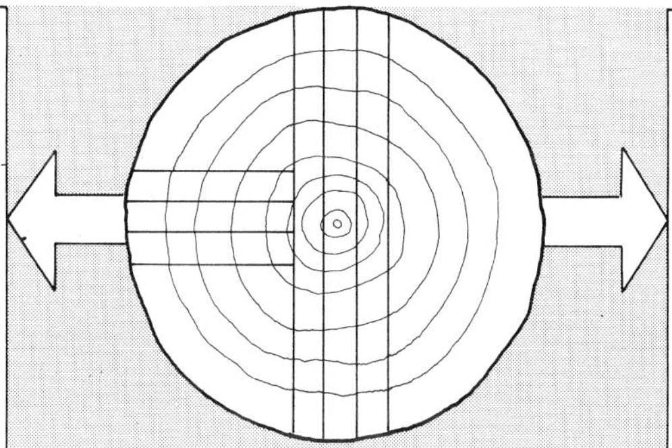

## Vollholz

Leisten
Bretter
Bohlen
Kanten
Balken

## Holzwerkstoff

Furniere
Sperrholz
Lagenholz
Spanplatten
Tischlerplatten

### Be- u. Verarbeitung
Hobeln, Sägen, Fräsen, usw.

### Verbindungen
Längs-, Breiten-, Kanten-, Eck-,
Rahmenverbindungen
Verbindungsmittel Leime, Klebe, Beschl.

### Bauteile + Elemente

Türen, Jalousien, Klappen, Schubkästen
Füße, Beine, Knöpfe, Sockel,
Beschläge

## Möbel Konstruktionen

- Schränke
  Sockel, Kranz, Seite, Boden
- Tische u. Gestelle
- Zargen-, Brett-, Sprossen-,
  Bugholz- u. Schichtholz-
  Stühle

## Innenausbau Konstruktionen

- Türen
  Blätter, Zargen, Futter, Rahmen,
  Dämmung, Beschläge
- Bekleidungen, Bauart
  Befestigungen, Bretter, Platten,
  Lamellen, Rippen
  Elemente

Stühle, Tische
Liegemöbel
Regale, Kommoden
Truhen, Anrichten
Schränke
Anbaumöbel

Innentüren,
Dreh-, Pendel-, Schiebe-, Falt- u. Harmonikatüren
Wand- u. Deckenverkleidung
Trennwände
Einbauschränke

## Möbel

## Innenausbau

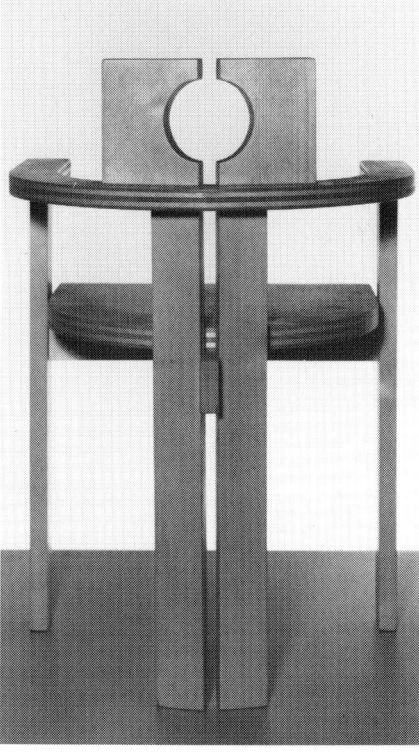

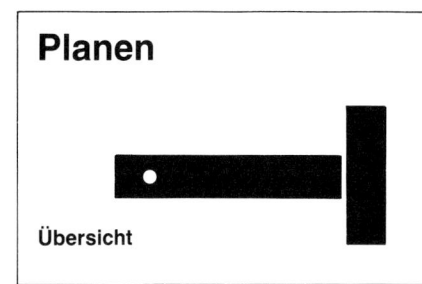

**Planen**

Übersicht

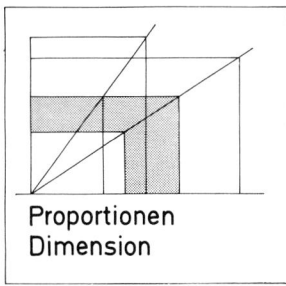

Proportionen
Dimension

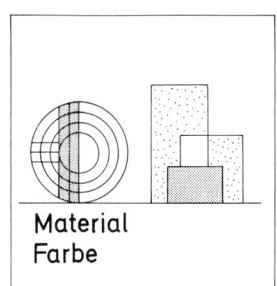

Material
Farbe

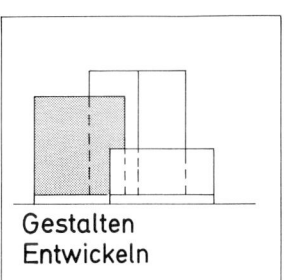

Gestalten
Entwickeln

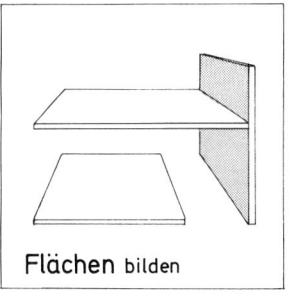

Flächen bilden

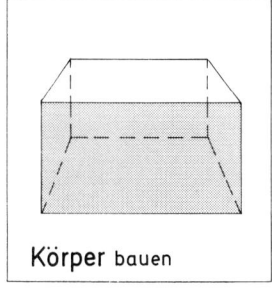

Körper bauen

Gestelle

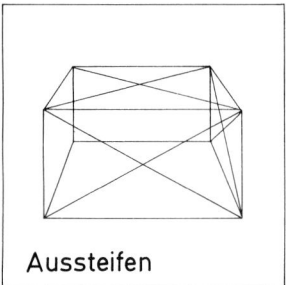

Aussteifen

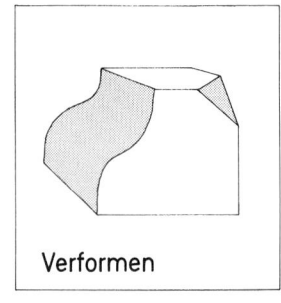

Verformen

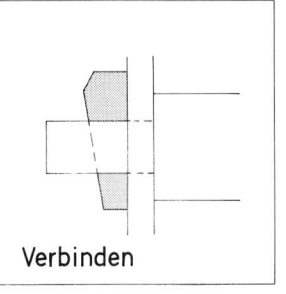

Verbinden

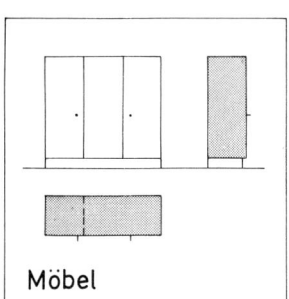

Möbel

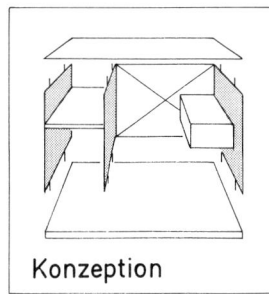

Konzeption

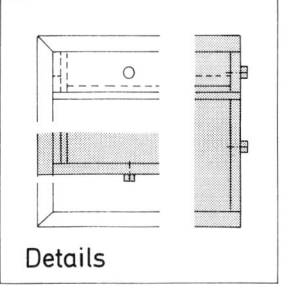

Details

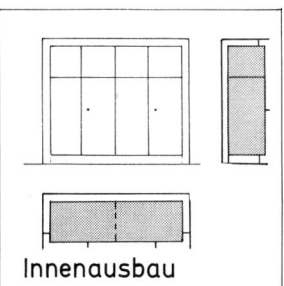

Innenausbau

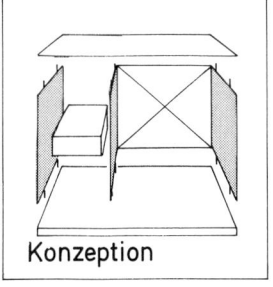

Konzeption

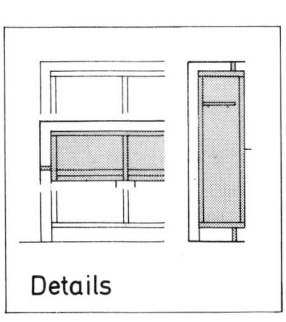

Details

Die **Planung** von Möbeln und Innenausbauten umfaßt die Gestaltung, d.h. die Form- und Farbgebung entsprechend der Nutzung, ebenso wie die materialgerechte Konstruktion, solide Verarbeitung und wirtschaftliche Herstellung.

Das **Gestalten** in der Architektur, und damit auch im Innenausbau und Möbelbau, ist – im Gegensatz zur freien Kunst – nicht zweckfrei, sondern angewandt. Der Entwurf und die Formgebung, das Design, müssen also einem Zweck dienen.
● Die Gestaltung sollte der Zeit entsprechen und ihr formal Ausdruck verleihen. Imitationen von Formen abgeschlossener Stilepochen sind damit auszuschließen. Sie kennzeichnen nur Ideenarmut und die Unfähigkeit, sich selbst auszudrücken. Abgesehen davon sind Imitationen gegenwärtiger Entwürfe juristisch anfechtbar.

Die **Nutzung** soll durch die Form nicht nur ermöglicht werden, gute Gestaltung kann die Funktion erläutern und zum Gebrauch herausfordern. Die Gestaltungsmittel sind vielfältig. Dimensionen und Proportionen, Strukturen und Gliederungen, Dekorationen und Ausstattungen, Materialien und Oberflächen sowie Farbgebung sind die wichtigsten.

Die **Konstruktionsplanung** umfaßt den materialgerechten Zusammenbau von Möbeln und Innenausbauten, entsprechend der vorgegebenen Nutzung und Gestaltung.
● Flächen sind entsprechend den Werkstoffbedingungen geschlossen oder als Rahmen mit Füllung zu bilden.
● Körper und Gestelle sind solide zu konstruieren; das umfaßt die Aussteifung im Ganzen wie die Verbindungen im Detail.
● Die Realisierung umfaßt die solide Verarbeitung und wirtschaftliche Herstellung.

Das **Zeichnen** dient der Entwicklung, Klärung und Festlegung von Gestaltungen und Konstruktionen bis in alle Einzelheiten.
● Übersichtszeichnungen legen Formen fest.
● Konzeptionen klären die Montagefolge.
● Ausführungszeichnungen bereiten die Fertigung vor durch Festlegung der Details im Maßstab 1:1.

## Gestalten

Durch die handwerklichen Gestaltungsmittel werden Formen, Konstruktionen sowie Materialien und Farben festgelegt und damit der Gestaltausdruck von Möbel- und Innenausbauten stark mitbestimmt. Ihre Anwendung unterliegt dem Zeitgeschmack, ihre Technik bleibt jedoch gültig.

Die **Beispiele** zeigen altbewährte Gestaltungsmittel im Möbelbau, deren Einsatz auch heute noch aktuell ist.

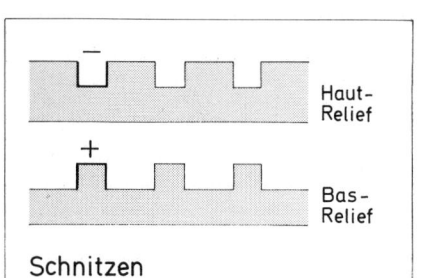

Haut-Relief

Bas-Relief

### Schnitzen

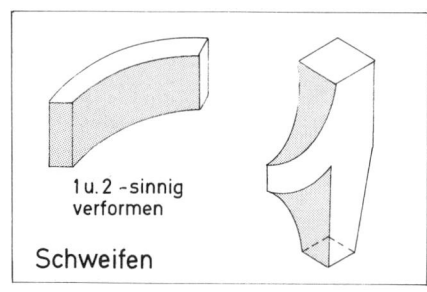

1 u. 2 -sinnig verformen

### Schweifen

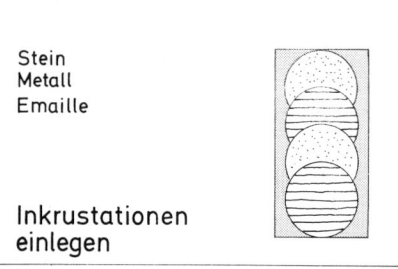

Stein
Metall
Emaille

### Inkrustationen einlegen

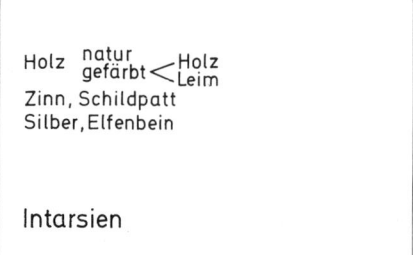

Holz natur gefärbt < Holz Leim

Zinn, Schildpatt
Silber, Elfenbein

### Intarsien

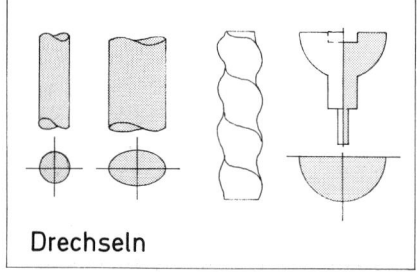

### Drechseln

Farbgebungen

an-, ein- u. auflagern:
anstreichen, beizen
färben
stuckieren
vergolden

### Oberflächengestaltung

• gerade Flächen

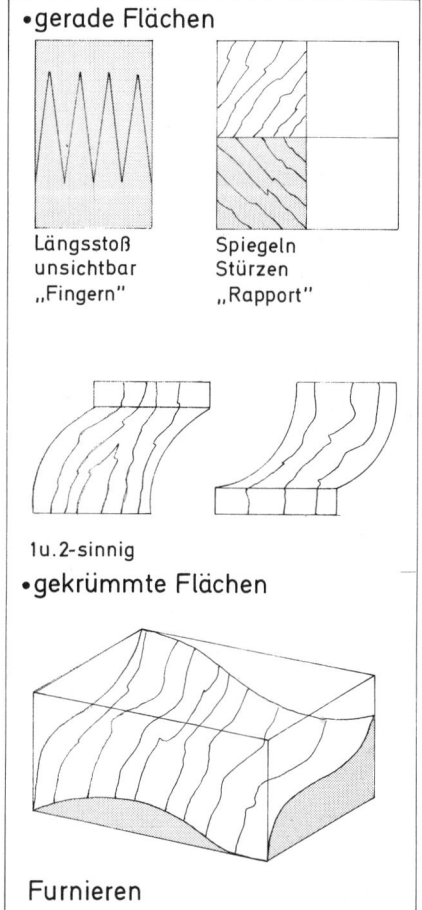

Längsstoß
unsichtbar
„Fingern"

Spiegeln
Stürzen
„Rapport"

1 u. 2-sinnig

• gekrümmte Flächen

### Furnieren

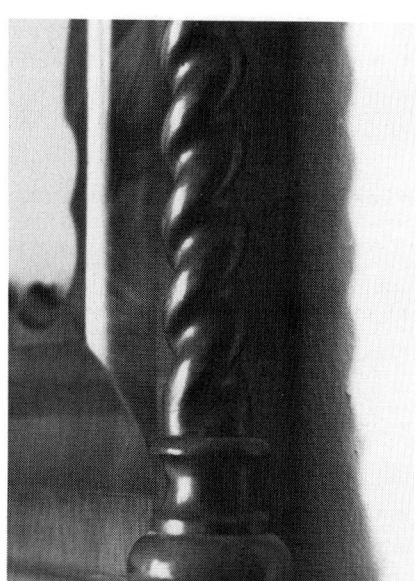

Kröpfen

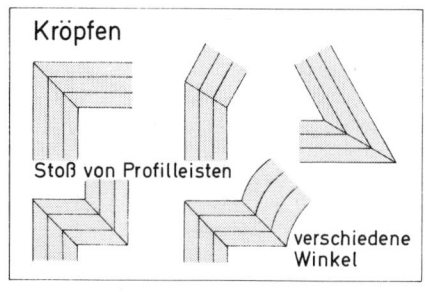

Stoß von Profilleisten

verschiedene Winkel

Profilieren

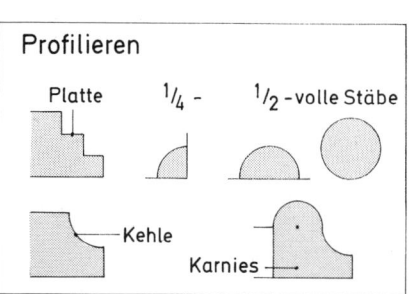

Platte    ¼ -    ½ -volle Stäbe

Kehle

Karnies

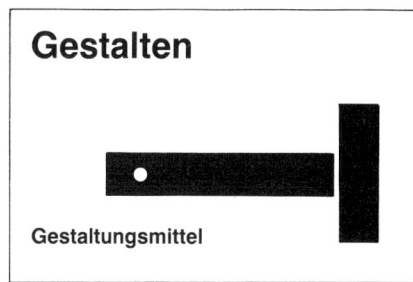

**Gestalten**

Gestaltungsmittel

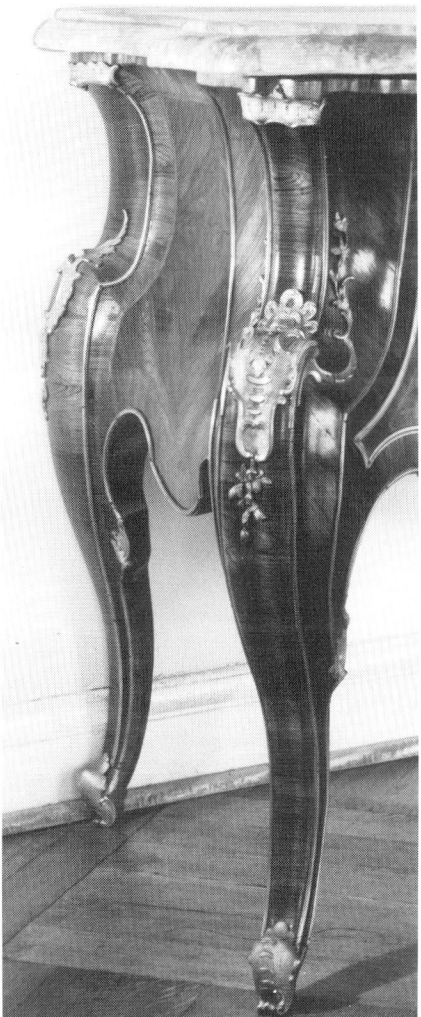

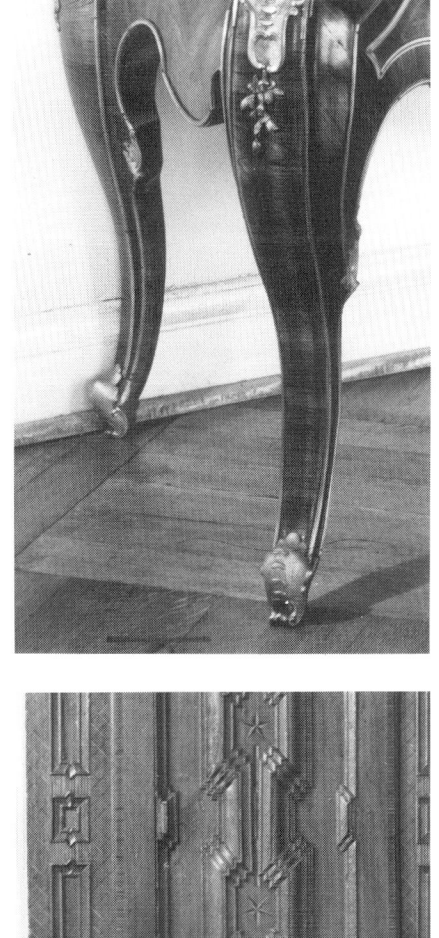

Das **Schnitzen** von erhabenen Ornamenten (Haut-Relief) oder vertieften Schmuckformen (Bas-Relief) wird heute durch Vorbohren nach Schablonen sehr erleichtert. Handwerklich notwendig bleibt die künstlerische Abfassung des Prototyps und der letzte Schnitt am Objekt, z.B. an Schranklisenen, Kranz- und Sockelleisten.

Das **Schweifen** kann ein- und zweisinnig erfolgen, z.B. bei Stuhlbeinen und Lehnen.

Das **Drechseln,** rund oder auch oval, gerade oder spiralförmig, hat nie an Bedeutung verloren. Z.B. können Knöpfe und Griffe, Stuhl- und Tischbeine durch Drechseln geformt werden.

Die **Oberflächengestaltung** erfolgt durch die Materialwahl allgemein und durch die Farbgebung speziell.

**Farben** können durch Lasuren angelagert, durch Beizen eingelagert und durch Anstriche aufgelagert werden.

Das **Profilieren** von waagrechten und senkrechten Kanten oder Leisten ist sehr verbreitet und läßt sich auf wenige Grundformen zurückführen.
● Fasen, Platten, Stäbe und Kehlen lassen sich durch Kombinationen vielfältig variieren.

Das **Kröpfen,** d. h. der Zusammenstoß von Profilleisten, gerade oder auch geschweift, in verschiedenen Winkelstellungen, ist bei Rahmen und Füllungen immer aktuell geblieben.

**Intarsien** werden aus verschiedenen Furnieren zusammengesetzt. Die Motive sind abstrakt, wie Adern und Friese, oder figürlich. Mit Intarsien werden z.B. Tischplatten und Schreibsekretäre geschmückt.

**Inkrustationen** sind Einlegearbeiten in massiven Hölzern, z.B. können Metalle, Kunststoffe und Keramiken eingearbeitet werden. Sie sind im Möbelbau relativ selten.

Das **Furnieren** hat zwei Aufgaben:
● Absperrfurniere aus billigen Hölzern dienen zum Fixieren von Massivholzflächen durch Aufleimen von Dickten quer zur Faser.
● Deckfurniere aus edlen Hölzern dienen der Oberflächengestaltung. Sie werden in verschiedener Weise angeordnet und kombiniert sowie auf gerade oder gebogene Flächen geleimt.

**Beschläge** – Bänder und Scharniere, Schlösser und Schlüssel, Knöpfe und Griffe – haben neben ihrer Primärfunktion als Öffnungs- oder Verschlußmechanismus eine große Bedeutung als Gestaltungselemente, vor allem an Möbelfronten.

**Flächen** wurden früher durch Rahmen mit Füllungen gebildet oder durch Massivholz aus verleimten Schnitthölzern, die nur durch Gratleisten plan gehalten werden konnten. Heute sind glatte Flächen aus abgesperrten Platten möglich. Rahmen behalten jedoch ihre Bedeutung, sowohl als offene Rahmen wie auch als einzelne Elemente.

**Massivholzflächen** werden aus schmalen Schnitthölzern zu Tafeln verleimt. Sie werden von Gratleisten gerade gehalten, aber nicht fest. Gratleisten erlauben das Arbeiten des Holzes, das Quellen und Trocknen. Diese Bewegung macht quer zur Längsfaser je nach Trocknungsgrad mehrere Prozent aus.
● Der Einsatz von großen Massivholzflächen ist selten geworden. Früher stellten Rahmenkonstruktionen mit Füllungen eine Alternative dar. Heute sind große Massivholzflächen durch abgesperrte Platten weitgehend abgelöst.

**Abgesperrte Platten** aus Holzwerkstoffen bestehen aus einer Mittellage und beidseitig gleich starken Sperrfurnieren.
● Tischlerplatten haben Mittellagen aus Schnittholz.
● Sperrplatten haben Mittellagen aus Furnieren mit wechselnder Faserrichtung.
● Spanplatten sind in groben und feinen Lagen mehrschichtig gepreßt.

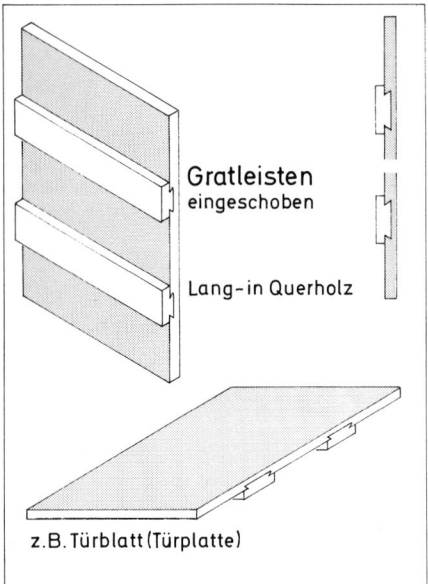

Gratleisten eingeschoben

Lang-in Querholz

z.B. Türblatt (Türplatte)

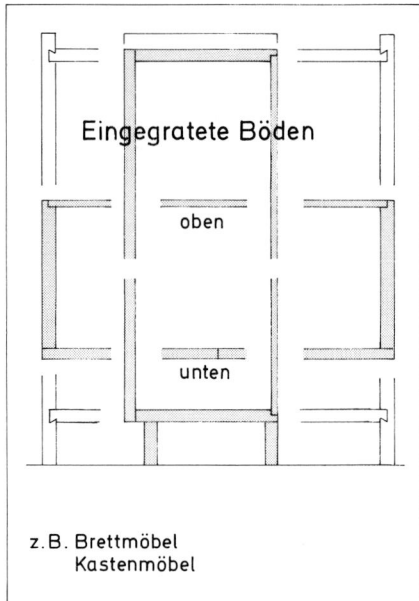

Eingegratete Böden

oben

unten

z.B. Brettmöbel Kastenmöbel

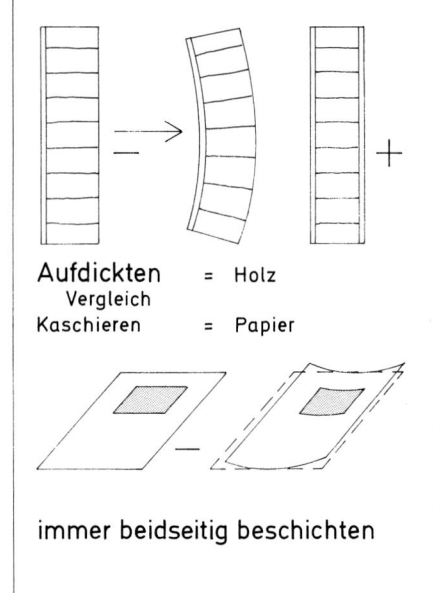

Aufdicken = Holz
Vergleich
Kaschieren = Papier

immer beidseitig beschichten

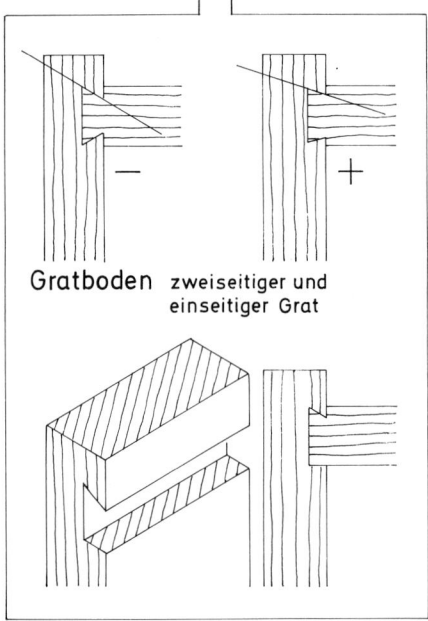

Gratboden zweiseitiger und einseitiger Grat

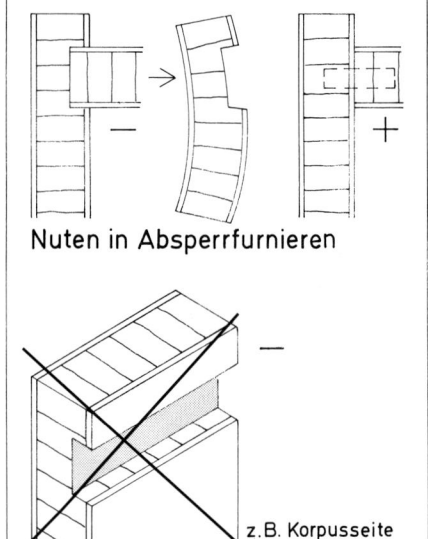

Nuten in Absperrfurnieren

z.B. Korpusseite

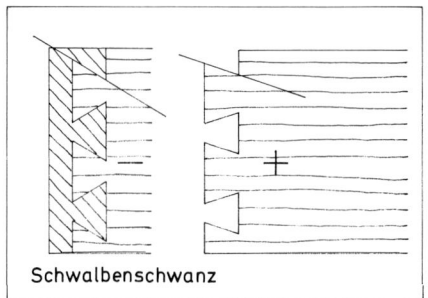

Schwalbenschwanz

● **Kurze Holzfasern** sind zu vermeiden beim angestoßenen Grat, bei Schwalbenschwanzzinken und verkeilten Stegen.

● **Gratleisten** haben Langholz und sind damit nicht gefährdet, abzuscheren.

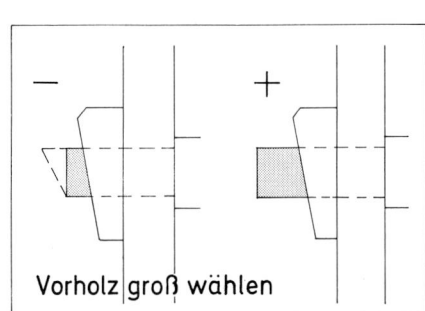

Vorholz groß wählen

● **Sperrholz** und **Spanplatten** sind richtungslos. Sie lassen sich beliebig verleimen und beschichten. Sie haben dadurch geringen Verschnitt.
● Nicht durchgehend schlitzen, stückweise nuten!

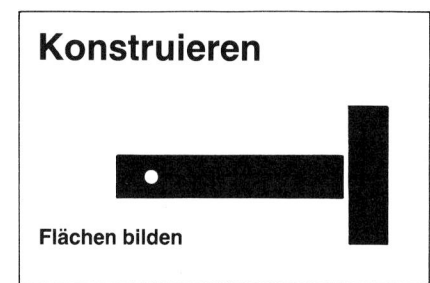

**Konstruieren**

**Flächen bilden**

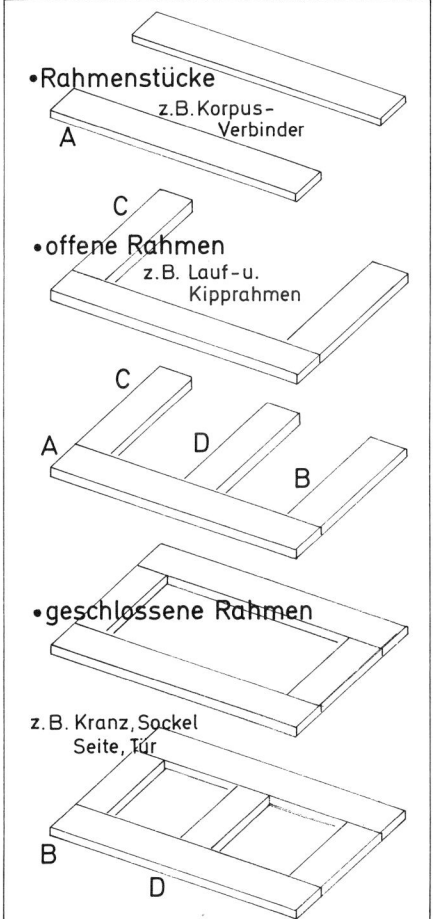

- **Rahmenstücke**
  z.B. Korpus-
  Verbinder
  A

- **offene Rahmen**
  z.B. Lauf-u.
  Kipprahmen
  C

  C
  A    D
        B

- **geschlossene Rahmen**

  z.B. Kranz, Sockel
  Seite, Tür

  B
     D

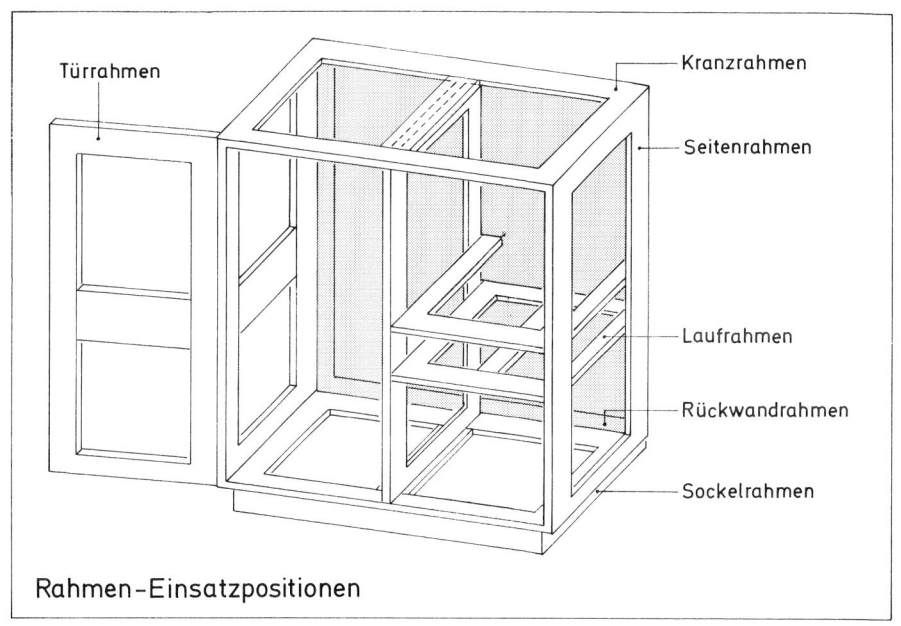

Türrahmen                    Kranzrahmen

                             Seitenrahmen

                             Laufrahmen

                             Rückwandrahmen

                             Sockelrahmen

Rahmen-Einsatzpositionen

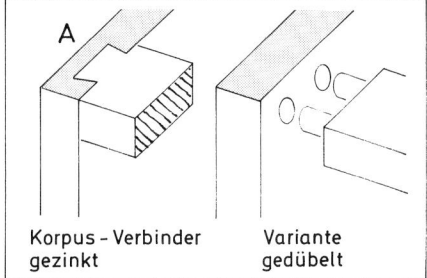

A

Korpus-Verbinder    Variante
gezinkt             gedübelt

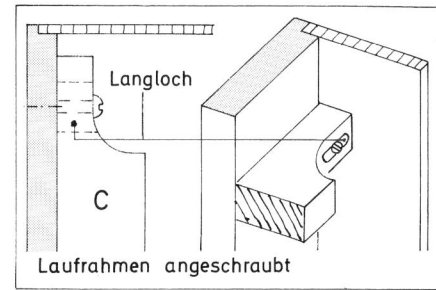

Langloch

C

Laufrahmen  angeschraubt

### Horizontale Rahmen

offen          z.B. Lauf-u.
               Kipprahmen

abgedeckt      Sockel
               Kranz

mit Füllung

               Tür u.
               Rückwand

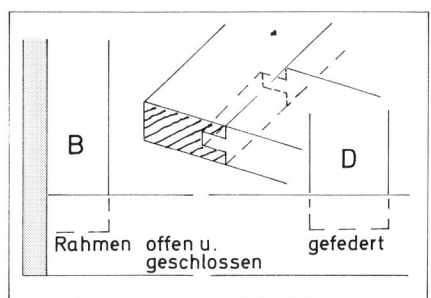

B              D

Rahmen  offen u.    gefedert
        geschlossen

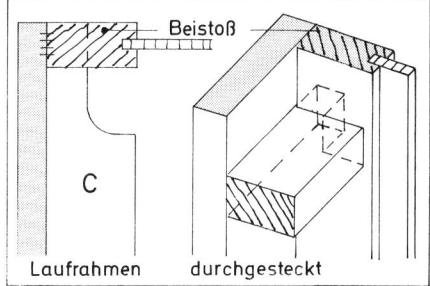

Beistoß

C

Laufrahmen    durchgesteckt

**Geschlossene Rahmen** mit Füllungen bilden
Flächen für bewegliche und feste Korpusteile
in waagerechten oder senkrechten Positionen,
z.B. bei Schrankseiten, Türen und Sockeln.

### Vertikale Rahmen

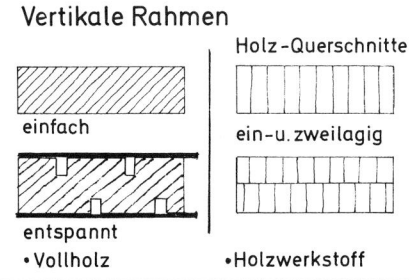

                    Holz-Querschnitte

einfach

                    ein-u. zweilagig

entspannt
• Vollholz          • Holzwerkstoff

### Füllungen

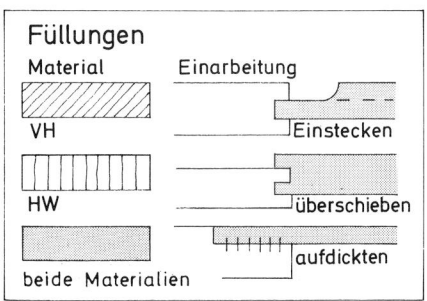

Material        Einarbeitung

VH
                Einstecken

HW
                überschieben

beide Materialien    aufdicken

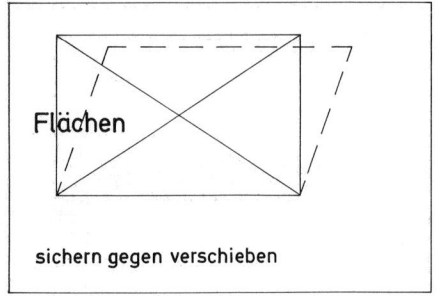

**Flächen**

sichern gegen verschieben

Die **Aussteifung** von Möbelkonstruktionen gegen Verschieben, Drehen und Durchbiegen ist bei der Planung zu beachten. Innenausbauten sind durch ihre feste Verbindung mit Gebäudeteilen meist schon abgesichert.

**Flächen** / **Gestelle**

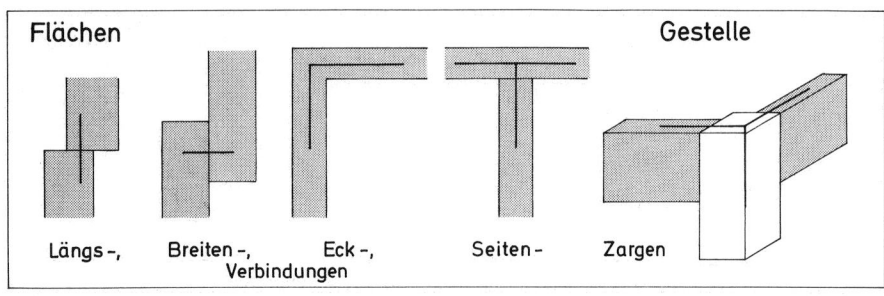

Längs-, Breiten-, Eck-, Seiten- Zargen
Verbindungen

**Festverleimte Holzverbindungen** verschiedener Art bilden oft allein schon eine gute Aussteifung von Flächen, Körpern und Gestellen.

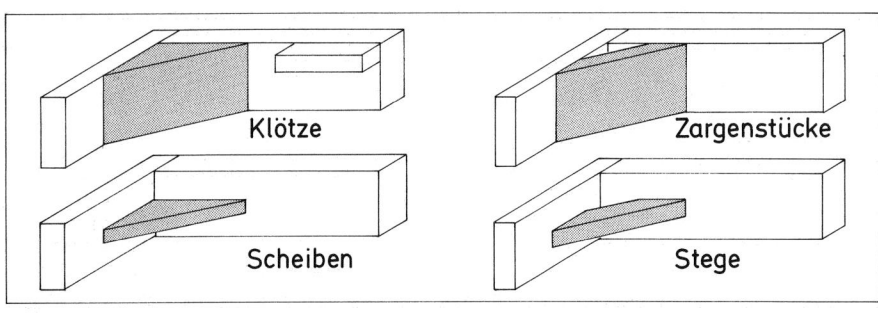

Klötze / Zargenstücke

Scheiben / Stege

**Zusätzliche Verbindungen,** wie z.B. Ecklötze, Scheiben, Zargen und Stege, unterstützen und ergänzen Holzverbindungen je nach Beanspruchungsart und -richtung sehr wirksam.

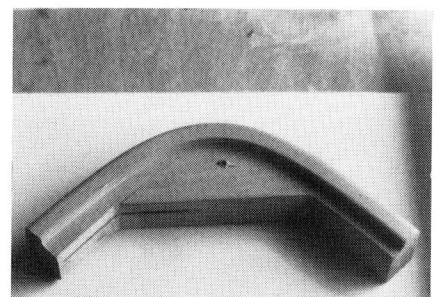

**Streben oder Seile**

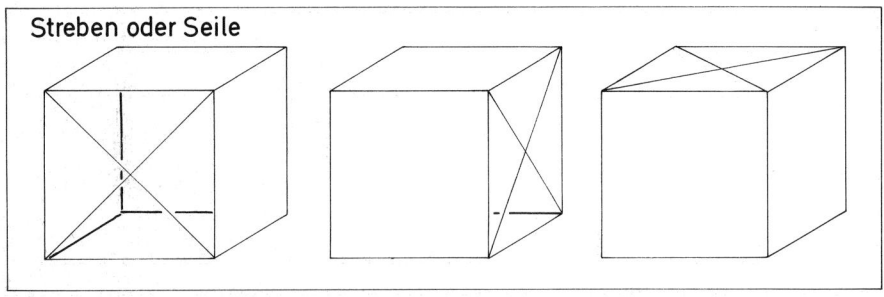

**Streben** oder **Seile** als horizontale, vertikale oder auch diagonale Druck- bzw. Zugglieder stellen preiswerte Aussteifungen dar. Sie sind jedoch nicht immer gestalterisch zu vertreten. Häufig sind sie bei Regalen anzutreffen.

**Flächen - voll oder stückweise**

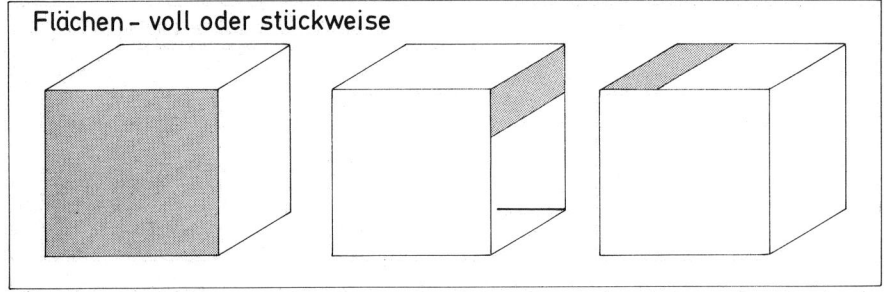

**Außenflächen** als feststehende Teile des Korpus sind statisch sehr wirksam. Volle Flächen wie Rückwände bieten mehr Steifigkeit als Teilstücke, wie z.B. Zargen, Rahmen und Seitenverstärkungen.

**parallele oder schräge Flächen**

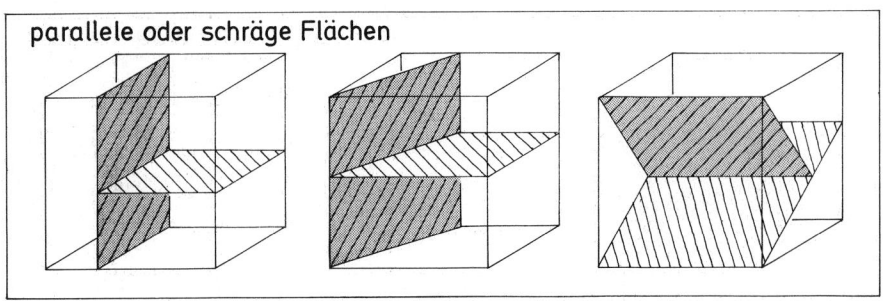

**Innenflächen,** z.B. feste Mittelseiten und Böden, bieten viel Steifigkeit, vor allem in Schrägstellung.

## Körper

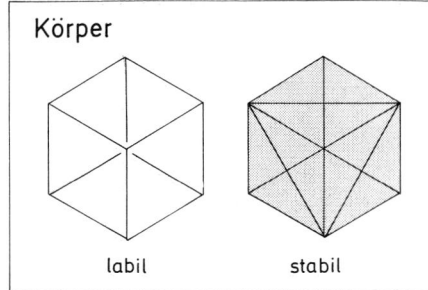

labil          stabil

**Aussteifungen von
Körpern und Gestellen**

## Konstruieren

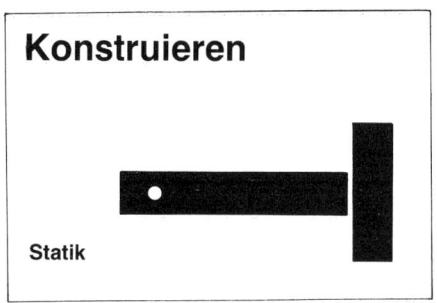

**Statik**

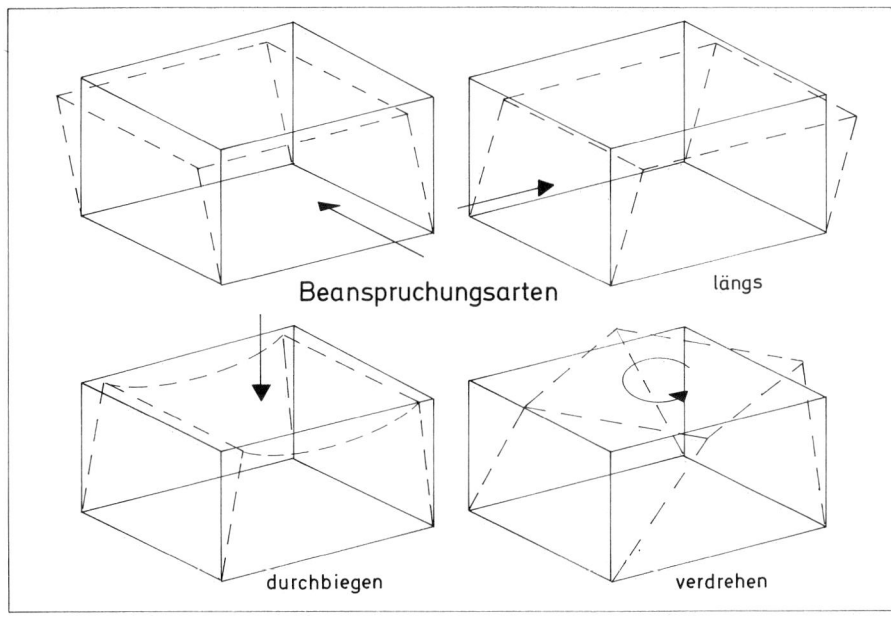

Beanspruchungsarten

längs

durchbiegen          verdrehen

Die **Beanspruchung** von Körpern und Gestellen in mehreren Richtungen ist besonders bei Möbeln erheblich. Dieser Planungsaspekt ist bei jeder Konstruktion und Ausführung zu beachten.

**Lösungsmöglichkeiten,** wie unten schematisch dargestellt, veranschaulichen die Wirksamkeit von Aussteifungen. Demonstrieren lassen sie sich am besten durch das Falten von Papier, das Abkanten von Blechen sowie durch das Verleimen von Platten.

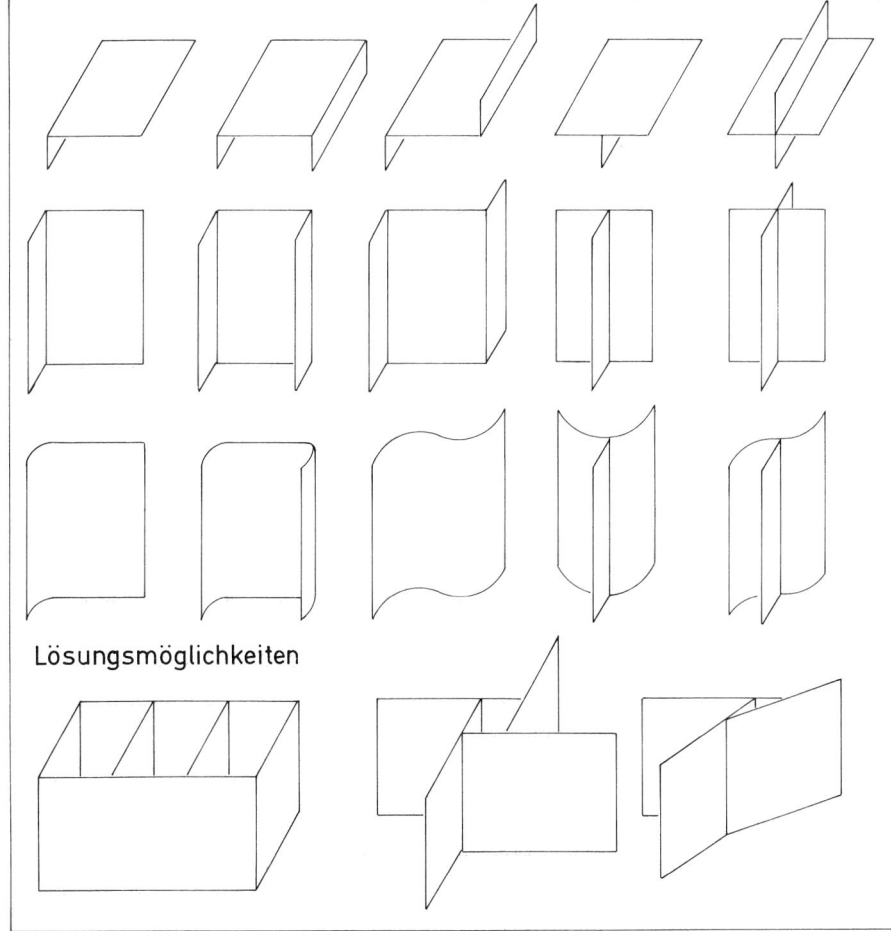

Lösungsmöglichkeiten

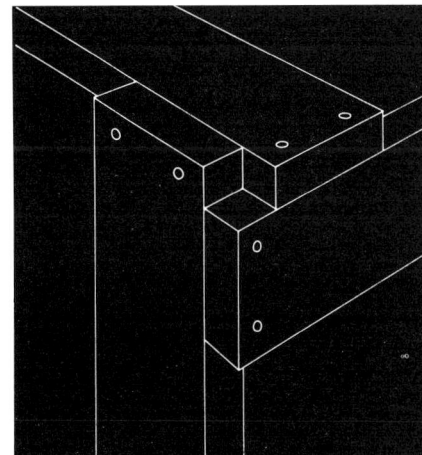

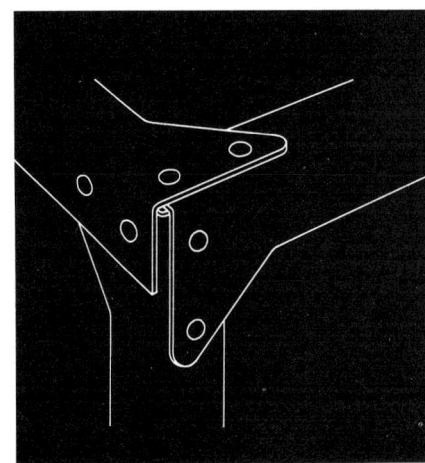

**Schnitthölzer** können durch Schweifen, Biegen oder Verleimen außerordentlich vielseitig geformt werden.

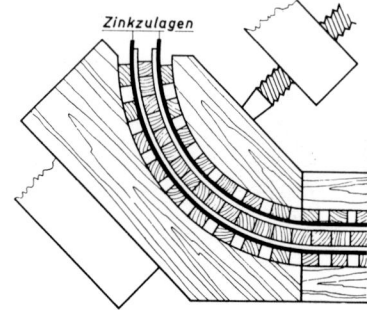
Zinkzulagen

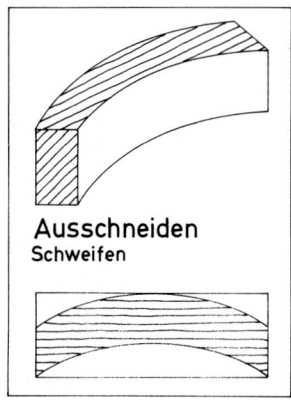

**Ausschneiden**
Schweifen

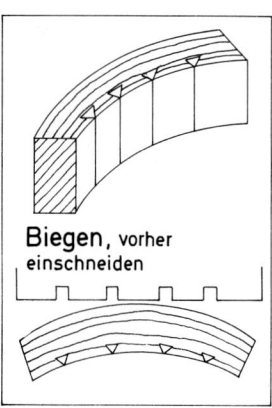

**Biegen**, vorher einschneiden

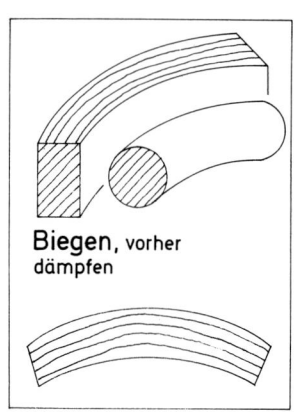

**Biegen**, vorher dämpfen

Das **Ausschneiden** von Formen aus Vollholz ist einfach, hat aber gegenüber dem Biegen den Nachteil, daß der kurze Faserverlauf bei großen Bögen zum Bruch führen kann.

Das **Biegen** von Schnittholz kann durch Einschnitte oder durch Wasser und Dampf erreicht werden. Buchenholz eignet sich besonders für Bugholzstühle.

Das **Verleimen** von Dickten oder Furnieren, auch kombiniert in einem oder in mehreren Arbeitsgängen, hat vor allem bei Sitzmöbeln große Verbreitung gefunden.

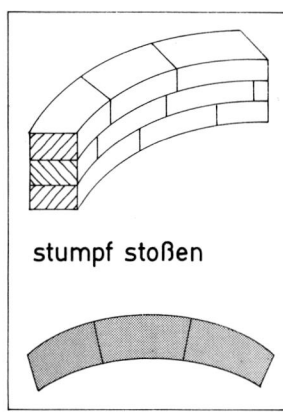

**stumpf stoßen**

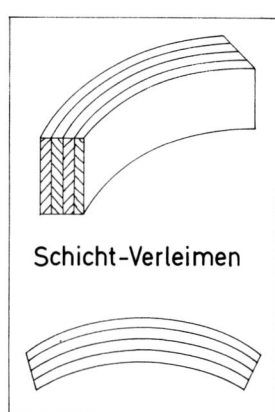

**Schicht-Verleimen**

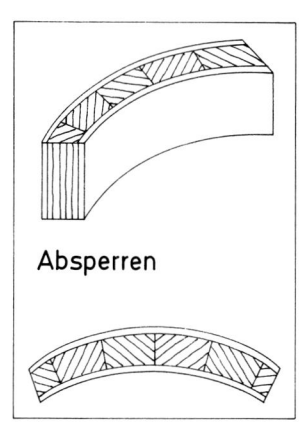

**Absperren**

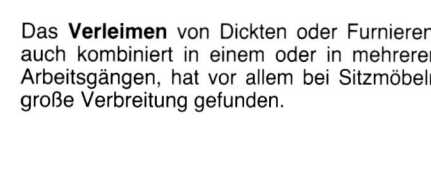

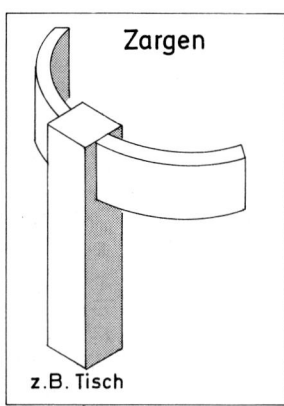

**Zargen**

z.B. Tisch

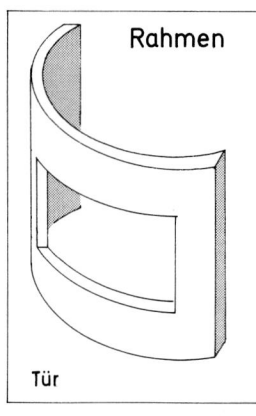

**Rahmen**

Tür

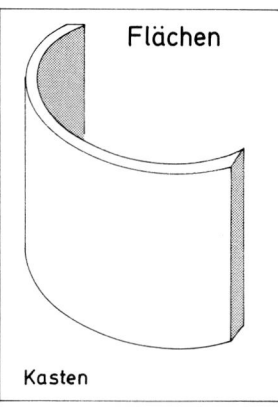

**Flächen**

Kasten

**Verformte Bauteile** und Flächen aus Holz oder Holzwerkstoffen sind häufiger anzutreffen als allgemein angenommen, z.B. bei runden Tischzargen und geschweiften Türrahmen.
● Die Entwicklung der Verformungsarten ist vor allem in historischen Stilepochen, wie dem Rokoko, vorangetrieben worden.

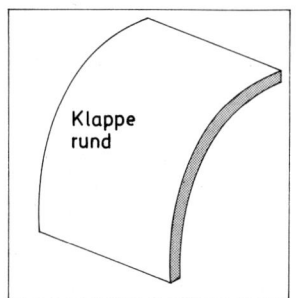

Klappe rund

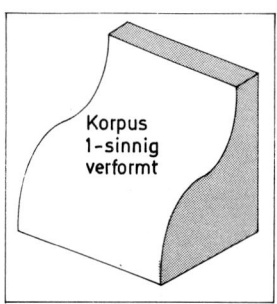

Korpus 1-sinnig verformt

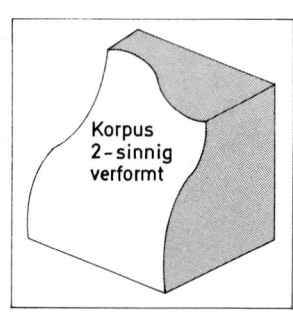

Korpus 2-sinnig verformt

**Mehrsinnig gekrümmte Möbelflächen** sind den Formen im heutigen Karosseriebau vergleichbar. Der Wille zur Gestaltung forderte diese Konstruktionen, die dann immer weiter verbessert wurden.

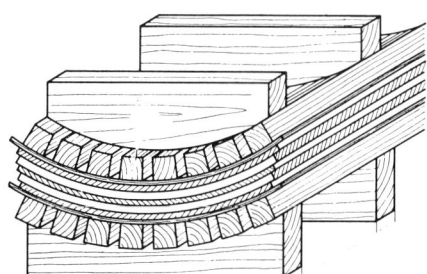

**Lagenholz** wird aus Furnieren unterschiedlicher Zahl und Stärke unter großem Druck und meist auch bei hohen Temperaturen gepreßt und dabei oftmals gleichzeitig verdichtet.

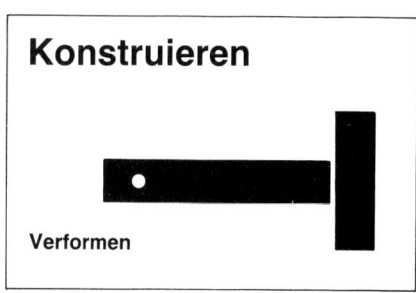

## Konstruieren

Verformen

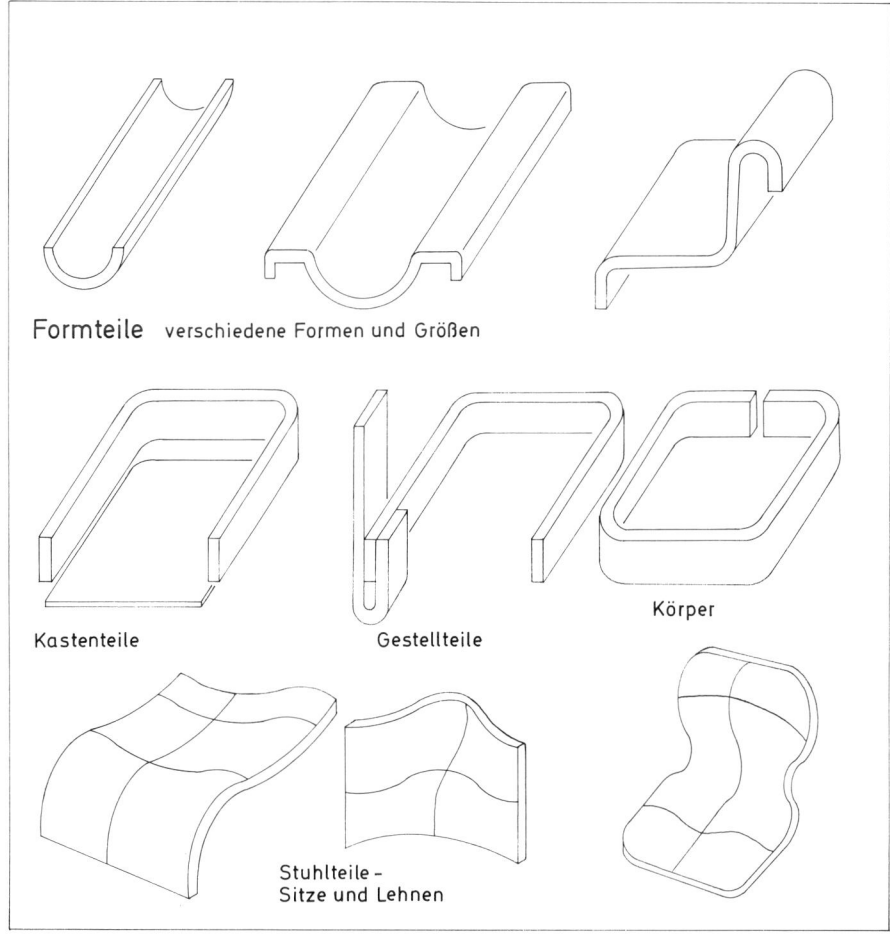

Formteile   verschiedene Formen und Größen

Kastenteile          Gestellteile

Körper

Stuhlteile –
Sitze und Lehnen

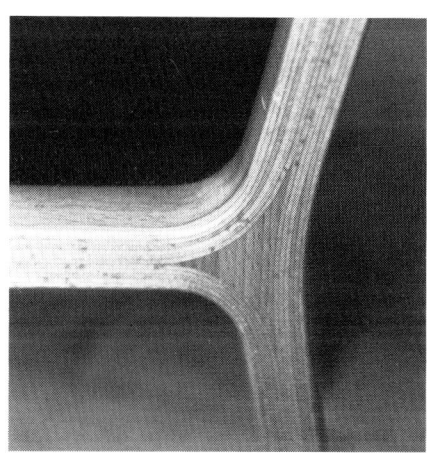

**Formpreßhölzer** erlauben viele Formen und erreichen große Steifigkeiten. So hat ihr Einsatz sehr zugenommen. Nicht wegzudenken sind die Formteile aus dem Sitzmöbelbereich und aus der Industrie.

● Die Verformungstechnik ist heute soweit entwickelt, daß bereits jede beliebige Form im Möbel- und Innenausbau wirtschaftlich aus Holzwerkstoffen hergestellt werden kann.

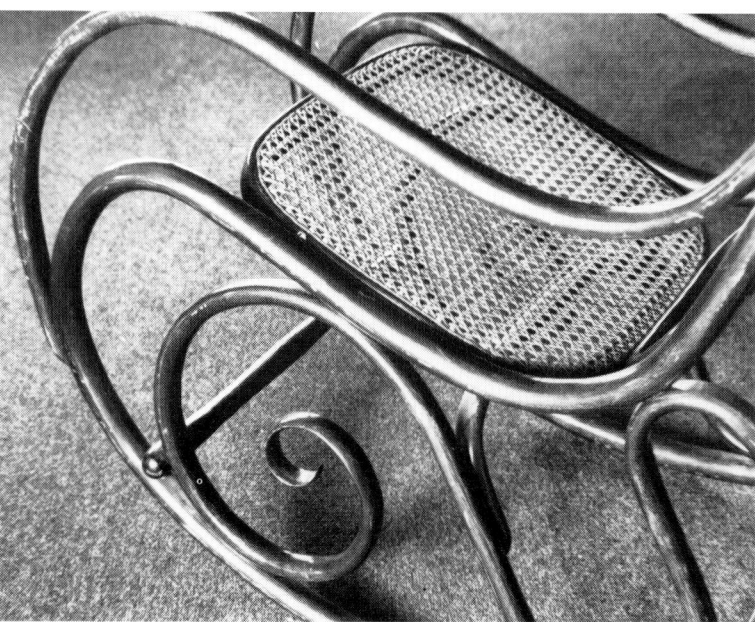

**Schnitte** dienen zur Klärung der konstruktiven Einzelheiten.
● Die Schnittlegungen werden in den Übersichtszeichnungen eingetragen.
● Die Schnittzuordnung ist bei verschiedenen Möbeln bzw. Einbauten unterschiedlich.

Der **Grundriß**
● liegt bei Korpusmöbeln unter der Ansicht
● bei Treppen und Stühlen wird er unter die Seitenansicht gelegt. Das ist zweckmäßig in der Darstellung, da platzsparend und leicht zu projizieren.

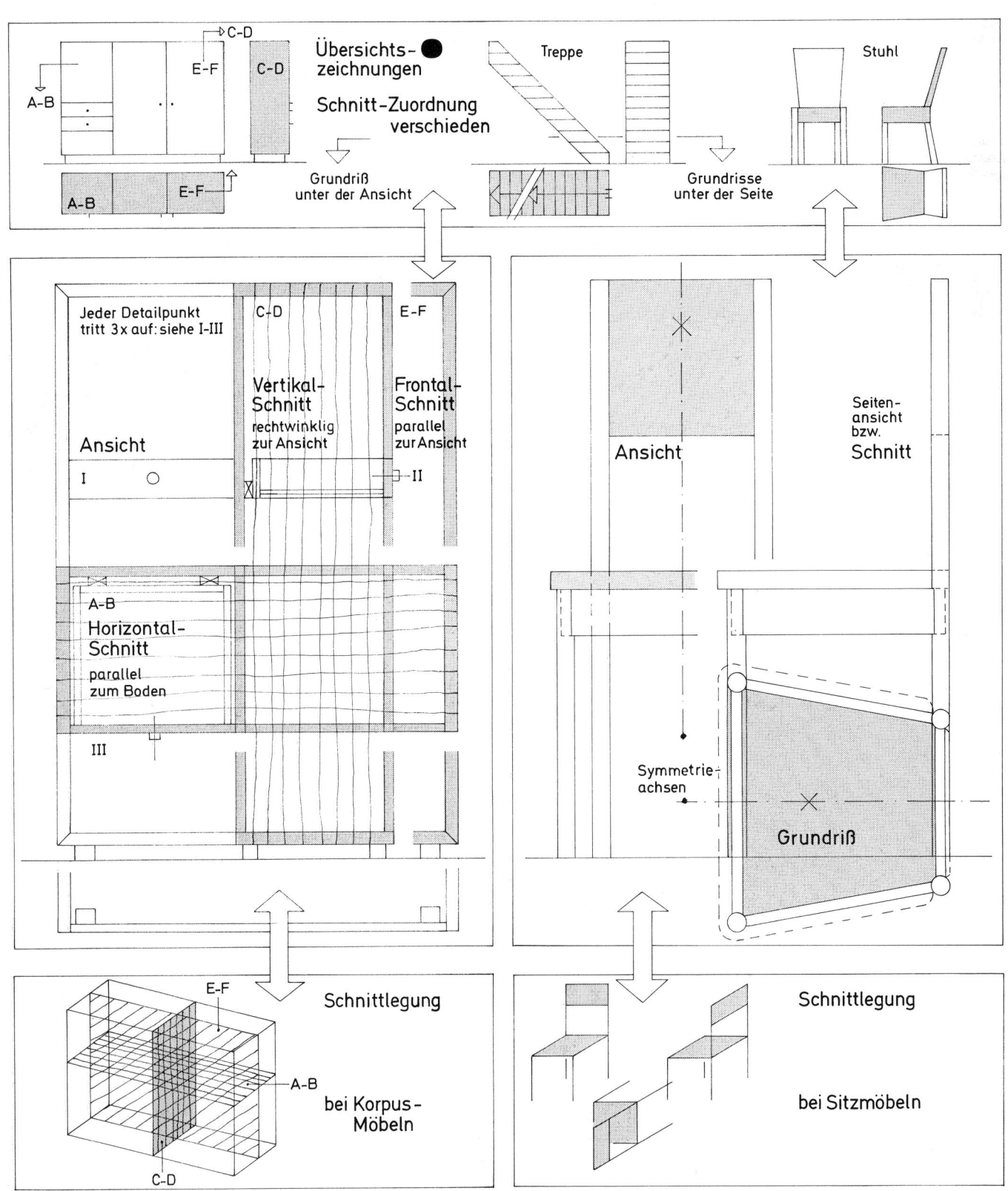

Technische Zeichnungen:
Übersichtszeichnung
Werkzeichnung
Schablonenzeichnung

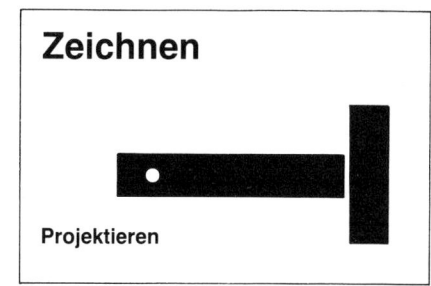

**Zeichnen**

Projektieren

Bei **Ausführungszeichnungen** liegen die Schnitte in der Ansicht. Jeder Detailpunkt tritt damit in den Zeichnungen dreimal auf.
● Das Beispiel des Schrankes zeigt in den Punkten I–III dasselbe Teil in drei Positionen, damit ist es eindeutig zu klären.
● Verkürzungen der Schnitte im Maßstab 1:1 sind dort üblich, wo keine Informationen auftreten. Mehrfache Schnitte werden untereinandergelegt. Das Schrankbeispiel zeigt die Fußstellung unterhalb der Ansicht.
● Versetzte Schnitte sind üblich, wenn die Informationen damit ergiebiger werden.
● Sitzmöbel werden immer unverkürzt im Maßstab 1:1, also in voller Größe, dargestellt, da die Teile selten gerade gearbeitet sind, und sich Schweifungen schlecht verkürzen lassen.
● Schräggestellte und geschweifte Gestellteile, wie Füße, Beine und Stollen, machen zur Ermittlung ihrer wahren Größe Austragungen erforderlich, nach denen Schablonen gefertigt werden.

**Technische Zeichnungen** dienen der Entwicklung, Klärung und Festlegung von Konstruktionen für die Herstellung.

**Übersichtszeichnungen** legen vor allem Formen fest.

**Konzeptionen** werden in kleinem Maßstab entwickelt. Sie klären die Montagefolge und Fertigung.

**Werk- und Ausführungszeichnungen,** auch Fertigungszeichnungen genannt, legen die Konstruktionen im Detail im Maßstab 1:1 fest.

Die **DIN 919** regelt die Darstellung des technischen Zeichnens im Möbelbau. Schnittlegungen, Strichstärke, Vermaßungen, Materialbezeichnungen werden u.a. darin verbindlich festgelegt.

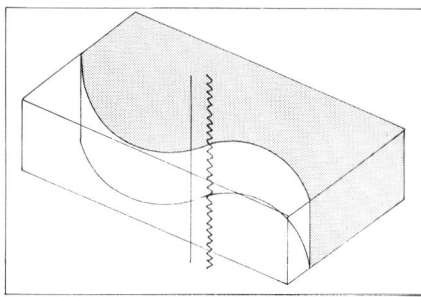

Schablonenzeichnen

Ermittlung wahrer Größen bei Schrägstellungen, Verkürzungen, Krümmungen

Austragung von Profilen

Maßstab: 1:1

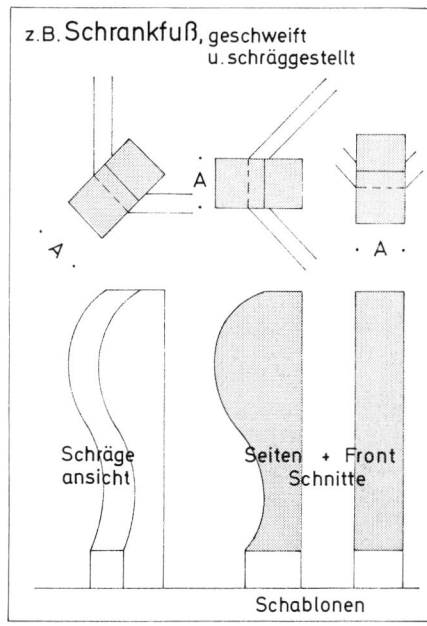

z.B. Schrankfuß, geschweift u.schräggestellt

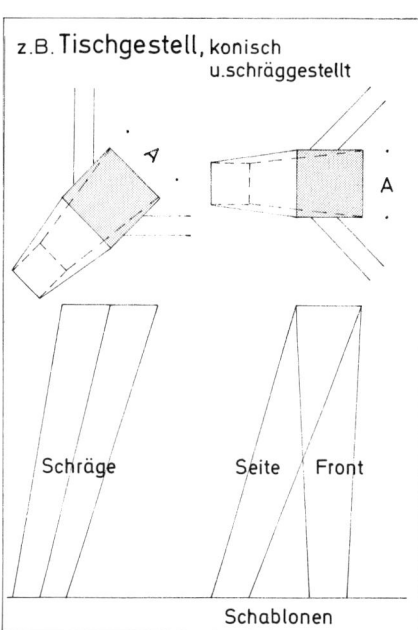

z.B. Tischgestell, konisch u.schräggestellt

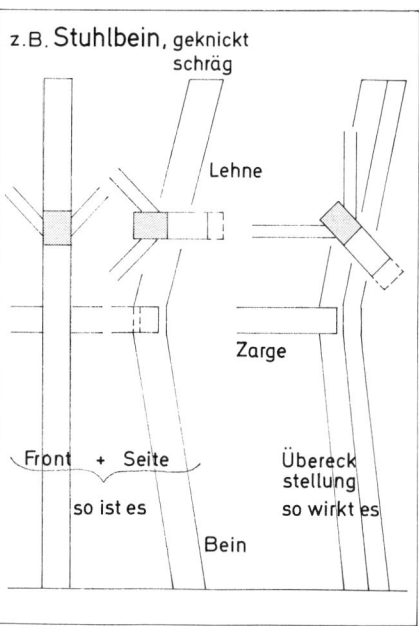

z.B. Stuhlbein, geknickt schräg

**Übersichtszeichnungen** werden im Maßstab 1:10 oder 1:20 gezeichnet. Das Schrankbeispiel zeigt links die Ansicht bzw. den Frontalschnitt, rechts daneben den Vertikalschnitt und darunter den Horizontalschnitt.

Die **Maße,** Gesamtmaße und Abmessungen der Teile, sind in den Übersichtszeichnungen einzutragen.
● Die Höhenmaße werden in den Ansichten,
● die Maße der Breiten und Tiefen werden nur im Grundriß eingetragen.
● Die Zahlen sind von vorn oder von rechts lesbar einzuschreiben.
● Die Detailpunkte werden aus Gründen der besseren Übersicht im Grundriß mit arabischen, im Frontalschnitt mit römischen Zahlen und im Vertikalschnitt mit Buchstaben gekennzeichnet.

### Konstruktionsplanung
Bevor Konstruktionsdetails festgelegt werden können, müssen Einzelentscheidungen getroffen werden in bezug auf Gestaltung, Nutzung, Preis und Fertigung.

**Entscheidungsbereiche und -phasen:**

**Material**
Vollholz (VH) oder Holzwerkstoffe (HW)
**Konstruktion**
Tafel- oder Rahmenbauweise
**Bauart**
Fest oder zerlegbar, je nach Größe und Transport
**Aufbaurichtung**
Z. B. werden die Böden von oben auf den Seiten befestigt, oder sie werden zwischen den Seiten befestigt. Die Aufbaurichtung hat großen Einfluß auf die Detailplanung.
**Montagefolge**
Klärt die Elementierung, die Reihenfolge des Zusammenbaus, die Verbindungsarten der Teile.

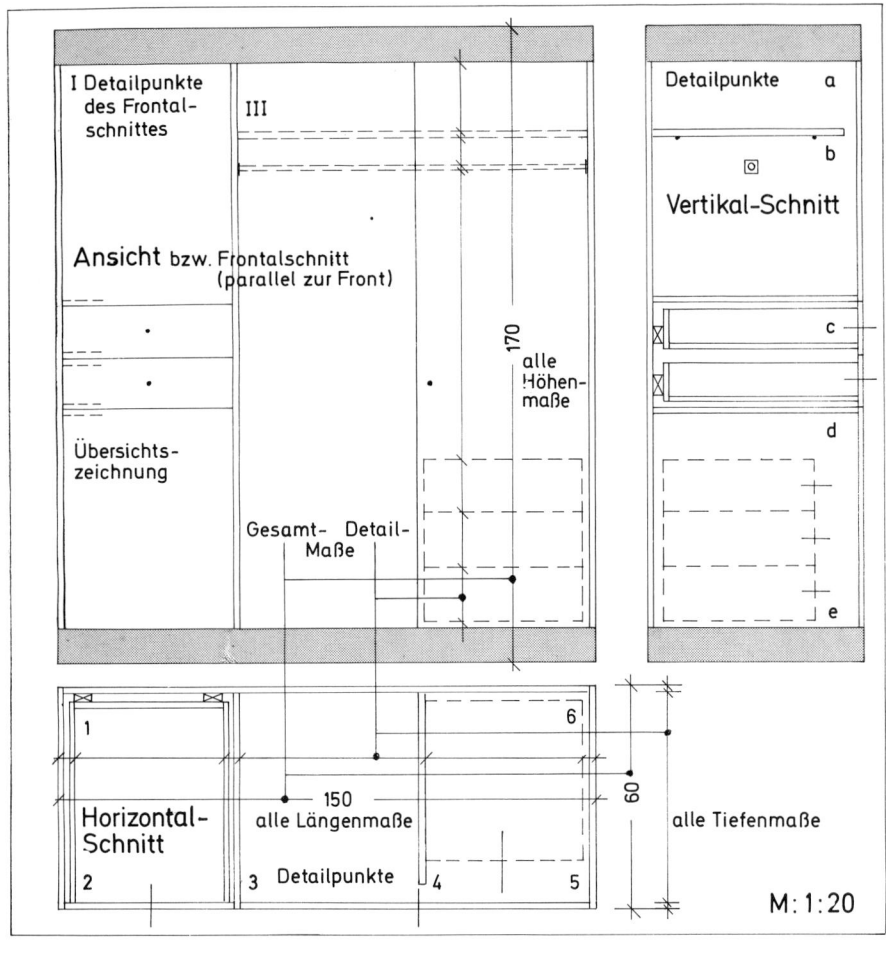

I Detailpunkte des Frontalschnittes    III

Ansicht bzw. Frontalschnitt (parallel zur Front)

Übersichtszeichnung

Gesamt-  Detail-
Maße

170
alle Höhenmaße

Detailpunkte    a
b
Vertikal-Schnitt
c
d
e

Horizontal-Schnitt
1    6
150
alle Längenmaße
2    3  Detailpunkte  4    5
60
alle Tiefenmaße

M: 1:20

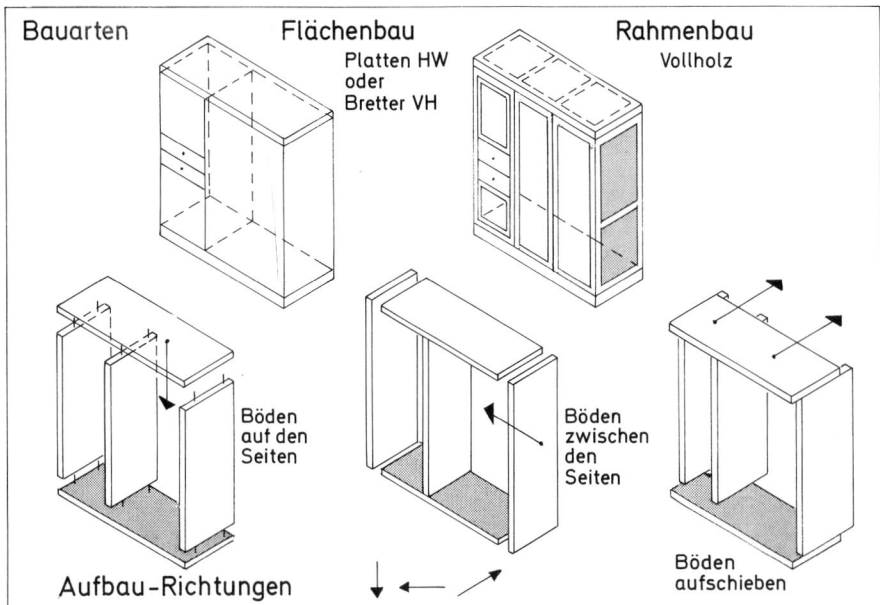

Bauarten    Flächenbau
Platten HW oder Bretter VH

Rahmenbau
Vollholz

Böden auf den Seiten

Böden zwischen den Seiten

Böden aufschieben

Aufbau-Richtungen

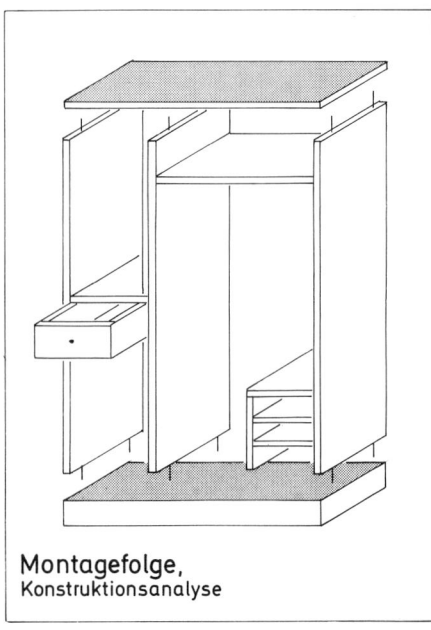

Montagefolge,
Konstruktionsanalyse

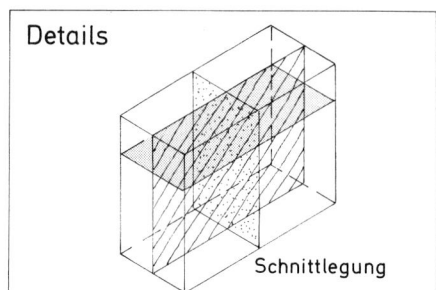

**Details**

Schnittlegung

**Möbelkonstruktion
Übersichten und Details
Vermaßung**

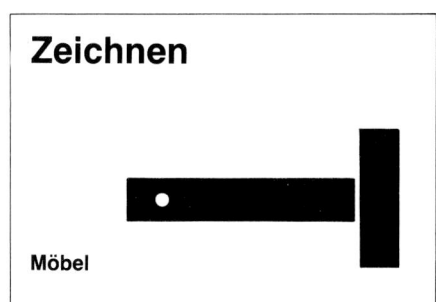

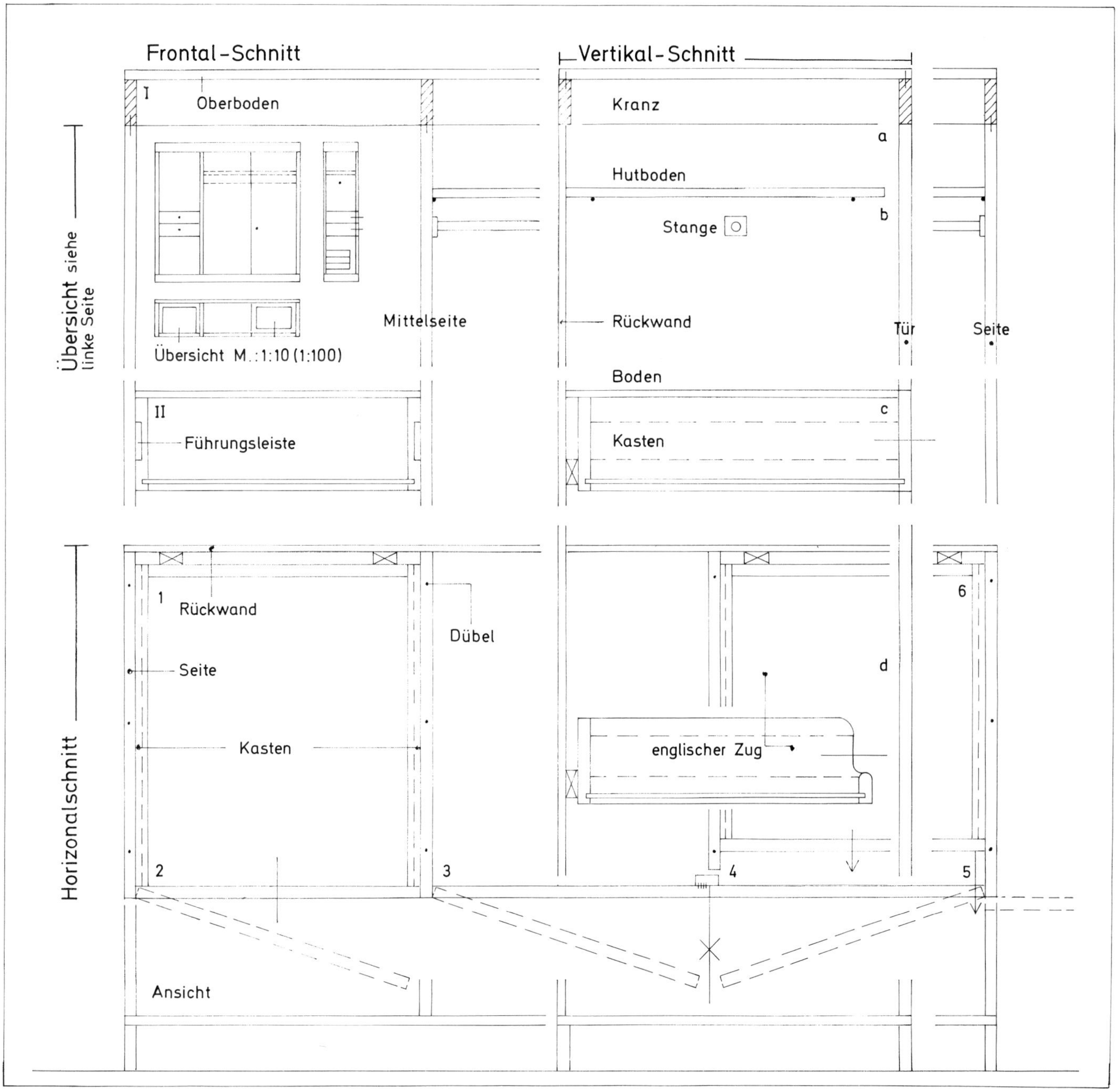

**Zeichnen**

**Möbel**

---

## Frontal-Schnitt

I  Oberboden

Übersicht siehe linke Seite

Mittelseite

Übersicht M.:1:10 (1:100)

II

Führungsleiste

## Vertikal-Schnitt

Kranz
a

Hutboden
b

Stange ○

Rückwand

Tür          Seite

Boden
c

Kasten

## Horizonalschnitt

1
Rückwand

Dübel

Seite

Kasten

2          3

Ansicht

6

d

englischer Zug

4          5

---

**Konstruktionszeichnungen** werden im Maßstab 1:1 gefertigt (hier im Maßstab 1:20 wiedergegeben). Die horizontalen und vertikalen Schnitte liegen im Frontalschnitt eingeschwenkt. Die Detailpunkte entsprechen der Übersichtszeichnung, die auch auf demselben Blatt dargestellt wird. Hier vergrößert auch auf der linken Seite.

Die **Vermaßung** hat bis in alle Einzelheiten zu erfolgen, sie wurde hier nur wegen des verkleinerten Maßstabes ausgelassen.
Die Angaben erfolgen einheitlich in mm oder cm. Die Teile sind hier alle bezeichnet, in der Praxis werden sie durch Materialangaben ergänzt oder ersetzt.

Die **Maßordnung** im Hochbau, DIN 4172, legt Baurichtmaße fest, aus denen die Einzelmaße für den Rohbau und Ausbau hervorgehen.
● Baurichtmaße sind theoretische Maße, sie dienen zur Verbindung der Bauteile. Im Hochbau betragen sie ein Vielfaches von 12,5 cm (Mauerwerksmaß).
● Nennmaße sind tatsächliche Maße von Bauten und Bauteilen. Sie werden gemessen und in die Fertigungszeichnungen eingetragen.

**Vermaßung nach DIN**

- Maße sind vorzugsweise in Millimetern anzugeben.
- Die Angabe mm ist nicht erforderlich.
- Maßlinien sind durch Pfeile oder schräge Striche zu begrenzen.
- Geschlossene Maßketten sind zu vermeiden.
- Jedes Maß soll nur einmal angegeben werden.
- Besonders wichtige Maße sind durch Einrahmungen zu kennzeichnen.
- Furnierstärken sind nicht zu berücksichtigen.

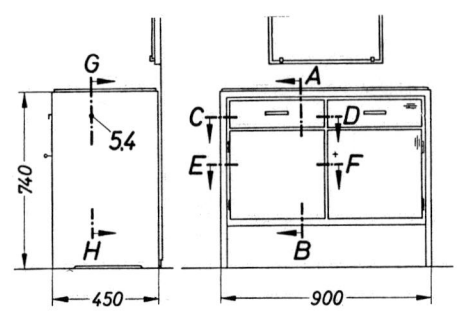

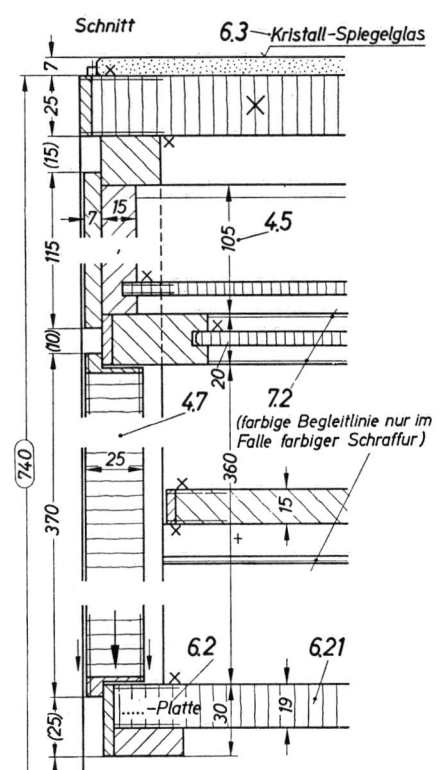

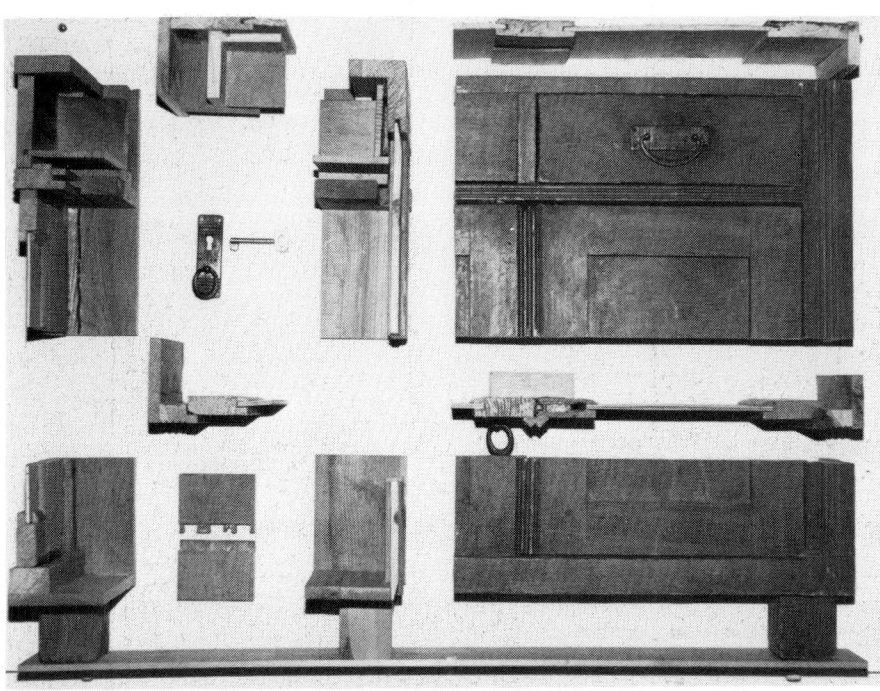

Kommode mit zwei Rahmentüren und Schubkästen in Massivbauweise. Unten Zeichnungen zum Foto des Schnittmodells.

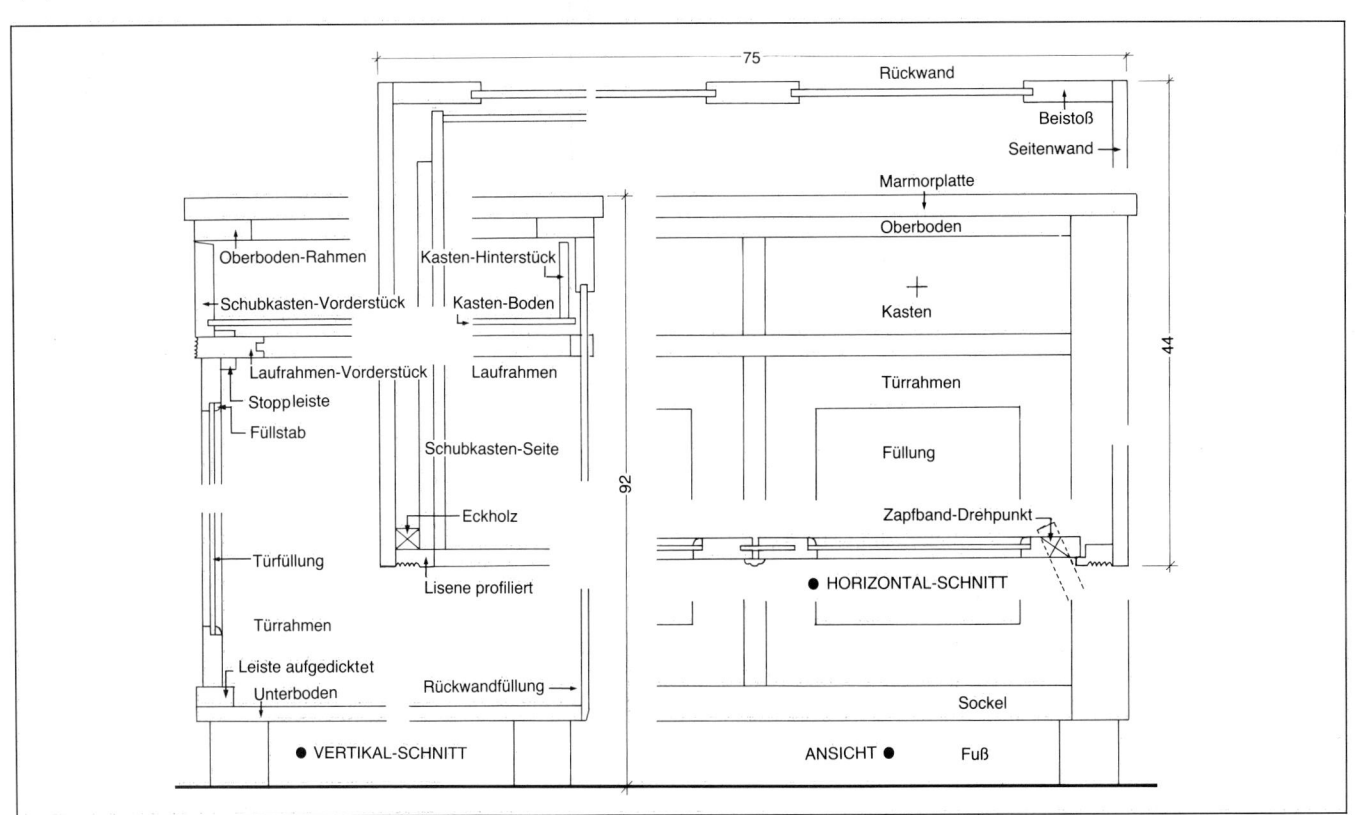

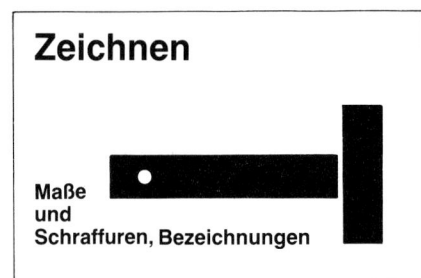

**Zeichnen**

Maße
und
Schraffuren, Bezeichnungen

## Kennzeichnung von Holz und Werkstoffen
Schraffur nach DIN 919

### Massivholz

Schnittflächen

alle Schnitte
schwarz

Hirnholz
Schraffur annähernd
unter 45°

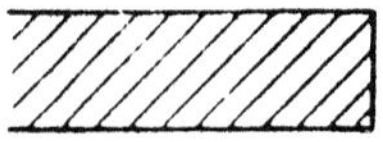

Langholz
Schraffur parallel
zur Längsrichtung

### Trägerplatten

Allgem. Kennzeichen
weite Schraffur annäh.
rechtw. zur Längsrichtg.

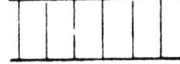

Tischlerplatte
Mittellage Querholz
Kennzeichen: Lieg. Kreuz

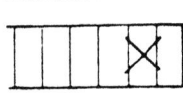

Tischlerplatte
Mittellage Langholz
Kennzeichen: Lieg. Pfeil

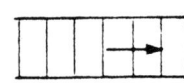

Besondere Merkmale
Kennz. durch Beschriftg.

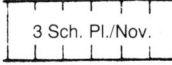
3 Sch. Pl./Nov.

### Belagstoffe

Allgem. Kennzeichen
für Stärken über 1 mm
in natürlicher Stärke
schwarz angelegt
mit Bezeichnung

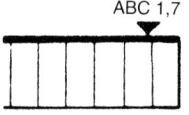
ABC 1,7

Allgem. Kennzeichen
für Stärken unter 1 mm
kurze schw. Vollinie
Beschriftg. u. Hinweispfeil

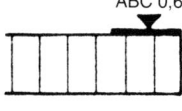
ABC 0,6

Allgem. Kennzeichen
für größere Stärken
dicke schw. Umran-
dungsvollinie mit
Innenbeschriftung

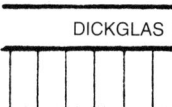
DICKGLAS

Deckfurnier
Hirnholz
Kennzeichen
tiefliegendes Kreuz

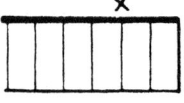

Deckfurnier
Langholz
Kennzeichen
tiefliegender Pfeil

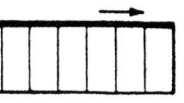

Tisch mit Schubkästen und Massivholzplatte
in traditioneller Bauweise
a  Schwalben
b  Zapfen
c  Dübel
d  Feder

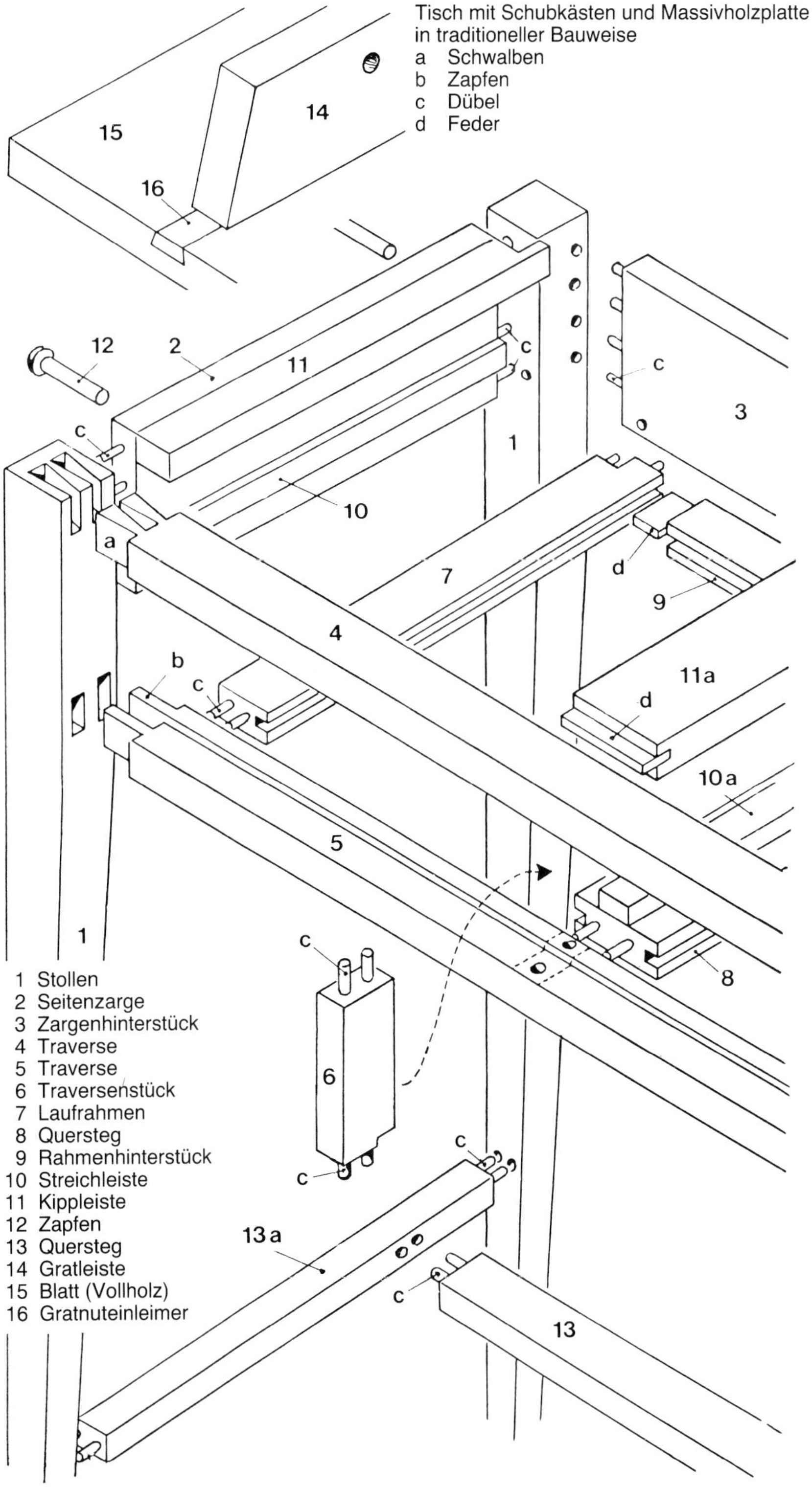

1  Stollen
2  Seitenzarge
3  Zargenhinterstück
4  Traverse
5  Traverse
6  Traversenstück
7  Laufrahmen
8  Quersteg
9  Rahmenhinterstück
10  Streichleiste
11  Kippleiste
12  Zapfen
13  Quersteg
14  Gratleiste
15  Blatt (Vollholz)
16  Gratnuteinleimer

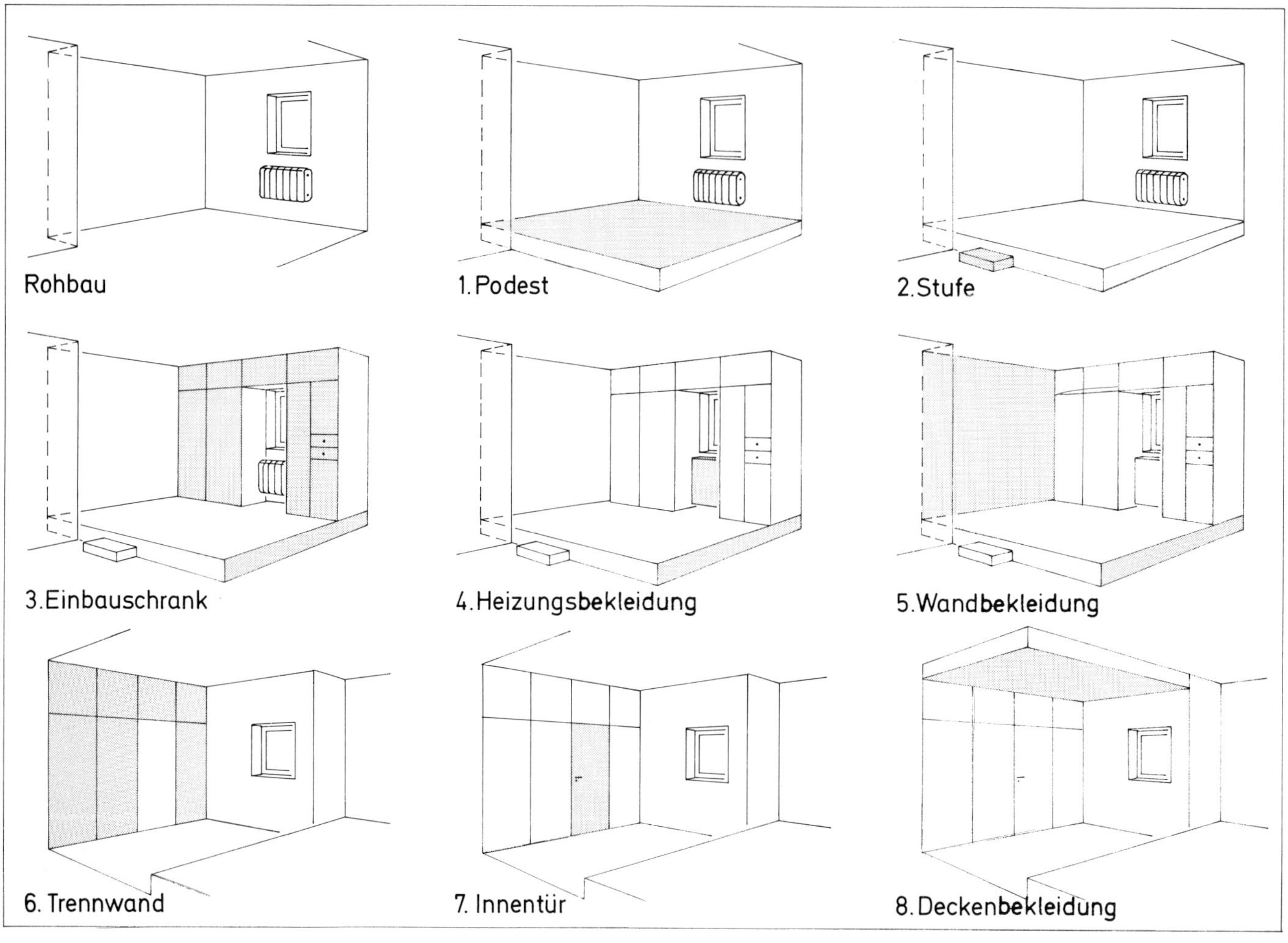

Rohbau          1.Podest          2.Stufe

3.Einbauschrank   4.Heizungsbekleidung   5.Wandbekleidung

6. Trennwand    7. Innentür    8.Deckenbekleidung

Die **Montagefolge** von Einbauelementen steht am Anfang der Konstruktionsplanung von Innenausbauten.
Das obige Beispiel zeigt mit den Skizzen fast alle Teilgebiete des Innenausbaus in den Bauphasen vom Rohbau bis zum fertigen Ausbau.

**Planungsbeispiel**
Rohbau mit Fenster und Heizkörper
1 Podest
2 Stufe vorgesetzt
3 Einbauschrank an der Fensterwand
4 Heizkörperbekleidung
5 Wandbekleidung
6 Trennwand mit Durchgang
7 Tür
8 Deckenbekleidung

Beispiel eines ausgeführten Wohnraums mit Podest und Einbauschrank mit Zimmertür.

**Übersichtszeichnung, Konstruktions-
planung und Details des Einbauschranks
auf Seite 28 f.**

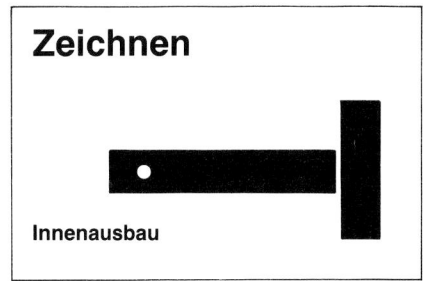

**Zeichnen**

Innenausbau

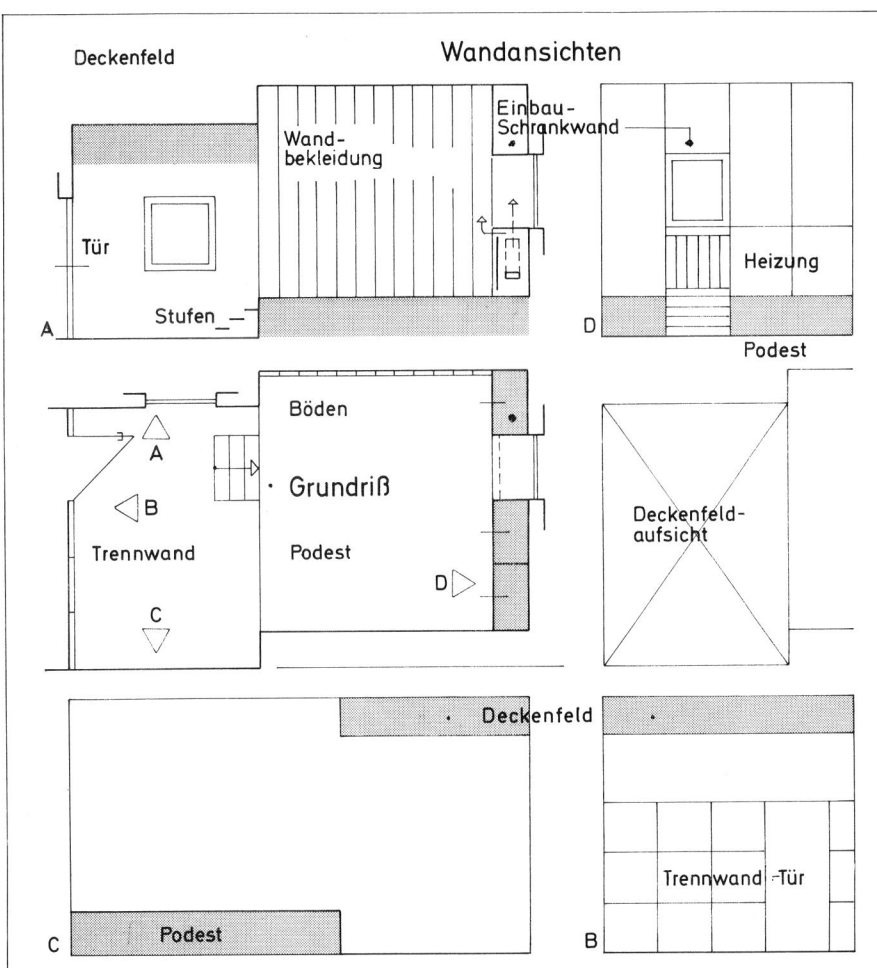

Deckenfeld

Wandansichten

Wand-
bekleidung

Einbau-
Schrankwand

Tür

Heizung

Stufen

A

D

Podest

Böden

· Grundriß

A

B

Trennwand

Podest

D

Deckenfeld-
aufsicht

C

· Deckenfeld

·

Trennwand -Tür

Podest

C

B

Teilgebiete

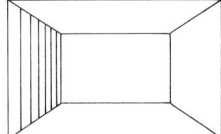

Wand-
bekleidung

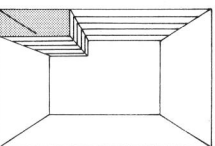

Decken-
bekleidung

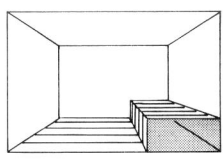

Boden-
beläge

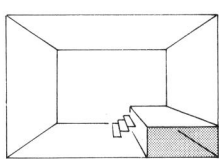

Differenz-
stufen

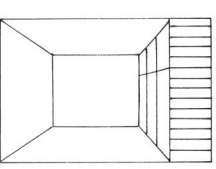

Einbau-
schrank

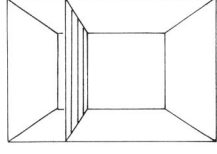

Trennwand

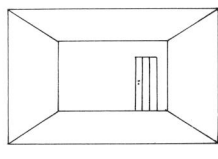

Innentür

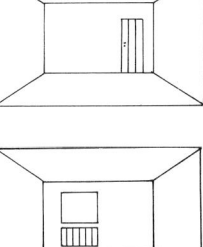

Heizungs-
bekleidung

Die **Übersichtszeichnung** zeigt den Grundriß
des linken Beispiels mit den Eintragungen der
Wandansichten, die aus den Längs- und Quer-
schnitten hervorgehen.
A  Trennwand mit Schnitt durch Deckenfeld
und Podest
B  Trennwand mit Eingangstür
C  Glatte Wandansicht
D  Querwand mit Einbauschrank

Das Deckenfeld wurde als Aufsichtszeichnung
neben dem Grundriß plaziert; das ist bei einfachen Decken möglich.
Deckenuntersichten müssen gezeichnet werden, wenn sie besondere Gestaltung erfahren,
über die eingehend informiert werden muß.

Die **Einzelaufgaben** als Teilgebiete des Innenausbaus sind jeweils mit Übersichts- und
Werkzeichnung einzeln abzuklären, damit
eine getrennte Vergabe möglich ist.
● Die Firmen sind oft besonders spezialisiert,
so daß separate Beauftragung sinnvoll ist.
● Terminliche oder preisliche Gründe können
eine Teilung des Auftrags erforderlich machen.
● Die Teilgebiete des Innenausbaus werden
in diesem Buch gesondert behandelt.
● Als Beispiel für die zeichnerische Darstellung mag stellvertretend für viele Einbauten
der Einbauschrank auf den nächsten beiden
Seiten stehen.

**Übersichtszeichnungen** fixieren den Entwurf, der gemäß der Aufgabenstellung unter Berücksichtigung der Nutzungsanforderungen erstellt wurde.

Die **Herstellungsmöglichkeiten,** Einzelanfertigung oder Fertigung unter Verwendung von kleinen oder großen Serienelementen, müssen durch Gegenüberstellung denkbarer Lösungen am Anfang geprüft werden.
● Lösung 1 würde sich als Einzelanfertigung für die Vergabe an einen ortsansässigen Tischler gut eignen.
● Lösung 3 scheint äußerst wirtschaftlich wegen der gleichen Teile.
● Lösung 2 wird als optimal empfohlen: Kleinserie mit Rücksicht auf geringe Objektgröße.

**Konstruktionsplanung**
Die Herstellungsart von Innenausbauten hat starken Einfluß auf die Konstruktionsdetails.

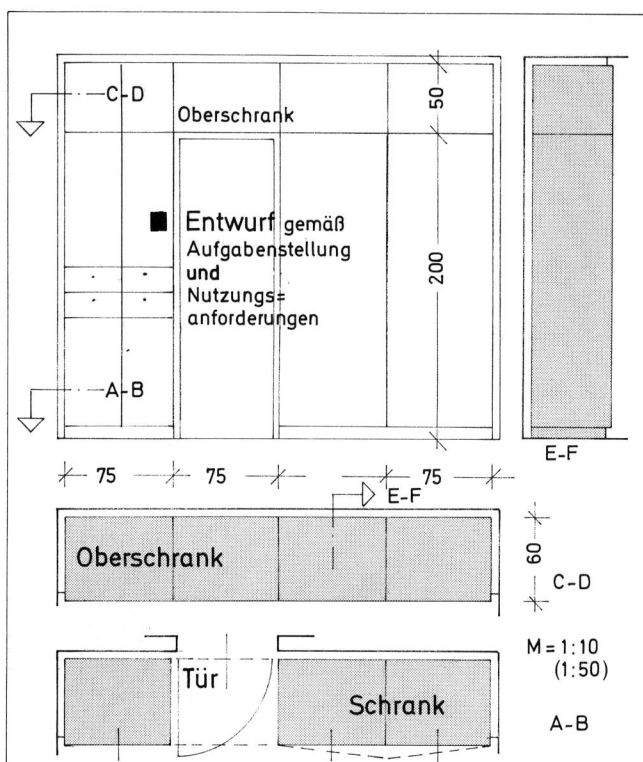

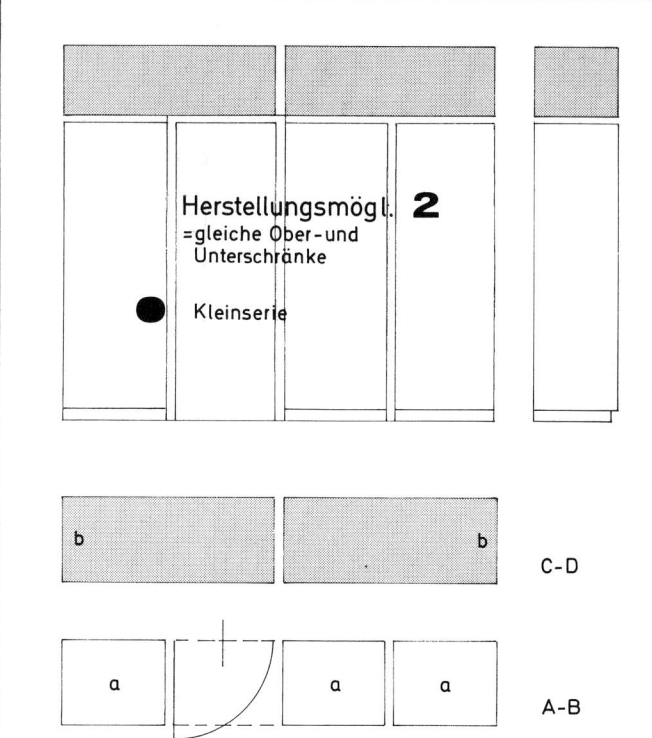

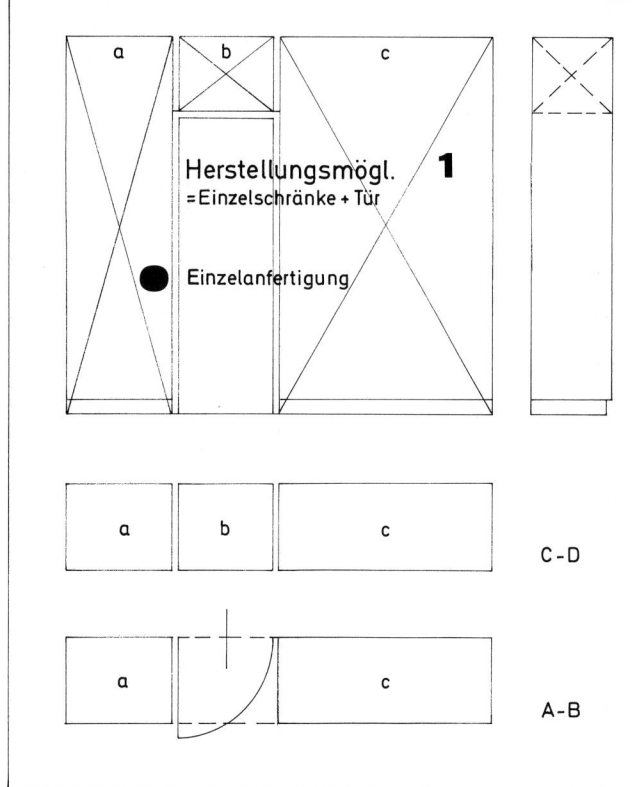

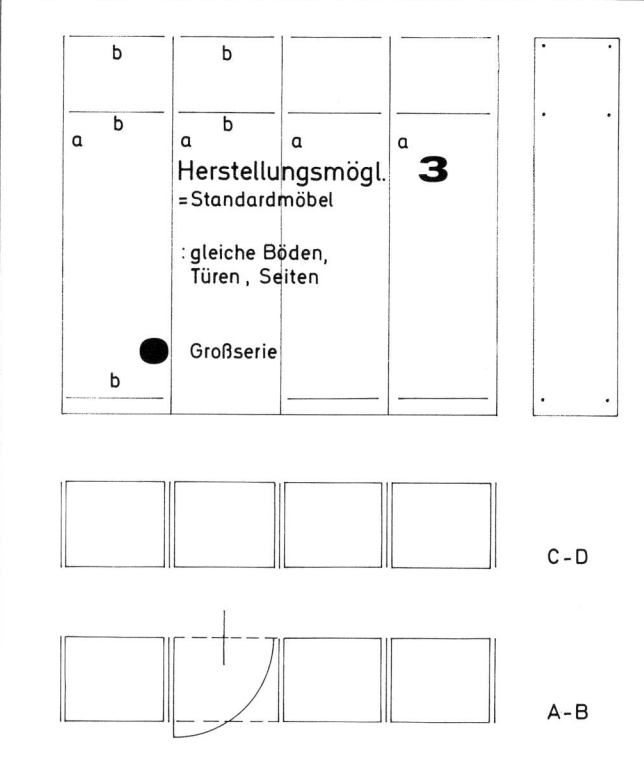

**Detailzeichnung** entsprechend der Übersichtszeichnung des Einbauschrankes auf der linken Seite. Die Vertikalschnitte G–H und E–F sind in die Ansichtszeichnung eingeschwenkt. Die Grundrisse durch den Ober- und Unterschrank mit Tür liegen untereinander. Die Detailpunkte sind markiert mit verschiedenen Zahlen und Buchstaben.

Die **Details** werden in Ausführungszeichnungen in natürlicher Größe wiedergegeben, mit allen Maßen und Materialangaben.
Hier wurde eine Verkleinerung im Maßstab 1:20 erforderlich. Die Vermaßung entfiel.

Übersichtszeichnungen, Herstellungsmöglichkeiten, Konstruktionsplanung und Detailzeichnungen am Beispiel eines Einbauschranks

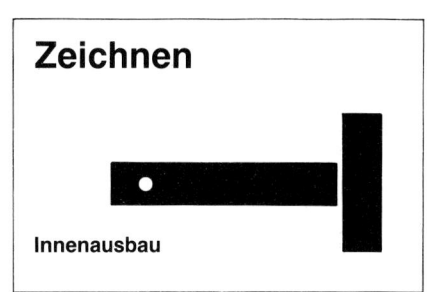

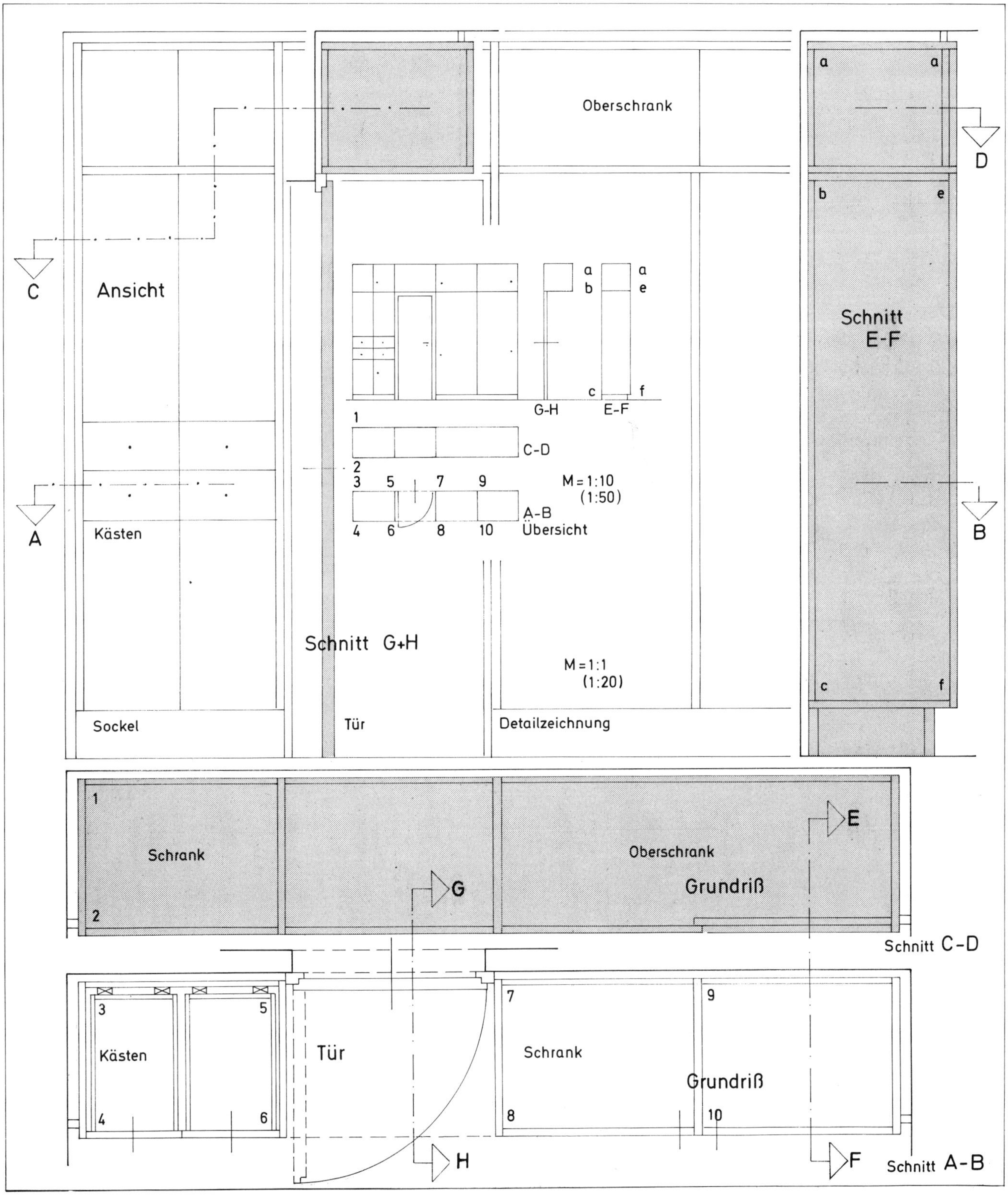

**Zeichnen**

Innenausbau

---

Ansicht

C

Oberschrank

D

a a

b e

Kästen

A

Schnitt E-F

a a
b e

c f

G-H   E-F

1

C-D

2
3   5   7   9

A-B

4   6   8   10   Übersicht

M = 1:10
(1:50)

M = 1:1
(1:20)

Schnitt G+H

Sockel

Tür

Detailzeichnung

B

c f

1

Schrank

2

G

Oberschrank

Grundriß

E

Schnitt C-D

3   5

Kästen

4   6

Tür

7   9

Schrank

8   10

Grundriß

H

F   Schnitt A-B

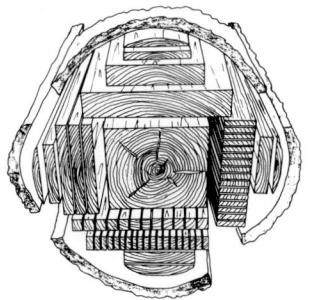
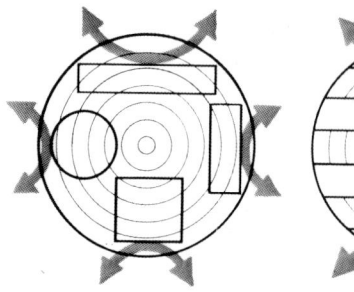
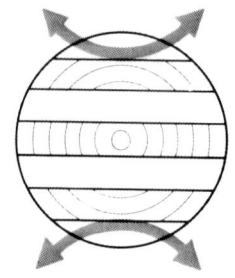

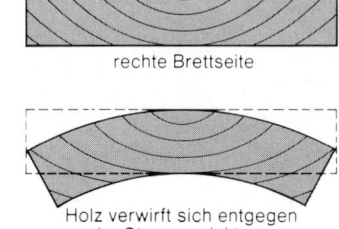

linke Brettseite

rechte Brettseite

Holz verwirft sich entgegen
der Stammesrichtung

## Holz und Holzwerkstoffe

Für die Herstellung von Möbeln und Innenausbauten sind Holz und Holzwerkstoffe bevorzugte Materialien. Die Vielfalt der Halbfertigprodukte wie Leisten und Latten, Bretter und Bohlen, Sperrholz, Span- und Faserplatten, ermöglicht Konstruktionen und Kombinationen – auch mit anderen Werkstoffen –, welche die gestellten Aufgaben in diesem Bereich zweckmäßig erfüllen.

**Holz** hat als organischer Werkstoff im Vergleich zu seinem geringen Gewicht eine hohe Festigkeit und günstige physikalische Eigenschaften; auch läßt es sich gut und leicht bearbeiten. Holz ist damit ein altes Material, das ebenso verbreitet wie bewährt und beliebt ist.

**Holzwerkstoffe** besitzen die gleichen guten Eigenschaften wie Holz. Sie bieten darüber hinaus Vorteile wie die erhöhte Formstabilität und die Möglichkeit, große Flächen bilden zu können.

**Holz ist hygroskopisch,** es nimmt Feuchtigkeit auf und gibt sie wieder ab.
● Das Schwellen und Schwinden des Holzes, das zu Formveränderungen führt, wird als Arbeiten bezeichnet.
● Das Schwundmaß ist in der Länge und Breite verschieden. Parallel zu den Jahresringen beträgt es 10%, parallel zu den Markstrahlen 5% und parallel zur Markröhre 0,3%. Beim Holzeinschnitt ist das Arbeiten zu bedenken.
● Mittelbretter haben stehende Jahresringe, Seitenbretter liegende. Die Bretter werden durch das Trocknen rund bzw. hohl. (Die rechte Seite liegt zum Kern, sie wird rund. Die linke Seite liegt zum Splint, sie wird hohl. – Diese Merksprüche beinhalten dreimal ein »r« bzw. dreimal ein »l«.)

**Holz** ist ein natürlicher Baustoff mit organischem Fasergeflecht. Seine wichtigsten Bestandteile sind:
● Zellulose. Sie verleiht der Faser die Quellfähigkeit und Biegsamkeit.
● Lignin. Es ist in die Zellulose eingelagert und verleiht dem Holz die Härte und Festigkeit.
● Gerbstoff. Er gehört zu den sog. Begleitstoffen des Holzes und tritt besonders bei Hölzern mit stärker farbigem Kern auf.

Der **Baum** und seine Bestandteile:
● Der Baum saugt mit der Wurzel das Wasser an und pumpt es bis in den Gipfel.
● Die Blätter produzieren Nährstoffe, die durch den Bast nach unten geleitet werden.
● Der Bast ist der außerhalb des Kambiumringes gelegene Zuwachs.
● Das Kambium ist die Wachstumszone, in ihr werden nach innen Holz-, nach außen Bastzellen gebildet.
● Rinde nennt man den lebenden Teil der Zellen.
● Borken sind die äußeren absterbenden Zellen.
● Das Wachstum des Baumes ruht in der laublosen Zeit.

● Die Jahresringe kennzeichnen den Wechsel zwischen Ruhe und Wachstum.
● Exotische Bäume lassen keine Jahresringe erkennen, da ihr Wachstum nicht unterbrochen wird.
● Gerbstoffe lagern sich in den älteren Jahresringen ab, die damit dunkler werden.
● Das Kernholz als das ältere Holz liegt in der Mitte des Stammes und zeichnet sich dunkel ab.
● Das Splintholz liegt am Rande des Stammes und ist als junges Holz hell.
● Die Markstrahlen verlaufen radial von der Mitte zur Peripherie und dienen dem Stofftransport zwischen Holz und Rinde.
● Spiegel werden die Seitenflächen der Markstrahlen wegen ihres Glanzes genannt.
● Das Holzbild, die Maserung, wird durch die Schnittlegung durch den Stamm bestimmt.
● Der Flader- oder Tangentialschnitt zeigt eine lebendige Maserung.
● Der Spiegelschnitt durch die Stammachse hat ein ruhiges Streifenbild.
● Der Hirnschnitt quer zur Faser zeigt die Jahresringe.

**Vollholz (VH)** ist die Bezeichnung für das aus dem Baumstamm geschnittene massive Holz.
● Schmale Teile werden im Möbel- und Innenausbau überwiegend aus Vollholz gefertigt. Bei Sitzmöbeln z. B. Beine und Stollen, Zargen und Stege, Sprossen und Lehnen. Bei Möbelkörpern die Rahmen und Sockel, die Lisenen und Beistöße, die Leisten und Vorleimer, die Seiten, Vorder- und Hinterstücke von Kästen und Zügen.
● Breitere Bauteile von Möbeln und Innenausbauten, wie Sitze und Lehnen, Seiten und Böden, lassen sich ebenfalls wirtschaftlich aus Vollholz herstellen, wenn die Konstruktion das Arbeiten des Holzes erlaubt.
● Überbreite Teile, wie Tischblätter, werden nur in Ausnahmen aus Vollholz gefertigt. Besondere Vorkehrungen sind zu treffen, die nicht nur das Arbeiten des Holzes erlauben, sondern das Holz auch plan halten. Massive Tischblätter werden z. B. mit starken Gratleisten an den Zargen gehalten.

Die **Holzarten** werden auch nach ihren Festigkeiten unterschieden, wobei die Grenzen nicht eindeutig sind.
● Weichhölzer sind Tanne, Fichte, Kiefer, Erle und Linde.
● Harthölzer sind Eiche, Buche, Mahagoni, Esche, Palisander und Ebenholz.
● Gebräuchliche Hölzer im Möbel- und Innenausbau sind unter den einheimischen Fichte und Kiefer, Buche und Eiche, unter den ausländischen vor allem die Mahagonisorten. Für Verkleidungen werden neben Tanne und Lärche, Oregon Pine, Western Red Cedar, Redwood und Hemlock verwendet.
● Nadelhölzer haben im Verhältnis zu ihrer Dichte hohe Festigkeiten und arbeiten mäßig. Kiefer und Fichte liegen im Preis relativ niedrig.
● Laubhölzer sind schwerer und lassen sich nicht so leicht bearbeiten wie Nadelholz.

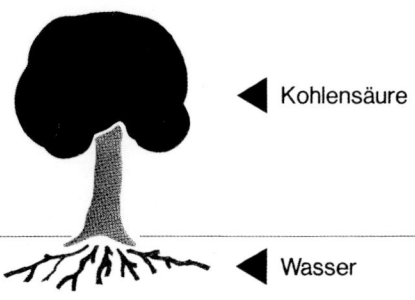

◀ Kohlensäure

◀ Wasser

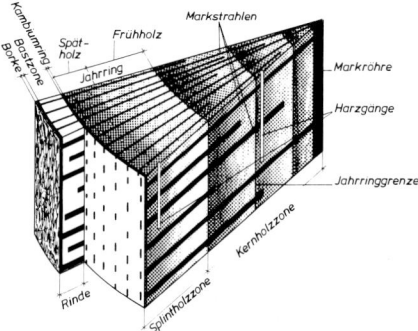

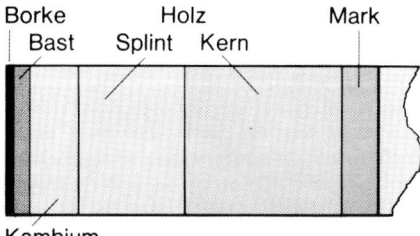

Borke    Holz    Mark
Bast    Splint    Kern

Kambium

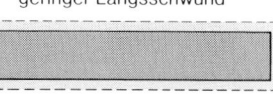

geringer Längsschwund

großer Breitenschwund

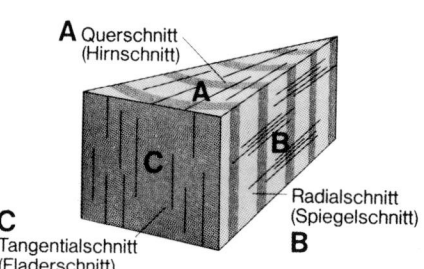

A Querschnitt
(Hirnschnitt)

C Tangentialschnitt
(Fladerschnitt)

B Radialschnitt
(Spiegelschnitt)

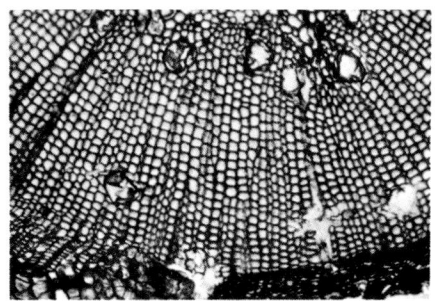

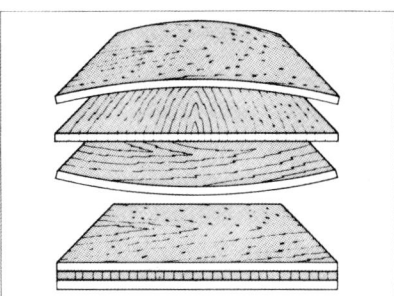

## Holzwerkstoffe (HW)

Durch das richtungsabhängige Quellen und Schwinden des Holzes ist es schwierig, dimensionsstabile plattenförmige Werkstücke aus Massivholz herzustellen. In großem Umfang werden daher Leisten und Platten durch Verkleben von Furnieren, Holzspänen oder Holzfasern hergestellt. Durch die Anordnung der Furniere bzw. durch eine mehr oder weniger unregelmäßige Anordnung der Späne und Fasern wird eine weitgehende Stabilisierung erreicht.

**Holzfaserplatten** werden aus Holz und anderen Faserstoffen gefertigt. Nach Festigkeit und Dichte der Platten, die sich bei der Herstellung durch Druck und Wärme steuern lassen, sind vier Gruppen zu unterscheiden:

**Poröse Holzfaserplatten** (Kurzzeichen HFD) haben ein loses Gefüge. Sie weisen eine hohe Schallabsorption und Wärmedämmung auf und werden gemäß ihrer Verwendung auch als Isolier- und Dämmplatten bezeichnet. Hergestellt werden sie mit schlichten, weißen, gelochten und geschlitzten Oberflächen in Dikken von 6; 8; 10; 12 mm und für besondere Konstruktionen auch bis 50 mm.

**Mittelharte Holzfaserplatten** (Kurzzeichen HFM) haben eine Rohdichte von 350 bis 800 kg/m³.

**Extraharte Holzfaserplatten** werden nach einem besonderen Härtungsverfahren hergestellt.

**Harte Holzfaserplatten** (Kurzzeichen HFH) weisen auf der Rückseite durch das Preßverfahren in der Regel eine Siebnarbe auf und sind auf der Sichtseite durch die blanken Preßbleche glatt. Die Farbe ist hell- bis dunkelbraun. Sie lassen sich gut verarbeiten, auf eine Verarbeitungsrichtung braucht keine Rücksicht genommen zu werden. Harte Holzfaserplatten weisen auf Feuchtigkeitsschwankungen eine Dimensionsveränderung auf, die bei der Verarbeitung zu beachten ist. Verwendet werden sie für Rückwände, Schubkastenböden usw. Sie werden in folgenden Dicken hergestellt: 1,6; 2; 2,5; 3; 3,2; 3,5; 4; 5; 6 und 8 mm. Dickere harte Holzfaserplatten von 6 bis 30 mm werden aus mehreren dünneren Platten aufgebaut.

## Sperrholz

Unter Sperrholz werden nach DIN 68705 Platten verstanden, die aus mindestens drei kreuzweise aufeinandergeleimten Holzlagen bestehen. Durch die Flächenverleimung werden die Hölzer am Arbeiten gehindert.

Bei **Furniersperrholz** bestehen alle Lagen – mindestens drei – aus Furnieren. Die Dicken betragen gewöhnlich 4–12 mm, in Sonderfällen sind Dicken von 0,8–38 mm möglich. Oberflächenbehandelte Furnierplatten haben Edelholzdeckschichten, sind lackiert oder beschichtet, z.B. mit Kunststoff oder Metall.

**Innensperrholz** gibt es mit Verleimungen für unterschiedliche Anforderungen:
● Die Verleimung IF 20 ist beständig gegen die in geschlossenen Räumen zu erwartende Luftfeuchtigkeit.
● Die Verleimung IW 67 ist auch gegen höhere Luftfeuchtigkeit beständig. Sie hält dem kurzzeitigen Einwirken von 67°C heißem Wasser stand.

### Außensperrholz
● Die Verleimung A 100 ist beständig gegen Wassereinwirkung im Freien und begrenzt wetterbeständig.
● Die Verleimung AW 100 ist witterungs- und tropenbeständig.

**Holzspanplatten** bestehen aus Holzspänen, die mit Bindemitteln verbunden sind. Das Gewicht der Spanplatten ist relativ groß.
Nach Preßrichtung werden unterschieden:
● Flachpreßplatten. Die Späne liegen vorzugsweise parallel zur Plattenebene. Sie haben im Querschnitt unterschiedliche Strukturen. So gibt es ein- und mehrschichtige Platten mit allmählichen Übergängen. Im Möbel- und Innenausbau finden vorwiegend Flachpreßplatten (FPY) mit fünfschichtigem Aufbau Verwendung. Ihre Herstellung erfolgt in Dicken bis zu 70 mm. Sie können in beliebiger Richtung überfurniert werden.
● Strangpreßplatten. Die Späne liegen hauptsächlich senkrecht zur Plattenebene. Sie werden auch als Röhrenspanplatten hergestellt. Sie haben eine geringe Biegesteifigkeit und werden deshalb durch Beschichtungen versteift. Ihr Einsatz ist vergleichbar dem von Stab- bzw. Stäbchensperrholz.

**Stab- bzw. Stäbchensperrholz** (Tischlerplatten) ist Sperrholz mit einer Mittellage aus Holzstäben und mindestens einem Furnier auf jeder Seite. Mittellage und Furnier werden kreuzweise miteinander verbunden. Das Gewicht von Stab- und Stäbchensperrholz ist relativ gering.

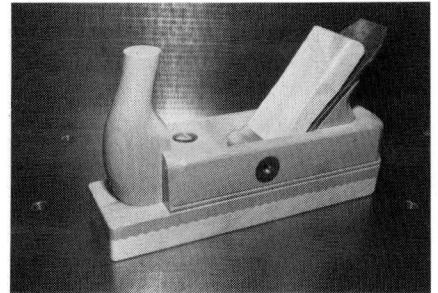 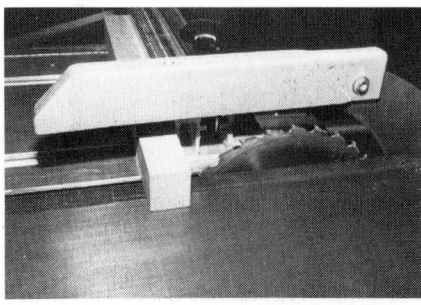 

Die **Holzbearbeitung** kann von Hand oder mit Maschinen erfolgen.

**Handarbeit** wird immer seltener. Sie wird fast nur noch dann ausgeführt, wenn der Einsatz von Maschinen aus technischen, lokalen oder aus finanziellen Gründen nicht möglich ist.

**Maschinenarbeit** spart nicht nur Kraft und Zeit, sie liefert in der Regel auch saubere Leistung.

Die **Maschinen** werden nach ihrer Funktion, der zu erbringenden Leistung und der Art ihrer Ausführung unterschieden. So gibt es neben ortsfesten Maschinen transportable Ausführungen, deren Leichtigkeit in ausgesprochenen Handmaschinen gipfelt.
● Das Arbeiten an und mit Maschinen ist und bleibt nicht ungefährlich. Daher sind vielfältige Schutzvorrichtungen erforderlich.

Unter **Schneiden** versteht man in der Holzbearbeitung das Trennen von Werkstoffen mit der Säge. Nur mit Zusatzanmerkungen ließe sich darunter das Schneiden im üblichen Sinne mit dem Messer verstehen (z. B. beim Zusammensetzen von Furnieren). Heute können fast alle Materialien mit entsprechenden Maschinen geschnitten werden.
● Kreissägen können nur gerade Schnitte ausführen. Sie laufen schnell und liefern sehr saubere Schnitte.
● Bandsägen können auch geschweifte Schnitte ausführen. Sie laufen langsamer als Kreissägen und haben einen vergleichsweise rauhen Schnitt.

Für besondere Aufgaben gibt es Spezialsägen:
● Dekopiersägen sind für schwache Dickten und kleine Arbeiten geeignet, z. B. zum Schneiden von Intarsien.
● Stichsägen erlauben Ausschnitte in Flächen, wenn durchlaufende Schnitte vom Rand zu vermeiden sind.
● Handsägen, z. B. Schlicht- und Absetzsägen, haben schmale Blätter, die im Gestell verspannt sind.
● Fuchsschwänze und Feinsägen haben breite Blätter mit Griffen daran. Sie haben die gespannten Sägen fast abgelöst.
● Gratsägen sind schon als historische Werkzeuge zu bezeichnen. Zum einen wird kaum noch gegratet, da im Flächenbau Massivholzplatten fast schon durch Holzwerkstoffplatten abgelöst wurden, zum anderen wird dann maschinell gegratet. Die Gratsäge ist jedoch erwähnenswert, weil sie die einzige Säge ist, die nicht auf Stoß, sondern auf Zug wirksam ist.
Der Einsatz von Sägen hat Einfluß auf die Sägeblätter:
● Das Ablängen quer zur Faser wie das Von-Breiten-Schneiden erfordern andere Sägen als das Formatschneiden von Holzwerkstoffen, das Herstellen von Verbindungen (z. B. Schlitzen und Absetzen) andere als das Schweifen.

Das **Hobeln** dient in erster Linie dem Glätten von Flächen und Kanten. Darüber hinaus müssen die geschaffenen Flächen weiteren Ansprüchen genügen, z. B. müssen Kanten gerade, Flächen plan (d. h. nicht windschief) und Dickten gleich stark sein.

Das **Hobeln von Hand**
● Das Glätten erfolgt mit kurzen Hobeln, deren Eisen um so steiler stehen, je feiner die Spanabhebung sein soll. Die Hobeleisen haben aufgeschraubte Platten zur Spanbrechung, z. B. Doppel- und Putzhobel.
● Das Abrichten erfolgt mit langen Hobeln. Die Höhen werden an Kanten wie auf Flächen abgerichtet und die Tiefen ausgeglichen. Das Planhobeln erfolgt nach Augenmaß durch Fluchten.
● Das Dicktenhobeln wird mit dem Streichmaß an den Kanten kontrolliert.
● Das Kantenanstoßen erfolgt im rechten Winkel zu den Flächen.
● Das Putzen dient der Glättung der Oberflächen.
Sonderformen des Hobels sind zum Teil nicht mehr gebräuchlich:
● Zahnhobel dienen der Vorbereitung von Flächen zum Absperren und Furnieren. Sie kratzen die Flächen rauh und gleichen letzte Unebenheiten aus.
● Profil- und Nuthobel haben Jahrhunderte gedient und sind heute durch den Einsatz von Fräsmaschinen abgelöst.

Das **Hobeln mit der Maschine** erfolgt durch Abrichter und Dickenhobler. Ihre Bezeichnung kennzeichnet die Tätigkeiten, die die gleichen sind wie beim Hobeln von Hand. Sie unterscheiden sich in Größe, Stabilität und Ausstattung. In der Regel sind sie mit Spanabsaugevorrichtungen kombiniert. Für die Bearbeitung großer Teile ist ihre Aufstellung auch manchmal beweglich.

**Maschinen-Handhobel** verbinden die Vorteile beider Bearbeitungsmöglichkeiten. Ihr Einsatz erfolgt hauptsächlich außerhalb der Werkstätten bei Montagearbeiten.

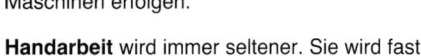

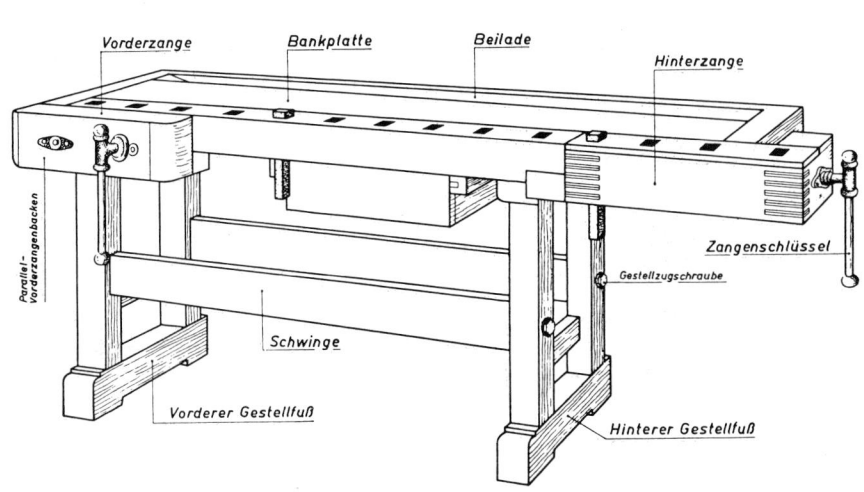

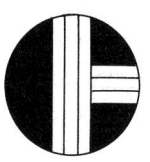
Das **Fräsen** dient der Herstellung von Verbindungen, z.B. von Fälzen und Nuten, Schlitzen und Zapfen, Zinken und Graten. Ebenso lassen sich durch das Fräsen Profilierungen herstellen, z.B. Fasen und Abplattungen, Rundungen und Kehlen, die einzeln oder kombiniert ausgeführt werden können.
● Fräsmaschinen haben eine vertikal verstellbare Spindel, auf welcher die aufgesetzten Fräseisen bei hohen Geschwindigkeiten gedreht werden.
● Fräseisen brauchen zur Bestimmung ihrer Eingreiftiefe Führungen. Dazu dienen Ringe auf der Spindel oder Gleitschienen vor den Fräseisen.
● Zu unterscheiden sind das Seiten- und das Oberfräsen. Die Fräser wirken einmal durch ihre Drehung um die Spindel, zum anderen durch ihre Fixierung auf der Spindel. Einmal wird das Werkstück seitlich an die Eisen herangeführt, zum anderen wird beim Oberfräsen das Werkstück, das flach auf dem Frästisch liegt, von unten ausgefräst (z.B. beim Einziehen einer Gratnut).
● Das Durchlauffräsen unterscheidet sich vom Einsatzfräsen dadurch, daß die Werkstücke durchlaufend gefräst werden, vom Anfang bis zum Ende, oder nur stückweise.
● Das Fräsen von Langholz ist sehr viel einfacher als das Fräsen von Hirnholz, das ausgesprochen gefährlich ist und den Einsatz von Halte- und Schutzvorrichtungen verlangt.
● Das Bockfräsen erlaubt die Bearbeitung jeder erdenklichen Schweifung. Die Maschine hat gewisse Ähnlichkeiten mit einer Drehbank.
● Beim Schablonenfräsen folgen die Ringe einer Schablone und übertragen ihre Form auf das Werkstück.
● Das Kettenfräsen dient der Herstellung von Zapfenlöchern. Es erfordert eine besondere Maschine, die mit einer Bohrmaschine zu vergleichen ist. Sie wird bei der Herstellung von Türrahmen eingesetzt.

Das **Putzen** und **Schleifen** stellt die Schlußphase des Fertigungsablaufs dar. Alle sichtbar bleibenden Flächen erhalten die für ihre Oberflächenbehandlung erforderliche Sauberkeit und Glätte.
● Beim Putzen von Hand wird mit dem Putzhobel vorgearbeitet, mit dem Schabhobel oder der Ziehklinge abgezogen, mit warmem Wasser gewässert und mit Sandpapier verschiedener Körnung mehrfach geschliffen.
● Maschinell wird nur vorgeschliffen, gewässert und nachgeschliffen.
● Das Schleifen gibt einer Fläche endgültig die gewünschte Glätte.
● Zu streichende Tischlerarbeiten können quer und lang geschliffen werden. Für feine Arbeiten ist nur in Faserrichtung zu schleifen.
● Beim Schleifen von Hand wird Sandpapier um einen Schleifblock aus Kork gelegt.
● Maschinell erfolgt das Schleifen kleiner Teile an vertikal stehenden Scheiben. Flächen werden an Bandschleifmaschinen geschliffen, unter deren schmalem Band sie hin- und hergeschoben werden.
● Bei Walzenschleifmaschinen laufen die Werkstücke durch und werden von drei Zylindern hintereinander bearbeitet.
● Handschleifmaschinen sind kleine Bandschleifer.

Das **Bohren** ist ein Bearbeitungsverfahren zur Herstellung von Löchern, in die Verbindungsteile, z.B. Dübel und Zapfen, oder Möbelelemente, z.B. Sprossen, eingesteckt werden.
● Das Handbohren erfolgt bis auf Ausnahmen mit Bohrern, die eine Spitze oder ein Einzugsgewinde vor Schneid- und Spanschaufeln sowie Schnecken zur Spanführung haben. Sie werden in Bohrgeräte eingespannt, in die sog. Bohrwinden.
● Je nach dem zu bearbeitenden Material unterscheidet man Holz-, Metall- und Steinbohrer. Für die Holzbearbeitung unterscheidet man Bohrer für Langholz und Hirnholz von denen für Holzwerkstoffe. Die Bohrer sind fest oder verstellbar auf beliebige Lochweiten.
● Bohrer ohne Bohrspitze sind eine Ausnahme. Sie werden verwendet für stumpfe Bohrgründe, z.B. bei schwachen Dickten, die durch Bohrspitzen nicht verletzt werden dürfen.
● Das Maschinenbohren erfolgt mit vertikaler oder horizontaler Bohrachse, je nach Einsatz. Maschinenbohrer erlauben nicht nur das Bohren in die Tiefe, sondern mit speziellen Langlochbohrern auch das Bohren in seitlicher Richtung, so daß Langlochschlitze entstehen, wie sie als Zapfenlöcher gebraucht werden.
● Handbohrmaschinen mit Schnell- und Langsamgang, mit und ohne Schlagwerk, sind vor allem für Montagearbeiten heute unersetzlich. In die Bohrfutter lassen sich auch andere Werkzeuge einspannen, z.B. Schraubenzieher und Schmirgelscheiben.

Das **Stemmen** erfolgt bei der Holzbearbeitung ausschließlich von Hand.
● Stecheisen werden eingesetzt, wenn mit dem Ausstechen der Holzteile kein Hebeln verbunden ist, z.B. beim Zinken oder Ausstechen der Zapfenanteile beim Schlitzen.
● Lochbeitel sind so dimensioniert, daß mit ihnen Holzteile nicht nur herausgestemmt, sondern auch gehebelt werden können, z.B. bei tiefen Zapfenlöchern. Sie werden auch mehr zimmermannsmäßig über die Faust geschlagen.
● Maschinell werden Zapfenlöcher ausgefräst, was damit kein eigentliches Stemmen, sondern Bohren ist. Die Spezialmaschine dafür hat kleine Fräseisen auf Kettengliedern, die über eine Stahlzunge laufen. Der Fräsgrund der Löcher ist damit rund.

Mit **Raspeln** und **Feilen** werden geschweifte und gebogene Werkstücke mit unregelmäßigen Formen bearbeitet, für die Hobel nicht verwendet werden können. Raspeln werden für grobe Vorarbeiten, Feilen für die Nacharbeiten eingesetzt. Die Raspeln haben Zähne mit unterschiedlich grobem Sieb. Feilen unterscheidet man nach ihrer Form: flach, dreieckig und vierkantig sowie flach-, halb- und vollrund. Ihre Hiebstruktur ist unterschiedlich.

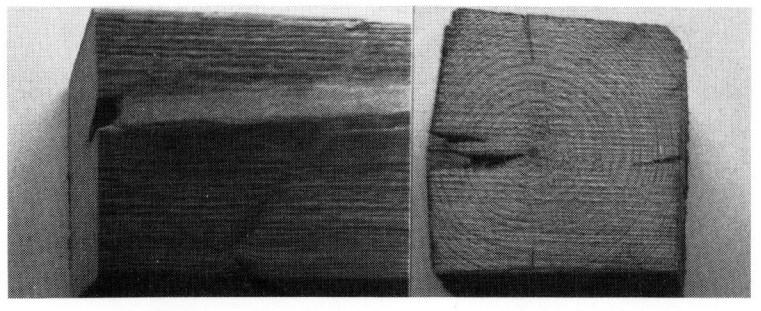
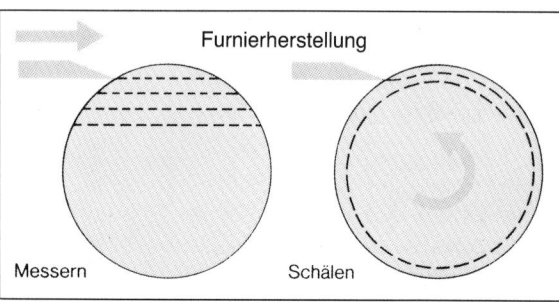

Furnierherstellung

Messern                Schälen

Die **Korrektur von Schadstellen** oder störenden Holzstrukturen erfolgt durch das Einsetzen von Holzstücken oder durch das Ausfüllen mit Kitten und Spachteln. Löcher und Risse zu schließen, Äste auszubohren und Kanten auszubessern, um Holz- und Holzwerkstoffe für die Weiterverarbeitung, z.B. Oberflächenbeschichtung oder -behandlung vorzubereiten, ist eine besondere Aufgabe.

Das **Einsetzen von Holz** an Schadstellen ist eine aufwendige Lösung, die nicht geringe Schwierigkeiten bereitet.
● Die Holzfasern der Teile müssen in Art und Richtung aufeinander abgestimmt werden.
● Die Fugen, vor allem quer zur Faser, sind unauffällig zu gestalten, z.B. durch keilförmige Ausbildung.
● Die Stücke sind durch Leimen in den Flächen zu fixieren, an Vollholzkanten zusätzlich durch schwalbenschwanzförmige Einfassungen.
● Wirtschaftliche Lösungen sind das Einbohren von sog. Querholzdübeln, mit dem vor allem Äste ausgesetzt werden.
● Alle Ausbesserungen ergeben bei aller Sorgfalt mehr oder weniger sichtbare Stellen.
● Die beste Lösung ist daher das Herausschneiden von Schadstellen und das Verleimen der Holzteile.

**Kitte** und **Spachtel,** früher als Notlösungen zur Korrektur geduldet und bei besseren Arbeiten verpönt, sind heute salonfähig geworden. Oft sind sie zwingend notwendig.
● Die Kitte sind in ihrer Qualität heute teilweise sehr gut, so daß sie haltbar und nahezu unsichtbar eingebracht werden können. Damit sind diese Lösungen gegenüber anderen überlegen.

Das **Kitten** von Schadstellen in Holz und Holzwerkstoffen ist eine einfache Lösung, die jedoch auch Nachteile hat.
● Spachtelfähige Kitte enthalten immer Feuchtigkeit. Darum fallen Spachtelstellen nach dem Trocknen ein, so daß mehrfaches Spachteln und Schleifen erforderlich sein kann.
● Kitte können zwar durch Farbzusätze den auszubessernden Stellen angeglichen werden, durch ihre andere Struktur fallen Kittstellen jedoch meist auf.
● In verdeckten Positionen sind Kittstellen unproblematisch, z.B. unter Anstrichen und Furnieren.
● An sichtbaren Stellen sind Kittstellen zu unterscheiden, die vor oder nach der Oberflächenbehandlung vorgenommen werden müssen.
● Die Reparatur von Oberflächen ist umso schwieriger, je glatter eine Oberfläche ist, z.B. bei Polituren.
● Die Kittherstellung erfolgte einst vom Tischler mit Leim, Spänen und Kreide oder vom Polierer mit Schellack, Spiritus und Bimsmehl, vom Glaser mit Kreide und Leinöl.
● Heute sind Fertigkitte für alle Einsatzgebiete erhältlich, für rohes oder behandeltes Holz, zur Anwendung innen und außen, für Fugen in Flächen oder zwischen verschiedenen Materialien, für feststehende oder sich bewegende Materialien und Konstruktionen.
● Man unterscheidet unelastische von elastischen Kitten, glatte von solchen mit Strukturbildung, z.B. durch Beimengung von Sand zur Angleichung an rauhes Holz, wie es in der Altbausanierung vorkommt.
● Kitte helfen nicht nur, Schadstellen auszubessern, sie werden auch konstruktiv eingesetzt.
● Im Möbelbau dienen Porenfüller mit Bimsmehl schon immer zum Schließen offener Wachstumsstrukturen.
● Im Innenausbau werden Verkleidungen mit Gipskartonplatten an den Stoßfugen zur konstruktiven Sicherung verspachtelt.
● Im Fensterbau werden Glasflächen schon immer mit Kitt eingesetzt.
● Im Metallbau werden Schweißnähte verspachtelt.

**Furniere** sind nach DIN 68330 dünne Blätter aus Holz in Stärken bis zu 8 mm. Sie dienen gestalterischen wie technischen Zwecken gleichermaßen.
● Absperrfurniere unterbinden das Arbeiten von Vollholzflächen. Durch beidseitiges Furnieren quer zur Faser sperren sie diese ab. Ihre Stärke beträgt 1–3,5 mm.
● Blindfurniere sichern den Untergrund für empfindliche Deckfurniere durch ihre Diagonalanordnung. Beidseitige Blindfurniere werden in gleicher Diagonalrichtung angeordnet.
● Deckfurniere dienen der Gestaltung. Zum Einsatz kommen edle Hölzer in Stärken von 0,6 mm bis 3 mm. Deckfurniere können in unterschiedlicher Weise angeordnet werden: glatt, durchlaufend oder im Rapport gestürzt, mit Friesen oder Intarsien.
● Die Herstellung der Furniere erfolgt durch Schälen, Messern oder Sägen besonders vorbereiteter Stämme (z.B. durch Dämpfen).
● Schälfurniere werden in endlosen Bahnen preiswert hergestellt.
● Messerfurniere werden lagenweise vom Stamm abgetragen.
● Sägefurniere werden geschnitten. Wegen der anfallenden Schnittverluste sind sie relativ teuer.

**Färben und Beizen**
Nicht behandelte Hölzer bekommen im Laufe der Jahrzehnte eine dunkle Färbung, welche die Eigenarten des Holzes unterstreicht. Diese positive Veränderung kann gleich nach der Fertigung künstlich erzeugt werden.
● Beim Färben wird der Holzfaser Teerfarbstoff zugeführt. Für diese Farbanlagerung werden Anilinfarben verwendet.
● Beim Beizen entwickelt sich der Farbstoff im Holz. Die Farbeinlagerung muß grundsätzlich zweimal hintereinander erfolgen.
● Man unterscheidet Nußbeizen, Farbstoff-, Salmiak- und Räucherbeizen, Chromkali-, Wachs- und Spiritusbeizen sowie chemische Beizen.
● Das Räuchern ist die vollkommenste Art zu beizen. Mit Salmiakgeist wird durch Gasbildung eine graubraune Tönung erzielt, durch Zusatz von Metallsalzen auch andere. Obwohl sich alle Hölzer auf diese Weise beizen lassen, wird sie fast ausschließlich für Eiche wegen ihres hohen Gerbsäuregehaltes verwendet.

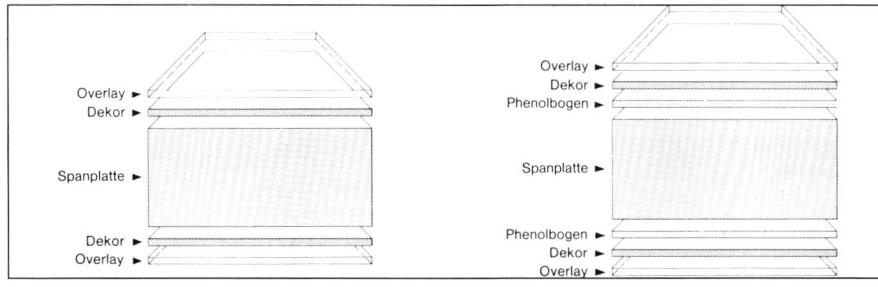

Das **Polieren** schützt Möbel durch eine glänzende, durchsichtige, vollständig geschlossene Schicht. Die natürliche Schönheit des Holzes tritt damit leuchtend hervor. Beschädigungen der Politur bedingen jedoch aufwendige Reparaturen. Das Polieren erfolgt mit Schellack-, Zellulose- oder Kunstharzpolituren.
● Schellackpolitur stellt man am besten nach Gewichtsverhältnissen her, z.B. 1 kg Schellack auf 3 Liter Spiritus.
● Zellulose- und Kunstharzpolituren bestehen aus einer Mischung von Nitrozelluloselack mit Schellackpolitur.

### Ätzen und Sandeln
Eine reliefartige Wirkung erzielt man auf Holz durch seine Behandlung mit Sandstrahlgebläsen sowie durch Ätzen mit Schwefelsäure.
● Die weichen Jahresringe werden durch das Ätzen oder Sandeln stärker angegriffen, während die harten stehen bleiben.

### Wachsen und Mattieren
Ungeschützte Holzoberflächen weisen rasch Wasserflecke und Schmutzstellen auf. Schutzschichten aus Zellulosegrund oder dünner Schellackpolitur sehen gut aus und lassen sich leicht erneuern. Wachse erzeugen stumpfmatte Flächen.
● Bienenwachs, z.B. 1:3 mit Terpentinöl, wird mit dem Pinsel aufgetragen.

### Streichen und Lackieren
● Harte widerstandsfähige Anstriche erfolgen in mehreren Arbeitsgängen: Einlassen der Äste in Schellackpolitur, Verkitten, Schleifen und Firnissen. Erster Anstrich leicht deckend mit Firnis und Terpentin, danach Schleifen. Zweiter Anstrich deckend und Lackierung.
● Spritzlackieren ist durch die Erfindung des Nitrozelluloselackes möglich geworden und damit die maschinelle Holzoberflächenbearbeitung. Der Auftrag des farblosen oder farbigen, matten oder glänzenden Lacks erfolgt mit Spritzpistolen.

### Abbeizen und Bleichen
● Das einfachste Mittel zur Entfernung von Farben, Lacken und dergl. ist Natronlauge, sie zerstört alle Überzüge restlos.
● Als Bleichmittel werden Schwefel- und Salzsäure sowie Wasserstoffsuperoxyd verwendet.

**Oberflächenvergütungen** von Holz- und Holzwerkstoffen dienen der Verschönerung und zum Schutz bei Beanspruchung. Der Belag kann flüssig aufgetragen werden, oder er besteht aus Platten bzw. Folien, die aufgeleimt oder -geklebt und je nach Verfahren unter Druck, mit und ohne Wärme, aufgebracht werden.

### Kunststoffe
Zu unterscheiden sind:
● Duroplastische Kunststoffe, die sich im ausgehärteten Zustand auch durch Wärme und Druck nicht verformen lassen.
● Thermoplastische Kunststoffe, die bei Erwärmung verformbar werden.

**Anwendung** im Möbel- und Innenausbau, vor allem in haustechnischen Räumen, finden Kunstharzoberflächen und Kunststoffformteile.

**Kunststoffoberflächen** werden glänzend oder matt, mit unterschiedlichen Strukturen und Farben gefertigt. Beschichtet werden Holzfaserhartplatten ebenso wie Holzfaserplatten.
● Schichtpreßstoffplatten bestehen aus harzgetränkten, unter Druck und Hitze gepreßten Papierschichten. Sie sind lichtecht und geruchfrei, können aber empfindlich gegenüber Fetten, Laugen und Säuren sein.
● PVC-Folien (PVC = Polyvinylchlorid) gehören zu den thermoplastischen Kunststoffen. Sie können weich oder hart eingestellt sein. Sie sind nicht wärmebeständig, nicht antistatisch und im allgemeinen nicht lichtecht.

**Kunststoff-Formteile** bestehen aus Kunststoffen oder aus melaminharzbeschichteten Holzwerkstoffen. Sie werden in formgebenden Werkzeugen gepreßt, gespritzt oder durch Tiefziehen hergestellt.
● Duroplastische Preßmassen werden für Formteile verwendet, die bestimmte technische Eigenschaften haben müssen, z. B. Formbeständigkeit.
● Thermoplastische Massen werden für Formteile verwendet, die bei hoher Schlagfestigkeit und Elastizität auch gute Verformbarkeit erlauben. Der Werkstoff wird in Formen gespritzt oder er wird in Platten zu Formteilen tiefgezogen.
● Faserverstärkte Polyester sind Massen, die durch Beimischung, z.B. durch Glasfasern, gegen mechanische Beanspruchung besonders widerstandsfähig sind. Der Werkstoff wird in Formen oder durch Aufeinanderschichten von Fasermatten verarbeitet.
● Formteile aus kunststoffbeschichteten Holzwerkstoffen werden aus Sonderspänen geeigneter Weichhölzer hergestellt, die mit Kunstharzen versetzt in Formen gepreßt werden.

**Holzverbindungen** stellen festverleimte, in-einandergreifende, steife Zusammenfügungen dar.
● Ausnahmen sind die stumpfen Fugen, bei denen der Verband ausschließich auf Verleimung beruht.
● Verkeilte Rahmenecken können auch ohne Verleimung auskommen.
● Zerlegbare Möbelverbindungen sind keine eigentlichen Holzverbindungen, sondern Zusammen-Halterungen mit spezieller Funktion.

**Beschränkungen** bei der Wahl von Holzverbindungen bestehen auf Grund der natürlichen oder künstlichen Struktur des Materials.
● Vollholz erlaubt mit seinem Faseraufbau auch Stollen-, Rahmen- und Zargenverbindungen.

////// Vollholz
xxx  Vollholz oder Holzwerkstoffe

● Holzwerkstoffplatten, wie Sperrholz und Spanplatten, sind mit Ausnahme von Tischlerplatten richtungslos. Ihr Einsatz ist begrenzt auf Plattenverbindungen.
● Die Verbindung von Vollhölzern und Holzwerkstoffplatten untereinander ist ebensogut möglich wie miteinander.
● Bauteile, für die Holzwerkstoffe ebenso wie Vollholz verwendet werden können, sind in diesem Buch mit Rasterflächen gekennzeichnet. Im übrigen sind die Materialien entsprechend der DIN schraffiert.

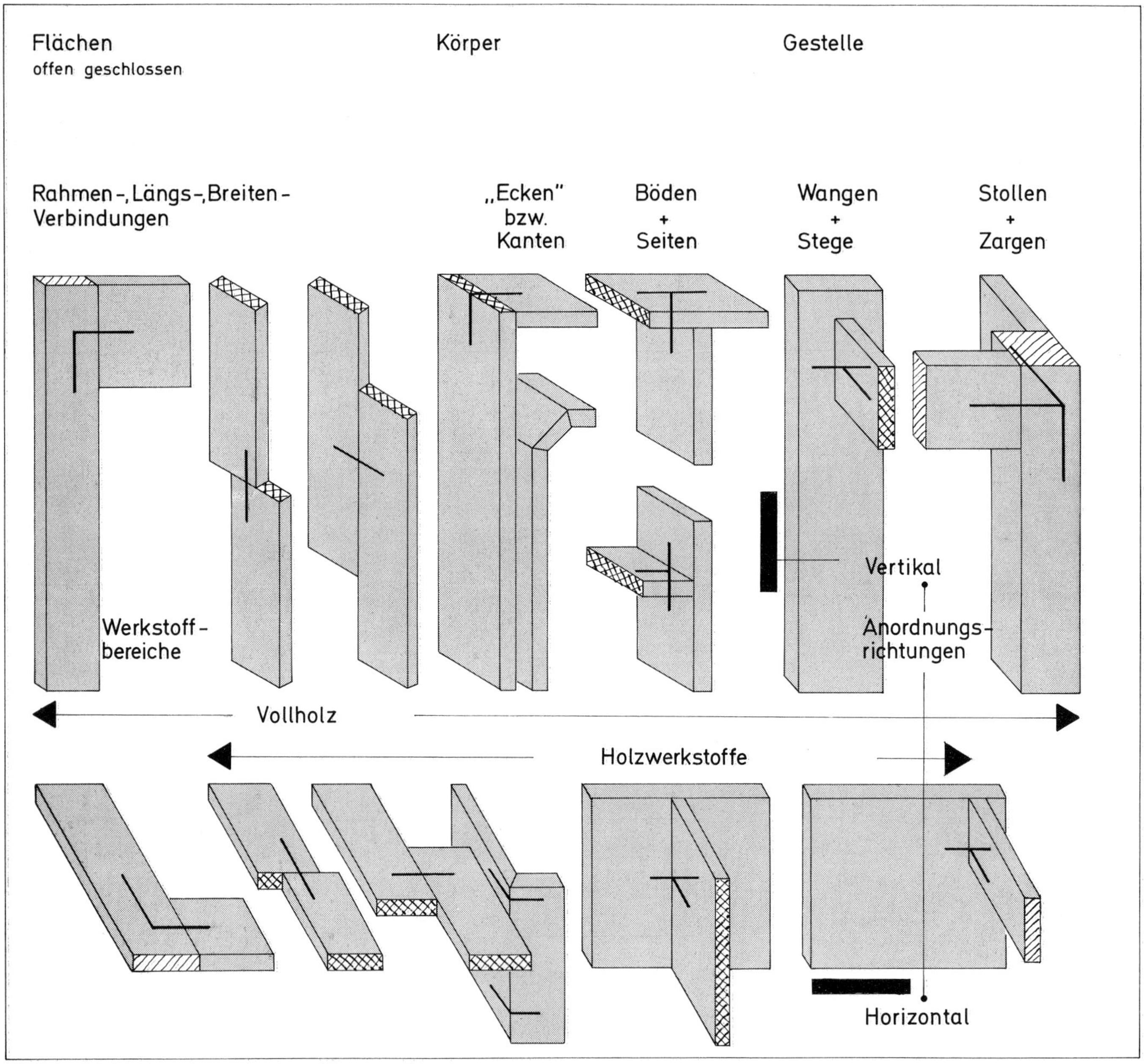

---

Flächen
offen geschlossen

Körper

Gestelle

Rahmen-,Längs-,Breiten-
Verbindungen

„Ecken"
bzw.
Kanten

Böden
+
Seiten

Wangen
+
Stege

Stollen
+
Zargen

Werkstoff-
bereiche

Vertikal

Anordnungs-
richtungen

◄———— Vollholz ————►

◄———— Holzwerkstoffe ————►

Horizontal

---

Die **Einsatzgebiete** von Holzverbindungen bestehen bei der Herstellung von Flächen, Körpern und Gestellen. Die Anordnung der Bauteile und Verbindungen kann vertikal wie horizontal erfolgen. Z.B. können Rahmen stehend als Tischzargen oder liegend als Laufrahmen eingesetzt werden.

**Holzverbindungen**

Übersicht

---

•**Rahmen-
Verbindungen**

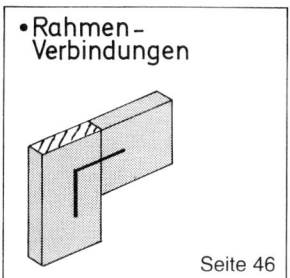

Seite 46

---

stumpf und auf
Gehrung

· schlitzen
· stemmen
· federn
· dübeln

---

▲

**Füllungen**

im Falz
in Nut
mit Stäben
mit Kehlstößen

---

**Rahmenverbindungen** werden stumpf oder auf Gehrung zusammengefügt. Die Rahmenstücke werden zusammengeschlitzt, gestemmt, gedübelt oder gefedert.
● Füllungen schließen die offenen Rahmen und werden von ihnen getragen. Sie werden, im Falz eingelegt oder in Nuten eingesteckt, mit Stäben oder Kehlstößen gehalten. Als Füllmaterial dienen Platten aus Holz oder anderen Werkstoffen. Glasplatten liegen im Kittbett.

---

•**Längs-
Verbindungen**

Seite 40

---

Hirnholz
leimen **nein** ●

· überblatten
· schlitzen
· dübeln
· federn
· fingern
· verkeilen

---

**Flächen**

geschlossen
und offen

**(Rahmen)**

---

**Längsverbindungen** werden überblattet, geschlitzt, gedübelt, gefedert und gefingert.
● Bis auf das Federn handelt es sich ausschließlich um Vollholzverbindungen. Sie werden nur dann verwendet, wenn sich ihr Einsatz nicht umgehen läßt. Einteilige Stücke sind besser als über das Hirnholz verbundene.

---

•**Breiten-
Verbindungen**

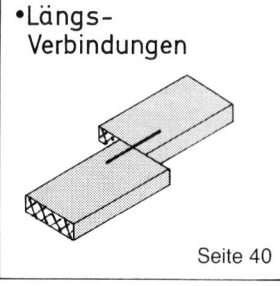

Seite 38

---

Langholz
leimen **ja** ●

fest:          lose:
· leimen       · nuten
· federn       · überschieben
· dübeln       · graten
· zapfen       · klammern
                · nageln

---

Als **Breitenverbindungen** sind am besten Leimfugen geeignet, die durch das Federn, Dübeln und Zapfen unterstützt werden.
● Unverleimte Breitenverbindungen werden genutet, überschoben, genagelt und geklammert.

---

•**Eck-u.Kanten-
Verbindungen**

Seite 41

---

(nageln)
· federn
· dübeln
· zinken

---

▼
▲

**Seiten + Böden**

Vollholz:
· graten
· leimen

allgemein:
· dübeln
· federn

---

**Eck- und Kantenverbindungen** sind das Nageln, Federn, Dübeln und Zinken. Hirnholz bzw. Schnittkanten von Platten werden dabei nicht, teilweise oder ganz verdeckt (z. B. beim Gehrungsstoß).
● Das Zinken von Hand oder mit der Maschine erfolgt ausschließlich bei Vollholzverbindungen. Schräge und runde Kanten werden gesondert behandelt.
● Seiten- und Bödenverbindungen durch Nageln, Dübeln und Federn sind allgemein einsetzbar. Das Graten und Keilen wird ausschließlich bei Vollholz angewendet.

---

•**Universal-
Verbindungen**

Seite 50

---

Keilzinken

· Längs-
· Rahmen-
· Gestell-
  Verbindungen

---

**Körper**

offen und
geschlossen

**(Gestelle)**

▼

---

**Universalverbindungen** stellen die Keilzinken dar. Sie erlauben Längs-, Rahmen- und Gestellverbindungen; sie sind ebenso rationell wie ästhetisch überzeugend. Noch erfordern sie Spezialmaschinen, die ihren Einsatz bisher nicht selbstverständlich machen.

**Flächenverbindungen**

**Abgesperrte Flächen** haben im Querschnitt Mittellagen, die je nach Qualität aus mehr oder weniger breiten Schnittholzbrettchen oder Dickten verleimt sind.
● Furnierschichten, die beidseitig quer zur Faser auf die Mittellage verleimt sind, halten die Flächen plan und hindern sie am Arbeiten. Falls Deckfurniere die Oberfläche zieren sollen, werden sie parallel zu den Fasern der Mittellage aufgeleimt.

## Leimen von Brettern
### Kern ausschneiden

Mittelbretter  Kern an Kern

Splint an Splint

Seitenbretter  entmischt –

Seitenbretter  im Wechsel +

**Vollholzflächen**
Um Spannungen aus dem gewachsenen Schnittholz zu nehmen, ist das Aufschneiden und das strukturgerechte Verleimen zu beachten.
● Mittelbretter sind aufzutrennen, der Kern ist herauszuschneiden, die Verleimung hat Kern an Kern und Splint an Splint zu erfolgen.
● Seitenbretter sind in schmale Streifen zu schneiden, die Verleimung erfolgt mit rechten und linken Seiten im Wechsel, da sonst einseitige Krümmungen eintreten.

**Hirnholzleisten,** die angefedert, stückweise eingeleimt oder verkeilt werden, sind flächenbündige Hilfskonstruktionen. Sie sollen Vollholzflächen gerade halten, ohne sie vollständig am Arbeiten zu hindern (z. B. bei Backbrettern).

**Gratleisten** sind klassische Konstruktionselemente, die Vollholzflächen das Arbeiten ungehindert erlauben und sie dennoch gerade halten. Sie haben allerdings den Nachteil der hervorstehenden Leiste (z. B. beim Reißbrett).

## Absperren von Platten

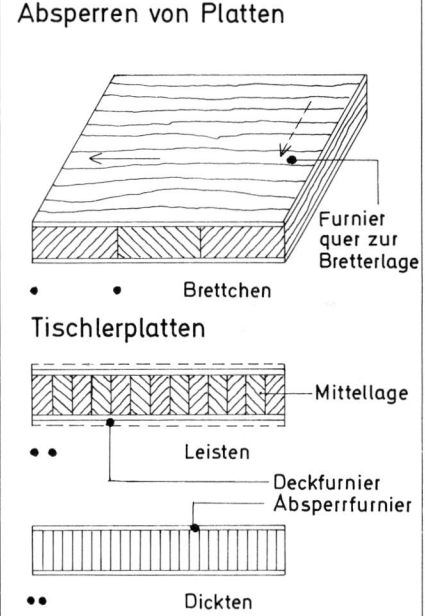

Furnier quer zur Bretterlage

● ● Brettchen

### Tischlerplatten

Mittellage

● ● Leisten

Deckfurnier
Absperrfurnier

● ● Dickten

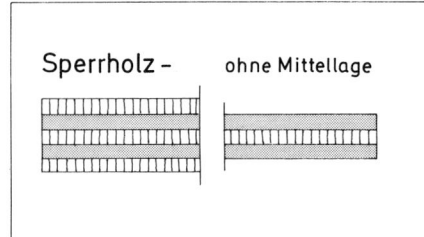

**Sperrholz** – ohne Mittellage

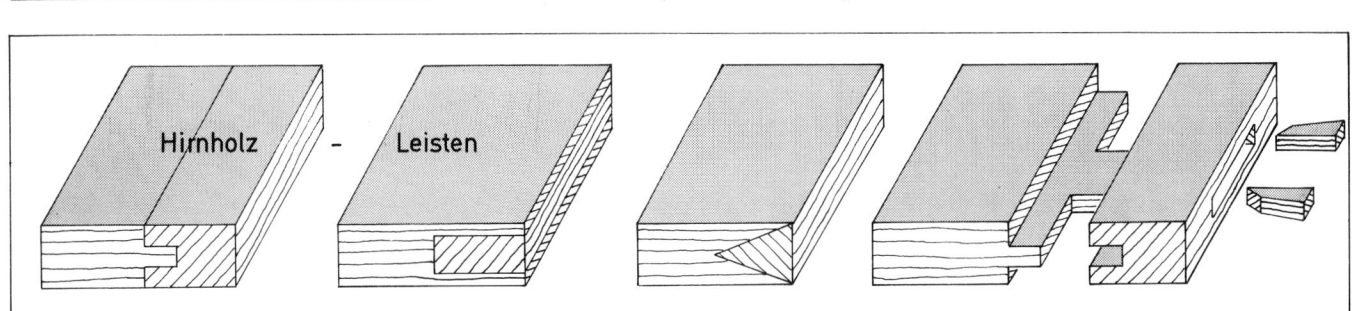

Hirnholz - Leisten

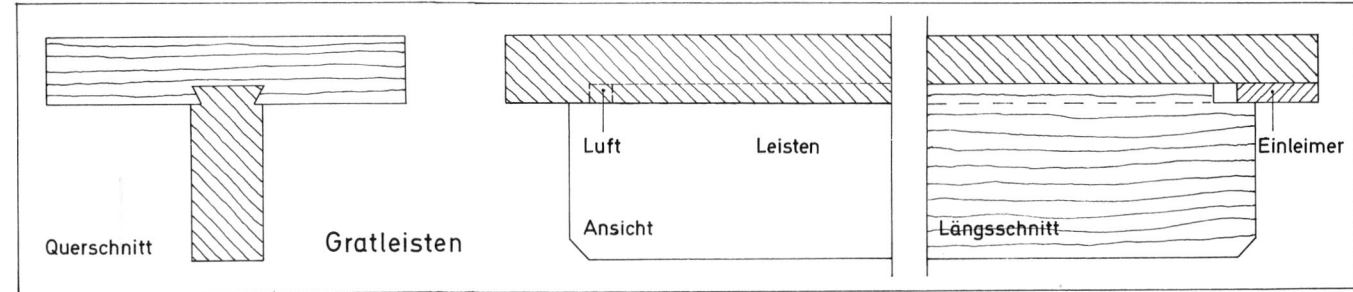

Querschnitt  Gratleisten  Ansicht  Längsschnitt

Luft  Leisten

Einleimer

**Breitenverbindungen** dienen der Herstellung von Flächen. Vollholzflächen werden aus Brettern verleimt und mit Gratleisten plan gehalten. Ebenso lassen sich Vollholzflächen aus schmalen Leisten und Dickten verleimen und durch quer aufgeleimte Furniere absperren.

## Holzverbindungen

Flächen- und Breitenverbindungen

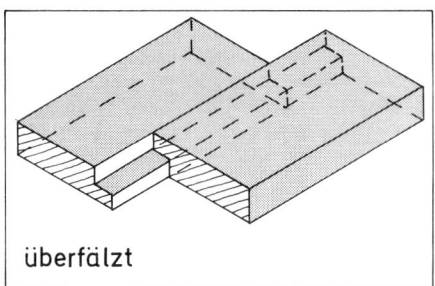

überfälzt

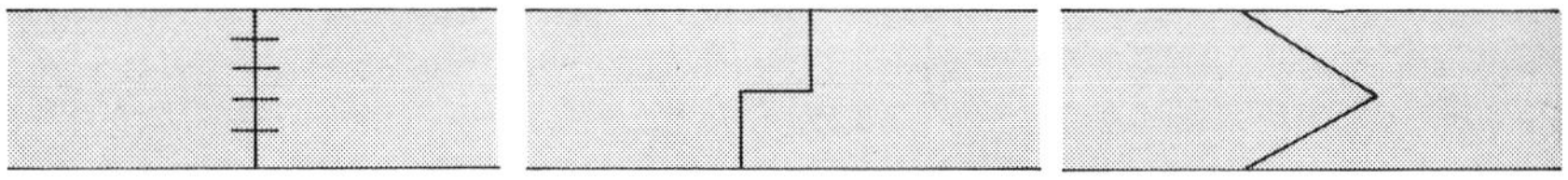

stumpfe Fuge          Überfälzung          Keilfuge

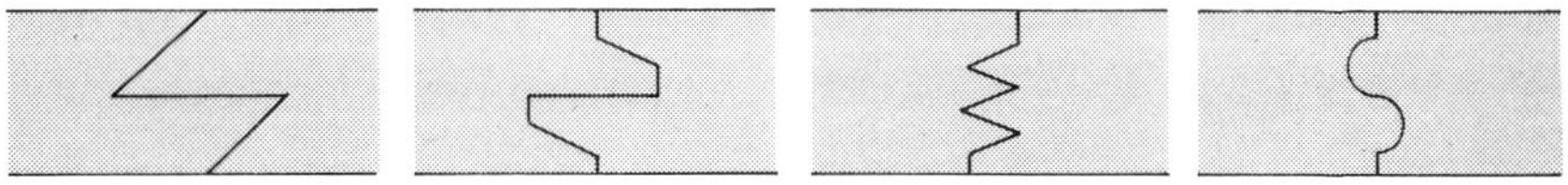

gefügt

einfach     mehrfach     profiliert     verzahnt

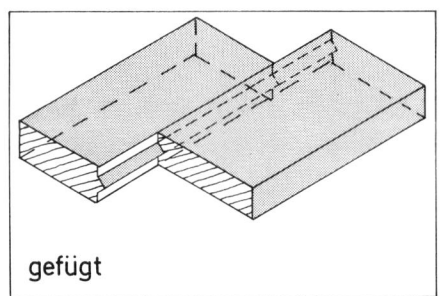

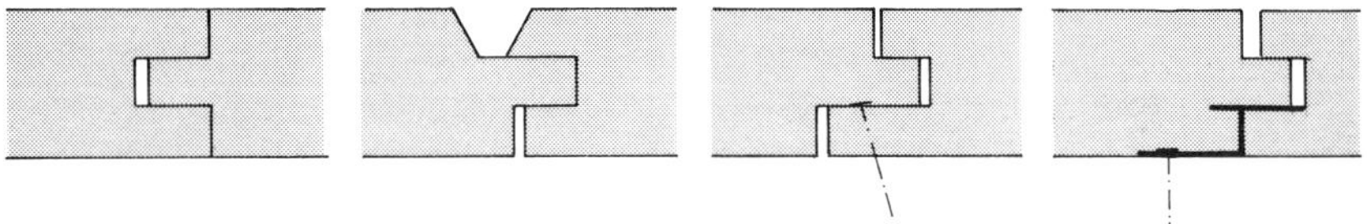

genutet

Nut und Feder     Ziernut     genagelt     mit Klammern

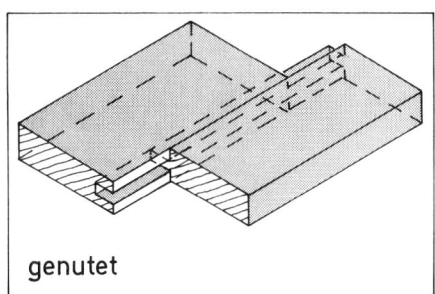

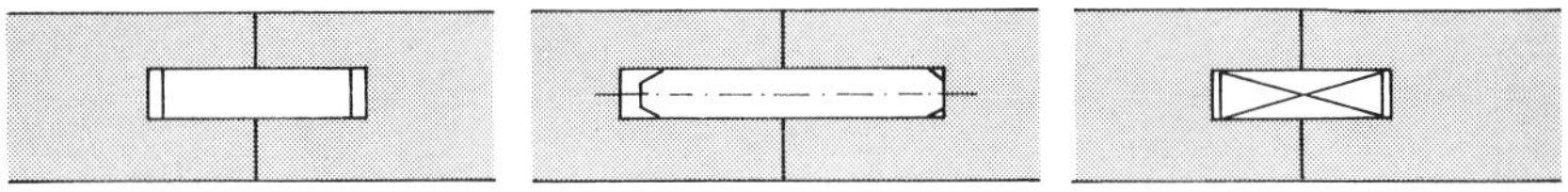

gedübelt

Feder          Dübel          Zapfen

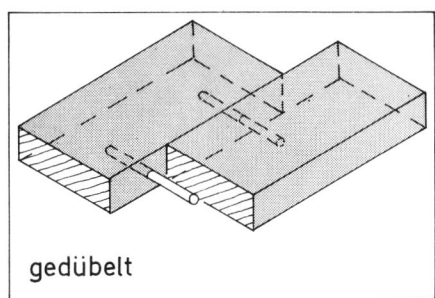

überschoben

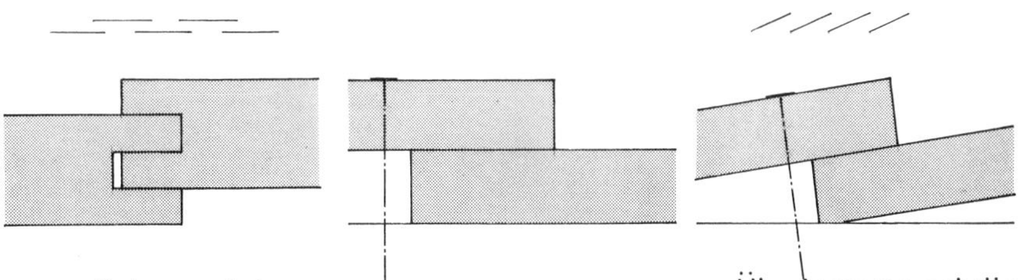

parallel versetzt                    Überlappung schräg

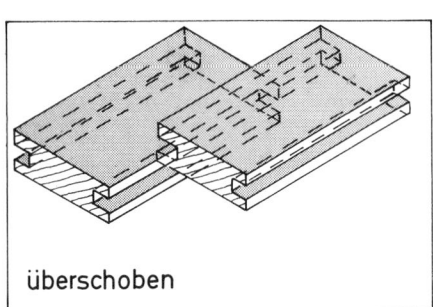

**Längsverbindungen** sind bis auf die Federn ausschließlich Vollholzverbindungen. Sie werden nur angewendet, wenn sie sich durch den Einsatz einteilig durchlaufender Hölzer nicht umgehen lassen. Da sich Hirnholz mit Hirnholz nicht verleimen läßt, sind die Konstruktionen der Längsverbindungen besonders wichtig.

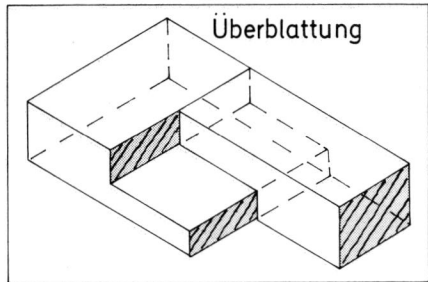

Überblattung

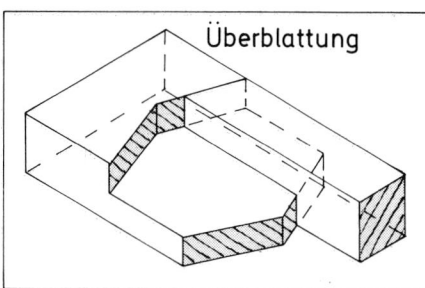

Überblattung

**Moderne Keilzinkenverbindungen** von Brettern und Bohlen sind durch beste Verleimungen sogar auf Zug beanspruchbar, so daß sie alle anderen Längsverbindungen ersetzen können. Lamellenartig verleimte Bretter mit versetztem Stoß werden heute beispielsweise schon zu Trägern verleimt, die 2 m hoch sein können und 40 m überbrücken.

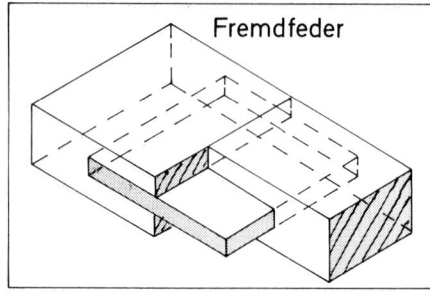

Fremdfeder

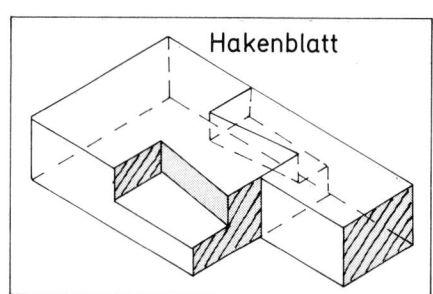

Hakenblatt

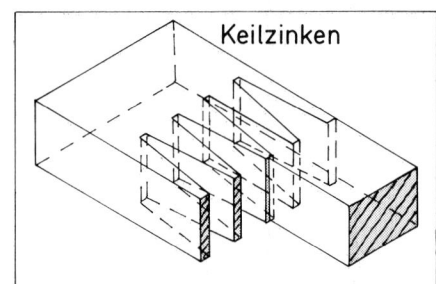

Keilzinken

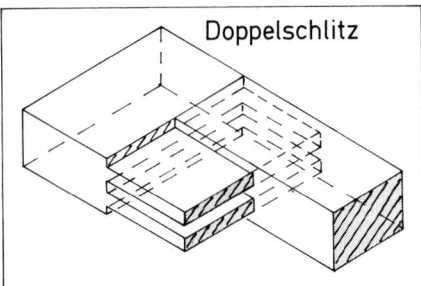

Doppelschlitz

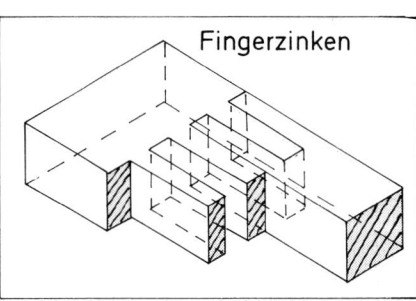

Fingerzinken

**Deutsche und französische Keilverbindungen** sind historisch bedeutende Längsverbindungen. Sie wurden nicht nur von Tischlern, sondern auch von Zimmerleuten angewendet, z. B. bei Deckenbalken großer Säle.

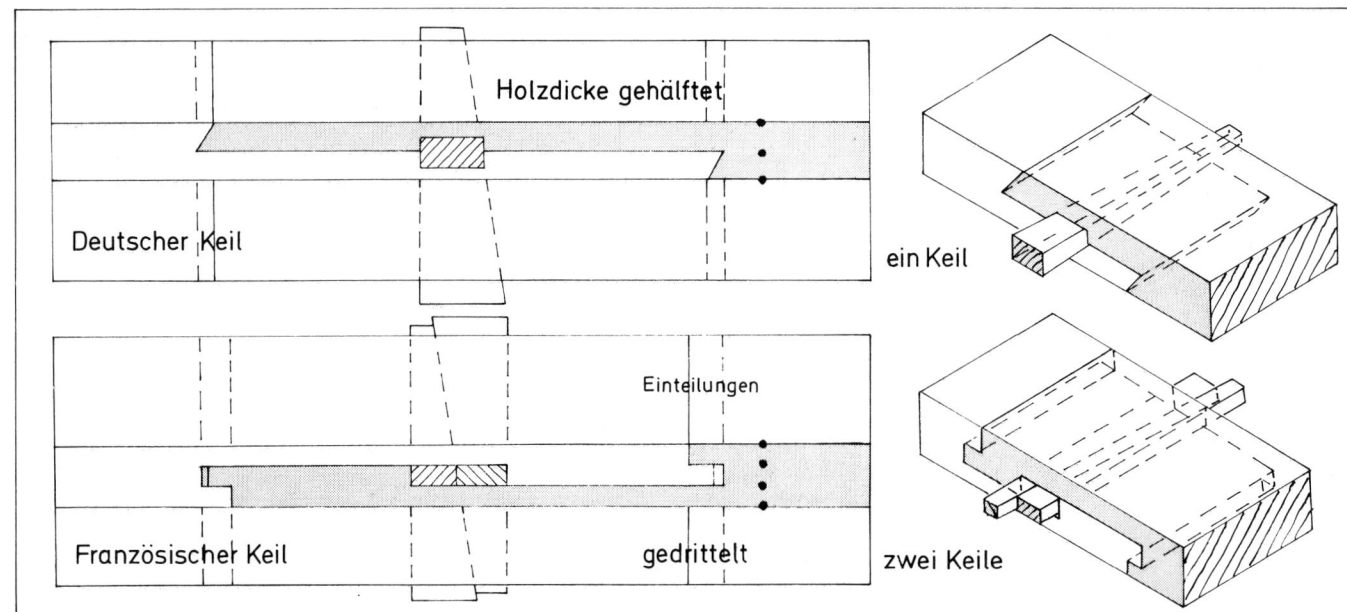

Holzdicke gehälftet

Deutscher Keil

ein Keil

Einteilungen

Französischer Keil

gedrittelt

zwei Keile

# Holzverbindungen

Längs- und Eck-
verbindungen

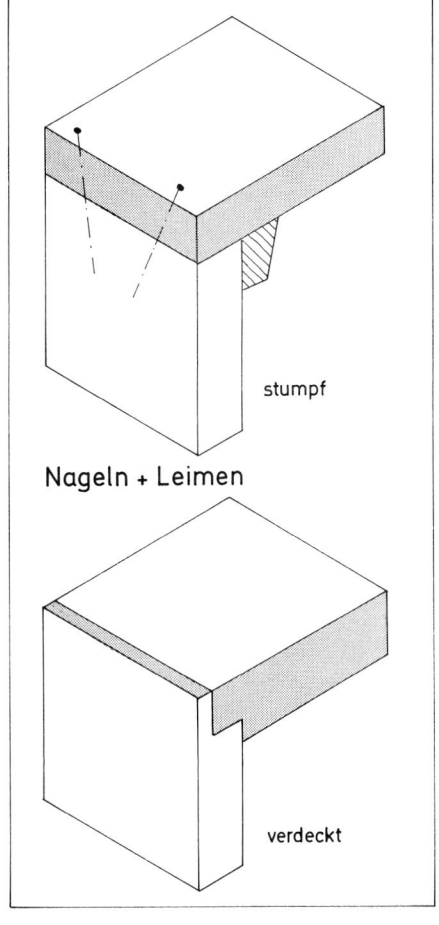

**Nageln + Leimen**

stumpf

verdeckt

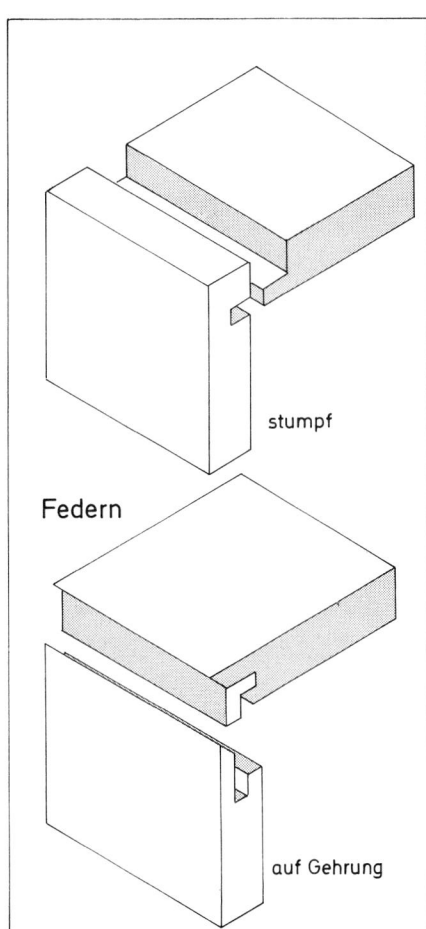

**Federn**

stumpf

auf Gehrung

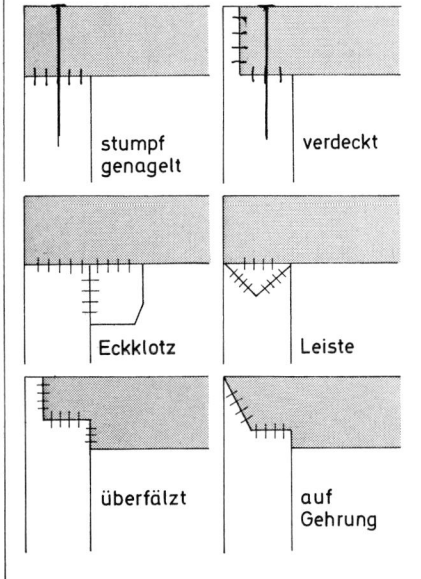

stumpf
genagelt

verdeckt

Eckklotz

Leiste

überfälzt

auf
Gehrung

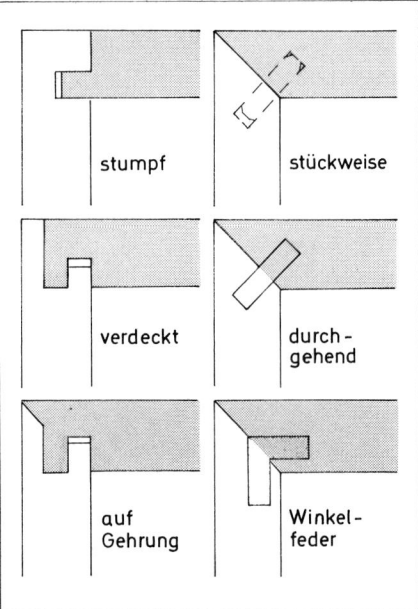

stumpf

stückweise

verdeckt

durch-
gehend

auf
Gehrung

Winkel-
feder

**Eck- bzw. Kantenverbindungen** werden qualitativ sehr unterschiedlich ausgeführt.

Die **einfache Nagelung** stumpf gestoßener Bretter kann durch Verleimung, Schrägnagelung sowie durch Eckleisten oder Klötzchen sehr verstärkt werden.

**Federverbindungen** sind haltbar und wirtschaftlich. Die Federn sind durchgehend oder werden stückweise eingesetzt. Sie sind angestoßen oder werden als Fremdholz eingefügt.
● Ist die Feder ein Fremdholz, kann ihr Faserverlauf frei gewählt werden. Daraus ergibt sich eine höhere Haltbarkeit der Verbindung.
● Für Federn eignet sich Sperrholz am besten.
● Es gibt auch speziell geformte Winkelfedern.
● Die Nuten in den zu verbindenden Teilen können mit dem gleichen Werkzeug eingearbeitet werden.

Das **Verdecken des Hirnholzes** oder der Schnittkanten von Werkstoffen wird aus gestalterischen Gründen oft angestrebt. Fast alle Kantenverbindungen lassen sich so variieren, daß ein- oder zweiseitiges Verdecken möglich ist.

**Zinkungen** sind Kantenverbindungen, die ausschließlich für Vollholz eingesetzt werden. Sie können von Hand oder maschinell gefertigt werden.

**Handgearbeitete Zinken** sind als klassische Holzverbindungen formschön und haltbar, aber aufwendig in der Ausführung.

Die **Planung der Zinken** will gut bedacht sein, nicht nur wegen der Haltbarkeit, sondern auch aus ästhetischen Gründen.
● Die Proportion der Zinken zu den Schwalben im Verhältnis 1/3 zu 2/3 ist ebenso wichtig wie die Schlankheit der Schwalben. Sind sie zu schräg, schert das Holz ab (siehe auch Seite 14).

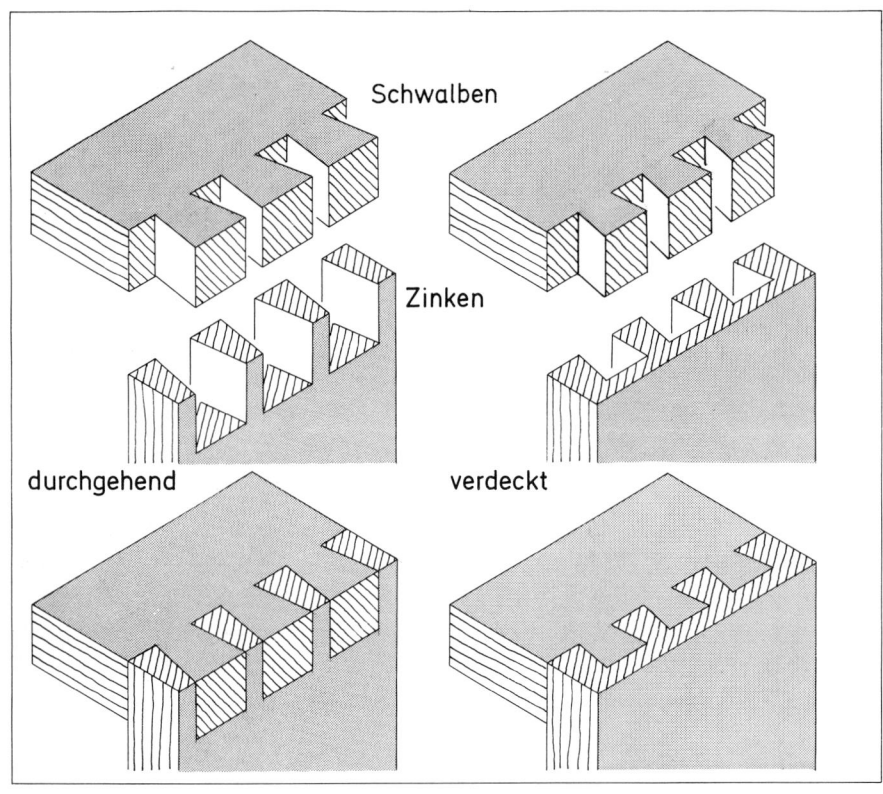

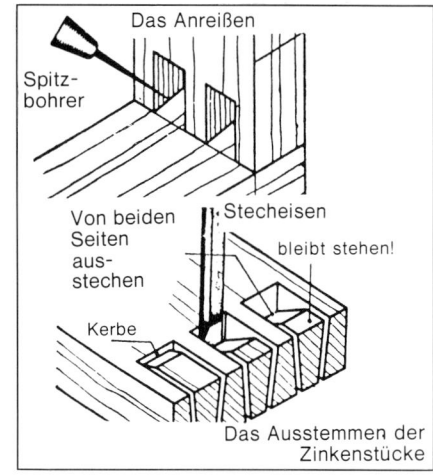

Das **Zinken** beginnt mit dem Anschneiden am Hirnholz und dem Ausstemmen der Aussparungen für die Schwalben. Die Schwalben werden angerissen, indem man die Zinken auf das Gegenstück aufsetzt.

**Sonderformen** der Zinken sind:
● Gehrungszinken mit verdeckten Zinken. Sie werden durch Gehrungsfedern abgelöst.
● Schrägzinkungen, die auch Trichterzinken genannt werden. Sie hatten im Mühlenbau große Verbreitung gehabt.

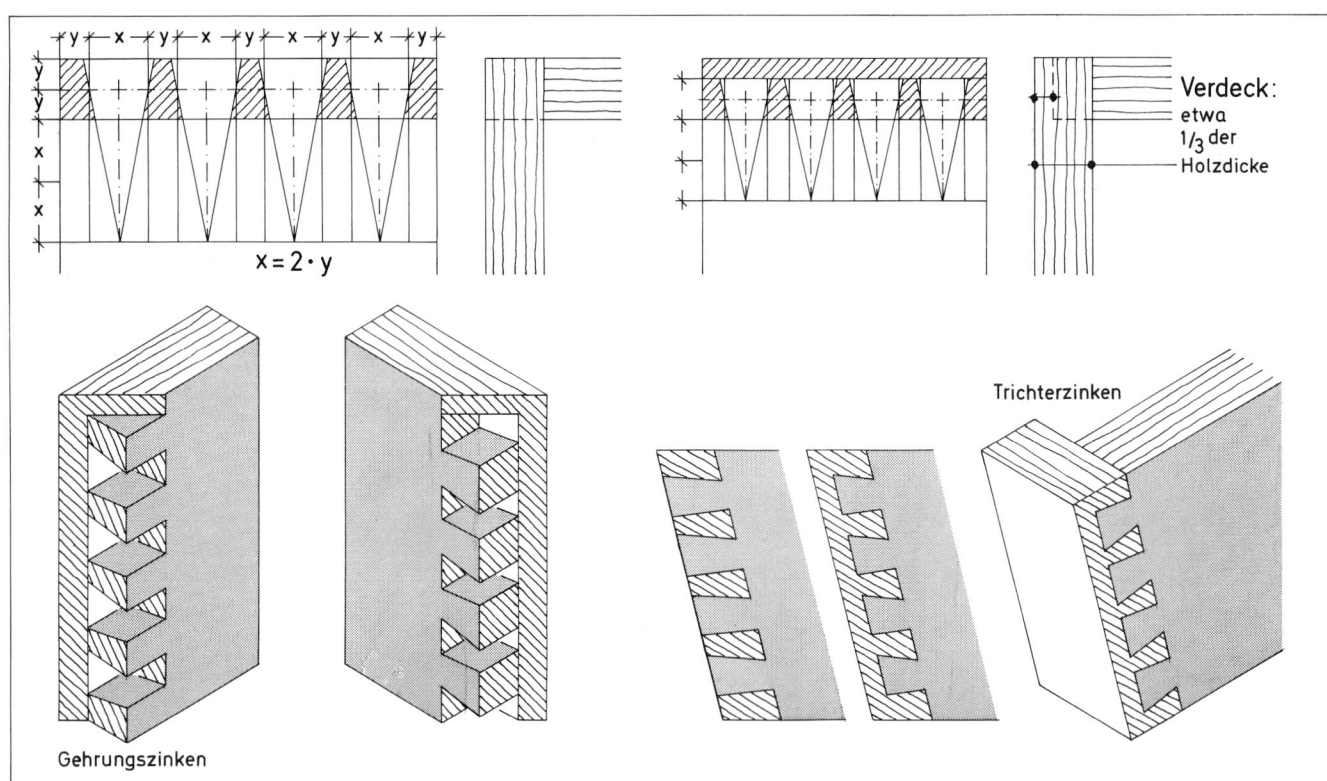

# Holzverbindungen

Zinken und
Dübel

**Dübel** als Kantenverbindungen sind beliebt, da an beiden der zu verbindenden Bretter mit dem gleichen Werkzeug die Löcher für die Dübel gebohrt werden können. Bei stumpfer Dübelung ist ein Ende länger, bei Gehrungsdübeln sind beide gleich kurz; deshalb wurden spezielle Winkeldübel erfunden.

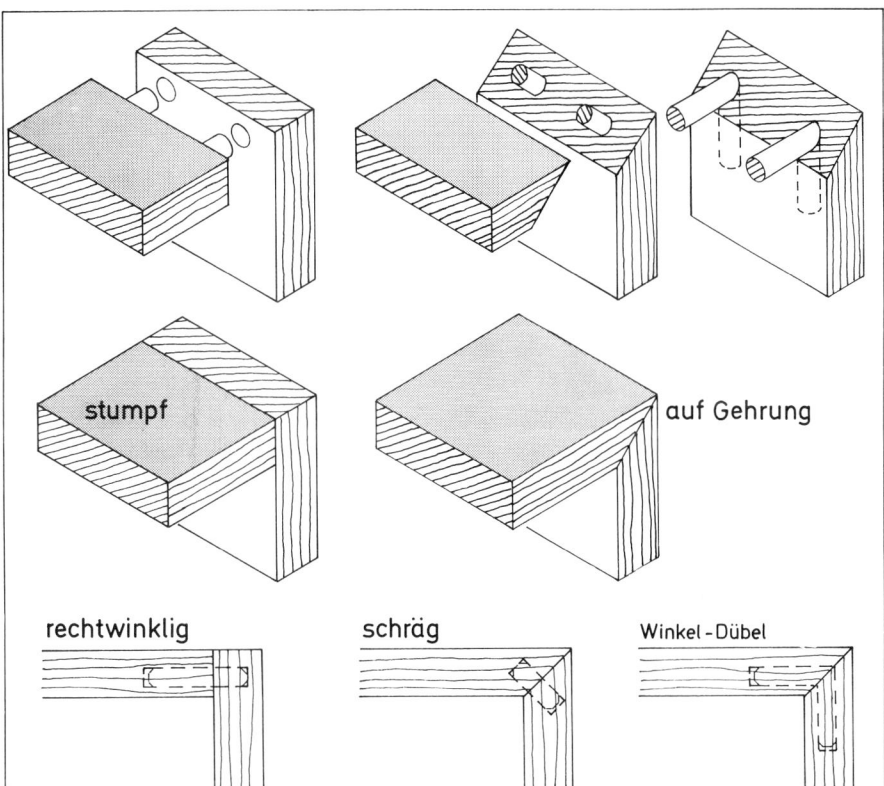

stumpf    auf Gehrung

rechtwinklig    schräg    Winkel-Dübel

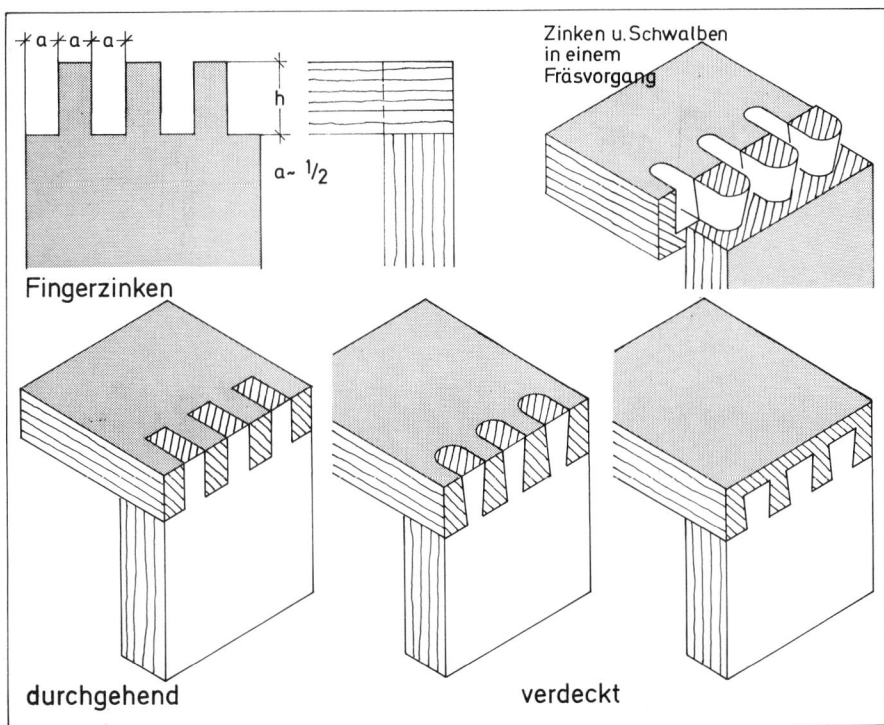

Fingerzinken

Zinken u. Schwalben in einem Fräsvorgang

durchgehend    verdeckt

**Maschinenzinken** (nebenstehend, Fotos oben) werden gebohrt bzw. gefräst. Sie sind wirtschaftlich, aber nicht schön, da aus Fertigungsgründen die Zinken und Schwalben völlig gleichmäßig sind, und das Erscheinungsbild damit spannungslos ist.
● Fingerzinken haben ein besseres Aussehen, sind aber wesentlich weniger haltbar.

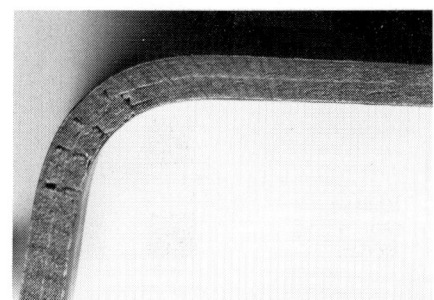

**Schräge und runde Kanten** kommen an Möbeln neuerdings häufig vor, da sie aus gestalterischen Gründen verlangt werden. Ihr Einsatz erfolgt ebenso vertikal wie horizontal.

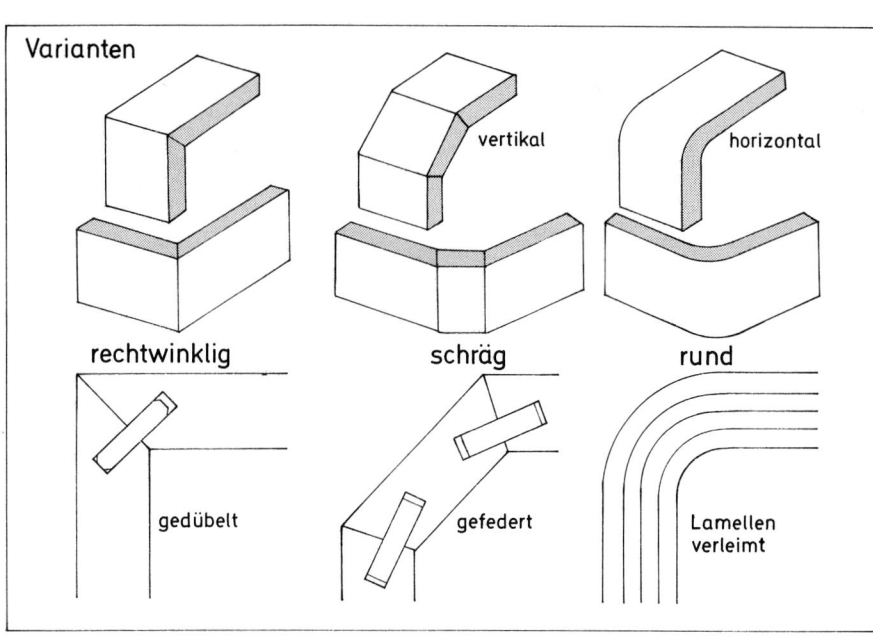

Varianten

vertikal    horizontal

rechtwinklig    schräg    rund

gedübelt    gefedert    Lamellen verleimt

**Schräge Kanten** werden auf Gehrung gestoßen, gedübelt, aber auch durchlaufend bzw. stückweise gefedert.

**Runde Kanten** bereiten große Schwierigkeiten, einmal bei der Herstellung der Rundungen, zum anderen durch die Anschlüsse der runden Teilstücke an die geraden Flächen.
● Die einfachste Lösung ist die Verleimung der Flächen auf Gehrung, Verstärkung der Ecke durch Klötze oder Leisten. Anschließend werden die Kanten abgerundet.
Nachteil: Die Hirnholzanteile der Bretter können stören.
● Das Anfedern oder Dübeln von Eckleisten mit einer Schräge oder Kehle und das anschließende Abrunden der Kanten ist ebenfalls üblich.
Nachteil: Beim Anschließen von Werkstoffplatten an die Vollholzleisten können sich Risse bilden.
● Kanten mit verleimten Lamellen bilden nahtlose Übergänge zu den Flächen. Diese Ideallösungen haben jedoch den Nachteil, daß die Flächenbearbeitung durch die angearbeiteten Platten sehr erschwert ist.

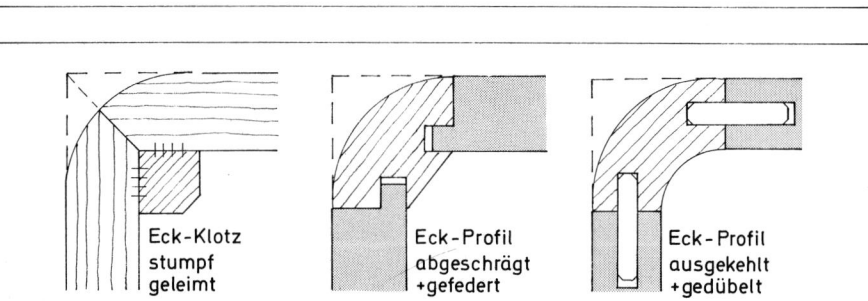

Eck-Klotz stumpf geleimt    Eck-Profil abgeschrägt +gefedert    Eck-Profil ausgekehlt +gedübelt

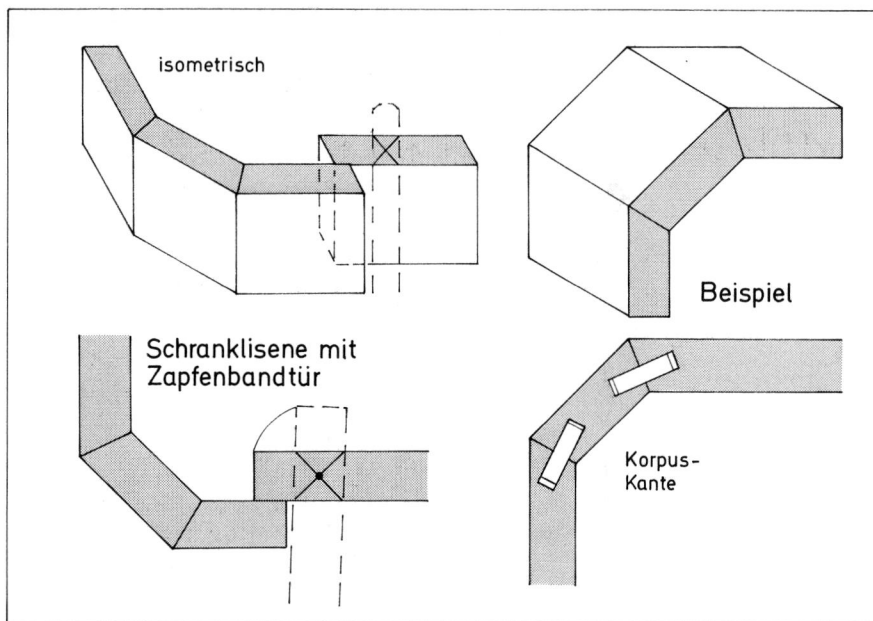

isometrisch

Beispiel

Schranklisene mit Zapfenbandtür

Korpus-Kante

**Anwendungsbeispiele:**
Schränke, Kommoden und Anrichten erhalten oftmals Verstärkungen der Seitenvorderkanten, die vielfach auch schräg gestellt oder rund gearbeitet werden. Das hat mehrere Gründe:
● Die Seitenwände werden ausgesteift.
● Die Seitenansichten erscheinen optisch breiter, was gestalterisch begrüßt wird.
● Türanschläge können mit hinterschlagendem Blatt ausgeführt werden; das macht sie besonders dicht.

Seiten und Böden werden sehr unterschiedlich miteinander verbunden. Vor allem wird gegratet, gedübelt und gefedert.
● Das Graten und Keilen sind spezielle Vollholzverbindungen. Dagegen lassen sich die anderen Verbindungen ebenso für Werkstoffplatten einsetzen.
● Die Nagelung erhält Unterstützung durch Nuten und Schrägeinschnitte.
● Das Dübeln erfolgt stumpf oder eingenutet.
● Das Federn wird stückweise oder durchlaufend mit angestoßener Feder oder Fremdfeder ausgeführt.

# Holzverbindungen

Kanten,
Seiten und
Böden

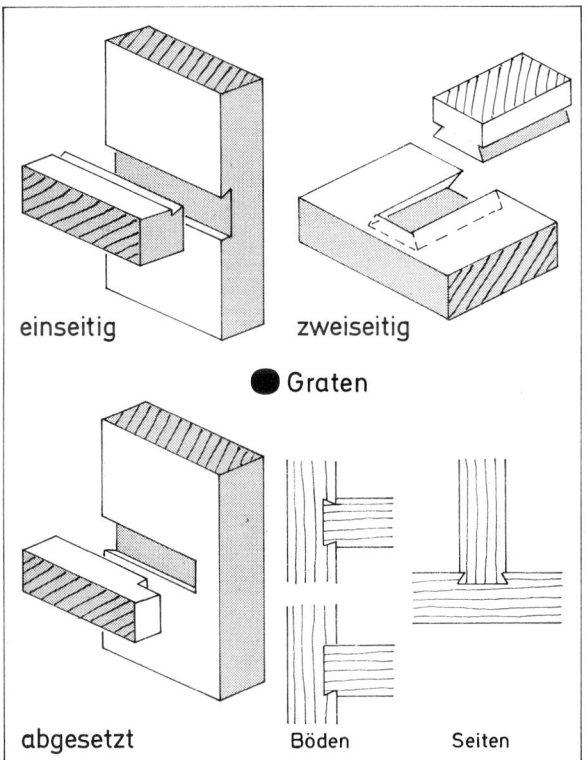

einseitig  zweiseitig

● Graten

abgesetzt  Böden  Seiten

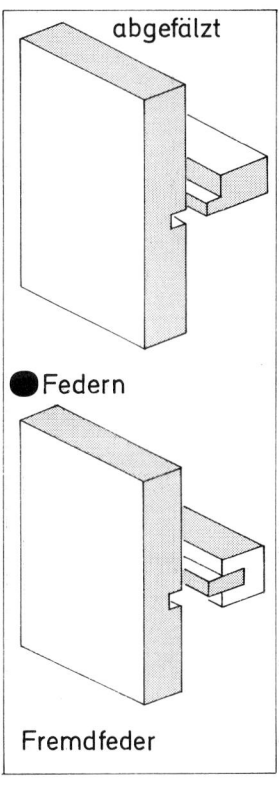

abgefälzt

● Federn

Fremdfeder

Das **Graten,** ein- oder zweiseitig, vorn abgesetzt, in horizontaler oder vertikaler Anordnung, verbindet nicht nur die Böden und Seiten, sondern erlaubt auch das Arbeiten der breiten Massivholzflächen.

**Fingerzinken** müssen gut verleimt werden. Sie werden sowohl mit als auch ohne Verkeilung ausgeführt. Die Keile müssen so ausgeführt werden, daß der Druck auf das Hirnholz erfolgt. Andernfalls besteht die Gefahr, daß das Langloch platzt.

Die **Stegverbindung** mit Keil ist eine altbewährte Verbindung. Wegen ihres guten Aussehens ist sie auch heute noch gebräuchlich.
● Die Keile können sowohl waagrecht als auch senkrecht angeordnet werden.
● Das Vorholz darf nicht zu kurz sein, da es sonst abschert.

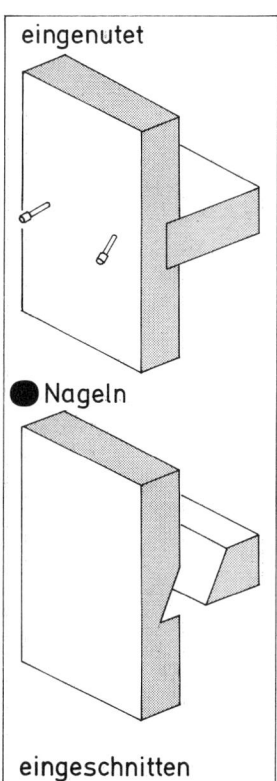

eingenutet

● Nageln

eingeschnitten

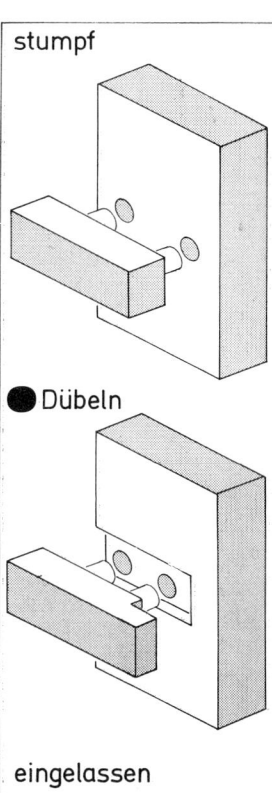

stumpf

● Dübeln

eingelassen

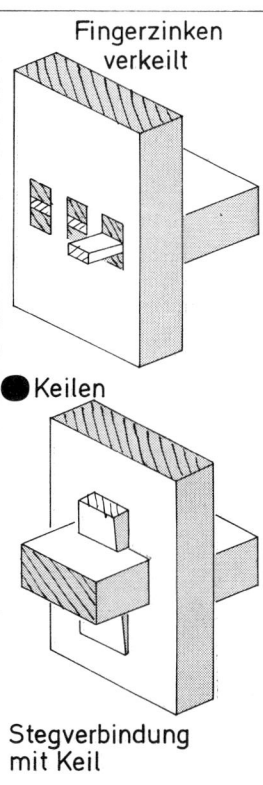

Fingerzinken
verkeilt

● Keilen

Stegverbindung
mit Keil

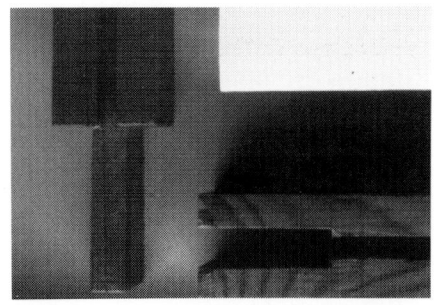

**Geschlitzte Rahmenverbindungen** sind – im Gegensatz zu Überblattungen – solide.
● Einfache oder doppelte Zapfen werden durchgehend geschlitzt und stumpf abgesetzt.
● Aus gestalterischen Gründen werden Rahmenstücke auch ein- oder beidseitig auf Gehrung gestoßen. Das geht jedoch meist auf Kosten der Haltbarkeit einer Verbindung.

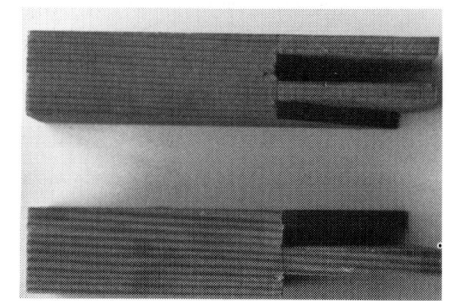

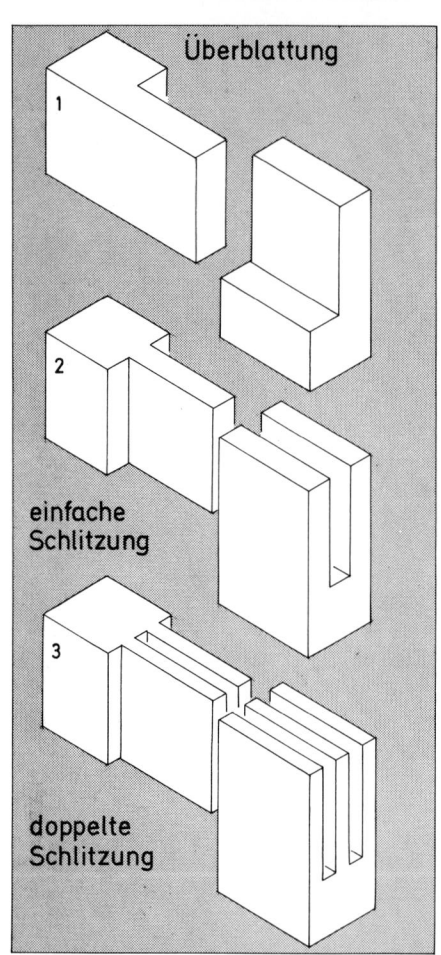

Überblattung

1

2

einfache Schlitzung

3

doppelte Schlitzung

1

stumpf abgesetzt

2

auf Gehrung abgesetzt

3

**Gefälzte Rahmen** bieten Füllungen Anschlag (siehe Seite 49).

**Profilierte Rahmen** machen an den Innenkanten Profilstöße nötig. Bei einfachen Fasen ist schräges Absetzen möglich. Sonst müssen Gehrungen angeschnitten werden.

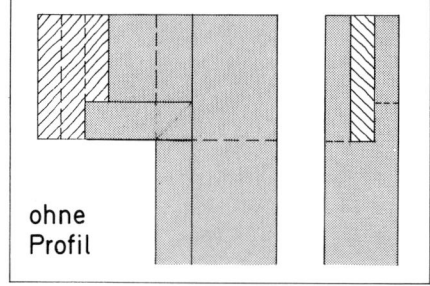

ohne Profil

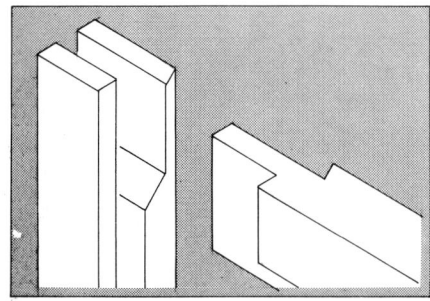

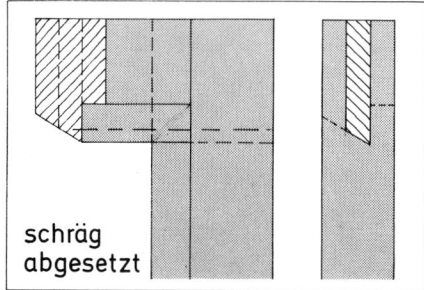

schräg abgesetzt

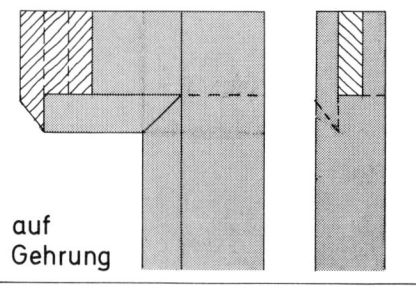

auf Gehrung

**Gestemmte Rahmenverbindungen** haben Zapfen, die in gebohrte Löcher gesteckt werden.
● Durchgesteckte Zapfen werden meist verkeilt, indem an die Zapfen Keile geleimt werden. Die Zapfenbreite beträgt etwa 2/3 der Breite des Rahmenholzes, 1/3 bleibt als Vorholz bestehen.
● Führungsfedern sichern das freie Drittel des Rahmenholzes und halten es gerade.

# Holzverbindungen

Rahmen

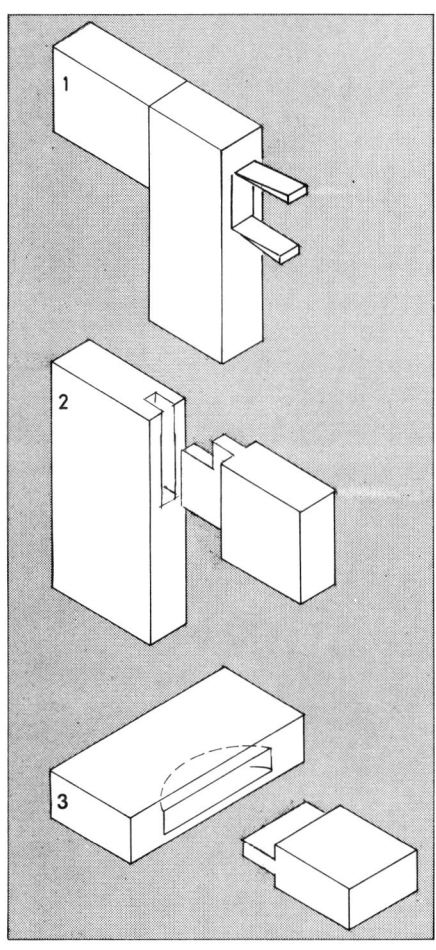

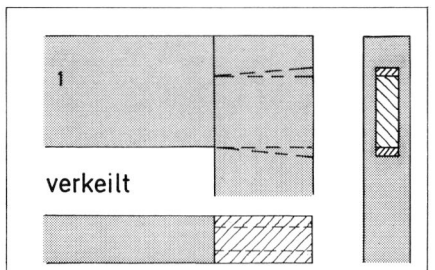

verkeilt

Nutzapfen als

Führungsfedern zu 2

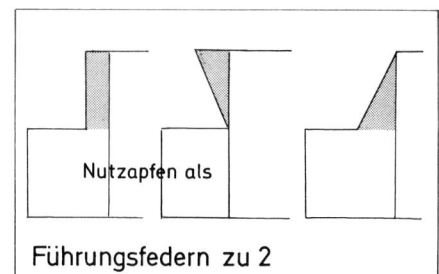

2

gebohrt

3

gefräst

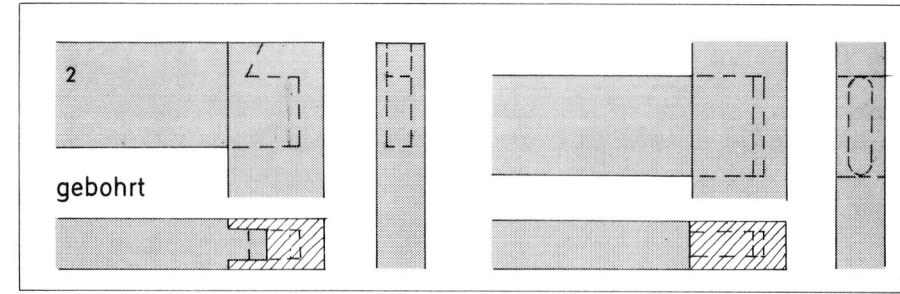

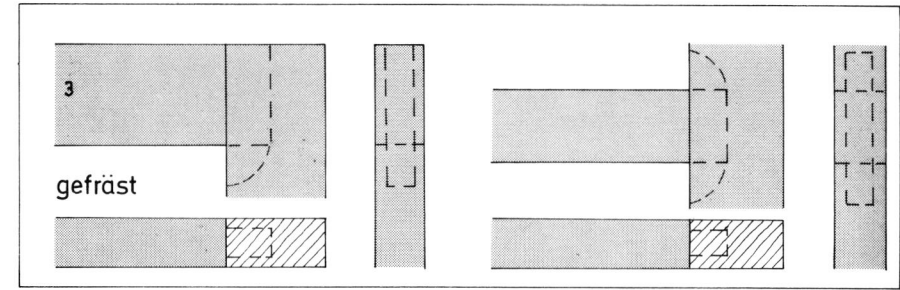

**Gedübelte Rahmenverbindungen** sind wirtschaftliche Lösungen, die geschlitzte oder gebohrte Verbindungen immer mehr ablösen. Sie können gerade, auf Gehrung oder über Eck – dann, jedoch mit speziellen Winkeldübeln – ausgeführt werden.

gedübelt

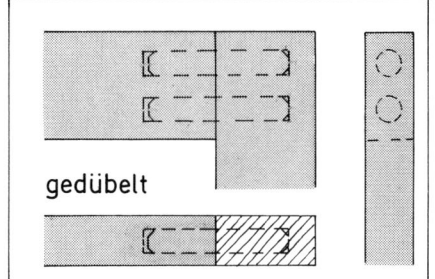

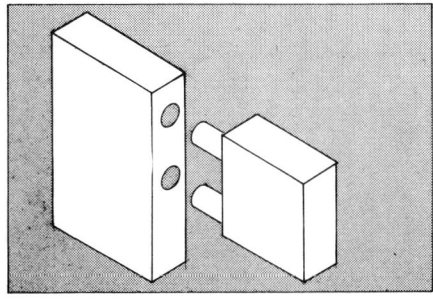

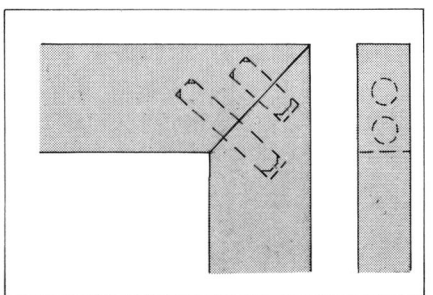

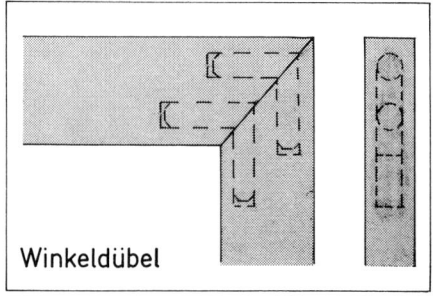

Winkeldübel

**Fugen sichern**
Die Fugen geschlitzter Rahmenhölzer sind dann besonders zu sichern, wenn die Rahmenstücke seitlich oder auf der breiten Ansicht furniert werden.

**Ein- und Vorleimer**
Seitliche Fugensicherungen werden mit stückweisen Einleimern oder durchlaufenden Vorleimern über zurückgestemmten Zapfen ausgeführt. Es muß Luft bleiben zwischen Zapfen und Vorleimern, die sonst leicht abgedrückt werden.

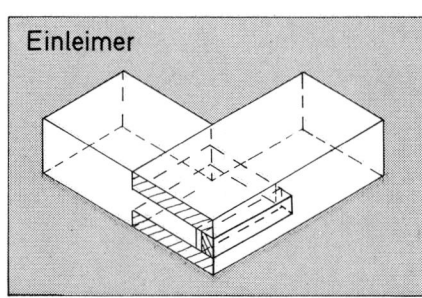
Einleimer

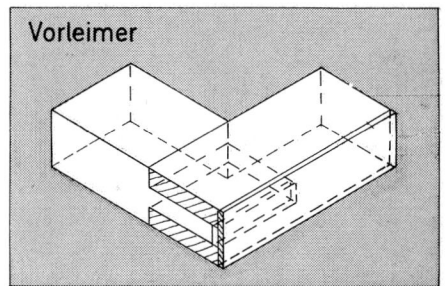
Vorleimer

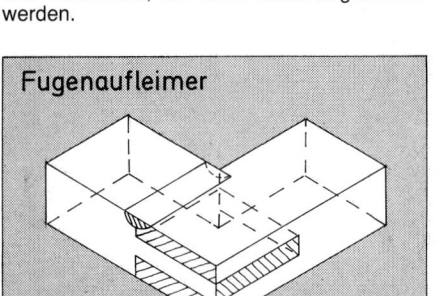
Fugenaufleimer

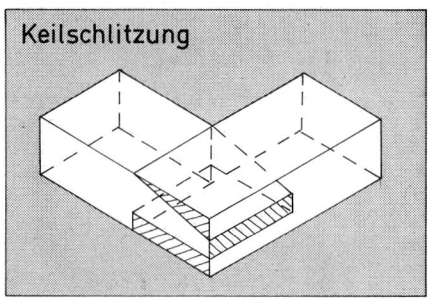
Keilschlitzung

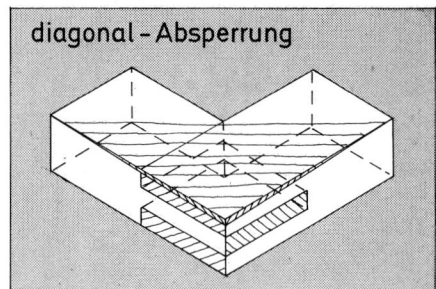
diagonal–Absperrung

**Ansichtsfugen** können unterschiedlich gesichert werden:
● Die Fuge wird ausgekehlt, ein Stab als Fugenaufleimer wird eingeleimt und dann glattgestoßen.
● Die Rahmenecke wird schräg abgehobelt, diagonal mit Furnier abgesperrt und glattgestoßen.
● Die Keilschlitzung ist eine wirksame und leicht auszuführende Lösung. Die keilförmig auslaufende Fuge reißt bei guter Verleimung nicht, da sich der an dieser Stelle schwächere Teil des Rahmens dem stärkeren anpaßt.

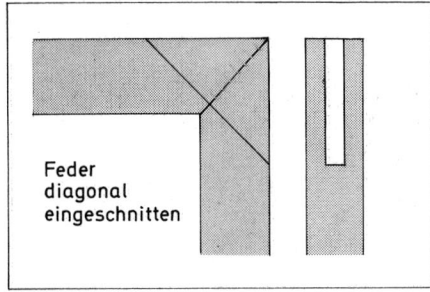
Feder diagonal eingeschnitten

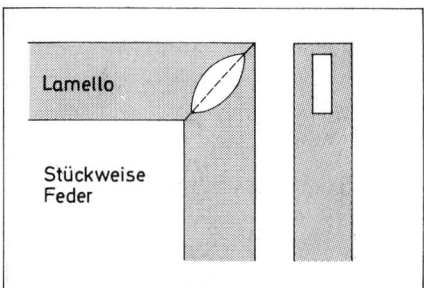
Lamello
Stückweise Feder

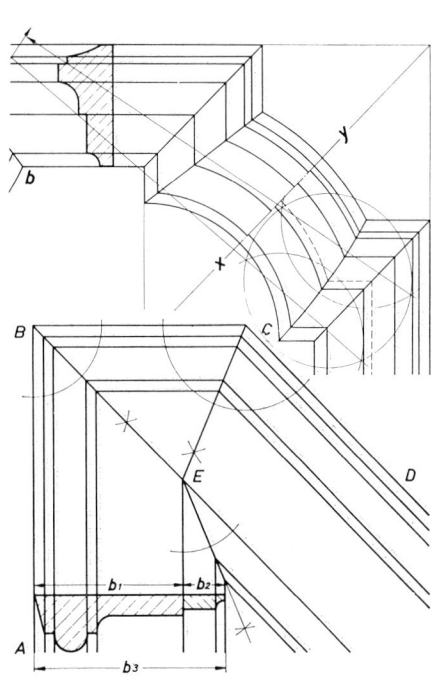

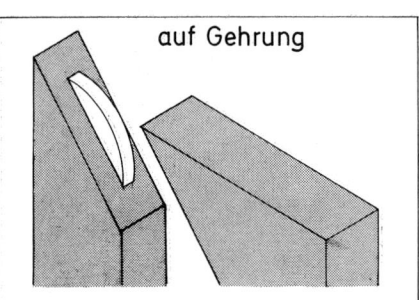
auf Gehrung

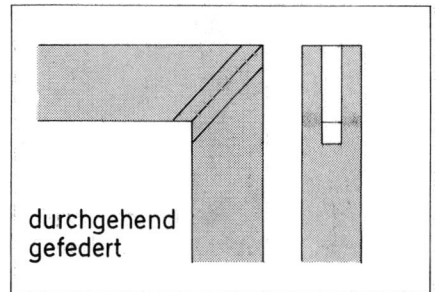
durchgehend gefedert

Füllungen schließen offene Rahmen zu Flächen. Sie werden eingelegt, eingesteckt oder überschoben. Mit dem Rahmen sind sie auswechselbar oder fest verbunden. Die feste Verbindung kann bei Reparaturen hinderlich sein.
● Die Füllungen werden in ganzer Dicke eingelegt oder abgeplattet. Sie dürfen nicht schräg abgefast werden, da Massivholzfüllungen sonst leicht durch Trocknen lose werden.

# Holzverbindungen

Fugen und
Fülungen

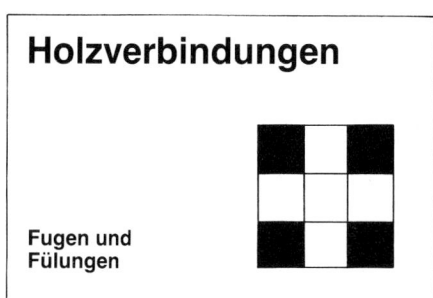

## Rahmen

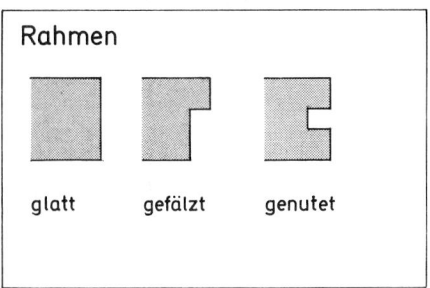

glatt    gefälzt    genutet

## Füllungen : Vollholz

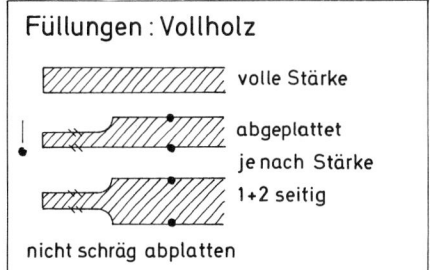

volle Stärke

abgeplattet
je nach Stärke
1+2 seitig

nicht schräg abplatten

## H.-Werkstoff + andere Materialien

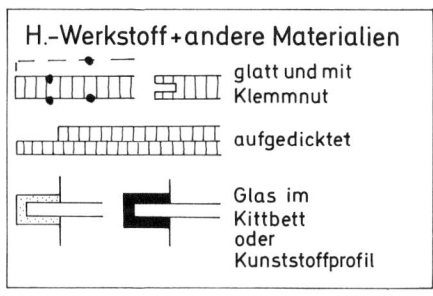

glatt und mit
Klemmnut

aufgedickt

Glas im
Kittbett
oder
Kunststoffprofil

## in Nut eingesteckt

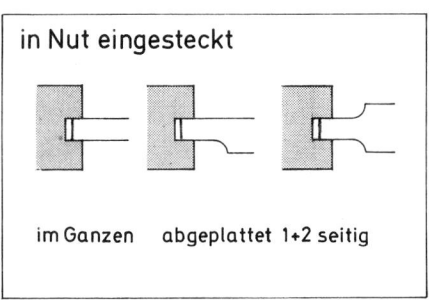

im Ganzen    abgeplattet 1+2 seitig

## im Falz eingelegt

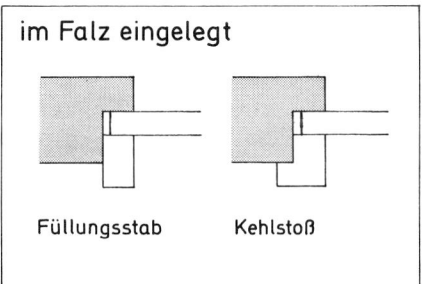

Füllungsstab    Kehlstoß

## überschoben

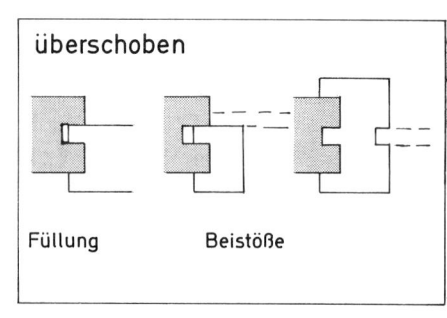

Füllung    Beistöße

## Füllungsstäbe

gestiftet    geschraubt    geleimt

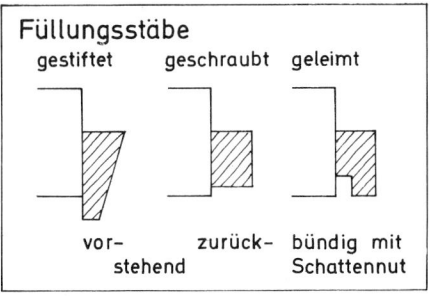

vor-    zurück-    bündig mit
stehend    Schattennut

## Kehlstöße

geschraubt    geleimt

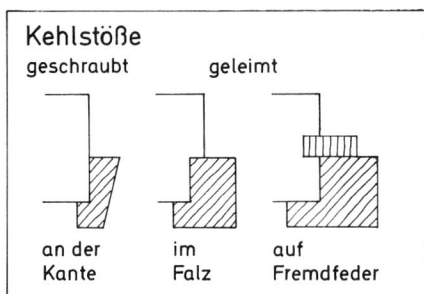

an der    im    auf
Kante    Falz    Fremdfeder

Kehlstöße bieten Füllungen bei glatten Rahmen Anschlag an der Innenkante.

Füllungsstäbe halten die Füllungen fest, sie werden gestiftet, geschraubt oder geleimt.

Das Kröpfen von Profilstäben bzw. von Kehlstößen erfolgt nicht immer im rechten Winkel.
● Die Gehrung verläuft damit auch nicht immer im Winkel von 45° zu den Profilstäben und auch nicht in einer Geraden. Die Alternative dazu wäre eine gerade Gehrung mit ungleichen Profilen.

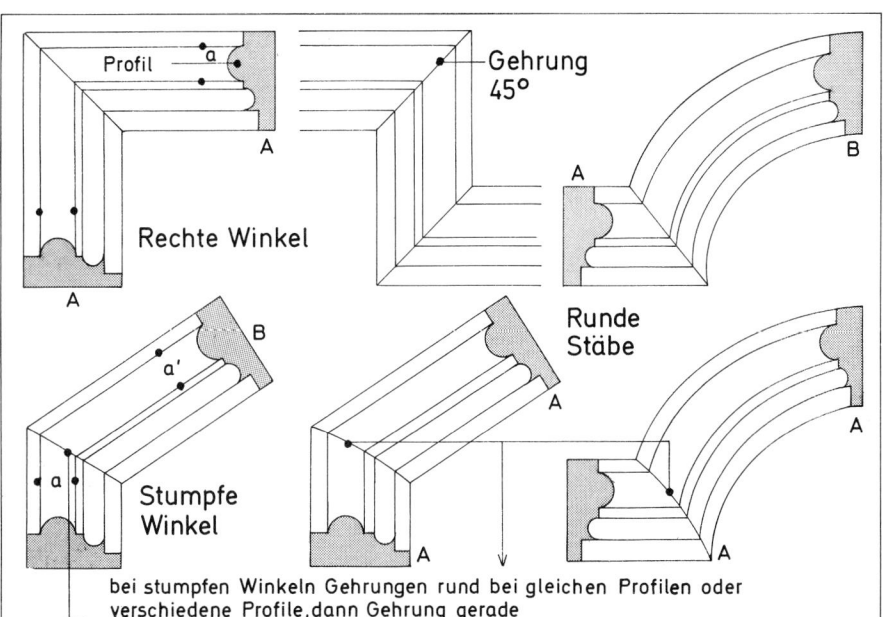

Profil    a    Gehrung
45°
A    B
A
Rechte Winkel    A
A    Runde
Stäbe    A
B    a'
A    A
a
Stumpfe    A
Winkel    A    A
bei stumpfen Winkeln Gehrungen rund bei gleichen Profilen oder
verschiedene Profile, dann Gehrung gerade

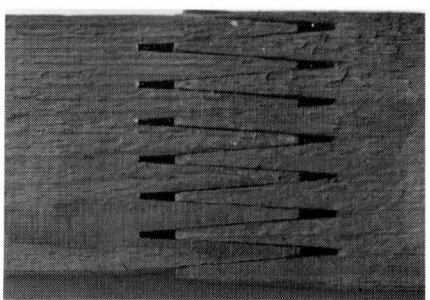

**Keilzinkenverbindungen** sind universelle Langholz-, Breiten- und Gestellverbindungen. Wenn sich die Anschaffung einer dafür notwendigen Präzisions-Fräsmaschine (sog. Dimter) durch genügende Auslastung für einen Betrieb lohnt, ist diese Verbindungsart optimal.

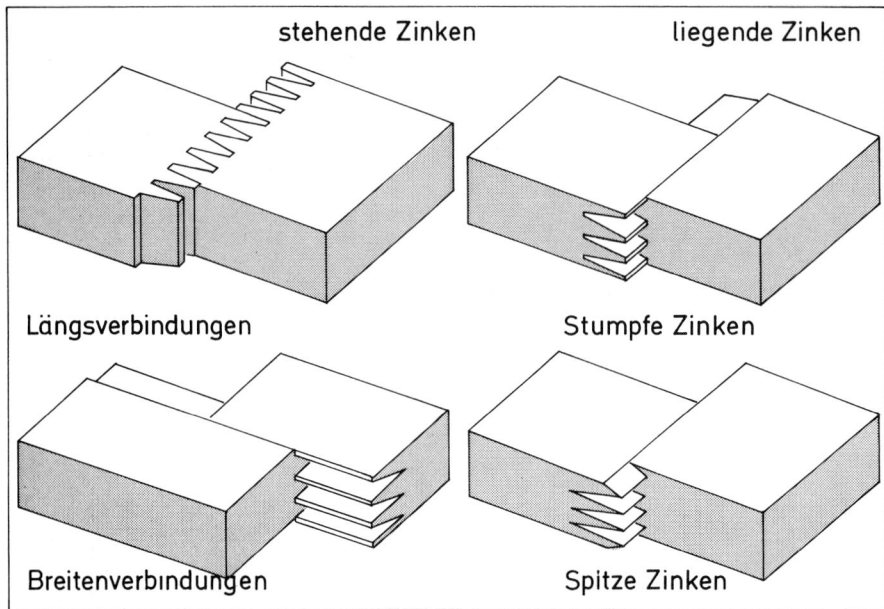

stehende Zinken

liegende Zinken

Längsverbindungen

Stumpfe Zinken

Breitenverbindungen

Spitze Zinken

● Die Vorzüge der Keilzinkenverbindungen sind neben ihrem universellen Einsatz das gute Aussehen der Gehrungsverbindungen und die Möglichkeit, kurze Holzenden zu endlosen Stücken verbinden zu können.
● Durch das Keilzinken ist es möglich, auch mindere Holzqualitäten einzusetzen. Aststellen werden z.B. herausgeschnitten und die sauberen Enden durch die Keilzinkenverbindung wieder zusammengefügt.

Die **Zinken** von stehenden oder liegenden Verbindungen haben stumpfe oder scharfe Spitzen.

Der **Rahmenbau** ist durch den Einsatz von Keilzinken erheblich vereinfacht worden.
● Die Rahmen können in jeder Winkelstellung zusammengefingert werden. Durch räumliche (dreidimensionale) Lösungen lassen sich alle Gestellverbindungen herstellen.
● Nicht nur Rahmenecken, sondern auch T-förmige Rahmenanschlüsse und Gehrungen lassen sich mit ein und demselben Werkzeug einfach und verbindungssteif ausführen.

**Neue Leimtechniken** und -qualitäten erlauben auch Zugbeanspruchung von keilgezinkten Hirnholzverbindungen. Das revolutionierte den Holzeinsatz im Hochbau. Fast alle größeren Querschnitte für Stützen und Träger werden heute aus keilgezinkten Brettlamellen hergestellt.
● Die einzelnen Bretter können leicht geschnitten und getrocknet werden. Die Verleimung kann sogar wasserfest erfolgen, so daß ein Einsatz auch im Außenbereich möglich ist, was früher ganz ausgeschlossen gewesen wäre.

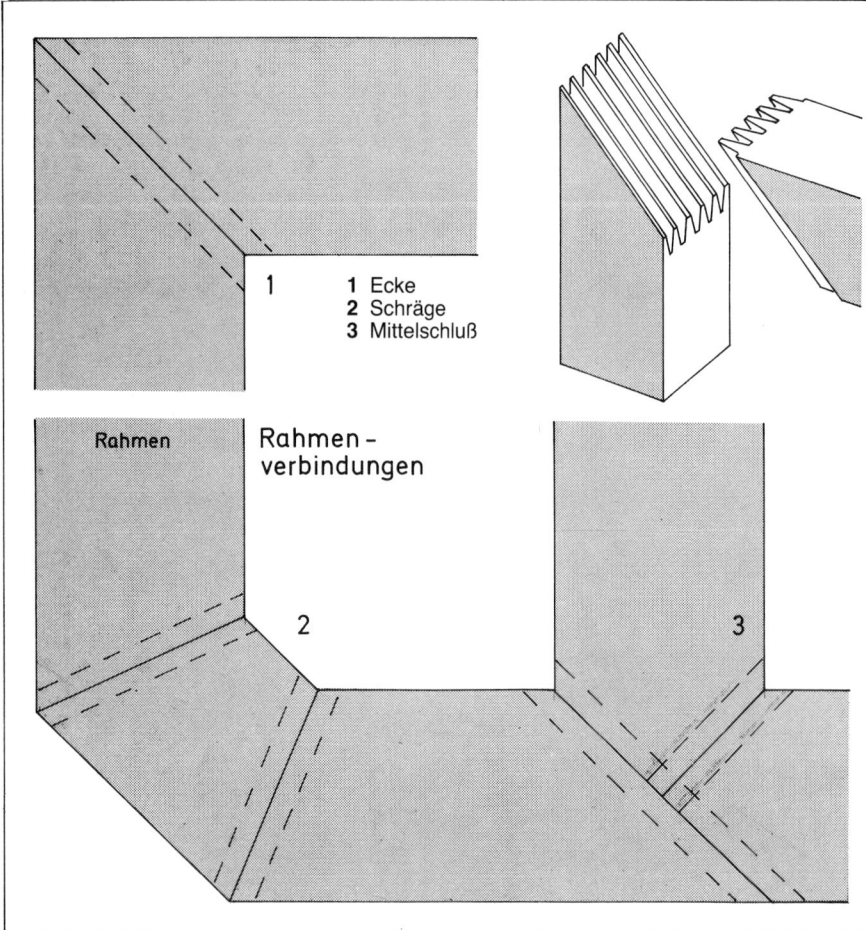

1 Ecke
2 Schräge
3 Mittelschluß

Rahmen

Rahmen-verbindungen

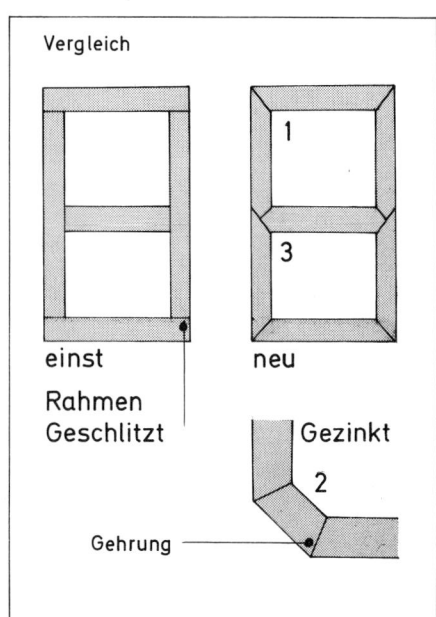

Vergleich

einst

neu

Rahmen
Geschlitzt

Gezinkt

Gehrung

## Holzverbindungen

Universal-
verbindungen

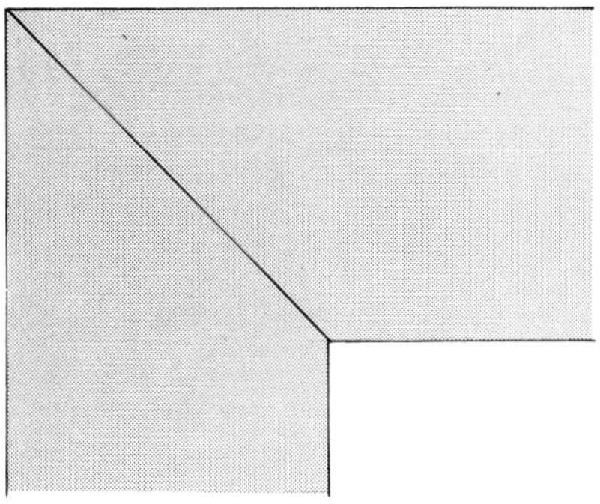

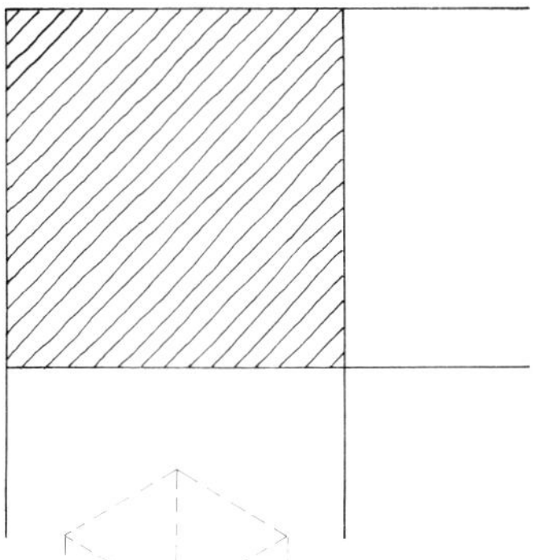

Gestell-
verbindungen

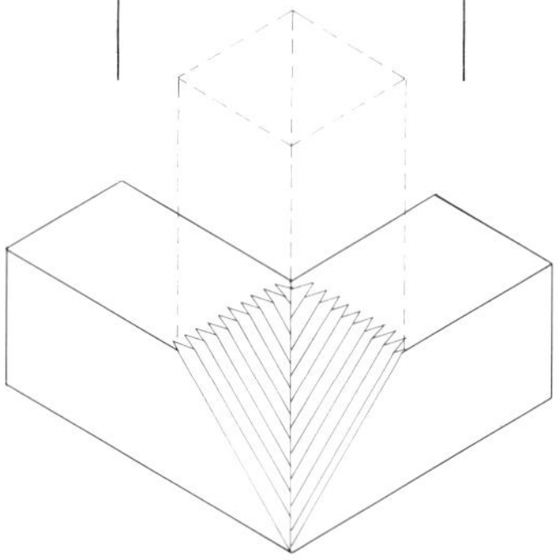

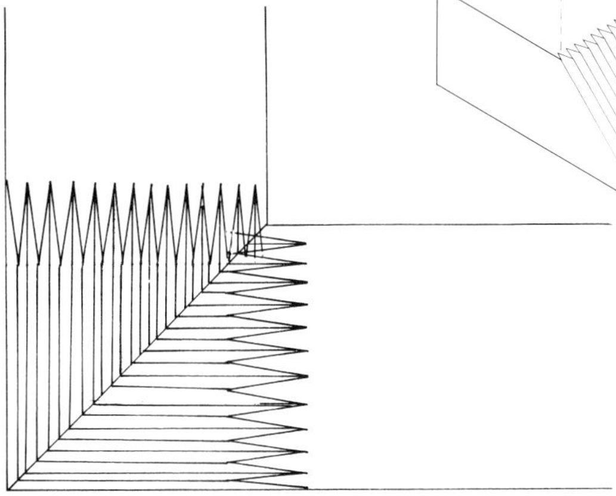

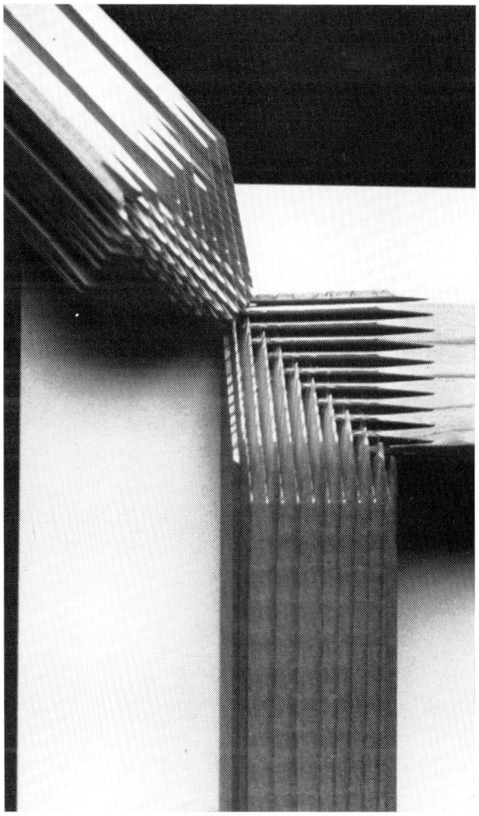

Verband in geöffnetem Zustand

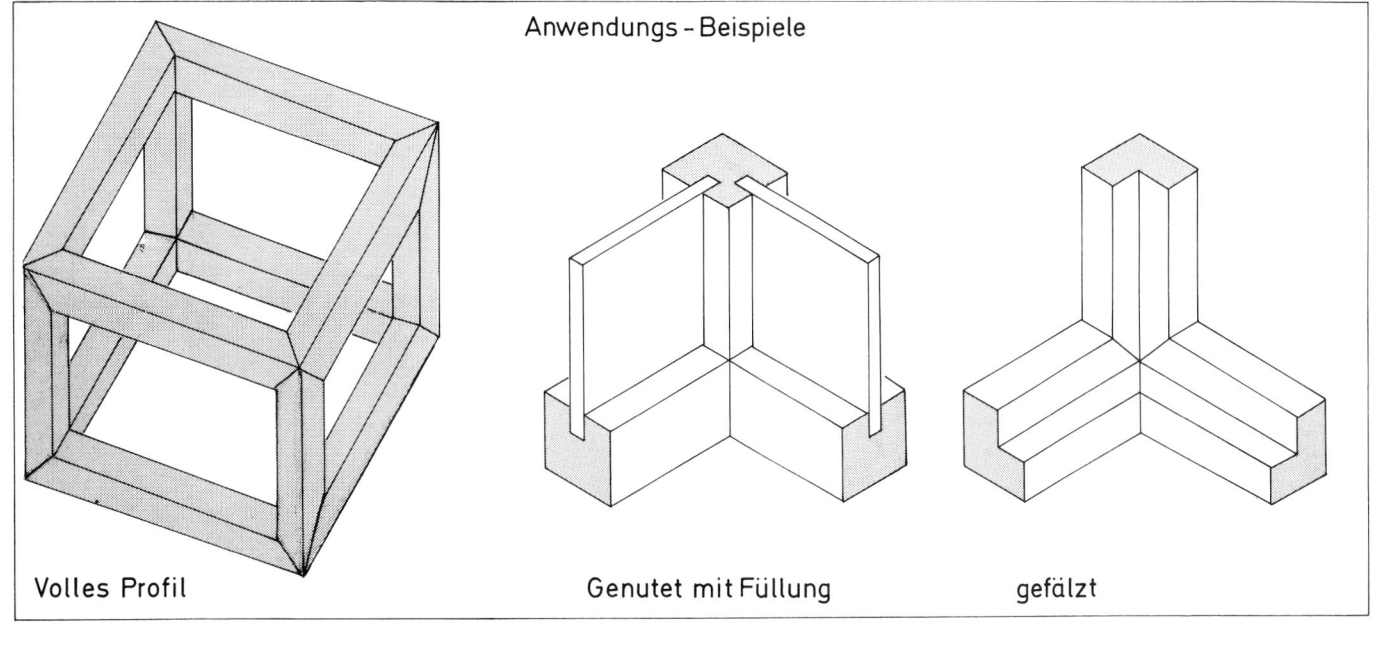

Anwendungs – Beispiele

Volles Profil        Genutet mit Füllung        gefälzt

**Historische Verbindungsmittel** aus Holz waren Keile, Zapfen, Federn und Holznägel. Lange bevor Leime entdeckt und Kleber erfunden waren, erlaubten sie materialgerechte Konstruktionen.

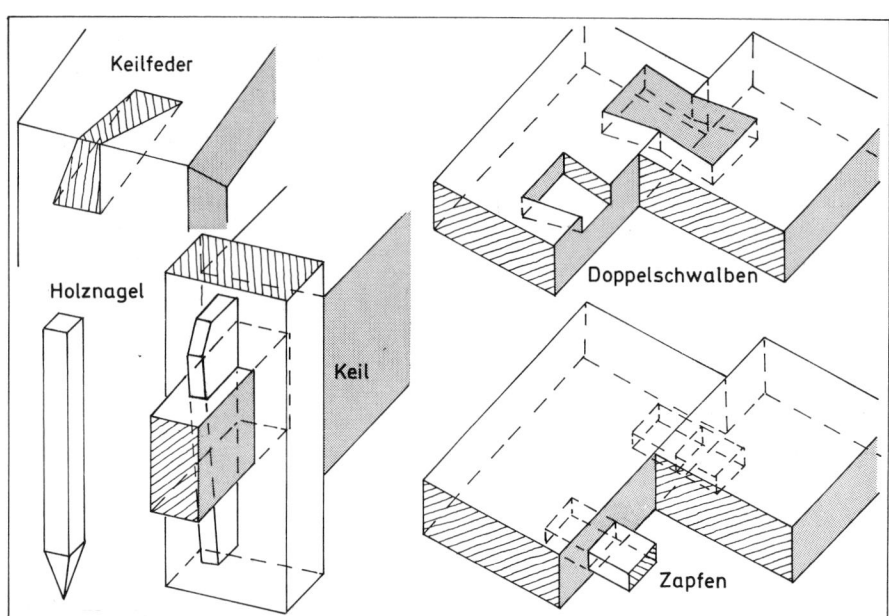

**Leime und Kleber** dienen zur Verbindung von Einzelteilen zu Gesamtkonstruktionen. Sie werden einzeln oder im Zusammenwirken mit mechanischen Selbstverbindungen, wie Nägeln, Dübeln und Zapfen, angewendet. Wegen ihrer Festigkeit und Wirtschaftlichkeit setzen sich Leime und Kleber immer mehr durch.

**Kleber** bilden eine Haftschicht zwischen den Werkstücken. Die Anwendung ist sehr einfach, da kein Preßdruck und damit kein spezielles Gerät erforderlich ist.

**Leime** dringen in die Poren von Hölzern ein und bilden eine innige Verzahnung.
● Vollholz läßt sich daher, Langholz an Langholz, gut verbinden.
● Langholz haftet schlecht an Querholz; die Verleimung dient damit nur als Ergänzung von Holzverbindungen.
● Hirnholzverleimungen halten überhaupt nicht – ganz gleich in welcher Verbindung!

**Leime** werden nach Art der Herstellung in natürliche (organische) Leime und chemische (synthetische) Leime unterteilt. Nach Gesichtspunkten der Verwendung werden Warm- und Kaltleime, wasserlösliche und wasserfeste Leime sowie schnell- und langsamabbindende Leime unterschieden.

**Glutinleime** werden aus tierischen Abfällen gewonnen. Knochenleim hat geringere Haltekraft als Hautleim. Lederleim ist der haltbarste. Handelsformen: Tafeln, Perlen, Körner, Flokken und Pulver.

**Kaseinleim** wird aus Quark gewonnen. Er ist wasserfest, so daß sein Einsatz im Feuchtbereich möglich ist. Nachteile: langsames Abbinden und Fleckenbildung.

**Chemische Leime** vermeiden die Nachteile von natürlichen Leimen. Die Verbindungen sind unzerstörbar. Nach dem Formverhalten unter Wärmeeinfluß werden Thermoplaste und Duroplaste unterschieden.
● Zur Verkürzung der Abbindezeit bei duroplastischen Kauritleimen werden Härter verwendet, die entweder getrennt vom Leim aufgetragen werden oder ihm bereits beigemischt sind.
● Chemische Leime werden flüssig, in Pulverform oder auch als Film (Dicke 0,07 mm) geliefert.

**Neuentwickelte Montagekleber** mit schneller Anfangshaftung und hoher Festigkeit machen das Bohren, Dübeln, Schrauben oder Nageln überflüssig. Sie eignen sich besonders zum Befestigen von Paneelen, Wandbekleidungen, Sockelleisten und Türfuttern.

**Moderne Verbindungsmittel** aus Holz sind Federn und Dübel, die gerade oder auch in Winkelform hergestellt werden. Sie ermöglichen wirtschaftliche Verbindungen für den modernen Möbel- und Innenausbau.

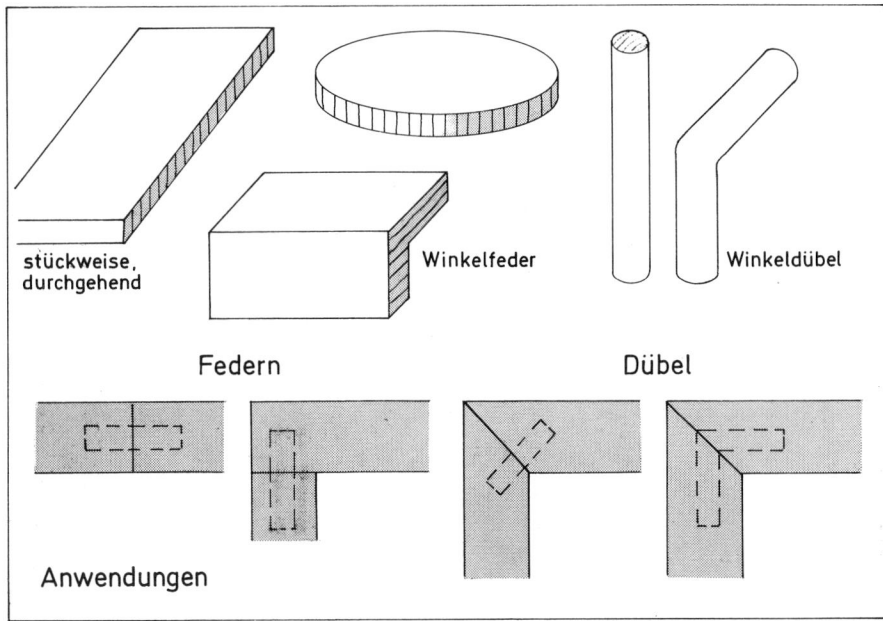

**Kunststoffe** als Folien oder Klemmstücke haben zunehmende Bedeutung, so daß sie viele bekannte Verbindungen ablösen werden.

**Folienbeschichtete** Holzwerkstoffplatten lassen sich durch Ein- und Ausschnitte falten und zu unterschiedlichen Konstruktionen verkleben (z.B. zu Vorleimern, Verstärkern, Profilen und Korpusteilen).

**Kunststoffeinspritzungen** ergeben mit den entsprechenden Ausfräsungen verzahnte Verbindungen. Die Anwendung ist nur im Serienbau rationell, da hohe Investitionen in Geräte erforderlich sind.

**Steckverbindungen** sind fest oder wieder lösbar. Sie erlauben neuartige sog. »Clip-on«-Konstruktionen, die in der Geräteindustrie und im Systemmöbelbau verbreitet sind.

# Verbindungsmittel

**Leime, Kleber, Kunststoffe**

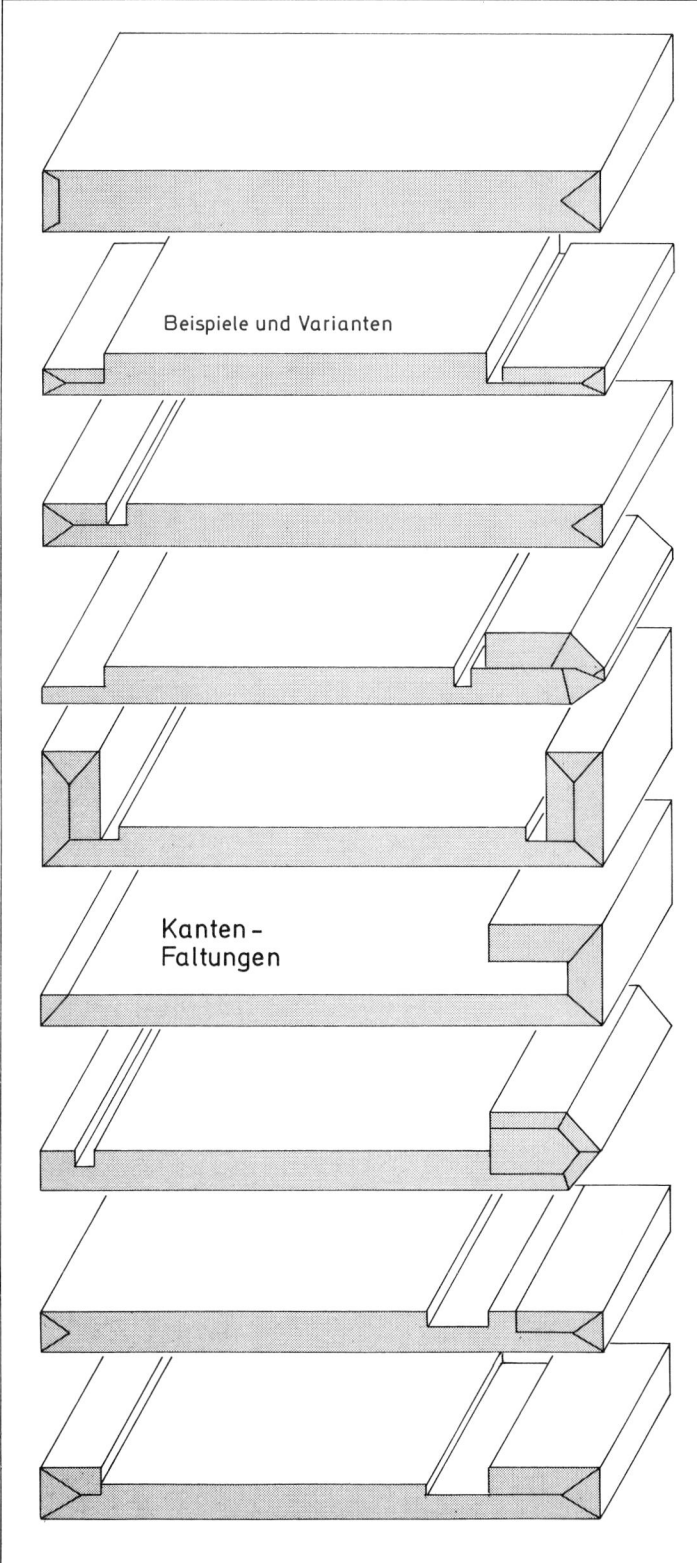

Beispiele und Varianten

Kanten-Faltungen

## Faltsystem

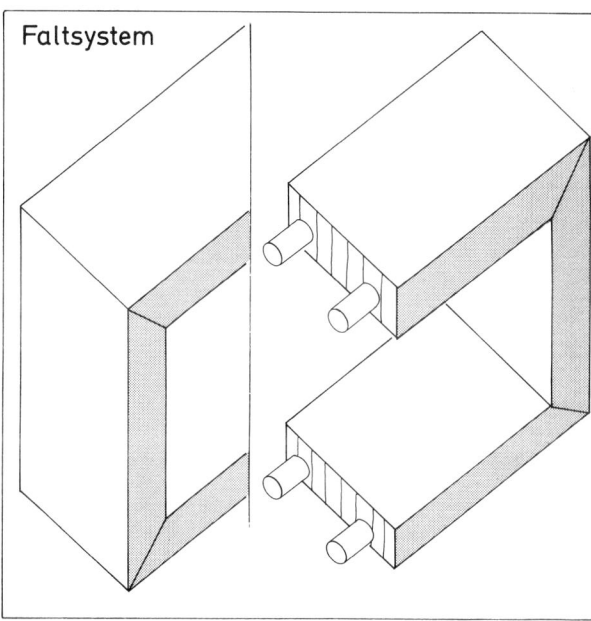

Kunststoff - Schicht darf nicht durchgeschnitten werden!

90°

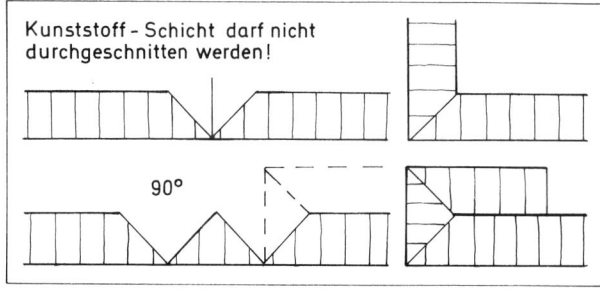

## Kunststoff - Eckverbindungen durch Einspritzungen

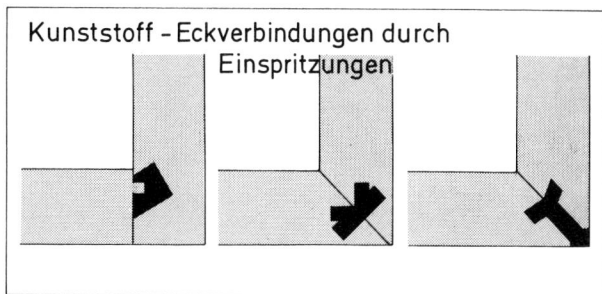

## Kunststoff Klemmverbindungen

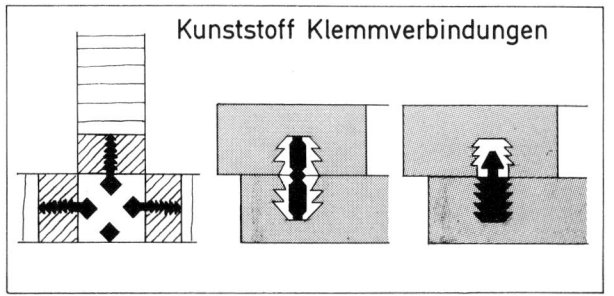

**Durchsteckdübel** erhalten wegen ihrer einfachen Handhabung immer mehr Bedeutung. Die Montage: Dübelloch bohren, Schraube in den Dübel eindrehen, ohne den Dübel zu spreizen. Dann Einschieben des Dübels durch den Befestigungsgegenstand in die Tiefe des Bohrlochs im festen Mauerwerk. Zuletzt Anziehen der Schraube.
● Holzschrauben in Durchsteckdübeln sind für bündige und Durchsteckmontage in harten und weichen Baustoffen sowie in Leichtbauplatten geeignet. Vorteile: Durch tiefe Zähne hoher Anpreßdruck. Durch Wellen an den Innenschenkeln extrem hohe Spreizfähigkeit. Durch Zungen gute Sperrung gegen Zug und Drehung.
● Metrische Schrauben in Durchsteckdübeln haben durch Verwendung von Nylon hohe Zug- und Druckfestigkeit. Sie sind auch bei Temperaturen von −40°C bis +100°C alterungsbeständig.

**Spreizdübel** sind Dübel mit montagefertig eingedrehten Haken, Ösen, Schrauben und Gewindestangen.
● Einfachste Montage: Dübelloch bohren, Dübel einstecken, Schraube festdrehen. Dabei wird die konische Messingmutter in den Dübel hineingezogen. Sie bewirkt durch Spreizung eine starke Anpressung.
● Spreizpatronen dienen vor allem der Verbindung von Platten mit einer Gesamtdicke von mindestens 4 mm.
● Spreizanker sind für die Befestigung von Werkstoffen bestimmt, in denen das Bohrloch keinen seitlichen Druck aushält, z.B. in Gipskartonplatten.

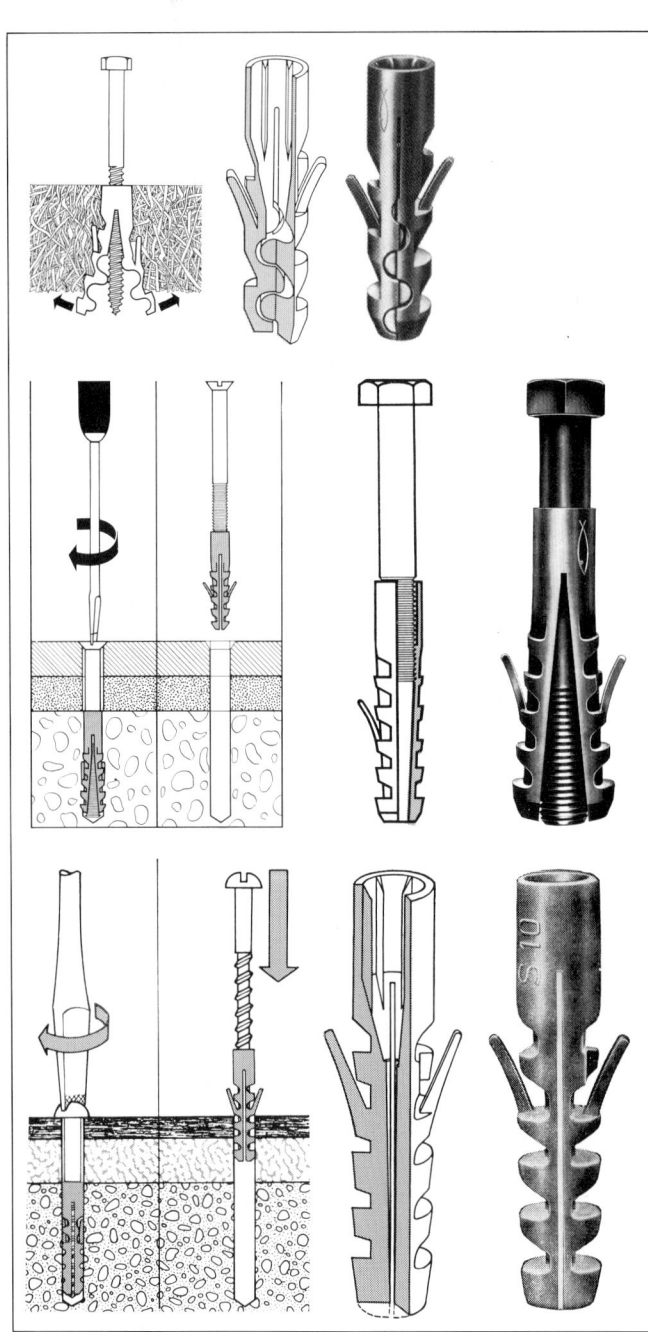

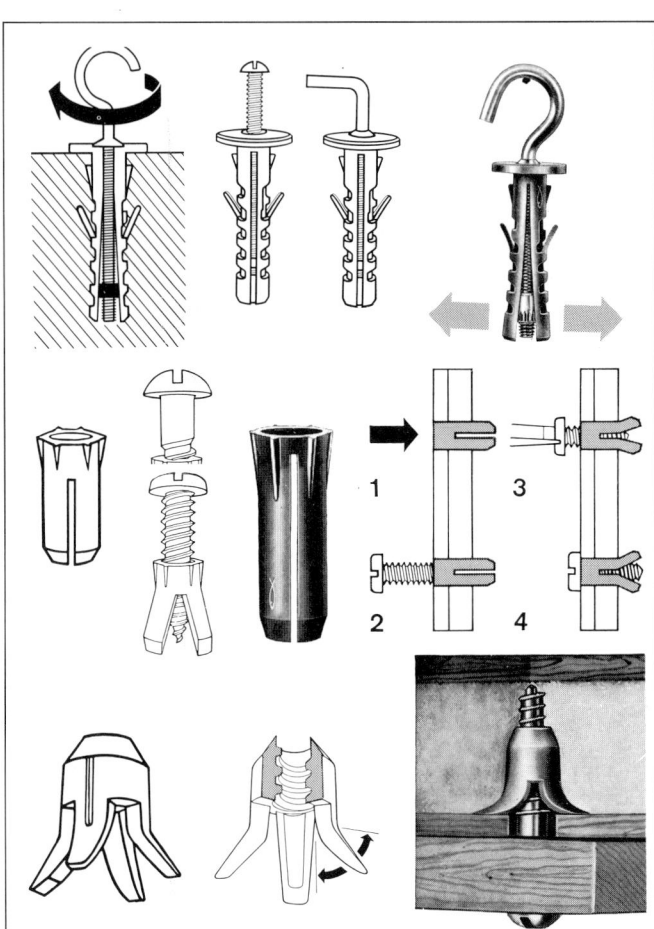

**Kippdübel** sind für Montagearbeiten an Hohldecken, z.B. abgehängten Platten, für Hohlwände und Leichtstoffplatten entwickelt worden. Vorteile: Durch die Noppen auf dem Nylonband und dem darauf verschiebbaren Stopfen ist eine genaue Anpassung an jede Wand-, Decken- oder Plattenstärke möglich. Der Stopfen schließt das Bohrloch. Das überstehende Band wird abgeschnitten. Sichere Schraubenführung erfolgt durch die Stopfen in den Nylonbalken.

**Für alle Durchsteckmontagen** ist es wichtig, daß der Dübel voll im Mauerwerk und nicht im Putz sitzt, und daß der Schraubendurchmesser ausreichend groß gewählt wird. Die Schraubenlänge entspricht der Dübellänge plus Dicke des Putzes und der des zu befestigenden Gegenstandes.

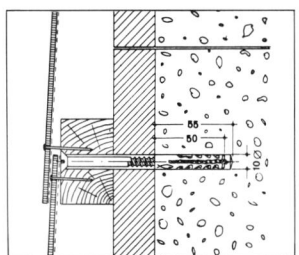

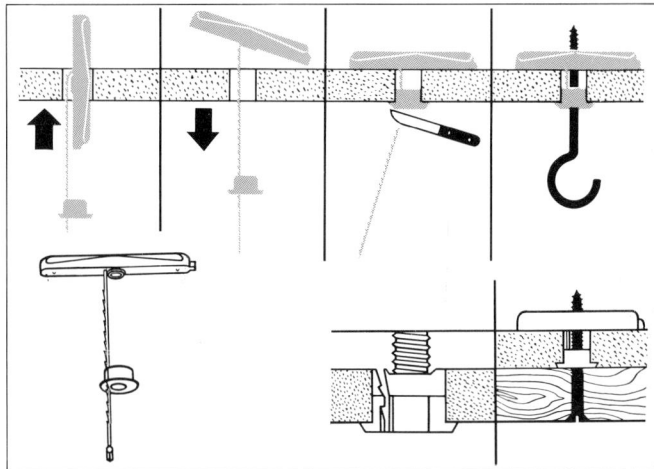

**Dübel** bieten vor allem Schrauben, Haken und Ösen, im besonderen Falle auch Nägeln, Halt in massiven Bauteilen. Überall dort, wo Dübel keinen Halt finden, z.B. in weichen Materialien, werden sie je nach Struktur und Funktion eingegipst, -gemauert, -betoniert oder eingesteckt, verspreizt, gekippt oder verschraubt.

Die **Montagen** unterscheiden sich vor allem durch die Reihenfolge des Bohrens und des Aufsteckens der Befestigungsgegenstände sowie durch das Anziehen der Schrauben. Das Durchsteckverfahren ist am einfachsten, weil das Bohrloch nicht unter dem Gegenstand gesucht werden muß und damit auch nicht verfehlt werden kann.

## Verbindungsmittel

Montagedübel

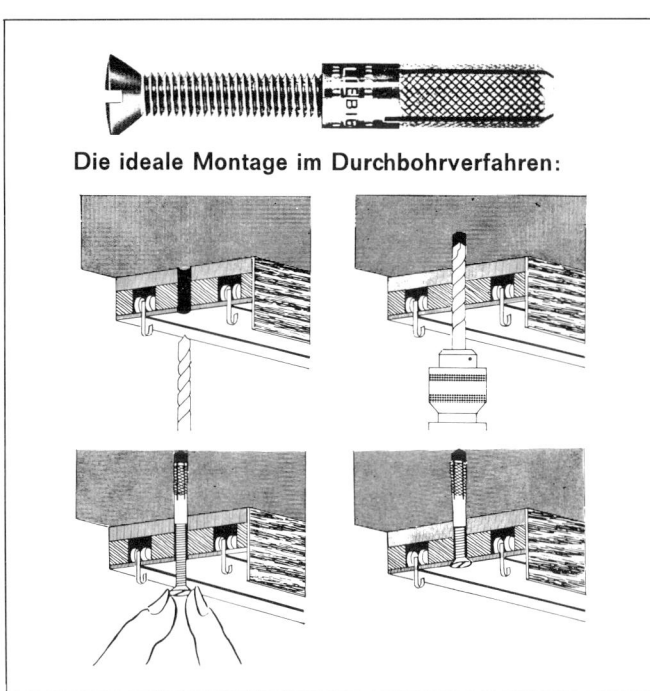

**Die ideale Montage im Durchbohrverfahren:**

**Metalldübel** spreizen die Schraube nur indirekt. Damit ergeben sich Vorteile: Keine Beschädigung der Schraube; das Gewinde bleibt frei von Mörtel; eine Demontage ist möglich.
Beispiel: Gardinenleiste mit Hartmetall-Steinbohrer durchbohren, Schraube beim Einstecken des Dübels um Spreizweg überstehen lassen und dann festdrehen.

**Schwerbefestigungsdübel** eignen sich zur Schnellmontage in Beton, Mauerwerk oder Naturstein. Durch korrosionsfeste Spreizelemente aus Edelstahl bieten sie hohe Tragfähigkeit. Sie benötigen kleine Bohrlöcher (Gewindedurchmesser = Bohrlochdurchmesser) und sind zur Durchsteckmontage geeignet (der Befestigungsgegenstand kann als Bohrlehre verwendet werden).
Schwerbefestigungsdübel mit vormontierter Sechskantmutter und Unterlagsscheibe haben sich bewährt.
Der angedrehte Bolzen verhindert Beschädigungen des Gewindes.

**Sicherheitsdübel:** Metalldübel mit Bolzen und Konus am Hülsenende. Die Mutterschraube wird nach dem Aufstecken des zu befestigenden Gegenstandes aufgesetzt und angezogen. Der vorstehende Gewindebolzen kann nach leichtem Lockern und Festhalten der Mutter eingedreht werden.

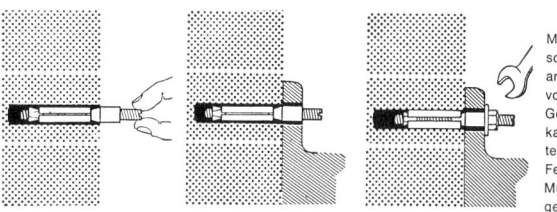

Mutter aufschrauben und anziehen. Der vorstehende Gewindebolzen kann, nach leichtem Lockern und Festhalten der Mutter, eingedreht werden

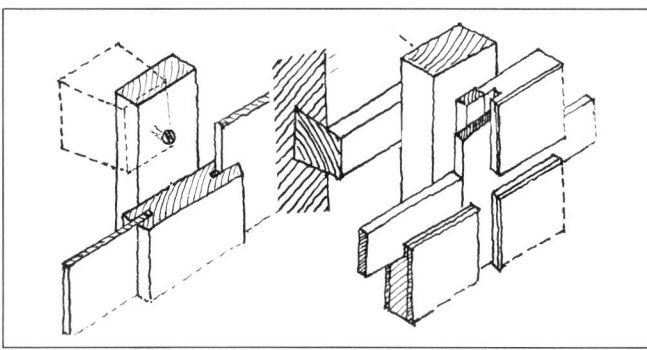

**Holzdübel** (Klötze oder Leisten) werden im Mauerwerk eingegipst. Um sie gegen Schwellen zu sichern, werden sie in Schellack getaucht, so daß ihre Festigkeit im Mauerwerk garantiert ist.

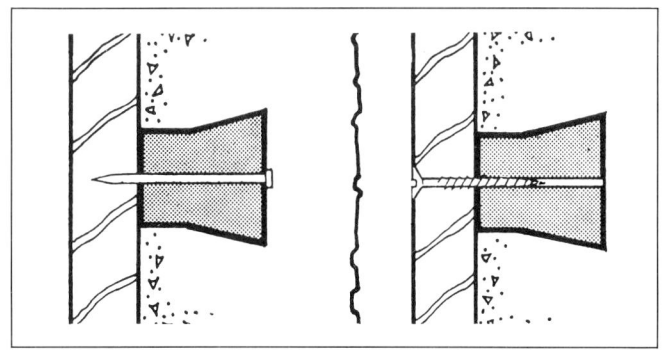

**Kunststoffdübel** werden als Nagelgrund eingemauert. Die Montage der Dübel erfolgt durch ihre Nagelung an die Schalung von innen oder von außen. Stoßbeständigkeit und Säurefestigkeit der Kunststoffdübel ergeben eine ausgezeichnete, schwundfreie Verbindung mit dem Mauerwerk.

**Blinddübel** sind verdecktliegende Verbindungsmittel. Sie genügen hohen ästhetischen Anforderungen, bedingen aber eine umständliche Montage.

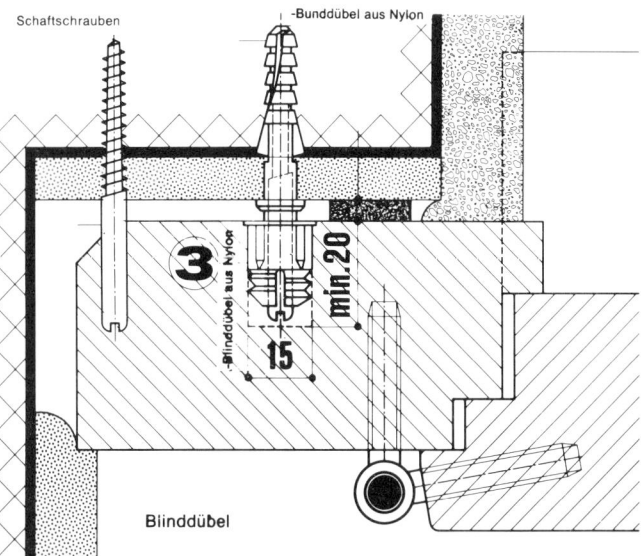

Schaftschrauben

-Bunddübel aus Nylon

Blinddübel aus Nylon

min. 20

3

15

Blinddübel

**Nagelformen**

Drahtstifte
1 rund
2 eckig
3 mit Stauchkopf rund
4 mit Stauchkopf eckig
5 mit Halbrundkopf

Schmiedenägel
a von Hand
b maschinell

6 Blaue Kammzwecke
7 geschnittener Nagel
8 Fitschenstift

**Nägel** sind unterschiedlich in Gewicht, Größe und Form, je nach Einsatzart und Anforderung.
● Nagelmaterialien: Holz, Eisen, Stahl.
● Formen: rund, quadratisch, rechteckig.
● Längen: 5 mm – 200 mm.

**Sonderformen**
**Schraubnägel** halten besser als glatte Nägel.

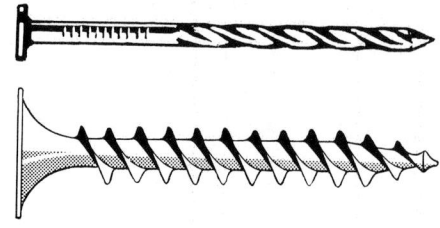

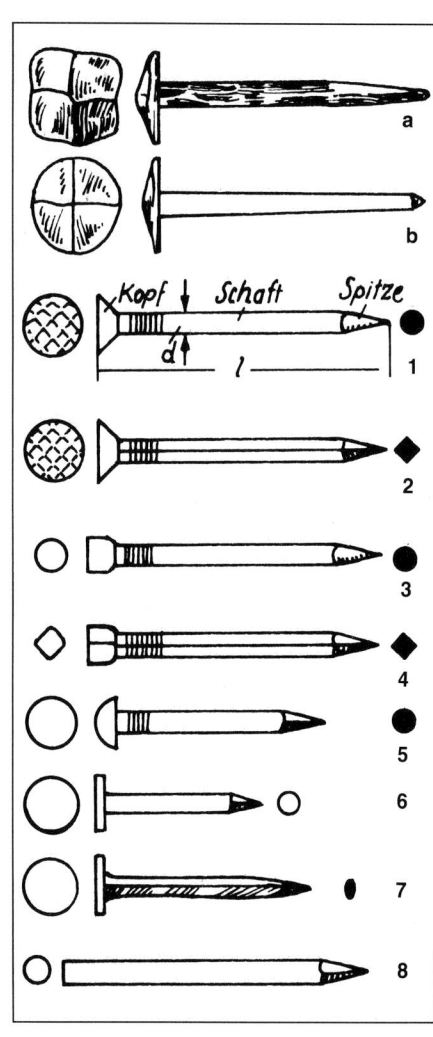

Die **Haltekraft** von Nägeln beruht auf dem Reibungswiderstand. Er ist bei rauhen, rechteckigen Nägeln größer als bei runden, deren Schäfte deshalb aufgerauht werden.

Die **Anwendung** von Nägeln ist im Möbel- und Innenausbau auf das äußerste zu beschränken. Nagellöcher sind zu verkitten.

Das **Nageln** erfolgt maschinell oder von Hand. Das Nageln mit Automaten wird in Serie mit Preßluft oder einzeln mit Patronen betrieben.

**Holznägel** haben quadratische Querschnitte und werden von Klötzen in Nagellänge abgespalten und unten zugespitzt.

**Schmiedenägel** werden von Hand gearbeitet und haben einen konischen Schaft. Sie waren bis zur Erfindung der Drahtstifte das einzige Metallverbindungsmittel.

**Drahtstifte** aus unlegiertem Stahl, maschinell hergestellt, haben in ganzer Länge gleiche Dicke. Ihr Kopf ist als Senk- oder Stauchkopf, Breiten- oder Hakenkopf ausgebildet.
● Das Spalten von Hölzern beim Nageln wird dadurch vermieden, daß die Nagelspitzen stumpf geschlagen werden.

**Nageldübel** bieten Schraubnägeln Haftung oder lenken Drahtstifte um, so daß sie seitlich aus vorgebohrten Hülsen heraustreten und sich damit verkrallen.

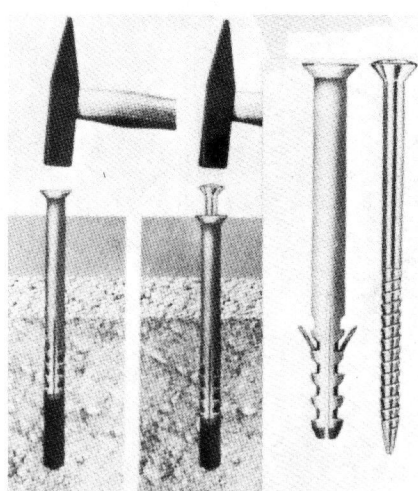

**Selbstklemmnägel** legen sich hinter dem Nagelgrund krumm. Das wirkt wie Vernieten.

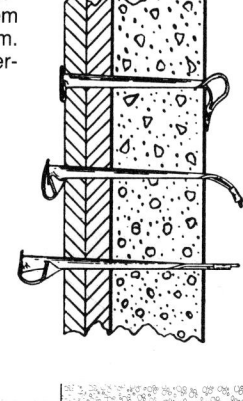

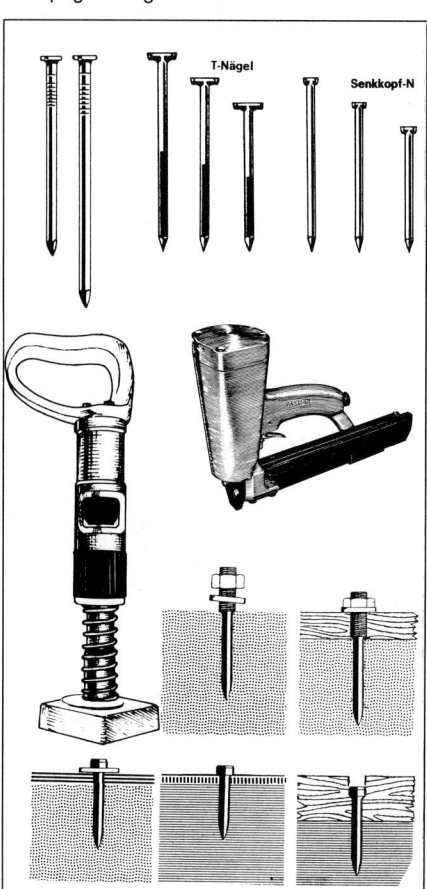

Die Hülse mit der aufgeschraubten Mutter eintreiben
2. Die Mutter abschrauben
3. Das Montageteil aufsetzen und festschrauben.
4. Den Drahtstift in die Hülse einschlagen.

1. Die Hülse eintreiben
2. Den Drahtstift in die Hülse eintreiben

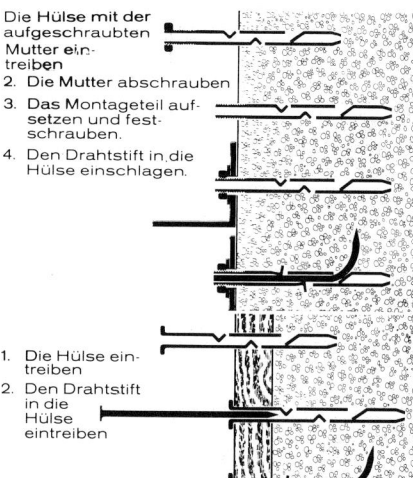

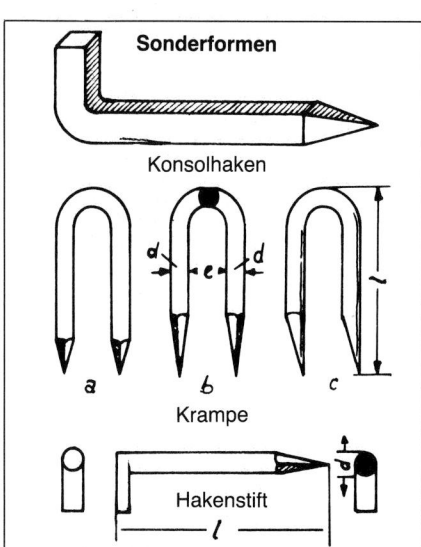

**Sonderformen**

Konsolhaken

Krampe

Hakenstift

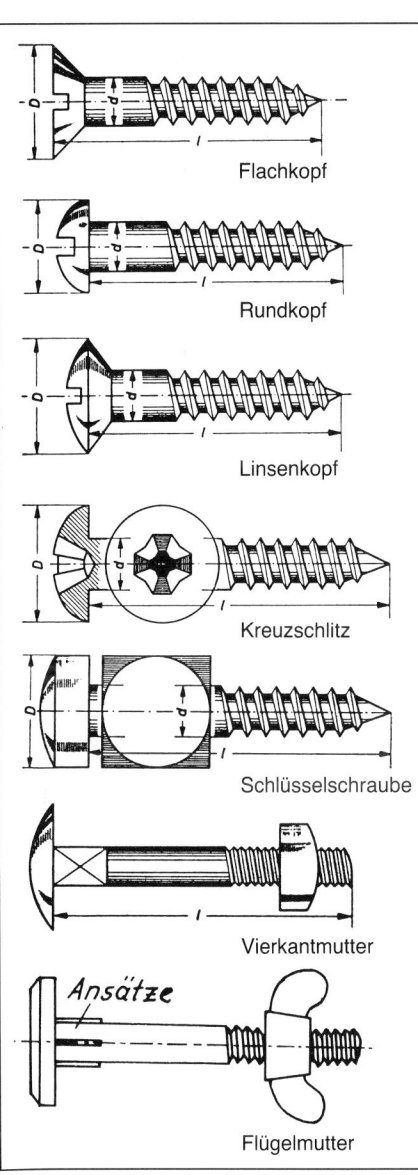

Flachkopf

Rundkopf

Linsenkopf

Kreuzschlitz

Schlüsselschraube

Vierkantmutter

Ansätze

Flügelmutter

## Schrauben

**Holzschrauben** finden vor allem bei der Befestigung von Beschlägen Verwendung. Ihr Vorteil gegenüber Drahtstiften ist die große Haltbarkeit und die schnelle Lösbarkeit.
● Das Gewinde von Holzschrauben hat im Gegensatz zu Metallschrauben scharfe Kanten. Kleine Schrauben werden vorgestochen, große Schrauben vorgebohrt.

● Die Haltekraft der Holzschrauben ist groß; sie dürfen jedoch nicht eingeschlagen oder zu weit vorgebohrt werden.
● Löcher für Flach- und Linsenkopfschrauben, sind trichterförmig aufzureiben.
● Rundkopfschrauben liegen auf den Flächen auf.

**Nagelschrauben** werden eingeschlagen.

**Schlüsselschrauben** mit Vier- oder Sechskantkopf werden mit Schraubenschlüsseln eingezogen.

**Schraubenbolzen** mit Vierkant- oder Flügelmuttern müssen vorgebohrt werden. Um ihr Mitdrehen zu verhindern, haben sie einen Vierkant unterhalb des Kopfes.

**Schraubenformen**
Flachkopf
Rundkopf
Linsenkopf
Nagelschraube
Schlüsselschraube
Schraubbolzen mit Vierkantmutter
Schraubbolzen mit Flügelmutter

**Muffenschrauben** werden in ein vorgebohrtes Loch eingedreht. Dann wird die Schraube durch das Holz hindurch eingezogen. Dadurch wird das Holz fest angedrückt.

**Haken** haben rechtwinklig oder rund gebogene Formen.
● Ringschrauben werden auch Ösen genannt.
● Hakenstifte dienen zur Befestigung von Leitungsdrähten.
● Konsolhaken tragen schwere Lasten.
● Krampen halten Drahtgeflecht.

## Verbindungsmittel

**Nägel, Schrauben**

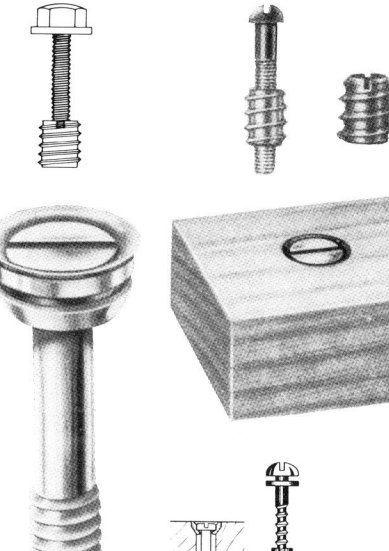

„Rampa"-Schrauben

**Sonderformen**
**Steinschrauben** dienen der Befestigung von Blendrahmen der Türen und Fenster im Mauerwerk. Sie werden in das Mauerwerk eingegipst.
**Bankeisen** erfüllen den gleichen Zweck. Sie werden jedoch eingeschlagen und aufgeschraubt.

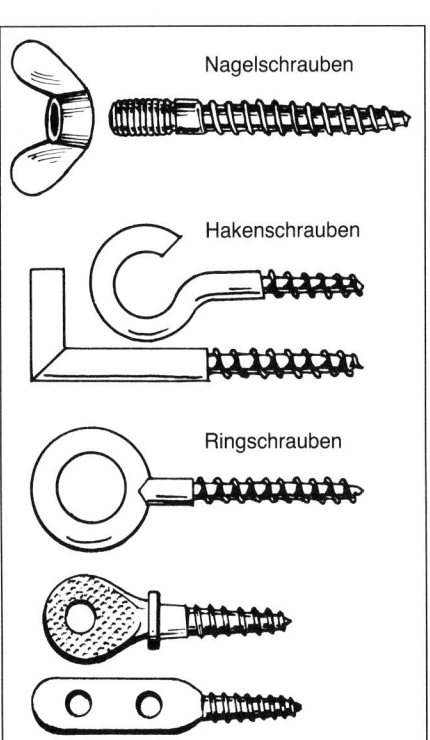

Nagelschrauben

Hakenschrauben

Ringschrauben

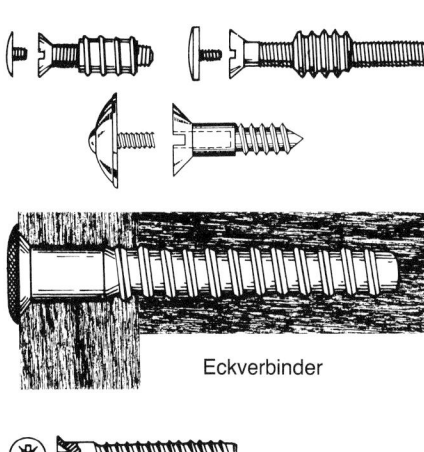

Eckverbinder

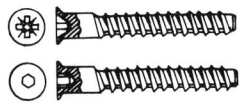

Eckverbinder mit unterschiedlichen Abdeckkappen

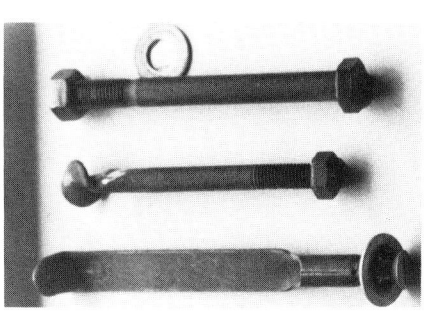

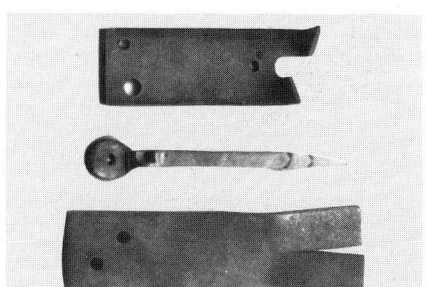

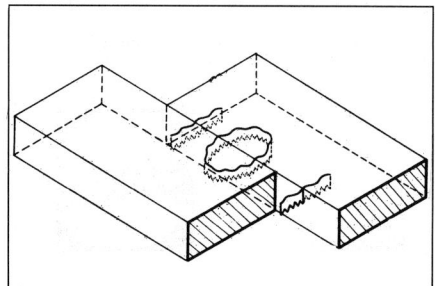

**Welleisen** dienen zum Verklammern von Kistenbrettern. Sie werden gerade oder ringförmig angeordnet.

**Krallen** sind Holzverbinder, die stets von beiden Seiten in die zu verbindenden Holzteile eingeschlagen werden müssen.
● Zu beachten ist, daß Krallen nicht auf Zug beansprucht werden dürfen. Beim Einschlagen dürfen die Zähne nicht in die Stoßfugen geraten, da diese dann aufgetrieben werden.

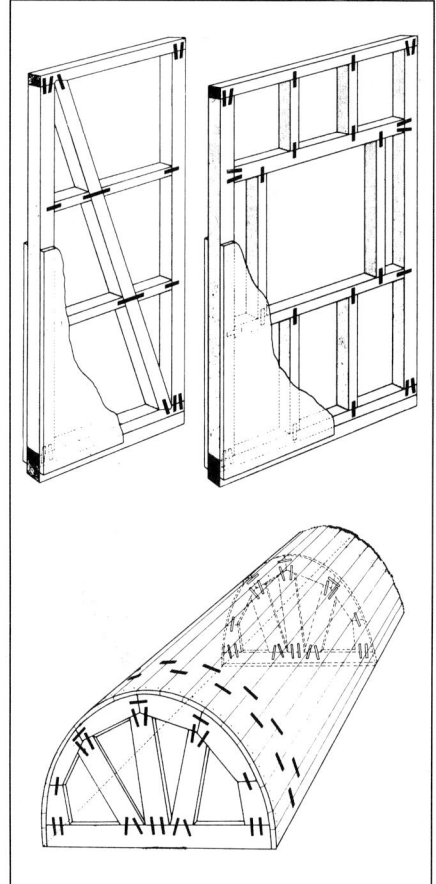

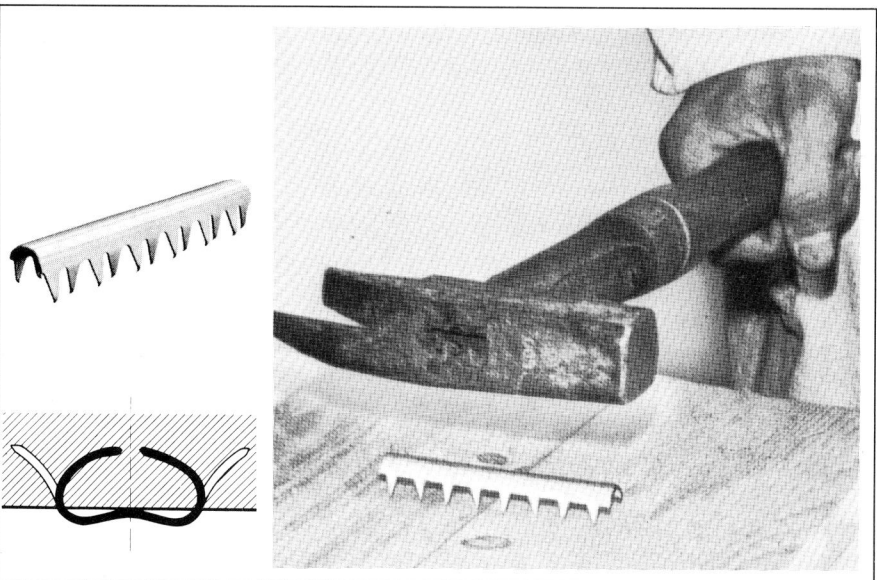

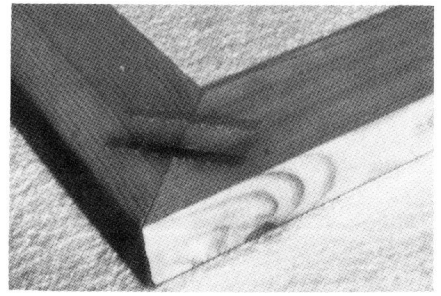

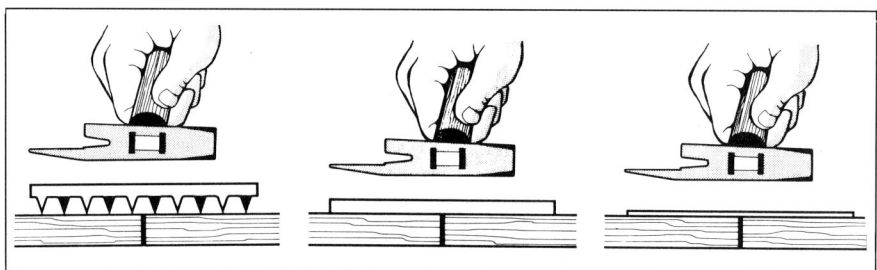

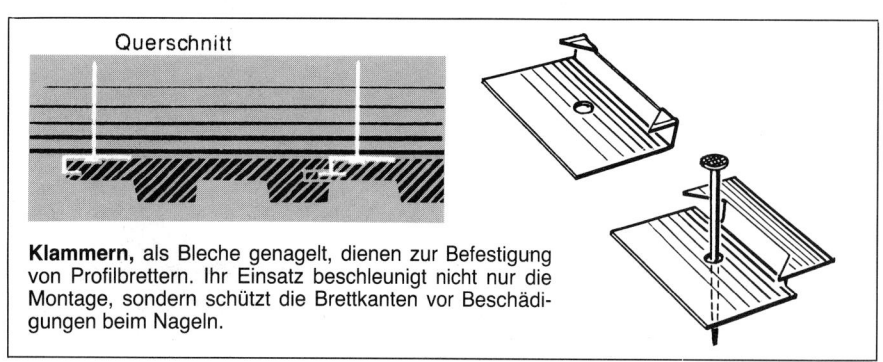

**Klammern,** als Bleche genagelt, dienen zur Befestigung von Profilbrettern. Ihr Einsatz beschleunigt nicht nur die Montage, sondern schützt die Brettkanten vor Beschädigungen beim Nageln.

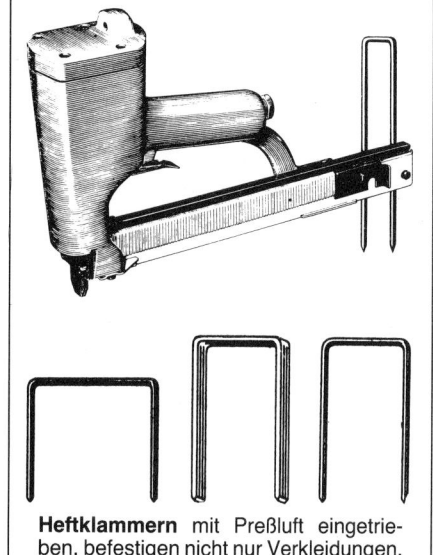

**Heftklammern** mit Preßluft eingetrieben, befestigen nicht nur Verkleidungen, sondern dienen auch als Verbindungsmittel.

Schlaufen rationalisieren das Herstellen und Stapeln von Kisten derart, daß z.B. eine Person in einer Stunde 130 Kisten herstellen und lagern kann.
Die Drahtschlaufen werden auch als Verschlüsse eingesetzt.

## Verbindungsmittel

Schlaufen, Krallen, Klammern

Schlaufenformen

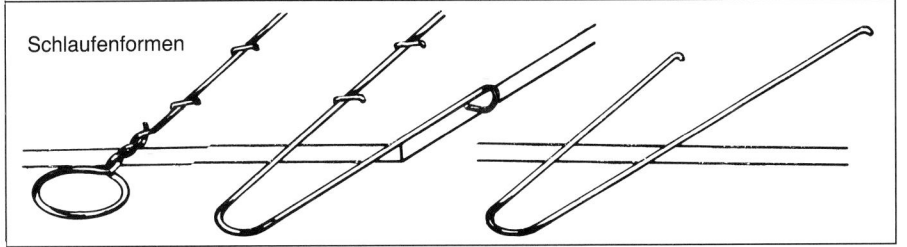

Verbindungsdetails

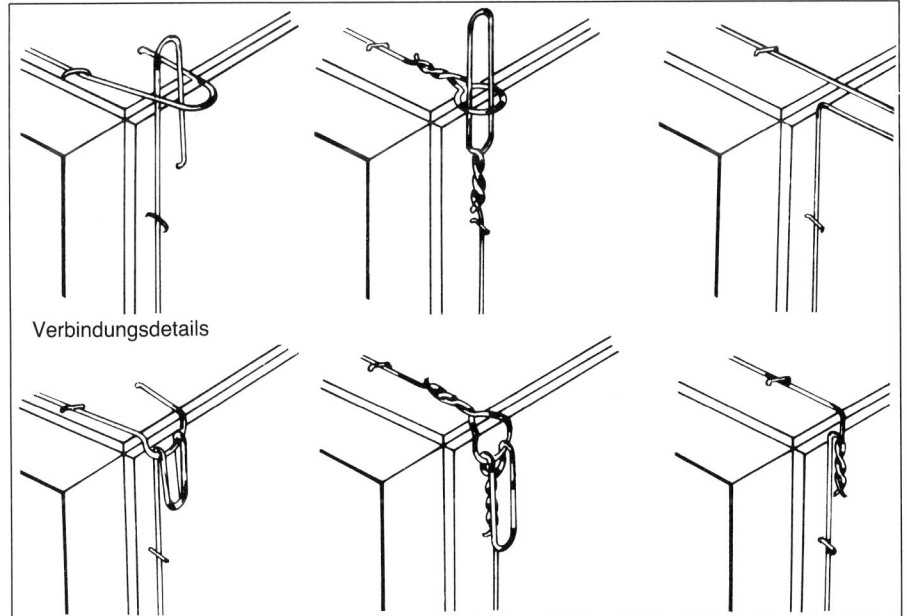

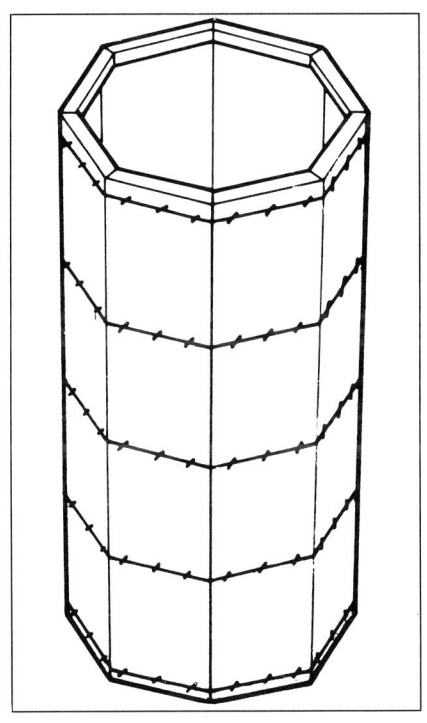

Versandform

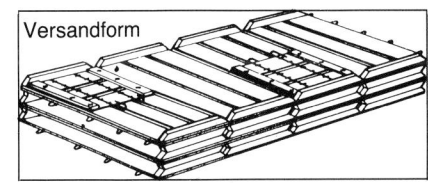

Abwicklung
und Montage einer
Transportkiste

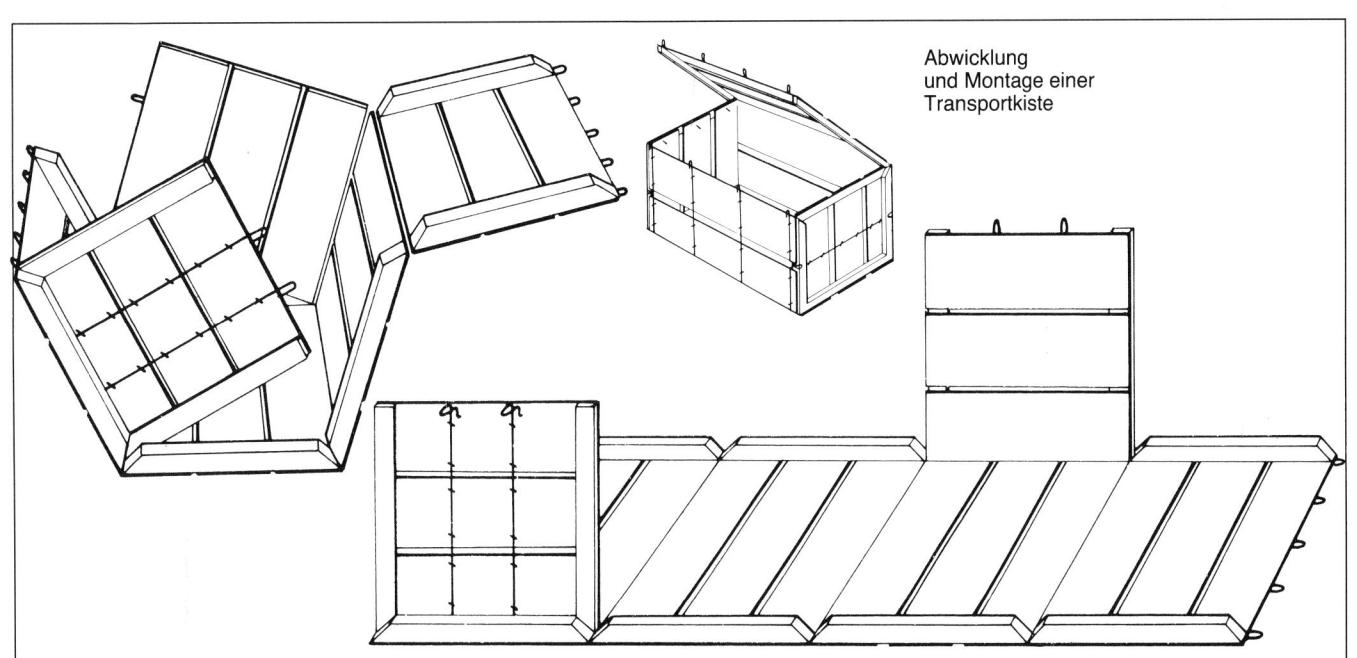

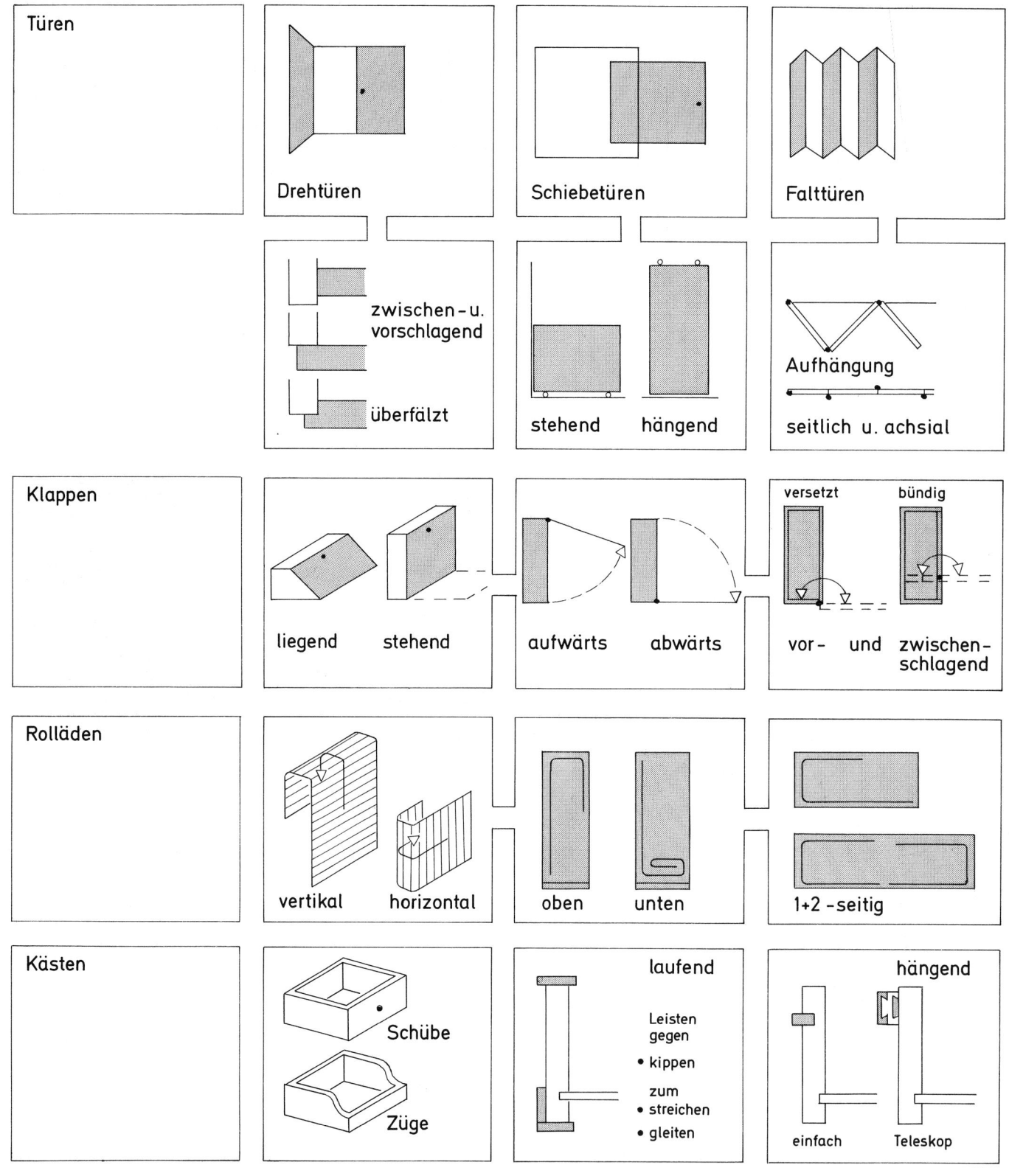

**Türen**

Drehtüren    Schiebetüren    Falttüren

zwischen-u. vorschlagend
überfälzt

stehend    hängend

Aufhängung
seitlich u. achsial

**Klappen**

liegend    stehend    aufwärts    abwärts

versetzt    bündig
vor- und zwischen-schlagend

**Rolläden**

vertikal    horizontal    oben    unten    1+2 -seitig

**Kästen**

Schübe
Züge

laufend

Leisten gegen
• kippen
zum
• streichen
• gleiten

hängend

einfach    Teleskop

Möbel und Innenausbauten haben viele Bauteile, Beschläge und Ausstattungen gemeinsam. Diese Elemente werden daher vorab gesondert behandelt, um Wiederholungen zu vermeiden.

Zu den gemeinsamen Elementen gehören
● Frontteile von Möbeln und Einbauten, wie Türen, Klappen, Rollläden und Kästen
● Beschläge: Verschlußelemente wie Schlösser und Riegel; Bewegungselemente wie Bänder und Scharniere; Bedienungselemente wie Knöpfe.

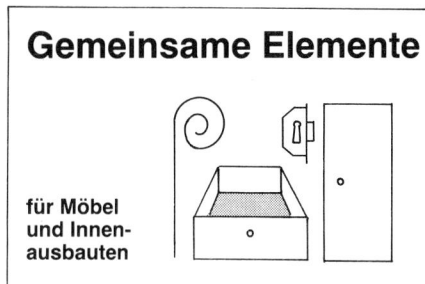

**Gemeinsame Elemente**

für Möbel und Innenausbauten

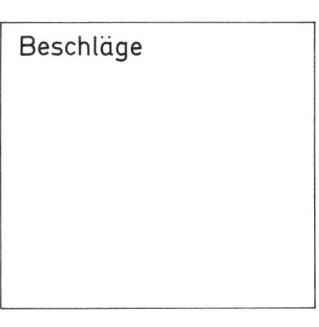

Beschläge

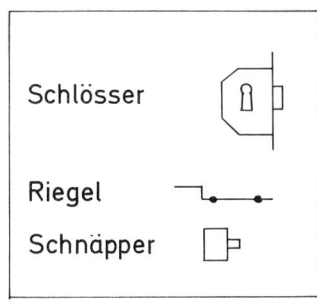

Schlösser

Riegel

Schnäpper

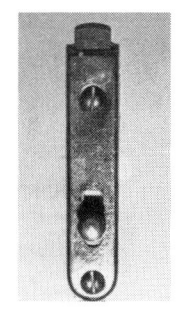

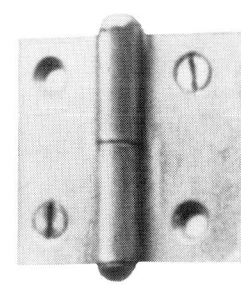

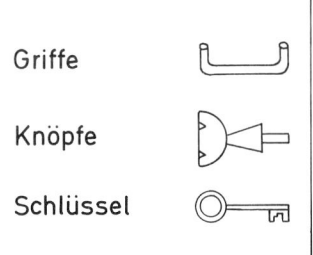

Griffe

Knöpfe

Schlüssel

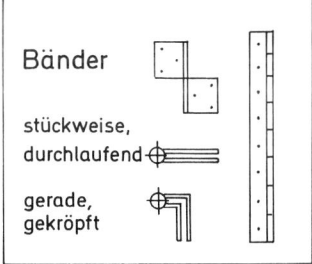

Bänder

stückweise, durchlaufend

gerade, gekröpft

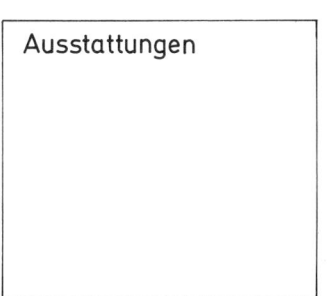

Ausstattungen

Spiegel    Halter

Kästen, Böden

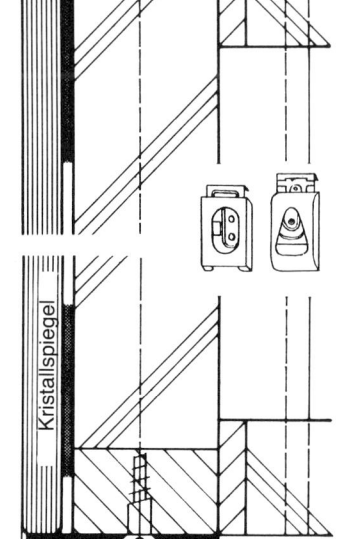

Kristallspiegel

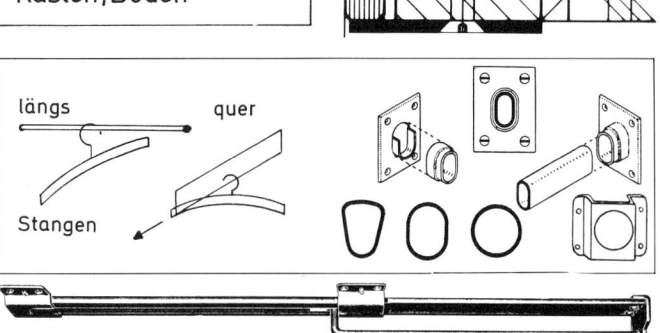

längs    quer

Stangen

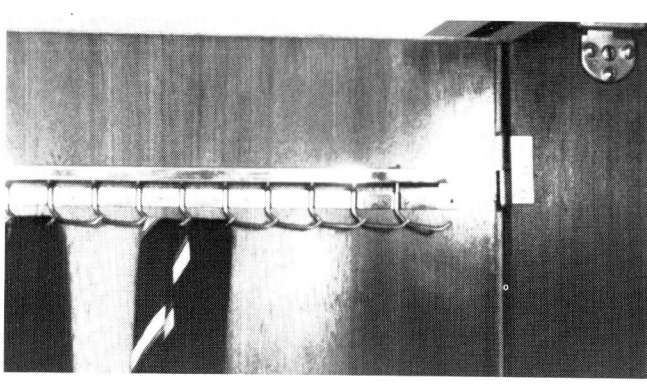

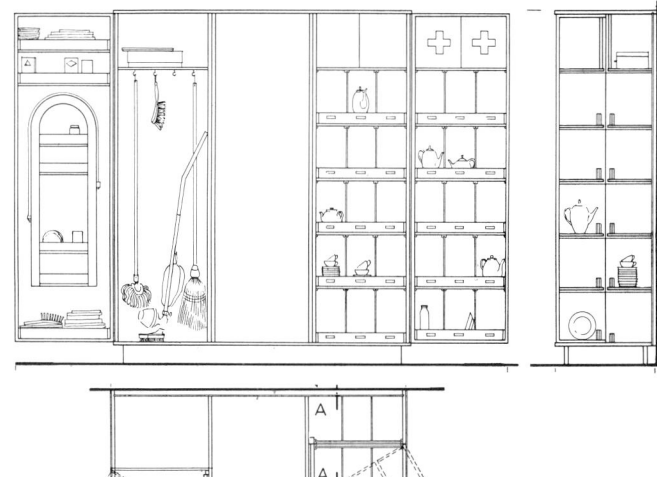

**Drehtüren** sind nach verschiedenen Kriterien zu ordnen und zu beurteilen.

Der **Bandsitz** ist entscheidend für die Bezeichnungen linke oder rechte Tür.

Die **Türgrößen und Formate** bestimmen Zahl und Anordnung der Bänder.

Die **Anschlagarten** (zwischen-, vor- oder hinterschlagend, stumpf oder überfälzt), die Türpositionen (vor- oder zurückstehend oder bündig mit dem Korpus), bestimmen die Ausbildung und Befestigung der Bänder.

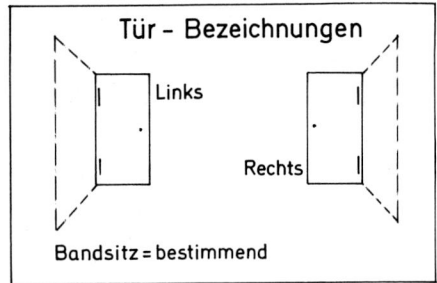

Tür – Bezeichnungen

Links

Rechts

Bandsitz = bestimmend

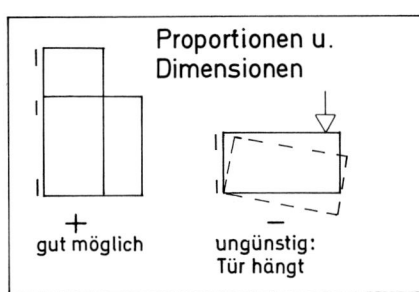

Proportionen u. Dimensionen

+ gut möglich

– ungünstig: Tür hängt

Die **Bauart** der Türen – ob glatt, auf Rahmen oder aufgedoppelt – ist abhängig von der Gestaltung und der Herstellung (Einzel- oder Serienfertigung). Im Prinzip sind alle Türen Rahmentüren, deren Füllungen entweder zwischen den Rahmenhölzern liegen oder diese verdecken.

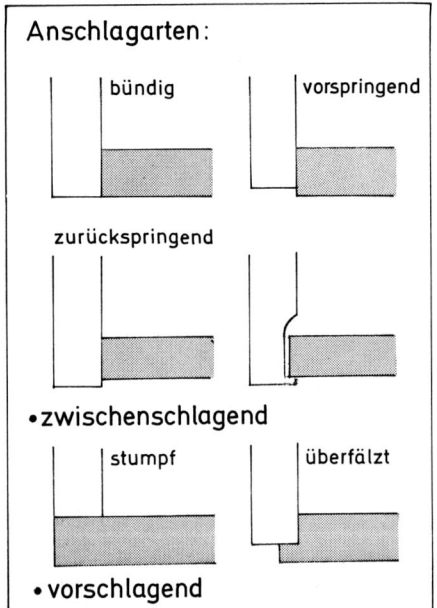

Anschlagarten:

bündig    vorspringend

zurückspringend

• zwischenschlagend

stumpf    überfälzt

• vorschlagend

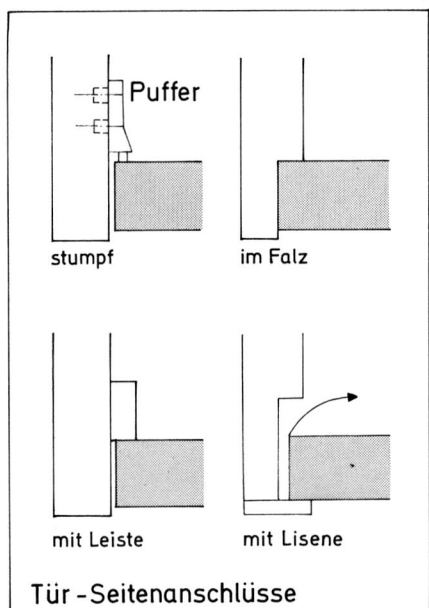

Puffer

stumpf    im Falz

mit Leiste    mit Lisene

Tür-Seitenanschlüsse

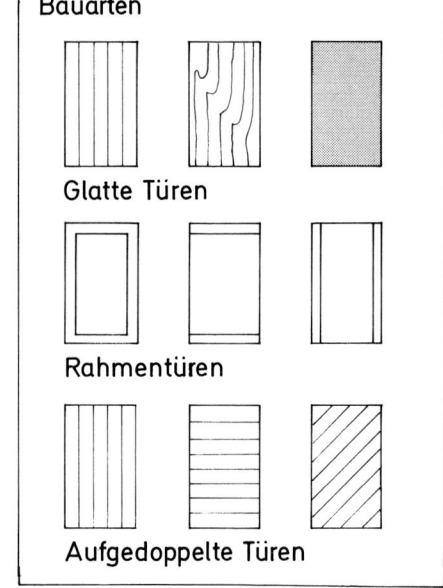

Bauarten

Glatte Türen

Rahmentüren

Aufgedoppelte Türen

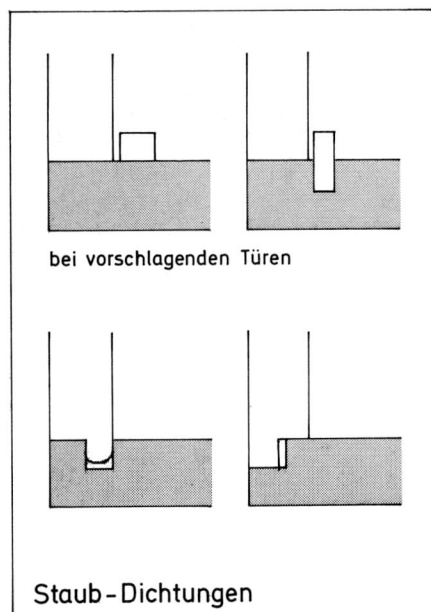

bei vorschlagenden Türen

Staub-Dichtungen

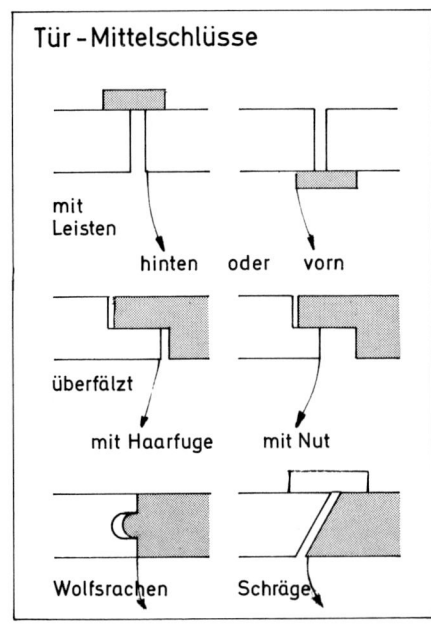

Tür-Mittelschlüsse

mit Leisten

hinten    oder    vorn

überfälzt

mit Haarfuge    mit Nut

Wolfsrachen    Schräge

Die **Tür-Mittelschlüsse** bestimmen den Sitz des Schlosses (siehe Beschläge).

Die **Tür-Seitenanschlüsse** bestimmen die Gestaltung und die Dichtung.

**Staubdichtungen** sind ein spezielles Thema, vor allem bei vorschlagenden Türen.

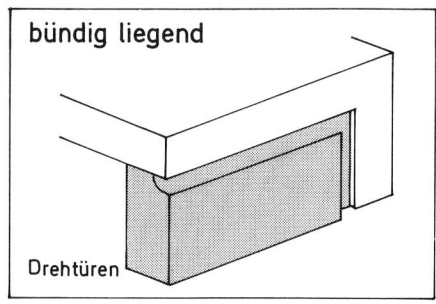

**bündig liegend**

Drehtüren

Zwischenschlagende Türen, bündigliegend mit den Seiten, sind von der Gestaltung bestimmt. Technisch sind zwischenschlagende Türen nicht einfach zu lösen, da sie als bewegliche Teile nur relativ schlecht in so präzise Positionen gebracht bzw. dort gehalten werden können. Vor allem deshalb, weil Holz als hygroskopischer Baustoff Spannungen unterworfen ist.
● Bündigliegende Türen werden daher gern abgefast oder gefälzt, so daß Ungenauigkeiten des Anschlags an den Fugen nicht ablesbar werden.

# Türen

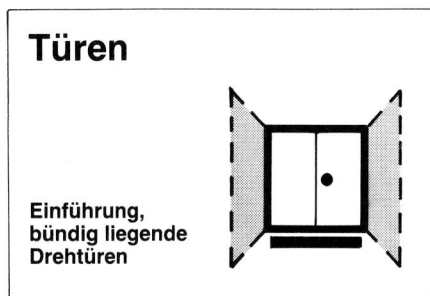

**Einführung, bündig liegende Drehtüren**

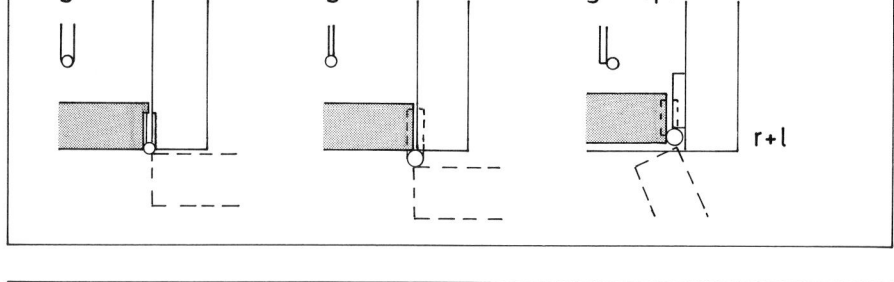

gerade    gedrückt    gekröpft    r+l

Durchgehende Stangenscharnierbänder, auch als sog. Klavierbänder bekannt, haben den Vorteil, daß das Band die Türen und Seiten durchgehend verbindet. Die Bänder lassen sich nicht aushängen. Sie werden gerade, gedrückt und gekröpft geliefert.

Gerade Bänder werden angeschlagen mit vorstehendem halben Kegel.
Gedrückte Bänder stehen voll vor der Fuge.
Gekröpfte Bänder, für linke und rechte Türen erhältlich, bedingen Verstärkerleisten an den Seiten. Öffnungsweite 180°.

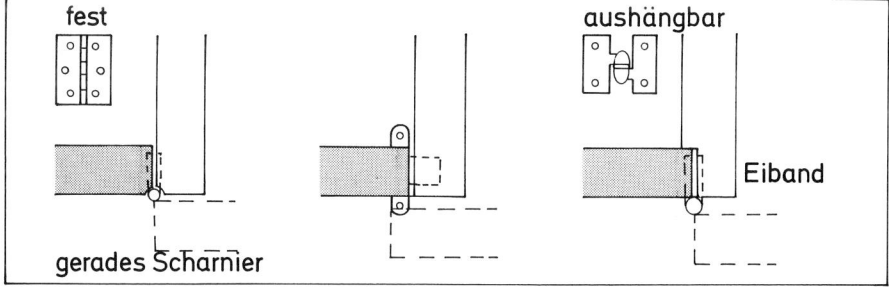

fest    aushängbar    Eiband

gerades Scharnier

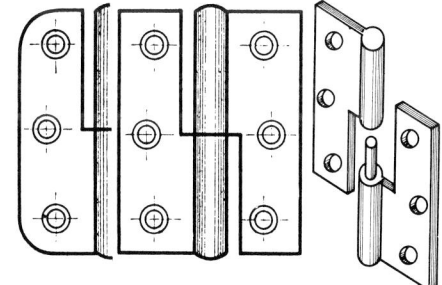

Stückweise Scharniere sind fest oder aushängbar. Die Ausführung ist rein technisch oder mit Zierformen versehen (siehe Bänder).

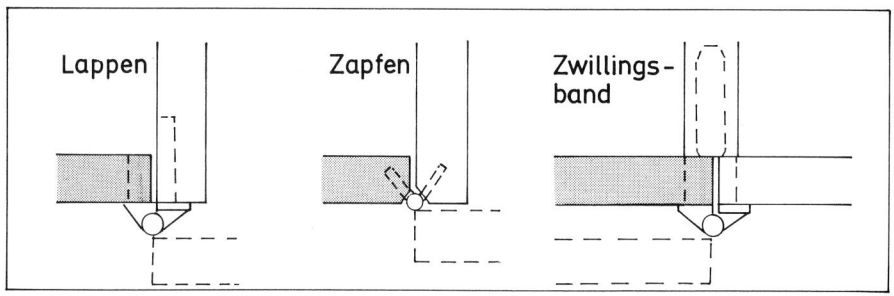

Lappen    Zapfen    Zwillings- band

Einbohrbänder, einfach oder als Zwillingsband, haben zwei oder drei Zapfen bzw. Lappen (scharfkantig oder abgerundet). Sie werden gerade oder schräg eingebohrt bzw. eingefräst. Rollenlängen 28–70 mm.

Verdecktliegende Bänder sind je nach Abmessung in Lisenen (Seitenverstärkungen) oder Seiten eingelassen und haben unterschiedliche Drehachsen und Öffnungsstellungen von 90–180°. Sie sind in verschiedenen Größen erhältlich. Wegen ihrer schmalen Bauform sind sie nicht sehr belastbar.

Topfbänder lassen sich schnell einlassen und gut regulieren, sehen aber sehr technisch aus. Je nach Kröpfung des Armes, haben sie zusätzlich verschiedene Distanzplatten.

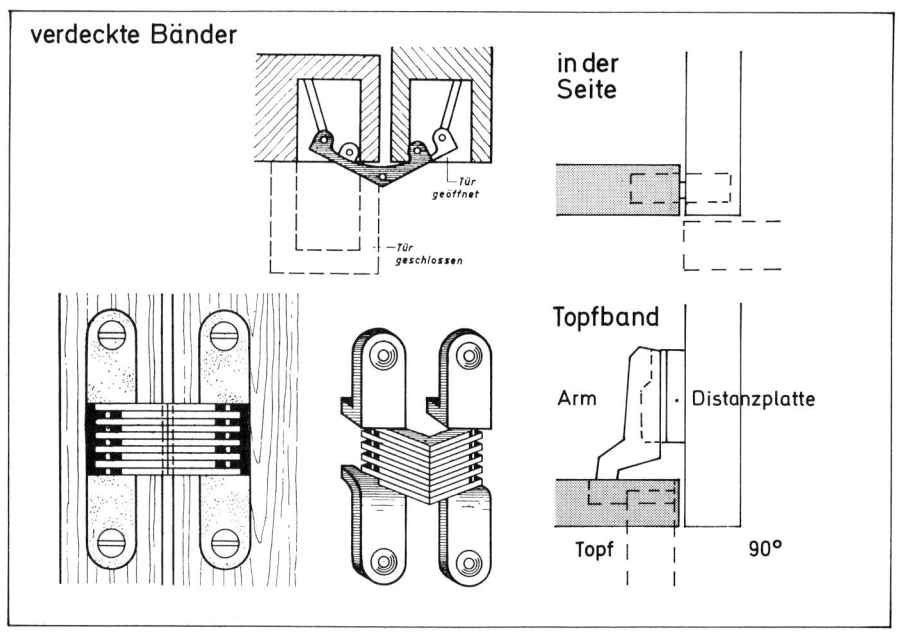

verdeckte Bänder    in der Seite    Topfband

Tür geöffnet    Tür geschlossen

Arm    Distanzplatte

Topf    90°

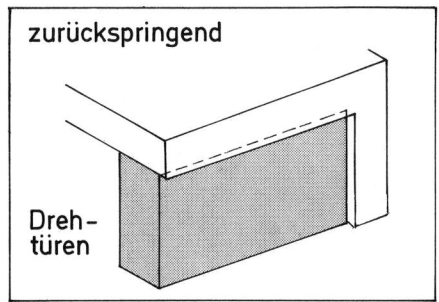

**zurückspringend**

**Dreh-türen**

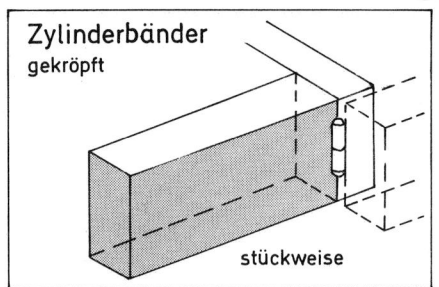

**Zylinderbänder**
gekröpft

stückweise

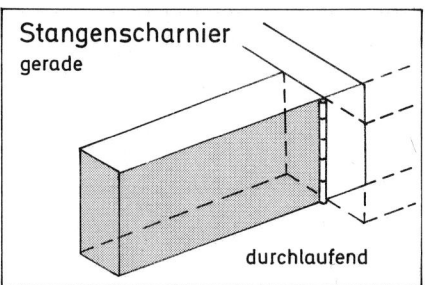

**Stangenscharnier**
gerade

durchlaufend

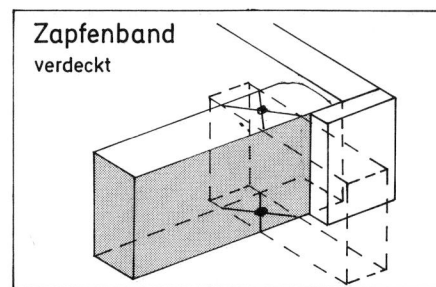

**Zapfenband**
verdeckt

**Zurückspringende Drehtüren** lassen sich mit durchlaufenden Stangenscharnieren, mit stückweisen Zylinderbändern oder mit verdecktliegenden Zapfenbändern anschlagen.

**Exzentrische Zapfenbänder** liegen sichtbar an den Ober- und Unterkanten der Tür. Sie sind als Einfach- oder als Zwillingsbänder erhältlich. Der Öffnungsradius beträgt fast 180°.

**Zentrische Zapfenbänder** liegen verdeckt. Es gibt sie in einfacher Ausführung oder kombiniert mit Abstoppungen.
● Türen mit zentrischen Zapfenbändern liegen zwar zwischen den Seiten, aber hinter Lisenen oder Vorleimern, so daß sie auch als hinterschlagende Türen bezeichnet werden. Ihr Öffnungsradius beträgt etwas über 90°.

● Die Abstoppung erfolgt durch Ausklinkungen im Boden, durch Dübel oder im Band.
● Die geöffneten Türen werden so gestoppt, daß Luft zwischen den Lisenenkanten bleibt und damit die Türvorderkanten nicht verletzt werden.
● Der Drehpunkt der Zapfenbänder wird gefunden, indem man die Tür in geöffneten und geschlossenen Positionen aufzeichnet und die Schnittkanten mit einem Kreuz verbindet.

**Zapfenband**    = exzentrisch
                    sichtbar
      **Türen** = zwischenschlagend

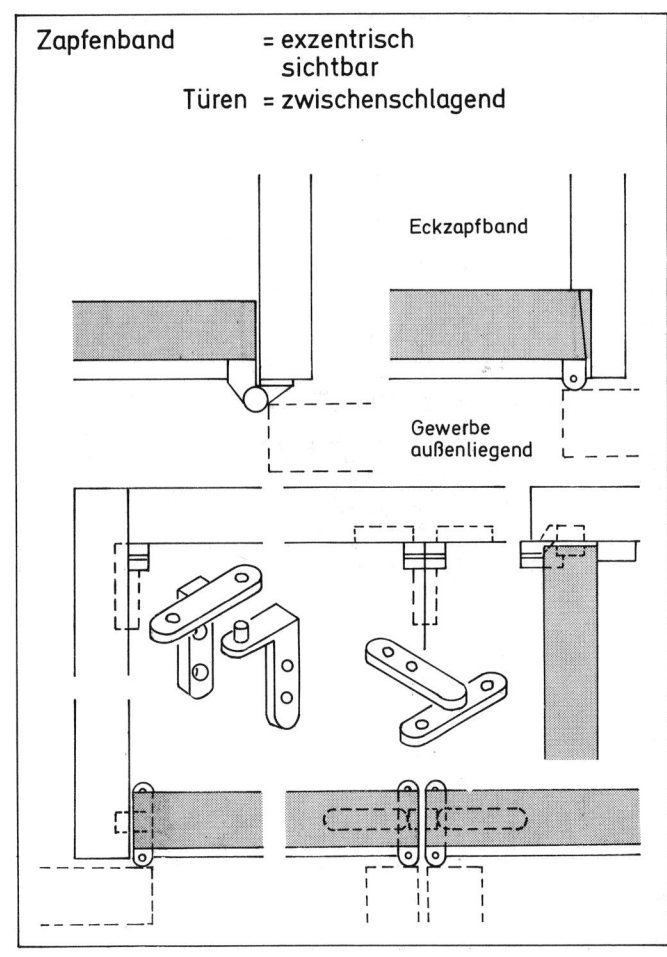

Eckzapfband

Gewerbe außenliegend

**Zapfenband**    = zentrisch
                    verdeckt
      **Türen** = hinterschlagend

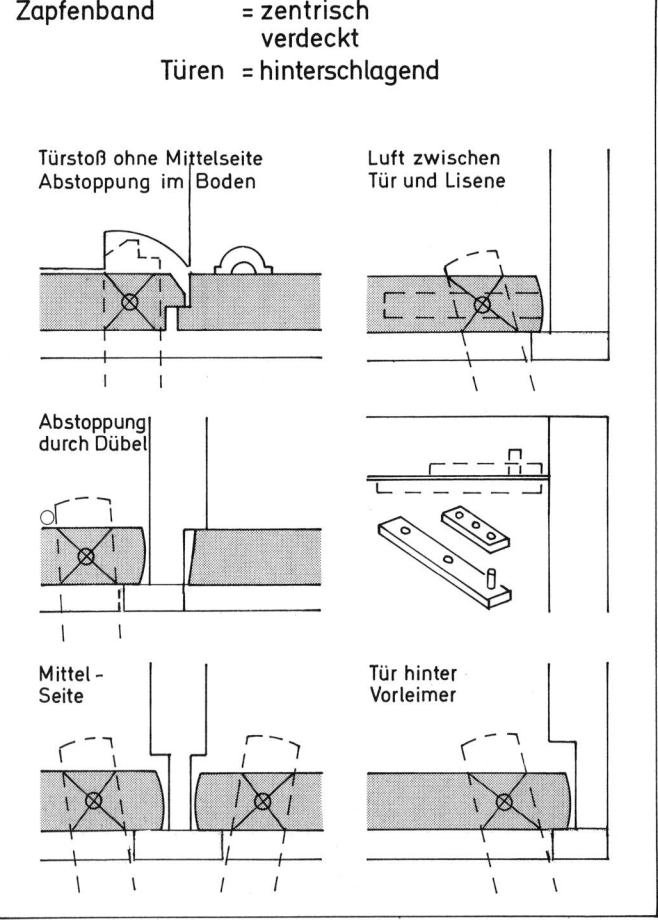

Türstoß ohne Mittelseite
Abstoppung im Boden

Luft zwischen
Tür und Lisene

Abstoppung
durch Dübel

Mittel-Seite

Tür hinter
Vorleimer

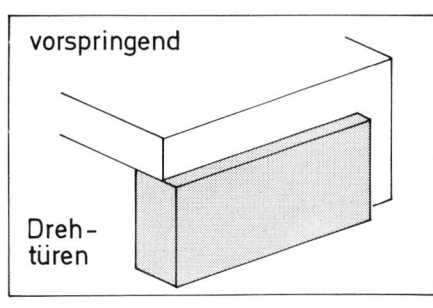

vorspringend

Dreh-türen

## Türen

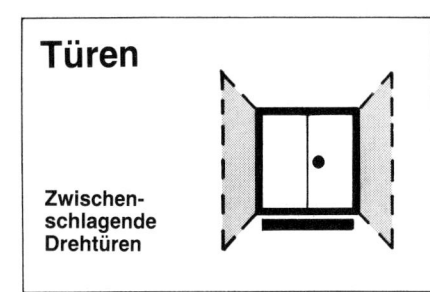

Zwischen-schlagende
Drehtüren

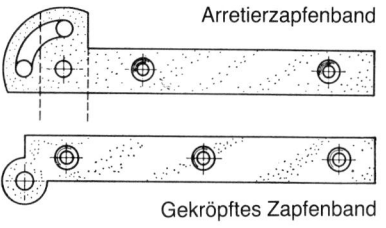

Arretierzapfenband

Gekröpftes Zapfenband

**Zapfenbänder**

Winkelzapfenband

Zwillings-zapfenband

**Vorspringende Türen** lassen sich mit Stangen- oder Zylinderbändern, mit Einbohr-, Zapfen- oder Aufsatzbändern anschlagen.
● Da sich Aufsatzbänder leicht verstellen lassen, werden sie auch als Schnellbänder bezeichnet.
● Spezialbänder erlauben den Anschlag von vorspringenden Türen mit langen Schenkeln, auch über breite Lisenen hinaus.

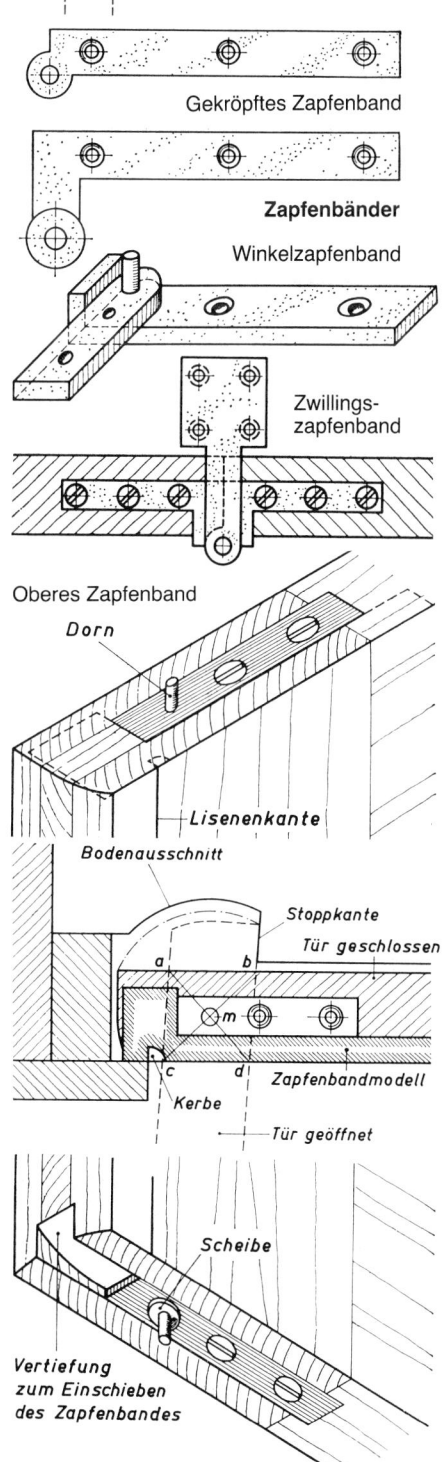

Oberes Zapfenband

Dorn

Lisenenkante

Bodenausschnitt

Stoppkante

Tür geschlossen

a        b

m

c        d        Zapfenbandmodell

Kerbe

Tür geöffnet

Scheibe

Vertiefung
zum Einschieben
des Zapfenbandes

## Stangen-scharnierband

eingefälzt

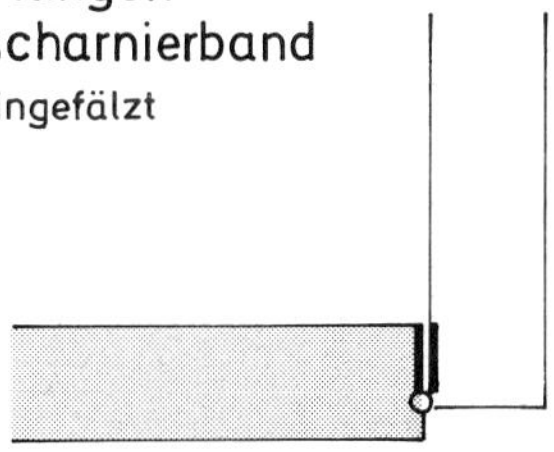

Rolle fast verdeckt

## Zylinderband

gekröpft

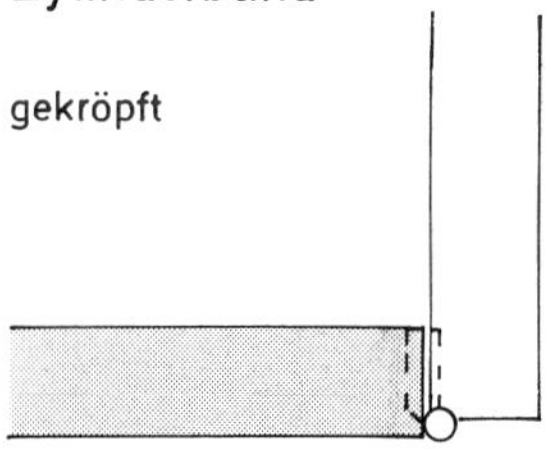

Lappen schräg oder rund

## Einbohrbänder

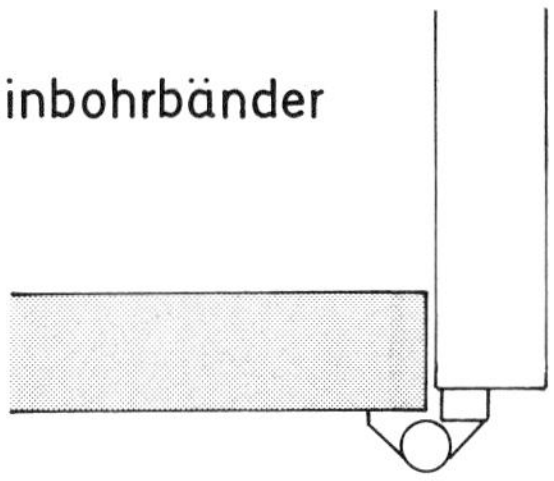

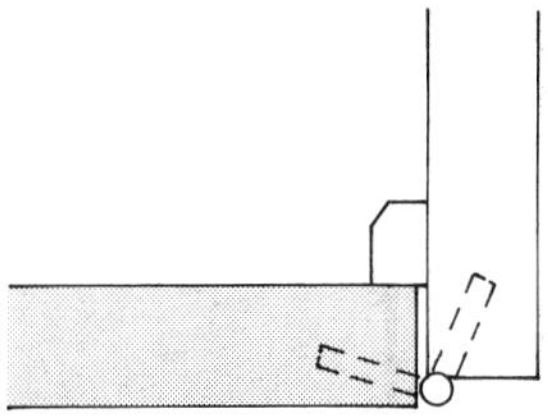

Rollendurchmesser 8 mm

## Zapfenband

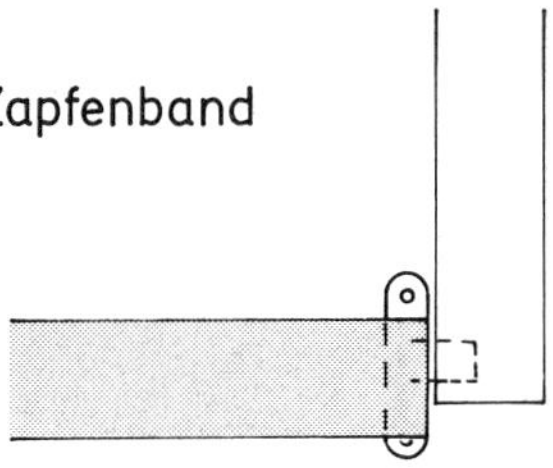

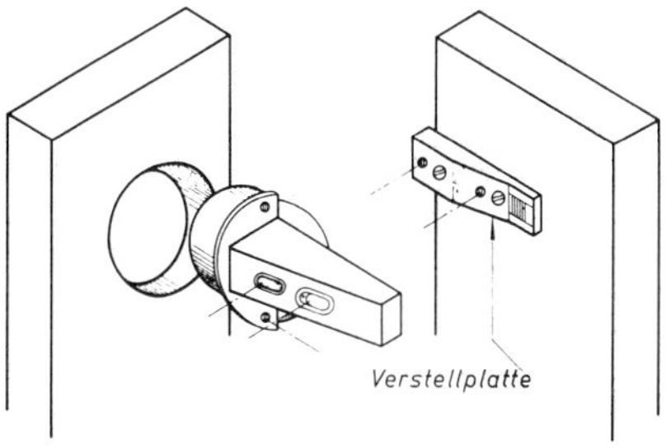

Verstellplatte

## Topfscharnier

mit Distanzplatte

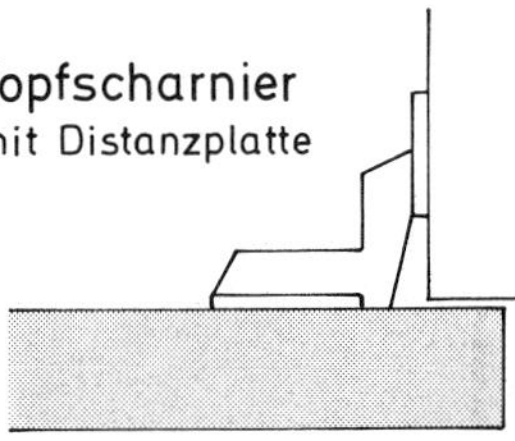

## Stollenscharnier

Arm um 90° gewinkelt

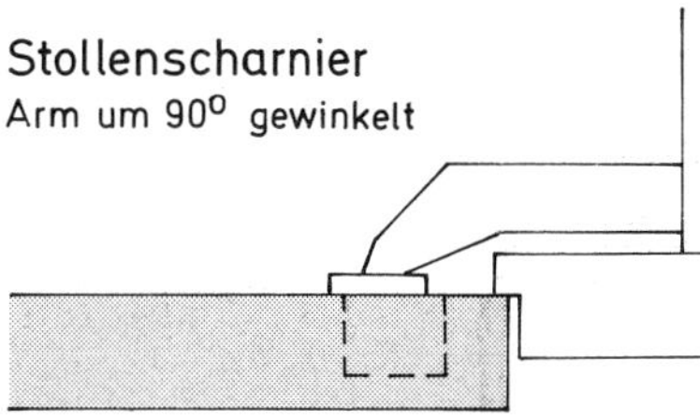

**Drehtür-Zuhaltungen** sind Riegel, Schnäpper und Schlösser. Ihre Positionen können oben, in der Mitte oder seitlich in Schränken sein.

**Riegel** sind bei vorschlagenden Türen gekröpft, bei überfälzten gerade. In Vertikalanordnung werden die Riegel durch Federn gegen Herunterfallen gesichert.
**Schnäpper** funktionieren über Magnete, Kugeln oder Rollen. Sie werden eingelassen oder aufgesetzt, können oben oder seitlich liegen.
**Schlösser** werden aufgesetzt, eingelassen oder eingesteckt. Die Türstärke spielt dabei eine Rolle. Die Schlösser schließen in die Außen- oder Mittelseiten. Wenn sie in eine andere Tür einschließen, muß diese gesondert verriegelt sein oder mit verriegelt werden.

**Zuhaltungen bei vorschlagenden und überfälzten Türen**

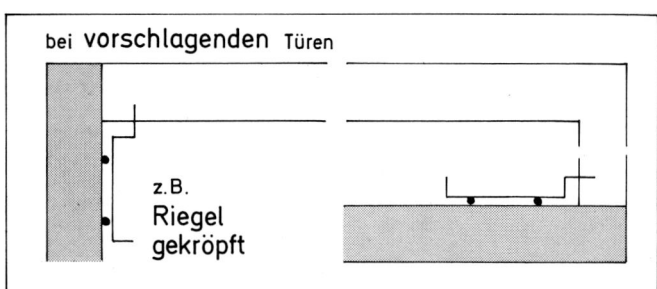

bei **vorschlagenden** Türen

z.B.
Riegel
gekröpft

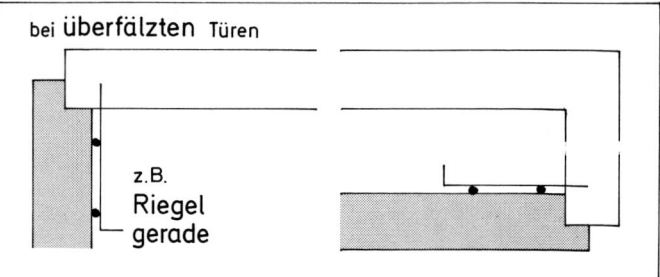

bei **überfälzten** Türen

z.B.
Riegel
gerade

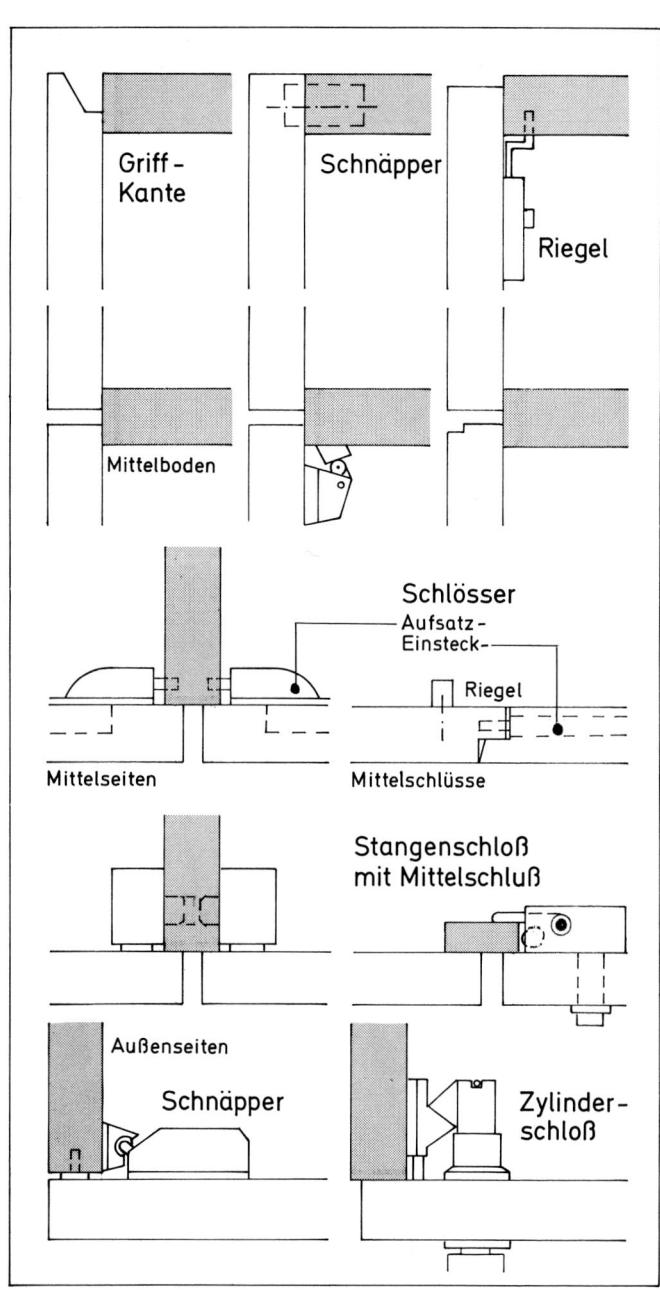

Griff-
Kante

Schnäpper

Riegel

Mittelboden

Schlösser
Aufsatz-
Einsteck-

Riegel

Mittelseiten

Mittelschlüsse

Stangenschloß
mit Mittelschluß

Außenseiten

Schnäpper

Zylinder-
schloß

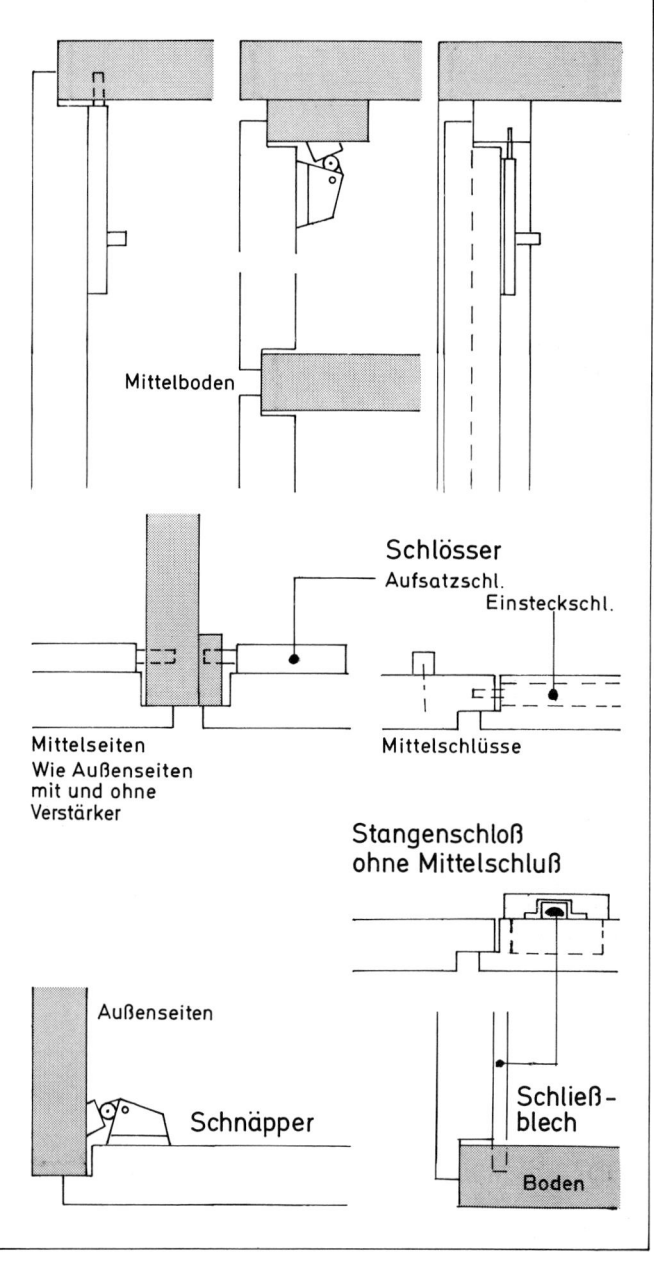

Mittelboden

Schlösser
Aufsatzschl.

Einsteckschl.

Mittelseiten
Wie Außenseiten
mit und ohne
Verstärker

Mittelschlüsse

Stangenschloß
ohne Mittelschluß

Außenseiten

Schnäpper

Schließ-
blech

Boden

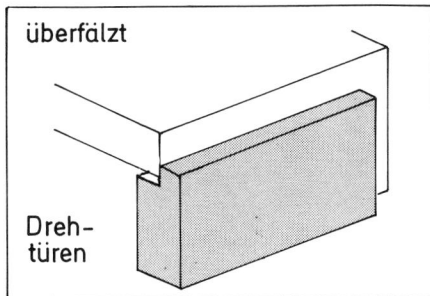

überfälzt

Dreh-
türen

**Überfälzte Türen** haben doppelte Vorteile.
● Sie sind staubdichter als zwischen- oder vorschlagende Türen.
● Ihre Einpassung muß nicht unbedingt so exakt vorgenommen werden wie bei zwischenschlagenden Türen, da die Fugen zwischen den Türen und Seiten verdeckt liegen.
● Verwendet werden Fitschen- oder Lappenbänder, die es auch kombiniert und als Zwillingsbänder gibt.

# Türen

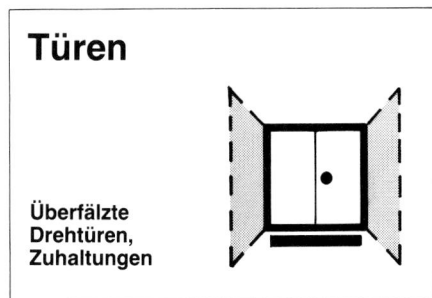

**Überfälzte
Drehtüren,
Zuhaltungen**

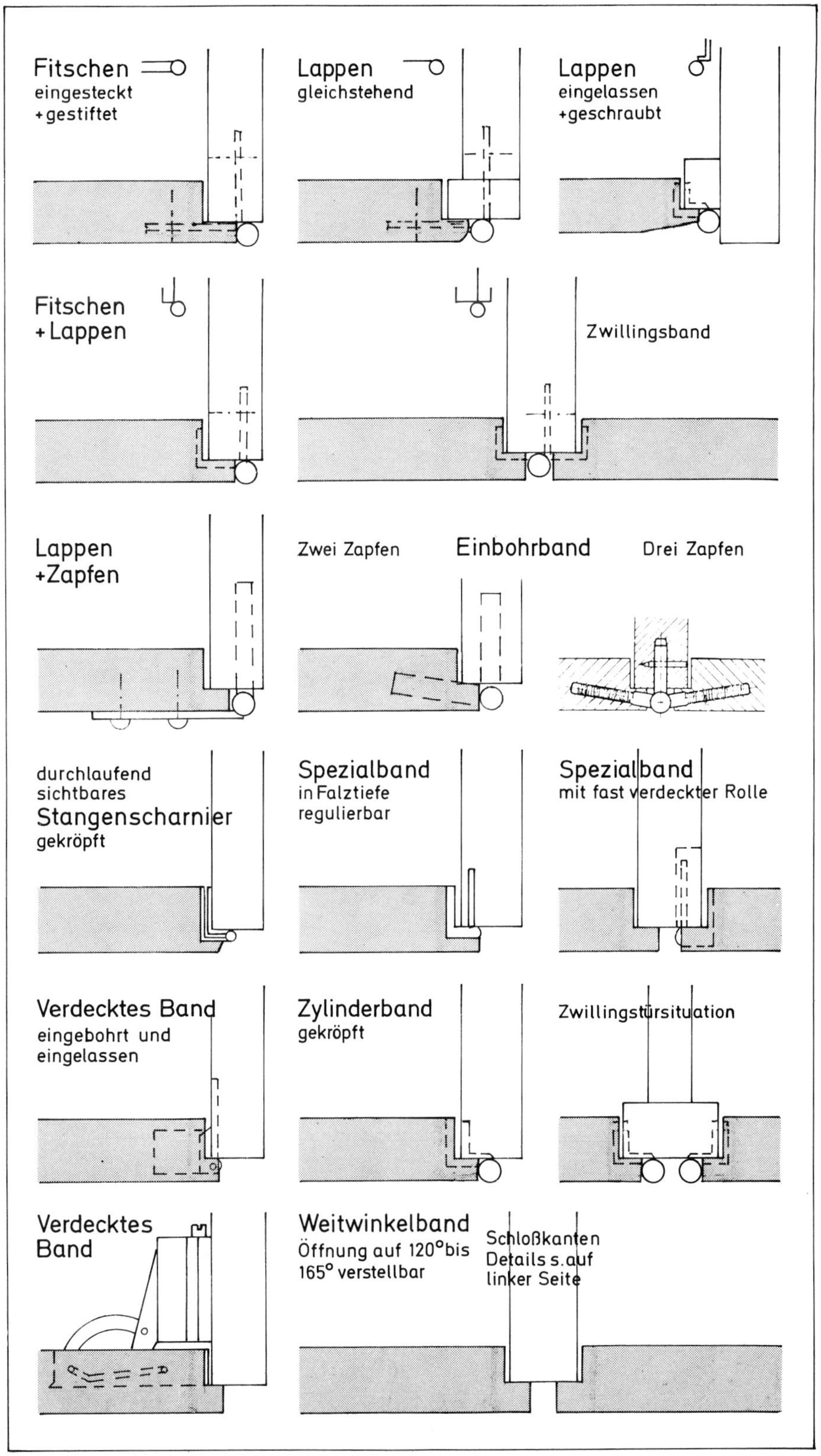

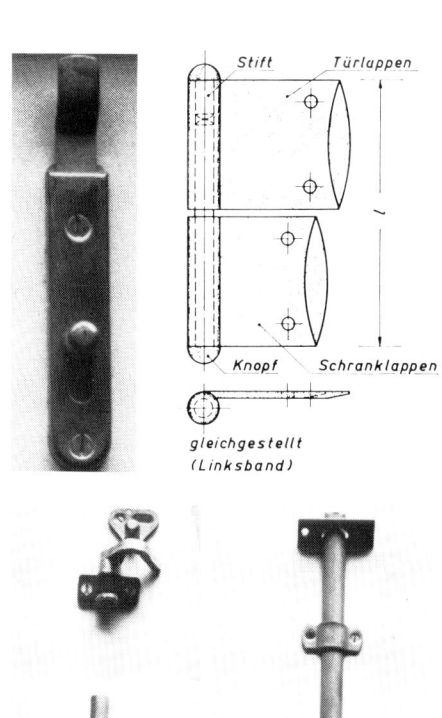

Stift        Türlappen

Knopf        Schranklappen

gleichgestellt
(Linksband)

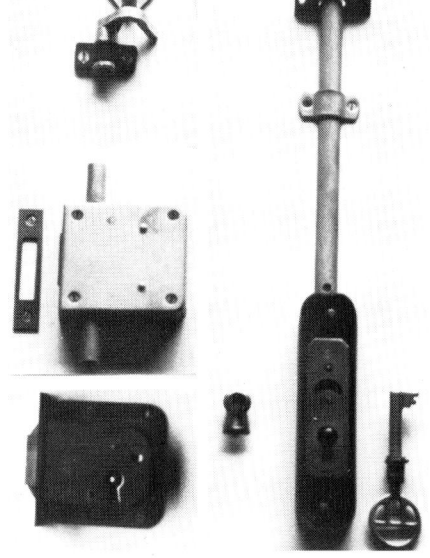

**Mittelschlüsse** oder Mittelseitenanschlüsse lassen sich auf drei Arten lösen:
● Die linke Tür wird verriegelt (oben, unten oder mittig); die rechte Tür greift dann in die linke.
● Die rechte Tür wird mit einem Stangenschloß nur oben und unten verriegelt und hält die linke Tür mit zu.
● Zusätzlich zum Stangenschloß in der rechten Tür greift ein Mittelschluß in die linke Tür.

Fitschen
eingesteckt
+gestiftet

Lappen
gleichstehend

Lappen
eingelassen
+geschraubt

Fitschen
+Lappen

Zwillingsband

Lappen
+Zapfen

Zwei Zapfen

Einbohrband

Drei Zapfen

durchlaufend
sichtbares
Stangenscharnier
gekröpft

Spezialband
in Falztiefe
regulierbar

Spezialband
mit fast verdeckter Rolle

Verdecktes Band
eingebohrt und
eingelassen

Zylinderband
gekröpft

Zwillingstürsituation

Verdecktes
Band

Weitwinkelband
Öffnung auf 120° bis
165° verstellbar

Schloßkanten
Details s. auf
linker Seite

## Bänder sichtbar

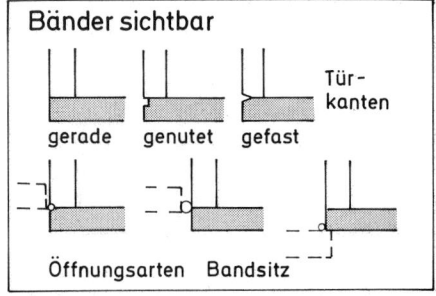

Tür-kanten

gerade  genutet  gefast

Öffnungsarten  Bandsitz

**Sichtbare Bänder** liegen vorn oder seitlich. Die Tür- oder Seitenkanten sind damit bündig oder zurückgesetzt, glatt, genutet oder abgefast.

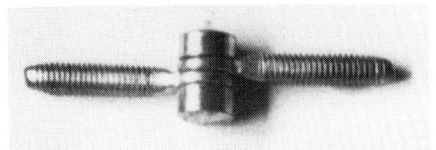

## Stangen-Scharnier

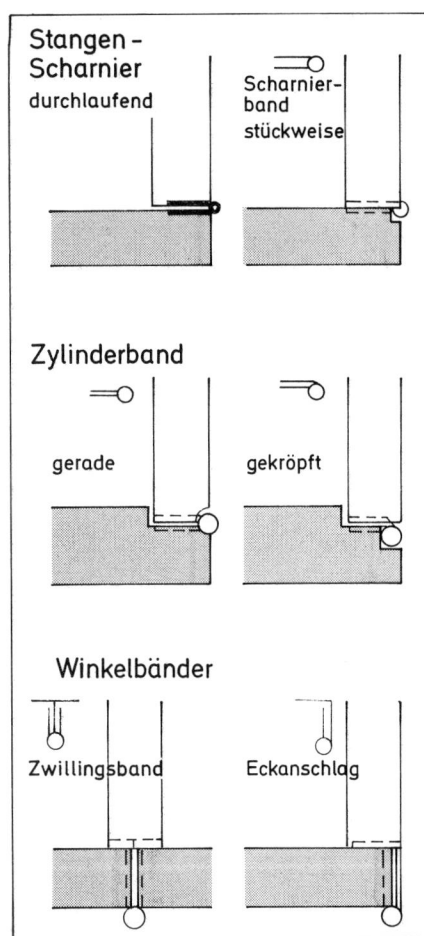

durchlaufend

Scharnier-band stückweise

### Zylinderband

gerade  gekröpft

### Winkelbänder

Zwillingsband  Eckanschlag

## Zwillingsbänder

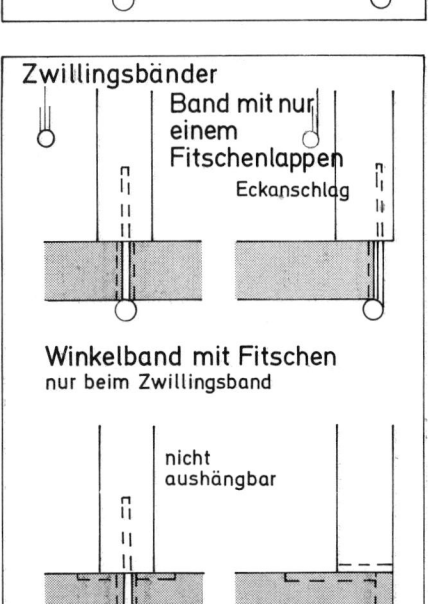

Band mit nur einem Fitschenlappen

Eckanschlag

### Winkelband mit Fitschen
nur beim Zwillingsband

nicht aushängbar

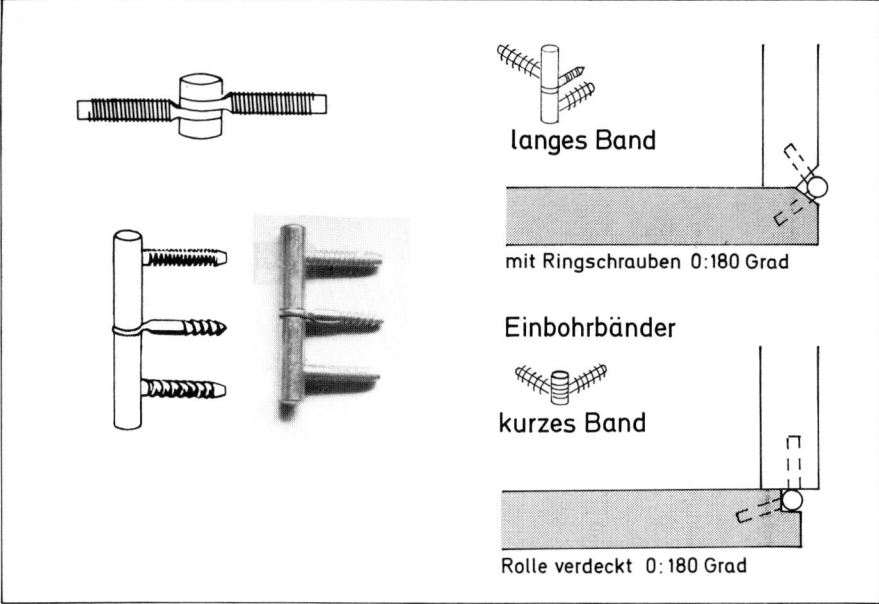

langes Band

mit Ringschrauben 0:180 Grad

### Einbohrbänder

kurzes Band

Rolle verdeckt 0:180 Grad

## Halbrollenbänder

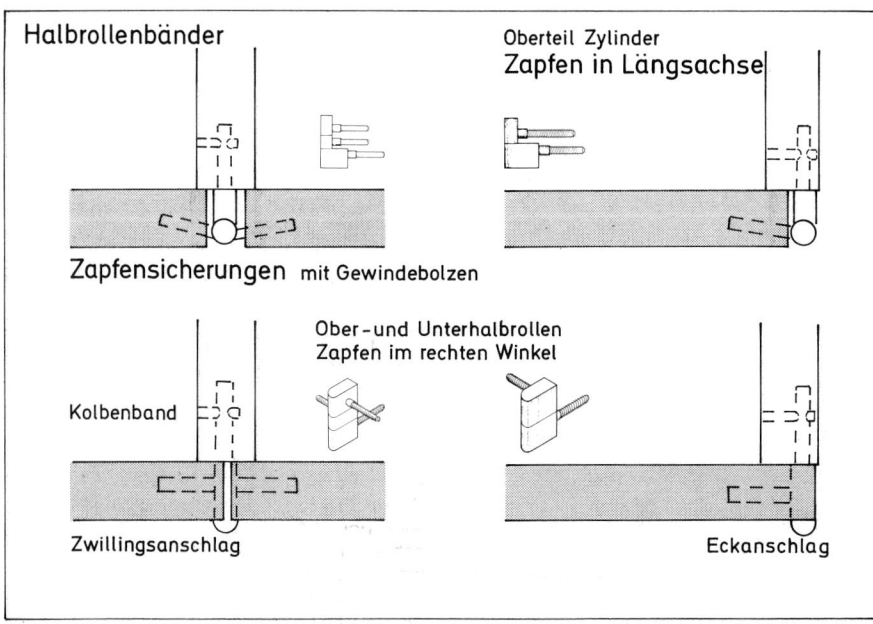

Oberteil Zylinder
**Zapfen in Längsachse**

### Zapfensicherungen mit Gewindebolzen

Kolbenband

Ober- und Unterhalbrollen
Zapfen im rechten Winkel

Zwillingsanschlag  Eckanschlag

## Schnellbänder mit kleiner Rolle

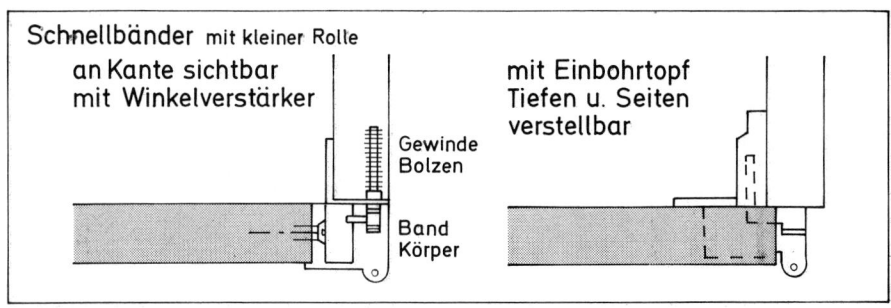

an Kante sichtbar
mit Winkelverstärker

Gewinde Bolzen

Band Körper

mit Einbohrtopf
Tiefen u. Seiten verstellbar

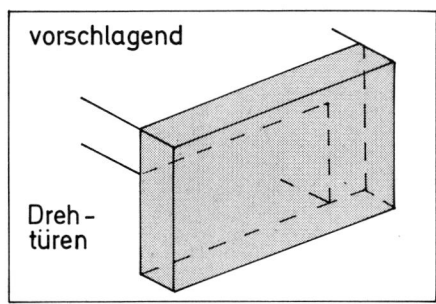

vorschlagend

Dreh-
türen

**Vorschlagende Türen** werden häufig verwendet. Sie sind einfach anzuschlagen, da ein Einpassen, wie es bei zwischenschlagenden Türen erforderlich ist, entfällt. Unterschiedliche Bänder kommen zum Einsatz: Stangen- und Zylinderbänder, gerade oder gekröpft; Einbohrbänder, fest und aushängbar, mit Gewindebolzen und als Zwillingsband. Die Bänder sind vorn oder seitlich sichtbar, oder sie liegen verdeckt.

# Türen

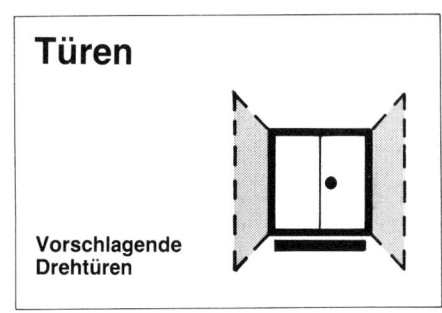

Vorschlagende
Drehtüren

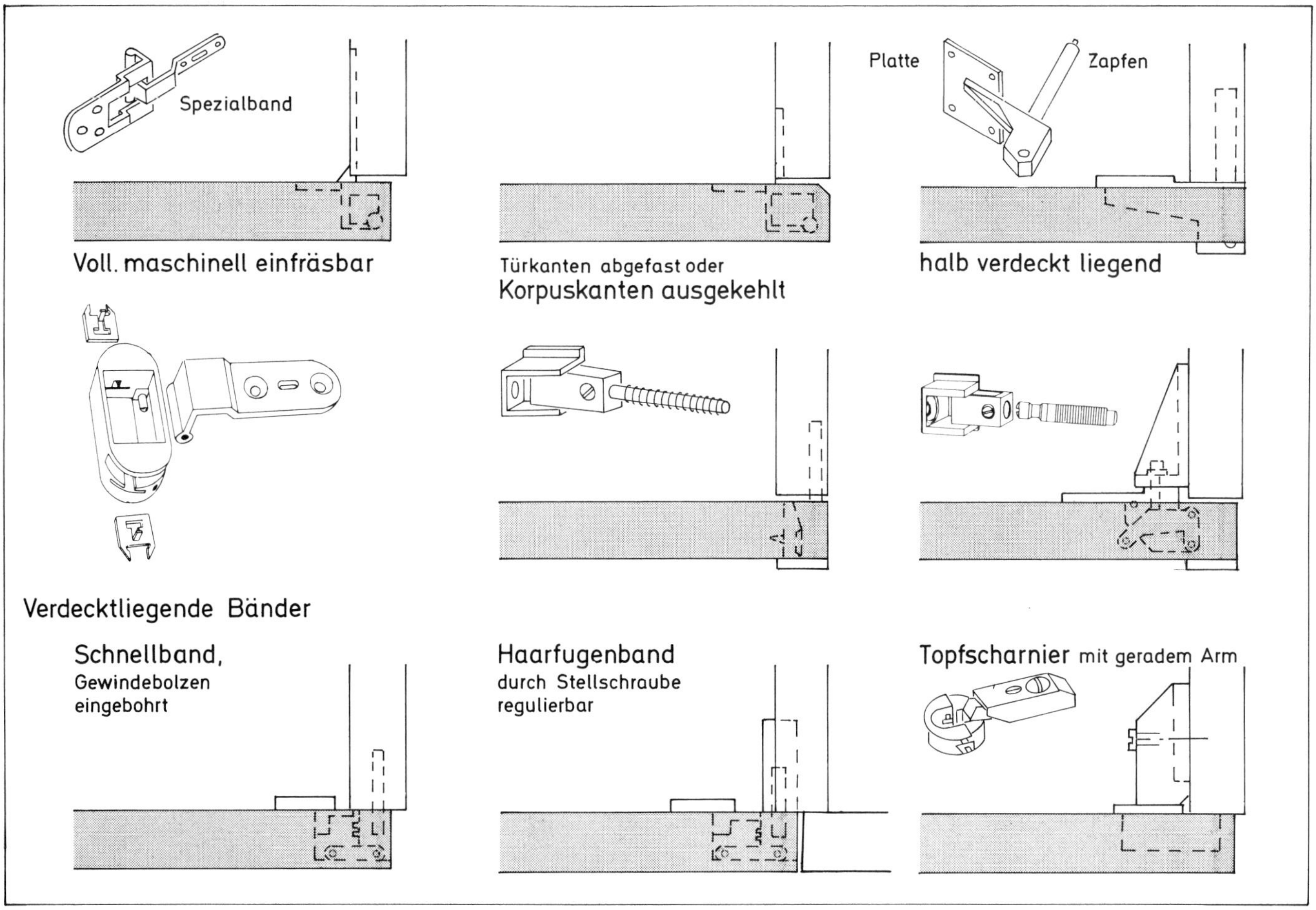

---

Spezialband

**Voll. maschinell einfräsbar**

Türkanten abgefast oder
**Korpuskanten ausgekehlt**

Platte          Zapfen

**halb verdeckt liegend**

**Verdecktliegende Bänder**

**Schnellband,**
Gewindebolzen
eingebohrt

**Haarfugenband**
durch Stellschraube
regulierbar

**Topfscharnier** mit geradem Arm

---

**Verdecktliegende Bänder** bieten unterschiedliche Öffnungswinkel von 92° über 180° bis zu 220°. Sie sind eingelassen oder werden eingesetzt. Der Anschlag erfolgt bündig mit den Seiten oder von ihnen abgesetzt.

Die **Drehpunkte** liegen an den Vorder- oder Hinterkanten der vorschlagenden Türen. Öffnungswinkel bis etwa 180° sind damit möglich, die Türpositionen sind jedoch im geöffneten Zustand unterschiedlich.

Der **Anschluß** an benachbarte Körper und Drehtüren ist bei vorschlagenden Türen ein wichtiger Gesichtspunkt für die Planung. Vorschlagende Türen werden dann eingesetzt, wenn durchgehende Schrankfronten ohne breite Fugen und sichtbare Schrankseiten angestrebt sind.

**Haarfugen** werden dann erzielt, wenn Türbeschlag und Drehpunkte richtig gewählt sind. Die geschlossenen Türen dürfen kaum voneinander getrennt sein, andererseits müssen sie sich weit öffnen lassen.

**Zwillingsbänder** sind für Schrankfronten mit Haarfugen erforderlich.

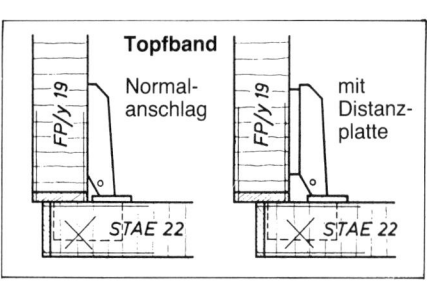

**Topfband**

FP/y 19    Normal-
anschlag

FP/y 19    mit
Distanz-
platte

STAE 22    STAE 22

**Bänder verdeckt**

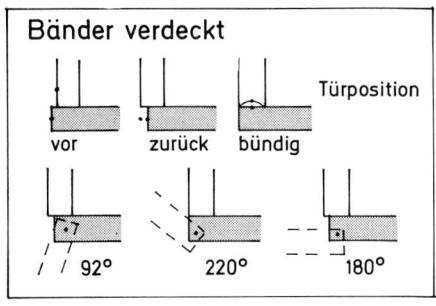

Türposition

vor    zurück    bündig

/ / 92°    220°    180°

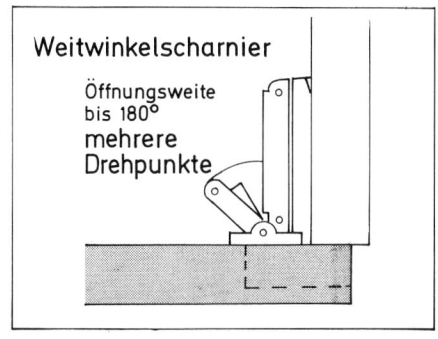

**Weitwinkelscharnier**

Öffnungsweite
bis 180°
**mehrere
Drehpunkte**

**Bauarten von Schiebetüren**

Schiebetüren stehen oder hängen vor oder zwischen den Böden, sie rollen oder gleiten.
● Vorteil: Sie stehen im geöffneten Zustand nicht im Wege.
● Nachteil: der Zugang zum Schrankraum ist je nach Schiebetürzahl und Anordnung erheblich begrenzt oder reduziert.

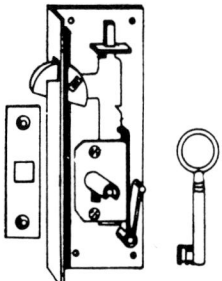

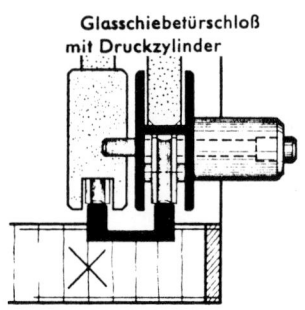

Glasschiebetürschloß mit Druckzylinder

## Türzahlen und Laufebenen

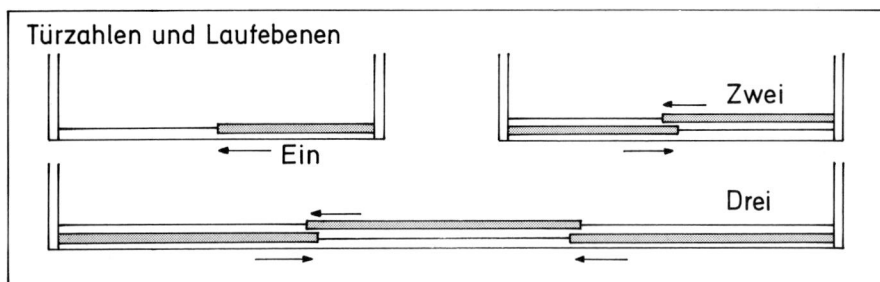

Ein

Zwei

Drei

## Türanordnung

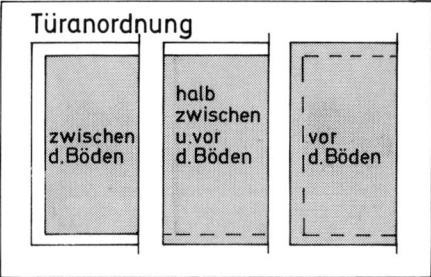

zwischen d.Böden

halb zwischen u.vor d.Böden

vor d.Böden

## Seiten-u. Mittelschlüsse

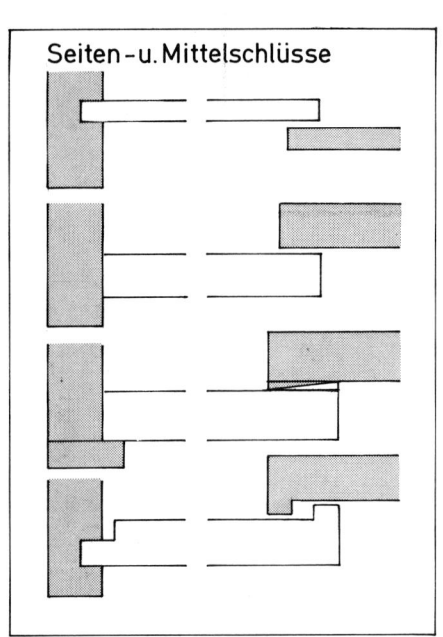

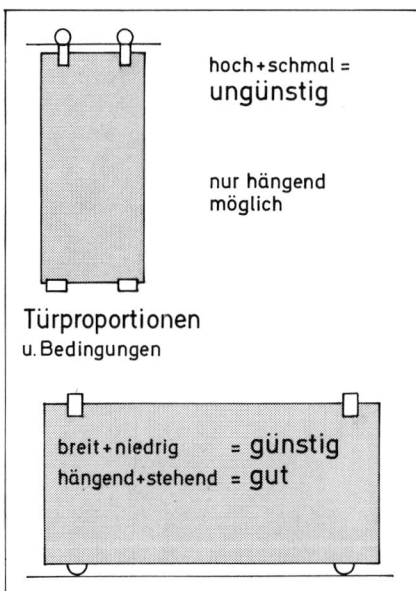

hoch+schmal = **ungünstig**

nur hängend möglich

**Türproportionen**
u. Bedingungen

breit + niedrig = **günstig**
hängend+stehend = **gut**

Die **Türformate** sind von großer Bedeutung für das Funktionieren von Schiebetüren aller Bauarten. Breite Türen sind besser als hohe.

Die **Zahl der Türen,** ein bis drei oder mehr Tafeln, bedingt ein bis zwei Laufebenen.

Die **Seitenanschlüsse** und Mittelschlüsse sind mehr oder weniger staubdicht. Die Lauffugen der Tafeln sind nicht sehr dicht, wenn sie nicht durch störende Laufschienen ergänzt werden.

Die **Griffe** werden in ihrer Ausbildung und Anordnung durch die Zahl der Türen und ihre Stärken mitbestimmt.
● Griffleisten können schwache Türen aussteifen.
● Griffmuscheln für hintere Türen müssen an den vorderen Türen vorbeistreifen können.

**Schlösser** sind bei eintürigen Anlagen seitlich mit Hakenriegeln möglich.

**Mittige Spezialverschlüsse** sind bei Doppeltüren möglich. Sie verriegeln beide Schiebetafeln gleichzeitig.

## Griffe    Muscheln

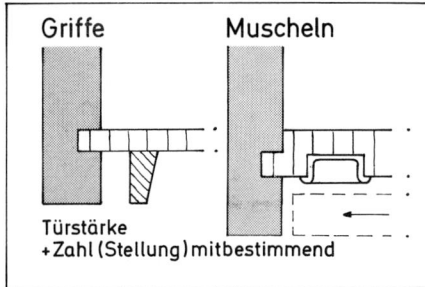

Türstärke
+Zahl (Stellung) mitbestimmend

## Schlösser

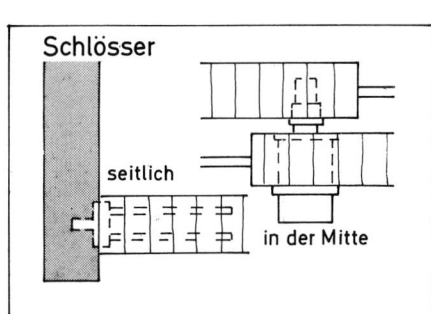

seitlich

in der Mitte

## Gleiter, Rollen, Bolzen

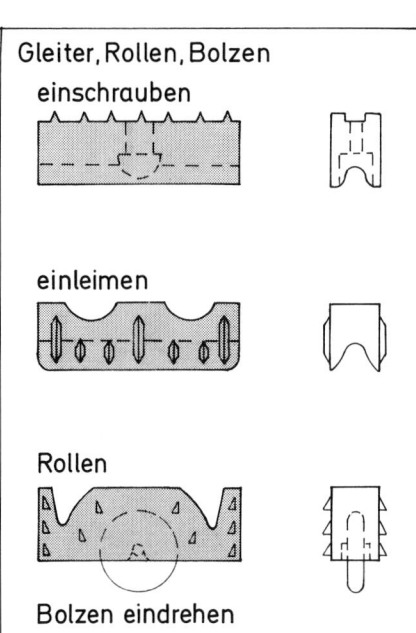

einschrauben

einleimen

Rollen

Bolzen eindrehen

## Laufprofile

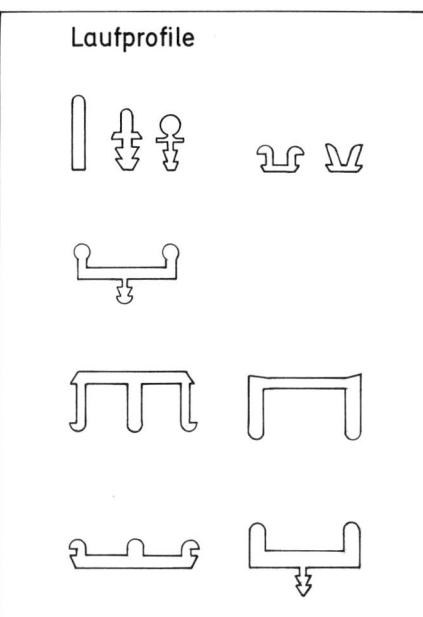

## Laufwerk

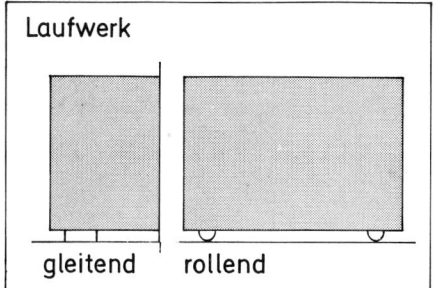

gleitend    rollend

**Stehende Schiebetüren** rollen oder gleiten zwischen oder vor den Böden.

# Türen

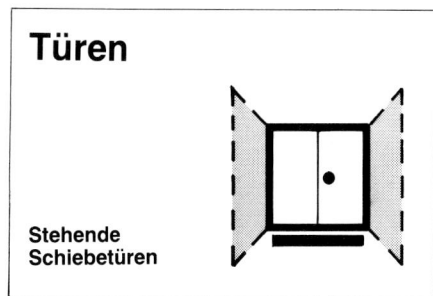

**Stehende Schiebetüren**

Die **oberen Führungen** müssen die Entnahme der Schiebetafeln erlauben
● durch doppelt tiefe Nuten, die allerdings leicht zum Verkanten führen können oder
● durch Riegel an den Kanten, die verdeckt in den Innenflächen der Schiebetafeln liegen.

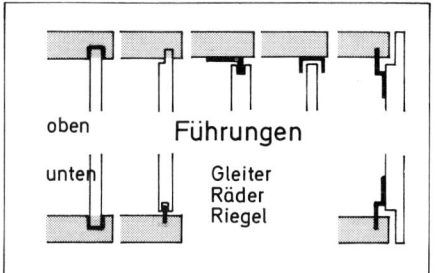

oben    **Führungen**

unten    Gleiter
         Räder
         Riegel

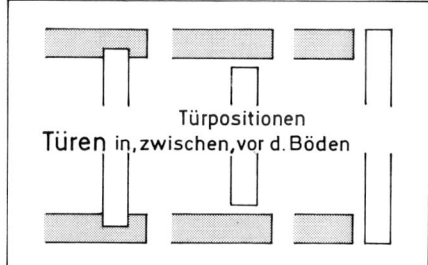

**Türen** in, zwischen, vor d. Böden    Türpositionen

## Türen in den Böden

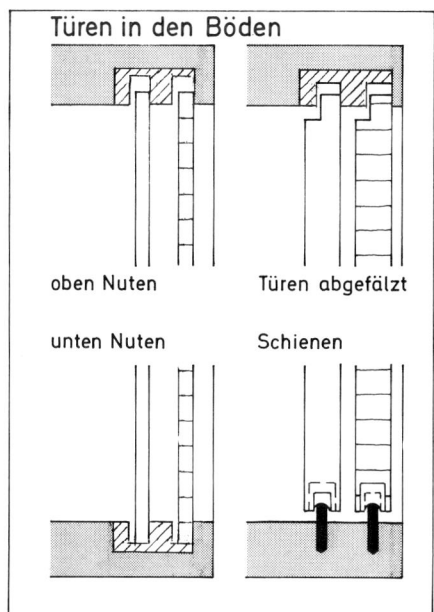

oben Nuten    Türen abgefälzt

unten Nuten    Schienen

## Türen zwischen den Böden

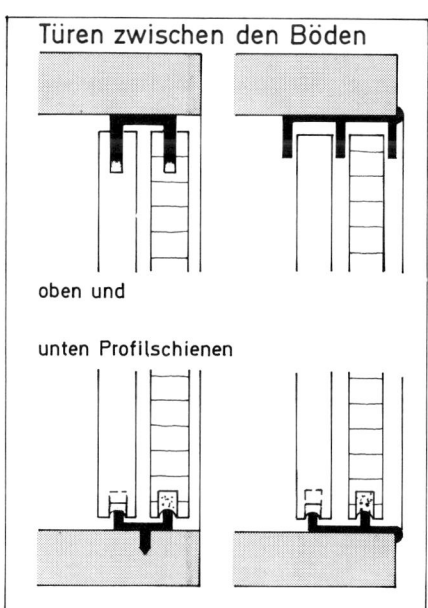

oben und

unten Profilschienen

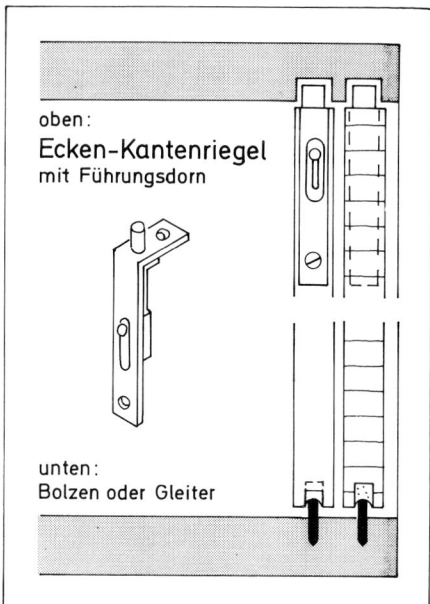

oben:
**Ecken-Kantenriegel**
mit Führungsdorn

unten:
Bolzen oder Gleiter

oben:
**Flächenriegel**
mit Zunge

unten:
Räder

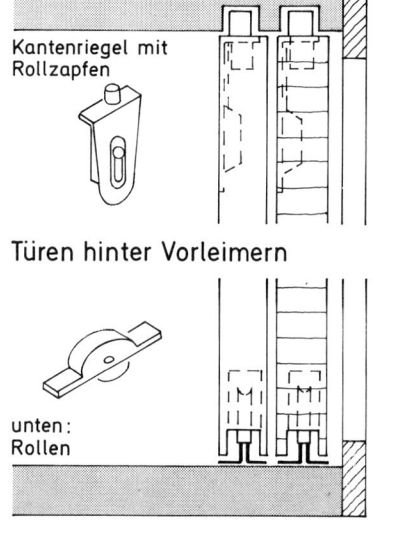

Kantenriegel mit
Rollzapfen

**Türen hinter Vorleimern**

unten:
Rollen

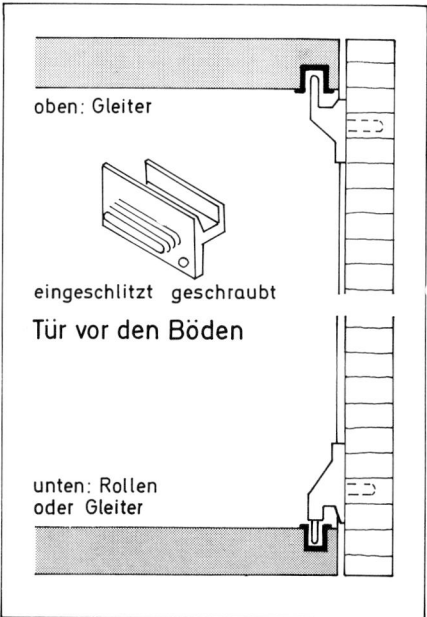

oben: Gleiter

eingeschlitzt geschraubt

**Tür vor den Böden**

unten: Rollen
oder Gleiter

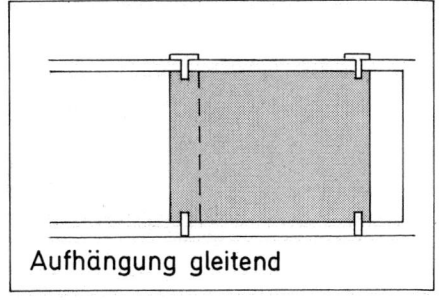

Aufhängung gleitend

**Im Vergleich** zu hängenden Schiebetüren haben stehende Schiebetüren Nachteile:
● In den Nuten der unteren Führungen setzt sich Staub ab.
● Vorstehende Führungsschienen können bei der Entnahme von Gegenständen stören.

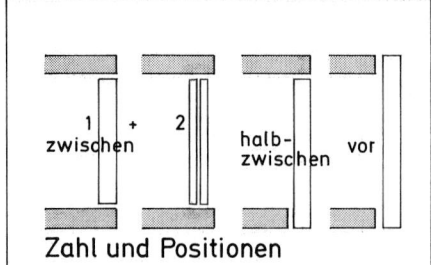

1 + 2
zwischen    halb-    vor
zwischen

Zahl und Positionen

**Gleitende Schiebetüren** haben aus gestalterischen Gründen verschiedene Positionen und damit unterschiedliche Beschläge. Sie hängen zwischen oder vor den Böden (im Sonderfall ist beides kombiniert). Ihre technische Lösung ist mehr oder weniger kompliziert.
● Die Türen hängen in Kunststoffschienen an den Schrankoberböden.
● Die unteren Führungen hindern die Schiebetafeln am Pendeln.

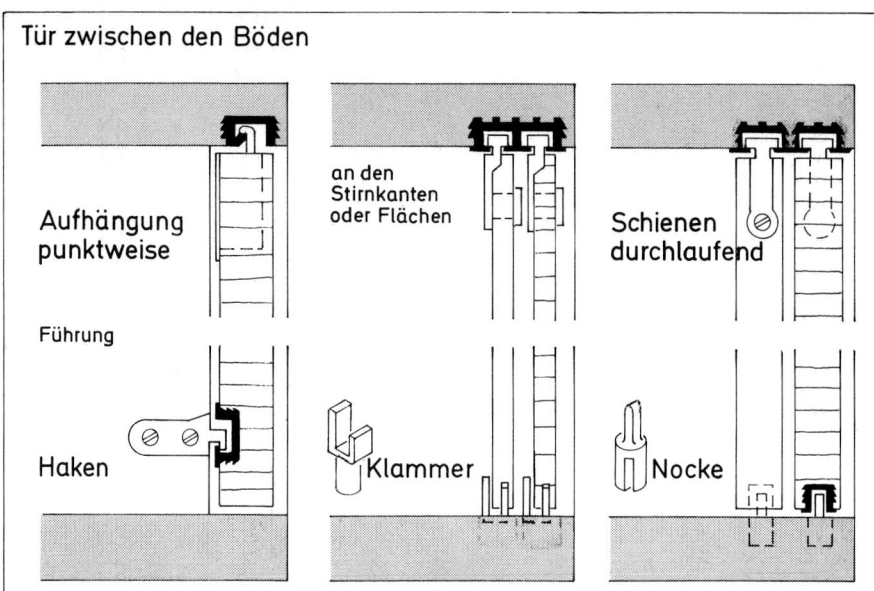

Tür zwischen den Böden

Aufhängung punktweise

an den Stirnkanten oder Flächen

Schienen durchlaufend

Führung

Haken

Klammer

Nocke

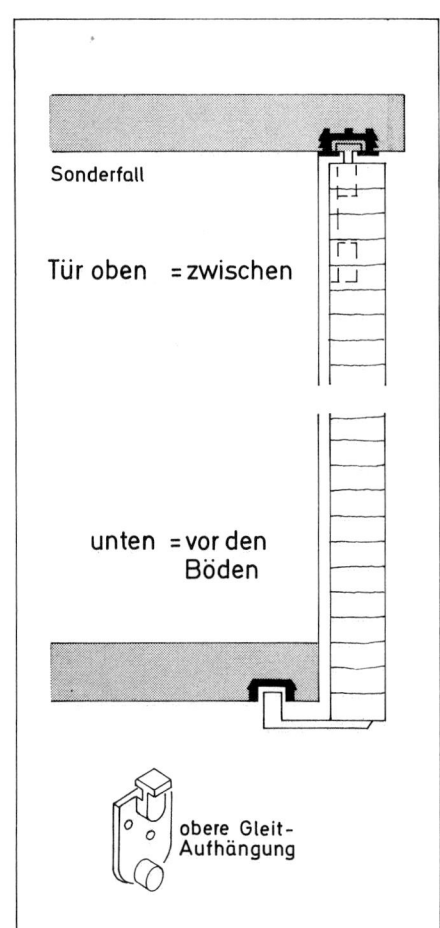

Sonderfall

Tür oben = zwischen

unten = vor den Böden

obere Gleit-Aufhängung

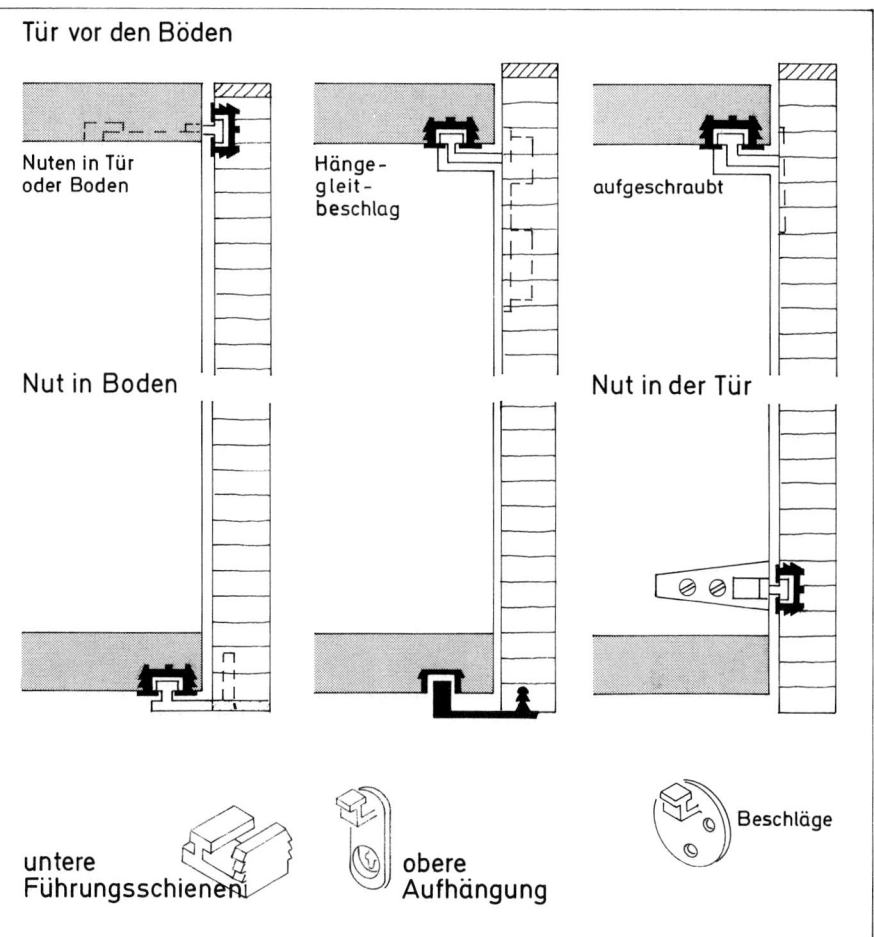

Tür vor den Böden

Nuten in Tür oder Boden

Hänge-gleit-beschlag

aufgeschraubt

Nut in Boden

Nut in der Tür

untere Führungsschienen

obere Aufhängung

Beschläge

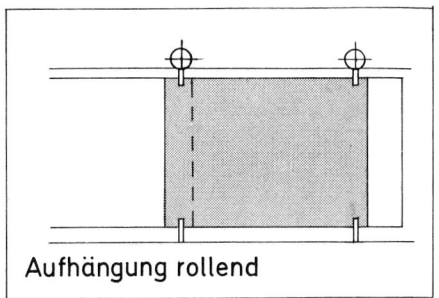

**Aufhängung rollend**

**Rollende Schiebetüren** hängen zwischen oder vor den Böden. Sie laufen je nach Gewicht und Stückzahl auf 1–4 Rollen oder Rädern, die zentrisch oder exzentrisch gelagert sind und sich bei besseren Ausführungen justieren lassen.
● Die Beschläge liegen verdeckt hinter den Blenden oder Türen.
● Die unteren Führungen liegen auf oder unter den Böden.

# Türen

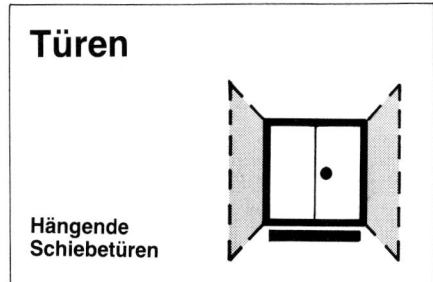

**Hängende Schiebetüren**

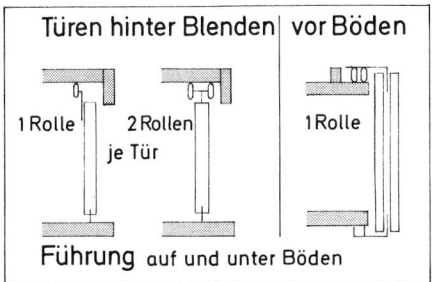

Türen hinter Blenden | vor Böden
1 Rolle | 2 Rollen je Tür | 1 Rolle
**Führung** auf und unter Böden

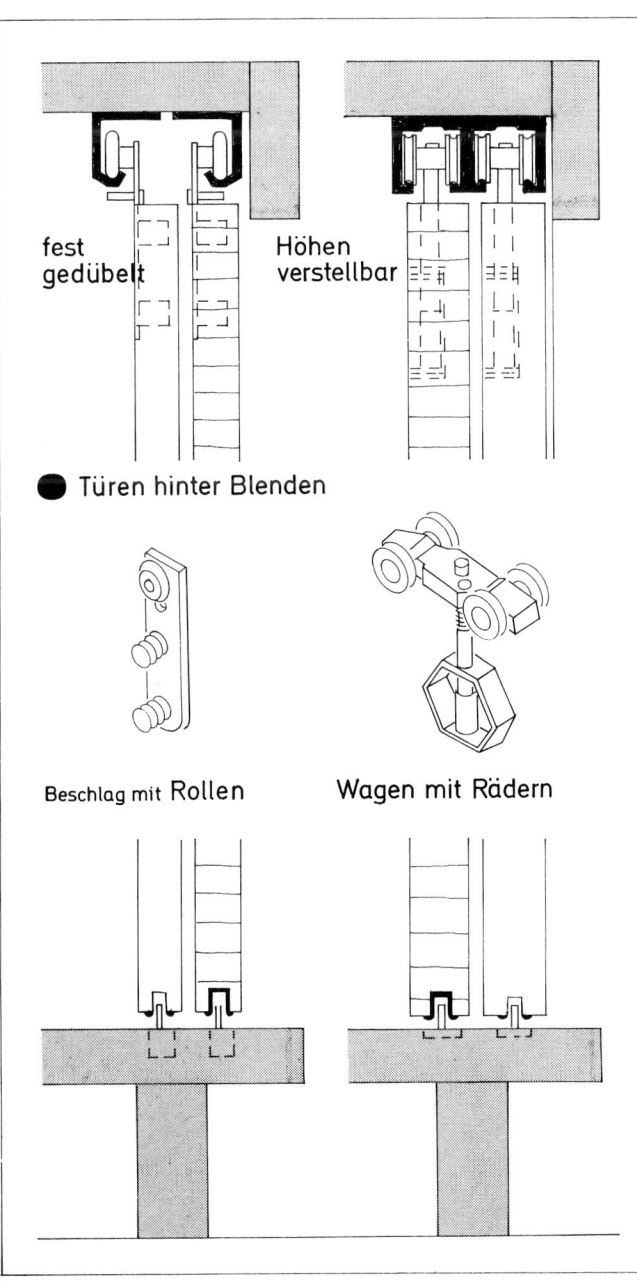

fest gedübelt | Höhen verstellbar

● Türen hinter Blenden

Beschlag mit Rollen | Wagen mit Rädern

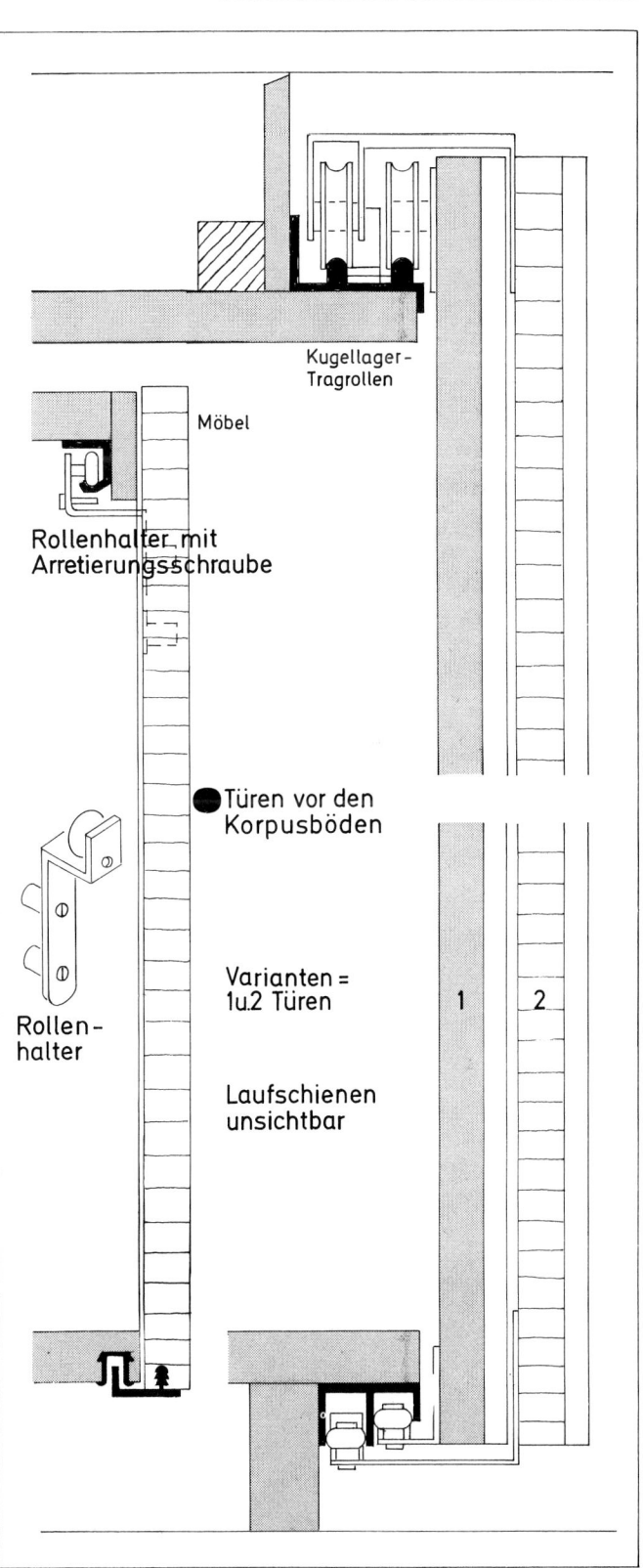

Kugellager-Tragrollen

Möbel

Rollenhalter mit Arretierungsschraube

Rollen-halter

● Türen vor den Korpusböden

Varianten = 1 u. 2 Türen

Laufschienen unsichtbar

1 | 2

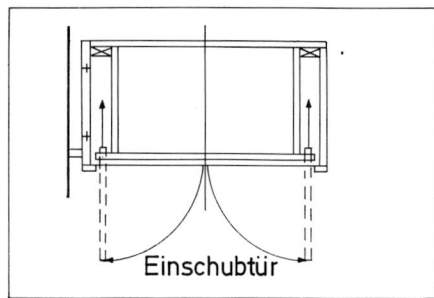

Einschubtür

**Einschubtüren** lassen sich im geöffneten Zustand in das Schrankmöbel oder den Einbauschrank einschieben.

● Vorteil: Einschubtüren stehen im geöffneten Zustand nicht im Wege.

● Der Nachteil von Einschubtüren ist der Platzverlust durch doppelte Seiten und den Raum für die eingeschobenen Türen. Er wird bei gekoppelten Ausführungen, z.B. bei Einbauten, erheblich gemindert.

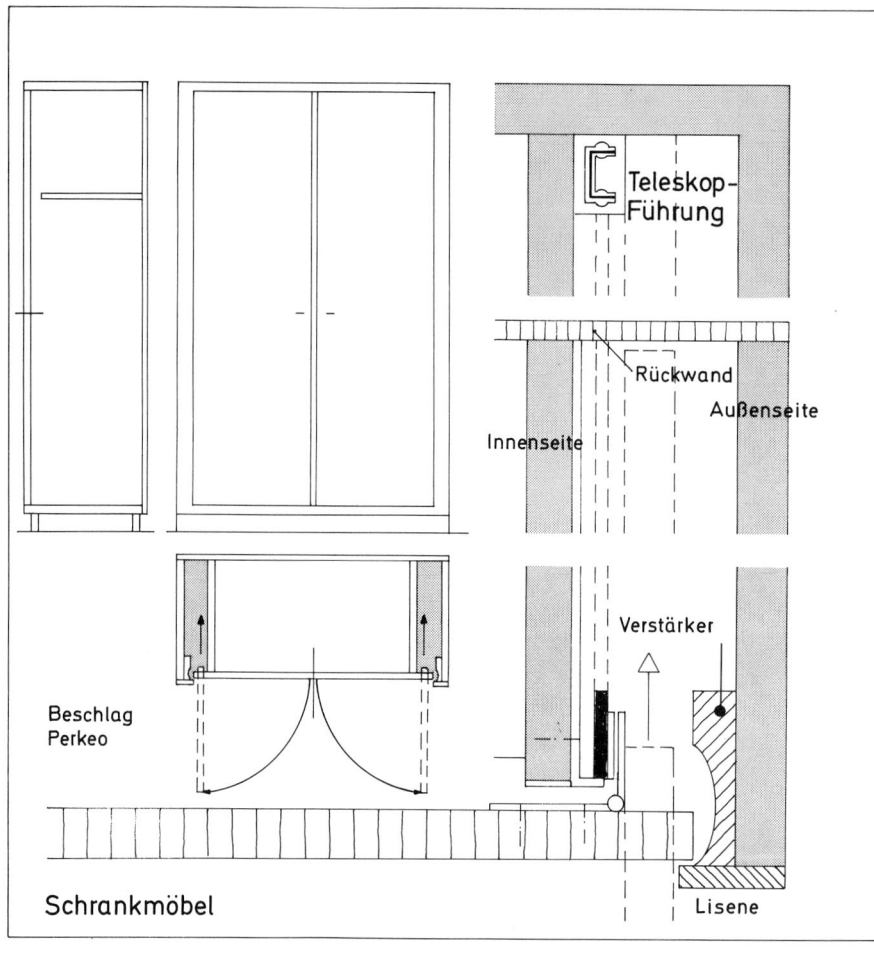

Teleskop-Führung

Rückwand

Innenseite    Außenseite

Verstärker

Beschlag Perkeo

Schrankmöbel    Lisene

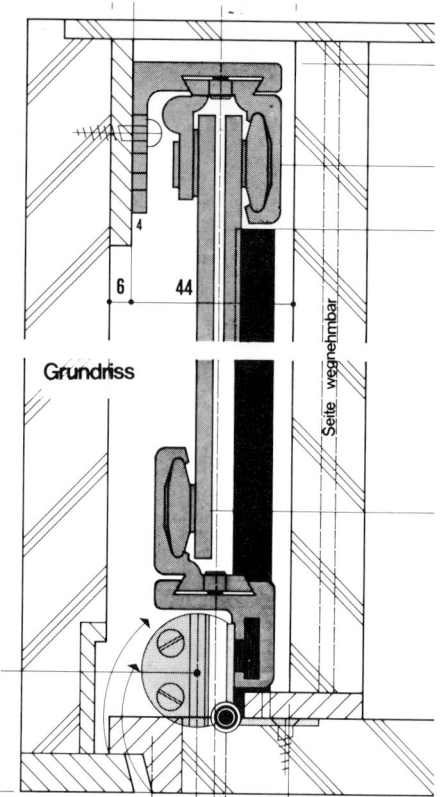

Grundriss

Seite wegnehmbar

6    44

4

Einschubtür, Ausführungsbeispiel

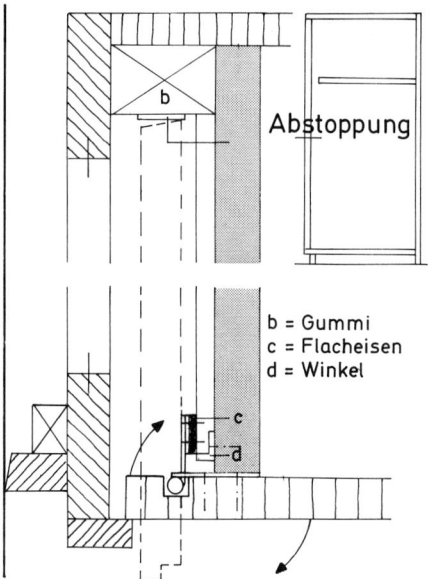

Abstoppung

b = Gummi
c = Flacheisen
d = Winkel

c
d

**Günstige Proportionen** der Türflächen sind Voraussetzung für ein gutes Funktionieren. Schlanke, hohe Formate sind ungünstiger als breite, die sich beim Einschieben nicht verkanten.

**Technische Bedingung** für das Funktionieren von Einschubtüren ist die hohe Qualität der Beschlagmechanismen. Sie sind im Prinzip einfach: Drehtürbänder in Form starker Scharniere sind oben und unten an Schienen angeschraubt, die sich teleskopartig einschieben und herausziehen lassen.

● Es ist zu bedenken, daß die Beschläge zur gelegentlich notwendigen Wartung zugänglich sein sollten, z.B. durch Demontierbarkeit der Innenseiten.

**Spezialbeschläge,** wie z.B. von Perkeo, haben kugelgelagerte Rollen und sind leicht und geräuschlos zu bedienen. Der Anschlag ist mit Gummistreifen gestoppt.

Kleiderschrank mit Falttür. Zu den Zeichnungen auf Seite 75.

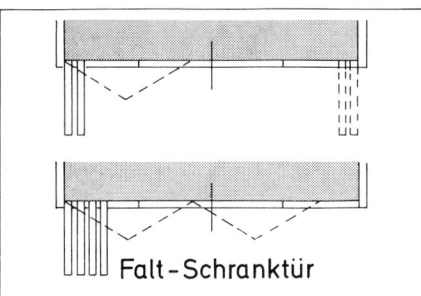

**Falt-Schranktür**

**Falttüren,** ein- oder mehrflügelig, lassen sich nach einer oder zwei Seiten schieben. Sie nehmen im geöffneten Zustand nur halb so viel Platz vor den Schränken ein wie Drehtüren.
● Die größere Zahl der Fugen wirkt sich auf die Dichtigkeit und die Gestaltung der Ansicht aus.

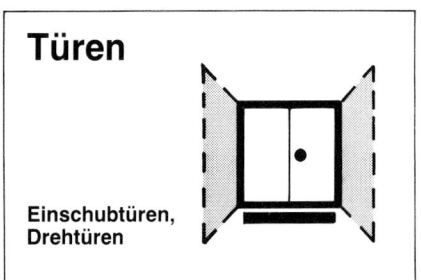

# Türen

**Einschubtüren, Drehtüren**

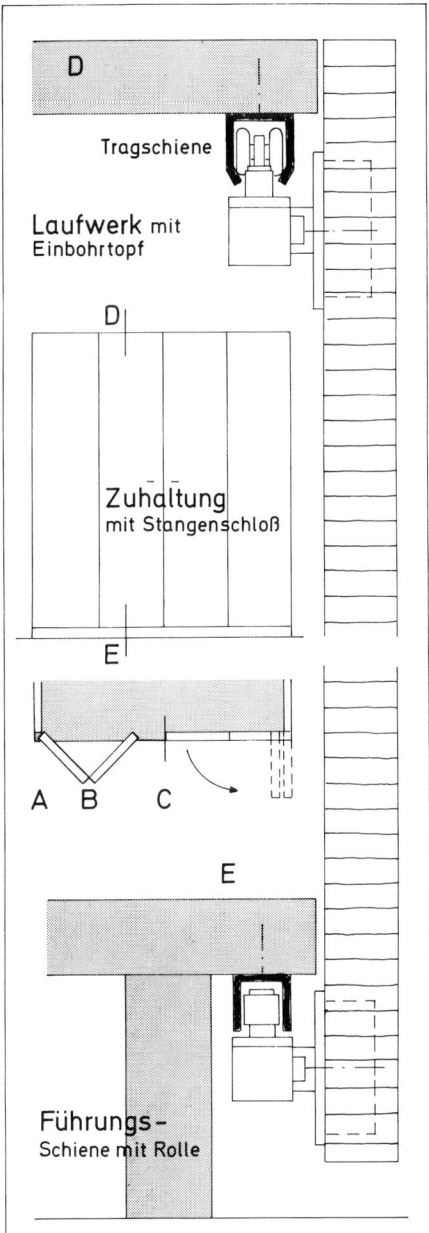

**Laufwerk** mit Einbohrtopf

Tragschiene

D

**Zuhaltung** mit Stangenschloß

A  B  C

E

**Führungs-**Schiene mit Rolle

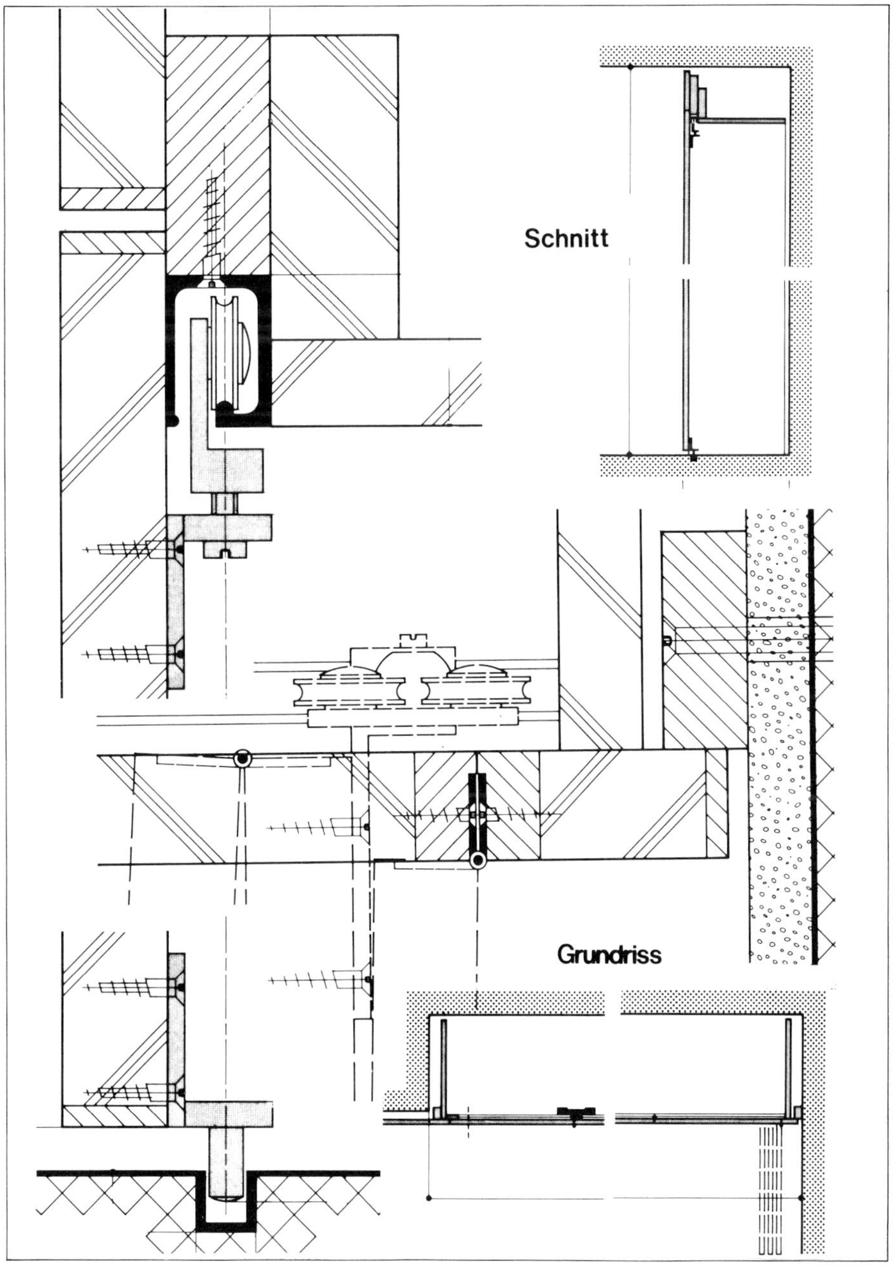

**Schnitt**

**Grundriss**

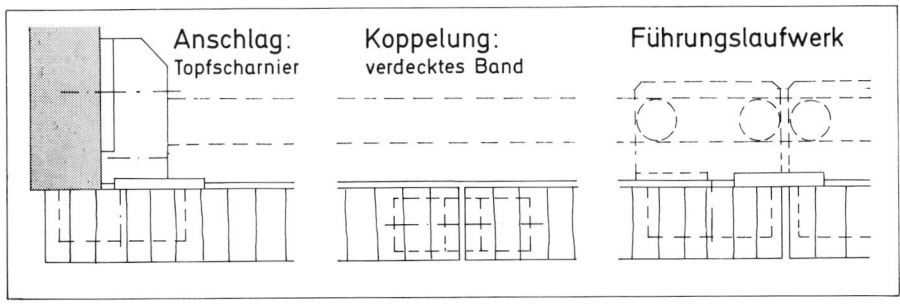

**Anschlag:** Topfscharnier

**Koppelung:** verdecktes Band

**Führungslaufwerk**

**Falttüren** hängen oben in Laufschienen und werden unten geführt. Die Tafeln liegen vor den Böden und verdecken die Beschläge.
● Die Beispiele zeigen Ausführungen von Schränken mit Seiten und Böden sowie Einbauschränke mit durchlaufendem Teppichboden. Im Ausland gehören Falttüren vor Einbaunischen zur Standardausführung von Einfamilienhäusern.

## Laufrichtung

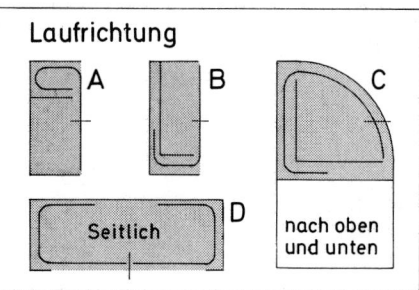

A    B    C

Seitlich    D    nach oben und unten

**Rolläden** haben viele Vorteile als Verschlüsse unterschiedlicher Schränke. Sie lassen sich – anders als Schiebetüren – vollständig zur Seite, nach oben oder nach unten schieben, so daß der Zugang zum Innenraum fast uneingeschränkt ist.

Der Innenraum wird jedoch durch den Platzbedarf der eingefahrenen Rolläden sowie der gegebenenfalls vorhandenen doppelten Seiten oder Böden reduziert.

## Führungs-Varianten

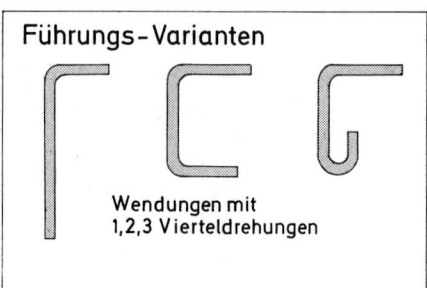

Wendungen mit
1,2,3 Vierteldrehungen

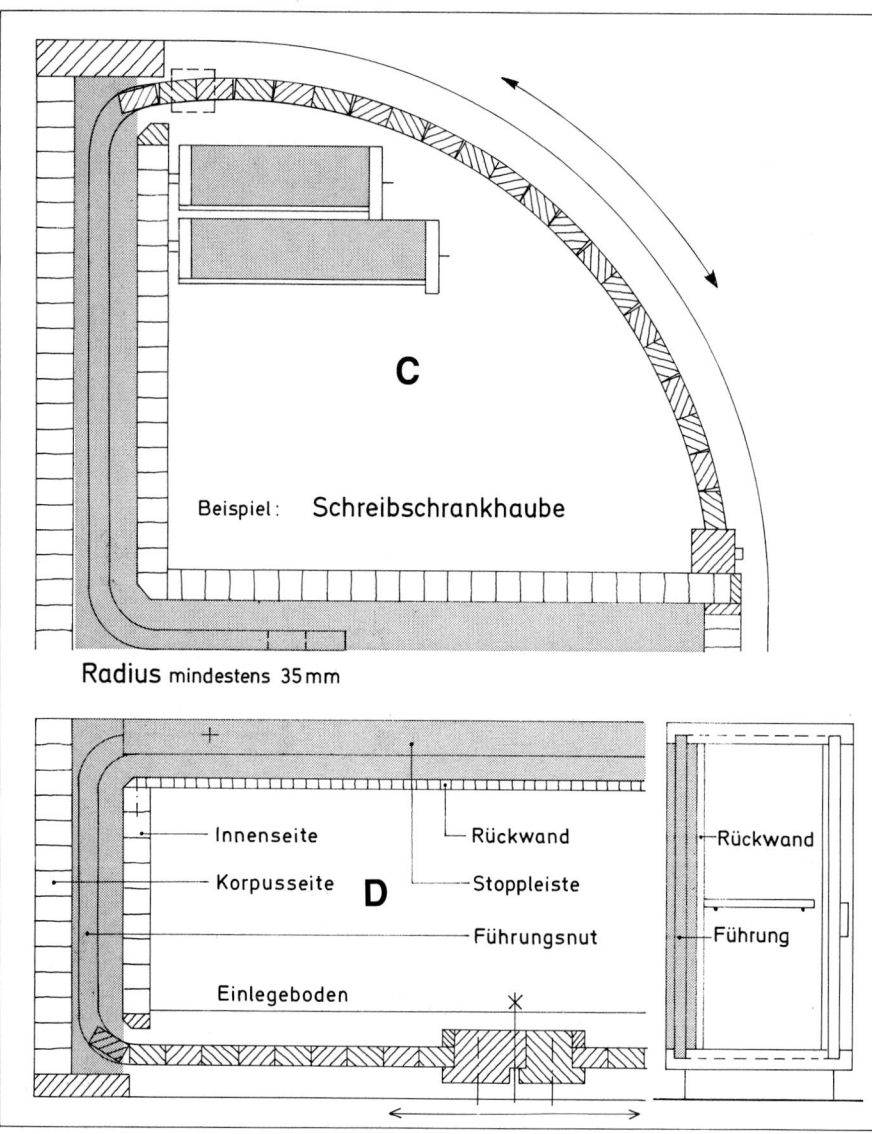

C

Beispiel: Schreibschrankhaube

**Radius** mindestens 35mm

— Innenseite    — Rückwand

— Korpusseite    D    — Stoppleiste

— Führungsnut

Einlegeboden

— Rückwand

— Führung

## Rollschrank
Beispiel

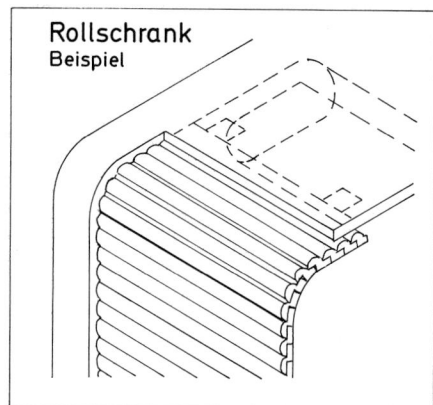

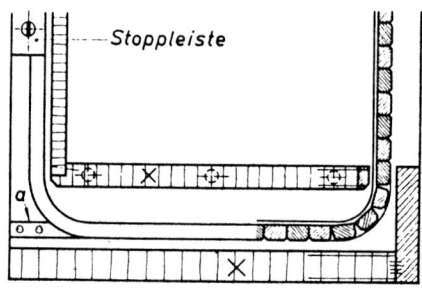

— Stoppleiste

a

## untere Führungen

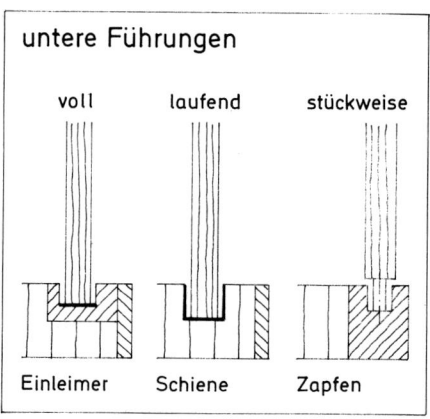

voll    laufend    stückweise

Einleimer    Schiene    Zapfen

## Seitenführungen

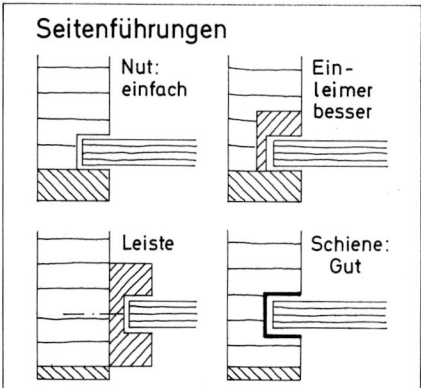

Nut: einfach    Einleimer besser

Leiste    Schiene: Gut

## Einpassungen

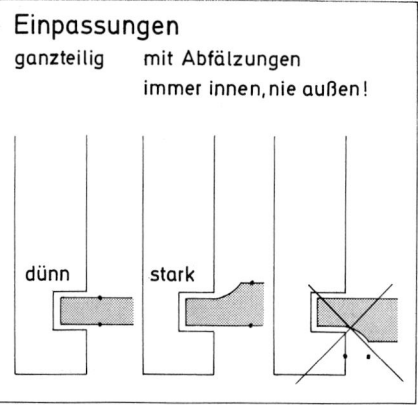

ganzteilig    mit Abfälzungen
immer innen, nie außen!

dünn    stark

Die **Führung** der Stäbe ist direkt oder erfolgt indirekt über Zapfen. Sie werden in voller Stärke oder abgefast geführt. Die Laufnuten sind 1/4 bis 3/4 gewendelt.

Die **Rolladenstäbe** sind flach oder plastisch ausgebildet. Sie werden durch Bänder, Schnüre oder Flächen gehalten.

Die **Mittelschlüsse** sind als Rahmenstücke sichtbar oder liegen verdeckt. Sie sind ineinandergenutet, liegen überfälzt oder haben Deckleisten.

**Schlösser** siehe unter Beschläge.

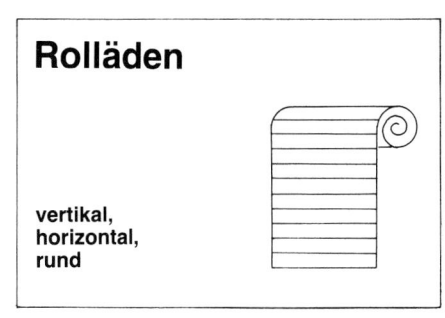

# Rolläden

**vertikal, horizontal, rund**

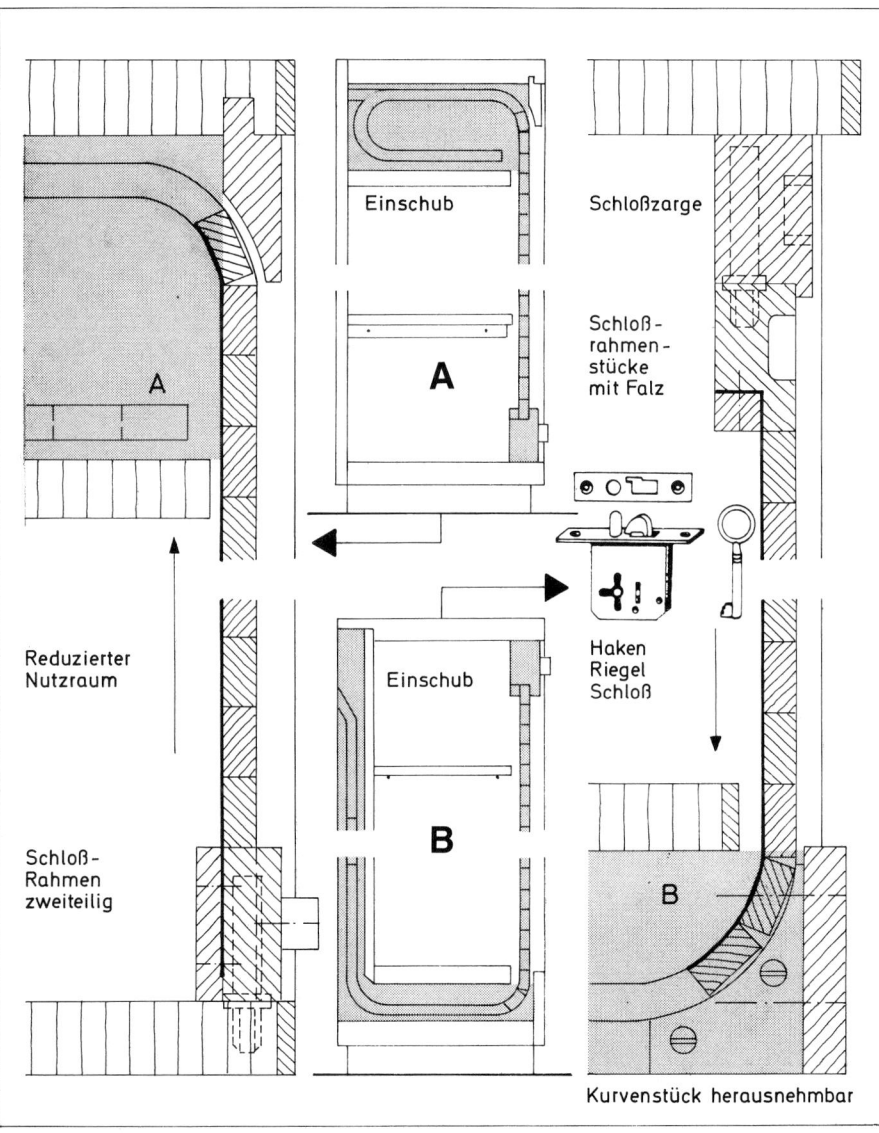

Einschub

Schloßzarge

A

A

Schloß-rahmen-stücke mit Falz

Reduzierter Nutzraum

Haken Riegel Schloß

Einschub

B

Schloß-Rahmen zweiteilig

B

Kurvenstück herausnehmbar

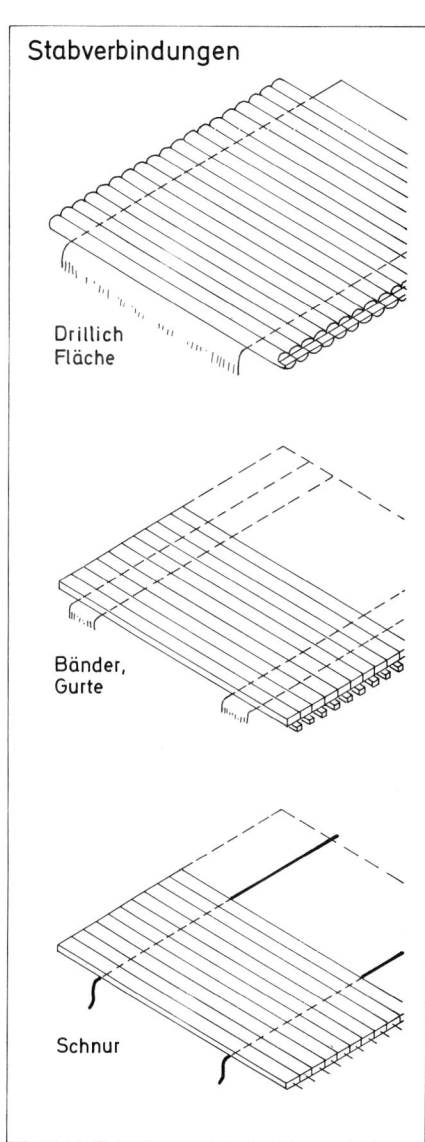

## Stabverbindungen

Drillich Fläche

Bänder, Gurte

Schnur

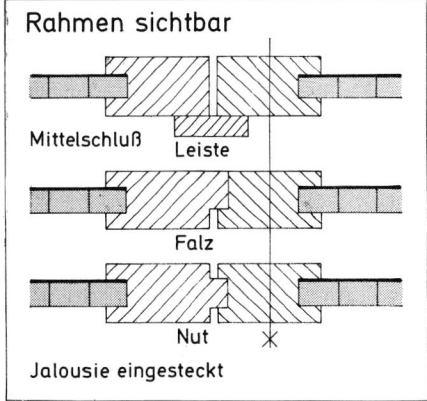

## Rahmen sichtbar

Mittelschluß    Leiste

Falz

Nut

Jalousie eingesteckt

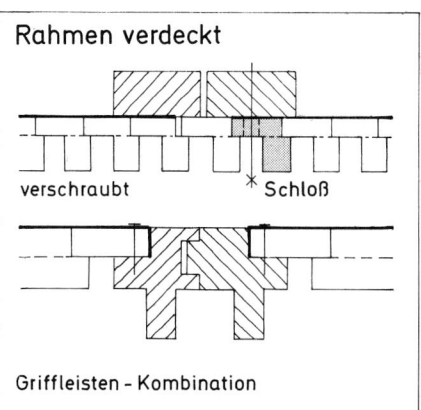

## Rahmen verdeckt

verschraubt    Schloß

Griffleisten - Kombination

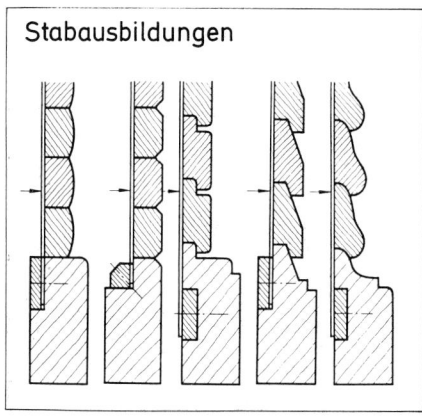

## Stabausbildungen

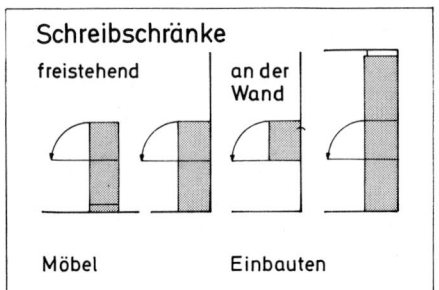

### Schreibschränke
freistehend | an der Wand

Möbel | Einbauten

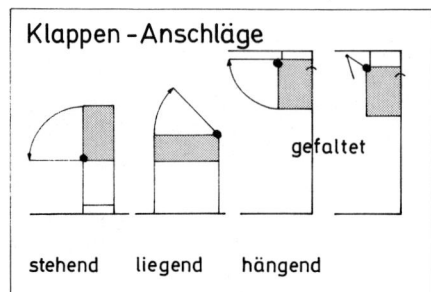

### Klappen-Anschläge

gefaltet

stehend | liegend | hängend

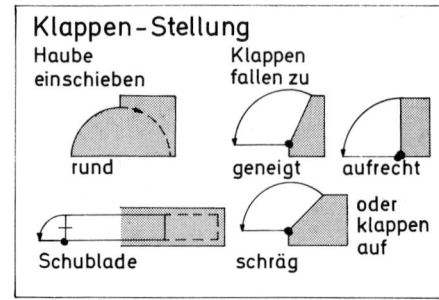

### Klappen-Stellung
Haube einschieben | Klappen fallen zu

rund | geneigt | aufrecht

Schublade | schräg | oder klappen auf

Bei **zwischenschlagenden Klappen** sitzen die Bänder an den Seitenkanten. Das bedingt sichtbare Seiten und verdeckte Bänder. Klassische Lösungen sind Zapfenbänder in einfacher und abgestoppter Ausführung.

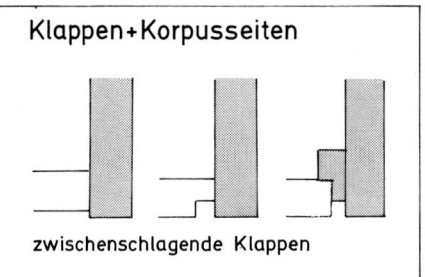

### Klappen+Korpusseiten

zwischenschlagende Klappen

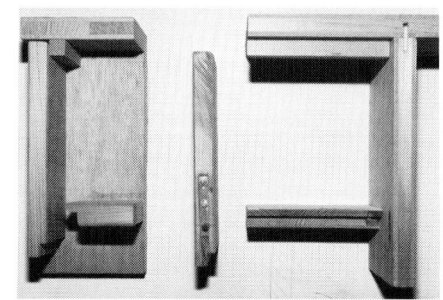

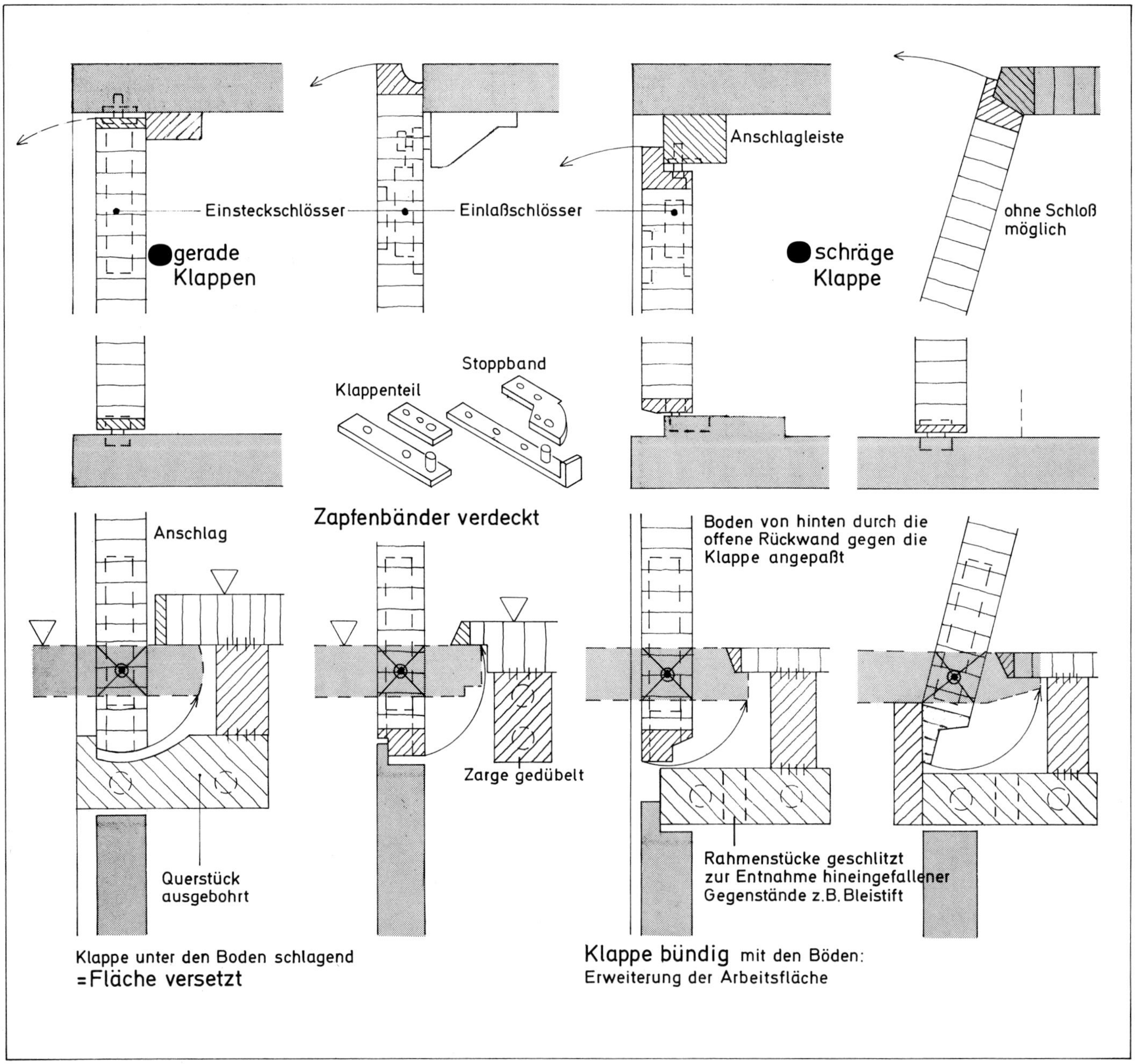

Einsteckschlösser — Einlaßschlösser — Anschlagleiste

ohne Schloß möglich

● gerade Klappen

● schräge Klappe

Stoppband

Klappenteil

Zapfenbänder verdeckt

Boden von hinten durch die offene Rückwand gegen die Klappe angepaßt

Anschlag

Zarge gedübelt

Querstück ausgebohrt

Klappe unter den Boden schlagend
= Fläche versetzt

Rahmenstücke geschlitzt zur Entnahme hineingefallener Gegenstände z.B. Bleistift

Klappe bündig mit den Böden: Erweiterung der Arbeitsfläche

## Klappen-Anordnung

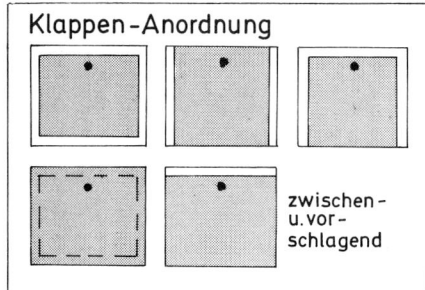

zwischen- u. vor- schlagend

## Klappen

**Anord- nungen**

Bei **vorschlagenden Klappen** sitzen die Bänder gewöhnlich sichtbar auf der Innenseite und damit auf der Schreibfläche. Die Ausführung muß daher auch ästhetischen Ansprüchen genügen.

Die **Position der Klappen** im geöffneten Zustand ist danach zu bewerten, ob die Schreibfläche durch den Innenboden erweitert wird, dazu muß sie bündig liegen.

## Klappen + Korpusseiten

Stellungen

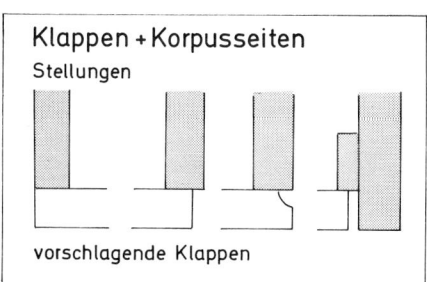

vorschlagende Klappen

**Klappen** werden zwischen- oder vorschlagend angebracht.
● Schräge Klappen fallen auch unverschlossen zu. Senkrechte können dagegen unverschlossen aufschlagen.
● Liegende Klappen heißen Deckel.
● Runde Klappen werden als Hauben bezeichnet.
● Hängende Klappen schlagen nach oben auf (siehe S. 81).

**Klappenschließungen**
● Die Zahl der Bänder wird vom Gewicht und Format der Klappen bestimmt.
● Die Schlösser sind je nach Position vor oder zwischen den Böden eingesteckt, eingelassen oder aufgesetzt. Es ist zu beachten, in welcher Weise dadurch die Nutzung der Klappenflächen beeinträchtigt wird.

## Klappen-Schließungen

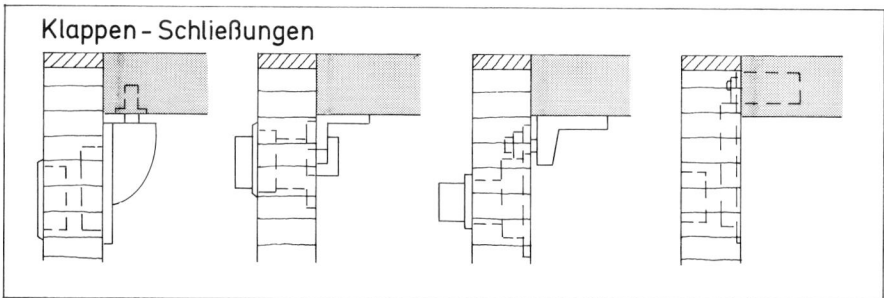

## sichtbare Bänder

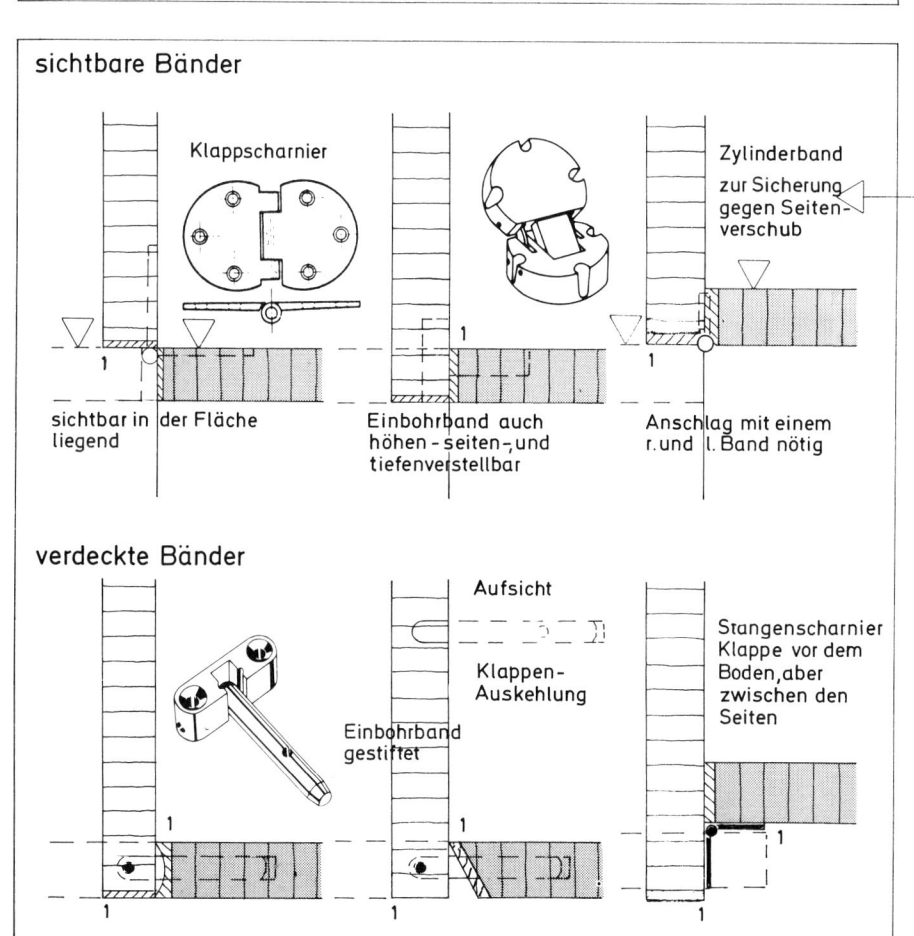

Klappscharnier

Zylinderband zur Sicherung gegen Seitenverschub

sichtbar in der Fläche liegend

Einbohrband auch höhen-, seiten-, und tiefenverstellbar

Anschlag mit einem r. und l. Band nötig

### verdeckte Bänder

Aufsicht

Klappen- Auskehlung

Einbohrband gestiftet

Stangenscharnier Klappe vor dem Boden, aber zwischen den Seiten

## Klappen-Bänder

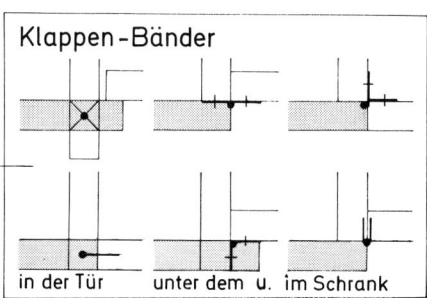

in der Tür   unter dem u.   im Schrank

## Formate, Anschläge

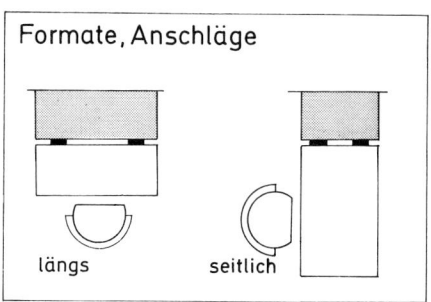

längs            seitlich

## Klappen-Größen u. Bänderanzahl

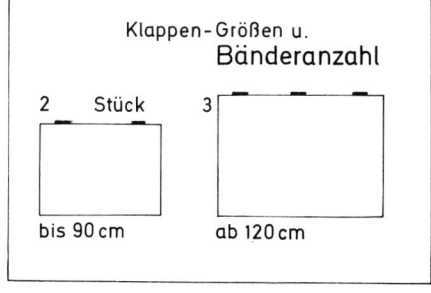

2   Stück          3

bis 90 cm        ab 120 cm

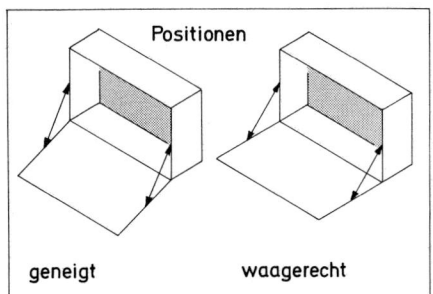

Positionen

geneigt    waagerecht

**Abwärtsschlagende Klappen** werden im geöffneten Zustand in waagerechter oder leicht geneigter Stellung durch kurze oder lange Abstützungen, Konsolen oder Auflager abgestützt oder durch Böden, Bänder, Bügel, Streben oder Scheren abgestoppt und zum Teil auch gebremst.

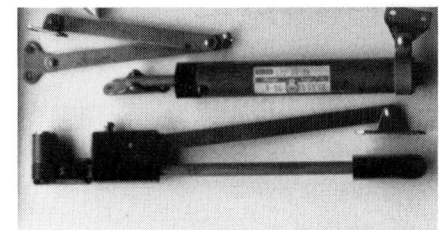

## Klappen - Abstützung

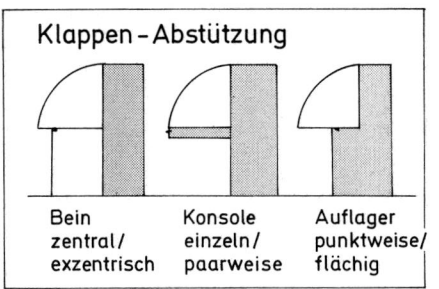

| Bein zentral/ exzentrisch | Konsole einzeln/ paarweise | Auflager punktweise/ flächig |

## Klappen - Abstoppung

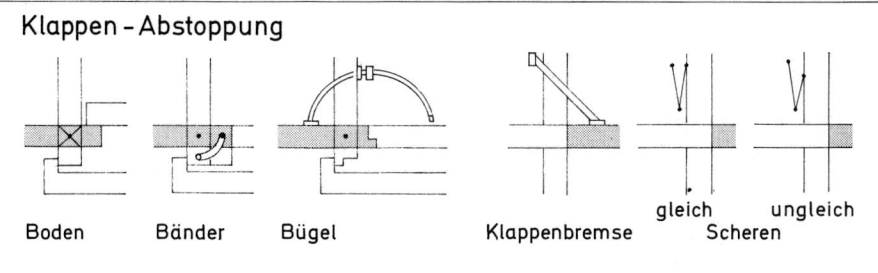

Boden    Bänder    Bügel    Klappenbremse    gleich  ungleich
Scheren

## Klappen-Scheren

ungleiche Schenkel
bei geneigter Klappe

gleiche Schenkel
bei gerader Klappe

Scheren mit
Schlitzführung
im Gelenk

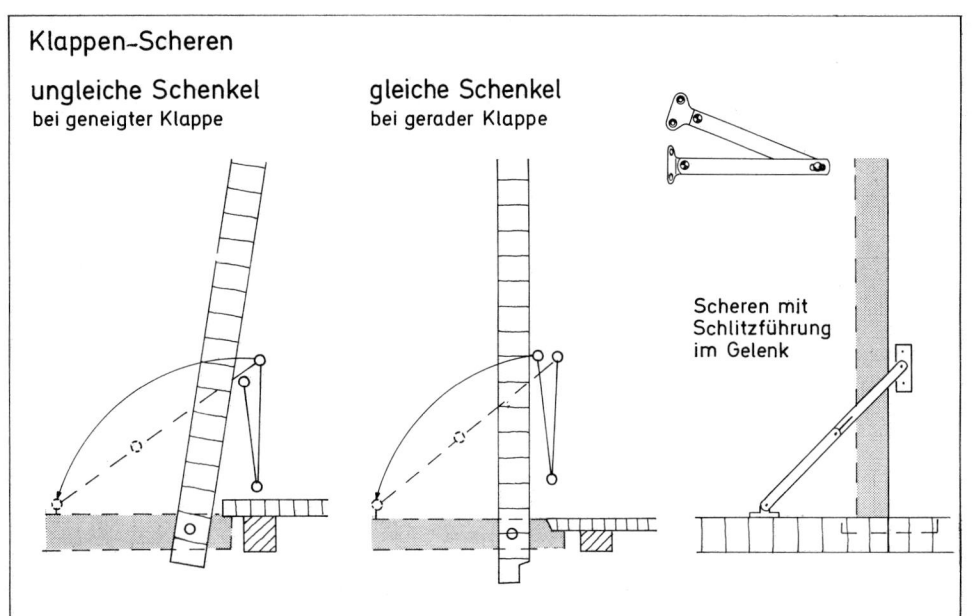

## Pneumatische Klappenbremse

Bremszylinder

Arm

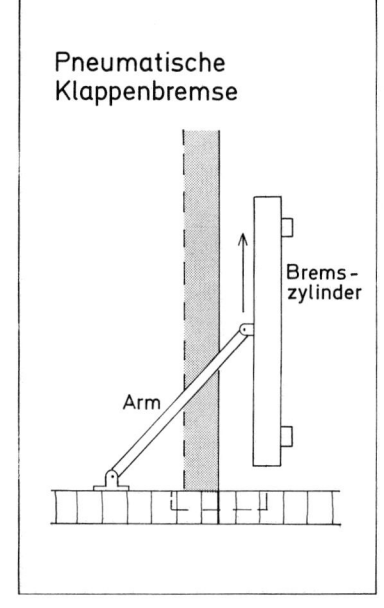

## Klappen-Bremsen mechanische

flache Anordnung    steile Anordnung

Montageplatte

Bremszylinder

Stahlbremse
mit Nylonbremskörper

Gewindezapfen

## Bremse mit Verstellschraube

Gleitschiene

Gelenkarm

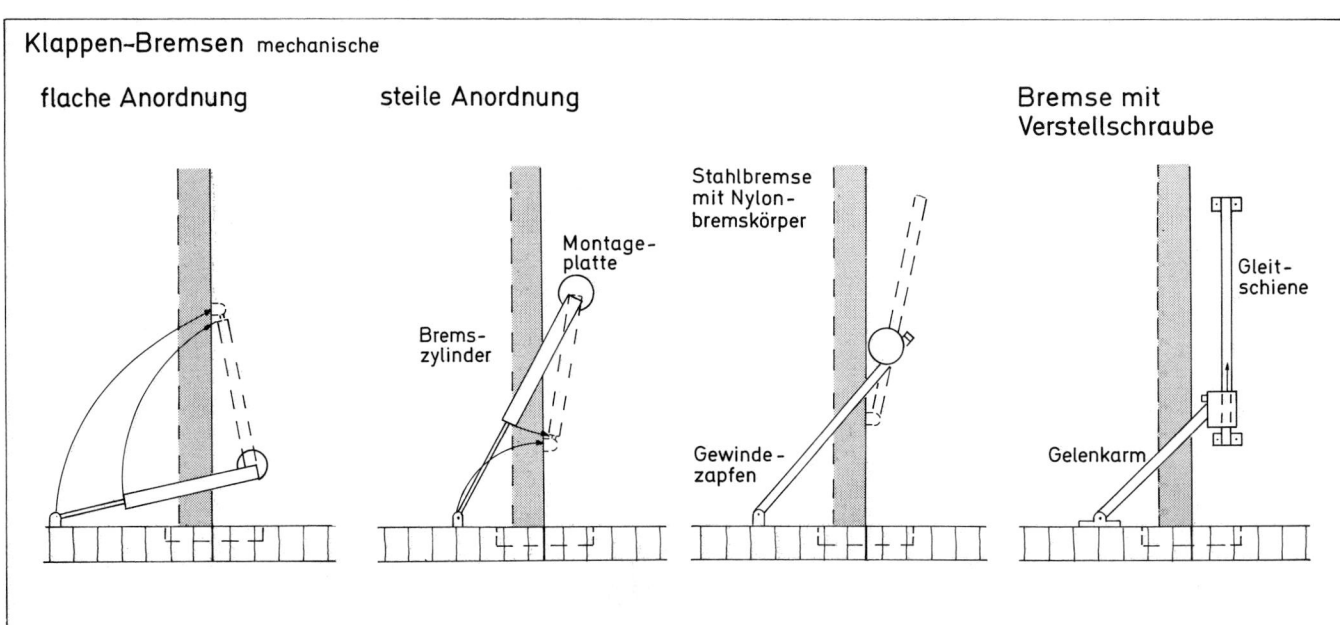

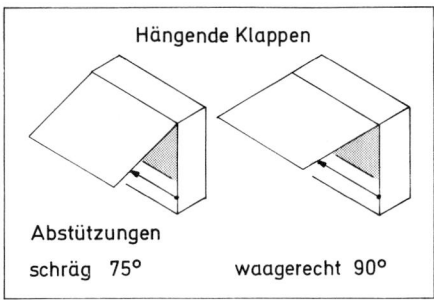

**Hängende Klappen**

Abstützungen

schräg 75°   waagerecht 90°

**Aufwärtsschlagende Klappen** werden in schräger oder waagerechter Position mit Stangen oder Stützen gehalten und mit Zylinder-, Topf- oder Spezialbändern angeschlagen.

# Klappen

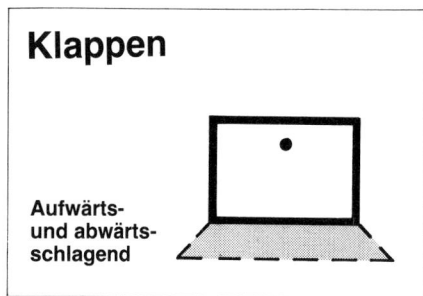

**Aufwärts- und abwärts- schlagend**

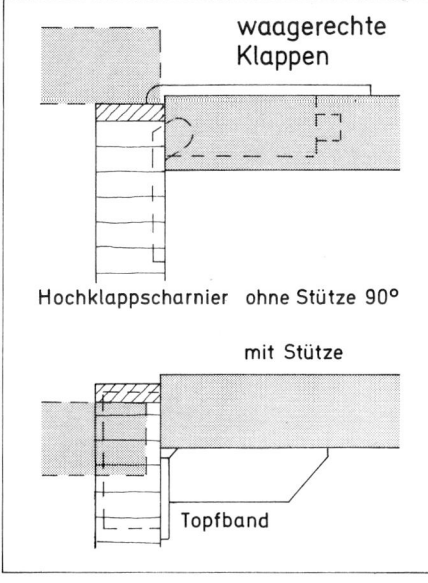

**waagerechte Klappen**

Hochklappscharnier  ohne Stütze 90°

mit Stütze

Topfband

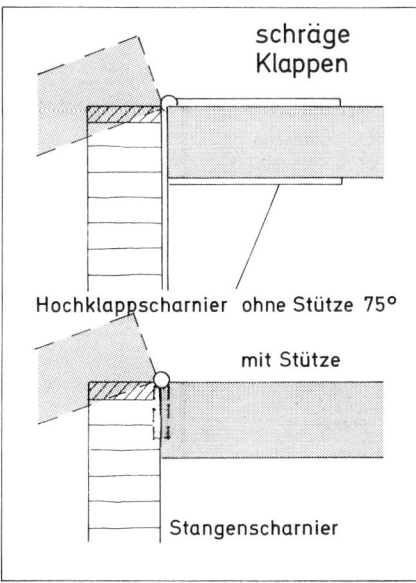

**schräge Klappen**

Hochklappscharnier  ohne Stütze 75°

mit Stütze

Stangenscharnier

## Hochklappen – Halter

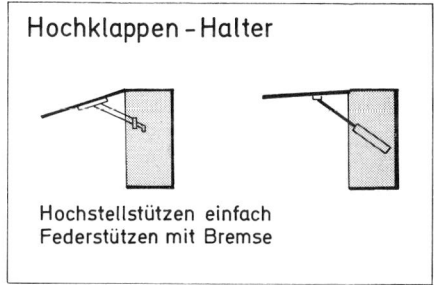

Hochstellstützen einfach
Federstützen mit Bremse

**Deckel** sind liegende Klappen, sie werden je nach Öffnungsgrad mit Stäben oder Stützen gehalten bzw. mit Bügeln oder Scheren abgestoppt.
● Die Lage des Anschlags – auf der Rückseite oder in der Deckeloberfläche – und seine Art sind abhängig vom Abstand zur Wand sowie von der Stärke und dem Platzbedarf des Deckels.

## Deckel-Halter

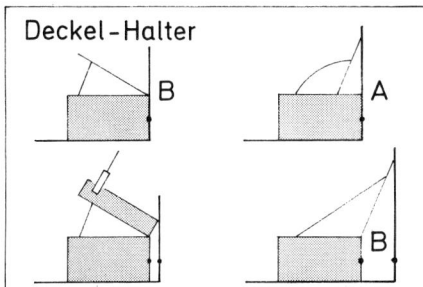

B   A

B

## Deckelstützen mit Feder- oder Luftdruckbremsen

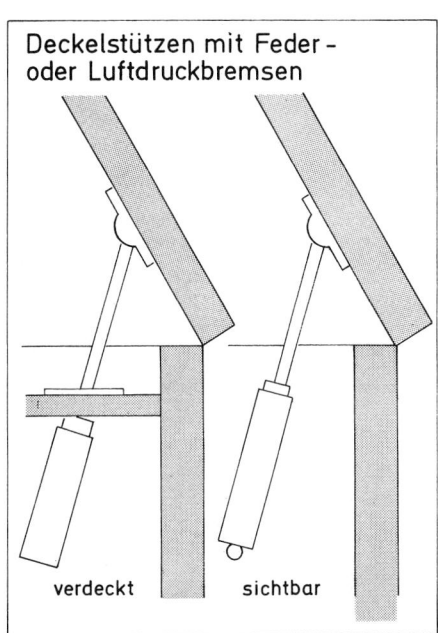

verdeckt   sichtbar

## Anschlagarten

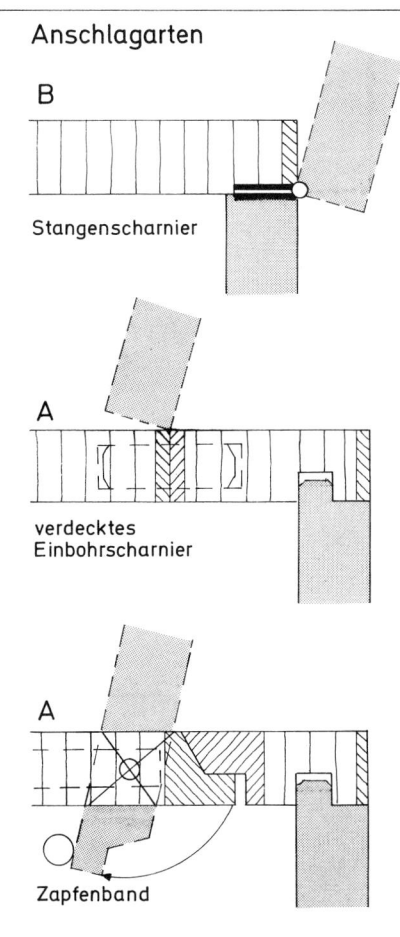

B

Stangenscharnier

A

verdecktes Einbohrscharnier

A

Zapfenband

## Deckel

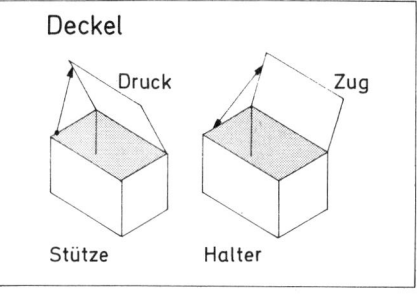

Druck   Zug

Stütze   Halter

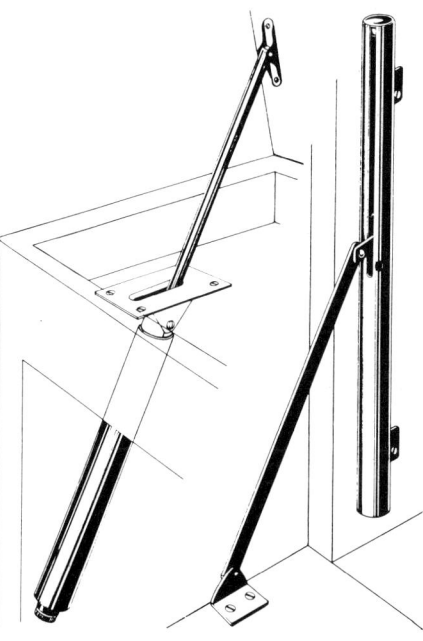

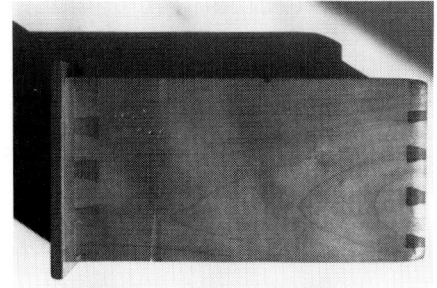

## Bauteile

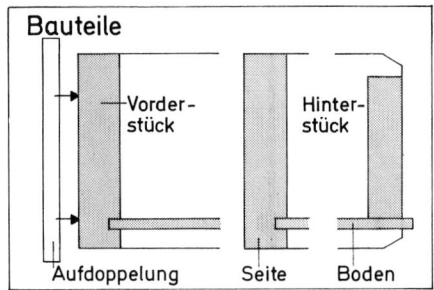

Vorder-
stück

Hinter-
stück

Aufdoppelung    Seite    Boden

**Konstruktionen** für Schubkästen sind Zinken, Federn, Graten oder Dübeln, bei Holzwerkstoffen auch Kleben.

**Kastenseiten** werden meist aus Vollholz gearbeitet, bei Serienfertigung oft auch aus Holzwerkstoffen und Kunststoff vorgefertigt. Profile an den Oberkanten vermindern die Reibung.

**Kastenböden,** massiv oder abgesperrt, werden von hinten eingeschoben und nur in Ausnahmen auch im Falz eingelegt.

## Bauarten

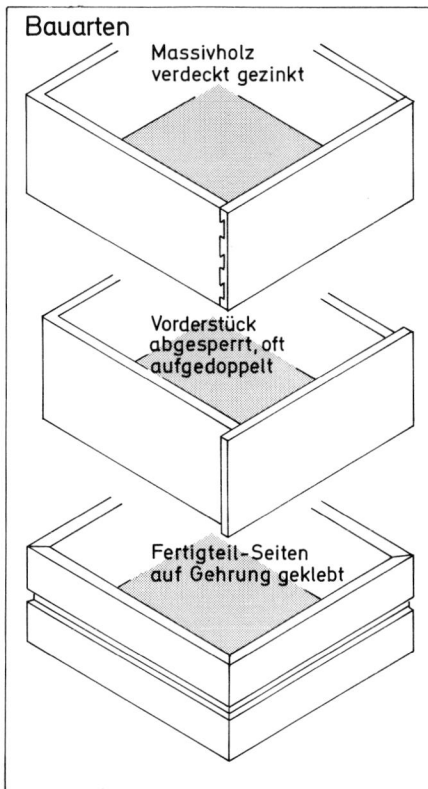

Massivholz
verdeckt gezinkt

Vorderstück
abgesperrt, oft
aufgedoppelt

Fertigteil-Seiten
auf Gehrung geklebt

## Vorderstücke

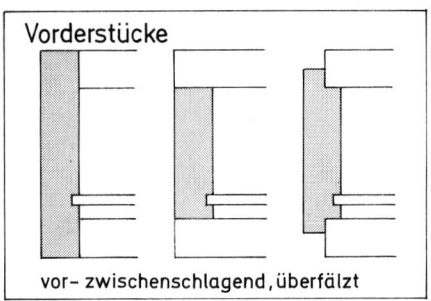

vor- zwischenschlagend, überfälzt

## Hinterstücke

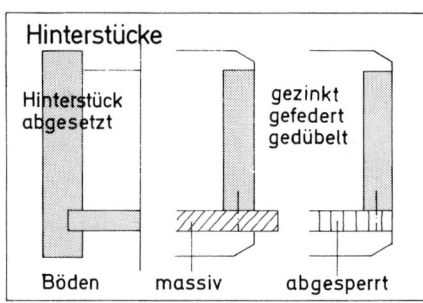

Hinterstück
abgesetzt

gezinkt
gefedert
gedübelt

Böden    massiv    abgesperrt

## Böden

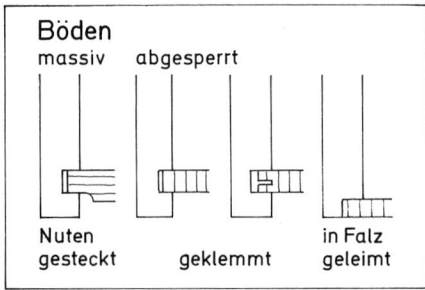

massiv    abgesperrt

Nuten
gesteckt    geklemmt    in Falz
geleimt

## Seiten

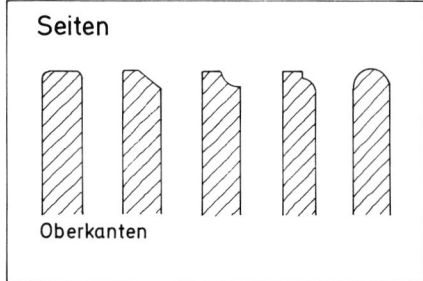

Oberkanten

**Vorderstücke** werden häufig aufgedoppelt. Sie schlagen dann halb oder ganz vor die Seiten und Böden.

**Hinterstücke** werden gezinkt, gefedert oder gedübelt.

## Vorderstücke + Seiten-Verbindungen

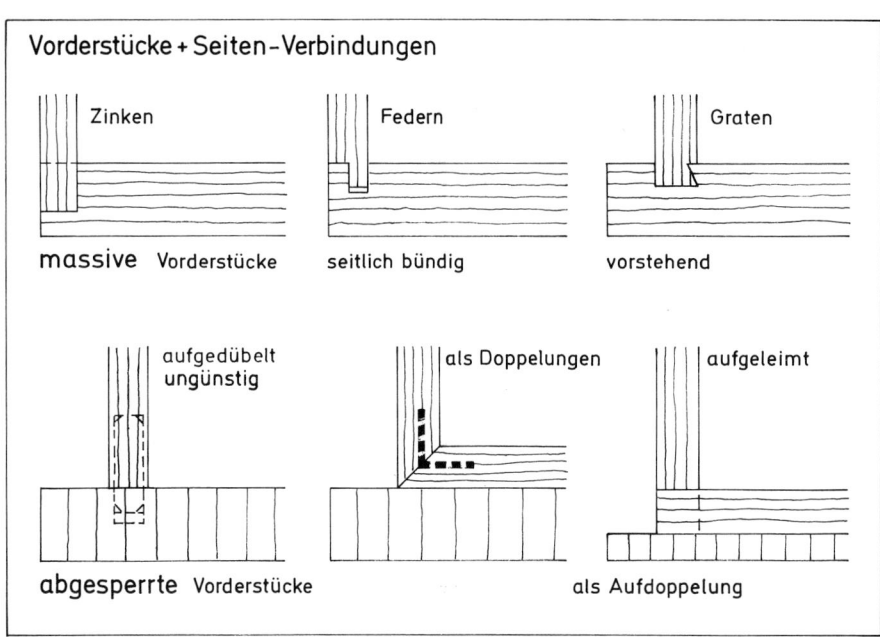

Zinken    Federn    Graten

**massive** Vorderstücke    seitlich bündig    vorstehend

aufgedübelt
ungünstig    als Doppelungen    aufgeleimt

**abgesperrte** Vorderstücke    als Aufdoppelung

## Fertigteil-Profile

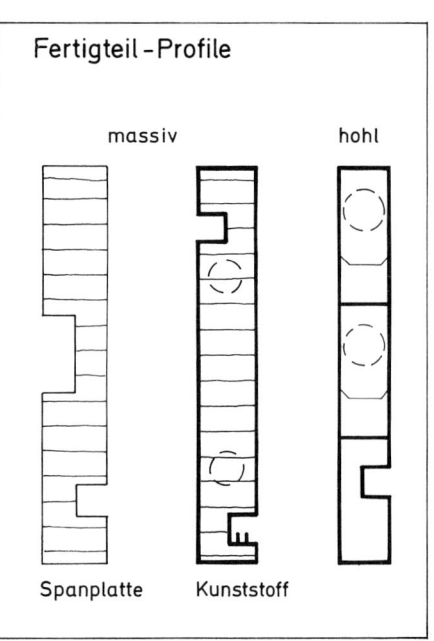

massiv    hohl

Spanplatte    Kunststoff

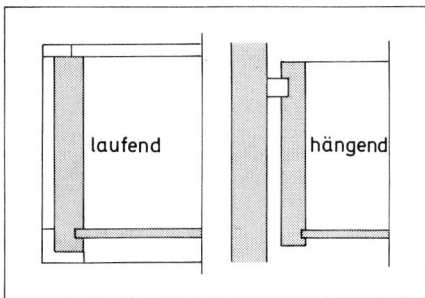

laufend | hängend

**Führungen** sind Leisten, Federn oder Schienen. Sie tragen den Kasten bzw. lassen ihn laufen, führen ihn seitlich und sichern ihn gegen Kippen.

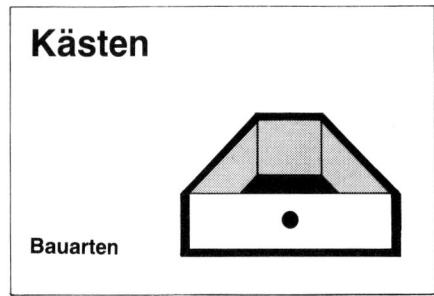

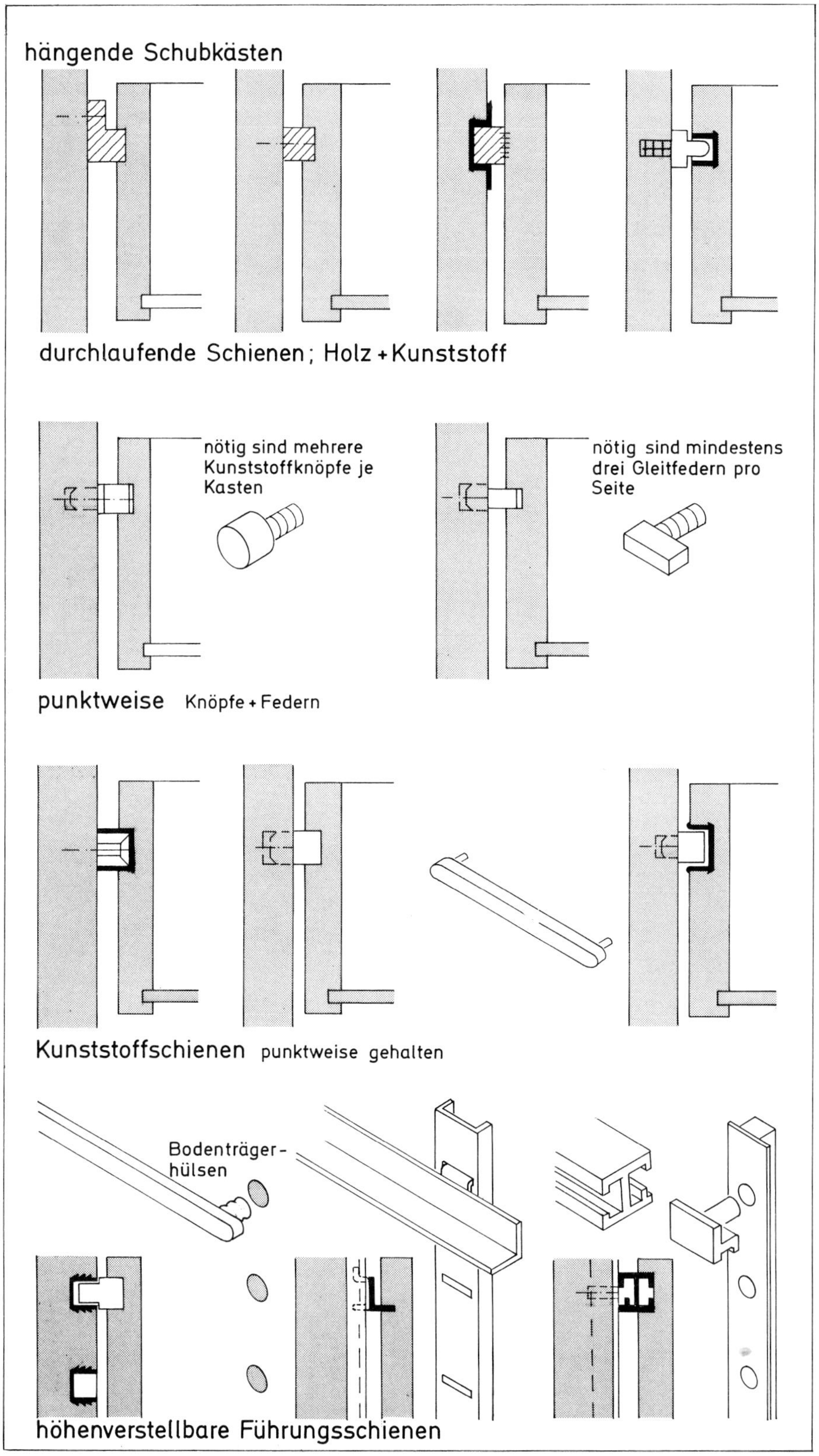

# Kästen

**Bauarten**

---

## hängende Schubkästen

## durchlaufende Schienen; Holz + Kunststoff

nötig sind mehrere Kunststoffknöpfe je Kasten

nötig sind mindestens drei Gleitfedern pro Seite

**punktweise** Knöpfe + Federn

**Kunststoffschienen** punktweise gehalten

Bodenträgerhülsen

## höhenverstellbare Führungsschienen

---

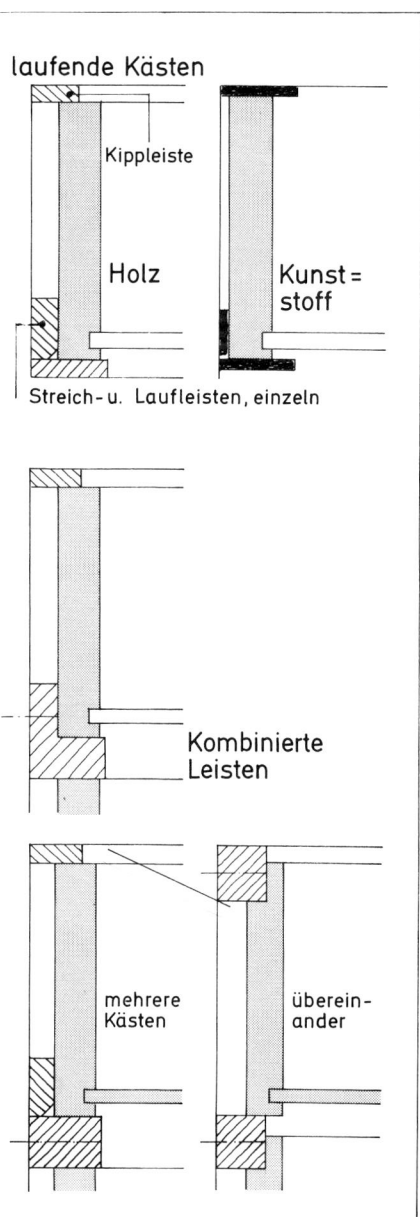

## laufende Kästen

Kippleiste

Holz | Kunst = stoff

Streich- u. Laufleisten, einzeln

Kombinierte Leisten

mehrere Kästen | übereinander

---

**Unterschieden** werden hängende und laufende Schubkästen sowie fest angeordnete und in der Höhe verstellbare.

**Hängende Schubkästen** werden durchgehend, in Ausnahmen auch nur punktweise, von Schienen getragen und geführt, die an der Korpusseite angeschraubt oder eingesteckt sind. Ausnahme: Höhenverstellschienen.

**Laufende Schubkästen** werden durch einzelne oder kombinierte Streich-, Lauf- und Kippleisten geführt und gehalten.

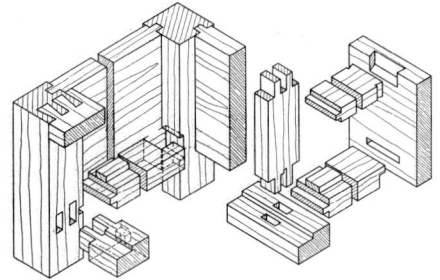

**Konstruktionsbeispiele** von Kästen (links laufend, rechts hängend):
● Die Vorderstücke schlagen zwischen die Seiten (oben), sind überfälzt oder schlagen mit Aufdoppelungen vor die Seiten. Sie sind gerade oder geschweift.
● Die Seiten sind verdeckt gezinkt oder gedübelt.
● Führungen bestehen aus einer oder mehreren Leisten.

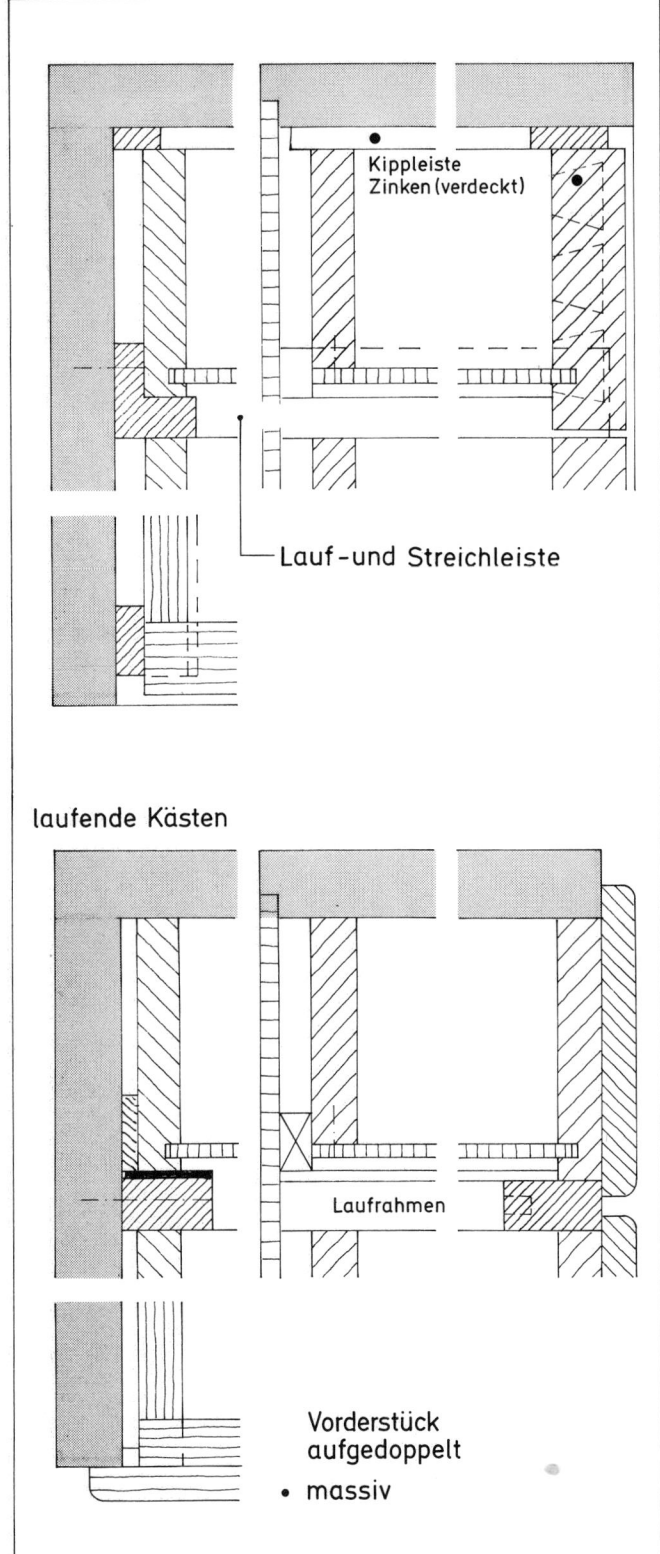

Kippleiste
Zinken (verdeckt)

Lauf-und Streichleiste

laufende Kästen

Laufrahmen

Vorderstück aufgedoppelt

• massiv

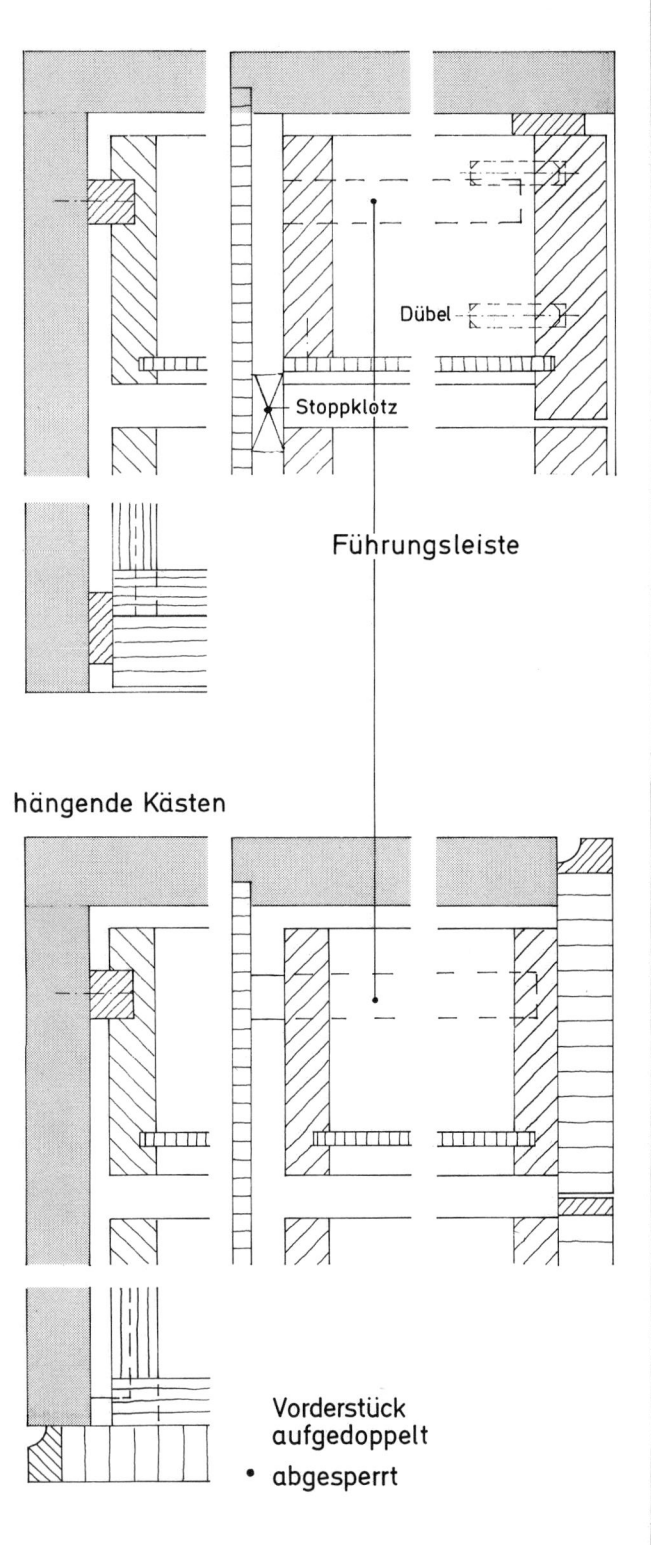

Dübel

Stoppklotz

Führungsleiste

hängende Kästen

Vorderstück aufgedoppelt

• abgesperrt

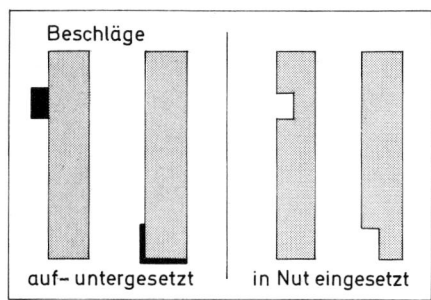

Beschläge

auf- untergesetzt      in Nut eingesetzt

**Teleskopführungen** vergrößern im Vergleich zu Einfachführungen die Ausziehtiefe und damit die Öffnungsweite der Schubkästen.
Die Schienen, aus Winkeln, T- oder Spezialprofilen, haben Rollen oder auch Kugellager als zusätzliche Ausstattung. Sie sind seitlich an oder unter die Kästen geschraubt.

## Kästen

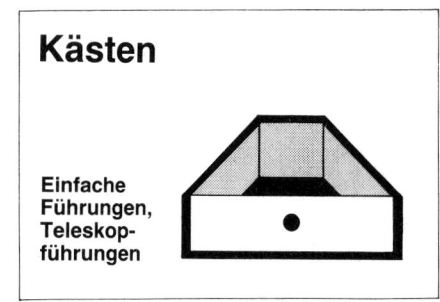

Einfache Führungen, Teleskopführungen

### Einfachführung, d.h. nicht voll ausziehbar

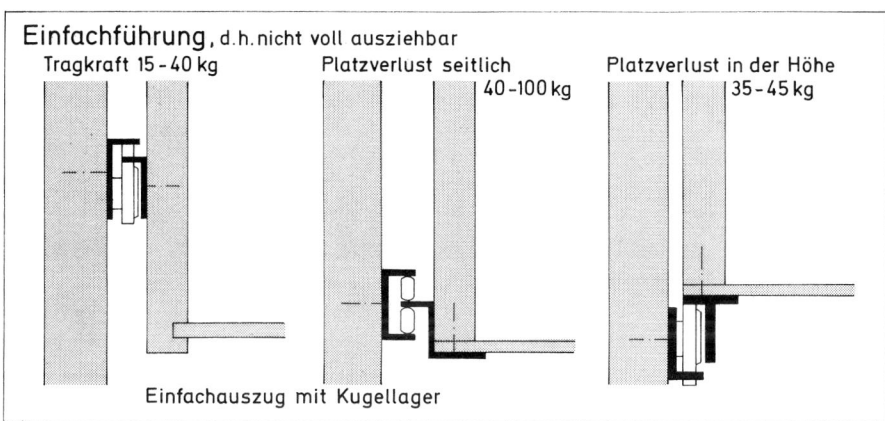

Tragkraft 15-40 kg

Platzverlust seitlich 40-100 kg

Platzverlust in der Höhe 35-45 kg

Einfachauszug mit Kugellager

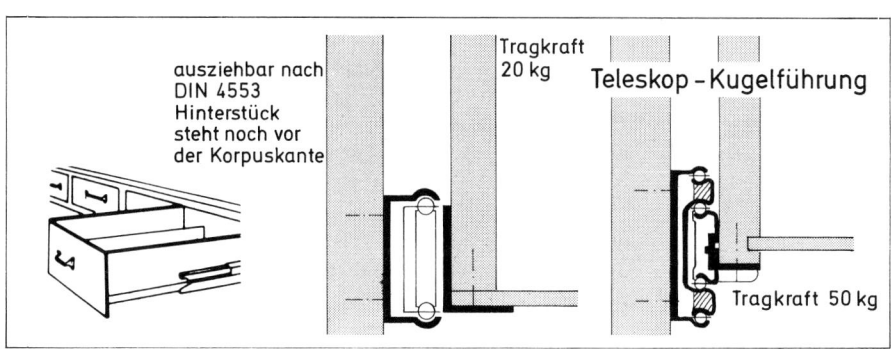

ausziehbar nach DIN 4553 Hinterstück steht noch vor der Korpuskante

Tragkraft 20 kg

Teleskop-Kugelführung

Tragkraft 50 kg

## Beispiel

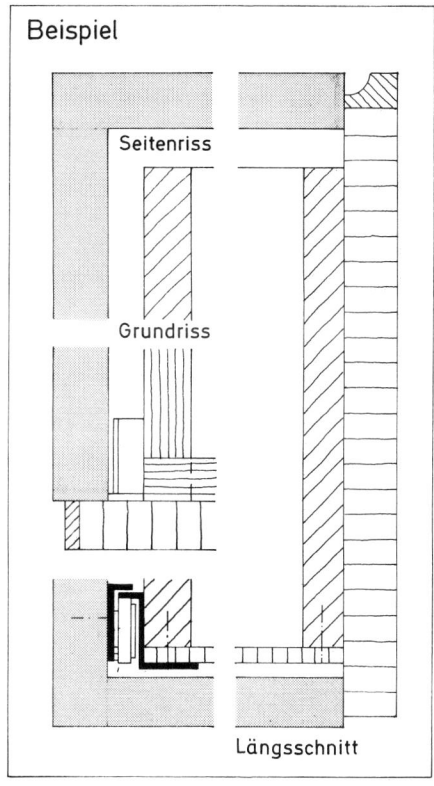

Seitenriss

Grundriss

Längsschnitt

### Vergleich der Kastenauszüge

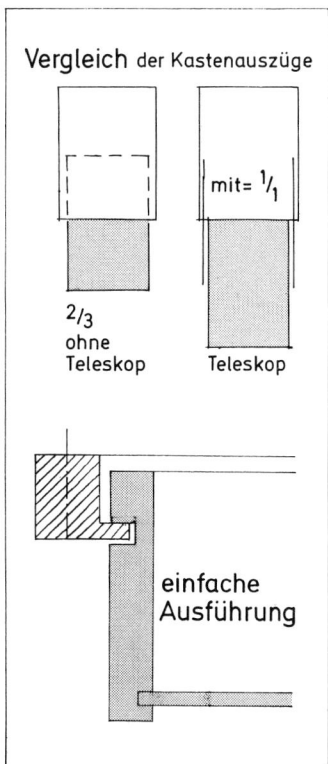

mit = 1/1

2/3 ohne Teleskop

Teleskop

einfache Ausführung

### Führungsschienen in Nut eingearbeitet

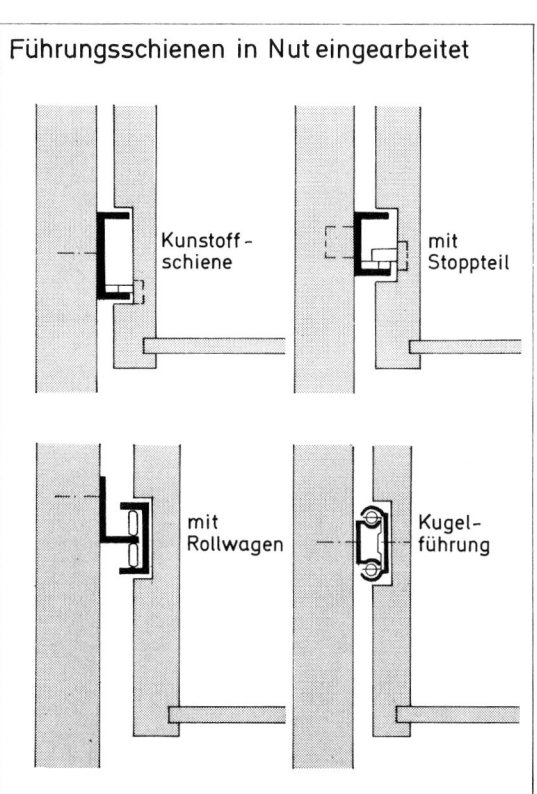

Kunstoff-schiene

mit Stoppteil

mit Rollwagen

Kugel-führung

## Beispiel

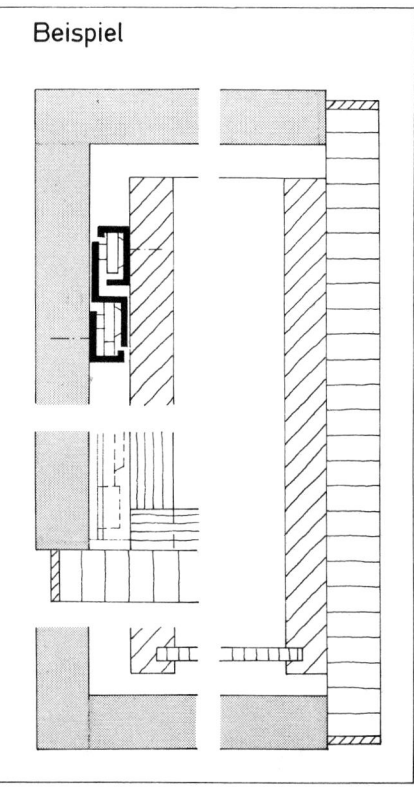

**Kästen hinter Türen** müssen das Bergegut zum Raum hin nicht staubdicht abschließen. Die Vorderstücke sind daher bei den sog. englischen Zügen schmal und entfallen bei Tabletts fast ganz.

● Türöffnungsarten müssen berücksichtigt werden. Gegebenenfalls sind doppelte Seiten und Beistöße nötig, um die Züge bedienen zu können.

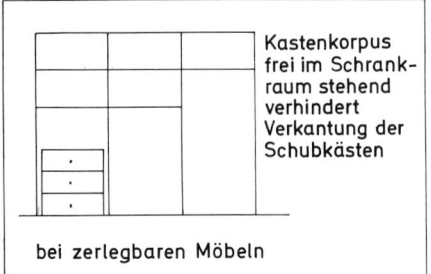

Kastenkorpus frei im Schrankraum stehend verhindert Verkantung der Schubkästen

bei zerlegbaren Möbeln

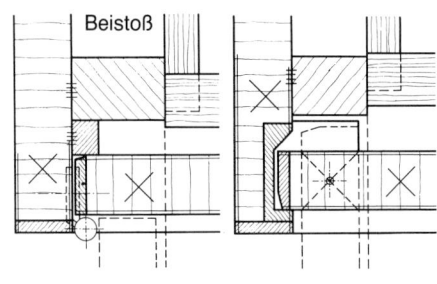

Beistoß

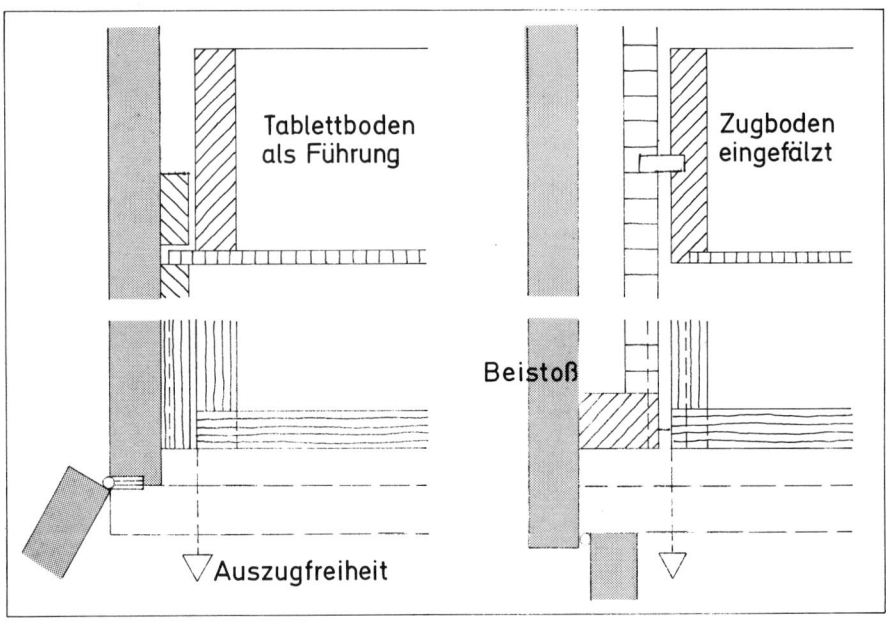

Tablettboden als Führung

Zugboden eingefälzt

Beistoß

△ Auszugfreiheit

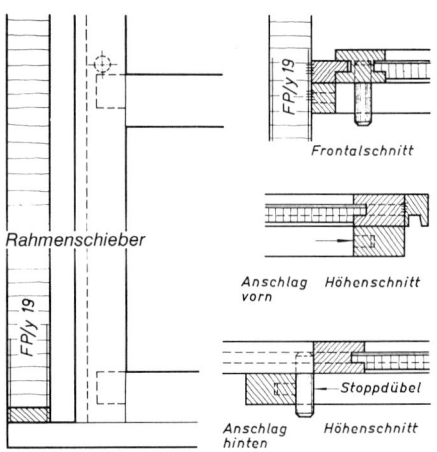

Rahmenschieber

FP/y 19

FP/y 19

Frontalschnitt

Anschlag vorn    Höhenschnitt

Stoppdübel

Anschlag hinten    Höhenschnitt

**Möbelschieber** dienen als Abstellflächen, auch zur Ablage des Schreibgeräts in Schreibtischen. Häufig sind sie als Tablett vorgesehen, das nach Gebrauch wieder in den Schrank geschoben wird.

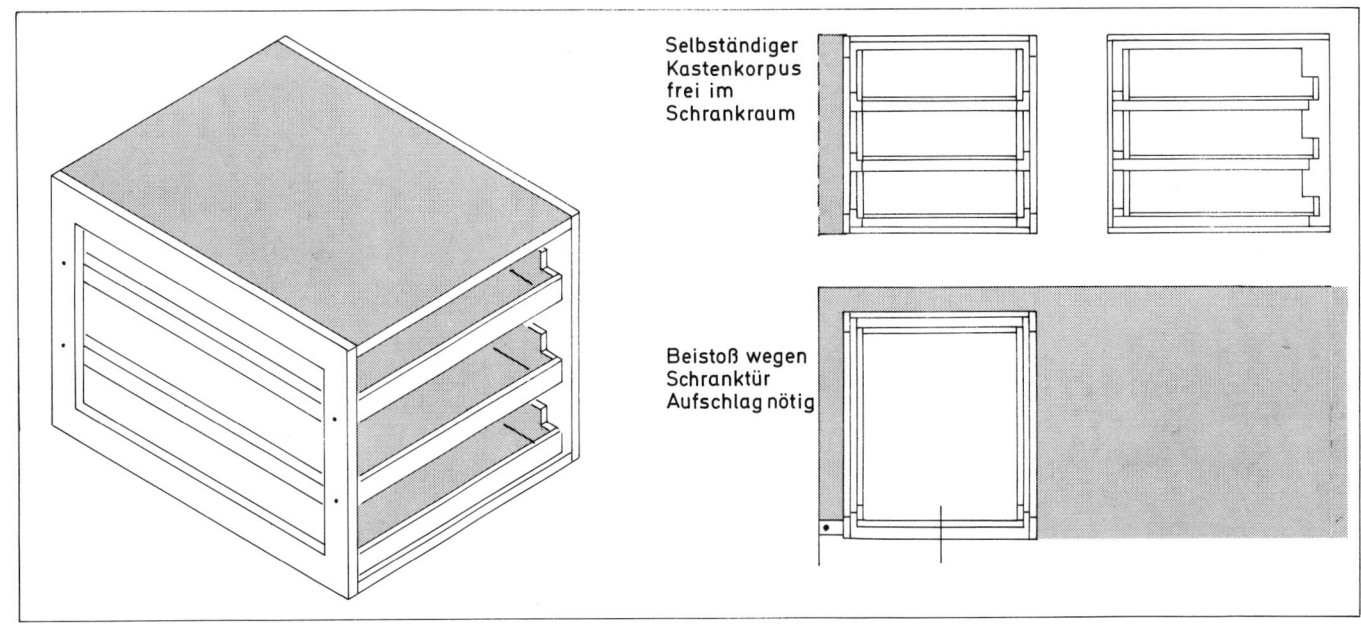

Selbständiger Kastenkorpus frei im Schrankraum

Beistoß wegen Schranktür Aufschlag nötig

Die **Konstruktionsbeispiele** zeigen im Grundriß, Längs- und Querschnitt Kästen mit unterschiedlichen Führungen und Materialien.
● Die Seiten laufen oder hängen.
● Sie bestehen aus Vollholz, Spanplatten oder Kunststoff.
● Die Laufschienen sind fest oder höhenverstellbar.
● Die Kastenvorderstücke sind gezinkt, gedübelt oder geklebt.

# Kästen

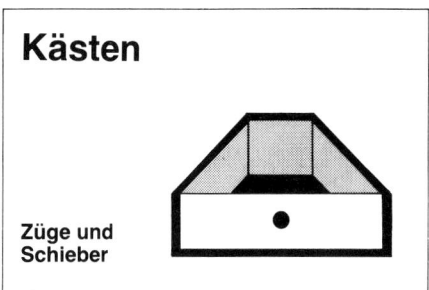

**Züge und Schieber**

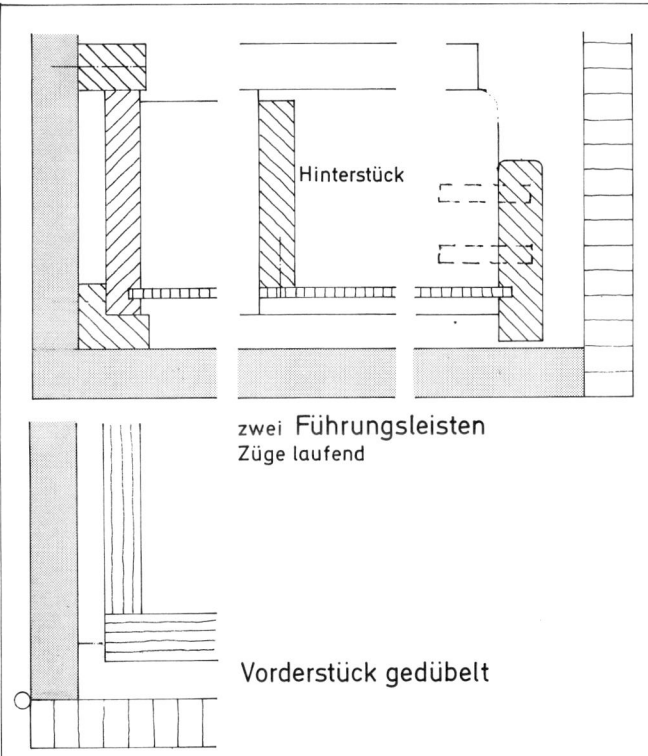

zwei **Führungsleisten**
Züge laufend

**Vorderstück gedübelt**

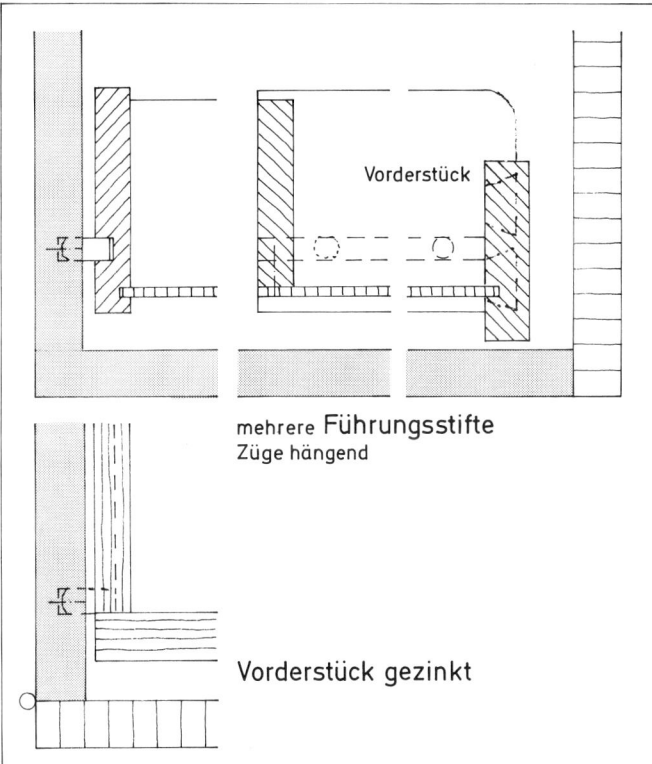

mehrere **Führungsstifte**
Züge hängend

**Vorderstück gezinkt**

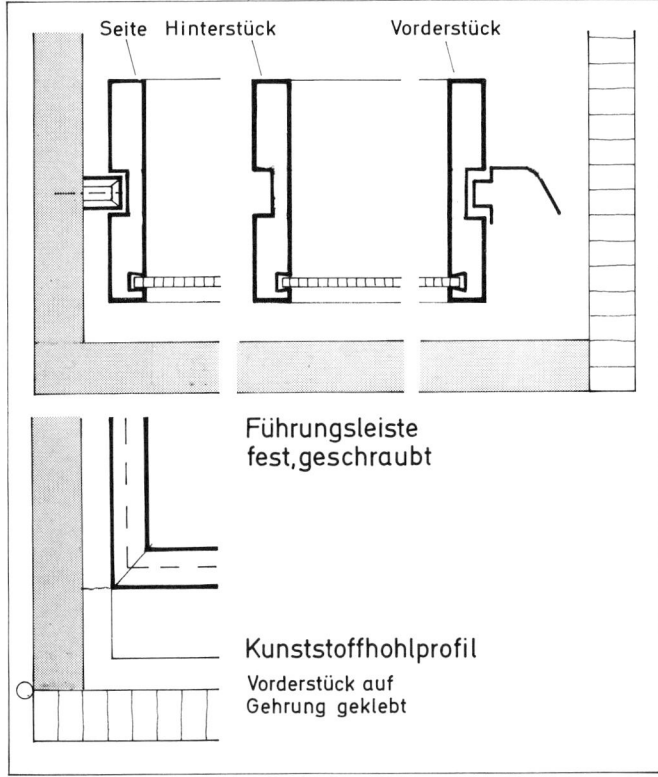

**Führungsleiste fest, geschraubt**

**Kunststoffhohlprofil**
Vorderstück auf Gehrung geklebt

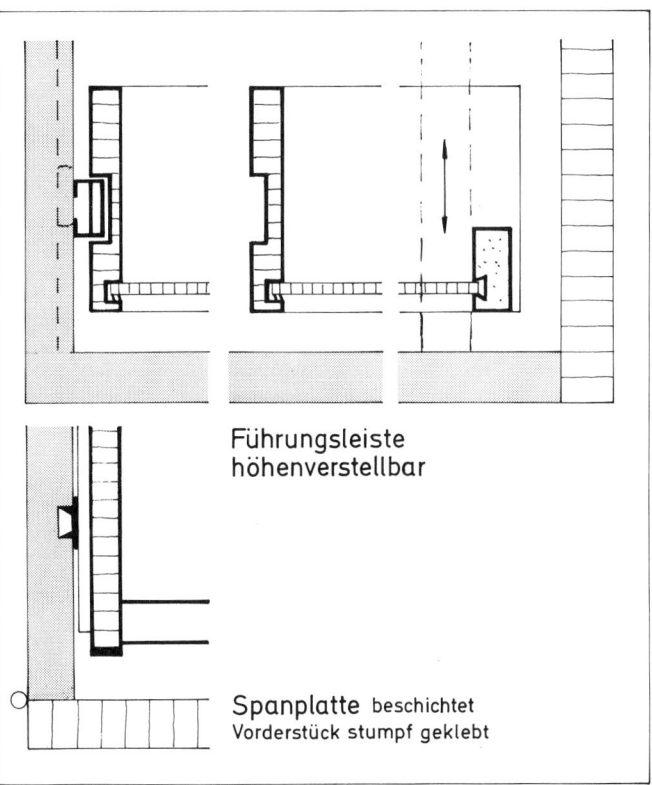

**Führungsleiste höhenverstellbar**

**Spanplatte** beschichtet
Vorderstück stumpf geklebt

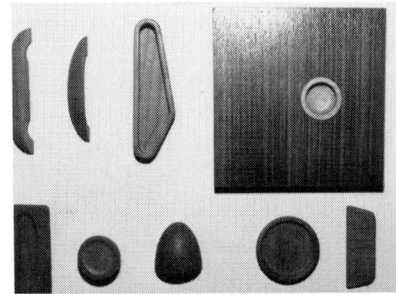

**Knöpfe und Griffe** an Türen, Kästen und Klappen, Schiebetafeln und Rolläden sind Bedienungselemente zum Öffnen und Schließen. Über ihre Funktion hinaus waren sie immer schon Gestaltungselemente.

Zu unterscheiden sind tiefliegende und vorspringende, feststehende und klappbare, punktweise und durchlaufende Bedienungselemente.

**Griffe** sind an den Fronten, Ober- oder Unterkanten, in horizontalen oder vertikalen Positionen möglich. Die Materialwahl und Formgebung ist nahezu unbegrenzt.

Die Stückzahl richtet sich nach den Formaten der Türen oder Kästen, die Anordnung nach den Höhen und dem Platzbedarf.

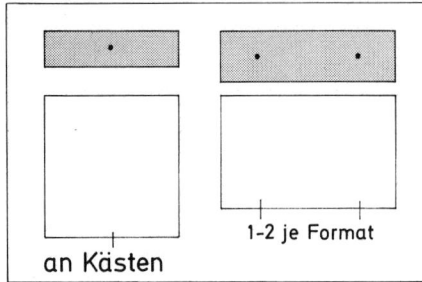

an Kästen
1-2 je Format

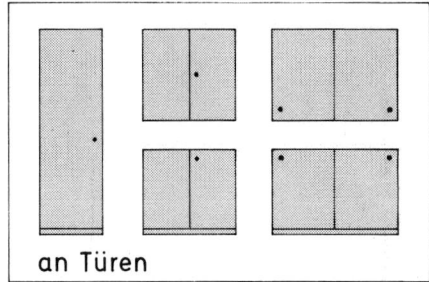

an Türen

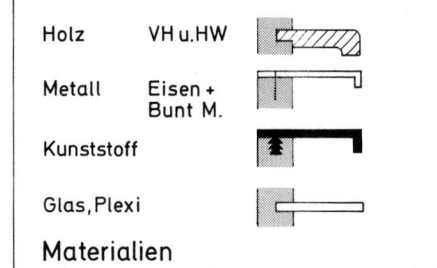

Materialien
Holz — VH u.HW
Metall — Eisen + Bunt M.
Kunststoff
Glas, Plexi

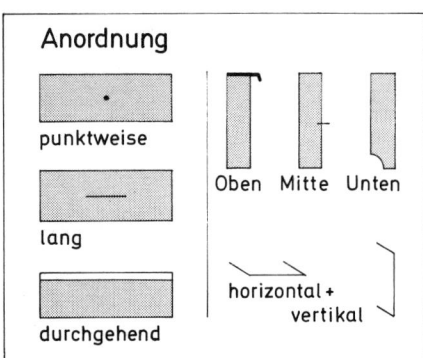

Anordnung
punktweise
lang
durchgehend
Oben   Mitte   Unten
horizontal + vertikal

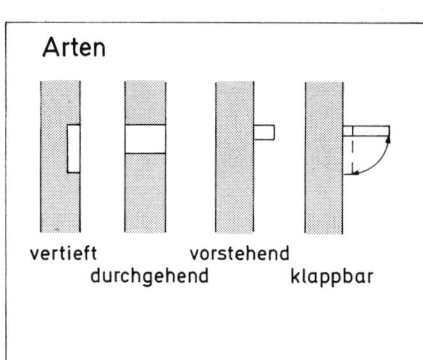

Arten
vertieft
durchgehend
vorstehend
klappbar

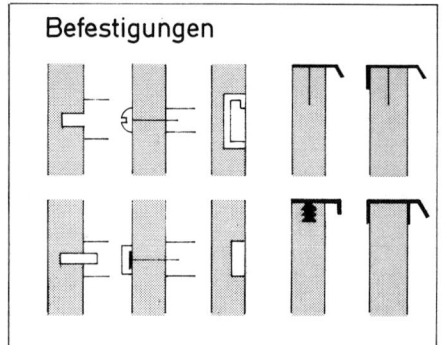

Befestigungen

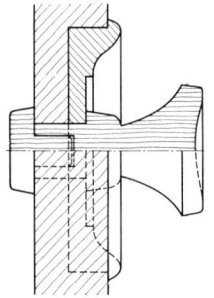

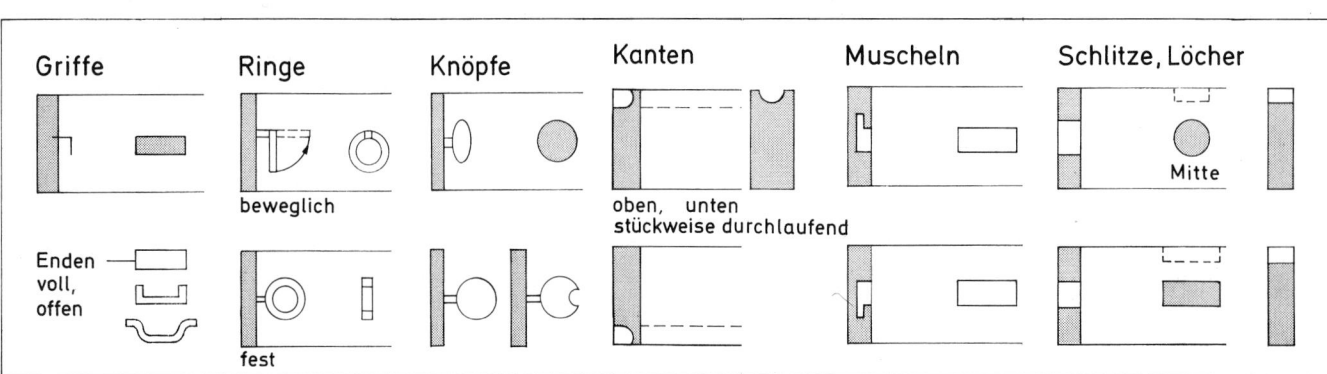

Griffe
Enden voll, offen

Ringe
beweglich
fest

Knöpfe

Kanten
oben, unten
stückweise durchlaufend

Muscheln

Schlitze, Löcher
Mitte

**Schnäpper** sind bequeme Verschlüsse für Türen und Klappen. Man unterscheidet je nach Mechanismus Rollen-, Feder-, Kugel-, Gelenk-, Magnet- und Kombischnäpper. Letztere haben eine Federwirkung im Band. Sie bremst die Tür beim Öffnen und hält bzw. drückt die Tür bis zu einem gewissen Grad zu. Schnäpper werden in die Seiten oder die Türen eingelassen bzw. eingeschraubt.

**Riegel** sind altbewährt. Je nach Position, oben, unten oder in der Mitte der Tür, sind sie relativ umständlich zu handhaben.
Es gibt Riegel für vorschlagende oder überfälzte Türen, gekröpfte Ausführungen und solche für Kantenanordnungen. Eingebaute Federn verhindern das Herunterfallen der Riegel bei senkrechter Anordnung. Für große Höhen werden Riegel durch Stangen verlängert.

# Beschläge

**Bedienungselemente**

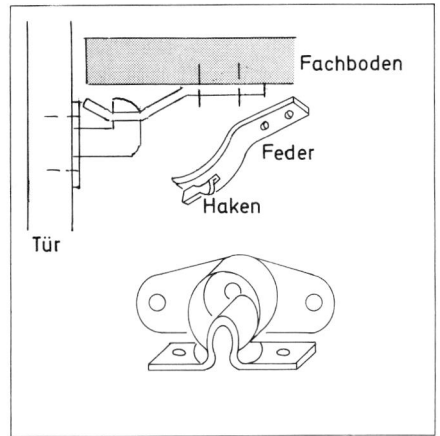

Federschnäpper

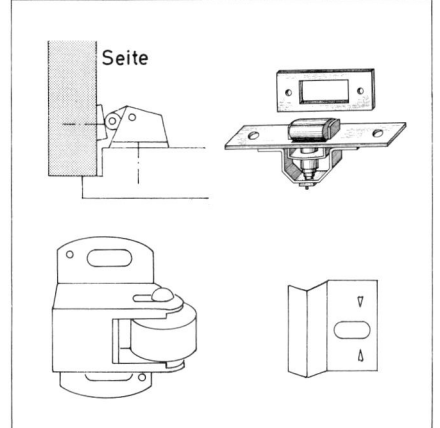

Rollenschnäpper

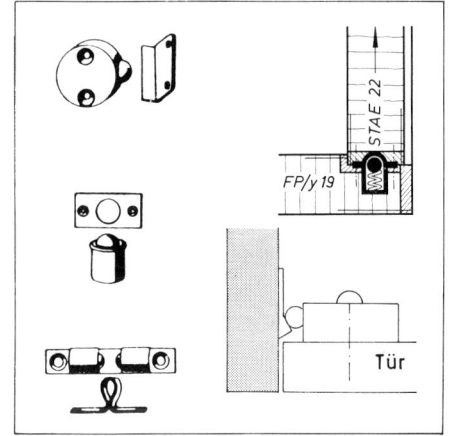

Kugelschnäpper

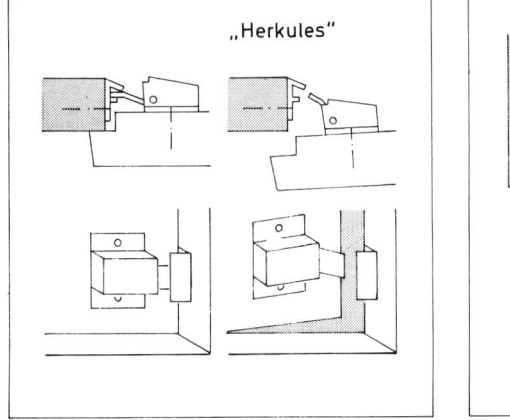

Gelenkschnäpper

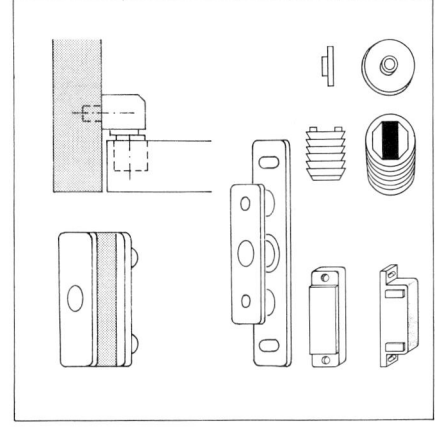

Magnetschnäpper

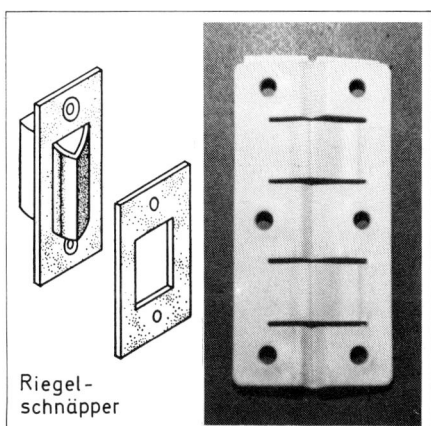

Bandschnäpper

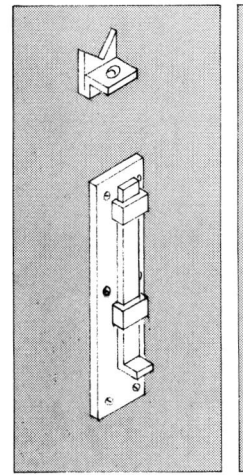

Gerade

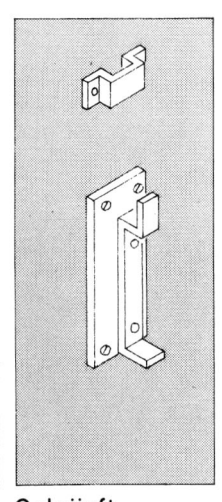

Gekröpft

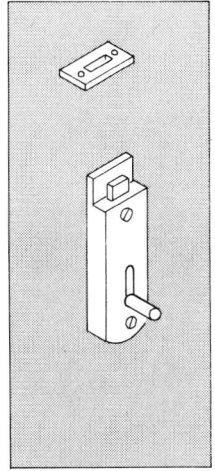

Einheitsriegel

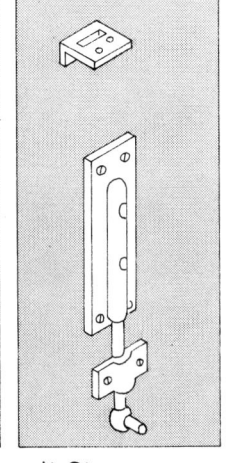

mit Stange

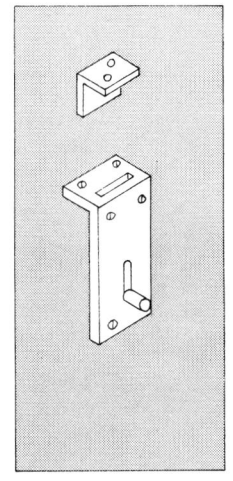

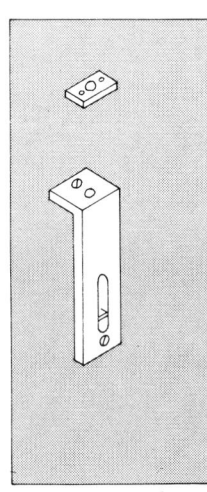

Kantenriegel

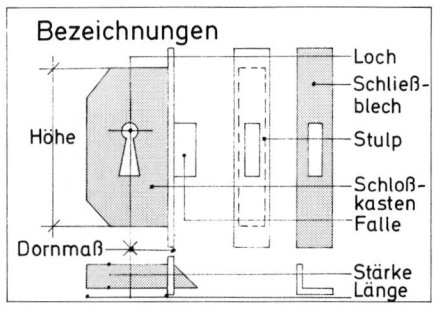

## Bezeichnungen

- Loch
- Schließblech
- Stulp
- Schloßkasten
- Falle
- Stärke
- Länge

Höhe

Dornmaß

**Schlösser** sind nach DIN 68851 Verschlußelemente.
- Die Schloßkästen werden in die Türen eingesteckt, eingelassen oder aufgeschraubt.
- Die Schloßfallen riegeln in gerade oder gewinkelte Schließbleche ein.
- Der Stulp steht bei Drehtüren gerade oder schräg.
- Bei Roll- oder Schiebetüren hat die Falle Hakenform.

## Bauarten Kastenschlösser

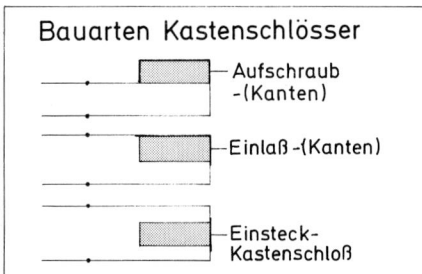

- Aufschraub-(Kanten)
- Einlaß-(Kanten)
- Einsteck-Kastenschloß

## Seitenschloß

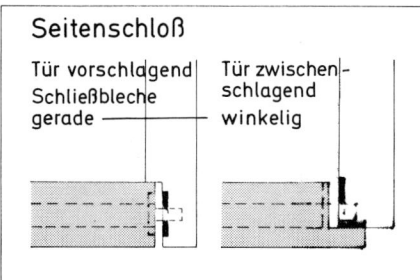

Tür vorschlagend
Schließbleche gerade

Tür zwischenschlagend winkelig

## Einbohr-Schlösser

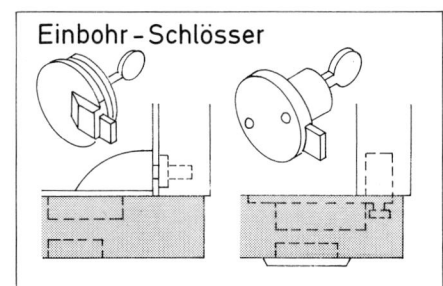

## Zweiflügelige Türschließung

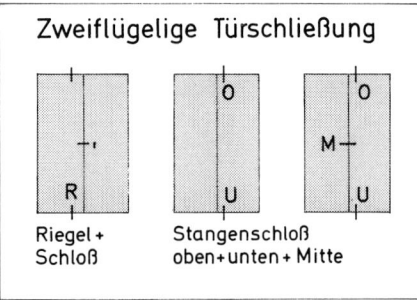

Riegel + Schloß

Stangenschloß oben+unten+Mitte

## Einsteckschlösser

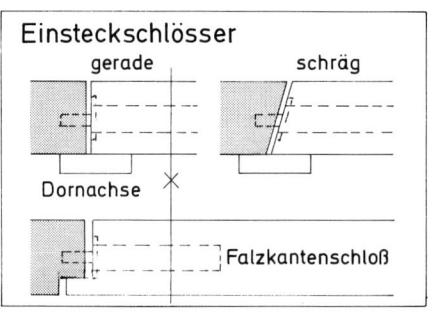

gerade — schräg

Dornachse

Falzkantenschloß

## Mittelschlüsse

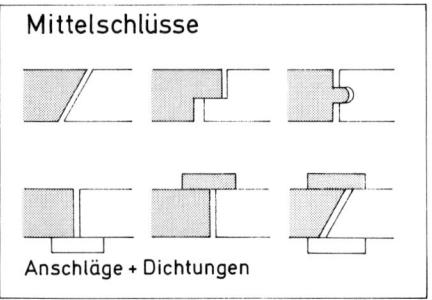

Anschläge + Dichtungen

## Hakenriegelschlösser

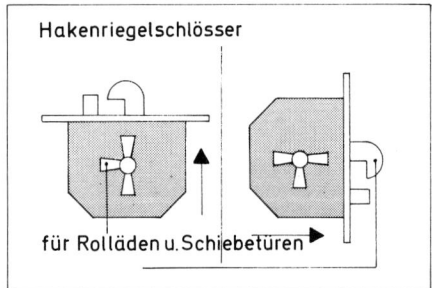

für Rolläden u. Schiebetüren

**Stangenschlösser** riegeln in die Ober- und Unterböden der Schränke ein. Die Schloßstangen sind je nach Türposition gerade oder gekröpft bzw. an ihren Enden hakenförmig ausgebildet. Sie liegen sichtbar oder unter Leisten verdeckt auf den Innenseiten der Türen.

## Stangenschlösser

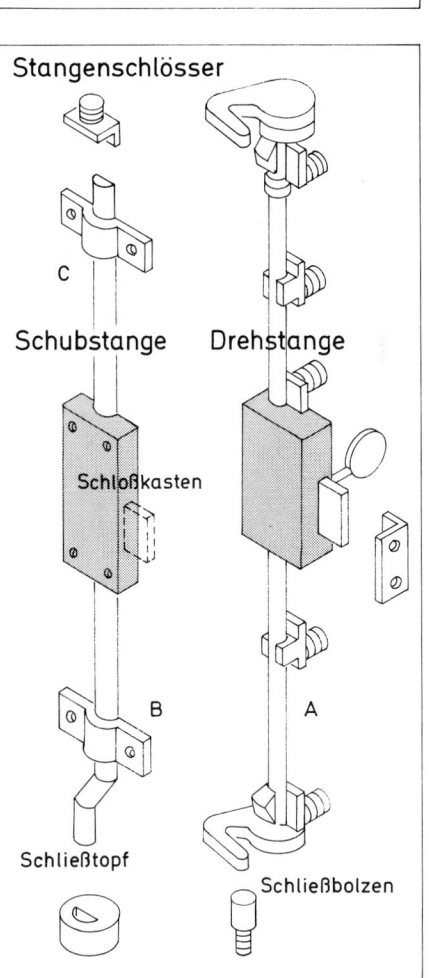

C

Schubstange — Drehstange

Schloßkasten

B — A

Schließtopf

Schließbolzen

## Stangenschlösser

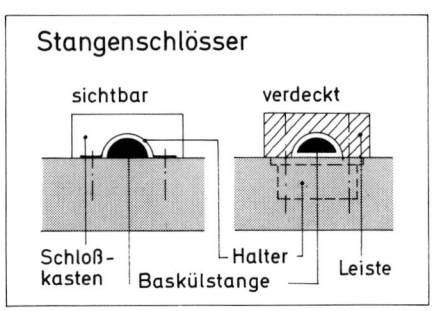

sichtbar — verdeckt

Schloßkasten — Halter — Leiste
Baskülstange

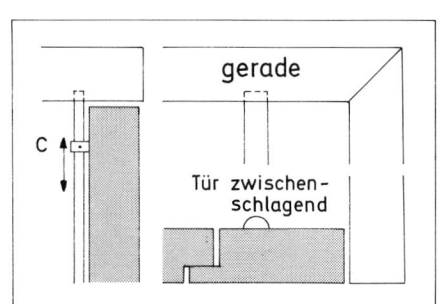

gerade

C

Tür zwischenschlagend

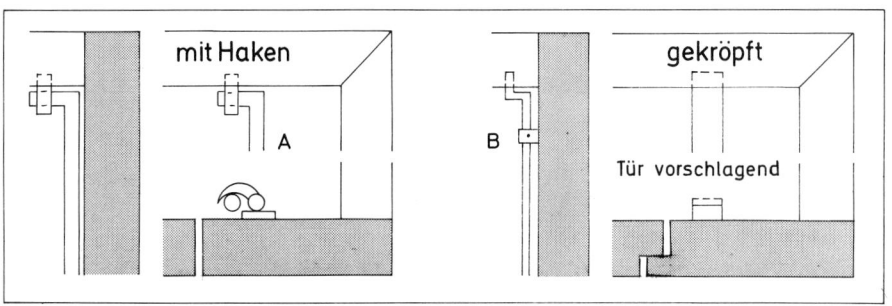

mit Haken

A

B

gekröpft

Tür vorschlagend

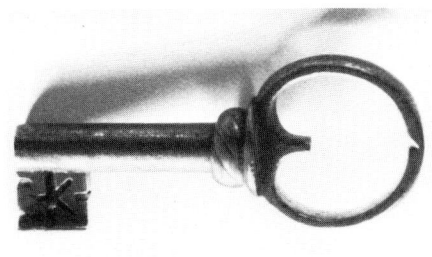

**Schlüssel** werden einfach oder zur größeren Sicherheit kompliziert ausgebildet – entsprechend den Schlössern.
● Unterschieden werden Einzel-, Gruppen-, Reihen- und Generalschlüssel, je nach Funktionsbereich.
● Die Schlüsselbärte sind genutet oder gefräst. Bei besseren Sicherheitsschließungen sind die Schlüsselbärte geprägt und für Einbohrzylinder vorgesehen.

# Beschläge

**Verschlußelemente**

---

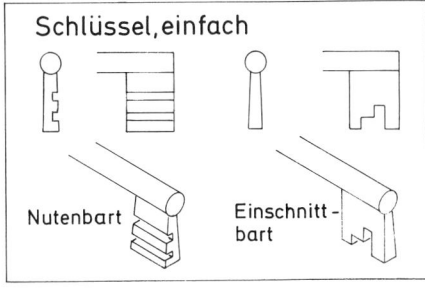

Schlüssel, einfach

Nutenbart    Einschnitt-bart

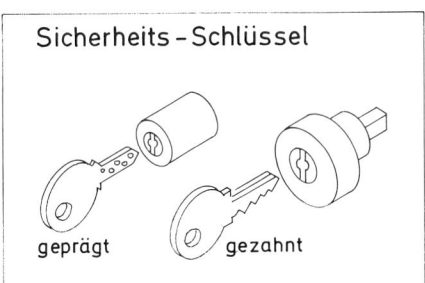

Sicherheits – Schlüssel

geprägt    gezahnt

**Schlüsselbuchsen** oder Schilder, bündig liegend oder vorstehend, eingestiftet, aufgeschraubt oder eingepreßt, schützen nicht nur den Einbohrrand des Schlüssellochs, sondern sind auch Gestaltungselemente für Türen, Kästen und Klappen.

---

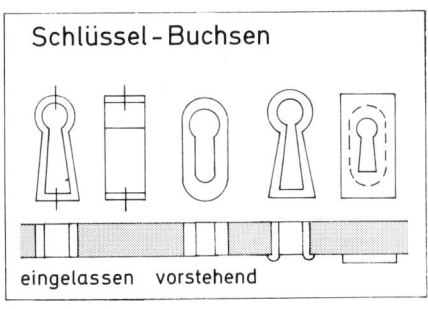

Schlüssel-Buchsen

eingelassen    vorstehend

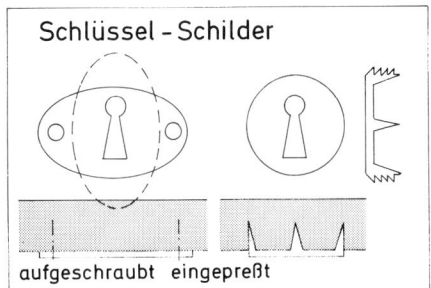

Schlüssel – Schilder

aufgeschraubt    eingepreßt

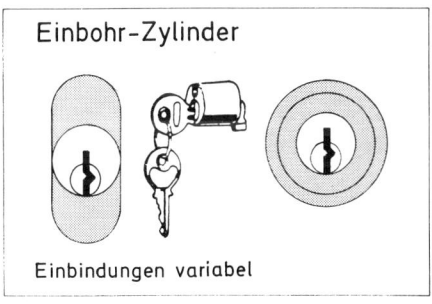

Einbohr-Zylinder

Einbindungen variabel

---

**Zentralverschlüsse** sichern mehrere Schubkästen auf einmal.
● Der Sitz des Schlosses ist je nach Bedarf und Platz seitlich oder vorn (siehe nebenstehende Beispiele). Der Verriegelungsdorn greift unten in die Kastenseiten ein.

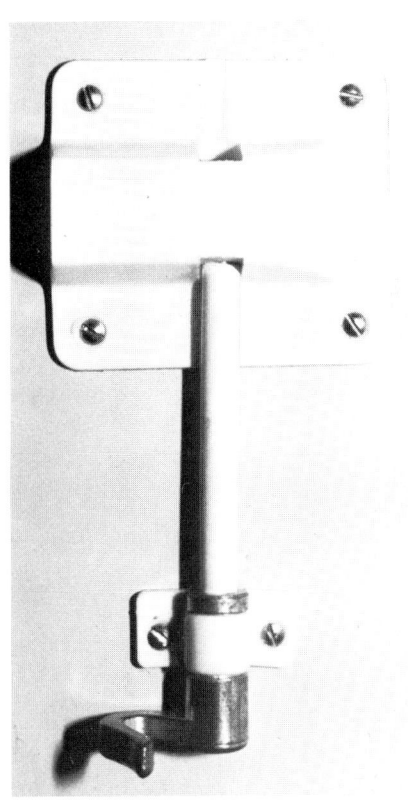

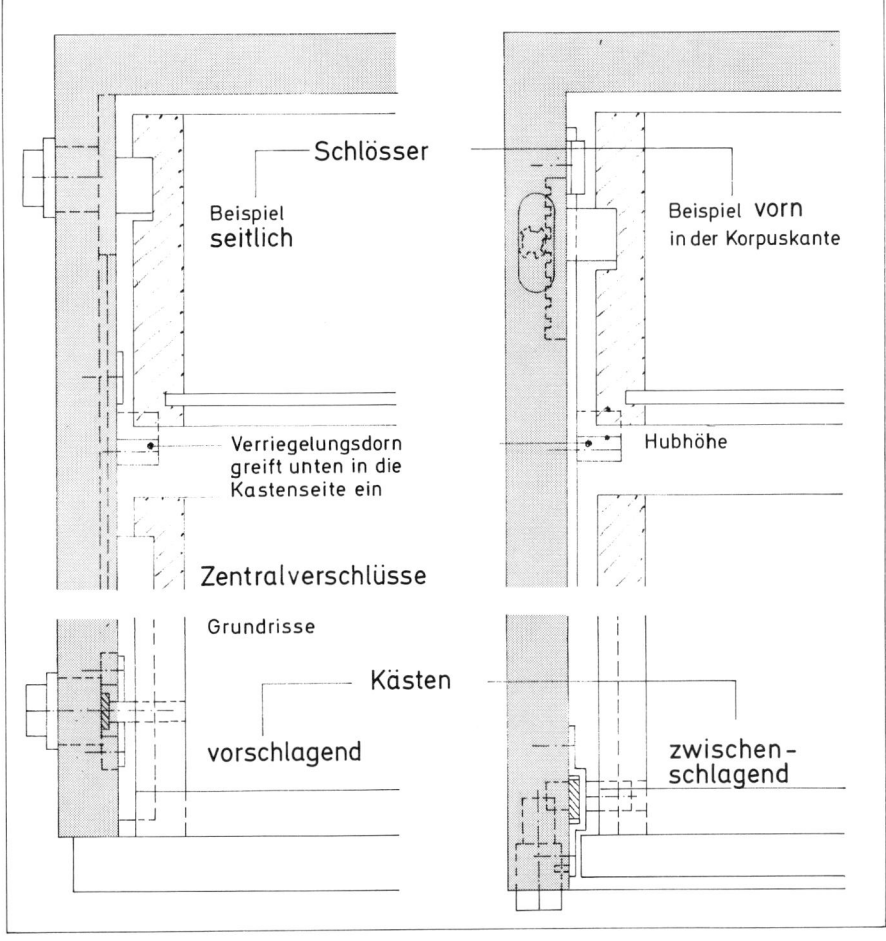

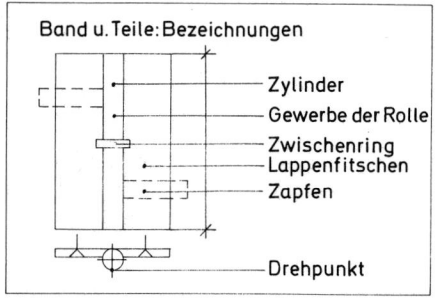

Band u. Teile: Bezeichnungen
- Zylinder
- Gewerbe der Rolle
- Zwischenring
- Lappenfitschen
- Zapfen
- Drehpunkt

**Bänder** sind nach DIN 81401, 81402 und 81403 sowie nach DIN 7954, 7955, 7956, 7957 und 7958 Bewegungselemente.
- Bänder sind Drehgelenke, deren Lochteil aus dem Stiftteil aushängbar ist.

**Scharniere** sind nicht aushängbar und haben mehrgliederige Drehgelenke.

**Bänder und Scharniere** können auch auf unterschiedliche Weise gekröpft sein – je nach Türanschlag.

Das **Gewerbe** kann verschiedene Formen haben. Danach unterscheidet man Zylinder- und Zierkopfbänder.

**Topfbänder** liegen verdeckt. Ihr Topf wird in die Tür eingebohrt, der Montagearm wird mittels einer Montageplatte an die Seite geschraubt.

## Lappenbänder

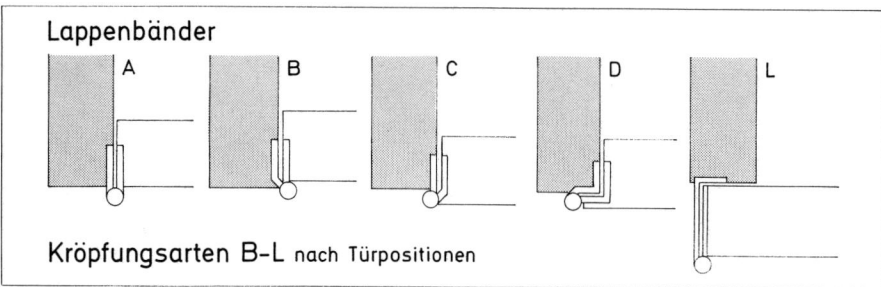

A    B    C    D    L

**Kröpfungsarten B–L** nach Türpositionen

## Band-Befestigungen

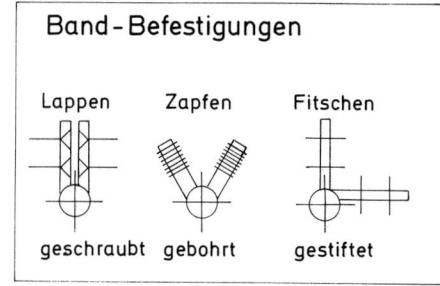

Lappen     Zapfen     Fitschen

geschraubt  gebohrt  gestiftet

## Zylinderbänder

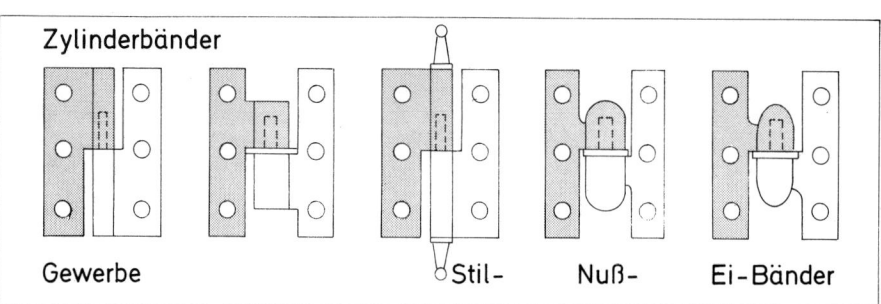

Gewerbe        Stil-  Nuß-  Ei-Bänder

## Bauarten

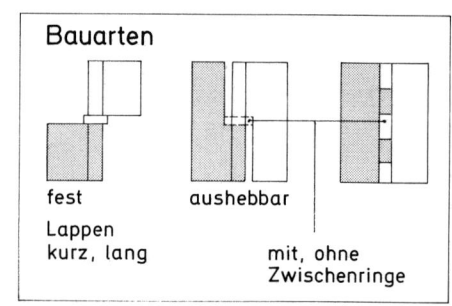

fest        aushebbar

Lappen
kurz, lang          mit, ohne
                    Zwischenringe

## Stiftlappen-Bänder

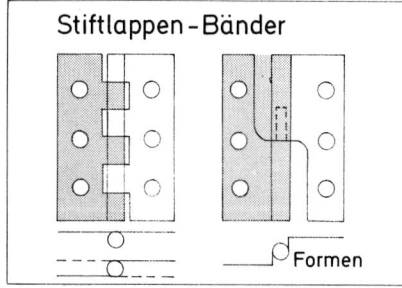

Formen

## Fitschen-Band

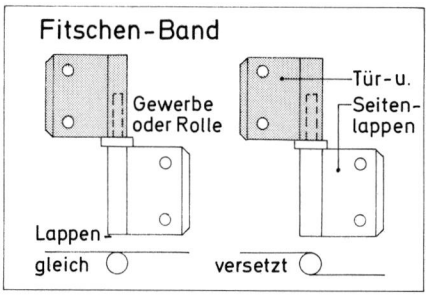

Gewerbe
oder Rolle

Tür- u.
Seiten-
lappen

Lappen
gleich ○          versetzt ○

**Ausführung der Bänder**
- aus Stahl: naturblank, vernickelt, verchromt, plattiert und gefärbt;
- aus Messing: matt und poliert;
- aus Vollkunststoff: verschiedenfarbig.

**Lage der Bänder**
Die Bänder (gerade, gekröpft oder gewinkelt) sind außen verdeckt bzw. von vorn oder seitlich sichtbar.

## Stangenscharniere

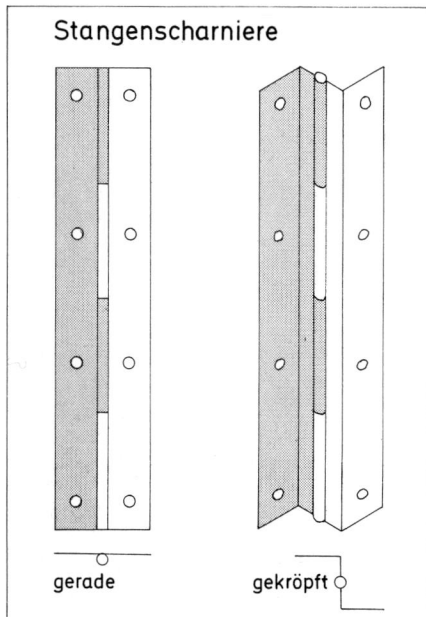

gerade          gekröpft ○

## Zwillingsbänder

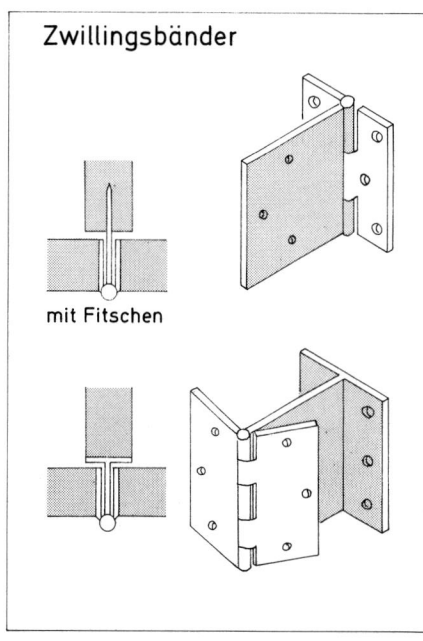

mit Fitschen

## Größe / Lage

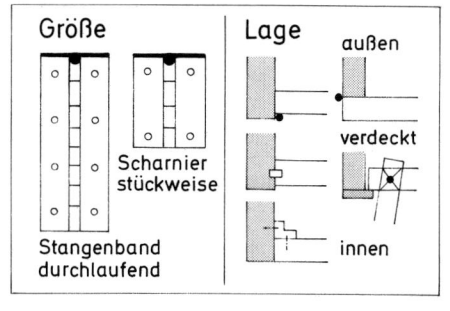

Größe                Lage
                     außen
Scharnier
stückweise           verdeckt

Stangenband
durchlaufend         innen

Die **Verschraubung** der Bänder erfolgt über kurze oder lange, gleiche oder versetzte Lappen oder durch gestiftete Fitschen bzw. gebohrte Zapfen. Es gibt Einfach- und Zwillingsbänder sowie Bänder mit drei Lappen für Doppeltüranlagen. Das »Gewerbe« oder die Rolle ist technisch funktional oder verziert gestaltet.

**Bänder** verbinden Türen und Klappen beweglich mit Korpusseiten und Böden. Je nach Anschlagart ermöglichen sie Öffnungswinkel bis zu 200°.

**Spezialbänder:**
Mit Feder (Schnäppereffekt)
mit Stoppung (z. B. für Klappen)
mit mehreren Drehpunkten (Öffnungsart)
mit mehreren Lappen (Zwillingsband)
mit Zwischenringen (Gleitwirkung)
mit Kugellagern (Gleitwirkung)

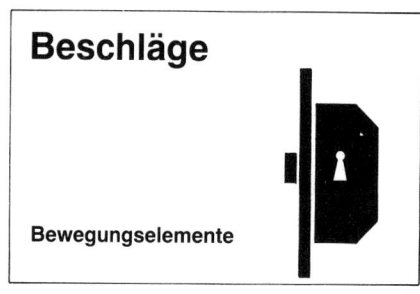

# Beschläge

**Bewegungselemente**

## Einbohrbänder (aushebend) [l+r]

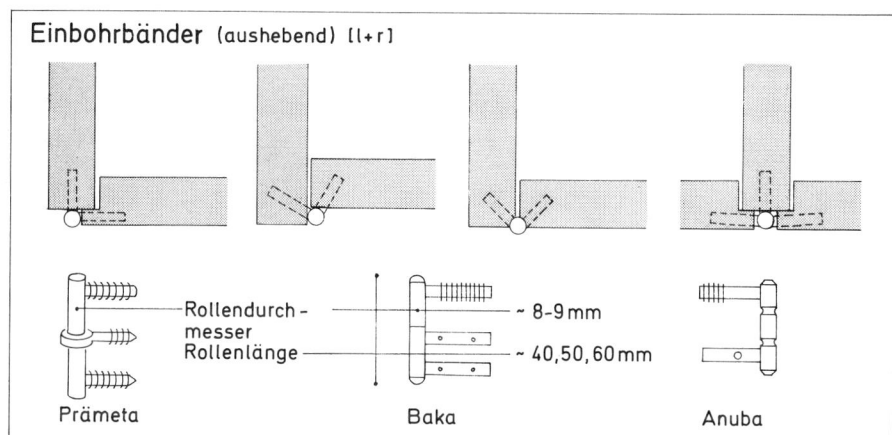

Rollendurch-messer — ~ 8-9mm
Rollenlänge — ~ 40,50,60mm

Prämeta          Baka          Anuba

**Einbohrbänder** gibt es für alle Türpositionen, für rechten und linken Anschlag. Der Zapfen ist 8–9 mm stark. Er wird gerade oder schräg eingeschraubt bzw. -gesteckt und verstiftet.

## verdeckte Bänder

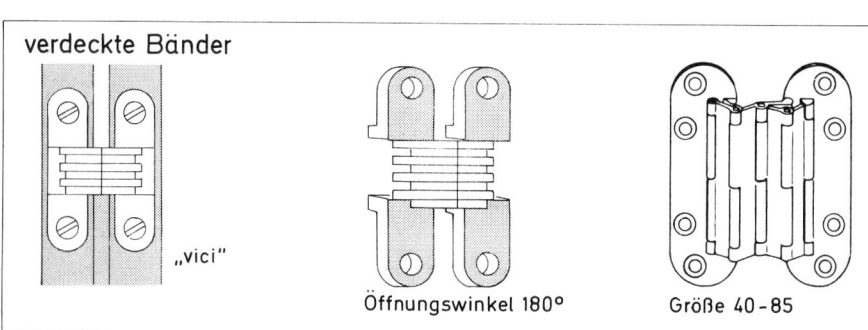

„vici"

Öffnungswinkel 180°          Größe 40-85

**Verdecktliegende Bänder** haben mehrteilige gelenkartige Glieder in horizontaler oder vertikaler Anordnung. Obwohl in mehreren Größen im Handel, sind sie oft nicht sehr tragfähig und stabil.

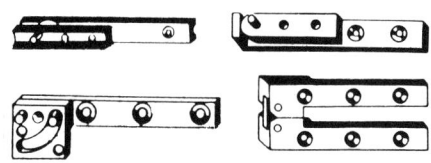

## Zapfenbänder

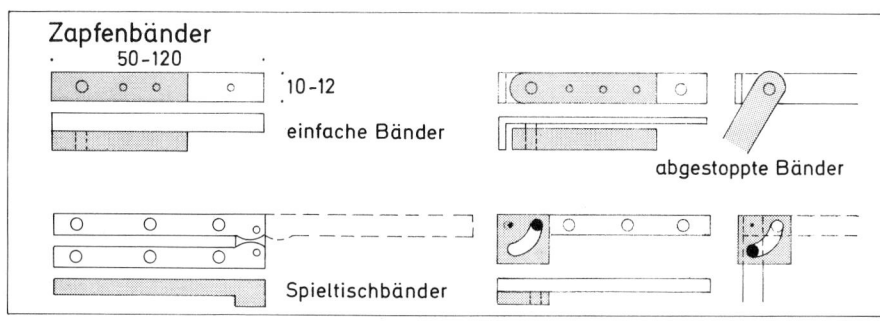

50-120
10-12
einfache Bänder
abgestoppte Bänder
Spieltischbänder

**Zapfenbänder** für Türen, aber auch für Klappen oder Tische, werden im Gegensatz zu den meisten anderen Drehtürbeschlägen nicht an den Seiten, sondern an den Ober- und Unterkanten der Türen angeschlagen. Sie sind je nach Augenhöhe nahezu unsichtbar (siehe auch zwischenschlagende Türen).
● Die Abstoppung der Bänder erfolgt durch Abwinkelung eines in die Tür eingelassenen Schenkels oder durch einen Stift, der in einer radialen Ausfräsung läuft.

## Topfbänder

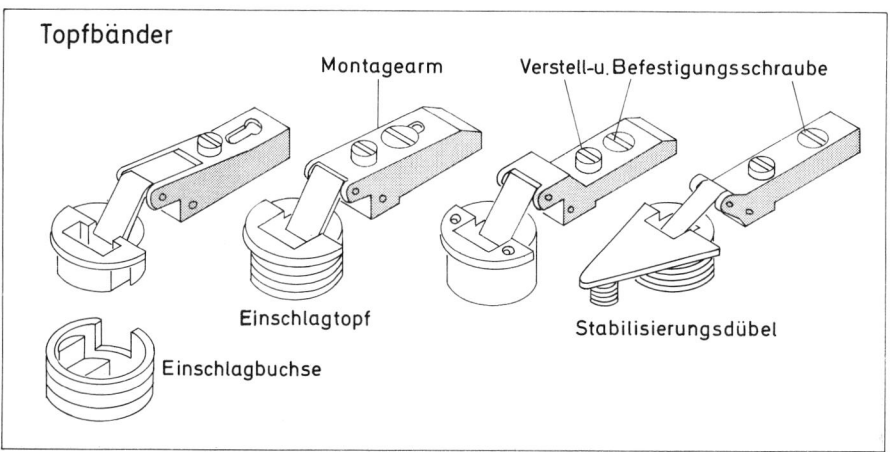

Montagearm          Verstell-u. Befestigungsschraube

Einschlagtopf          Stabilisierungsdübel

Einschlagbuchse

**Topfbänder** lassen sich verstellen und begünstigen damit das Anschlagen der Türen, so daß sich ein Einpassen fast erübrigt.
● Das eine Bandteil läßt sich in die Tür einbohren. Das andere wird auf die Schrankseite geschraubt, die dadurch verstellbar fixiert wird.

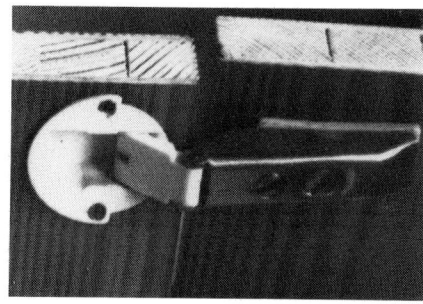

**Schmuckprofile** zieren Möbel und Einbauten. Durch ihre Gestaltung fanden alle Stilepochen zu eigenen Aussagen. Einige Profile haben zeitlos gültige Formen mit festen Bezeichnungen.

Als **Platten** werden gerade Abstufungen bezeichnet.
**Fasen** sind Abschrägungen.
Ein **Karnies** setzt sich aus Kehle und Stab zusammen.

**Einsatzgebiete** von Schmuckprofilen sind z. B.
- an Schränken: Kränze und Sockel, Lisenen und Leisten
- an Tischen: Zargen, Stege und Beine
- an Stühlen: Rücken- und Armlehnen, Traillen und Beine
- an Betten: Häupter, Seiten und Stollen.

## Bezeichnungen

Kante  Platte  Fase

Stab  Kehle  Karnies

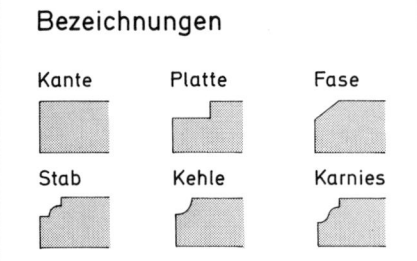

## Anwendungen

gerade

schräg

rund  ½  ¼

gerundet

zusammengesetzt

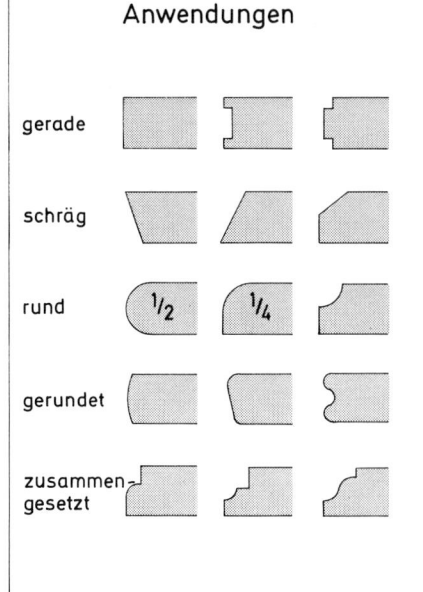

**Holzprofile,** Vorleimer und Dickten, schützen Kanten von Holzwerkstoffplatten oder verdecken Hirnholzflächen bei Vollholz.
- Schwache Dickten lassen sich auch ohne Preßdruck aufkleben oder aufreiben. Sie zeichnen sich auf den Oberflächen weniger ab als starke Profile, die dafür aber stoßunempfindlicher sind und Profilierung erlauben.
- Starke Dickten müssen mit Preßdruck geleimt und bei umlaufender Anordnung je nach Gestaltung stumpf oder auf Gehrung gestoßen werden. Sie zeichnen sich aber unter Furnieren oder nachträglich aufgebrachten Folien auf den Flächen ab. Deshalb werden sie oft mit auslaufenden Fugen schräg eingearbeitet.

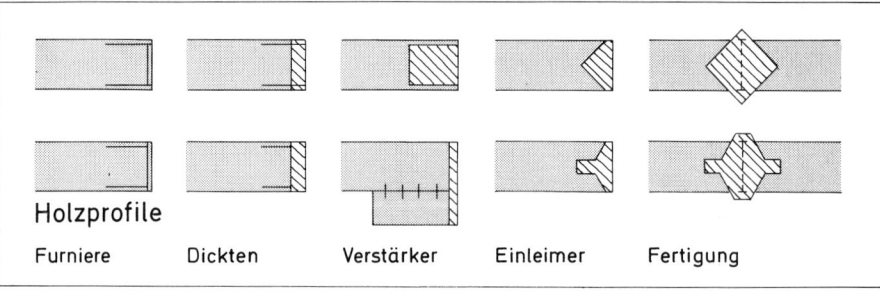

## Holzprofile

Furniere  Dickten  Verstärker  Einleimer  Fertigung

**Kunststoffe** schützen als Spachtelschichten, Dickten, Profile oder Plattenkanten. Sie werden stumpf oder als angearbeitete Federn auf- bzw. eingeklebt. Die Profile sind massiv oder hohl, liegen bündig mit der Fläche, stehen vor oder greifen über die Kanten.

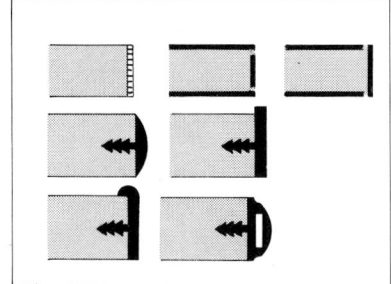

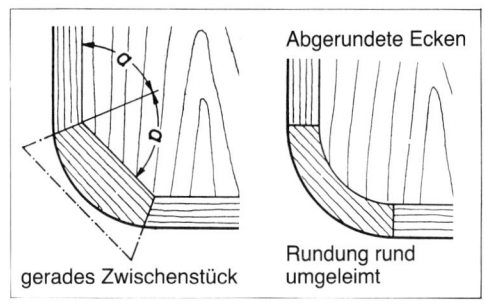

Abgerundete Ecken

gerades Zwischenstück

Rundung rund umgeleimt

**Aluminiumprofile** sind leicht und preiswert, sie werden eloxiert oder einbrennlackiert und sind damit heute in allen Farben erhältlich.

**Messingprofile** sind schwer und teuer. Sie werden nur in besonderen Fällen bei hohen Beanspruchungen eingesetzt.

**Stahlprofile** sind gegen Rost zu schützen. Gestrichen stellen sie einfache Lösungen, verchromt elegante und teure Ausführungen dar.

## Winkel- und Einfaßprofile

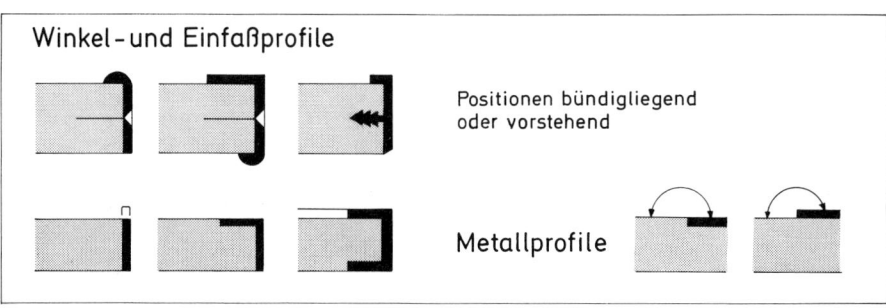

Positionen bündigliegend oder vorstehend

Metallprofile

Möbel- und Einbauprofile werden, den speziellen Anwendungsgebieten entsprechend, weiterentwickelt. Sie erfüllen oft mehrere Aufgaben auf einmal. Sie enthalten z.B. Führungsnuten oder beziehen Schienen bzw. besondere Dichtungen mit ein.

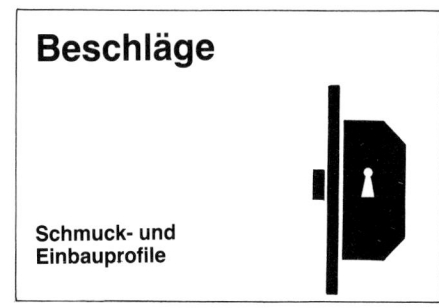

**Beschläge**

Schmuck- und
Einbauprofile

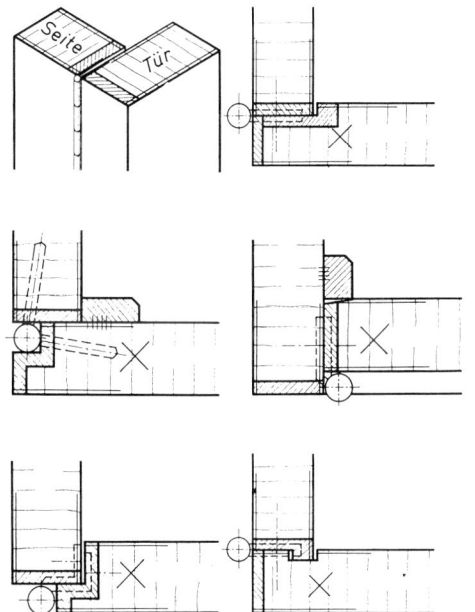

**Staubdichtungsprofile** aus Holz: Fälze, Leisten, Nuten an den Türen oder Seiten.

**Zimmertüren** erhalten volle, hohle oder offene Profile und damit weichen Anschlag.

**Spezialprofile** für Türen bieten Futteranschlag und Schwellendichtung.

**Anschlußprofile** dichten Wand- und Bodenanschlüsse, z.B. bei Arbeitsplatten oder bei Einbauschränken.

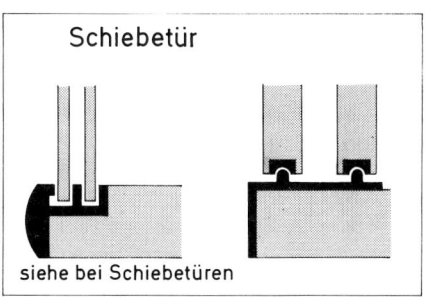

Schiebetür

siehe bei Schiebetüren

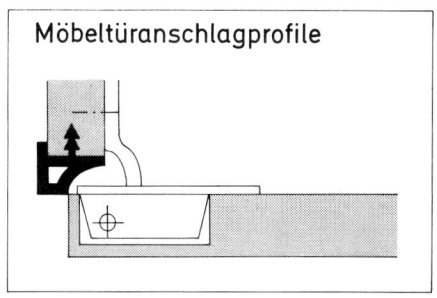

Möbeltüranschlagprofile

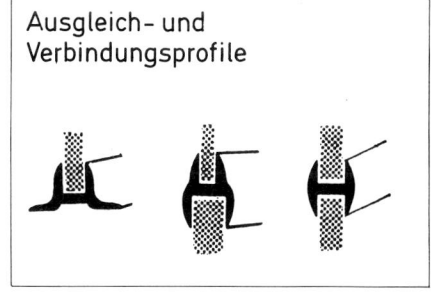

Ausgleich- und
Verbindungsprofile

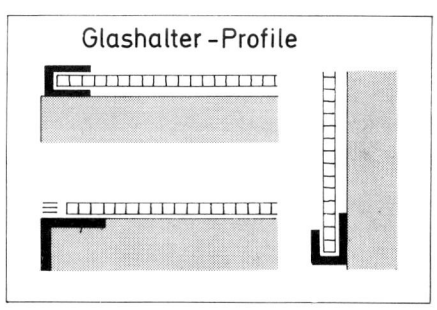

Glashalter-Profile

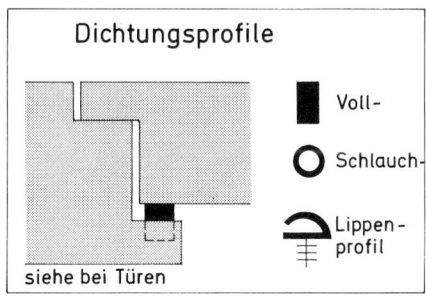

Dichtungsprofile

■ Voll-

○ Schlauch-

⌒ Lippen-
profil

siehe bei Türen

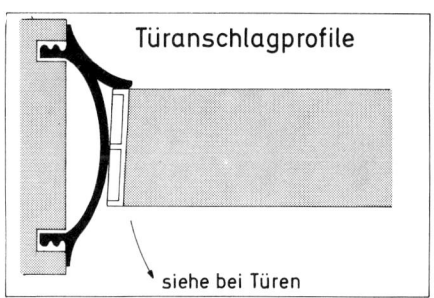

Türanschlagprofile

siehe bei Türen

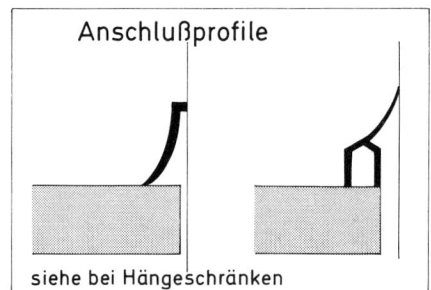

Anschlußprofile

siehe bei Hängeschränken

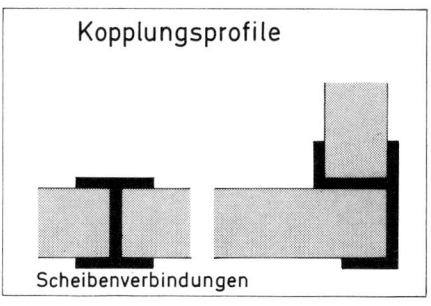

Kopplungsprofile

Scheibenverbindungen

**Kopplungsprofile** verbinden verschiedene Platten in Ebenen und Winkelpositionen, z.B. bei Wandbekleidungen.

## Möbel im Privatbereich

**Ausgeführte Beispiele**

**Anschauung** über den gesamten Themen-komplex der Möbel soll durch die Darstellung einiger Beispiele geboten werden, bevor an-schließend ihre Konstruktionen im einzelnen abgehandelt werden.

Möbel werden so vielseitig entwickelt und ein-gesetzt, daß die Auswahl der Beispiele schwerfällt und eine Ordnung erforderlich ist.

**Private Möbel** werden hier getrennt von den Möbeln aus öffentlichen Bereichen vorgestellt, da ein Eßtisch aus einem Wohnhaus kaum mit einem Sitzungstisch aus einem Verwaltungs-gebäude zu vergleichen ist. Diese Zusammen-stellung würde sich jedoch ergeben, wenn die Möbel nur nach den Funktionen geordnet vor-gestellt würden.

Die **Auswahl** der Beispiele wurde auf wenige Möbelstücke begrenzt, die typisch für die ge-bräuchlichen Möbelarten sind. Im einzelnen werden vorgestellt:
● Eß-, Couch- und Beistelltische, rund und eckig, mit Holz- und Glasplatten, mit sichtba-ren und verdeckten Gestellen, auch mit beson-derer Gestaltung.
● Schreibtische, gerade und in Winkelform, mit festen Einbauten oder freigestellten Korpuselementen. Sonderausführungen in Verbindung mit Schreibmaschinentischen, in wandelbarer Stellung.
● Anrichten und Kommoden als Kasten- und Stollenmöbel, mit Schubkästen und Dreh-türen.
● Kindermöbel als variable Bauelemente, u. a. mit Tischen, Stühlen, Bänken und Wippen.

## Eßtische

Die runden Eßtische mit drei und vier Beinen zeigen unter durchsichtigen Platten Zargenverbindungen, die beweisen, wie Gestaltung und Konstruktion einander bedingen und optimieren können.

● Links: ein dreieckiger Verband der Zargen mit den Beinen aus massivem Kirschbaumholz. Verbindung stumpf gestoßen und gedübelt.

● Rechts: polygonaler Zargenzusammenschluß eines Tisches mit zweiteiligen Beinen aus Teakholz. Verbindung der Zargen kreuzweise ausgeklinkt.

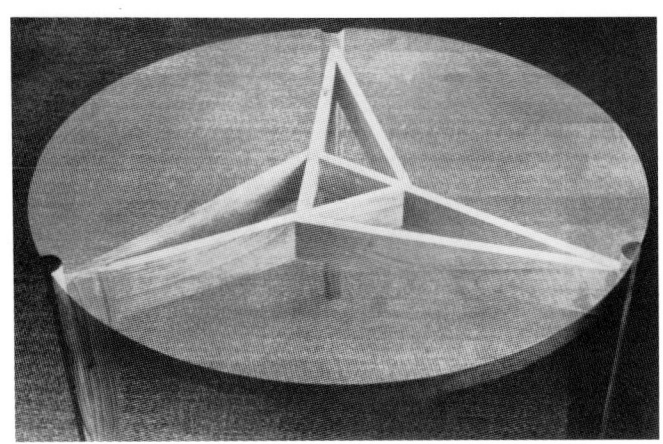

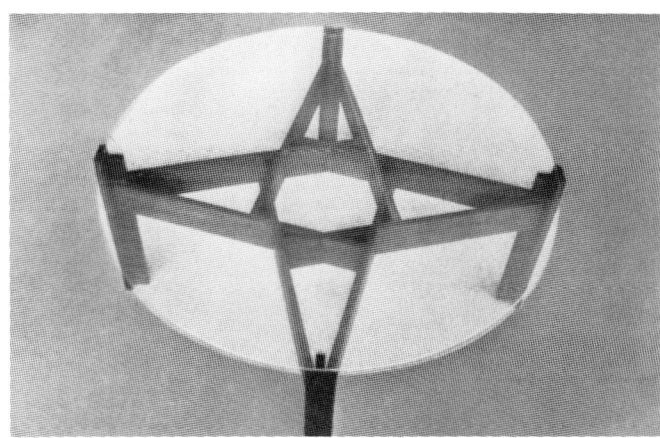

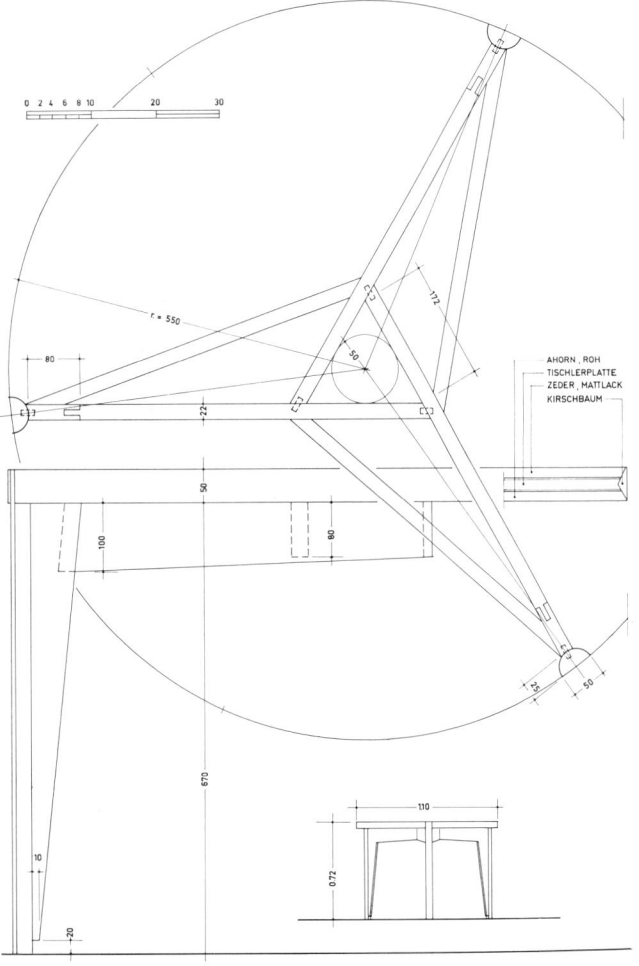

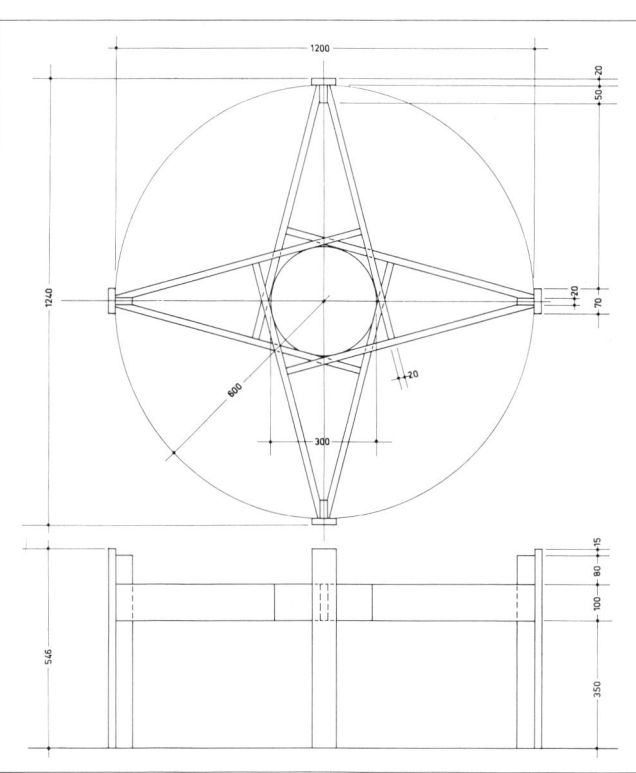

Entwurf: Günter Schöning, Kleinkems

## Couchtische

Die rechteckigen Couchtische zeigen unterschiedliche Zargen, Beinausbildungen und Verbindungen. Die Glasplatte ist im Falz eingelegt, die geschlossene Platte läßt sich wenden, so daß der Tisch je nach Bedarf verschiedene Oberflächen aufweist.

## Bücherkrippe

Die Bücherkrippe mit über Kreuz ausgeklinkten Gestellteilen hat ihren Reiz darin, daß die querverbindende Zarge hinter einer undurchsichtigen Glasscheibe verdeckt liegt.

Tischblatt umwendbar, dadurch zwei unterschiedliche Oberflächen

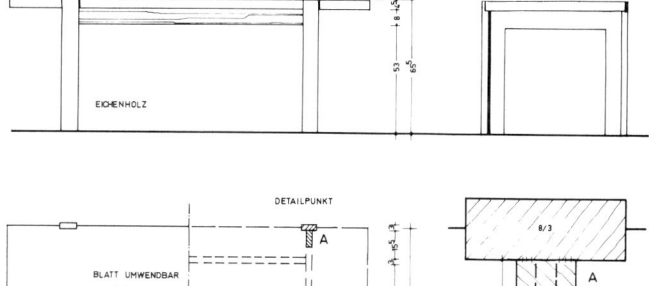

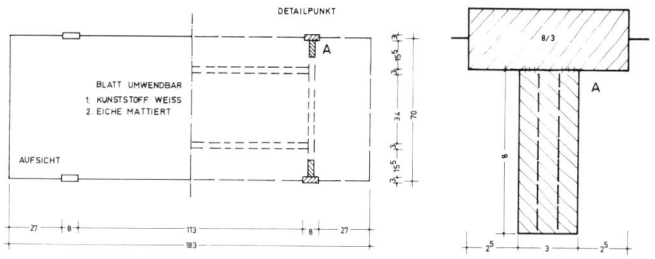

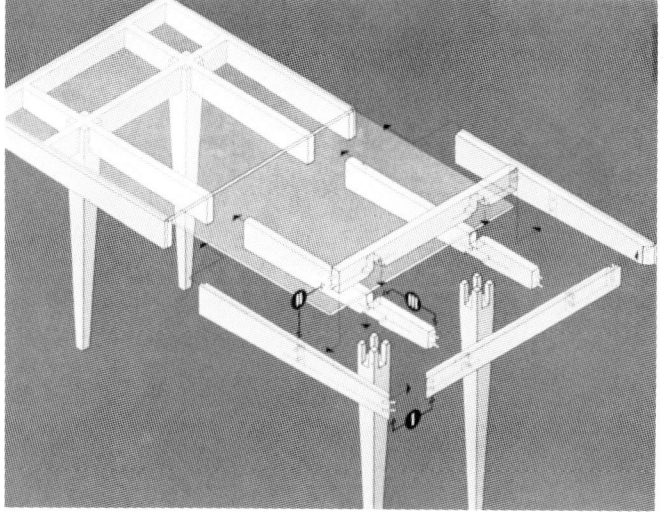

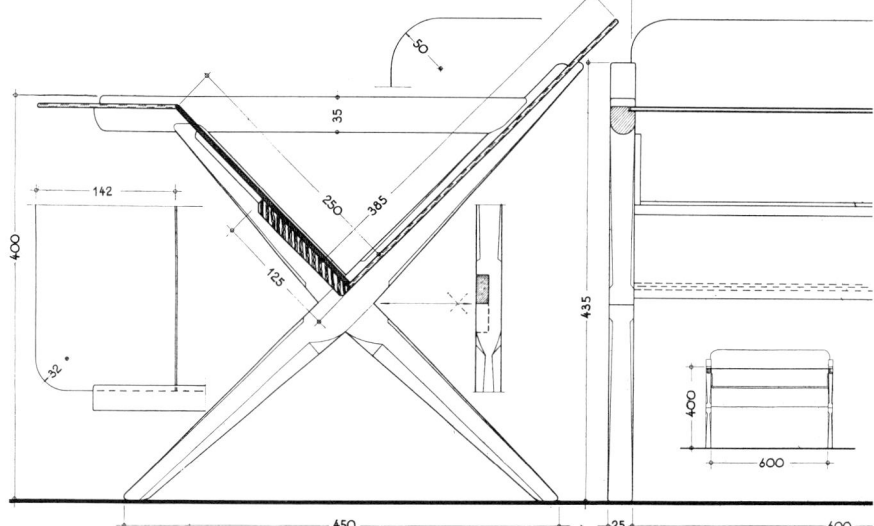

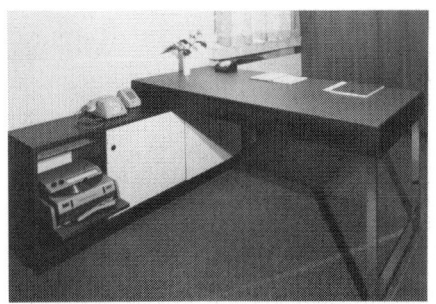

## Schreibtisch mit seitlicher Ablage

Der Arbeitsplatz besteht aus dem Schreibtisch und einer rechtwinklig dazu angeordneten linksseitigen Ablage mit Unterschrank und eingebautem, herausschwenkbarem Sprechgerät. Das Schreibtischblatt ist durch eine Zarge so verstärkt, daß zwei flache Schubladen aufgenommen werden können. Die eigentliche Platte liegt im Falz, wodurch die Zargenoberkanten Umleimerfunktionen übernehmen.
Alle Flächen Spanplatten 16–20 mm, innen und außen Palisander furniert, seidenmatt behandelt; Schreibtischblatt Kunststoffbelag mattgrau Mipolam; Kufengestell Stahlrechteckrohr verchromt, 20/40; Beschläge: Zuhaltung Schnäpper, Griffe Aluminium, schwarz, Drehpunkt Schraube in Nylonrohr.

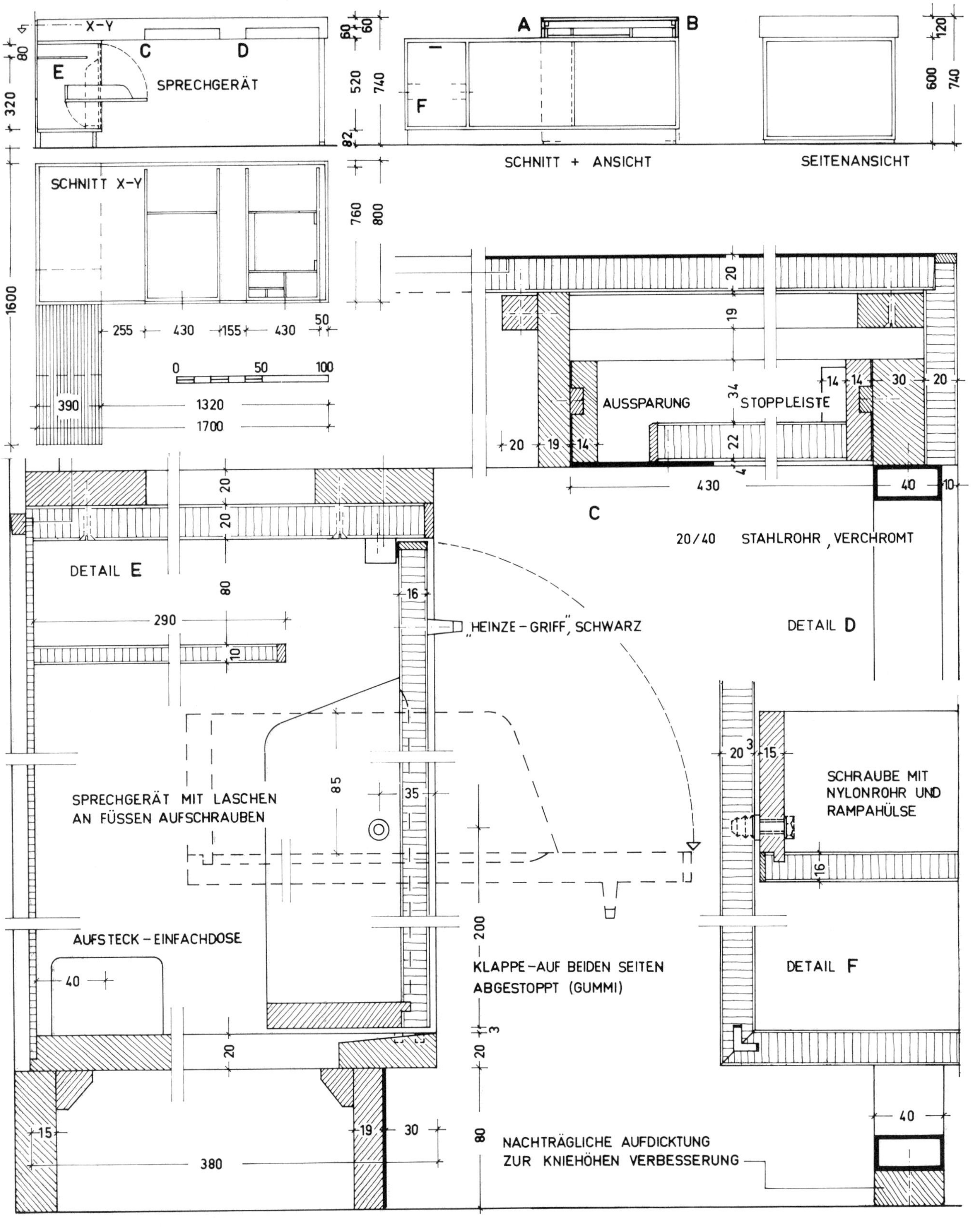

X–Y

C   D

E

SPRECHGERÄT

60
60
520
740
82
320
80

SCHNITT X–Y

760
800
1600

255   430   155   430   50

0   50   100

390   1320   1700

A   B

F

SCHNITT + ANSICHT

120
600
740

SEITENANSICHT

20
19
34
22
4
14   14   30   20
20   19   14
430
40   10

AUSSPARUNG   STOPPLEISTE

C

20/40   STAHLROHR , VERCHROMT

DETAIL E

20
20
80
290
10
16

„HEINZE–GRIFF" SCHWARZ

DETAIL D

SPRECHGERÄT MIT LASCHEN
AN FÜSSEN AUFSCHRAUBEN

85
35

20   3   15

SCHRAUBE MIT
NYLONROHR UND
RAMPAHÜLSE

16

DETAIL F

AUFSTECK–EINFACHDOSE

40

200

KLAPPE–AUF BEIDEN SEITEN
ABGESTOPPT (GUMMI)

20
3

20
15   19   30
380
80

NACHTRÄGLICHE AUFDICKUNG
ZUR KNIEHÖHEN VERBESSERUNG

40

**Schreibtisch mit Unterschrank**
Die Aussteifung der Gestellstücke beruht auf der eigenwilligen, erstaunlich stabilen Zargenverbindung. Versuche ergaben, daß die geleimte, überschobene Konstruktion auch zerlegbar mit Rampaschrauben ausgeführt werden kann.
Gestell Kiefernholz natur mattiert, Blatt und Korpusflächen Spanplatten mit Kiefernumleimern, mit schilfgrünen Kunststoffplatten beklebt.

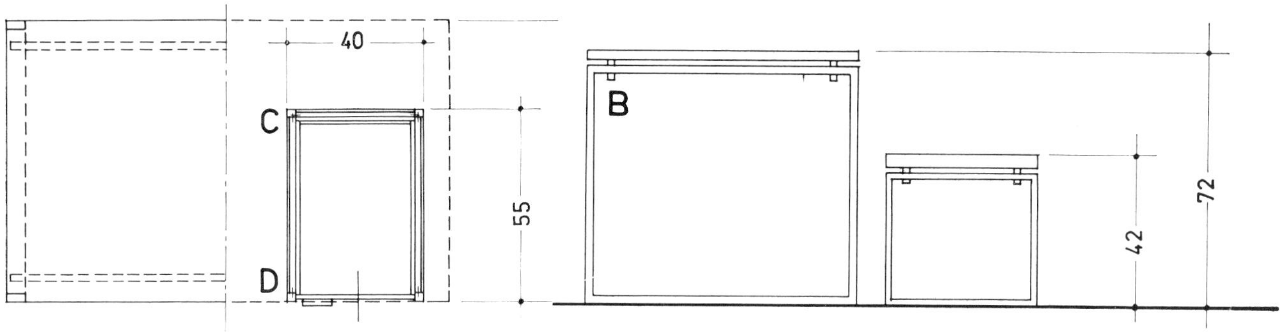

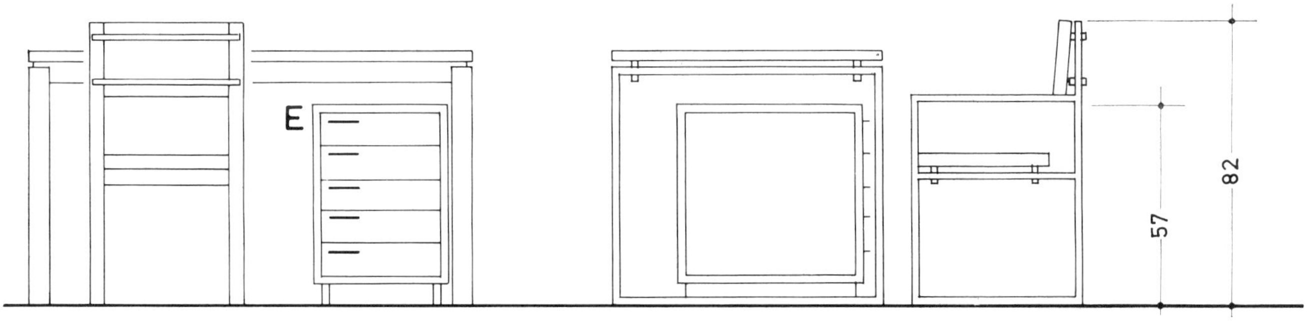

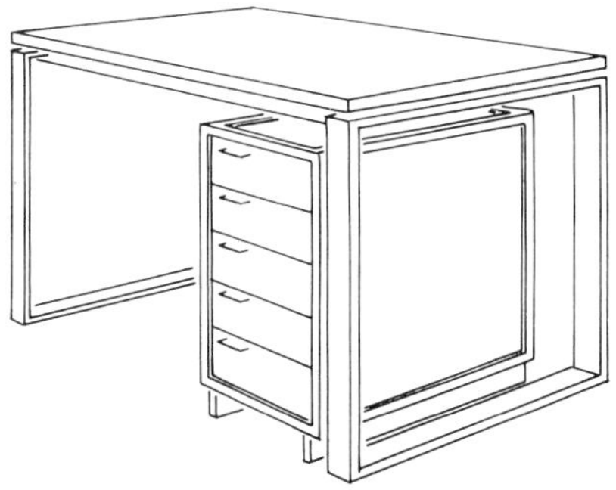

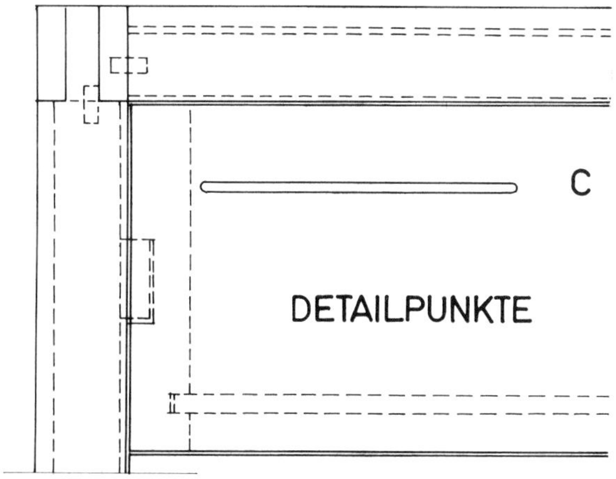

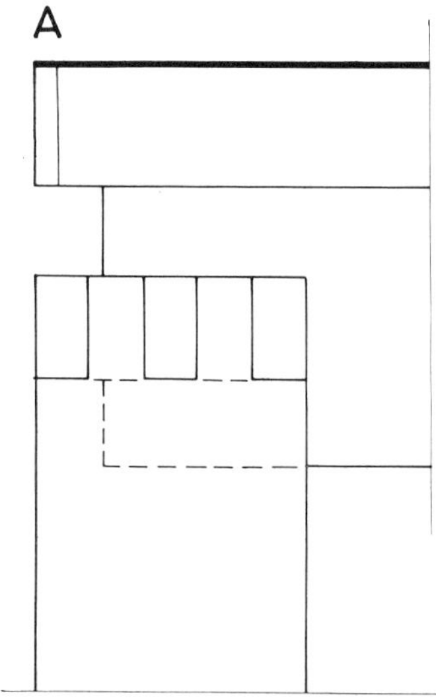

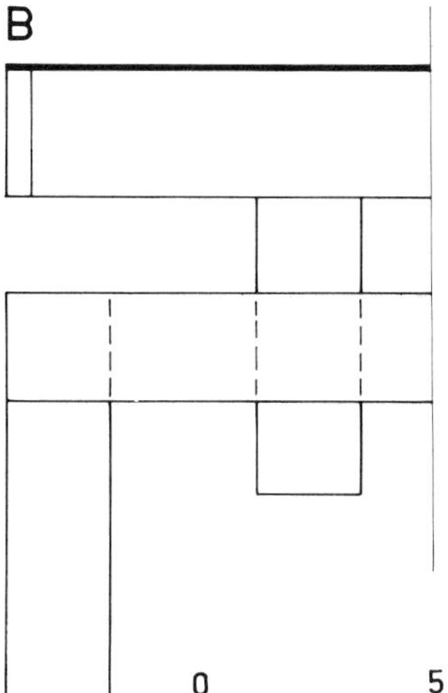

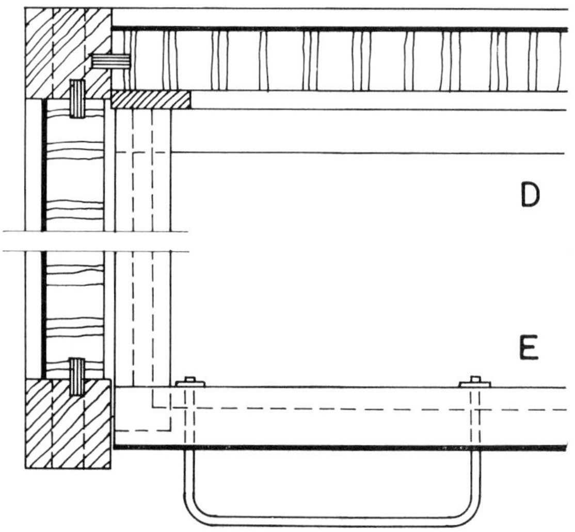

**Möbel im Privatbereich**

**Schreibtische**

40

C

D

55

B

72

42

E

82

57

DETAILPUNKTE

C

A

B

0    5

D

E

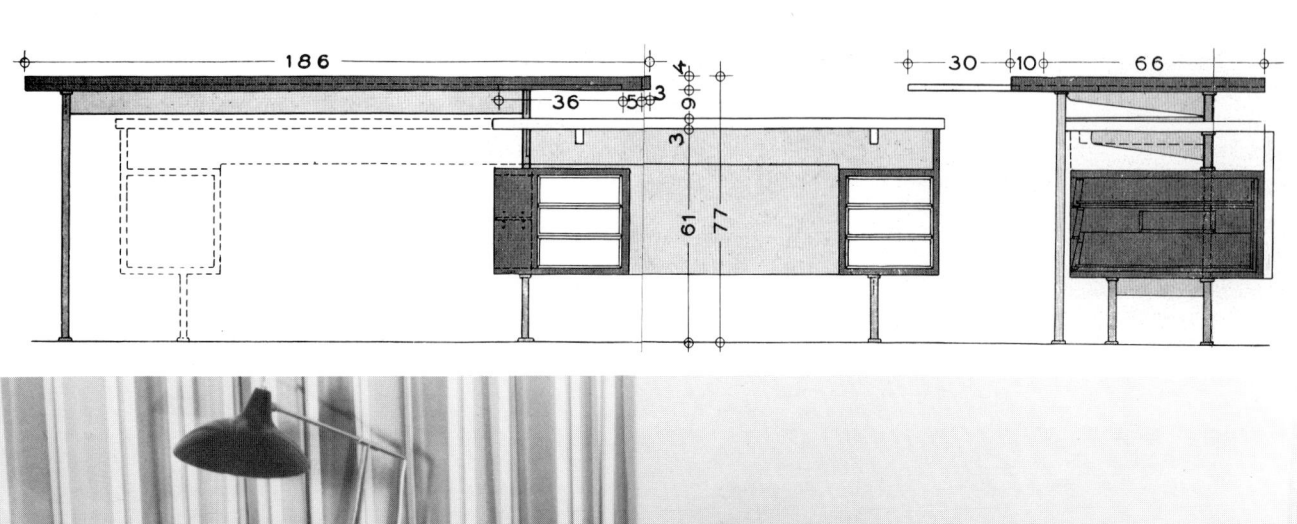

186

36  5  3

3 9

61  77

30  10  66

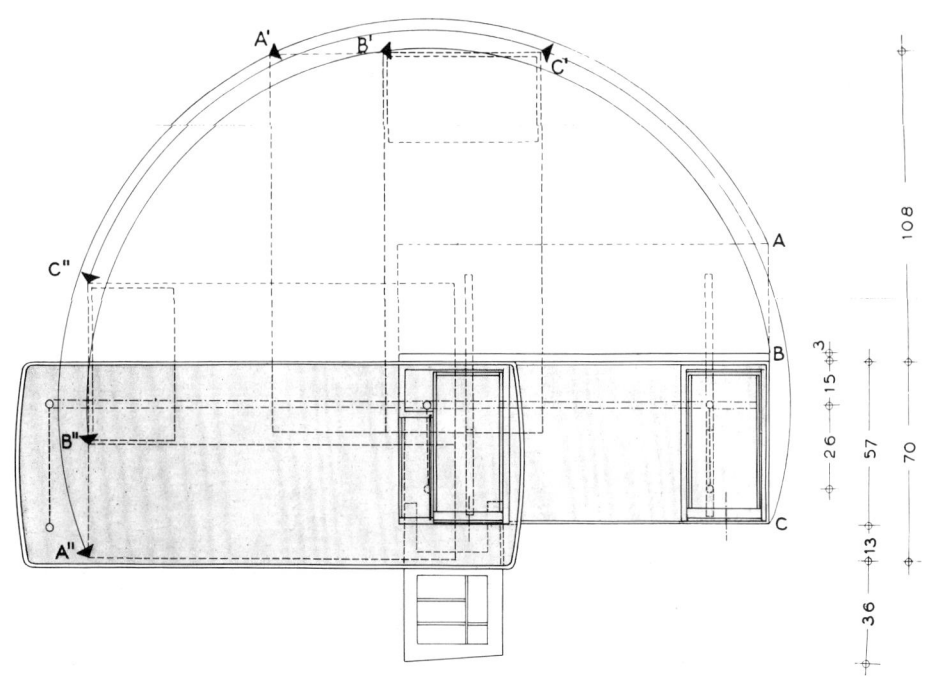

A'  B'  C'

C"

A

C"

B

B"

C

A"

108

26  15  3

57

70

13

36

**Universal-Schreibtisch mit ausschwenk-barer Arbeitsplatte**
Die vielseitigen Variationen durch Schwenk-möglichkeit und Flächenvergrößerung sind aus den Werkzeichnungen, Fotos und Per-spektiven ablesbar.

# Möbel im Privatbereich

### Schreibtischgruppe

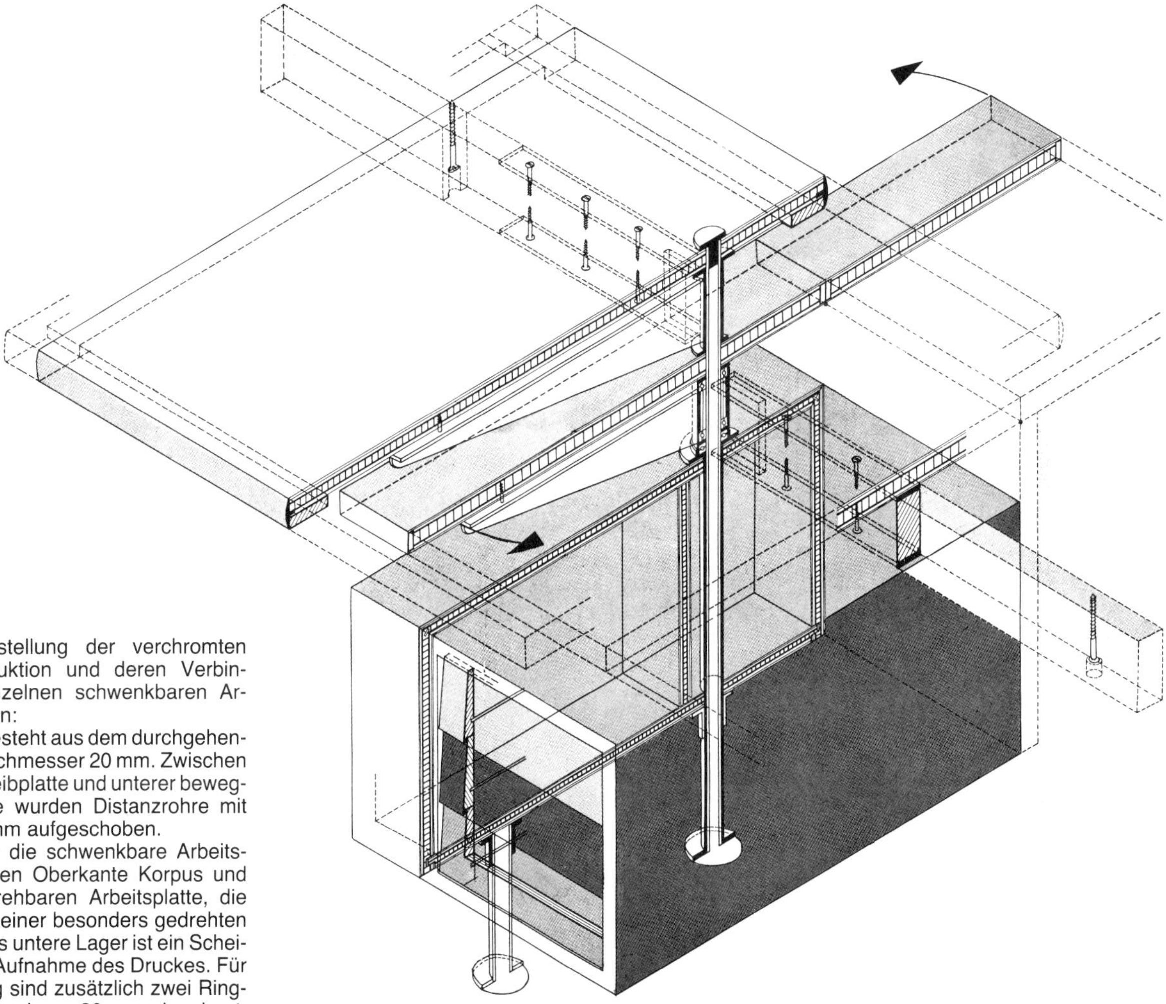

Isometrische Darstellung der verchromten Drehachsenkonstruktion und deren Verbin-dung mit den einzelnen schwenkbaren Ar-beitstischelementen:
Die Hauptachse besteht aus dem durchgehen-den Stahlrohr, Durchmesser 20 mm. Zwischen oberer fester Schreibplatte und unterer beweg-licher Arbeitsplatte wurden Distanzrohre mit Durchmesser 25 mm aufgeschoben.
Das Drehlager für die schwenkbare Arbeits-platte liegt zwischen Oberkante Korpus und Unterkante der drehbaren Arbeitsplatte, die Kugellager sind in einer besonders gedrehten Hülse gelagert. Das untere Lager ist ein Schei-benrillenlager zur Aufnahme des Druckes. Für die Drehbewegung sind zusätzlich zwei Ring-rillenlager im Abstand von 80 mm eingebaut.
An der Spezialhülse sind gleichzeitig zwei Flacheisen zur Aufnahme der Zarge, der schwenkbaren Platte und ein unter 90° ange-ordnetes Blechkonsol zur Abstützung der Plat-te angeschweißt. Ein gleiches Konsol wurde zwecks Unterstützung der feststehenden Schreibplatte am oberen Distanzrohr ange-schweißt.

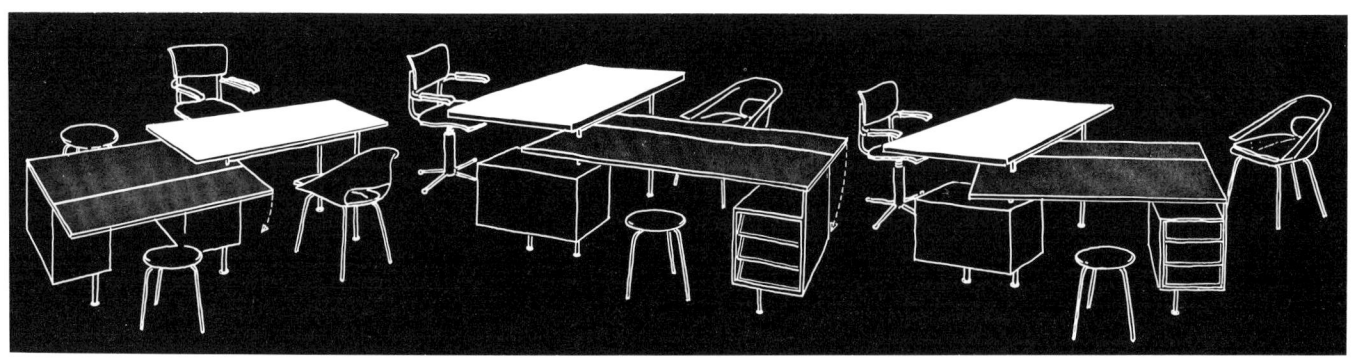

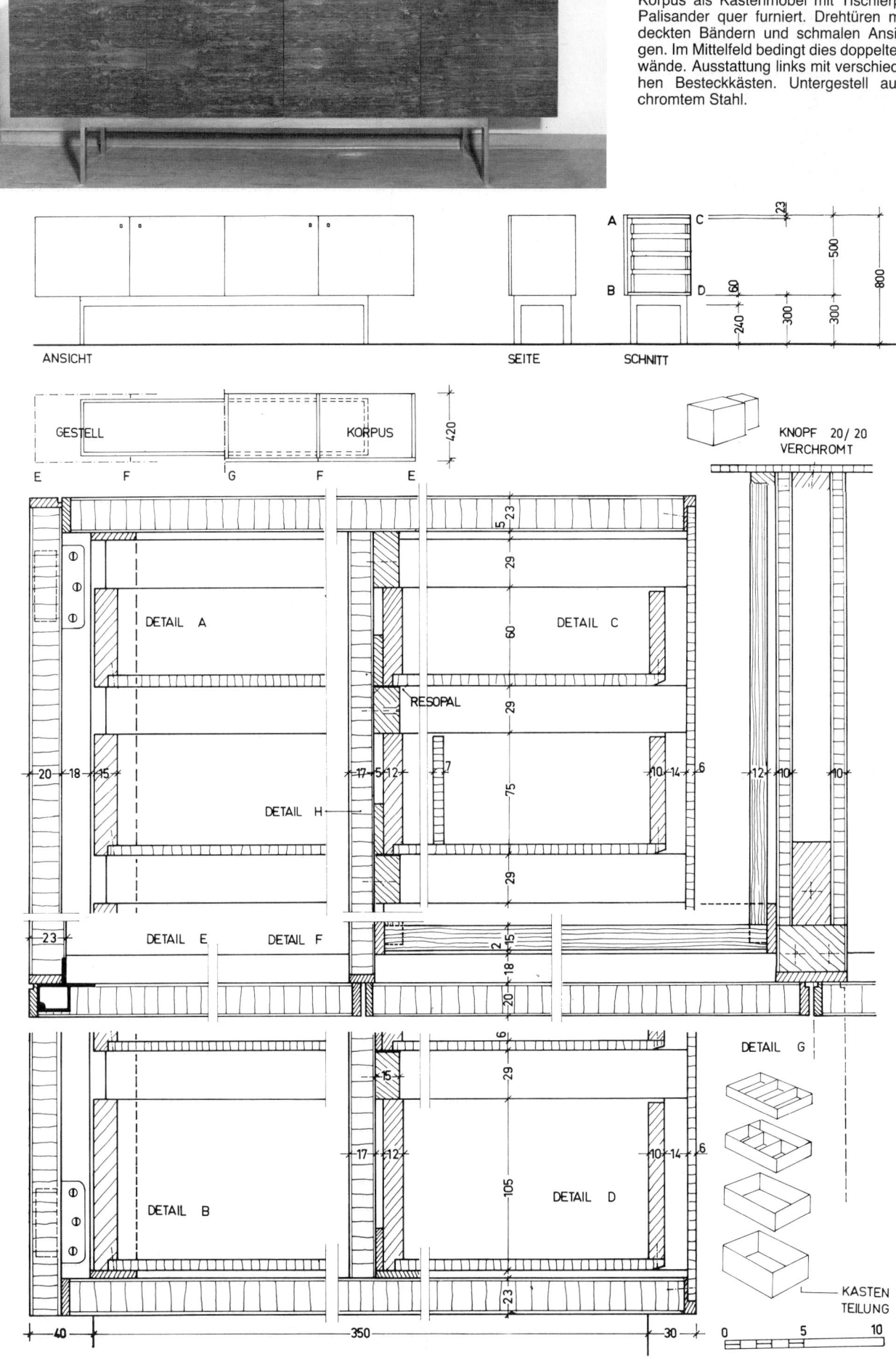

**Anrichte auf Stahluntergestell**
Korpus als Kastenmöbel mit Tischlerplatten, Palisander quer furniert. Drehtüren mit verdeckten Bändern und schmalen Ansichtsfugen. Im Mittelfeld bedingt dies doppelte Mittelwände. Ausstattung links mit verschieden hohen Besteckkästen. Untergestell aus verchromtem Stahl.

ANSICHT

SEITE

SCHNITT

A   C
B   D

23
500
800
60
240
300
300

GESTELL

KORPUS

420

E       F       G       F       E

KNOPF 20/20
VERCHROMT

DETAIL A

DETAIL C

5 23
29
60
29
75
29

RESOPAL

20 18 15

17 5 12   7

10 14 6

12 10   10

DETAIL H

DETAIL E       DETAIL F

2 15
18
20 23

23

6
29
15

DETAIL G

17 12

DETAIL B

10 14 6

105

DETAIL D

KASTEN
TEILUNG

40

350

30

23

0       5       10

**Kommode mit Stollen**
Stollenmöbel aus weiß gestrichenen Spanplatten zwischen Vierkanthölzern aus Kiefer. Möbelfront: zwei Schubkästen, lackiert mit verschiedenfarbig abgesetztem geometrischem Dekor. Die Rückwand ist für eine freie Aufstellung gestaltet. Die Konstruktionsfugen zwischen den Massivhölzern und Spanplattenflächen kennzeichnen alle Ansichten.

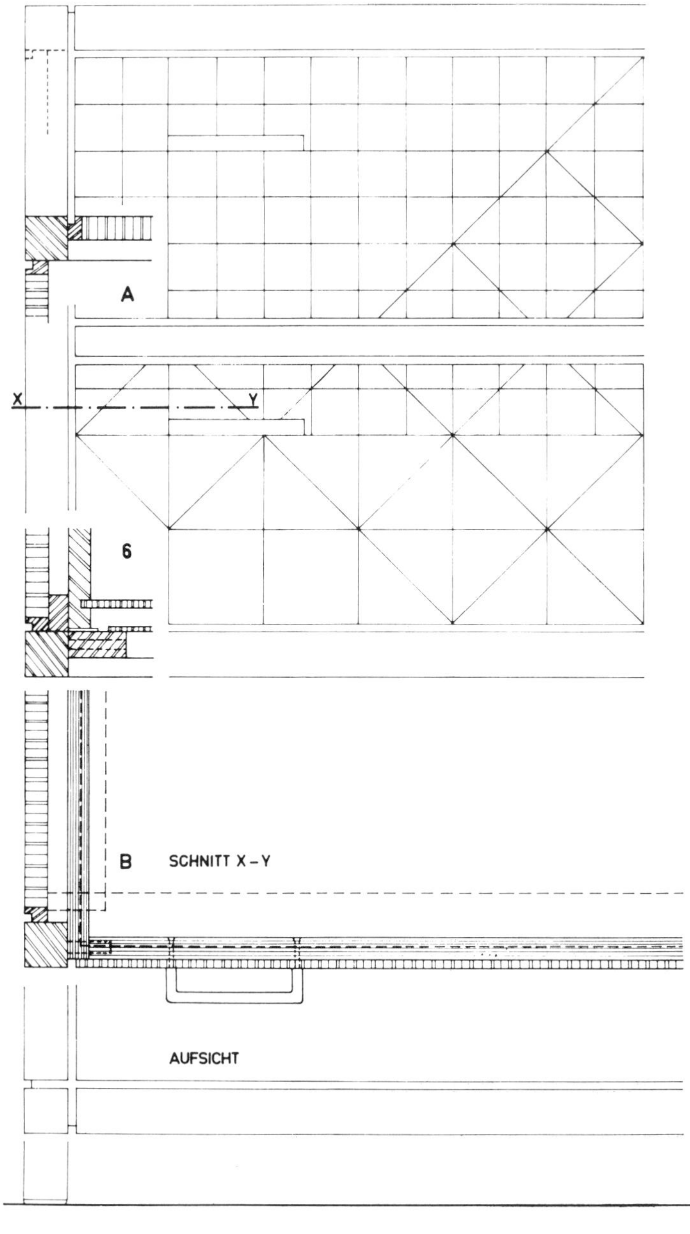

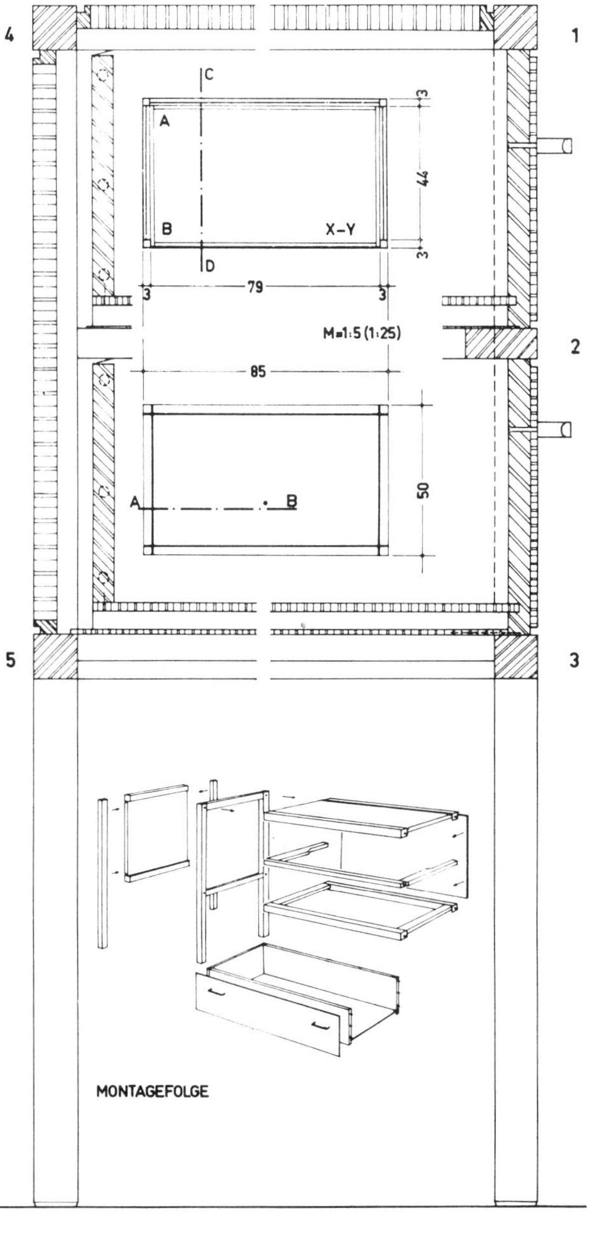

# Möbel im Privatbereich

### Anrichte, Kommode

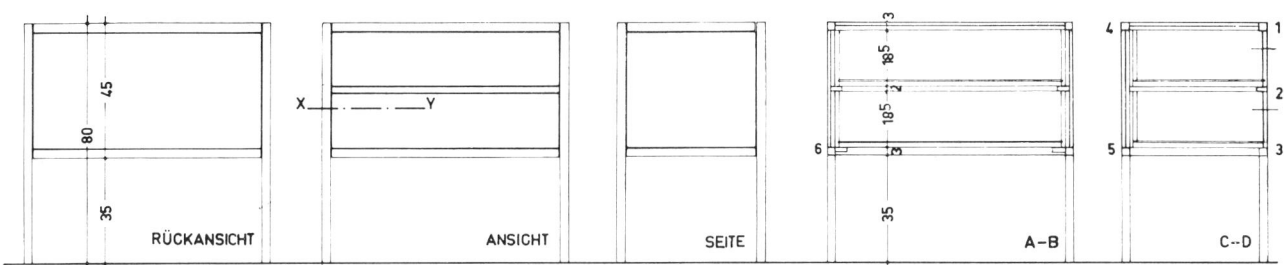

RÜCKANSICHT     ANSICHT     SEITE     A–B     C–D

SCHNITT X – Y

AUFSICHT

M=1:5 (1:25)

MONTAGEFOLGE

## Kindermöbel

Ein interessanter Beitrag für die Ausstattung von Kinderzimmern: Zwei Hocker können durch zweimaliges Kippen als Stuhl benutzt werden. Damit sind zwei verschiedene Sitzhöhen möglich. Eine Bank wird durch einfaches Umkippen zum Tisch, durch nochmaliges Umkippen erneut zur Bank mit einer anderen Sitzhöhe. Der Schrank ist vollständig offen, aber zu tief, um als Regal bezeichnet zu werden. Er ist mit zwei Kästen ausgestattet, die in verschiedene Fächer passen und auch hochkant gestellt werden können. Dreht man den

Schrank auf den Kopf, kann er von den Kindern gut bestiegen werden, dient als Kletterkasten oder zum Puppenspiel. Die Rückwand ist als Tafel gedacht, sie ist grün gestrichen und hebt sich vom Schrank, der naturfarben ist, gut ab. Die Kästen sind rot und haben an den Stirnenden ein Loch als Griff. Der Schrank nimmt in seiner Normalstellung sämtliche Teile auf, sie werden einfach ineinander geschoben, so wie es auch kleineren Kindern gut möglich ist. Die Gruppe nimmt außerordentlich wenig Platz ein: im Grundriß werden 88/48 cm benötigt. Die Gesamthöhe beträgt nur 1,45 m.

Das Sujet besteht aus sechs Einzelteilen, die alle für sich allein bestehen, jedoch erst gemeinsam voll ihren Sinn und Zweck erfüllen.

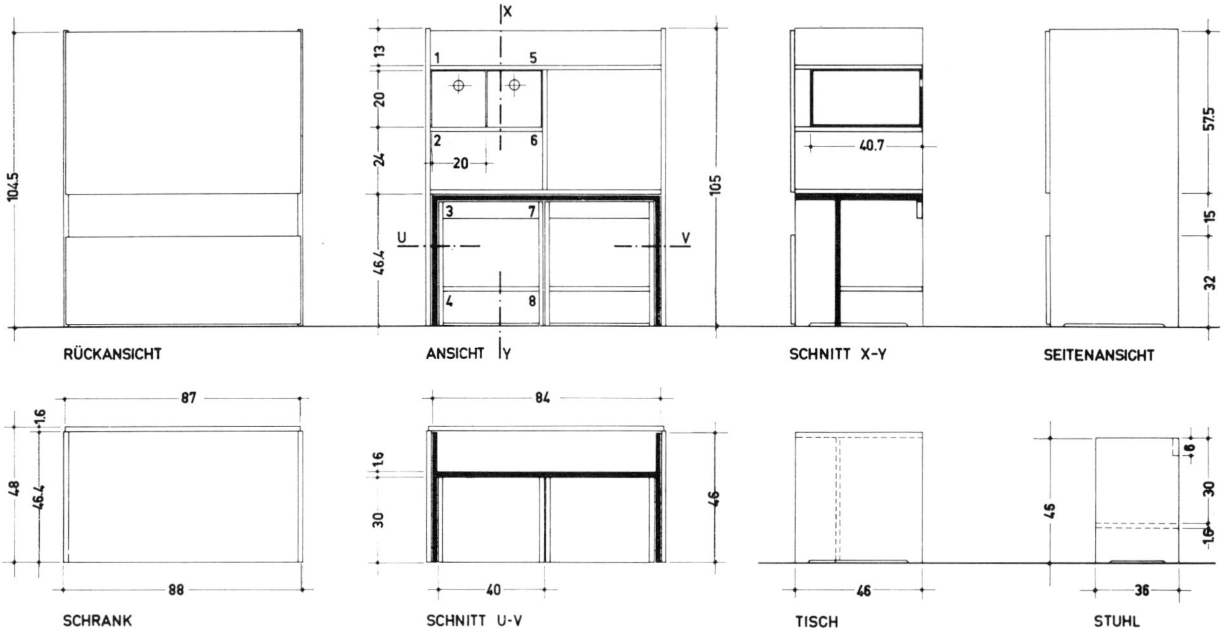

RÜCKANSICHT     ANSICHT     SCHNITT X-Y     SEITENANSICHT

SCHRANK     SCHNITT U-V     TISCH     STUHL

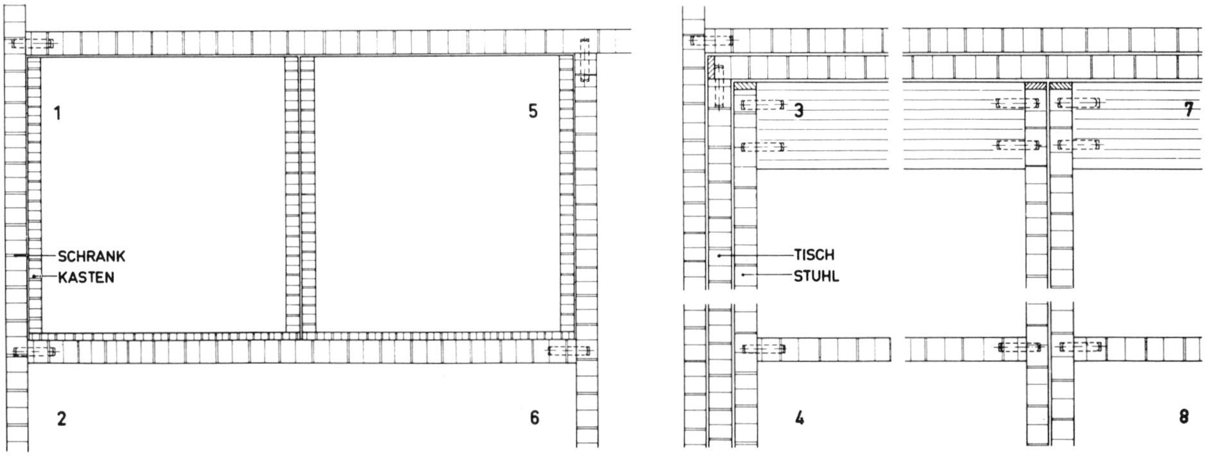

SCHRANK
KASTEN

TISCH
STUHL

## Spielmöbel

Der Ausgangspunkt war eine Spielkiste mit einsteckbaren Brettchen, erst später kam der Gedanke, die vollen Seiten in Rahmen aufzulösen und zwei Kanten so als Kufen auszubilden, daß man darauf wippen kann. Um einen Preis zu erzielen, der bei einer späteren Serie diskutabel sein kann, wurden alle Teile auf das einfachste konzipiert. Sie werden praktisch vorgefertigt in einem Paket von 60/80/10 cm zum Versand gebracht. Mit nur 8 Schrauben ist jeder Vater in der Lage, seinen Kindern dieses Element zusammenzuschrauben. Es ist an al-

len Kanten weich gerundet und vollkommen tomatenrot gestrichen. Die Einsteckbrettchen sind blau. Einige Variationen sind in der Zeichnung aufgeführt, sie scheinen jedoch nahezu unbegrenzt.

Ausführung: Aus sechs Teilen besteht das Element. Zwei Wangen, zwei Seitenbretter, sechs Einsteckbrettchen. Rahmenhölzer der Wangen 67/18 mm, Buche massiv, gedübelt.

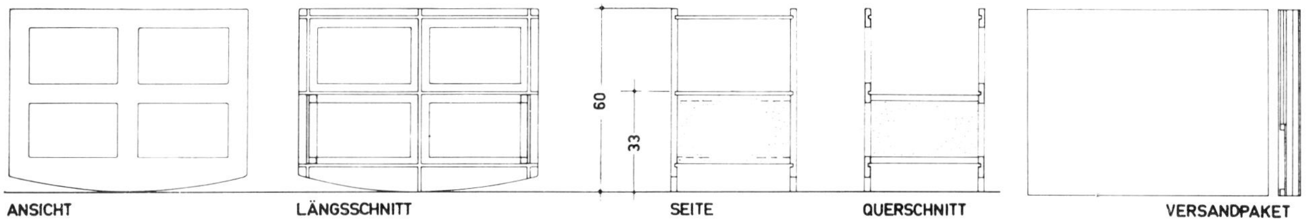

## Möbel im Privatbereich

### Kinder-Spielmöbel

ANSICHT  LÄNGSSCHNITT  60  33  SEITE  QUERSCHNITT  VERSANDPAKET

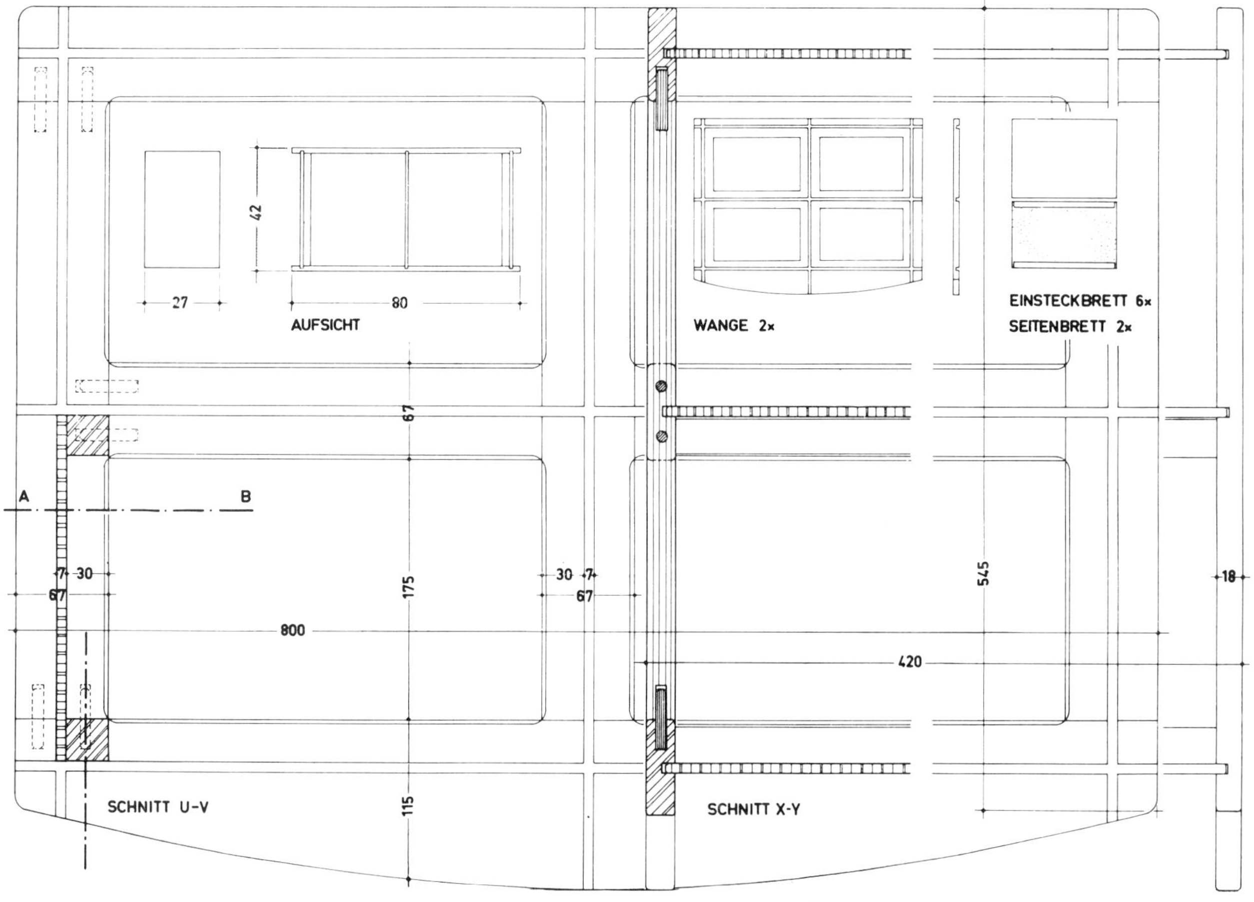

42  27  80  AUFSICHT  WANGE 2x  EINSTECKBRETT 6x  SEITENBRETT 2x

67  A  B  7 30  67  175  30 7  67  545  18  800  420  SCHNITT U-V  115  SCHNITT X-Y

Die **Aufgaben** der Möbel sind vielfältig. Möbel sollen bestimmte Nutzungen nicht nur erlauben, sondern zu diesen u. a. durch eine gute Gestaltung herausfordern. Sie müssen durch Formen, Materialien und Farben überzeugen, sollen solide und preiswert hergestellt werden.

Die **Funktionen** Essen, Wohnen, Arbeiten und Schlafen bestimmen die Möbelarten. Die Tische, Sitzmöbel, Regale, Kommoden und Schränke legen die Nutzungen fest und werden danach bezeichnet. Man spricht von Eß- und Arbeitstischen, von Wohnzimmersesseln und Bürostühlen ebenso wie von Bücher- und Schlafzimmerschränken.

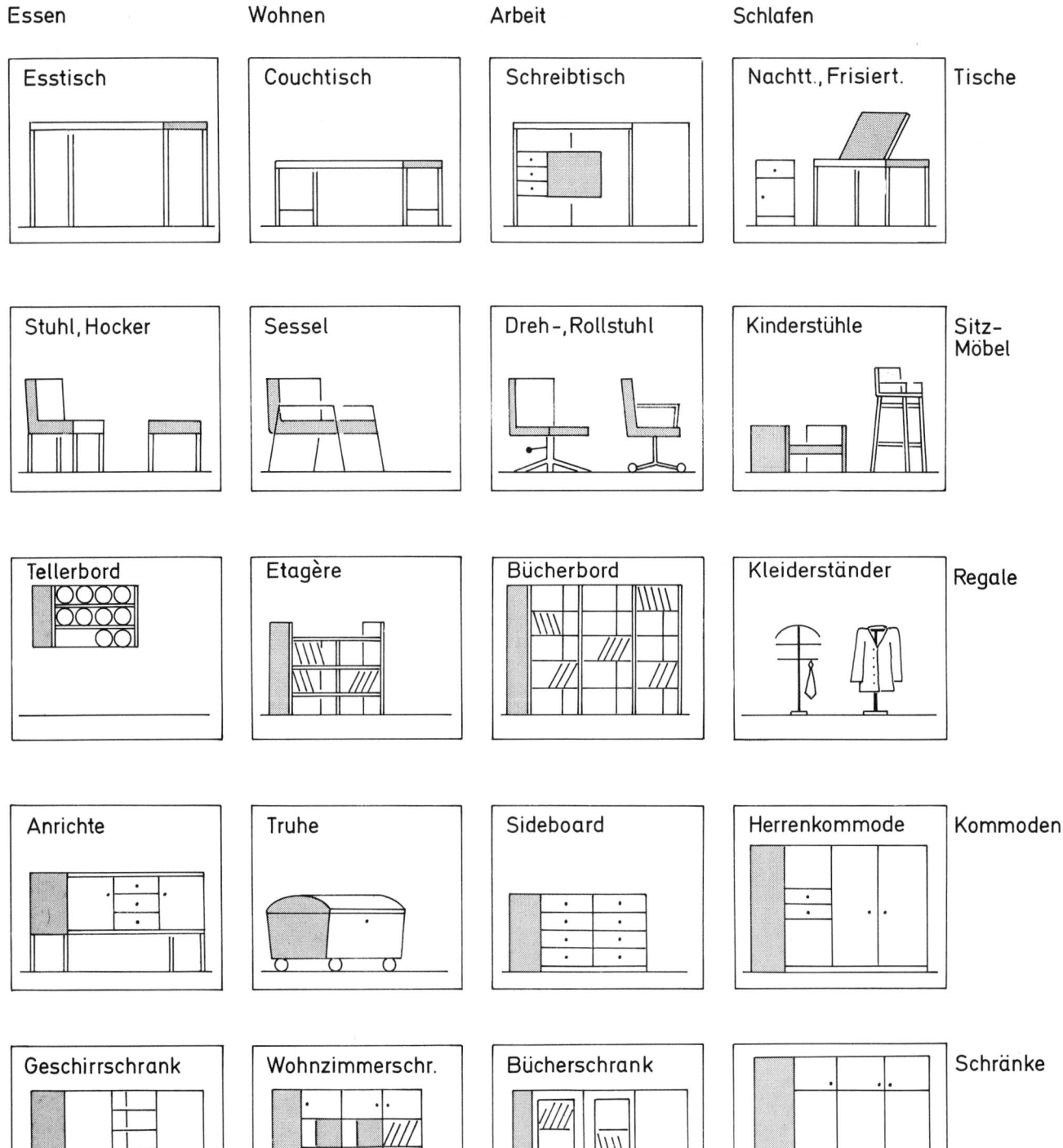

Essen　Wohnen　Arbeit　Schlafen

| Esstisch | Couchtisch | Schreibtisch | Nachtt., Frisiert. | Tische |
| Stuhl, Hocker | Sessel | Dreh-, Rollstuhl | Kinderstühle | Sitz-Möbel |
| Tellerbord | Etagère | Bücherbord | Kleiderständer | Regale |
| Anrichte | Truhe | Sideboard | Herrenkommode | Kommoden |
| Geschirrschrank | Wohnzimmerschr. | Bücherschrank | Schlafzimmerschr. | Schränke |

Möbel dienen zum einen der Aufbewahrung von Gegenständen verschiedenster Art, zum anderen zum Sitzen und Liegen. Darüber hinaus sind sie Gestaltungsmittel für den Raum.

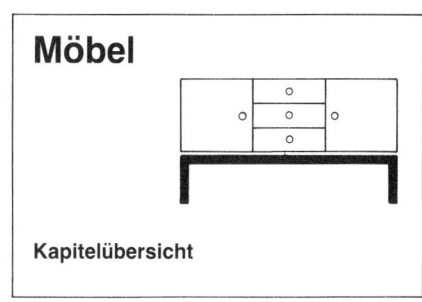

## Möbel

**Kapitelübersicht**

Behältermöbel sind Truhen, Kommoden, Anrichten und vor allem Schränke. Sie werden als Einzelmöbel, fest oder zerlegbar, konventionell oder in Serien gefertigt.

Offene Regale sind Behälter, die als Möbel an der Wand stehen oder hängen, aber auch frei im Raum installiert oder zwischen Decken und Boden verspannt werden und damit von Einbauten kaum zu trennen sind.

Gestelle sind universell einsetzbar, sie dienen bei Schränken ebenso wie bei Betten, Stühlen und Tischen als Unterkonstruktion. In diesem Buch werden sie gesondert als übergreifende Elemente behandelt.

Sitzgruppenmöbel umfassen die Spezialgebiete Tisch und Stuhl. Jedes ist für sich so speziell, daß es für ihre Herstellung eigene Firmen und Berufe gibt. Der Stuhlbauer wird z.B. vom Gestellbauer und Polsterer unterschieden. Stuhlfabriken sind z.T. so spezialisiert auf eine Bauart, ein Material oder eine Anwendung, daß sie z.B. nur Bürostühle oder Gartenstühle herstellen. Ähnliches gilt für den Bereich Tische.

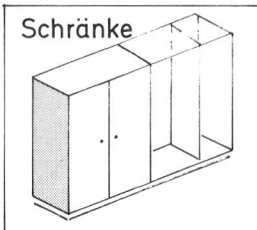

Schränke

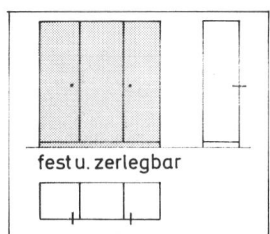

fest u. zerlegbar

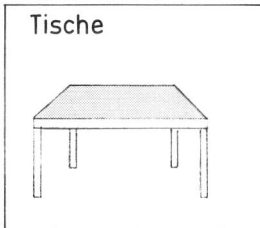

Tische

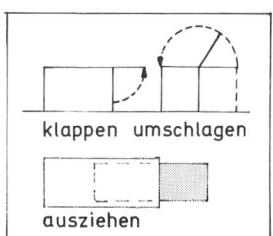

klappen umschlagen

ausziehen

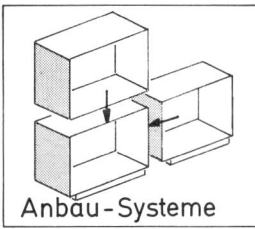

Anbau-Systeme

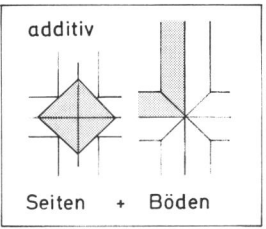

additiv

Seiten + Böden

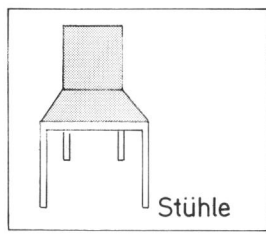

Stühle

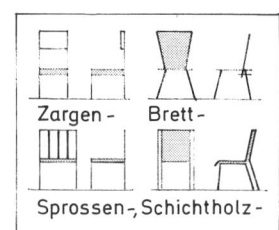

Zargen - Brett -

Sprossen-, Schichtholz -

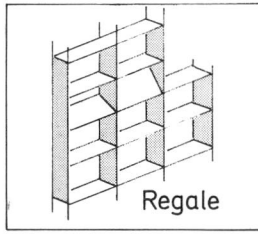

Regale

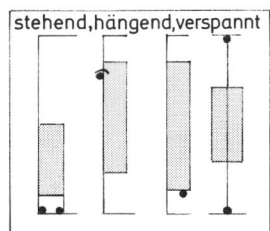

stehend, hängend, verspannt

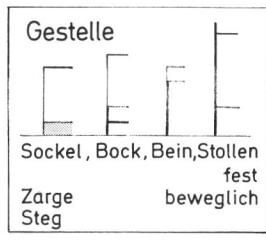

Gestelle

Sockel, Bock, Bein, Stollen
fest
Zarge     beweglich
Steg

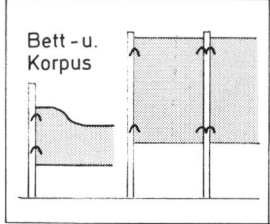

Bett - u. Korpus

Die **Entwicklung** von Möbeln, Möbelkonstruktionen und Möbeldesign wird nie abgeschlossen sein. Neue Materialien, z.B. Kunststoffe, bedingen oder erlauben neue Formen und Konstruktionen.
Unabhängig von diesen technischen Bedingungen entwickeln alle Zeiten spezifische Geschmacksvorstellungen, die berücksichtigt werden wollen.

**Dieses Buch** kann nur allgemeingültige Konstruktionen schematisch vorstellen. Abgesehen davon, daß es so länger gültig bleiben wird, ermöglicht es auf diese Weise dem Leser, selbständig zu konstruieren. Es gibt mit einigen Beispielen eine Übersicht darüber, was im Möbel- und Innenausbau aus Holz wie und warum konstruiert wird, und was auch morgen noch gewisse Bedeutung haben kann.

Die **Bezeichnungen** von Schrankteilen weichen in einigen Punkten vom allgemeinen Sprachgebrauch ab und haben sich auch im Vergleich zu früher geändert. Ihre Nennung ist zur Klärung der Begriffe erforderlich.
- Mittelwände heißen fachlich Mittelseiten.
- Scharniere werden auch Bänder genannt.
- Der Möbelkörper ist der Korpus.
- Seitenverstärkungen sind Lisenen.
- Kästen mit schmalen Vorderstücken innerhalb von Schränken werden als Züge bezeichnet.

- Historische Schränke hatten meist anstelle der heutigen flachen Oberböden hohe Kränze. Sie hatten starke Sockel auf Füßen anstelle der bei modernen Schränken vielfach üblichen glatten Zargen auf dem Fußboden.

## Moderne Möbel

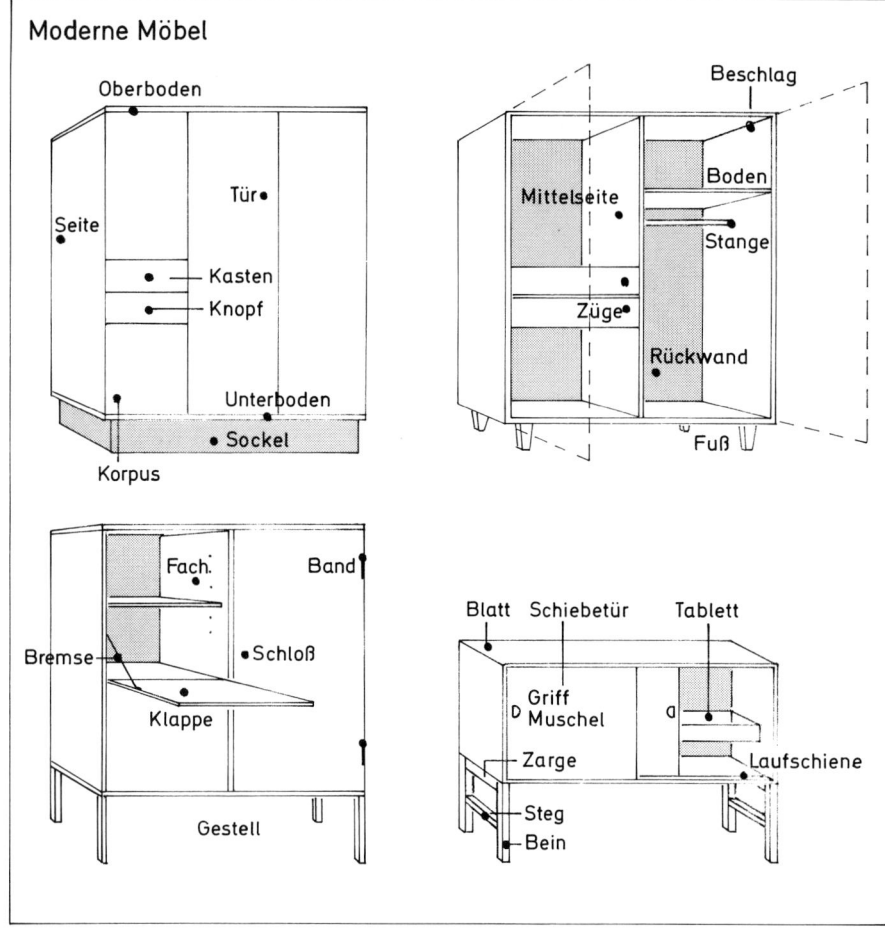

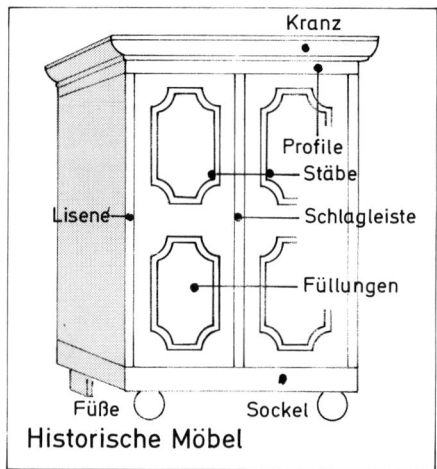

### Historische Möbel

Die **Konstruktionen** werden nach Art des Zusammenbaus unterschieden. Schränke sind fest verleimt oder zerlegbar. Fest verleimte Schränke sind meist stabiler und bieten Türen und Kästen besseren Sitz. Aus Transportgründen sind ihre Größe und ihr Gewicht begrenzt. Zerlegbare Schränke, die an einen Bau angeschlossen werden, zählen zu den Einbauten.

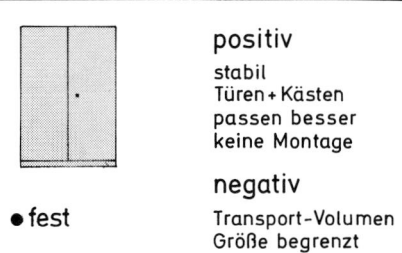

- fest

**positiv**
stabil
Türen + Kästen
passen besser
keine Montage

**negativ**
Transport-Volumen
Größe begrenzt

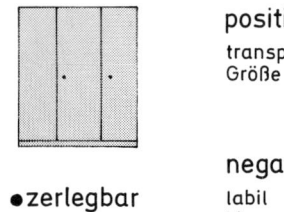

- zerlegbar

**positiv**
transportabel
Größe unbegrenzt

**negativ**
labil
Montagezeit

**Aussteifungen** sind bei Schränken vielfach erforderlich. Sie können auf unterschiedliche Weise gelöst werden.
● Die Seitenwände werden seitlich an die Sockel oder auf die Sockel gesetzt. Durch schräggestellte oder gerade Lisenen werden sie vorn, durch Beistöße an den Hinterkanten versteift.
● Böden werden durch Verstärkerleisten, Zargen oder Rahmen stabilisiert.

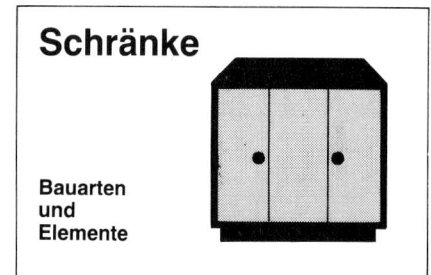

**Schränke**

Bauarten
und
Elemente

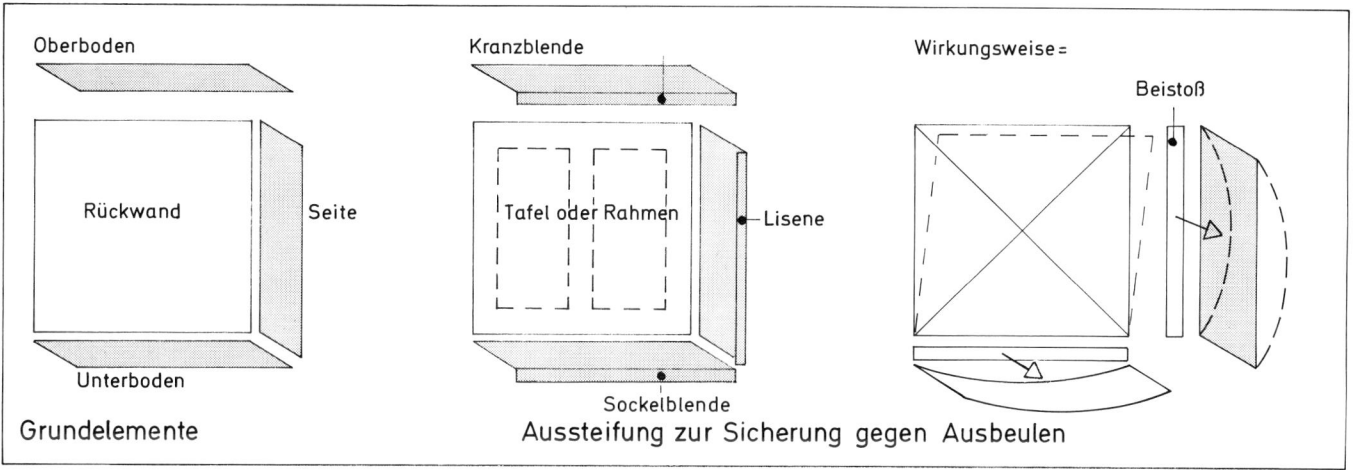

Oberboden

Rückwand    Seite

Unterboden

Grundelemente

Kranzblende

Tafel oder Rahmen    Lisene

Sockelblende

Wirkungsweise =

Beistoß

Aussteifung zur Sicherung gegen Ausbeulen

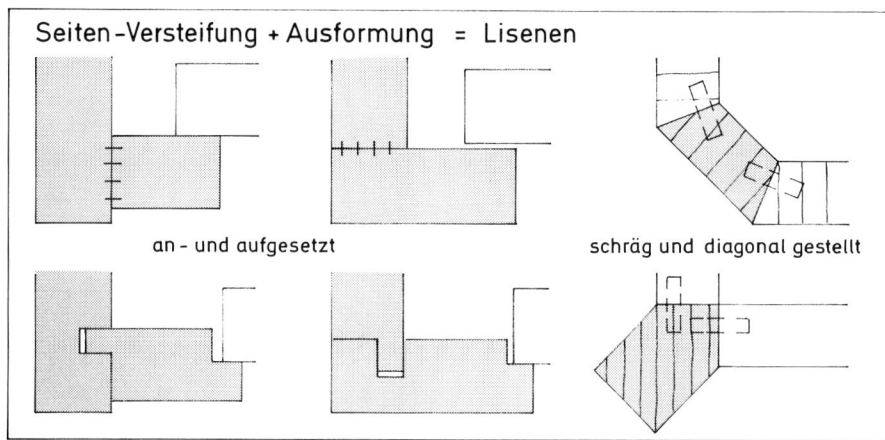

Seiten-Versteifung + Ausformung = Lisenen

an- und aufgesetzt    schräg und diagonal gestellt

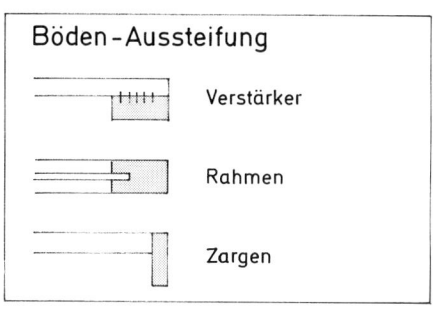

Böden-Aussteifung

Verstärker

Rahmen

Zargen

**Körper** werden durch Rückwände ausgesteift. Rückwände haben über ihre Funktion als Staubdichtung hinaus eine statische Funktion.

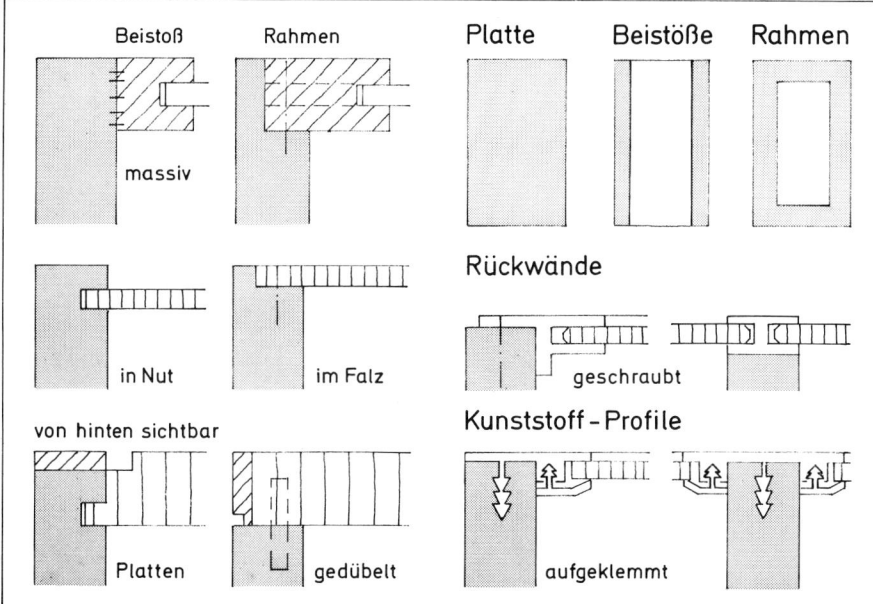

Beistoß    Rahmen

massiv

in Nut    im Falz

von hinten sichtbar

Platten    gedübelt

Platte    Beistöße    Rahmen

Rückwände

geschraubt

Kunststoff-Profile

aufgeklemmt

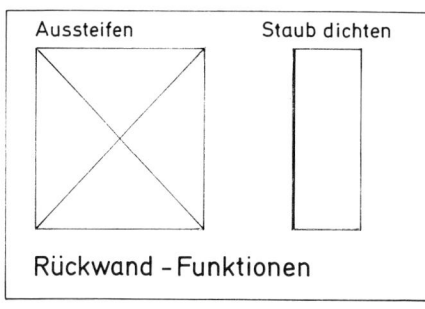

Aussteifen    Staub dichten

Rückwand-Funktionen

**Rückwände** werden aus Platten oder Rahmen, aus Vollholz oder aus Werkstoffplatten gefertigt, fest oder herausnehmbar, eingesteckt, eingefälzt, aufgeschraubt, aufgenagelt oder eingeklemmt. Die Ausführungen sind meist ziemlich schwach. Nur bei freistehenden Schränken mit sichtbaren Rückwänden werden sie solide dimensioniert und besser ausgeführt.

**Oberböden** bzw. **Kränze** schließen Schränke nach oben hin ab. Sie sind stärker als Platten, Rahmen oder Zargen gebaut und kragen je nach Gestaltungsabsicht über oder liegen bündig mit dem Korpus.

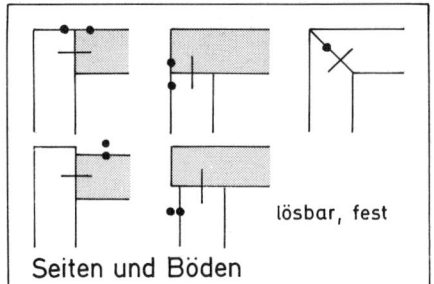

lösbar, fest

Seiten und Böden

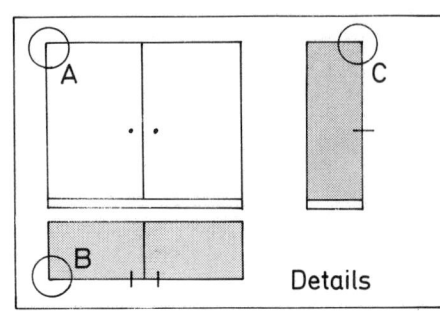

Details

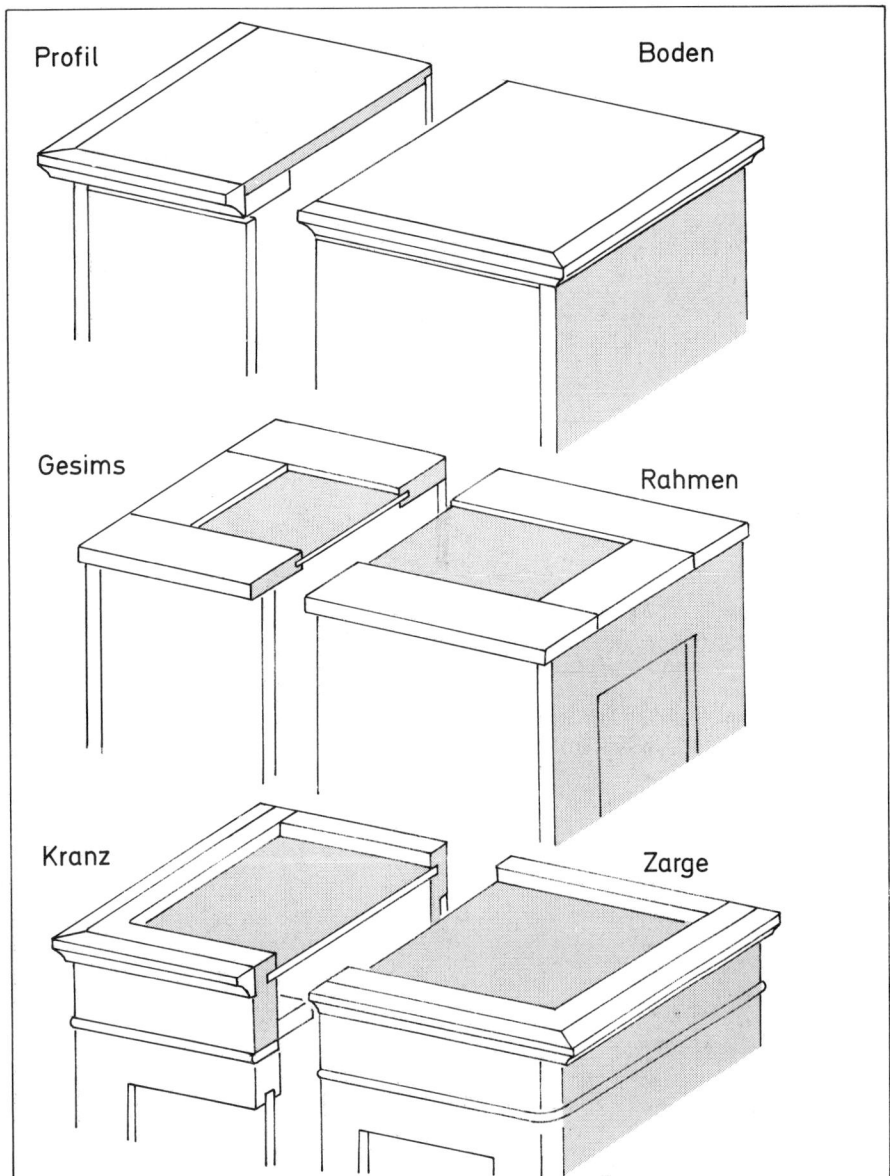

Profil

Boden

Gesims

Rahmen

Kranz

Zarge

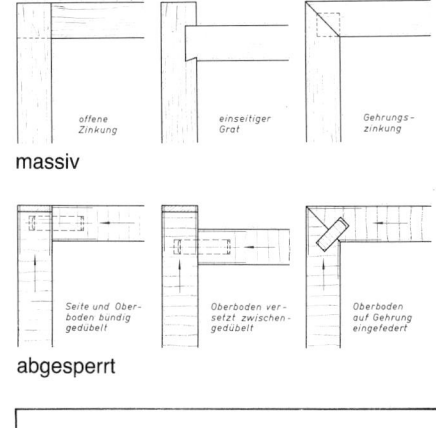

offene Zinkung    einseitiger Grat    Gehrungs-zinkung

massiv

Seite und Ober-boden bündig gedübelt    Oberboden ver-setzt zwischen-gedübelt    Oberboden auf Gehrung eingefedert

abgesperrt

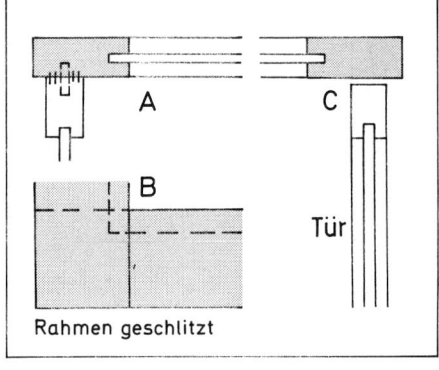

A    C

B    Tür

Rahmen geschlitzt

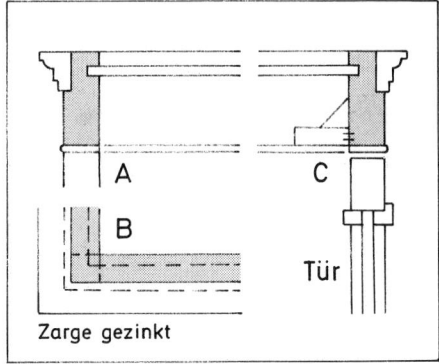

A    C

B    Tür

Zarge gezinkt

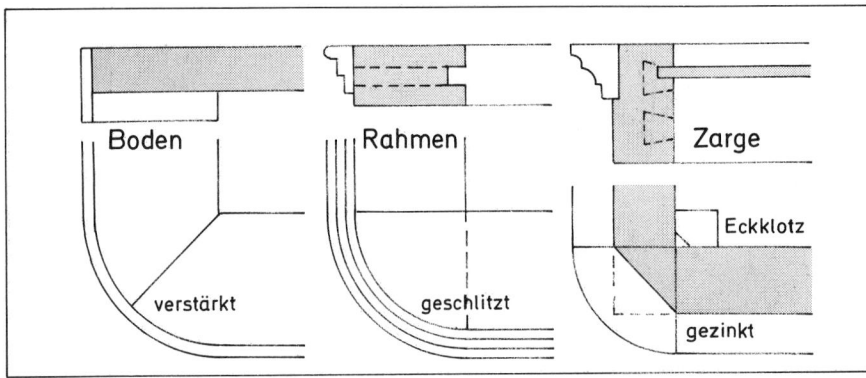

Boden
verstärkt

Rahmen
geschlitzt

Zarge
Eckklotz
gezinkt

**Runde Ecken** an den Oberböden oder Kränzen werden erst nach Herstellung der Eckverbindung rund geschnitten und dann mit einer oder mehreren Dickten abgedeckt.
● Eine andere Methode ist das Einleimen zuvor gerundeter Ecken zwischen geraden Stäben (Nachteile: Wechsel im Faserverlauf und stumpfe Stoßfugen).

## Unterböden und Seiten

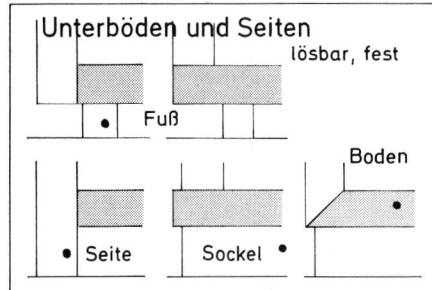

lösbar, fest

Fuß

Boden

Seite    Sockel

**Unterböden** und **Sockel** bilden den unteren Abschluß des Schranks. Ihre Konstruktion ist vergleichbar mit der Konstruktion von Oberböden und Kränzen.

# Schränke

**Böden, Kränze, Sockel**

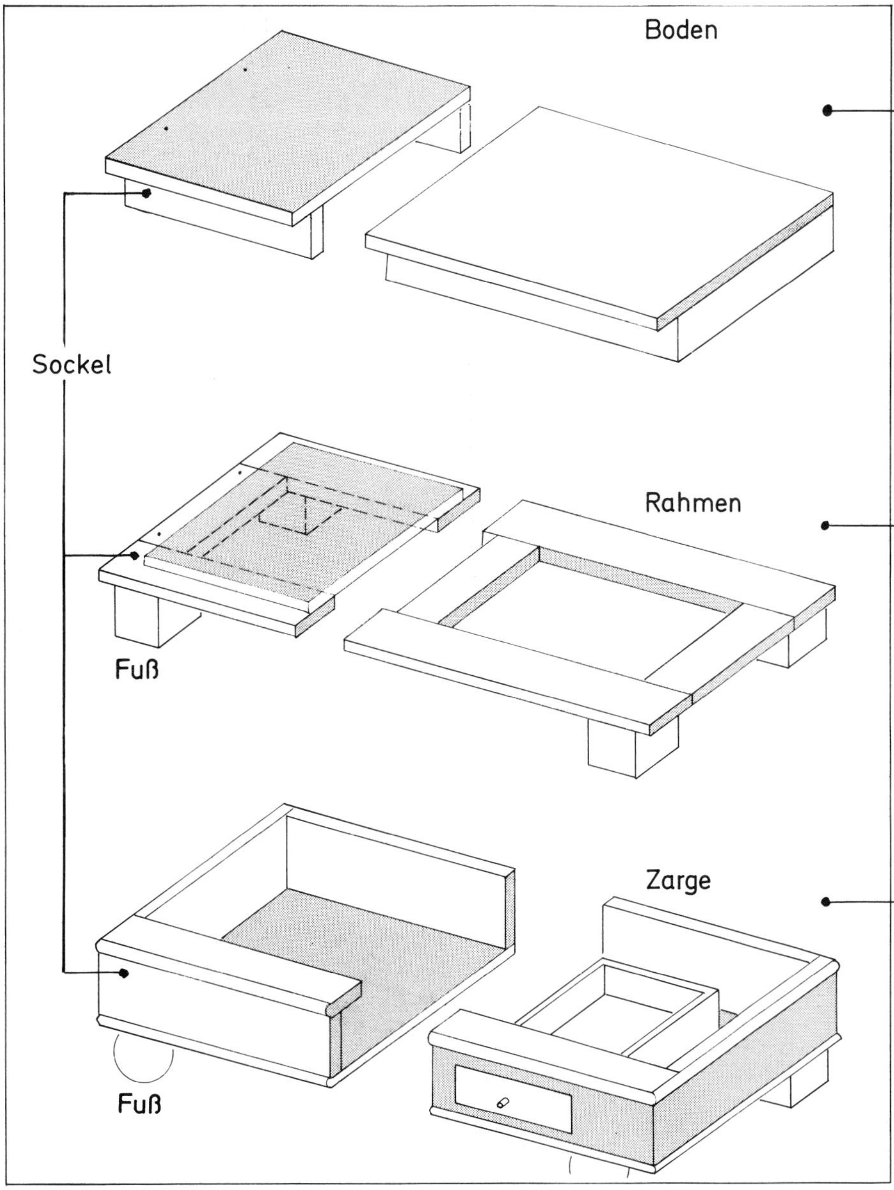

---

Boden

Sockel

Rahmen

Fuß

Zarge

Fuß

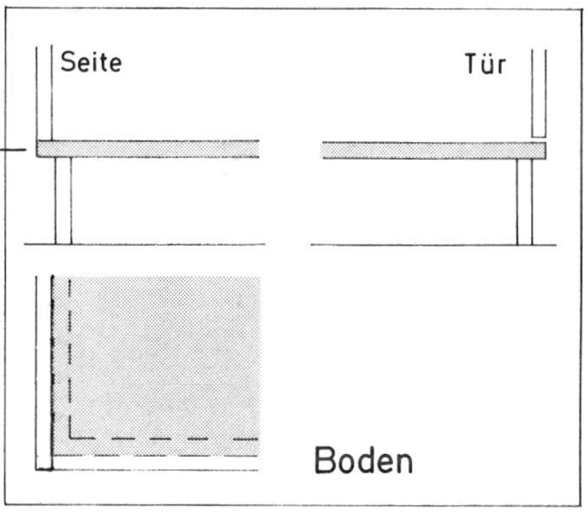

---

Seite    Tür

Boden

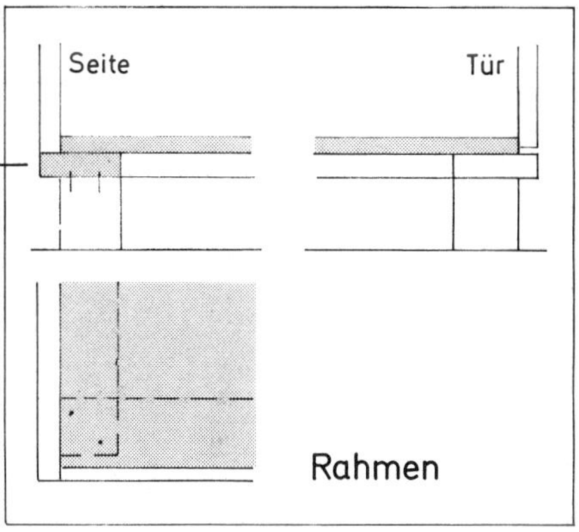

Seite    Tür

Rahmen

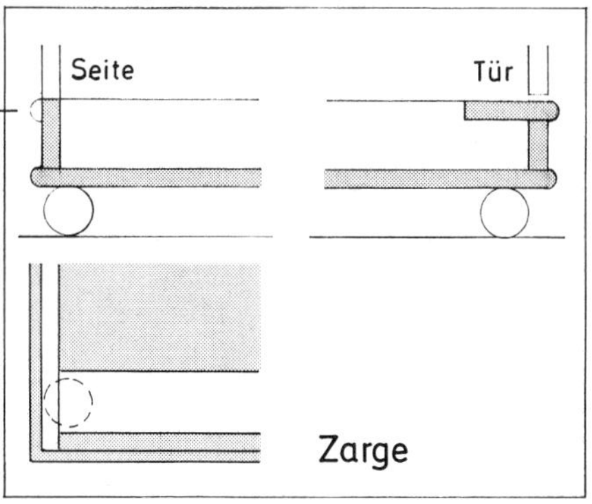

Seite    Tür

Zarge

---

**Sockelrahmen** haben keine Füllungen, sondern sog. aufliegende Staubböden, damit die Gegenstände beim Herausnehmen nicht hinter dem Rahmenstück haken.

**Schrankfüße** werden unter dem Sockel mit jeweils zwei Dübeln befestigt, damit sie sich nicht drehen können.
● Die hinteren Füße werden von der hinteren Kante des Schranks abgesetzt, damit die Scheuerleiste Platz hat und der Schrank dicht an der Wand stehen kann.
● Schränke mit Mittelseiten erhalten darunter zur Lastabtragung zusätzliche Füße, die kürzer geschnitten sind. Danach kann der Schrank auch bei unebenem Boden fest stehen. Zum Höhenausgleich werden Keile untergesetzt.

**Holzzargen** als Schranksockel bieten sich als Platz für Schubkästen an. In solchen Fällen wird über den Schubläden ein zusätzlicher Schrankboden erforderlich.

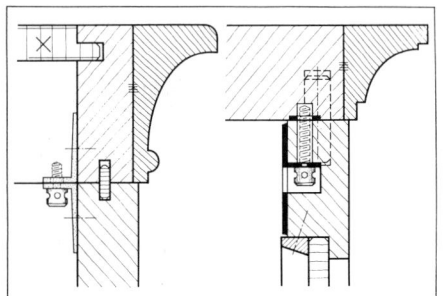

**Zerlegbare Schränke** erhalten besondere Beschläge, um einwandfreie Montage und Demontage ggf. wiederholbar zu machen. Die Beschläge sitzen in oder an den Schrankseiten, mittig nach vorn versetzt. Sie werden mit den Böden vertikal oder horizontal zusammengezogen.

Für die **Zerlegbarkeit** sprechen folgende Gründe:
● Der Transport ist bei Lieferung und Umzug erleichtert.
● Der Versand ist möglich.
● Der Selbstaufbau kann Kosten einsparen oder unter dem Gesichtspunkt der Freizeitgestaltung erfolgen.

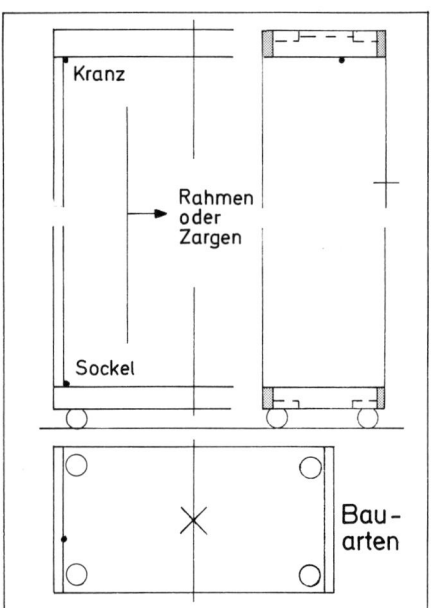

Kranz

Rahmen oder Zargen

Sockel

**Bau- arten**

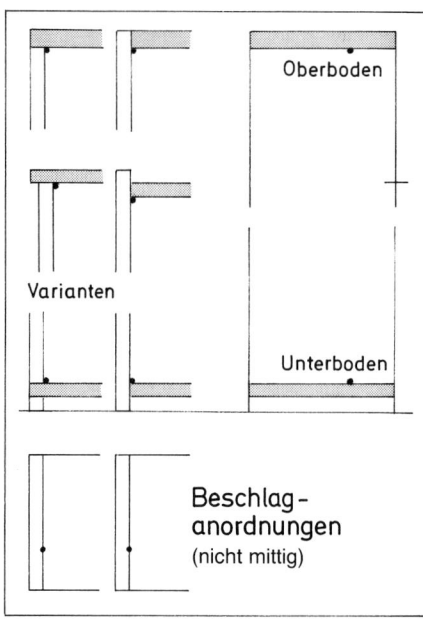

Oberboden

Varianten

Unterboden

**Beschlag- anordnungen** (nicht mittig)

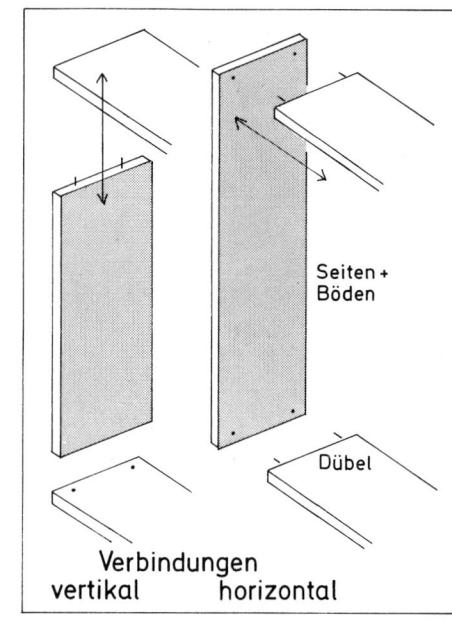

Seiten + Böden

Dübel

**Verbindungen** vertikal    horizontal

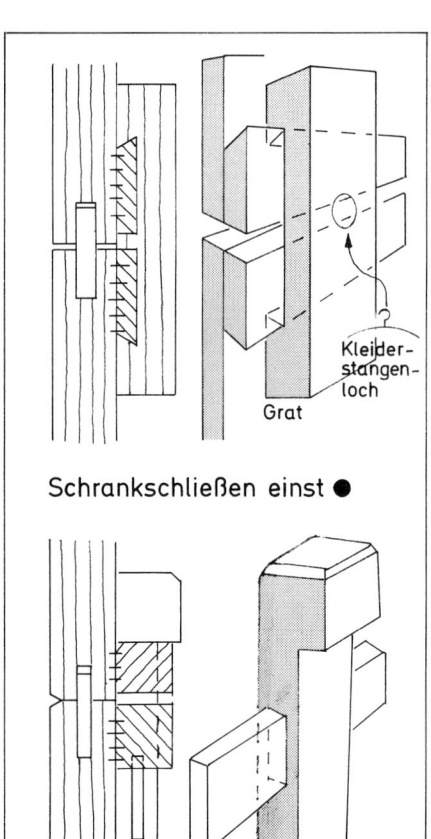

Kleiderstangenloch

Grat

Keil

**Schrankschließen einst ●**

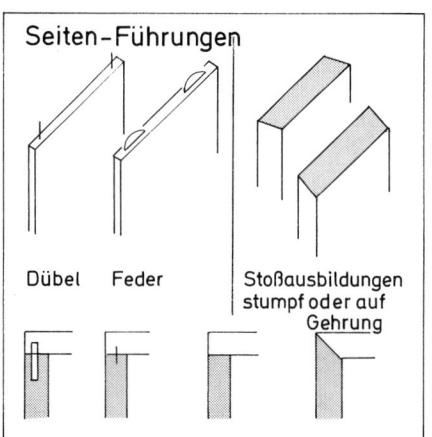

Seiten-Führungen

Dübel    Feder    Stoßausbildungen stumpf oder auf Gehrung

**Klassische Schrankverbindungen,** wie die historischen Schrankschließen und Keile aus Holz, waren und sind in ihrer Wirkung unübertroffen. Sie sind damit Vorbilder für neue Metallverbindungen wie Bleche und Klammern.

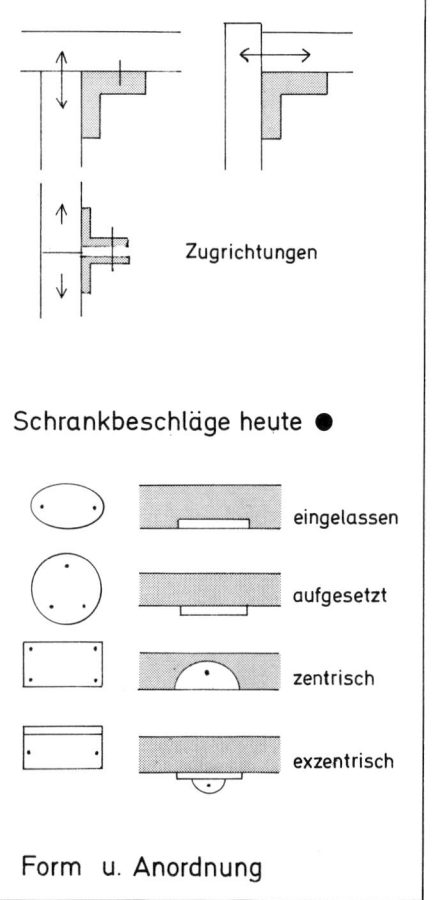

Zugrichtungen

**Schrankbeschläge heute ●**

eingelassen

aufgesetzt

zentrisch

exzentrisch

**Form u. Anordnung**

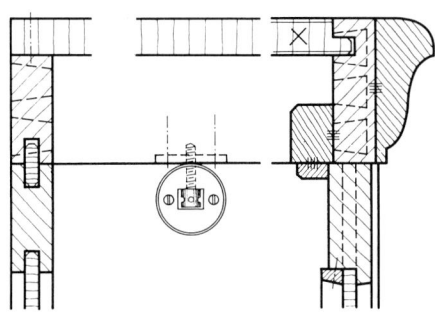

**Lösbare Schrankverbindungen** aus Metall und Kunststoff sind sehr verschieden in Konstruktion, Wirkung, Stabilität und Schnelligkeit der Montage.
● Schrauben sind sehr wirksam, aber langsam zu montieren.
● Keile sind dagegen sehr schnell zu bedienen, aber weniger zuverlässig, da sie sich lokkern können.

# Schränke

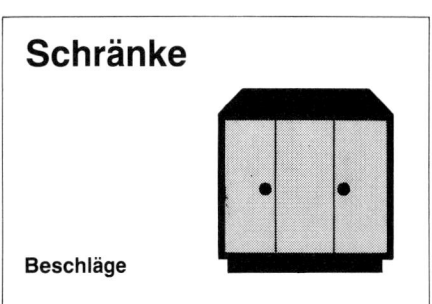

**Beschläge**

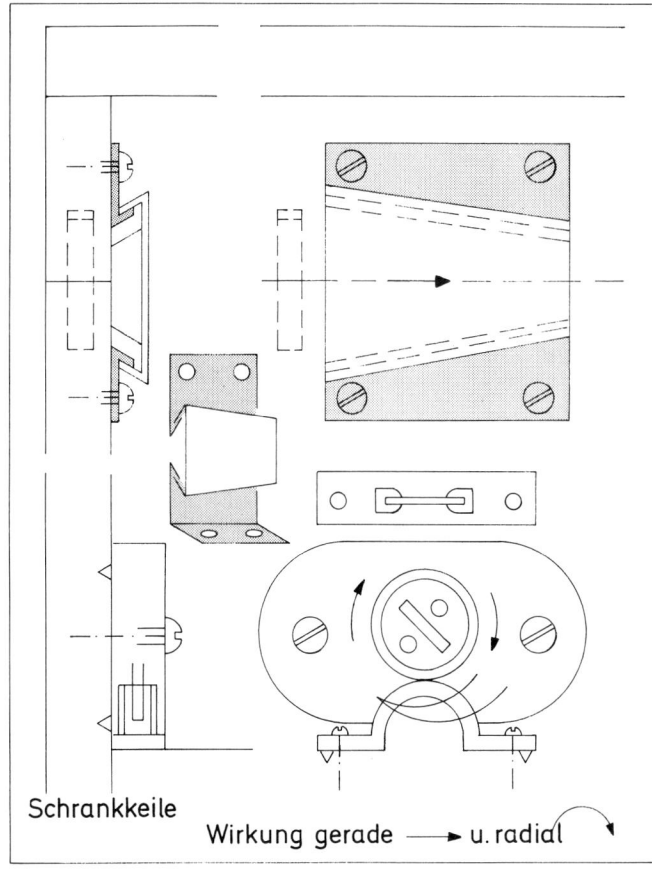

Schrankkeile
Wirkung gerade ⟶ u. radial

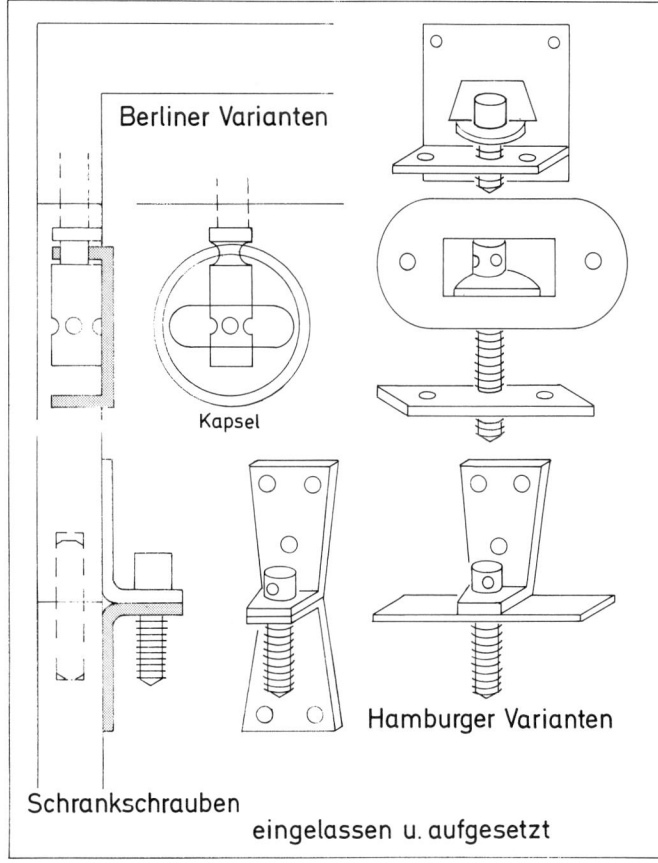

Berliner Varianten

Kapsel

Hamburger Varianten

Schrankschrauben
eingelassen u. aufgesetzt

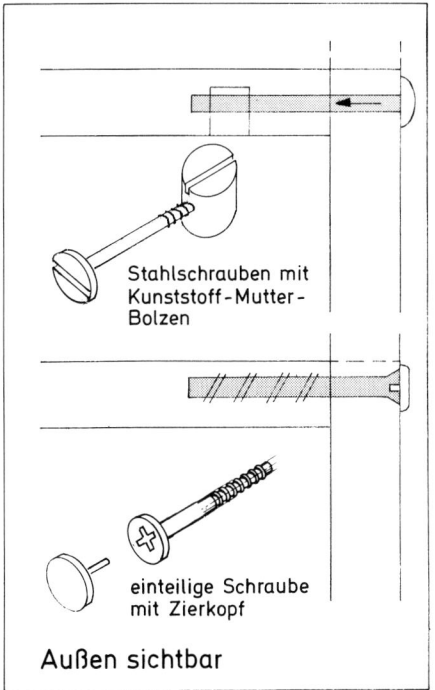

Stahlschrauben mit Kunststoff-Mutter-Bolzen

einteilige Schraube mit Zierkopf

Außen sichtbar

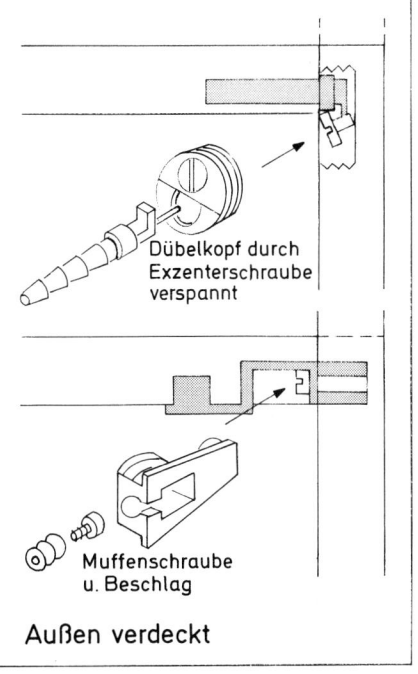

Dübelkopf durch Exzenterschraube verspannt

Muffenschraube u. Beschlag

Außen verdeckt

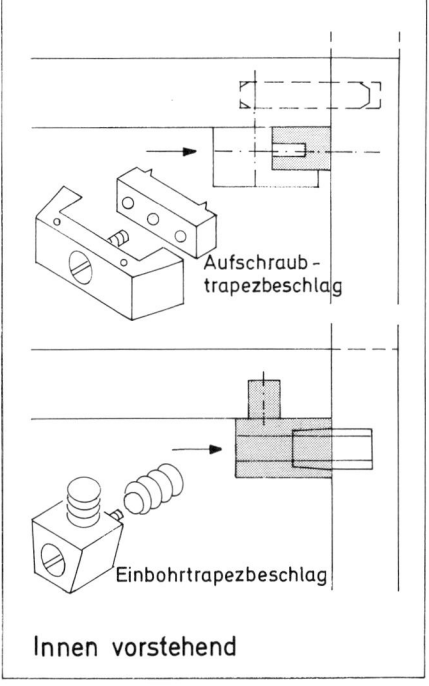

Aufschraub-trapezbeschlag

Einbohrtrapezbeschlag

Innen vorstehend

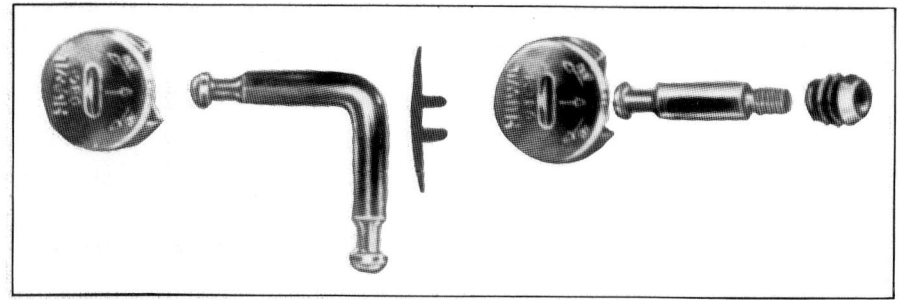

**Beschlagsysteme** bestehen aus aufeinander abgestimmten Elementen zur Lösung einer Aufgabe in mehreren Varianten. Sie sind auf spezielle Zwecke zugeschnitten und unterscheiden sich dadurch von einfachen Beschlägen und Metallverbindern, die beliebig einsetzbar sind.

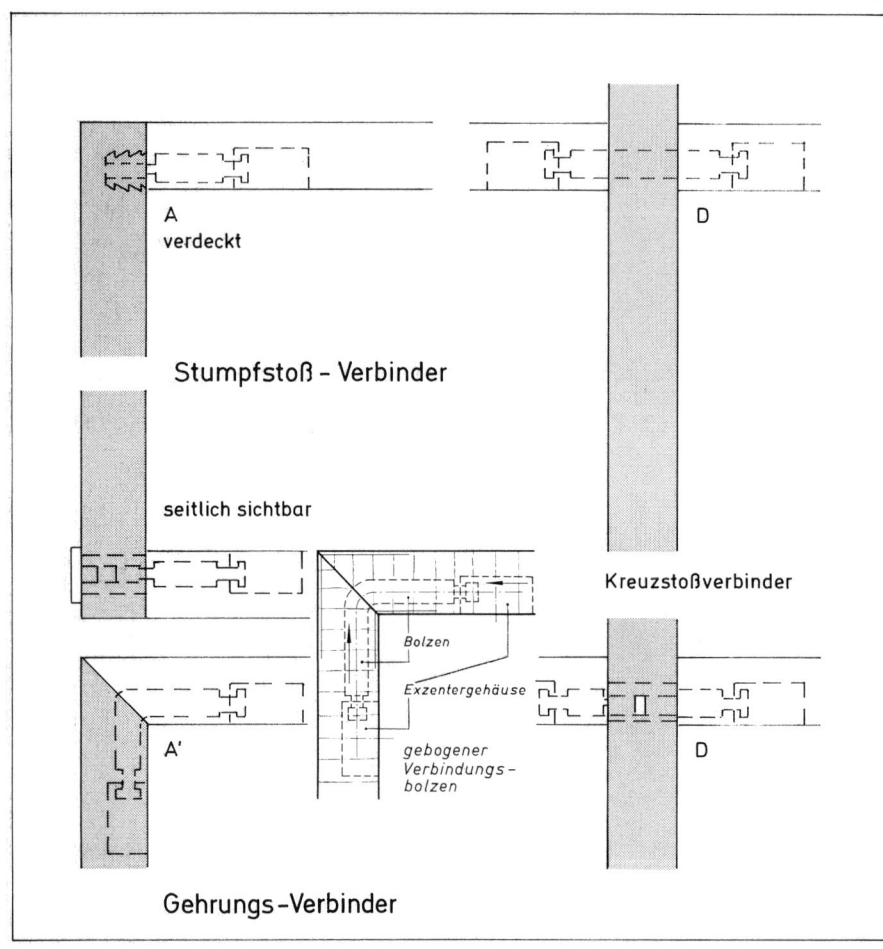

A
verdeckt

D

Stumpfstoß - Verbinder

seitlich sichtbar

Kreuzstoßverbinder

*Bolzen*

*Exzentergehäuse*

A'

*gebogener Verbindungs- bolzen*

D

Gehrungs -Verbinder

## Systembeschlagteile

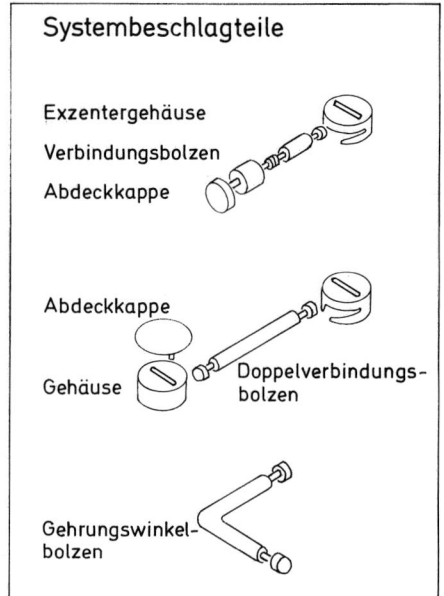

Exzentergehäuse

Verbindungsbolzen

Abdeckkappe

Abdeckkappe

Gehäuse — Doppelverbindungs- bolzen

Gehrungswinkel- bolzen

**Eckverbindungen** sind stumpf oder auf Gehrung möglich. T-förmige, vertikal und horizontal angeordnete Verbindungen von Seiten und Böden sind ebenso möglich wie Kreuzstöße.

Die **Systeme** können hier nur im Prinzip dargestellt und in ihrer Wirkungsweise beschrieben werden, da sie firmenspezifisch sind und häufigen Veränderungen unterliegen.

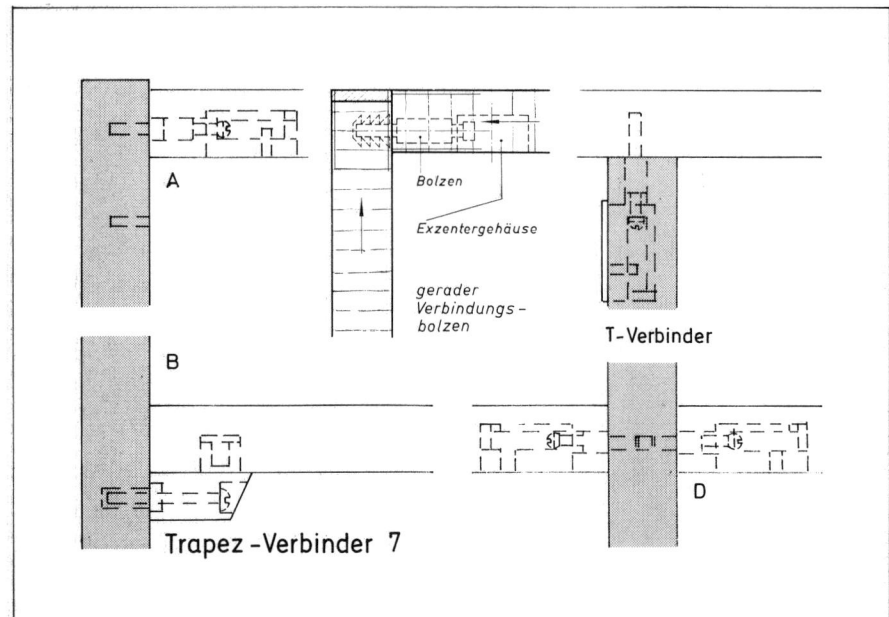

A

*Bolzen*

*Exzentergehäuse*

*gerader Verbindungs- bolzen*

T-Verbinder

B

D

Trapez -Verbinder  7

## System - Beschlagteile

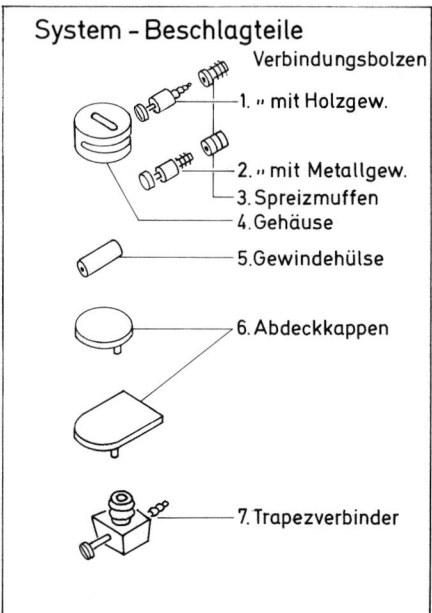

Verbindungsbolzen

1. " mit Holzgew.

2. " mit Metallgew.

3. Spreizmuffen

4. Gehäuse

5. Gewindehülse

6. Abdeckkappen

7. Trapezverbinder

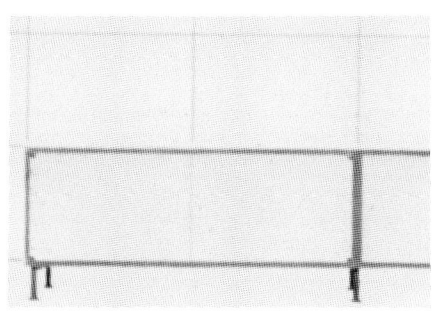

**An- und Aufbauprogramme** für die einfache Kombination von Teilen reichen bis hin zur Standardisierung auf der Basis von Band- und Achsrastern.

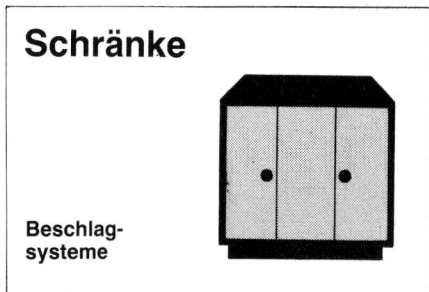

## Schränke

**Beschlag-systeme**

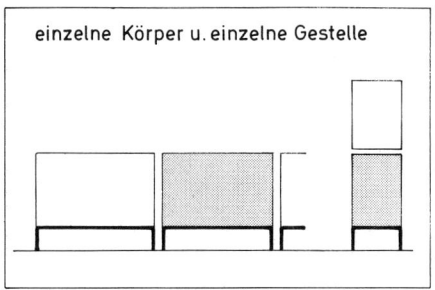

einzelne Körper u. einzelne Gestelle

## Addition von Einzelmöbeln

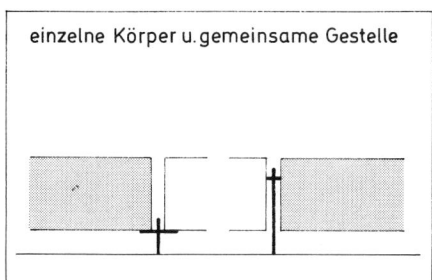

einzelne Körper u. gemeinsame Gestelle

## Rationalisierung: Kombination von Teilen

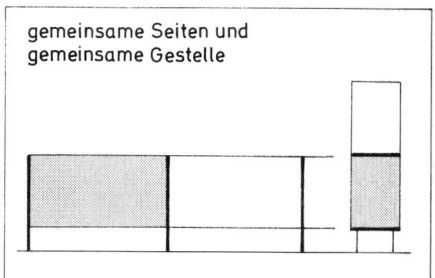

gemeinsame Seiten und gemeinsame Gestelle

## Standardisierung: Systematisierung

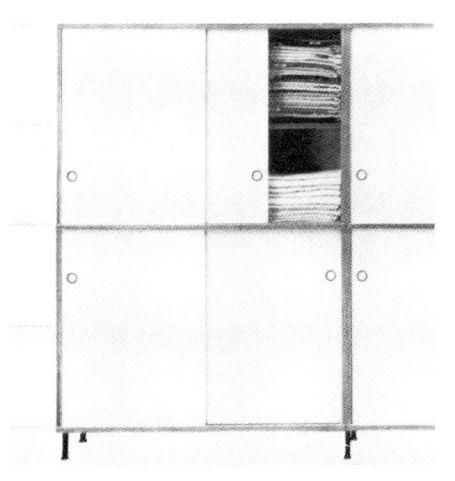

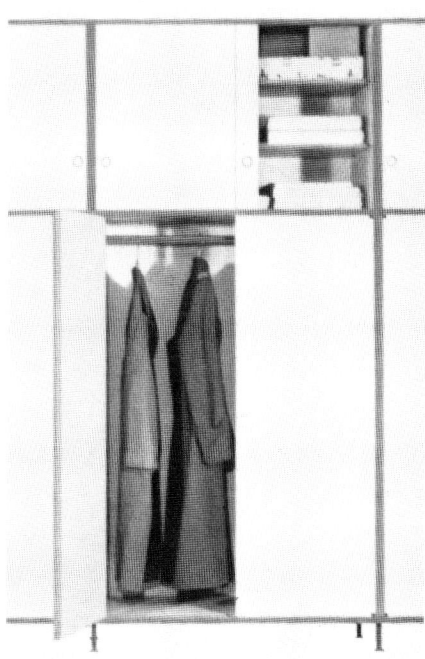

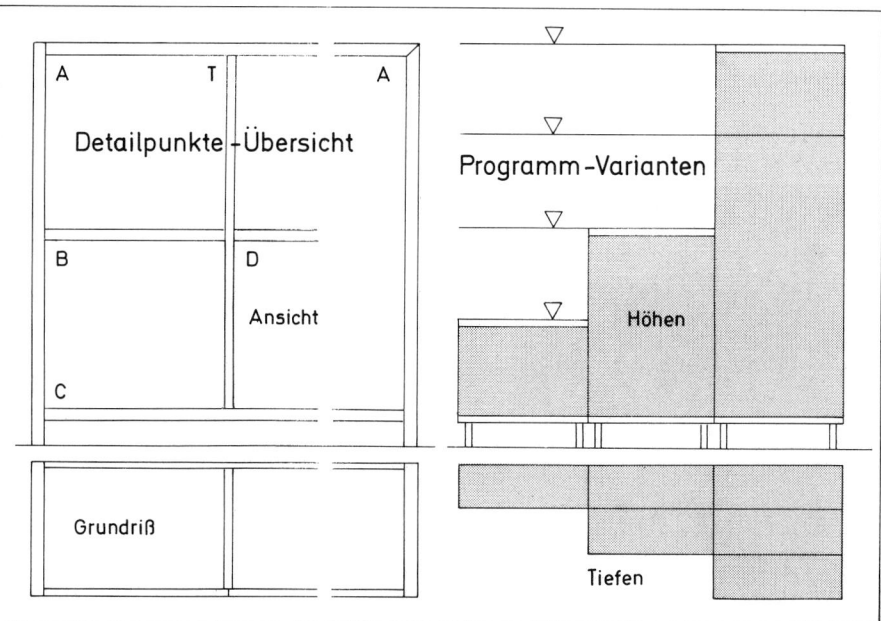

Detailpunkte - Übersicht

A    T    A

B    D

Ansicht

C

Grundriß

Programm - Varianten

Höhen

Tiefen

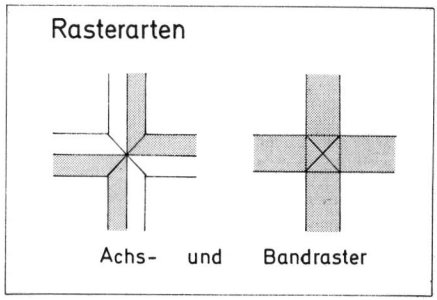

Rasterarten

Achs-    und    Bandraster

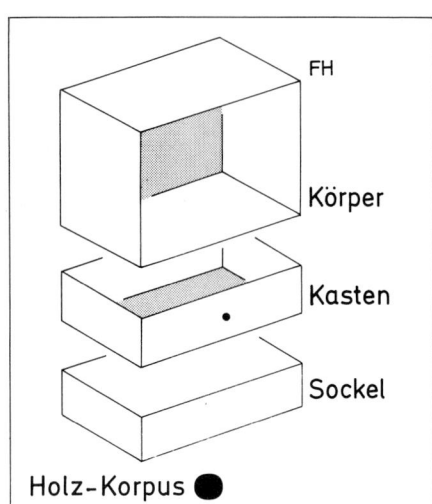

FH
Körper
Kasten
Sockel

**Holz–Korpus** ●

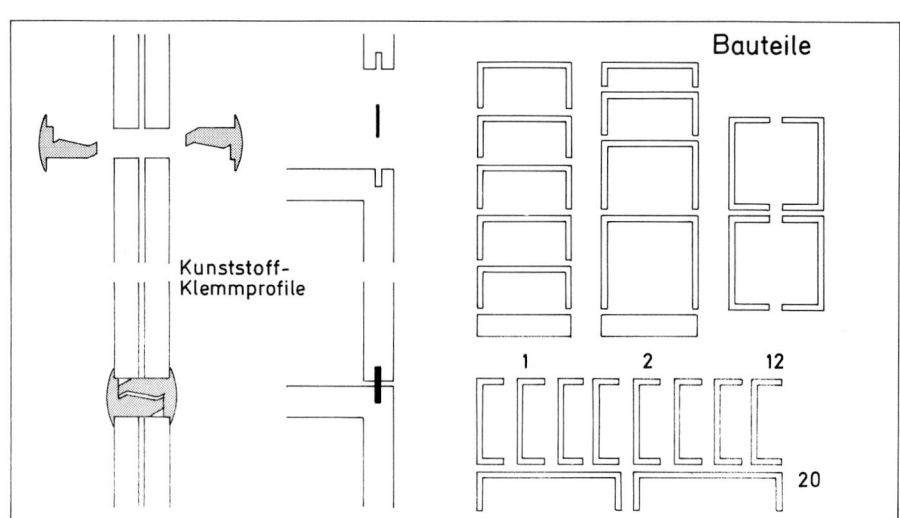

Kunststoff-Klemmprofile

Bauteile

1    2    12

20

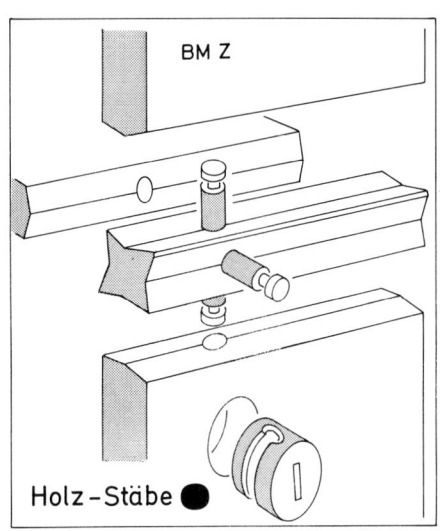

BM Z

**Holz–Stäbe** ●

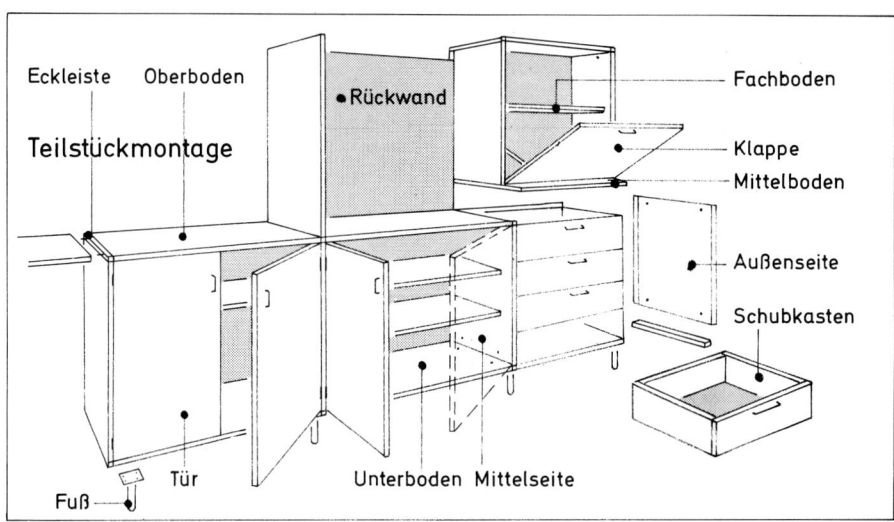

Eckleiste    Oberboden    ● Rückwand    Fachboden

**Teilstückmontage**    Klappe

Mittelboden

Außenseite

Schubkasten

Fuß    Tür    Unterboden  Mittelseite

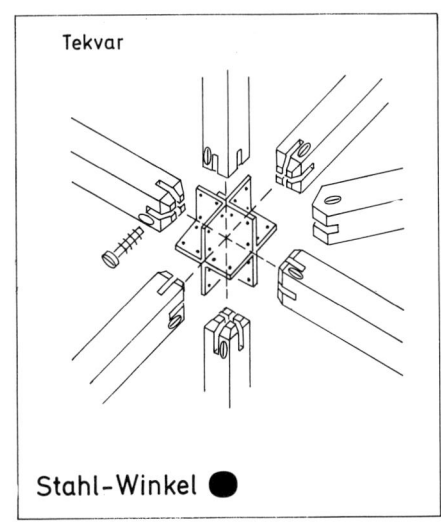

Tekvar

**Stahl–Winkel** ●

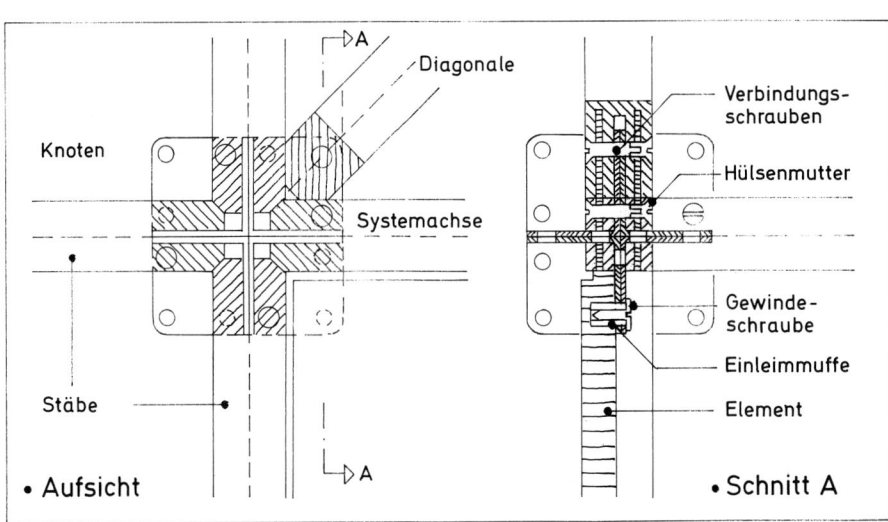

A    Diagonale    Verbindungs-schrauben

Knoten    Hülsenmutter

Systemachse

Gewinde-schraube

Einleimmuffe

Stäbe    Element

A

● **Aufsicht**    ● **Schnitt A**

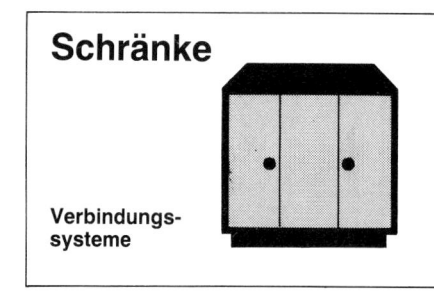

**Schränke**

Verbindungs-
systeme

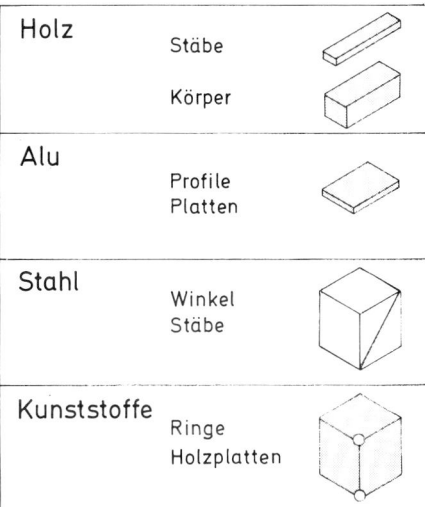

| Holz | Stäbe |
| | Körper |
| Alu | Profile |
| | Platten |
| Stahl | Winkel |
| | Stäbe |
| Kunststoffe | Ringe |
| | Holzplatten |

**Systeme** werden in großer Vielfalt der Materialien und Konstruktionen hergestellt. Systeme aus Holz, Aluminium, Stahl und Kunststoff, einzeln oder kombiniert, werden hier ebenso vorgestellt wie Konstruktionen aus Stäben, Platten und aus Korpuselementen.
● Die Auswahl erfolgte unter dem Aspekt möglichst großer Vielfalt der Materialien und Konstruktionen.
● FH verbindet geschlossene und offene Korpuselemente mit Kunststoffdruckknöpfen.
● Tekvar koppelt Holzstäbe mit Stahlwinkeln. In das Rahmenwerk lassen sich beliebige flächenbildende Elemente einbringen.
● LS 1 verbindet Platten mit Kunststoffringen.
● BMZ verriegelt Platten über Holzprofilleisten mittels Metallverbinder.
● ADD verbindet allseitig mehrfach auf Gehrung abgetreppte und genutete Tafeln mit Einsteckschlüsselprofilen.

**Verbindungssysteme** gibt es in verschiedenen Varianten. Ihre Weiterentwicklung wird vom Konkurrenzdruck ebenso belebt wie durch neue Materialien, die zu gestalterisch und technisch besseren oder auch nur wirtschaftlicheren Lösungen führen.

**Alle Systeme** haben bestimmte Vorteile, die aber jeweils durch gewisse Nachteile erkauft werden.
● Körper sind zwar stabil, aber voluminös im Transport.
● Stäbe sind variabel, brauchen aber viele Anschlüsse und Gefache.
● Punktweise Verbindungen sind zwar schnell zu montieren, ergeben aber viele Fugen.
● Platten mit Profilleisten im Bandraster scheinen optimal, da sie flächenbildend und variabel sind.

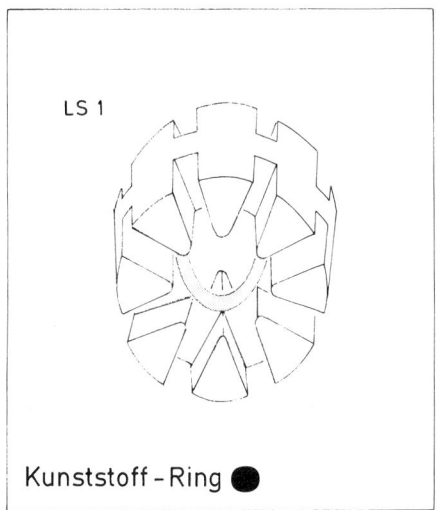

LS 1

Kunststoff - Ring ●

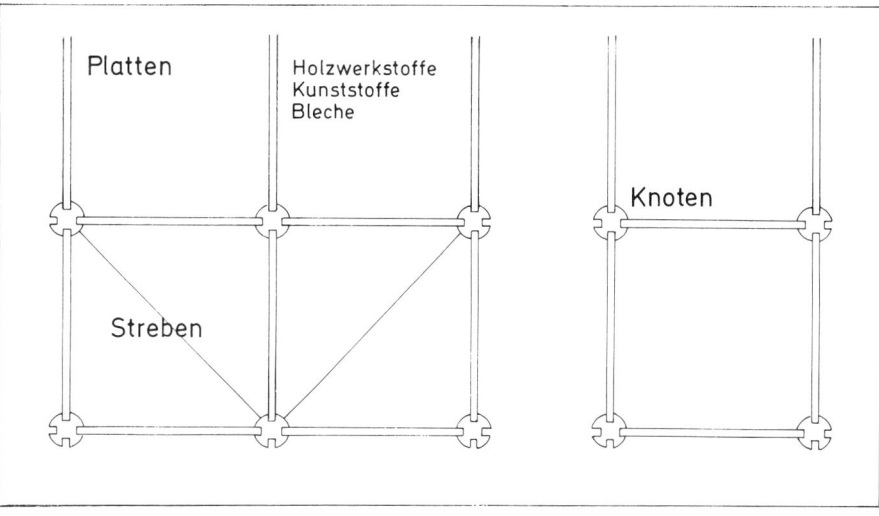

Platten          Holzwerkstoffe
                 Kunststoffe
                 Bleche

Knoten

Streben

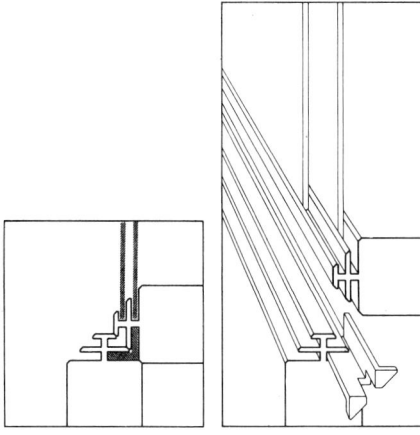

Alu - Kanten ●

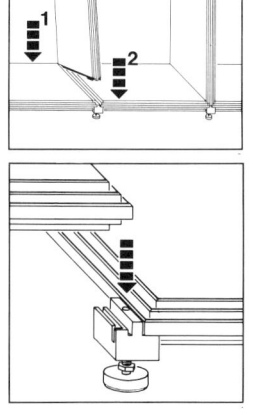

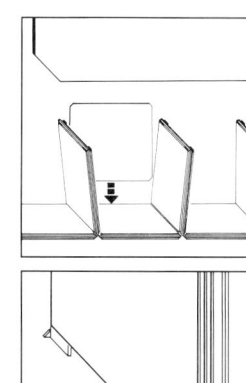

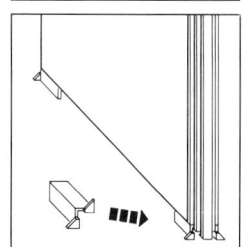

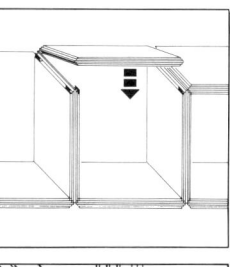

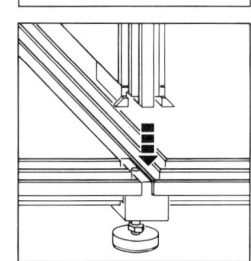

**Regale** sind offene Behälter oder Gestelle mit festen oder verstellbaren Böden bzw. Ablagen, ggf. auch mit Körpern. Regale haben keine oder auch durchlaufende bzw. teilweise Rückwände.
● Die Aufstellung erfolgt frei im Raum, an der Wand, stehend oder hängend.
● Die Höhen sind unterschiedlich, z.T. reichen sie bis unter die Decke.
● Die Erschließung erfolgt von einer oder von mehreren Seiten.
● Die Aussteifung wird durch feste Böden, Rückwände oder Verspannungen geleistet.

● Die Böden werden entweder seitlich von Leisten, Bodenträgern oder Leitern gehalten oder an der Wand bzw. Rückwand aufgehängt. Dies erfolgt durch Bügel, Konsolen oder Winkel.
● Die Tiefen sollten DIN-Formaten entsprechen.

## Aufstellungen
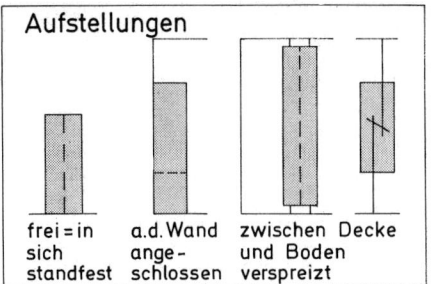

## Bauarten
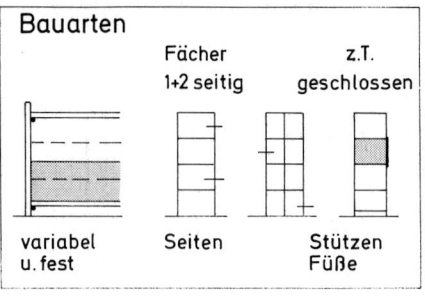

## Aussteifung bei freier Stellung
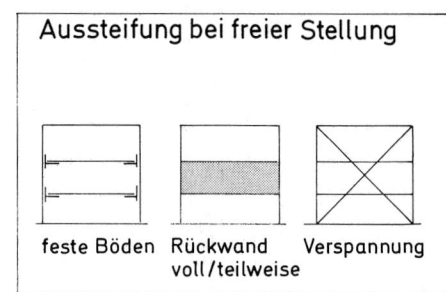

## Böden fest
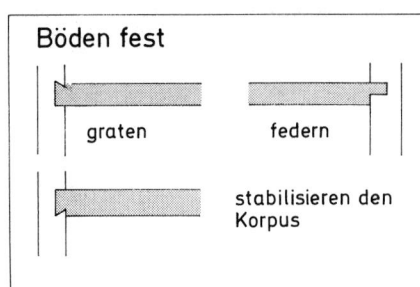

## Böden verstellbar
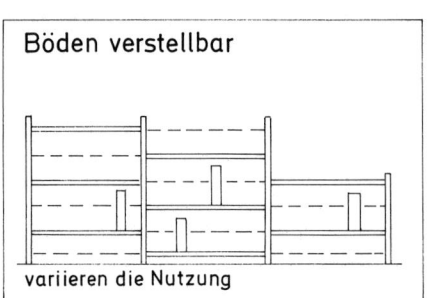

## Bodenträger
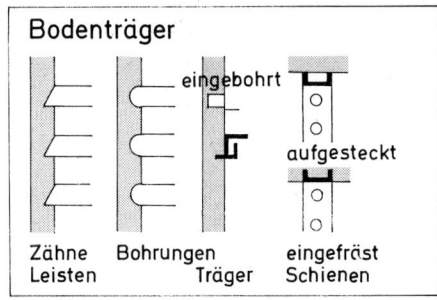

## Regale an der Wand hängend
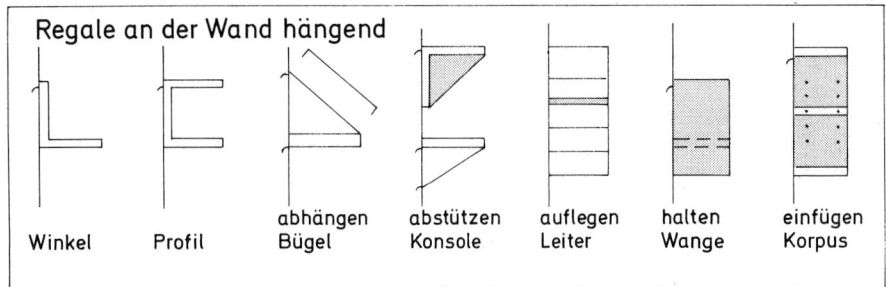

Die **Bodenabmessung** ist abhängig von der Durchbiegung, die je nach Material, Aufbau und Stärke unterschiedlich ist. So biegen Holzbretter weitaus weniger durch als Spanplatten.

## Regalwände und Bödenhalter
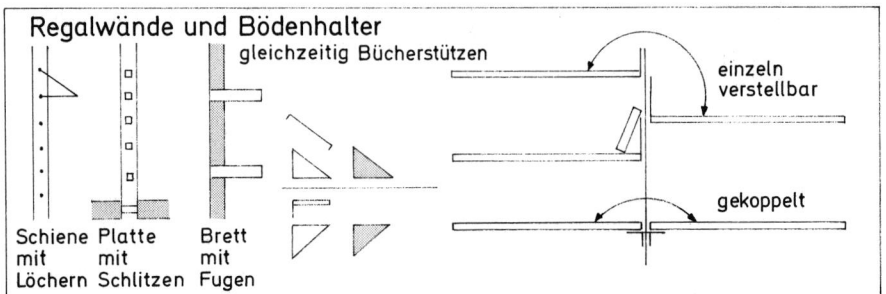

## Bodenabmessung
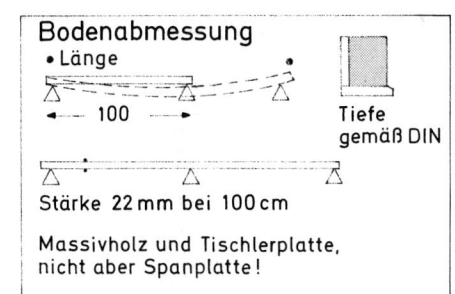

## Ausstattungen
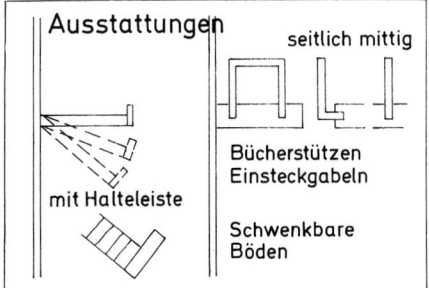

## Bodenausgleichsarten
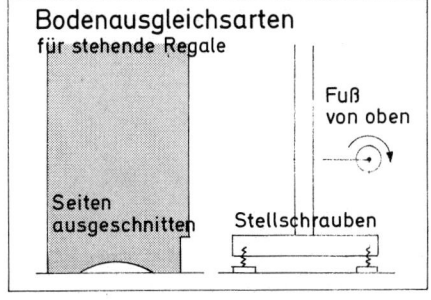

Die **Standfestigkeit** von Regalen wird durch Ausschnitte an den Unterkanten der Regalwangen verbessert oder durch justierbare Schrauben garantiert.

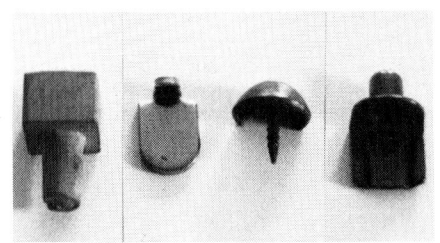

**Bodenträger** sind fest oder verstellbar. Sie bieten punktweise oder kantenlange Bodenauflage. Man unterscheidet Stifte, Winkel, Dübel, Leisten und Schienen. Sie werden eingestiftet, eingeschraubt oder eingesteckt, meist in Hülsen.

# Regale

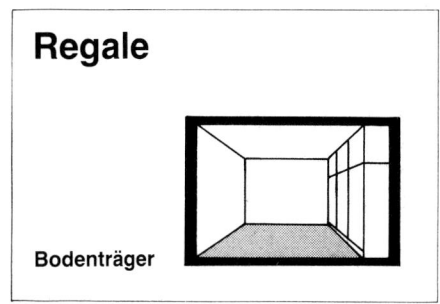

Bodenträger

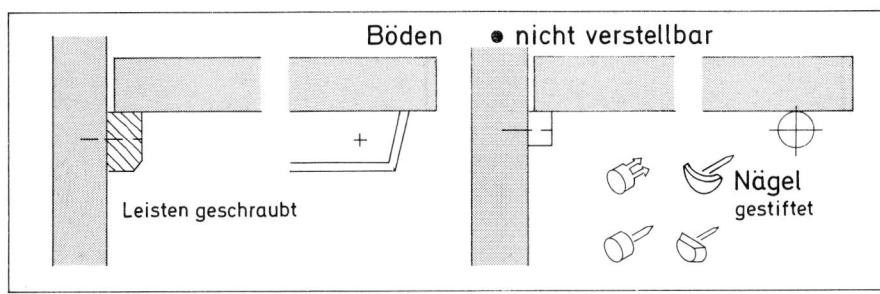

Böden • nicht verstellbar

Leisten geschraubt

Nägel gestiftet

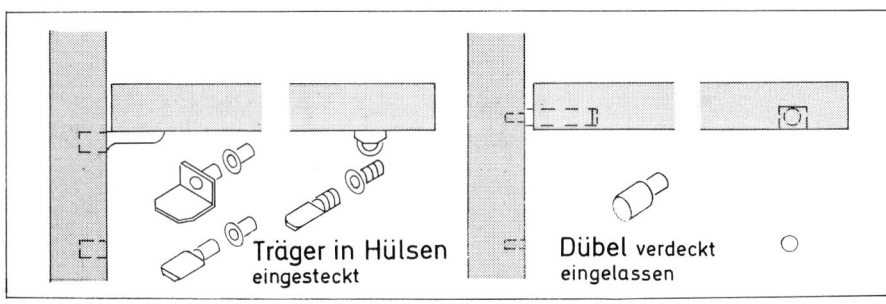

Träger in Hülsen eingesteckt

Dübel verdeckt eingelassen

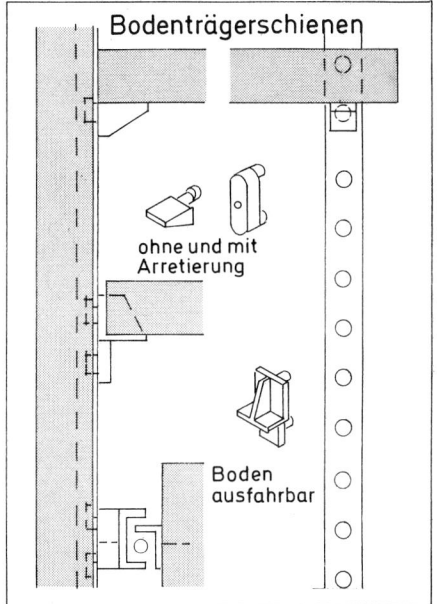

Bodenträgerschienen

ohne und mit Arretierung

Boden ausfahrbar

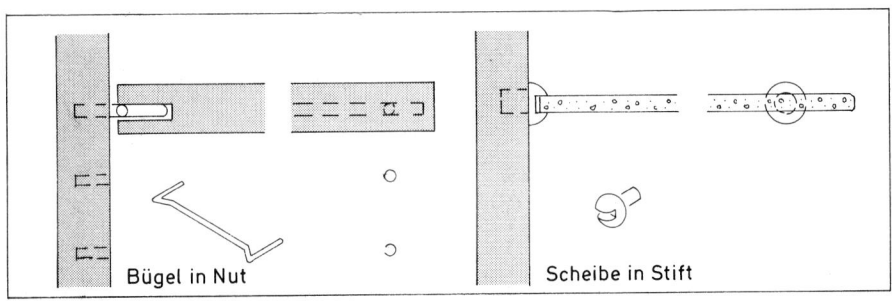

Bügel in Nut

Scheibe in Stift

Kunststoffschienen

Aufsicht

**Verstellbare Bodenträger** liegen sichtbar oder verdeckt. Sie sind nur zum Teil durch ihre Bauart gegen Herausfallen gesichert. Bügel z.B. liegen verdeckt und können selbst beim Transport nicht herausfallen. Sie sind nur punktweise eingebohrt und unterstützen den Boden doch in ganzer Tiefe.

**Bodenträgerschienen,** in Regalseiten eingelassen oder nur aufgesetzt, aus Metall oder Kunststoff, erlauben fast uneingeschränkte Höhenverstellung von Böden. Sie haben jedoch den Nachteil, daß die Seitenwand in ganzer Länge aufgeschlitzt wird, was nicht bei jedem Material möglich ist.

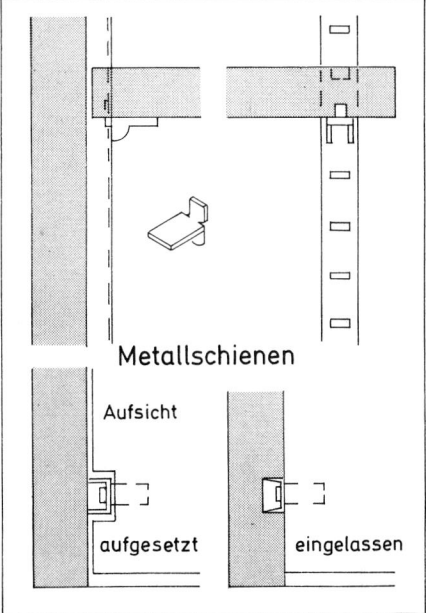

Metallschienen

Aufsicht

aufgesetzt          eingelassen

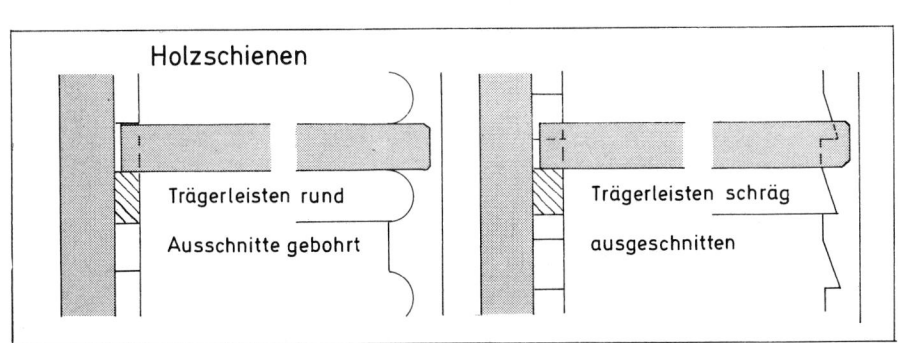

Holzschienen

Trägerleisten rund

Ausschnitte gebohrt

Trägerleisten schräg

ausgeschnitten

Die **Blätter** oder Tischplatten bestehen aus Materialien wie Holz, Kunststoff, Glas, Stein oder Metall. Sie werden auf die Tischgestelle aufgelegt, in sie eingelassen oder eingehängt.
● Blätter aus Vollholz lassen sich nicht starr mit den Gestellen verbinden, da eine massive Brettfläche in Tischbreite derart arbeiten würde, daß sie bei fester Verbindung reißen müßte.
● Nutklötze und Tischklammern halten die Blätter mit den Zargen zusammen und erlauben doch das Arbeiten des Holzes.

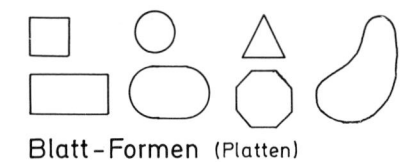

Blatt-Formen (Platten)

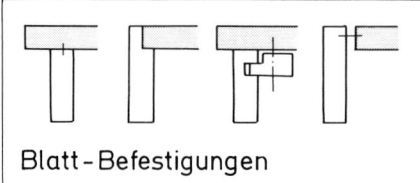

Blatt-Befestigungen

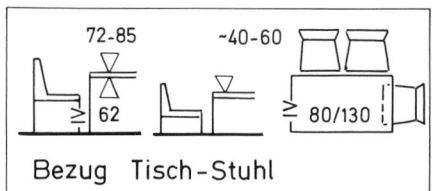

Bezug Tisch-Stuhl

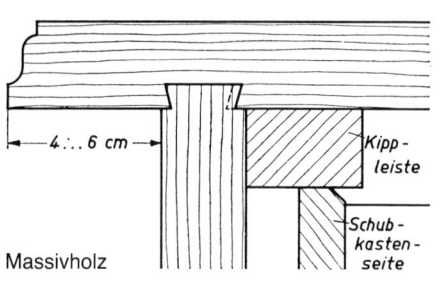

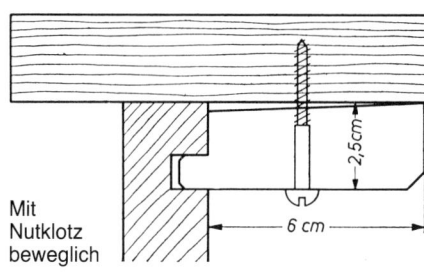

Tischblatt zum Transport geschwenkt

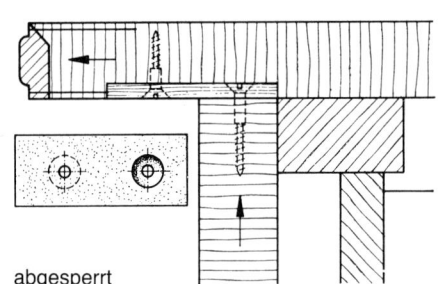

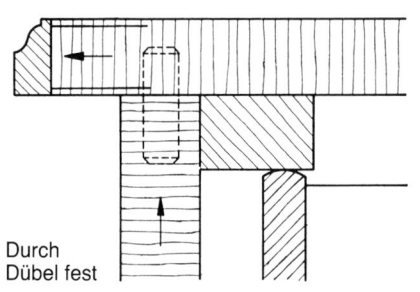

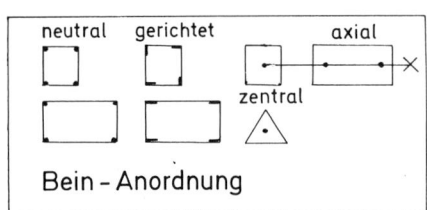

Bein-Anordnung

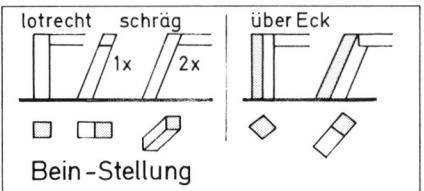

Bein-Stellung

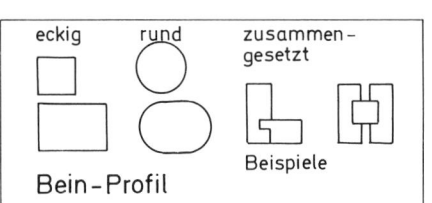

Bein-Profil

Die **Anordnung der Beine,** zentral, axial oder an den Ecken, bestimmt ihre Anzahl sowie die Mobilität und Stabilität des Tisches.

Die **Stellung der Beine,** lotrecht, ein- oder zweiseitig, schräg oder über Eck, hat Einfluß auf die Standfestigkeit.

Die **Profile der Beine,** einteilig oder zusammengesetzt, können sehr verschieden geformt sein.

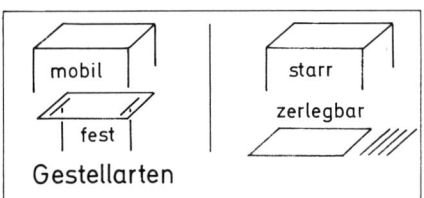

Gestellarten

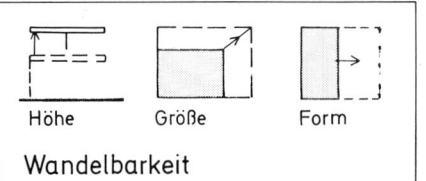

Wandelbarkeit

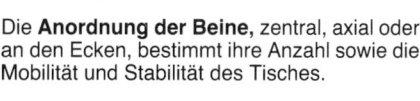

Vollholz, Holzwerkstoff, Kunststoff, Keramik, Glas, Metall, Beton, Naturstein

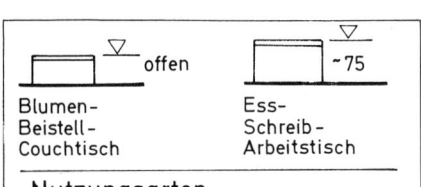

Nutzungsarten

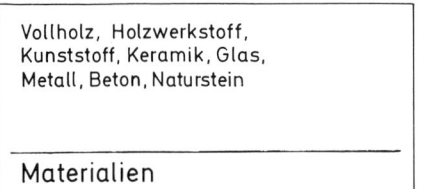

Materialien

**Tischgestelle** bestehen aus Beinen und Zargen, welche die Beine miteinander verbinden. Sie sind fest verleimt oder lassen sich aus Transportgründen falten bzw. zerlegen.

Tische entsprechen durch verschiedene Blattformen, Gestellhöhen, Bauarten und Materialien unterschiedlichen Nutzungen. Sie sind mobil oder fest eingebaut. Tische sind ggf. wandelbar in Größe, Höhe und Form. Sie sind nach DIN 68880, Teil 1/2.4.3 genormt.

## Tische

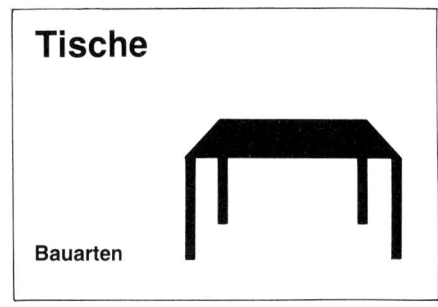

Bauarten

Die **Anordnung der Zargen** folgt den Blattkanten oder ist diagonal. Die diagonale Anordnung schafft Kniefreiheit, jedoch auf Kosten der Stabilität.

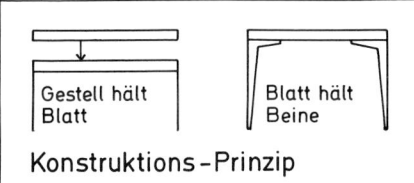

Konstruktions-Prinzip

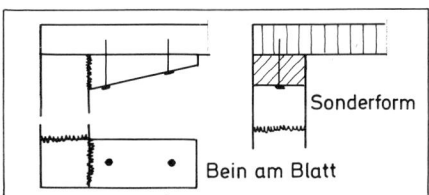

Zargen-Anordnungen

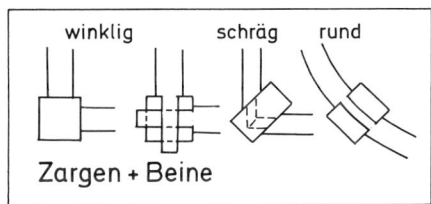

Zargen + Beine

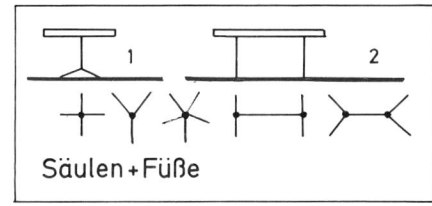

Säulen + Füße

Die **Zargen** gerade, aber auch geschweift, schließen gerade oder schräg, bündig oder abgesetzt, an die Beine an.

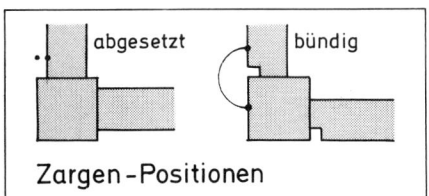

Zargen-Positionen

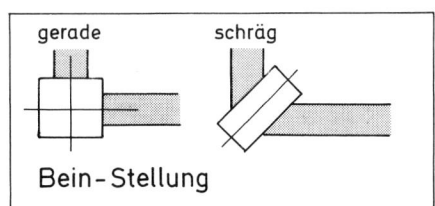

Bein-Stellung

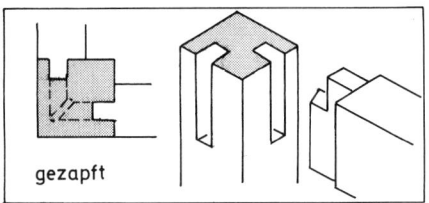

gezapft

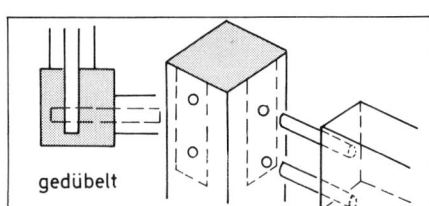

gedübelt

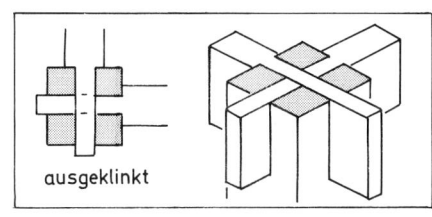

ausgeklinkt

Die **Zargenverbindungen** liegen verdeckt, sind gezapft oder gedübelt; im Sonderfall werden sie gezeigt, z.B. unter Glasplatten.

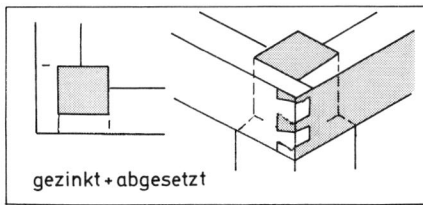

gezinkt + abgesetzt

**Stege** dienen der zusätzlichen Aussteifung der Tischgestelle, sie stören jedoch die Beinfreiheit unter dem Tisch. Ihre Anordnung erfolgt daher auch ohne Längssteg oder aber aus der Mitte versetzt und diagonal. Stegverbindungen sind Ausklinkungen und Stegverkeilungen.

**Runde Zargen** werden aus Vollholz oder Dickten verleimt (siehe Seite 18, Verformen).

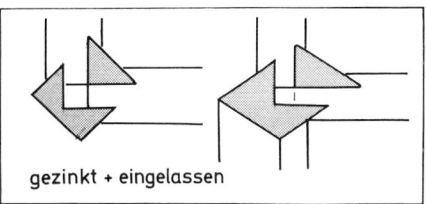

gezinkt + eingelassen

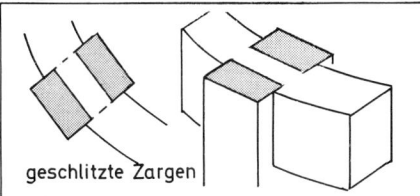

geschlitzte Zargen

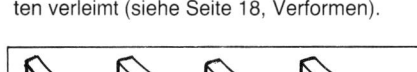

Schneiden   Stapeln   Dickten
runde Zargen

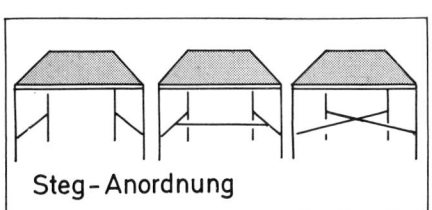

Steg-Anordnung

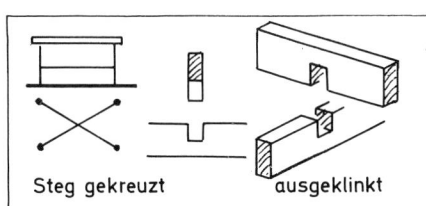

Steg gekreuzt          ausgeklinkt

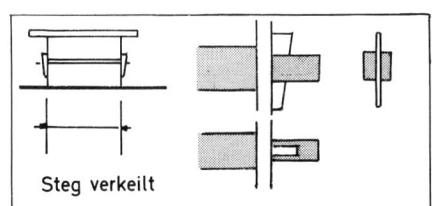

Steg verkeilt

**Umschlagtische,** auch englische Spieltische genannt, verdoppeln die Blattgröße durch Umschlagen von aufgedoppelten Tischblättern.
● Die Abstützung der Zusatzflächen erfolgt durch Drehung im geöffneten Zustand um 90°, so daß das Untergestell quer zur Fuge steht.
● Die Bänder liegen an den Kanten oder in der Fläche.

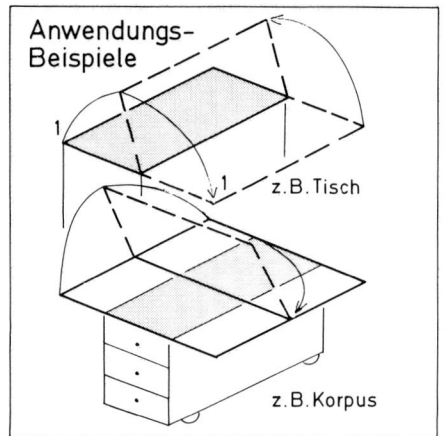

Anwendungs-Beispiele

1    1   z. B. Tisch

z. B. Korpus

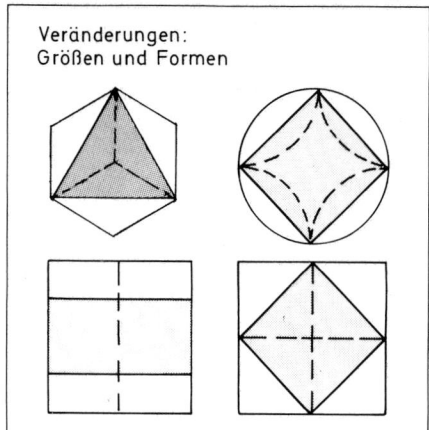

Veränderungen: Größen und Formen

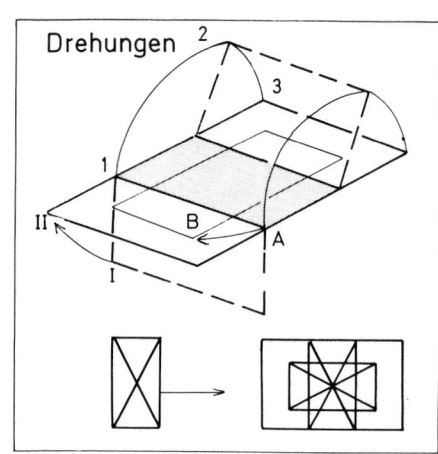

Drehungen

**Kombitische** verbinden die Vorzüge verschiedener Tischarten miteinander.
● Umschlag-Klapptische unterstützen durch Drehen eine umgeschlagene und eine hochgeklappte Platte (siehe oben).
● Hängeplatten zwischen festen Tischen vergrößern Tischflächen sehr einfach und wirksam.
● Ausschwenkbare Platten dienen in versetzter Ebene als Ablagen.

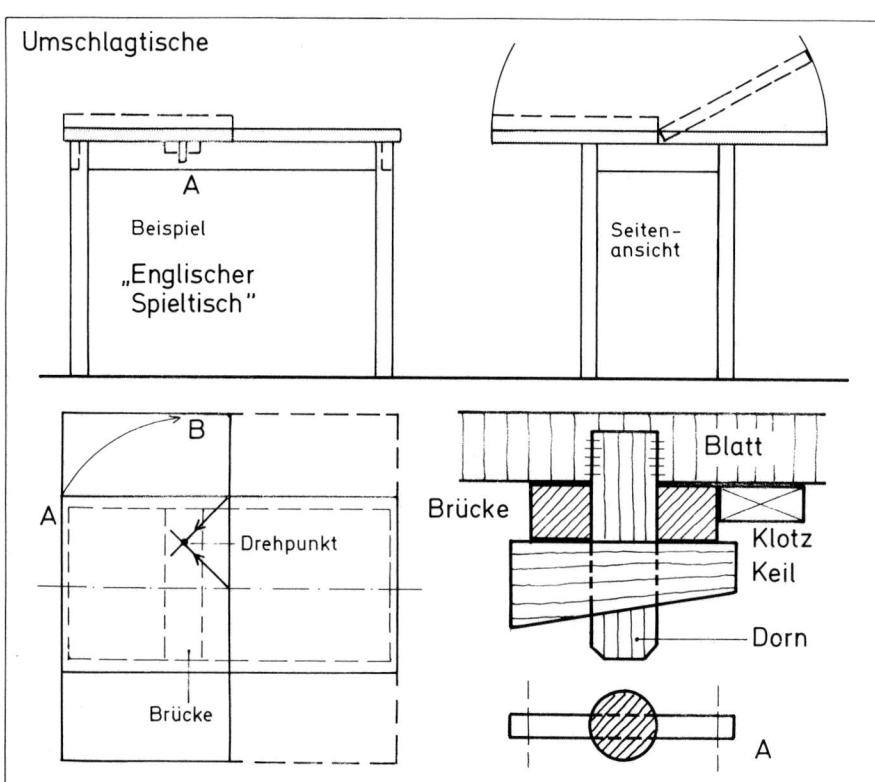

Umschlagtische

A

Beispiel

„Englischer Spieltisch"

Seitenansicht

B

A   Drehpunkt

Brücke

Brücke   Blatt   Klotz   Keil   Dorn

A

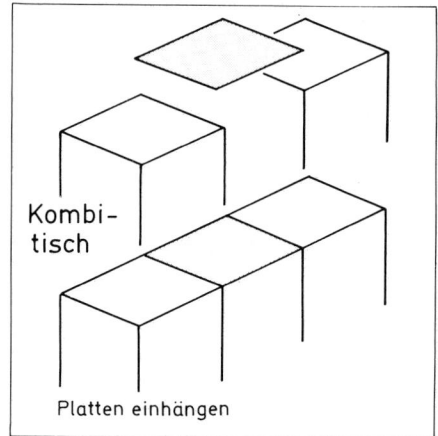

Kombitisch

Platten einhängen

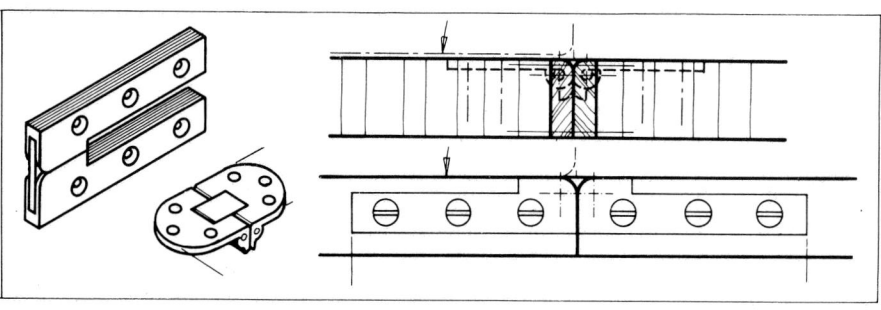

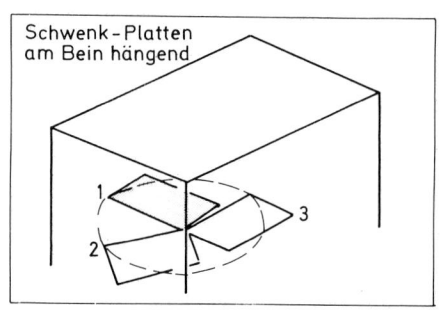

Schwenk-Platten am Bein hängend

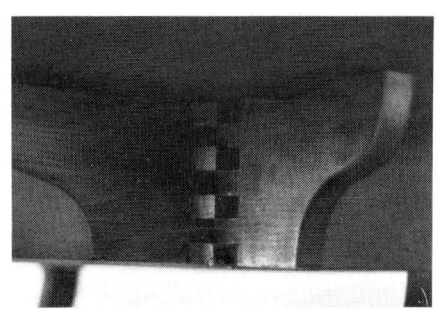

**Klapptische** vergrößern die Tischblätter durch Hochklappen von ein oder zwei Flächen. Die Abstützung der Blätter erfolgt durch Blattverschiebungen, Ausziehen von Knaggen, Ausschwenken von Konsolen oder durch Abstützung auf dem Boden mit unterschiedlichen Gestellteilen.

# Tische

**Umschlag- und Klapptische**

## Beispiele

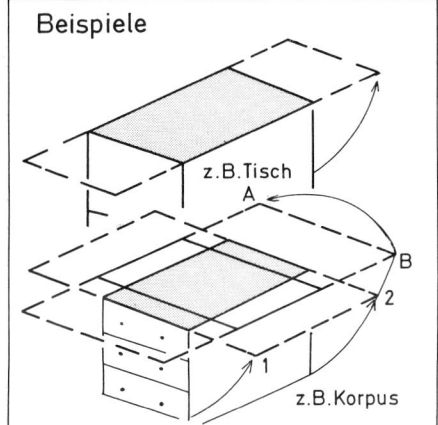

z.B.Tisch
A
B
2
1
z.B.Korpus

## Blatt verschoben

## Dreieck geschwenkt

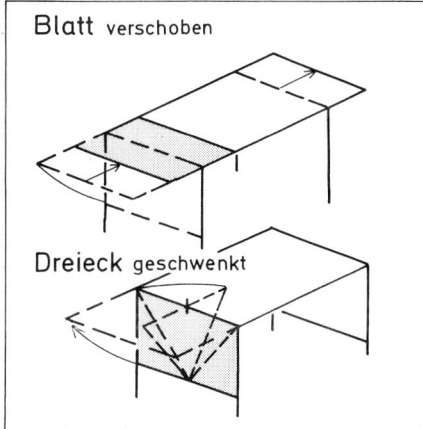

## Knaggen ausgezogen

## Konsolen gedreht

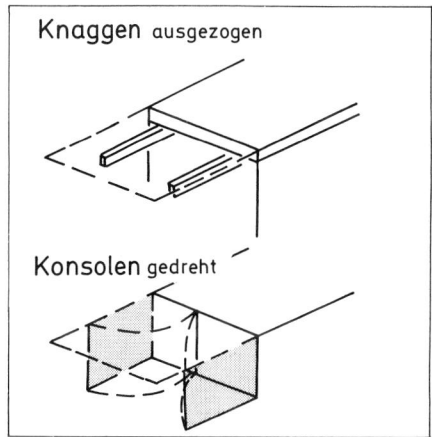

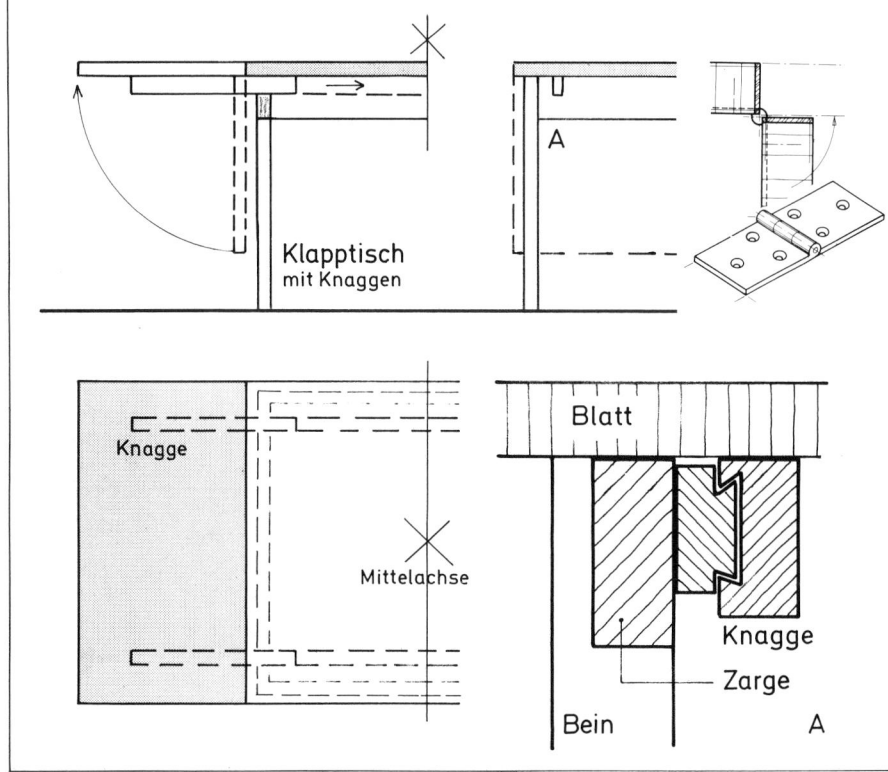

**Klapptisch** mit Knaggen

A

Knagge

Mittelachse

Blatt

Knagge

Zarge

Bein                A

## Blattschwenkungen

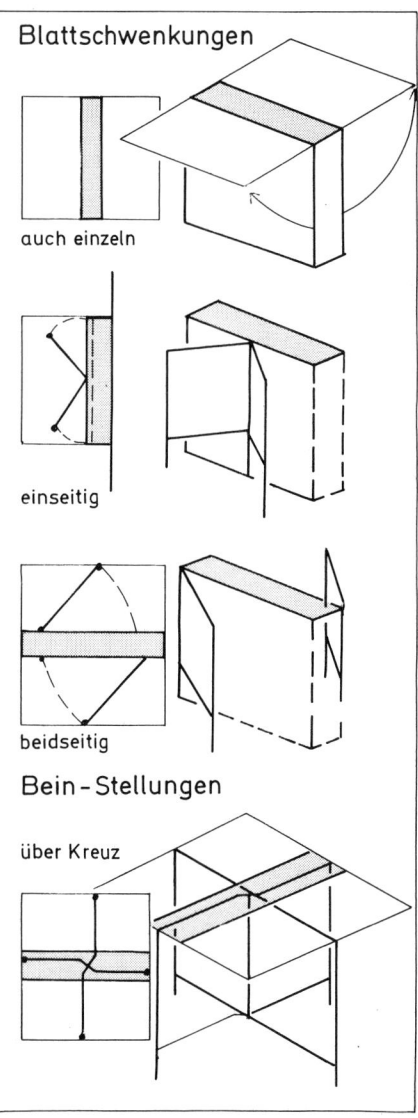

auch einzeln

einseitig

beidseitig

## Bein-Stellungen

über Kreuz

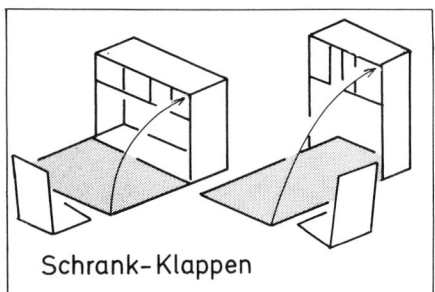

**Schrank-Klappen**

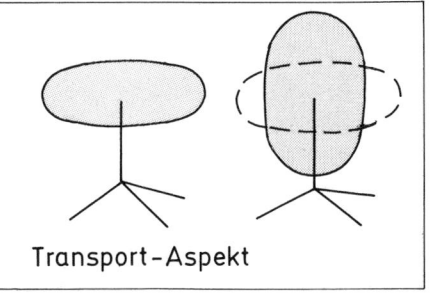

**Transport-Aspekt**

Bei **Ausziehtischen mit Nutklotzführung** werden die Tischblatthälften zur Freigabe der eingefalteten Tafeln in Nutklotzführungen auseinandergezogen. Die Auffalttafeln können geteilt werden, so daß eine Vergrößerung anderthalb oder doppelt groß ist.
Die Tafeln werden durch die Drehung aus dem Zargenbereich in Tischblatthöhe angehoben.

**Vergleich**
Beide Ausziehtische vergrößern die Tischfläche durch zusätzliche Tafeln, die einmal unter den Blättern an den Stirnkanten ein- oder zweiseitig hervorgezogen, zum anderen aus der Mitte herausgefaltet werden. Die Tischflächen haben daher im geschlossenen Zustand eine Fuge, oder die Tafeln sind seitlich sichtbar.

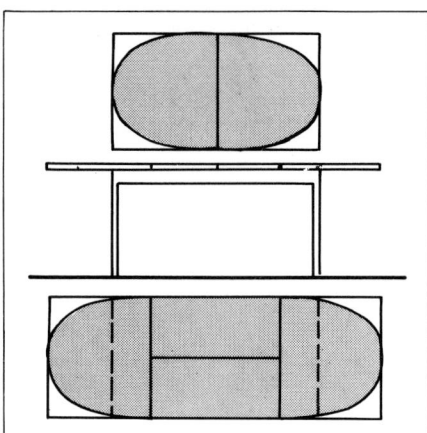

| | |
|---|---|
| Blatthälften | auseinanderziehen |
| Fläche | geteilt, eine Fuge |
| Zargen | einteilig, Gestell stabil |
| Tafeln | auffalten, 1-2mal |
| Beine | bleiben stehen |
| Vergrößerungsfaktor | x 1½ oder x 2 |

Form variabel: rechteckig, oval, rund

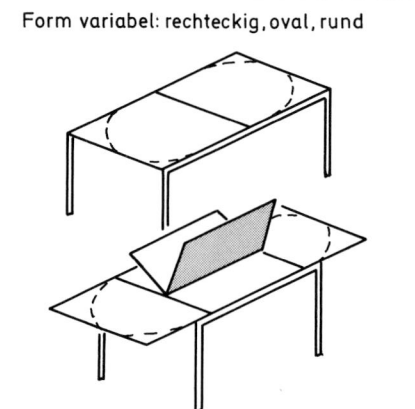

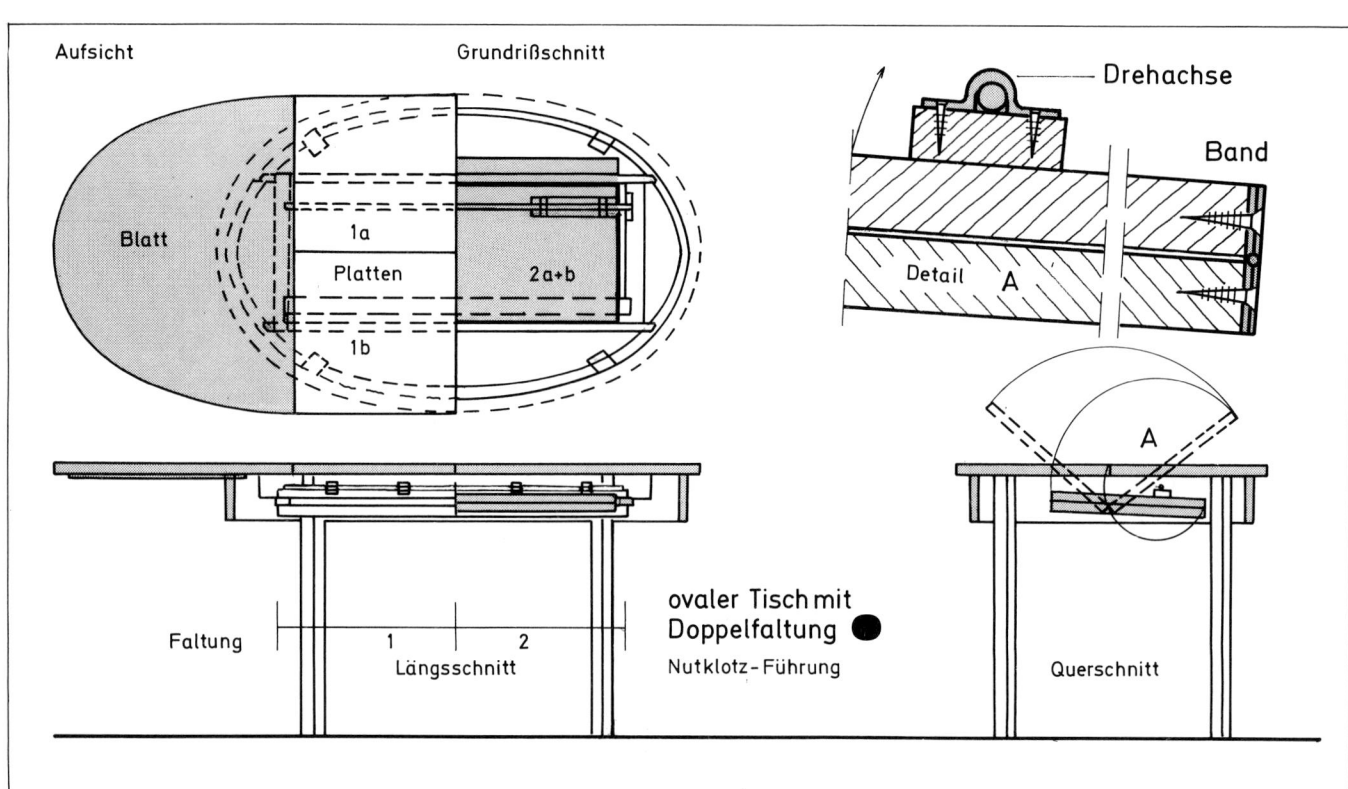

Aufsicht   Grundrißschnitt

Blatt

1a
Platten
2a+b
1b

Drehachse

Band

Detail A

A

Faltung   1   2
Längsschnitt

**ovaler Tisch mit Doppelfaltung** ●
Nutklotz-Führung

Querschnitt

**Details**

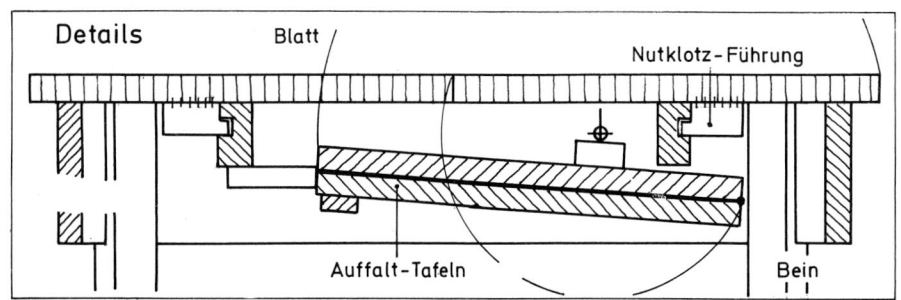

Blatt
Nutklotz-Führung
Auffalt-Tafeln
Bein

**Variante:** eckig mit einer Faltung

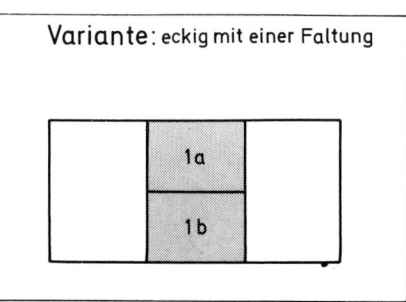

1a
1b

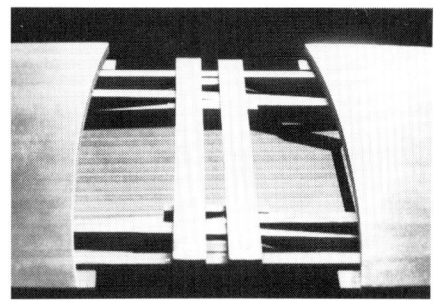

Bei **Ausziehtischen mit Knaggenführung** werden die Tafelhälften über Knaggen durch Ausschnitte in den Oberkanten der Querzargen geführt. Durch eine Brücke in Tischmitte werden sie abgestützt und durch die schräge Ausbildung der Knagge hochgeschoben, so daß sie im ausgezogenen Zustand mit dem Tischblatt bündig liegen. Die Brücke kann auch durch seitliche Kippleisten ersetzt werden.

# Tische

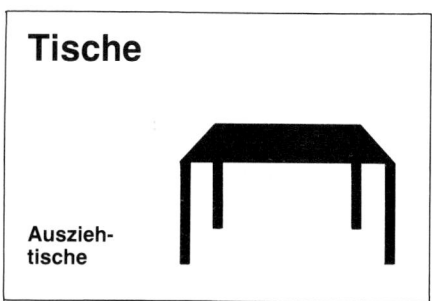

**Auszieh-tische**

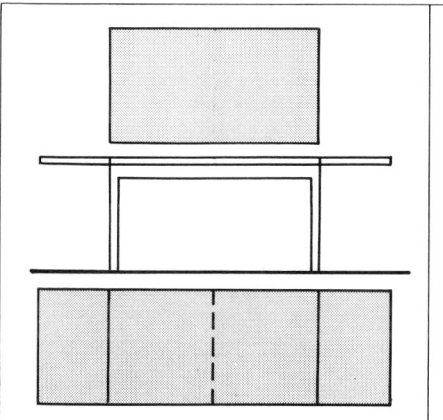

| | |
|---|---|
| Tafelhälften | ausziehen+anheben |
| Fläche | ohne Fuge = 2 Blätter sichtbar |
| Zargen | einteilig, Gestell stabil |
| Tafeln | r+l ausziehen +hochschieben |
| Beine | bleiben stehen |
| Vergrößerungs-faktor | x 1½ oder x2 |

**Vergrößerungen 1u.2 seitig**

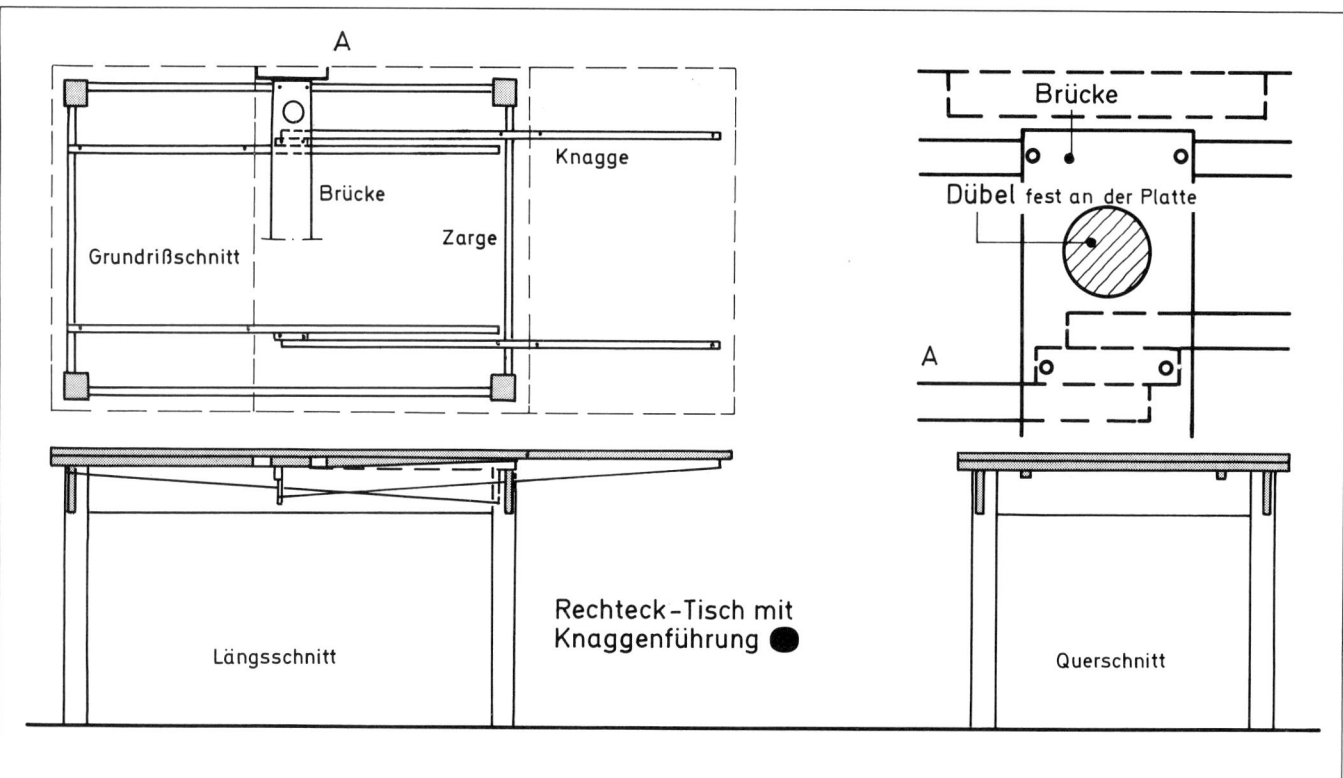

Grundrißschnitt · Brücke · Knagge · Zarge · A · Brücke · Dübel fest an der Platte · A · Längsschnitt · **Rechteck-Tisch mit Knaggenführung ●** · Querschnitt

**Details**

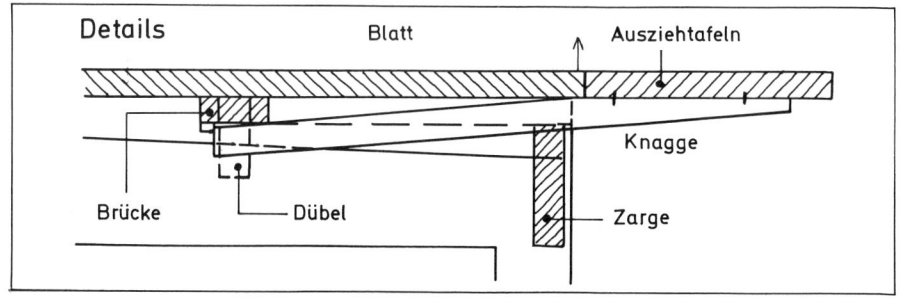

Blatt · Ausziehtafeln · Knagge · Brücke · Dübel · Zarge

**Variante:** ohne Brücke mit Kippleisten

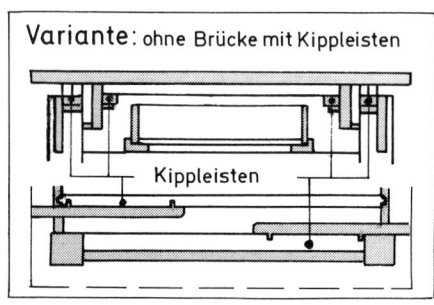

Kippleisten

Bei **Zargentischen** werden die Blatthälften in Nuten geführt. Die Tafel ist ganzteilig und wird über eine Drehstange ausgeschwenkt, so daß sie bündig mit den Blattflächen zu liegen kommt.
Nachteil: die Fugen zwischen Blatt und Zargen stören.

**Vergleich**
Die beiden Ausziehtische sind extrem unterschiedlich:
● Die Gestelle sind fest oder geteilt.
● Die Beine bleiben stehen oder gehen mit.
● Die Vergrößerung der Tafeln ist begrenzt oder extrem weit möglich, bis an die Grenze der Standfestigkeit.
● Die Tafeln sind fest im Tischgestell untergebracht oder lose außerhalb des Tisches.

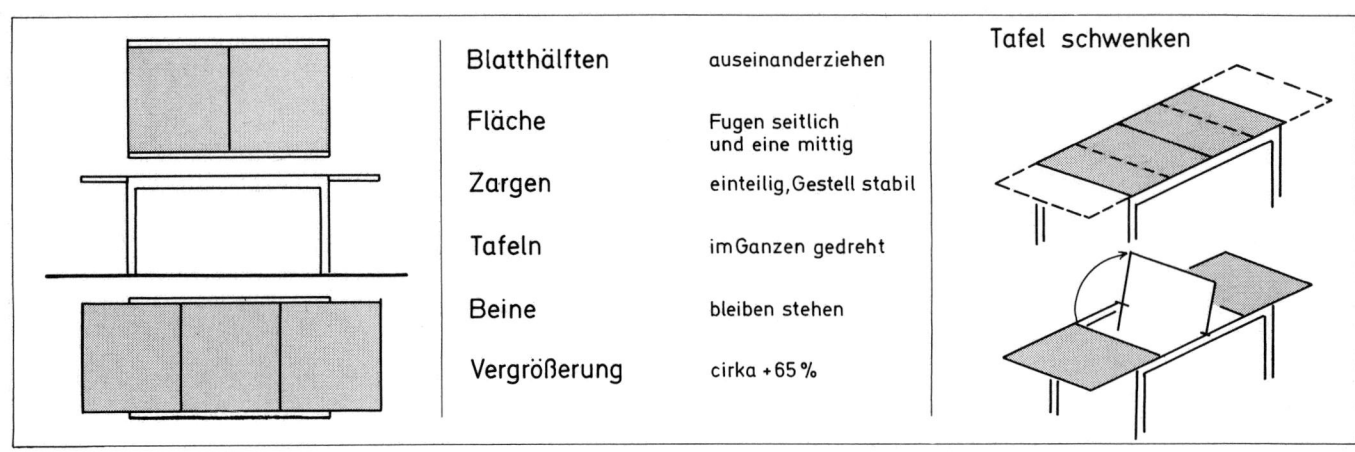

| | | Tafel schwenken |
|---|---|---|
| Blatthälften | auseinanderziehen | |
| Fläche | Fugen seitlich und eine mittig | |
| Zargen | einteilig, Gestell stabil | |
| Tafeln | im Ganzen gedreht | |
| Beine | bleiben stehen | |
| Vergrößerung | cirka +65 % | |

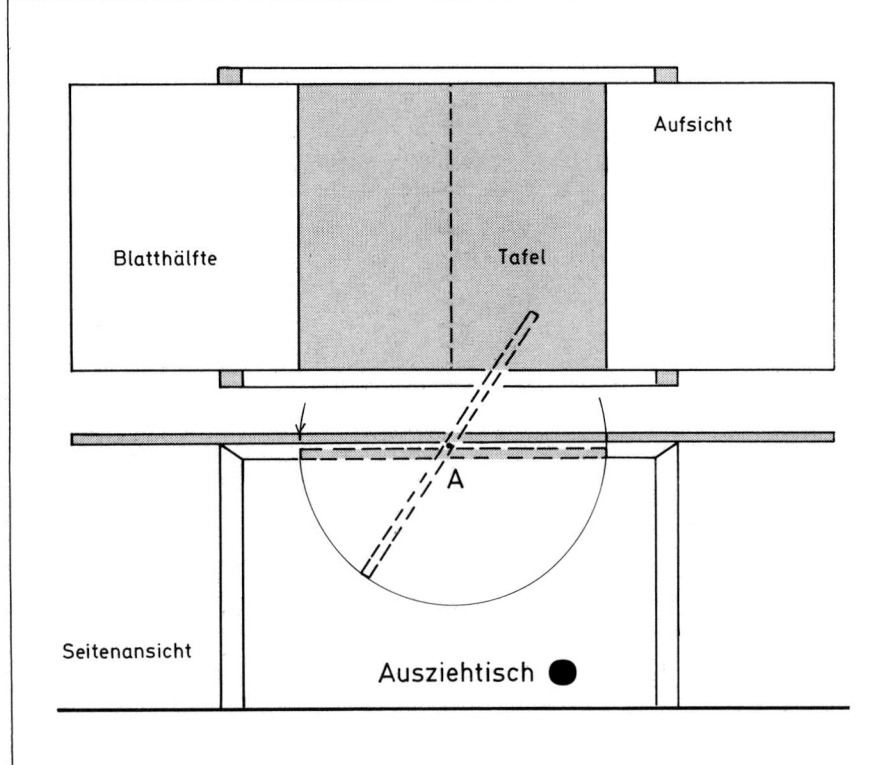

Aufsicht

Blatthälfte    Tafel

A

Seitenansicht

**Ausziehtisch** ●

Abbildung des Kulissentisches von Seite 129 im ausgezogenen Zustand. Foto vom ineinandergeschobenen Zustand auf Seite 129 oben.

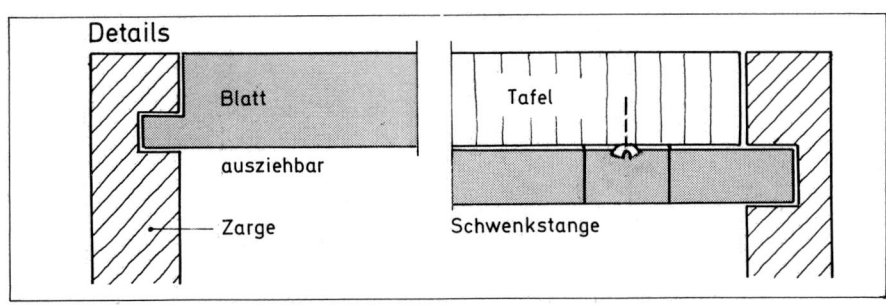

**Details**

Blatt

ausziehbar

Zarge

Tafel

Schwenkstange

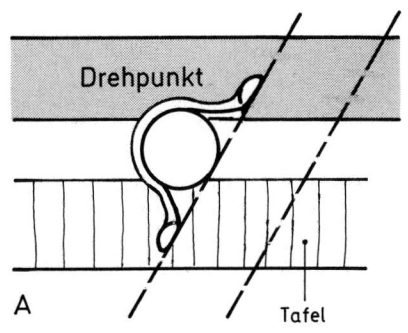

Drehpunkt

A

Tafel

**Kulissentische** haben teleskopartig ineinandergeschobene Knaggen, meist in Form von Gratleisten. Diese halten die Tischhälften zusammen und bieten den lose einliegenden oder extern gelagerten Tafeln Auflager. Je weiter ein Kulissentisch ausgezogen wird, desto geringer wird die Stabilität des Gestells, so daß ausschwenkbare Zusatzbeine erforderlich werden können.

**Tische**

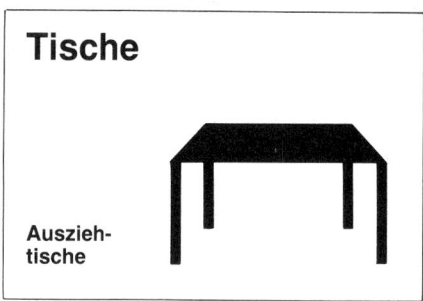

**Auszieh-tische**

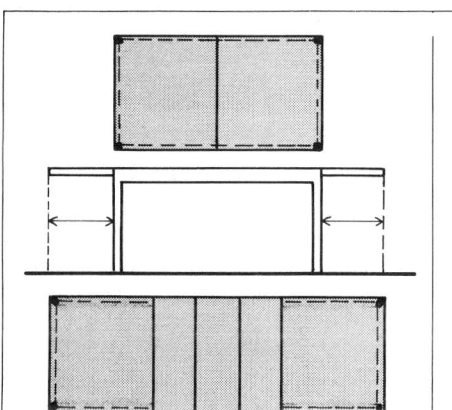

Tischhälften — auseinanderziehen

Fläche — mehrere Fugen

Zargen — geteilt, Gestell labil

Tafeln — lose = a. im Tisch gelagert / b. extern gelagert mit, ohne Zargenanteil

Beine — gehen mit (bessere Beinfreiheit beim Sitzen)

Vergrößerung — nur begrenzt durch Standfestigkeit

Platten lagern a oder b

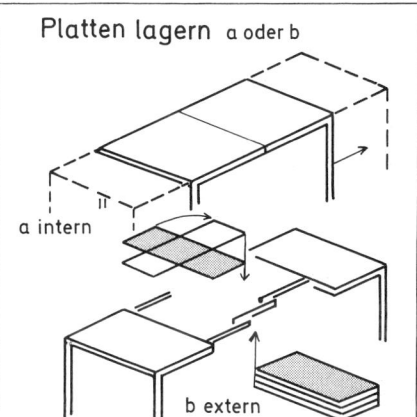

a intern

b extern

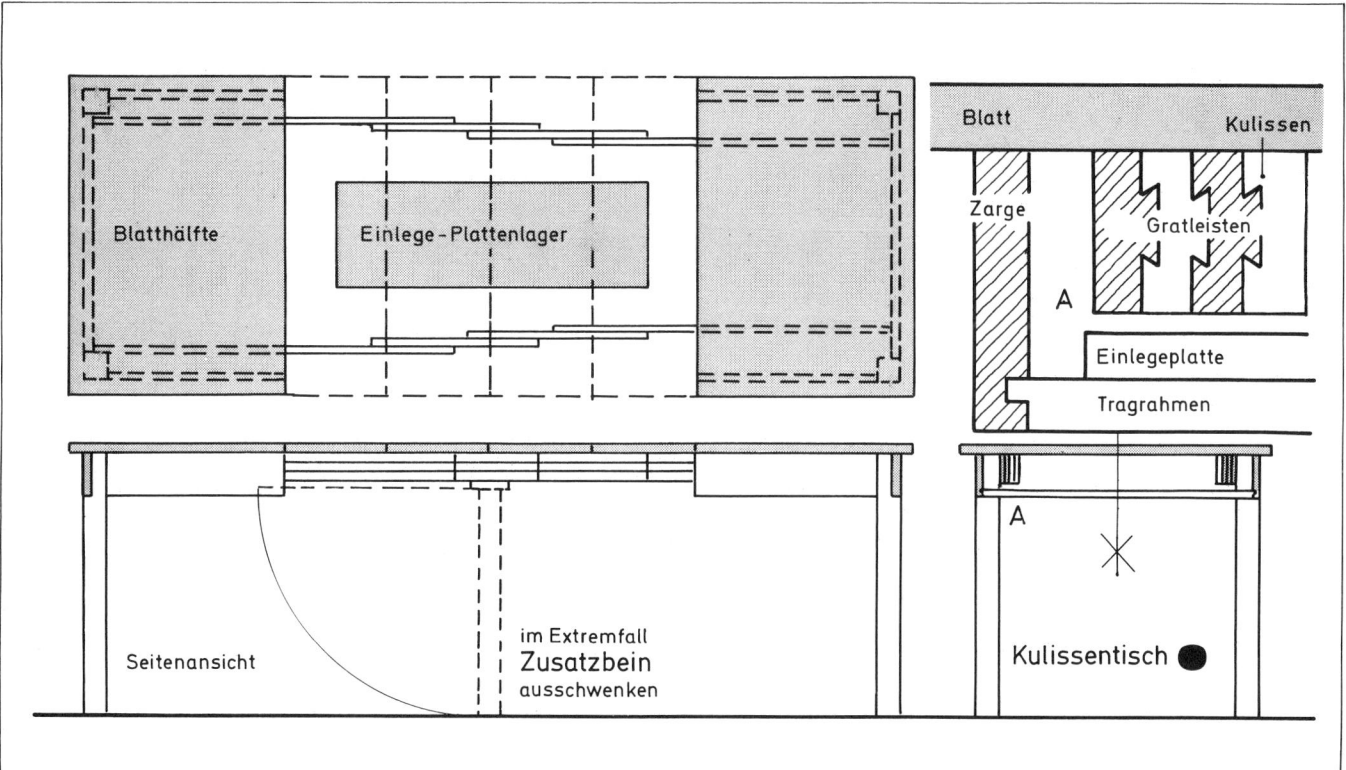

Blatthälfte

Einlege-Plattenlager

Blatt — Kulissen

Zarge

Gratleisten

A

Einlegeplatte

Tragrahmen

Seitenansicht

im Extremfall **Zusatzbein** ausschwenken

A

**Kulissentisch** ●

**Variante**
• Kulisse mit Nut u. Feder
• Tafeln mit Zargenanteil

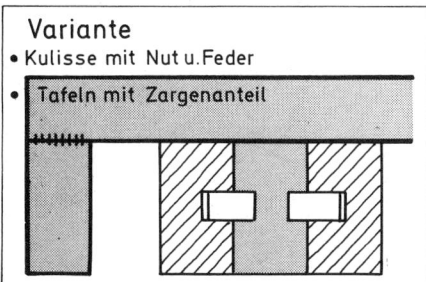

**Variante**
• Kulissen gefräst
• Kulissen gleichzeitig Zarge

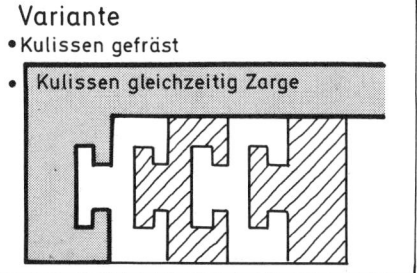

**Sonderfall** Beine bleiben stehen

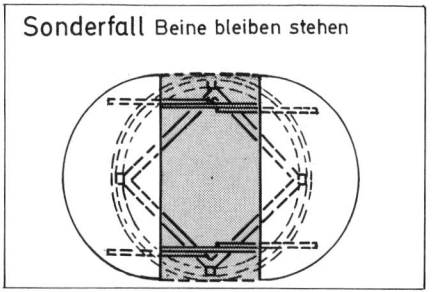

Bei **Sprossenstühlen** sind die Beine durch Sprossen verbunden, welche die Funktion von Zargen übernehmen. Auch die Stege und Rükkenlehnen können aus Sprossen bestehen. Man vergleiche die klassischen Konstruktionsarten (siehe S. 133) mit den Fotos auf dieser Seite, welche Mischformen zeigen.

Bei **Zargenstühlen** werden die Beine durch Zargen verbunden. Die Form der Beine, ob gerade oder geschweift, rund oder eckig, ist von dieser Konstruktionsart unabhängig, ebenso die Form der Rückenlehne. Im Sonderfall können auch die Zargen geschweift sein.

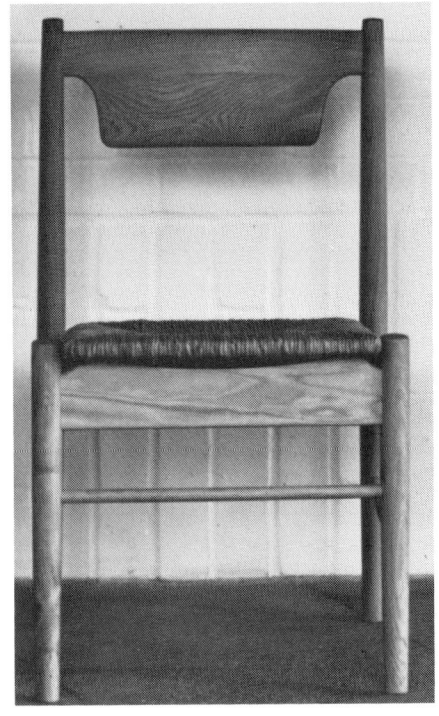

**Schichtholzstühle** gehören zu den elegantesten Sitzmöbeln. Jüngste Entwicklungen der Leimtechniken erlauben lamellierte Konstruktionen.

Bei **Brettstühlen** werden die Beine direkt oder über Gratleisten vom Sitzbrett aufgenommen. Die Rückenlehnen werden durch die Sitzbretter eingesteckt und verkeilt. Brettstühle gehören zu den ältesten Stuhlkonstruktionen.

Bei **Bugholzstühlen** werden die gebogenen Teile aus gedämpftem Buchenholz geformt. Klassische Modelle sind die Wiener Kaffeehausstühle, die bis heute hergestellt werden.

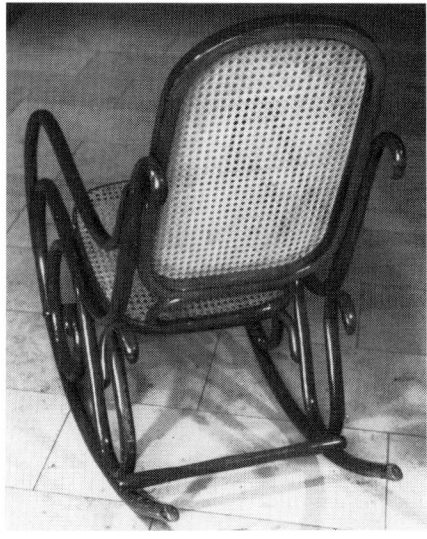

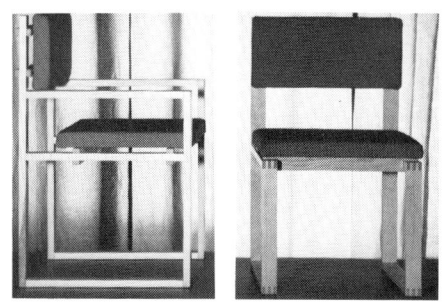

Die **Konstruktionen der Stühle** sind unterschiedlich nach Ausbildung, Zahl und Stellung der Beine, nach Form und Ausbildung der Sitze, Arm- und Rückenlehnen sowie nach der Art der Verbindungen und Anbringungen.

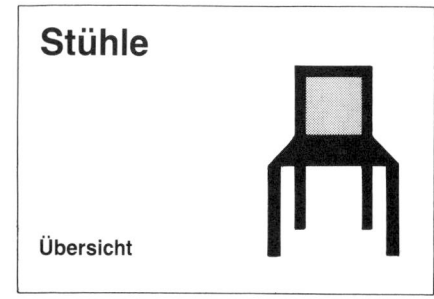

## Stühle

**Übersicht**

## Stuhlteile

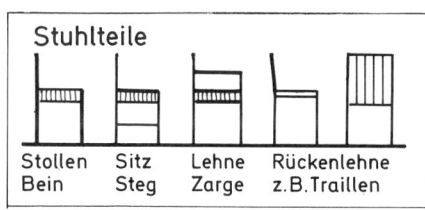

Stollen — Sitz — Lehne — Rückenlehne
Bein — Steg — Zarge — z.B.Traillen

## Bank-, Hockerteile

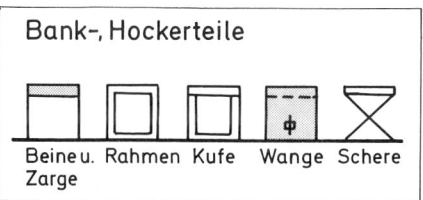

Beine u. — Rahmen — Kufe — Wange — Schere
Zarge

**Beine** reichen bis zum Sitz, **Stollen** bis zur Rückenlehne.
**Wangen** sind geschlossene Seiten.
**Kufen** erlauben das Gleiten.
Die **Zahl der Beine** bestimmt primär die Mobilität, Kipp- und Standfestigkeit.
Die **Formen von Sitz und Lehnen** entscheiden über die Bequemlichkeit.

Sitz wird getragen — Sitz trägt

Konstruktionsprinzip

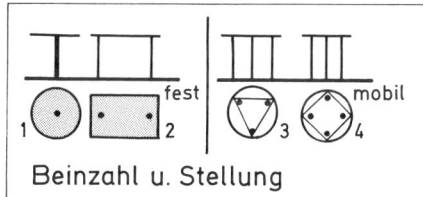

fest / mobil

Beinzahl u. Stellung

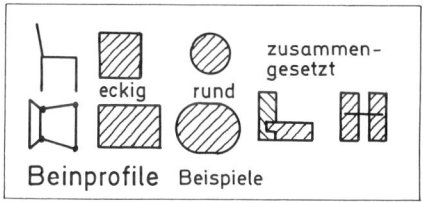

eckig — rund — zusammengesetzt

Beinprofile — Beispiele

Für Stühle werden meist **Hartholz** und **Edelholz**, z.B. Buche, Eiche, Mahagoni, verwendet. Für verdeckte Teile, z.B. Polstergestelle, wird aus Preisgründen Rotbuche eingesetzt.

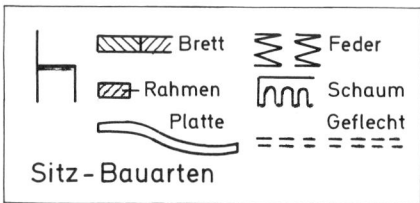

Brett — Feder
Rahmen — Schaum
Platte — Geflecht

Sitz - Bauarten

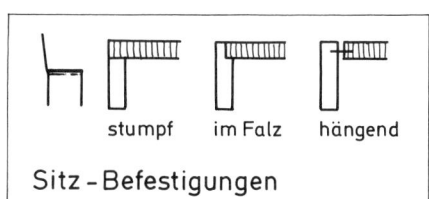

stumpf — im Falz — hängend

Sitz - Befestigungen

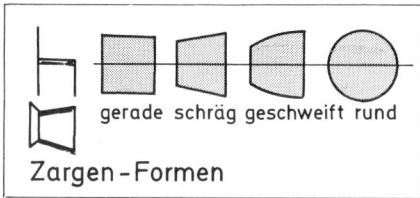

gerade schräg geschweift rund

Zargen - Formen

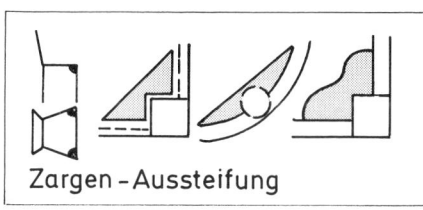

Zargen - Aussteifung

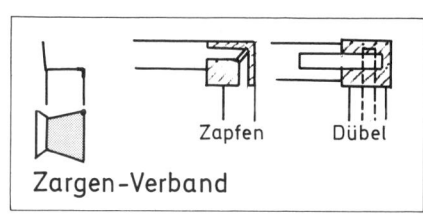

Zapfen — Dübel

Zargen - Verband

Die Verbindungen durch **Zargen** und **Stege** steifen den Stuhl aus und verleihen ihm Stabilität.
Die schräg nach hinten geneigte Ausbildung der **Federn** ist ausschließlich für sichtbare Stuhlbeinoberkanten entwickelt worden. Siehe Kasten ganz links.

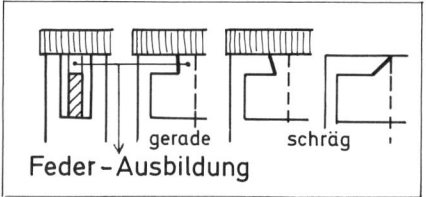

gerade — schräg

Feder - Ausbildung

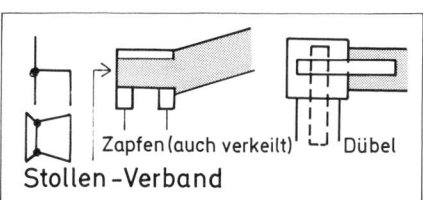

Zapfen (auch verkeilt) — Dübel

Stollen - Verband

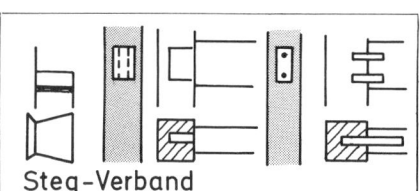

Steg - Verband

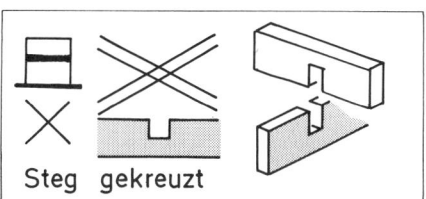

Steg gekreuzt

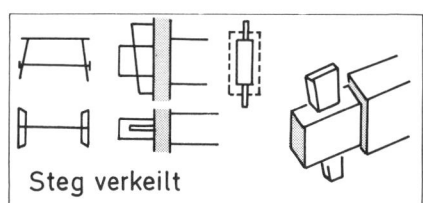

Steg verkeilt

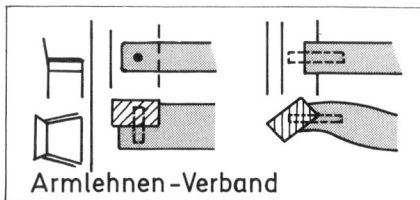

Armlehnen - Verband

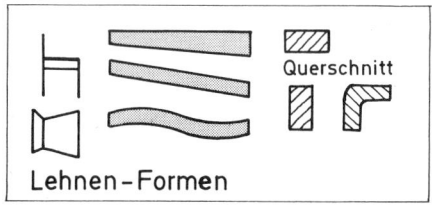

Querschnitt

Lehnen - Formen

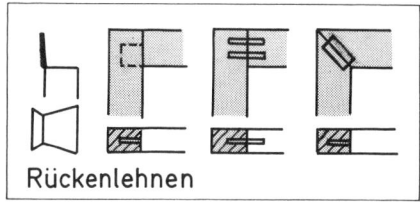

Rückenlehnen

**Zargenstühle** alter und neuer Bauweise unterscheiden sich bei den hier gezeigten Beispielen in der Form: geschweift oder glatt; in den Verbindungen: gezapft oder gedübelt; in der Herstellung: einzeln oder in Serie; sowie durch die Stapelbarkeit des neuen Modells.

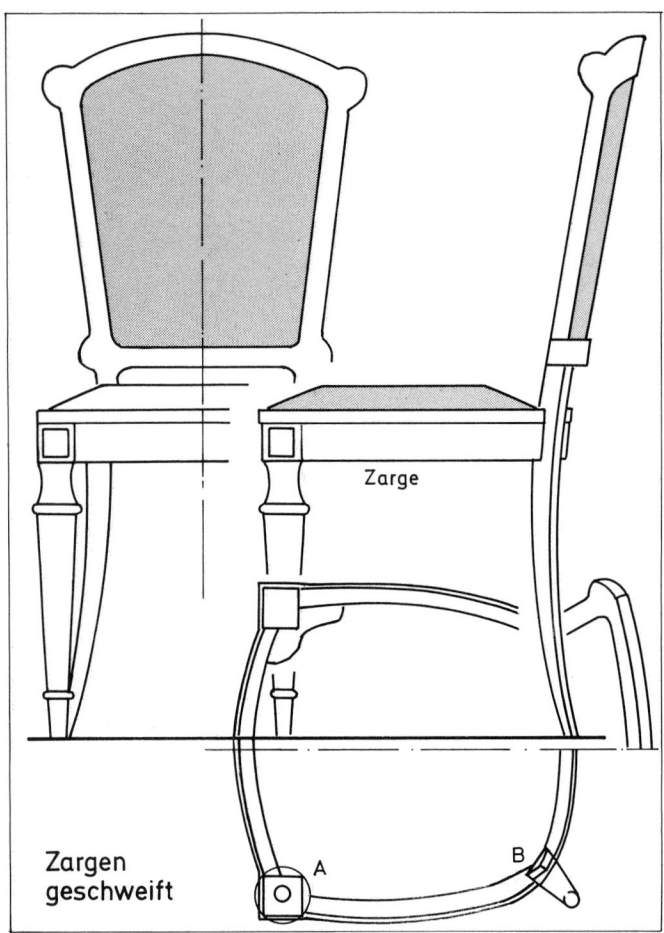

Zarge

Zargen
geschweift

A     B

**Zargenstuhl alt**

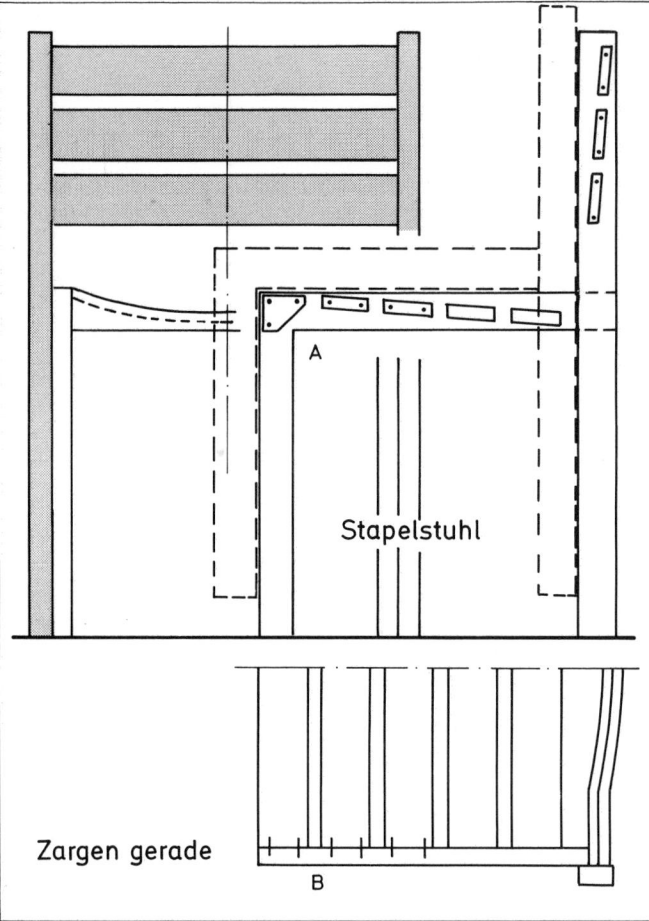

Stapelstuhl

Zargen gerade

B

**Zargenstuhl neu**

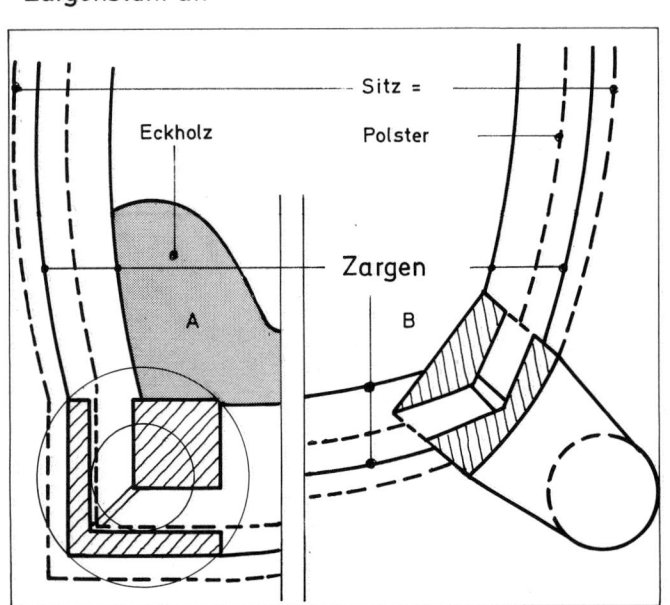

Sitz =

Eckholz      Polster

Zargen

A     B

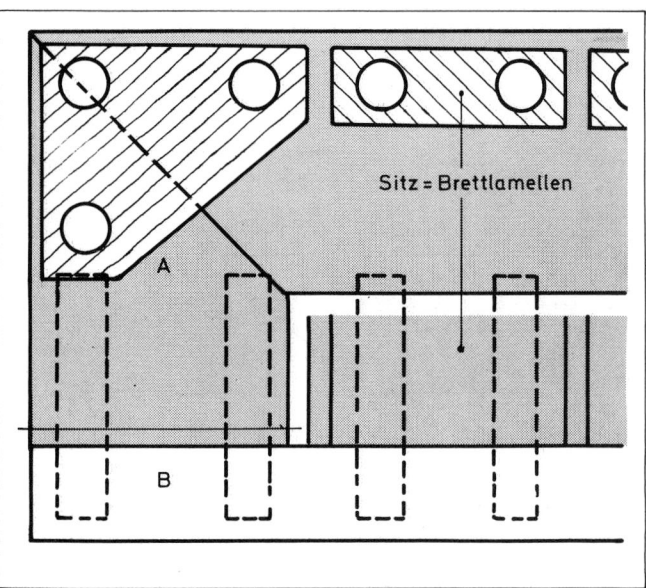

Sitz = Brettlamellen

A

B

**Sitzmöbel** entsprechen durch verschiedene Bauarten, Formen, Ausstattungen, Materialien und Konstruktionen unterschiedlichen Nutzungsanforderungen und Gestaltvorstellungen.

**Vollhölzer** werden für den Sitzmöbelbau eingeschnitten, gedämpft, gebogen und lamelliert.

**Holzwerkstoffe** aus Dickten und Furnieren werden als gerade Platten oder als einfach bzw. mehrfach gebogene Formteile eingesetzt.

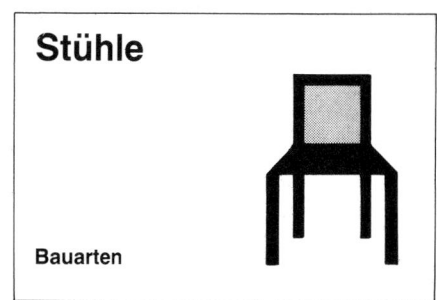

## Stühle

**Bauarten**

## Holz-Bauarten

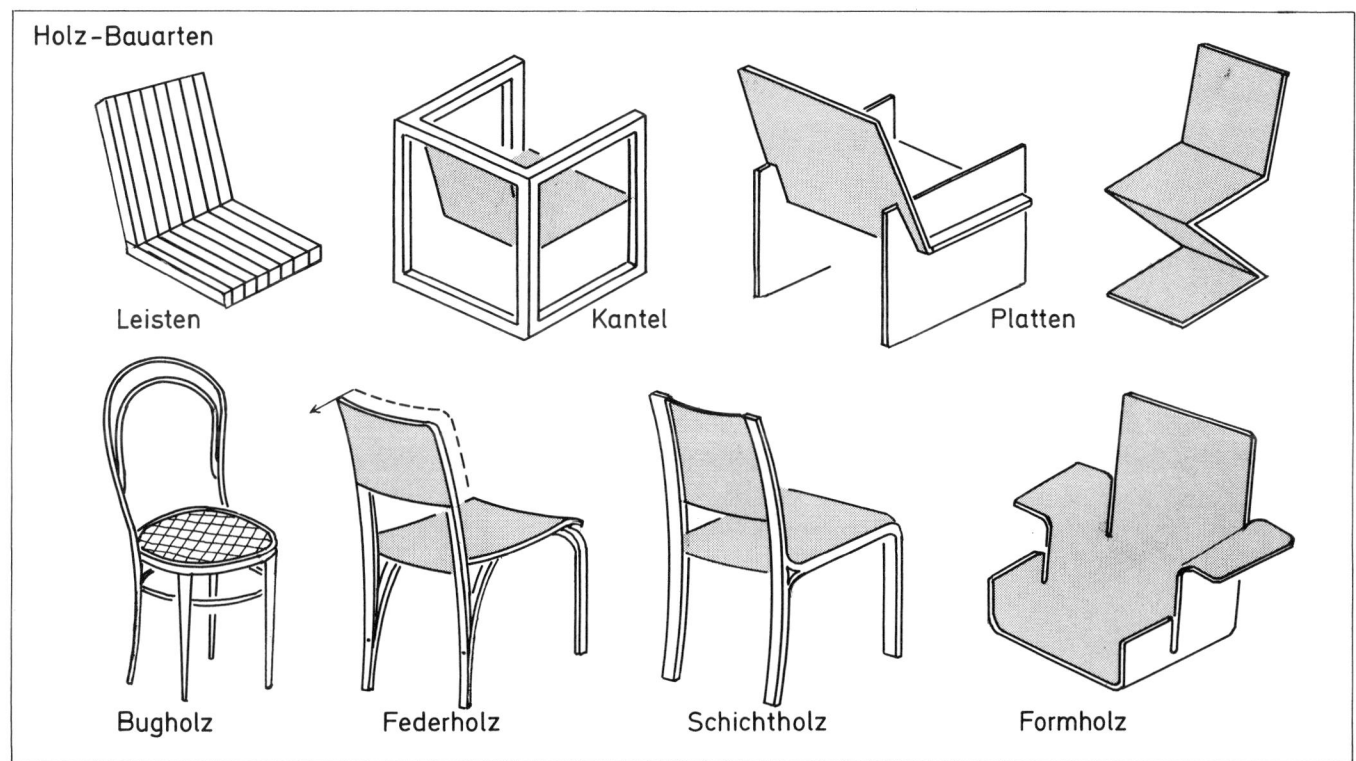

Leisten      Kantel      Platten

Bugholz      Federholz      Schichtholz      Formholz

## Konstruktionsarten

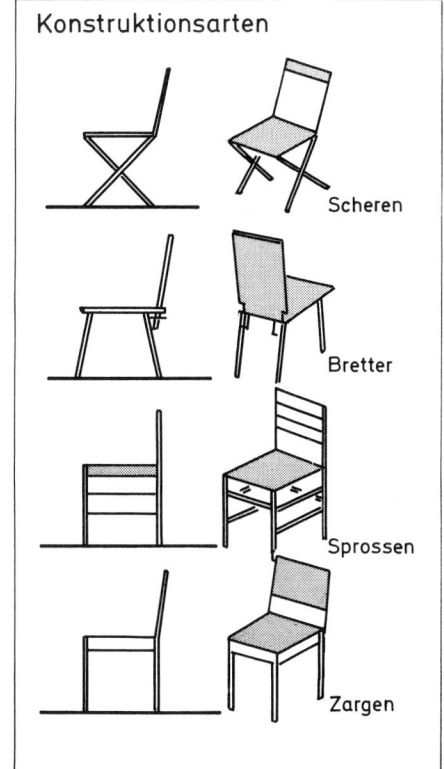

Scheren

Bretter

Sprossen

Zargen

## Nutzungsarten

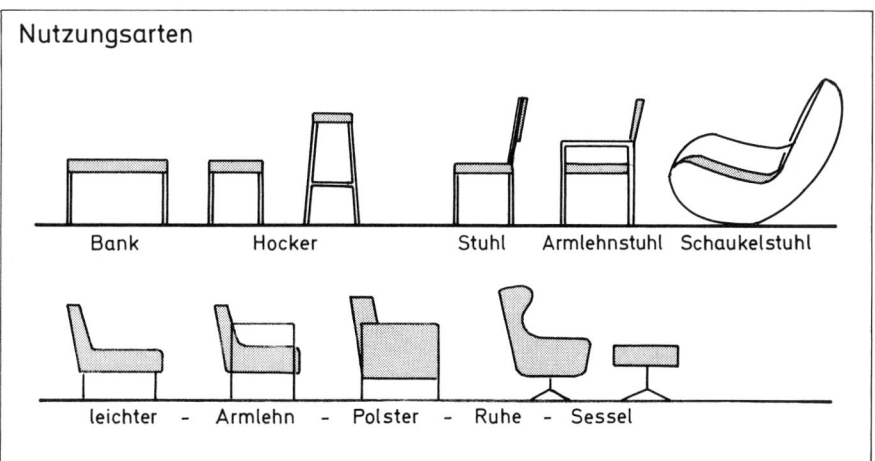

Bank      Hocker      Stuhl    Armlehnstuhl   Schaukelstuhl

leichter - Armlehn - Polster - Ruhe - Sessel

## Funktionen

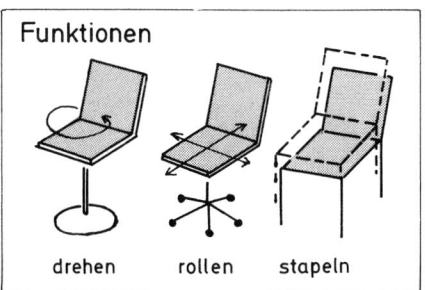

drehen     rollen     stapeln

## Maße-Sitzprofile

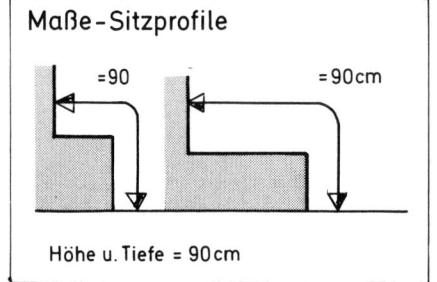

=90          =90cm

Höhe u. Tiefe = 90 cm

**Brettstühle** haben geschlossene Sitz- und Lehnenflächen aus Vollholz. Die Beine und Lehnen sind mit dem Sitz verkeilt.

**Sprossenstühle** haben rundgedrechselte Gestellteile, die miteinander verbohrt sind. Nachteil: steile Rückenlehne.

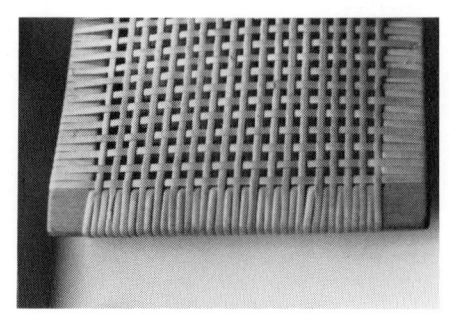

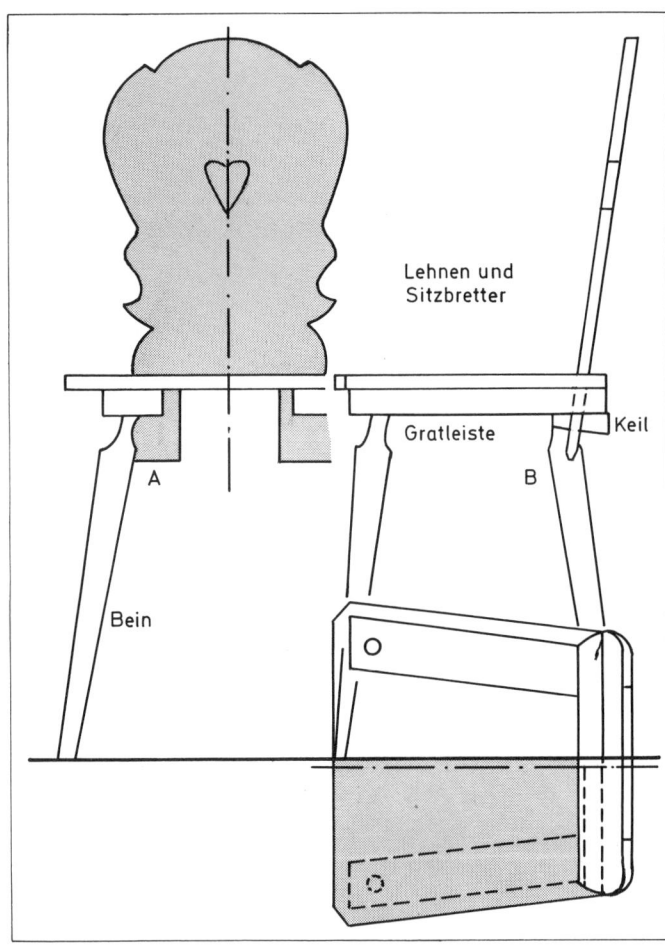

Lehnen und Sitzbretter

Gratleiste

Keil

A

B

Bein

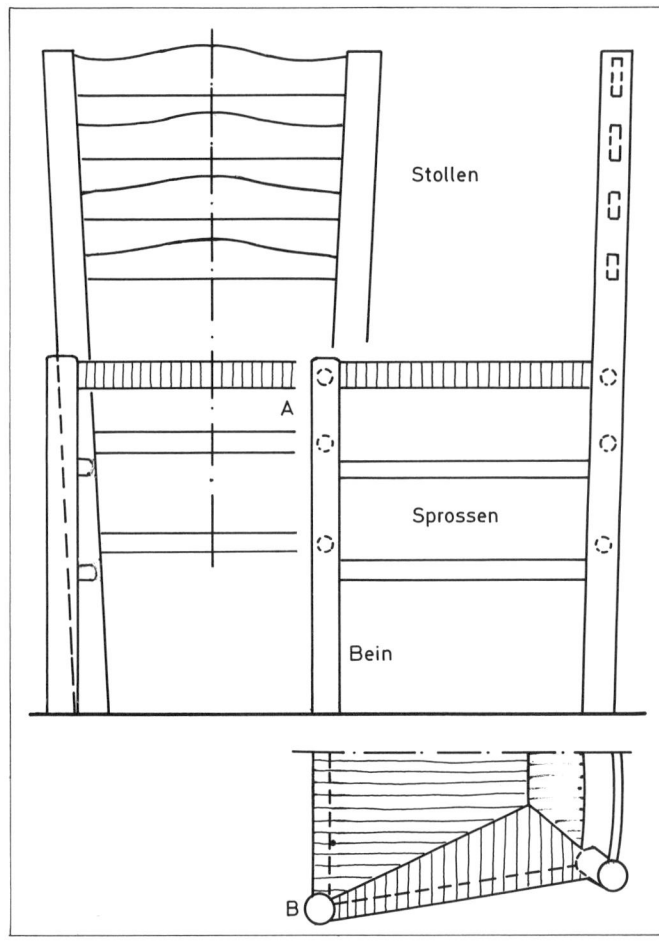

Stollen

A

Sprossen

Bein

B

**Brettstuhl**

**Sprossenstuhl**

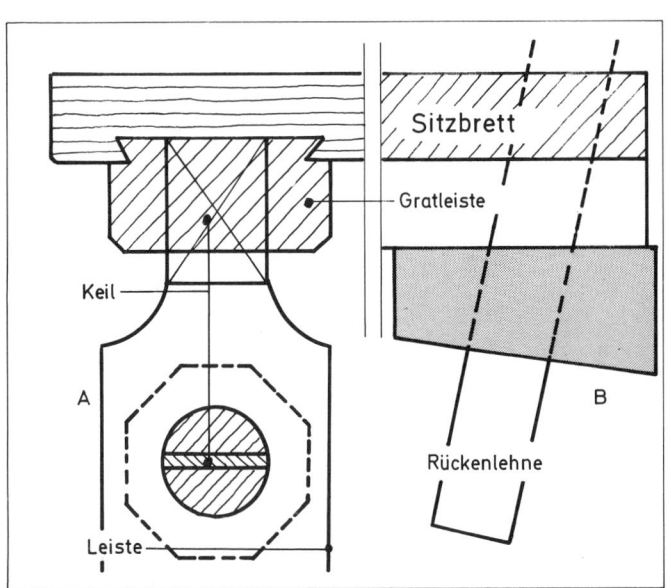

Sitzbrett

Gratleiste

Keil

A

B

Rückenlehne

Leiste

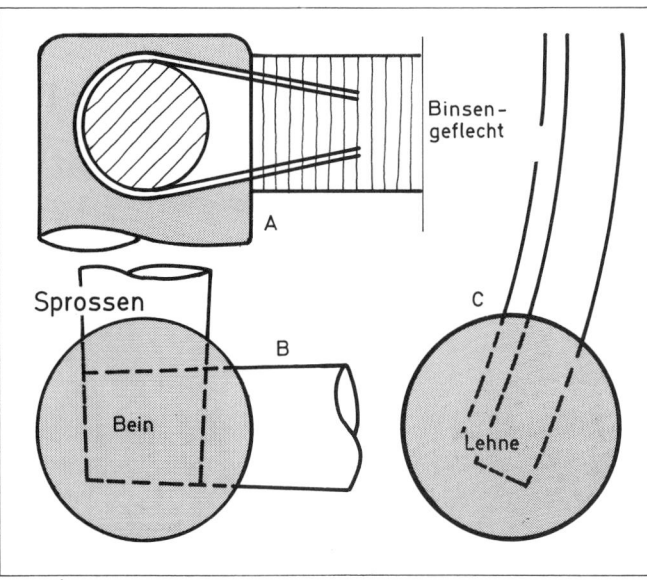

Binsengeflecht

A

Sprossen

Bein

B

C

Lehne

**Bugholzstühle** aus gedämpftem Buchenholz werden primär aus Formteilen zusammengeschraubt. Nur die geraden Vorderbeine sind in Eckklötze eingedübelt.

**Schichtholzstühle** haben hier z. B. lamellenverleimte Seitenteile, die durch Sitz- und Lehnenteile als Querversteifung miteinander verbunden sind.

## Stühle

**Konstruktionen**

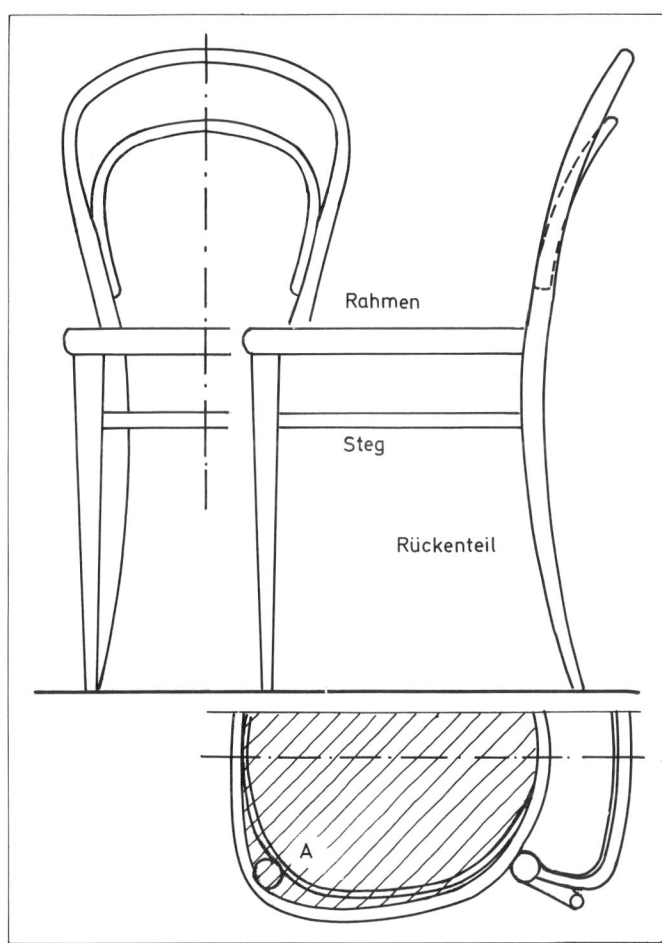

Bugholzstuhl

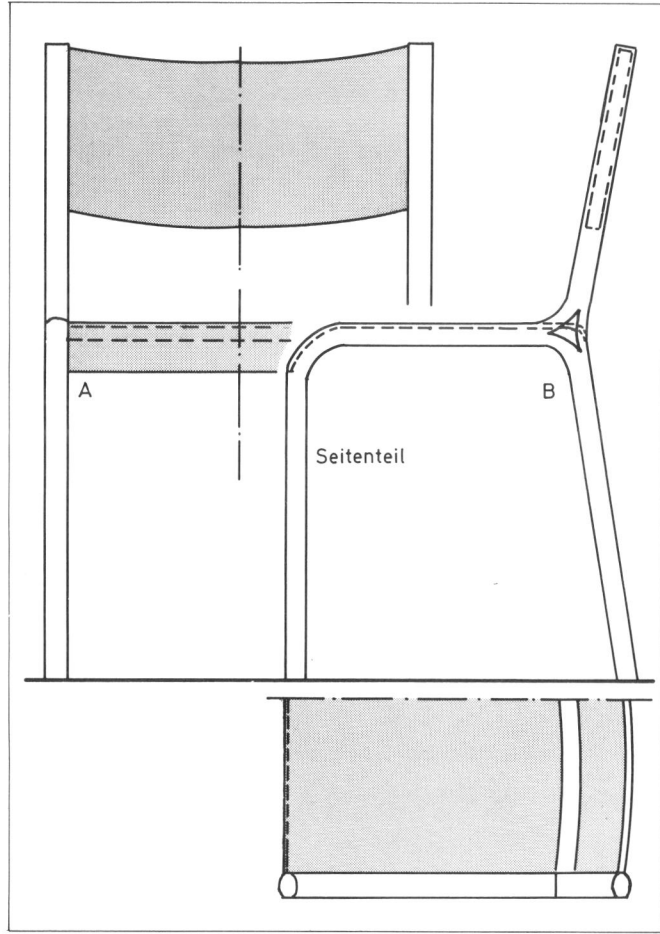

Schichtholzstuhl

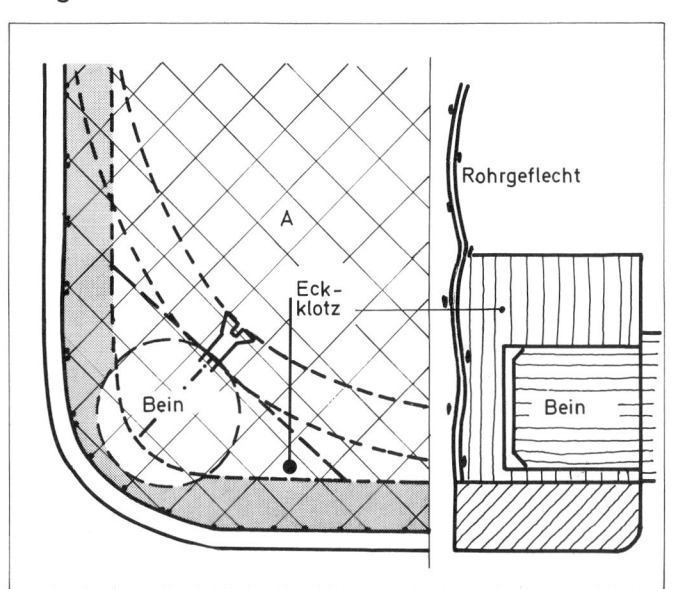

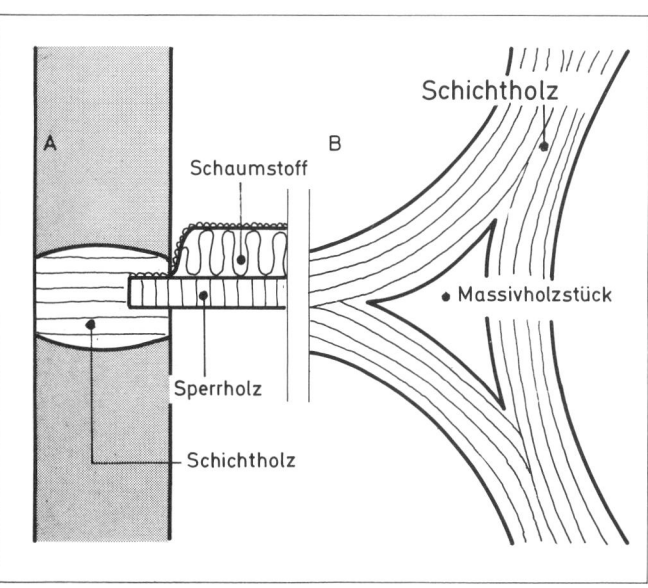

**Polsterstühle** werden in ihren Konstruktionen durch Gestaltungsanliegen und Erfordernisse der Nutzung ebenso bestimmt wie durch wirtschaftliche Aspekte.

● Auch ältere Modelle kannten über die Gestaltung hinaus Nutzungskomfort, z.B. durch Verstellbarkeit der Rückenlehnen.

● Die Beispiele zeigen verschiedene Bauformen, Polsterungen und Funktionen.

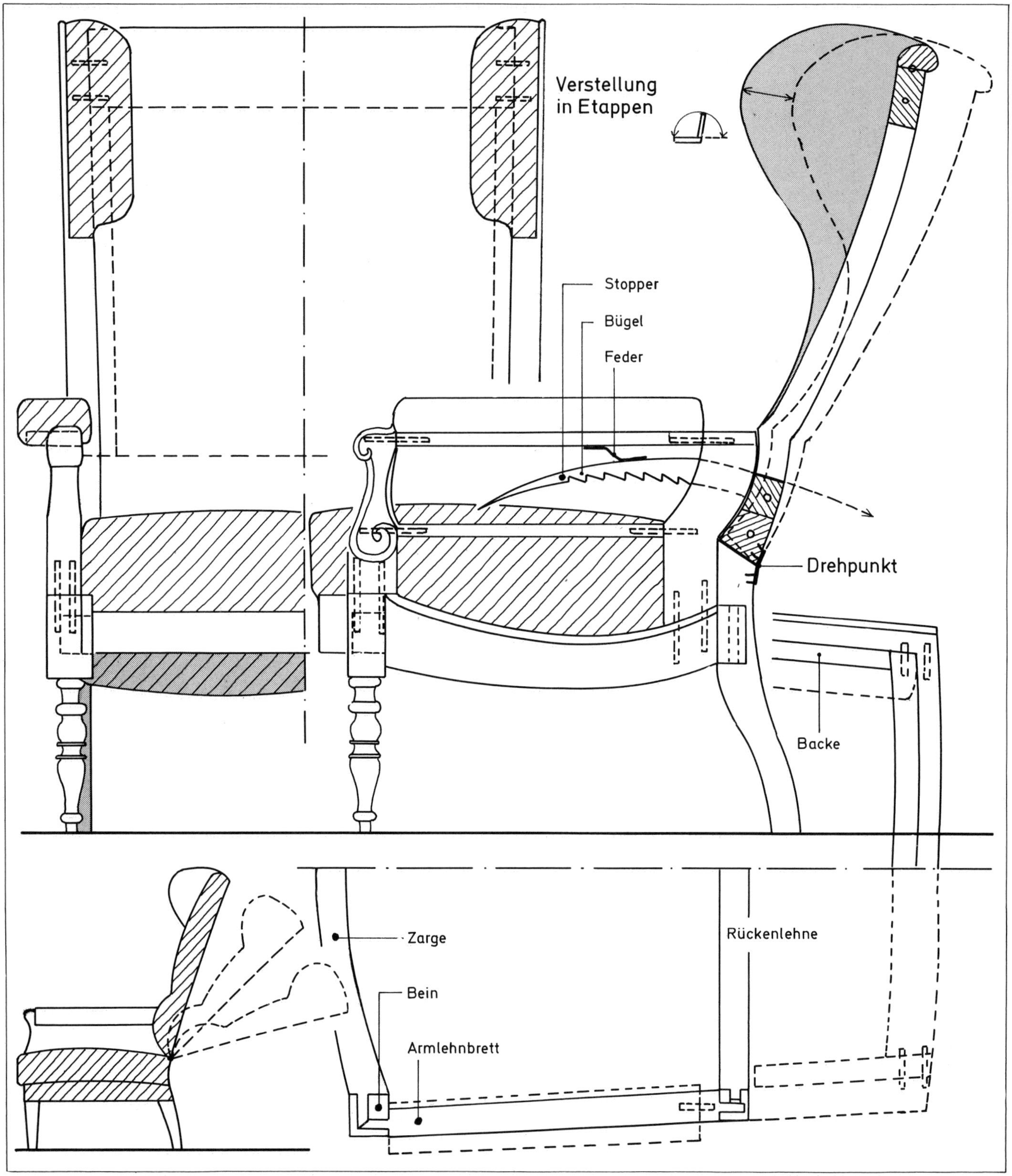

Verstellung
in Etappen

Stopper

Bügel

Feder

Drehpunkt

Backe

Zarge

Rückenlehne

Bein

Armlehnbrett

**Polstergestelle** werden aus preiswertem heimischem Hartholz, vor allem aus Rotbuche, zusammengeschlitzt, -gezapft, -gedübelt, aber auch, wenn verdeckt liegend, -geschraubt. Sichtbare Holzteile werden meist aus Edelhölzern gefertigt.

Die **Polsterung** wird heute meist mit Schaumstoffen auf Holzwerkstoffplatten ausgeführt. Solide Ausführungen sind immer noch gegurtete Federrahmen.

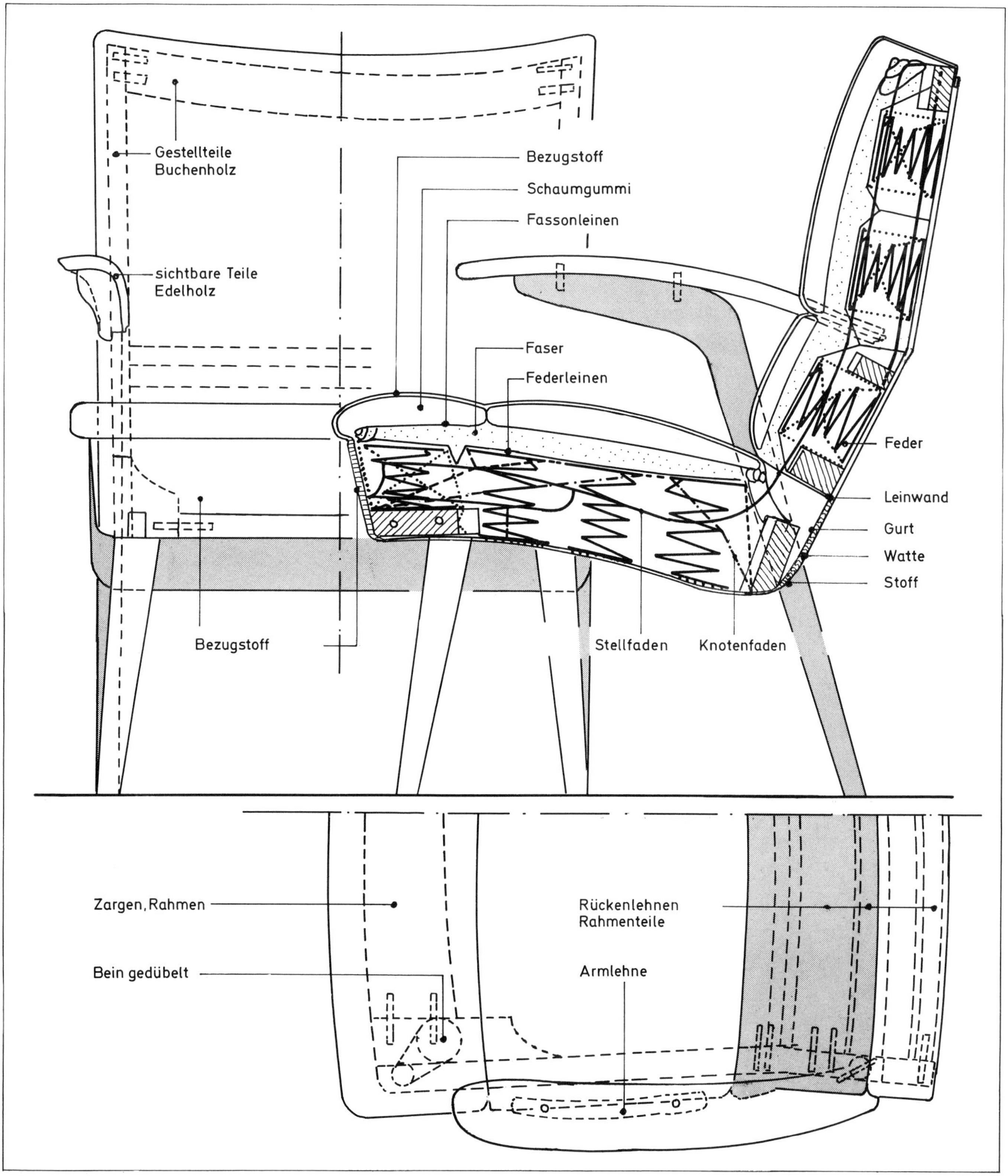

## Stühle

Polstergestelle

Gestellteile
Buchenholz

sichtbare Teile
Edelholz

Bezugstoff
Schaumgummi
Fassonleinen

Faser
Federleinen

Feder
Leinwand
Gurt
Watte
Stoff

Bezugstoff

Stellfaden · Knotenfaden

Zargen, Rahmen

Bein gedübelt

Rückenlehnen
Rahmenteile

Armlehne

**Gestelle** mit ihren Bauteilen, den Füßen, Sokkeln, Beinen und Stollen, den Böcken, Gabeln und Rahmen, tragen vor allem Flächen, Körper, Objekte. Sie sollen die Lasten von Stühlen, Betten und Schränken sicher abtragen und müssen daher stabil und verwindungssteif ausgebildet werden.

**Zargen** und **Stege** verbinden Füße, Beine und Stollen zu selbständigen Gestellen, auf denen die zu tragenden Teile auch lose aufgesetzt, gestellt oder gelegt werden können.

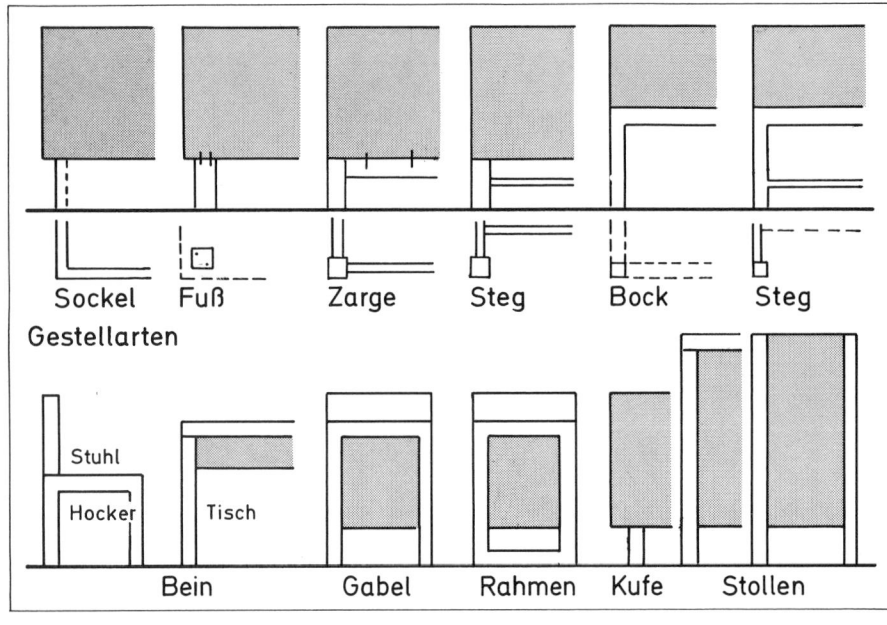

Sockel  Fuß  Zarge  Steg  Bock  Steg

Gestellarten

Stuhl
Hocker  Tisch

Bein  Gabel  Rahmen  Kufe  Stollen

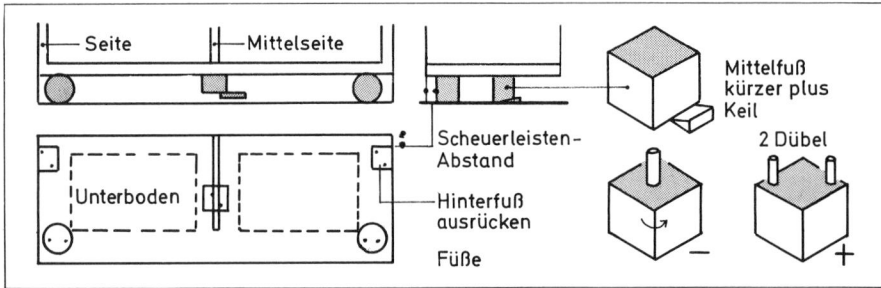

Seite — Mittelseite

Unterboden

Scheuerleisten-Abstand

Hinterfuß ausrücken

Mittelfuß kürzer plus Keil

2 Dübel

Füße

−  +

**Füße** haben beliebige Formen, sie werden meist mit den Böden oder Rahmen verdübelt. Zwei Dübel sind erforderlich, um das Verdrehen eines Fußes zu verhindern.
● Standfestigkeit kann bei unebenem Fußboden durch Verkeilen der Gestelle erreicht werden.
● Große Schränke haben zusätzliche Füße unter den Mittelseiten. Um ihre Standfestigkeit auch bei unebenem Boden zu gewährleisten, sind die zusätzlichen Füße kürzer, sie werden durch Keile angeglichen.
● Die hinteren Füße sind meist einfacher geformt als die vorderen, da sie kaum zu sehen sind. Wenn sie optisch in Erscheinung treten sollen, werden sie gern seitlich nach außen versetzt. Der Abstand der hinteren Füße von der Wand muß die Scheuerleiste am Fußboden berücksichtigen.

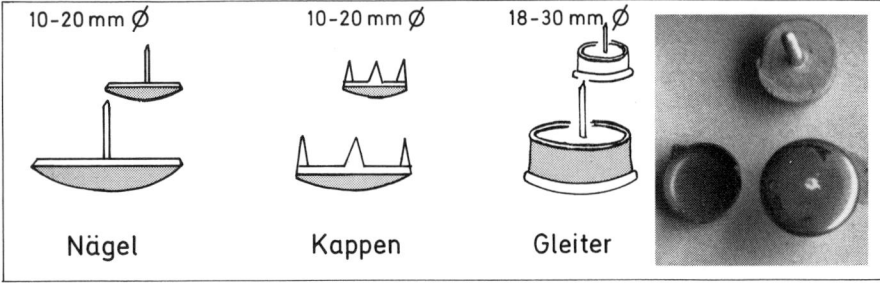

10-20 mm Ø  10-20 mm Ø  18-30 mm Ø

Nägel  Kappen  Gleiter

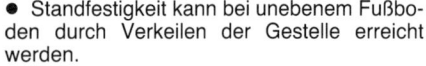

**Möbelgleiter** (z. B. bei Sitzmöbeln) sollen Bodenbeläge schonen und Geräusche beim Möbelrücken vermeiden helfen.

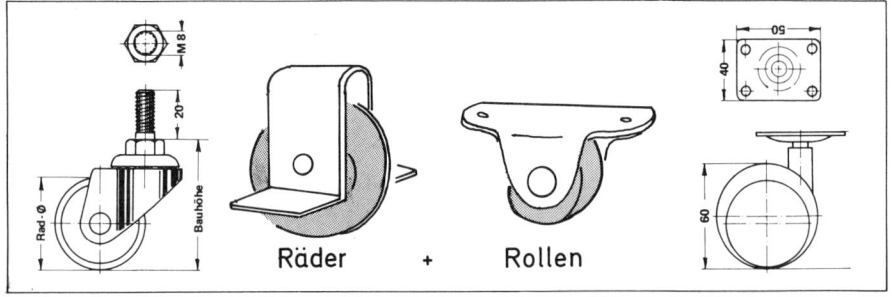

M 8
20

Rad-Ø  Bauhöhe

50
40
60

Räder  +  Rollen

**Räder, Rollen** und **Kugeln** dienen der leichten Beweglichkeit in einer oder mehreren Richtungen.

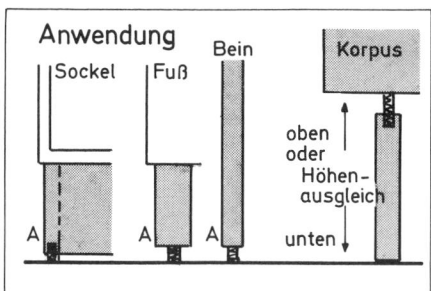

## Anwendung

Sockel | Fuß | Bein | Korpus

oben oder Höhen-ausgleich

unten

**Verstellbare Sockelbefestigungen** erhöhen die Standfestigkeit der Möbel und erleichtern die Montage.

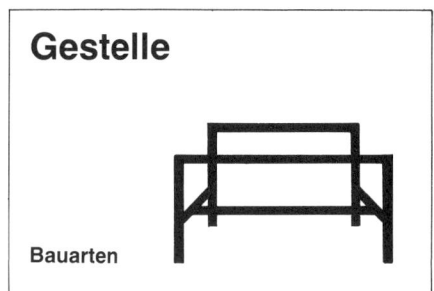

# Gestelle

Bauarten

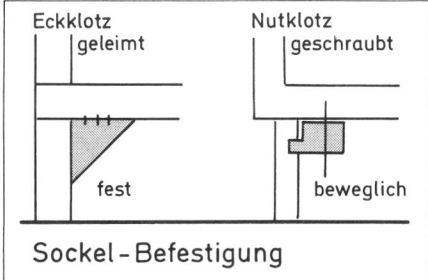

Eckklotz geleimt — Nutklotz geschraubt

fest — beweglich

### Sockel-Befestigung

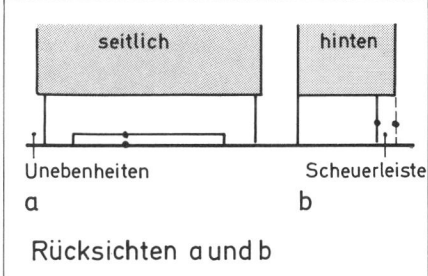

seitlich | hinten

Unebenheiten
a

Scheuerleiste
b

### Rücksichten a und b

**Sockel** stellen einen Abstand zum Boden her. Das hat den Vorteil, daß sich Türen und Kästen besser öffnen lassen. Sockel schützen den Korpus vor Beschädigungen durch Reinigungsgeräte. Weiterhin gleichen sie Unebenheiten aus.

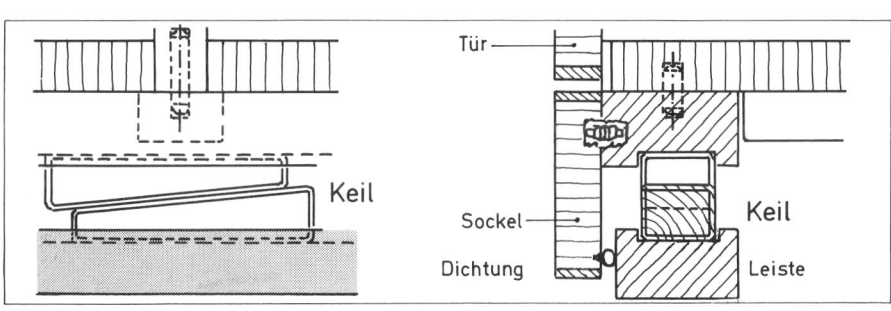

Keil

Tür

Sockel

Dichtung

Keil

Leiste

Durch **Keile** oder **Spreizen** können Möbel über oder unter dem Sockel ausgerichtet werden. Sie werden von oben durch den Boden des Möbels oder von vorn hinter abnehmbaren Sockelblenden betätigt.
• Links: Keil in Nut hinter abnehmbarer Sockelleiste.

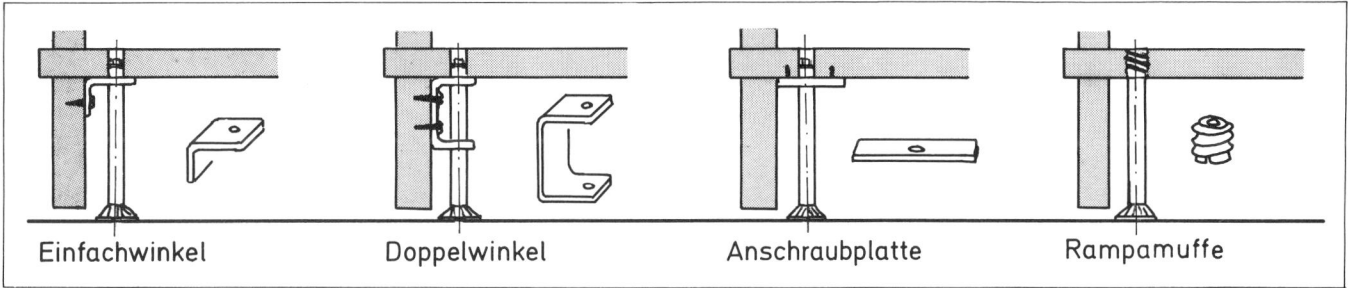

Einfachwinkel | Doppelwinkel | Anschraubplatte | Rampamuffe

**Hochstellschrauben**
Höhenausgleichmöglichkeiten bestehen bei Füßen, Beinen und Sockeln, nachträglich durch einfaches Unterlegen von Dickten oder durch vorsorglich geplante Spreizen.

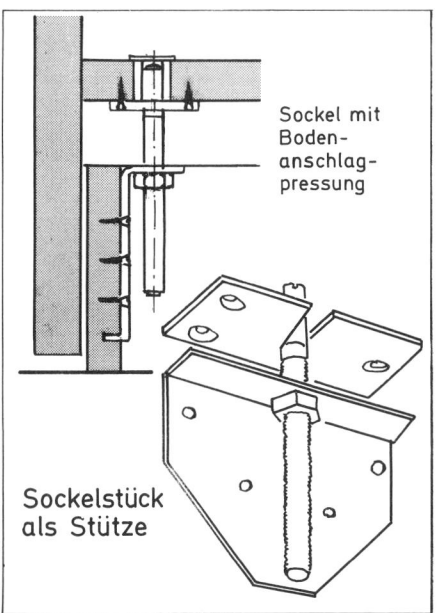

Sockel mit Boden-anschlag-pressung

### Sockelstück als Stütze

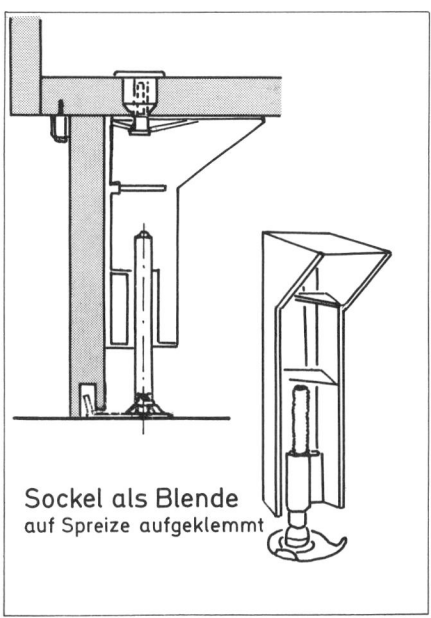

### Sockel als Blende
auf Spreize aufgeklemmt

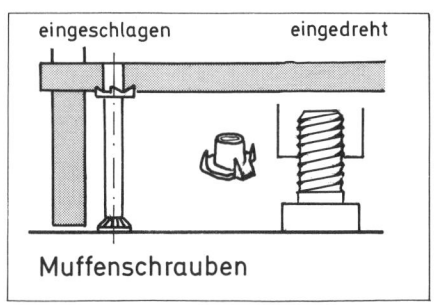

eingeschlagen | eingedreht

### Muffenschrauben

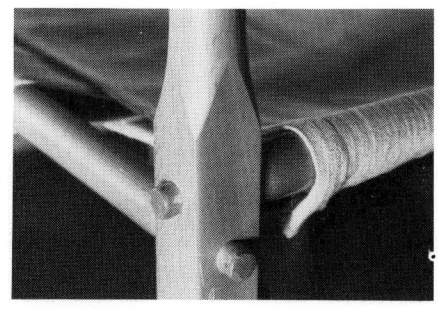
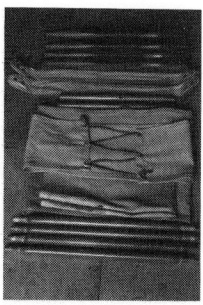

## Traillen-Gestell

4 Traillen
verspannen

z.B. Armlehnstuhl

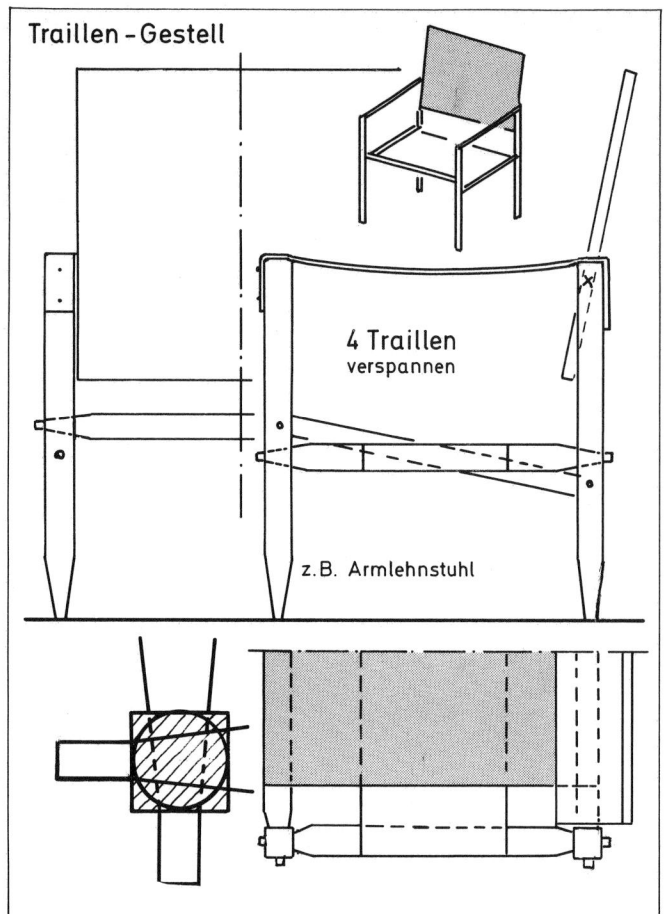

## Rahmen-Gestell

2 Zargen
verbinden

z.B. Sessel

Gewinde-
bolzen

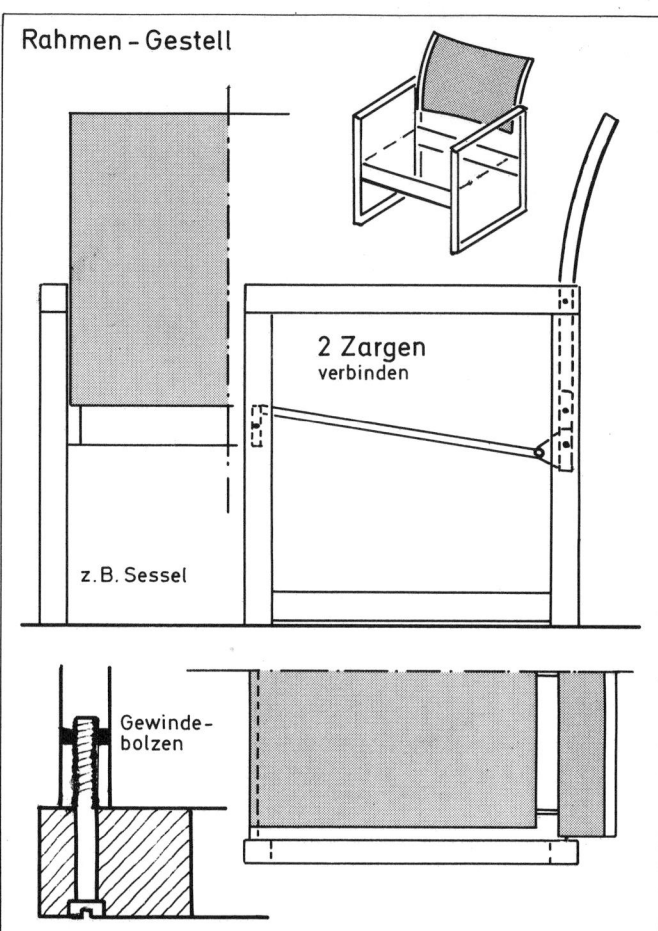

### Tragprinzip

Häupter
tragen Seiten

Seiten
tragen Häupter

### Betten

Matratze

Leisten
Rahmen
Bodenträger

Feder
Zargen
Seiten

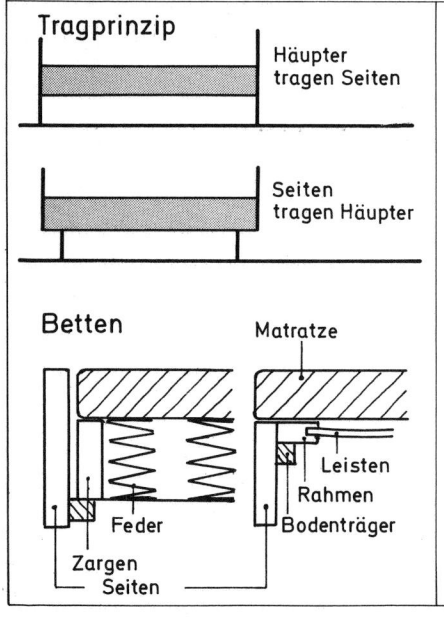

### Doppelhaken

eingeschlitzt    eingelassen

### Buchsen

eingepreßt

Bettbeschläge

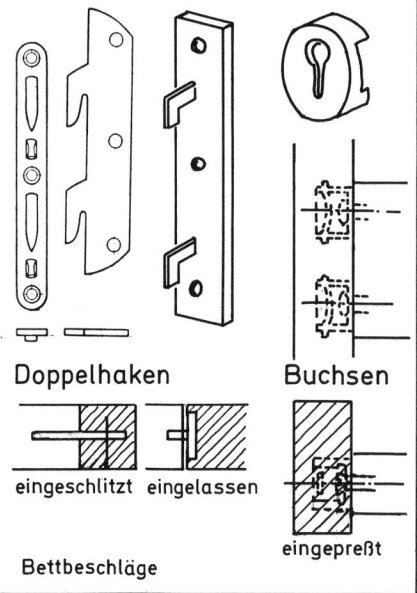

### Beispiel Schautafeln

Einzelhaken

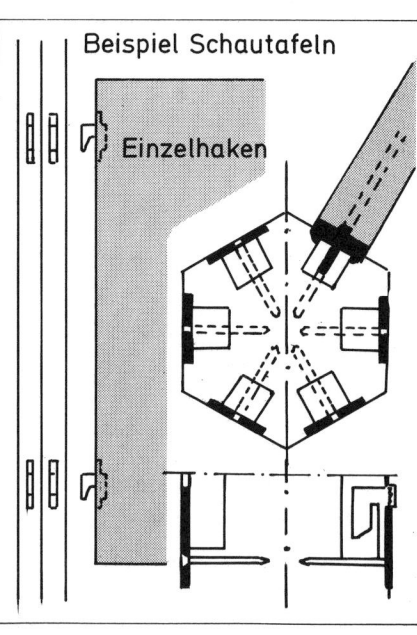

Gestelle sind u. a. typisch für Stühle und Tische, die in diesem Buch gesondert abgehandelt werden. Zerlegbare Gestellverbindungen von allgemeiner Bedeutung werden hier an wenigen Beispielen demonstriert.

## Gestelle

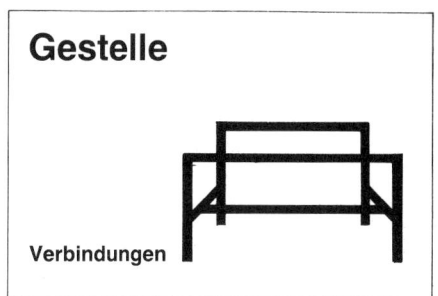

Verbindungen

Haken, einfach und doppelt, mit eingeschlitzten, eingeschraubten oder eingepreßten Teilen, werden häufig bei Betten verwendet. Die Haken liegen verdeckt und sind einfach ein- und auszuhängen.

Schrauben, die in quer zu ihrer Längsachse eingebohrte Bolzen eingedreht werden, sind sehr haltbare demontable, aber sichtbare Verbindungen.

Bei Steckverbindungen, z.B. aus eingebohrten Teilen, werden die Teile oft durch Zug- und Druckbeanspruchung bei Belastung zusammengehalten. Bei den gezeigten Armlehnstühlen werden die Gestellteile von den Leinensitzen zusammengehalten (siehe S. 140 links).

### Seiten u. Zarge

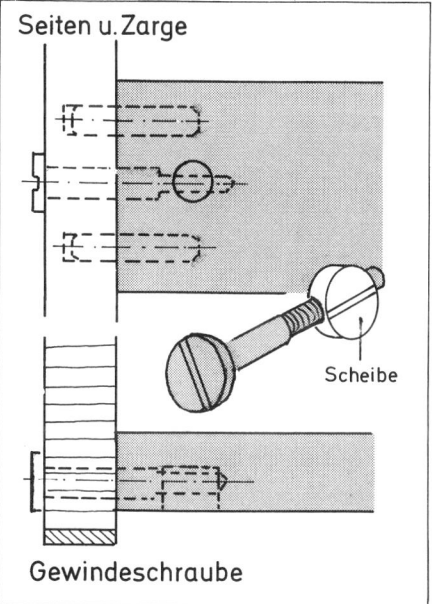

Scheibe

Gewindeschraube

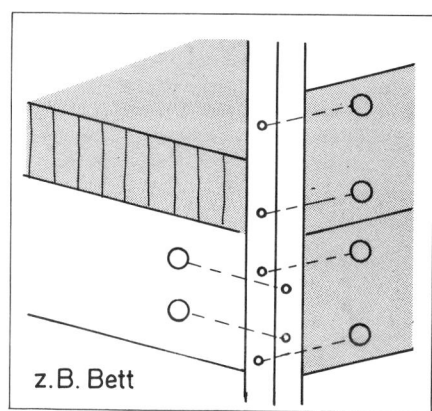

z.B. Bett

### Kantel und Zargen

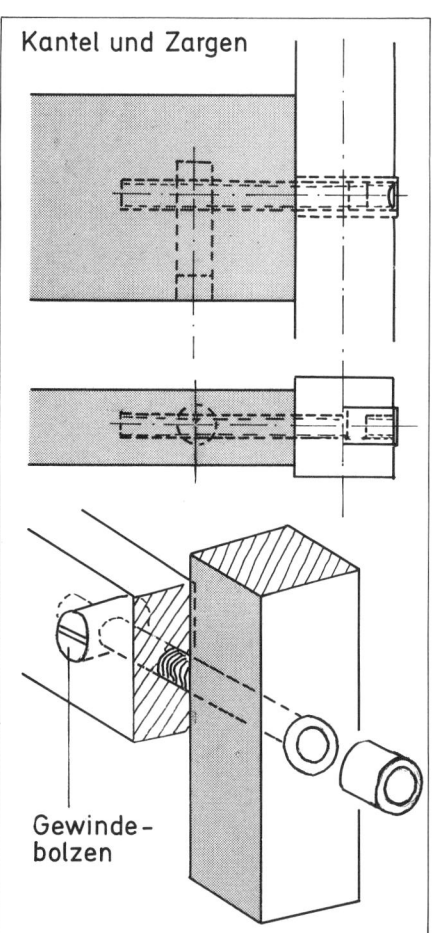

Gewinde-
bolzen

### Rohr und Stege

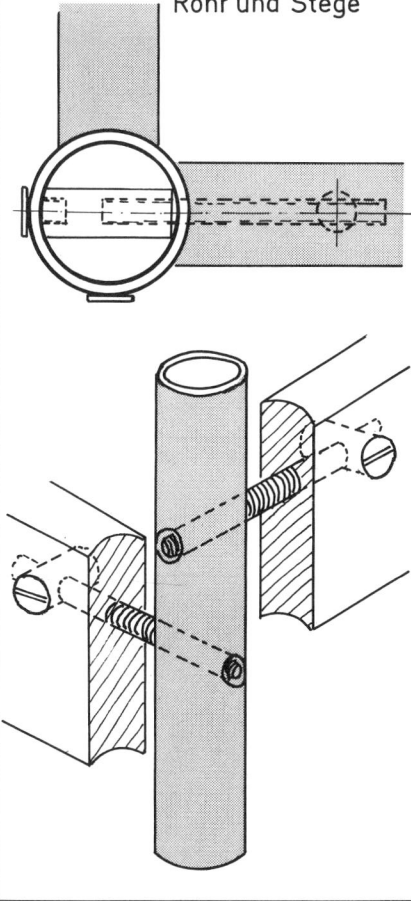

### z.B. Sessel

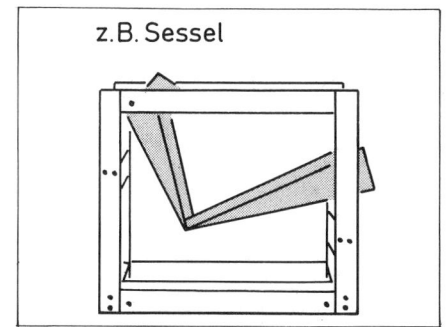

**Möbel im öffentlichen Bereich** unterscheiden sich von Möbeln im Privatbereich zum Teil so erheblich, daß sie hier gesondert vorgestellt werden. Ladenmöbel und Hotelmöbel haben beispielsweise sehr spezielle Aufgaben, die sich auf die Formen und Konstruktionen auswirken, so daß sich diese Möbel von anderen deutlich abheben.

Die **Beispiele** sind bewußt aus verschiedenen Bereichen gewählt, um die Konstruktionen, die unterschiedlichen Anforderungen entsprechen, vorzustellen. Diese Möbel sollen die vorangegangenen schematischen Übersichten anschaulich erläutern.
● Hotelmöbel:
Frisiertische und Kofferbank
● Büromöbel:
Schreibtische in Einzel- und Winkelstellung, als Kombination mit Schreibmaschinenplatz, variabel in der Aufstellung links oder rechts, Sitzungszimmertisch ausziehbar
● Saalmöbel:
Rednerpulte, höhenverstellbar bzw. zusammenfaltbar zum leichteren Transport
● Ausstellungsmöbel:
Schaukasten, tischhoch, und Vitrinen mit horizontalen Glasflächen und vertikalen Scheiben
● Ladenmöbel:
Tresen und Verkaufstische in Sonderanfertigung und in Serienproduktion. Addition von Korpuselementen auf Metalluntergestellen, Metallbeine im Verbund mit Werkstoffzargen.

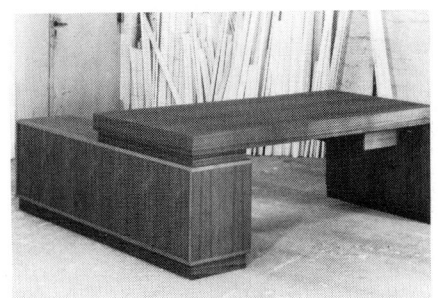

## Schreibtisch mit Sideboard

Diese Kombination von Schreibtisch und Sideboard läßt sich links wie rechts stellen. Der Auftraggeber wünschte eine gewinkelte Lösung mit der Möglichkeit variabler Anordnung. Dazu waren spezielle Vorrichtungen zur Umwandlung erforderlich. Ausziehbrett und Kasten im Blatt lassen sich nach beiden Seiten durchziehen, nachdem Abstoppung und „Los-Holz" umgesetzt sind. Der Oberboden des Sideboards ist abnehmbar, so daß sich die Rückwand mit den Schiebetüren austauschen läßt. Damit ist die Wandlung vollzogen, die Schiebetüren sind, ob links oder rechts vom Schreibtisch, immer dem Schreibplatz zugewandt.

Ausführung: Flächen Spanplatten, Wange verdoppelt, außen Teakholz geölt und anpoliert, innen Mahagoni mattiert, Schubkästen massiv; Schiebetüren auf Kunststoffgleitern, Auflagerung der Ausziehplatte und des Kastenkörpers auf Winkelprofilen.

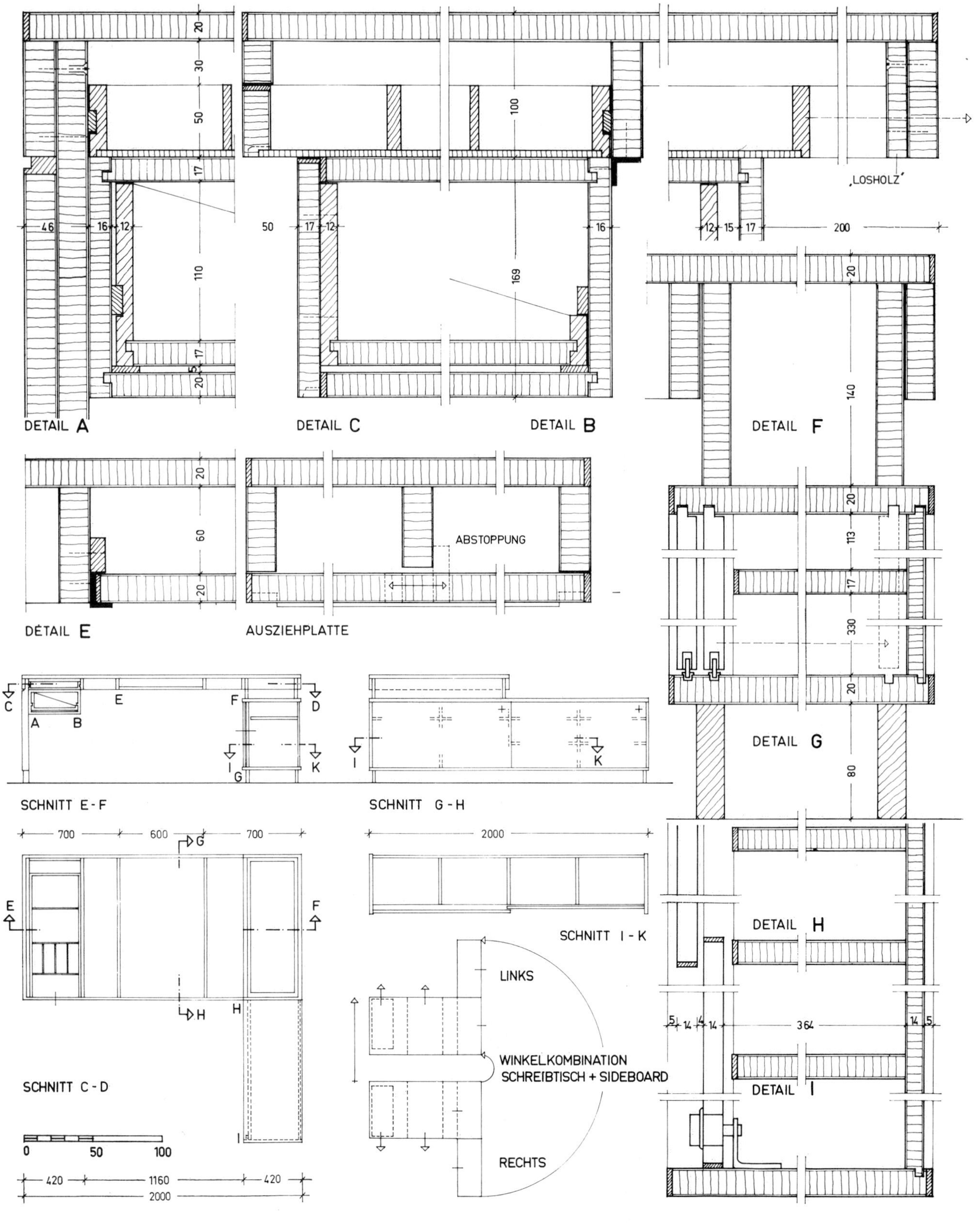

„LOSHOLZ"
DETAIL A
DETAIL C
DETAIL B
DETAIL F
DETAIL E
ABSTOPPUNG
AUSZIEHPLATTE
DETAIL G
DETAIL H
DETAIL I
SCHNITT E-F
SCHNITT G-H
SCHNITT I-K
SCHNITT C-D
LINKS
WINKELKOMBINATION
SCHREIBTISCH + SIDEBOARD
RECHTS
0 50 100
700 600 700
2000
420 1160 420
2000

# Möbel im öffentlichen Bereich

### Büroschreibtische

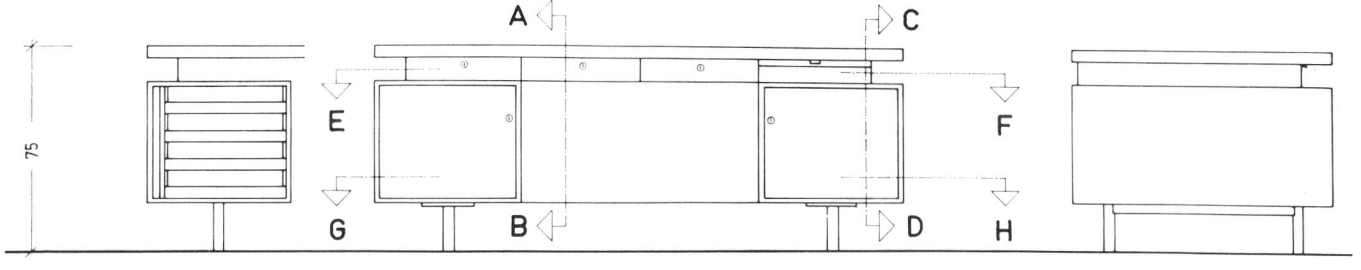

ANSICHT HINTER d. TÜR          VORDERANSICHT          SEITENANSICHT

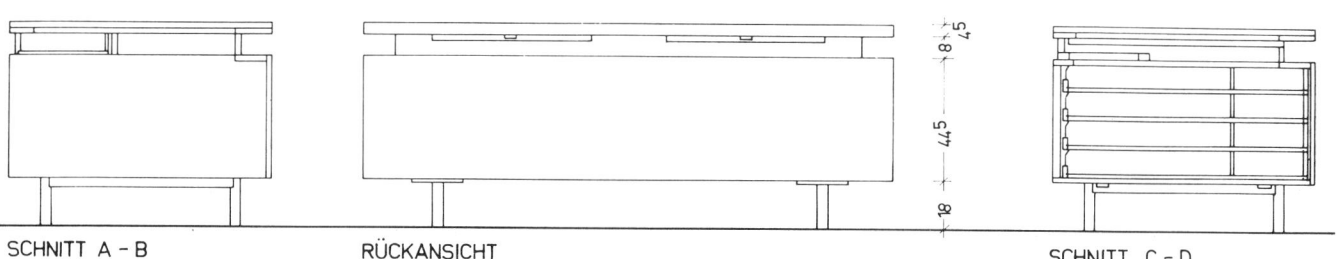

SCHNITT A – B          RÜCKANSICHT          SCHNITT C – D

SCHNITT G – H

ENGLISCHE ZÜGE

EINSCHUBTÜR

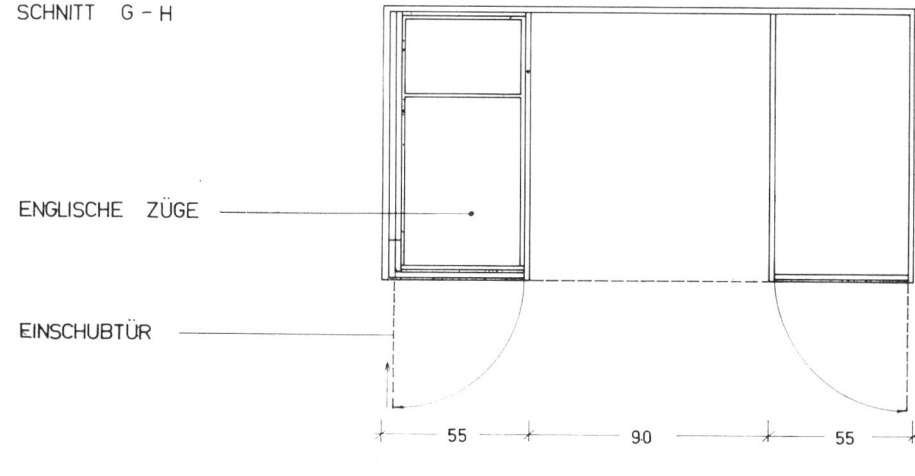

55     90     55

SCHNITT E – F

LUFTRAUM

SCHUBKASTEN

32

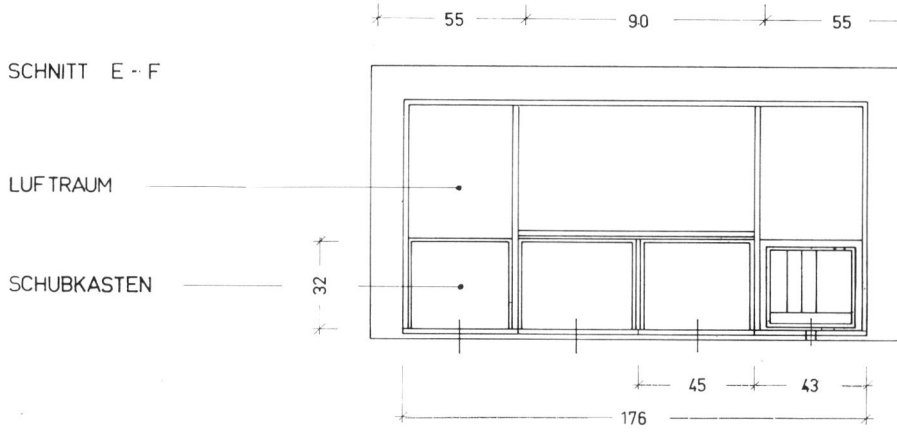

45     43

176

0     50     100

## Direktionsschreibtisch

Durch das Zurückspringen der Zarge, welche die Schieber und Schubkästen aufnimmt, wird das starke Blatt des Tisches von dem geschlossenen Korpus abgesetzt. Mit dieser Zäsur besitzt das Möbel, auf Stahlfüße gestellt, eine gewisse Leichtigkeit. Korpus und Blatt scheinen zu schweben.
Größte Schlichtheit, ausgewogene Proportionen und klare Gliederung der Einzelteile lassen eine Parallele des Entwurfs zum Hochbau erkennen. So wie hier Blatt und Korpus voneinander abgehoben werden und bündig liegen, wird der Anschluß des Flachdaches zum Mauerwerk gelöst. Grundgedanke ist es dabei, eine Kubusform zu erhalten.
Dieser Schreibtisch kann wegen seines Gewichtes, seiner Abmessung und vor allem der elektrischen Zuleitungen, die zum Teil durch die Füße und verdeckt unter dem Fußboden verlegt sind, kaum mehr als Möbel bezeichnet werden. Er ist stationär gebunden und zählt eher zu den Einbauten.
Um dem Direktor Bequemlichkeit und Bewegungsmöglichkeit an seinem Arbeitsplatz zu gewähren, sind Einschubtüren angeordnet, welche die dahinter befindlichen englischen Züge und Fächer in geöffnetem Zustand voll freigeben, ohne zu stören.

Flächen Spanplatten nußbaum-furniert, geölt und mattiert; Gestell verchromte Stahlrohre und Zargen; Beschlag: Sicherheitsschlösser an Schüben und den als sog. Einschubtüren ausgebildeten Türen; Schiebereinsatz für Utensilien schwarzer Kunststoff.

Entwurf: Prof. Dieter Oesterlen, Hannover

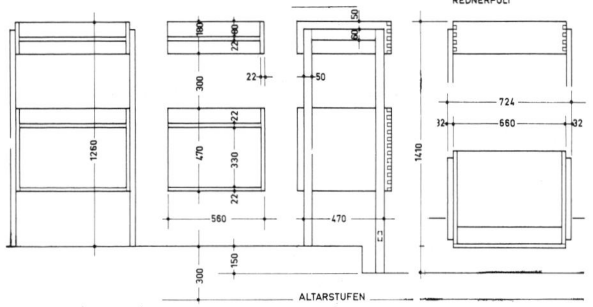

REDNERPULT

ALTARSTUFEN

Foto links oben: Rednerpult mit höhenverstellbarer beleuchteter Schriftenablage. Die Wangen sind zum Transport einschwenkbar. Ausführung Tischlerplatten Wengé furniert.
Fotos links unten: Leicht transportierbares Rednerpult. Wangen auf Rahmen gearbeitet, weiß gestrichen. Die Böden der Schriften- und Taschenablagen steifen im aufgebauten Zustand das Pult aus. Flächen Kiefer furniert und mattiert.

Zeichnung oben: Rednerpult mit unten offenen Seitenrahmen, welche die zwischengehängten Körper tragen. Das Pult ist nicht zerlegbar und auch nicht für den Transport gedacht. Geplant war es mit ungleichen Beinlängen an einer Podestkante.
Ausgeführt wurde das Pult auf dem Foto in der mittleren Spalte unten. Es hat durch sein Metallrahmengestell ein zierlicheres Erscheinungsbild. Die leichte Neigung der Frontplatte unterstreicht die Zierlichkeit, die tiefe Beinstellung erhöht die Standfestigkeit. Die Beleuchtung liegt verdeckt hinter einer oberen Querleiste, die auch zur Aussteifung dient.

## Rednerpult

Dieses Rednerpult ist unter der Auflage entwickelt worden, transportabel und in zwei Höhen verstellbar zu sein, damit es für große und kleine Redner bequem ist. Es läßt sich zu einem geschlossenen „Schrank" zusammenfalten. Die zwei verschiedenen Höhen sind durch das Herausklappen eines Podestes gegeben. Alle Abmessungen sind somit mehreren Funktionen unterworfen. Die Seitenteile sind halb so tief wie die Front breit ist; die Korpushöhe ergibt sich aus der Podesthöhe. Die Schriftgutablage ist so angeschlagen, daß sie herunter-

geklappt hinter dem Podest Platz findet. Die Beleuchtung ist verdeckt hinter Blenden. Die obere Blende ist in der Lage, den Deckel aufgeklappt aufzunehmen. Die Ansicht, oder besser die Front, ist mit einem weißen Feld aus Resopal bestückt, das die Querausfteifung gewährleistet.

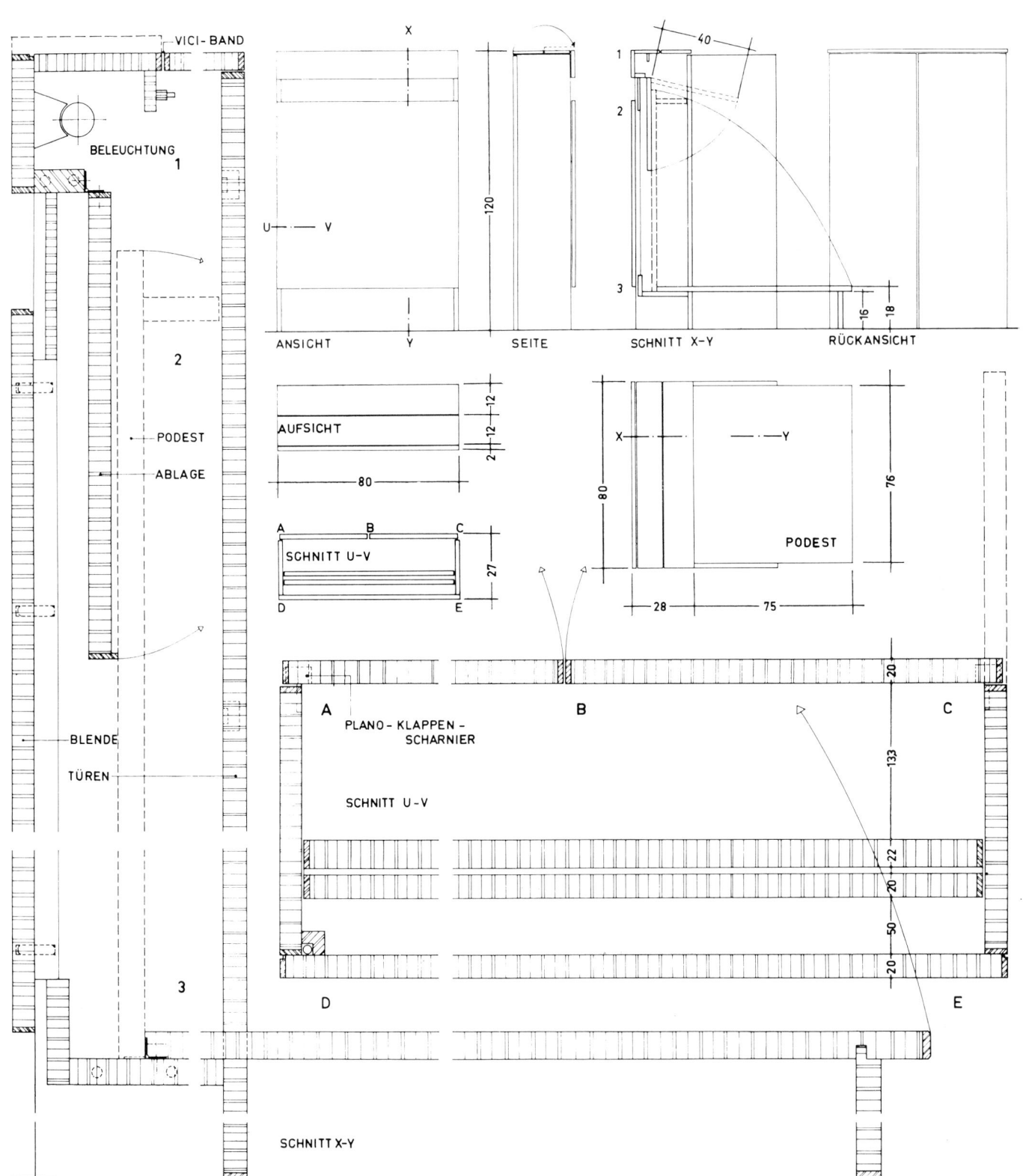

## Schaukastentischchen

In Serie gefertigt, wird das Möbel in einem flachen Wellkarton ins Haus geschickt. Die Beine sind dann demontiert, jeder Laie kann sie befestigen. Das Gestell besteht aus Hartholz und ist weiß gestrichen. Der Holzrahmen ist außen rüsterfurniert. Die Tischplatte kann leicht durch verschiedene Papiere oder Stoffe den wechselnden Ausstellungsstücken angepaßt werden. Die Zarge überdeckt ungenaue Kanten und hält die Beläge fest.

Bei der Verwendung als Blumentisch liegt die Glasplatte unter der Zarge und schützt die Tischplatte gegen Feuchtigkeit.

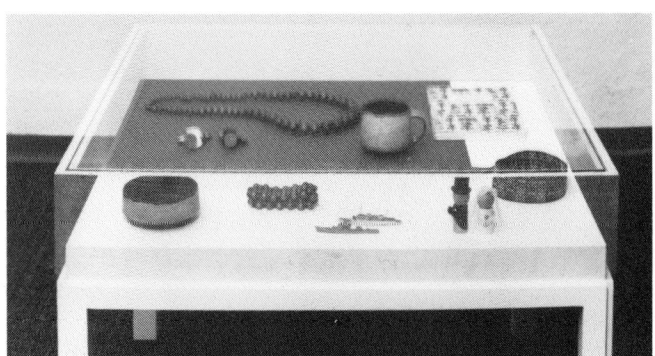

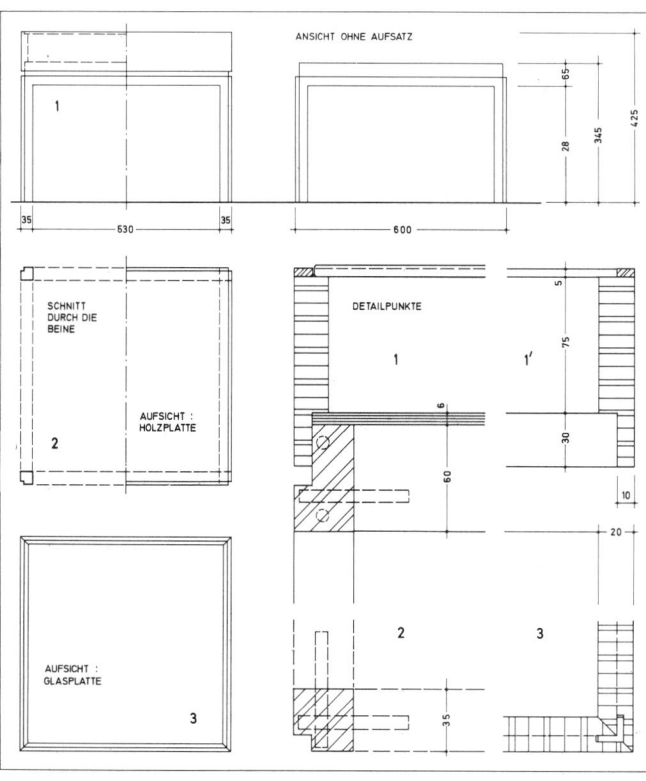

## Ausstellungsvitrine

Auf einem Ausstellungsstand von nur 2×2 Meter wollte ein Keramiker seine Produkte ausstellen. Er beauftragte Architekten mit der Standgestaltung und machte einige Auflagen: Alle Ausstellungselemente mußten in Gewicht und Größe so beschaffen sein, daß sie sich in einem Kombiwagen transportieren ließen. Darüber hinaus sollte der Kosten- und Konstruktionsaufwand minimal sein.
Es wurden zerlegbare Regale und eine Vitrine aus schwarz gebeiztem Fichtenholz vorgeschlagen und ausgeführt. Die Vitrine mit einer

Grundfläche von 80×80 cm verdient besondere Aufmerksamkeit. Ihre Konstruktion ist ebenso einfach wie konsequent. Die Eckstützen bestehen aus je zwei Latten, die oben, unten und in der Mitte durch je zwei Bolzen mit versenkten Muttern zusammengeschlossen werden, indem sie jeweils eines der über Kreuz ausgeklinkten Diagonalstrebenpaare fest mit diesen verbinden.

## Möbel im öffentlichen Bereich

**Ausstellungsmöbel**

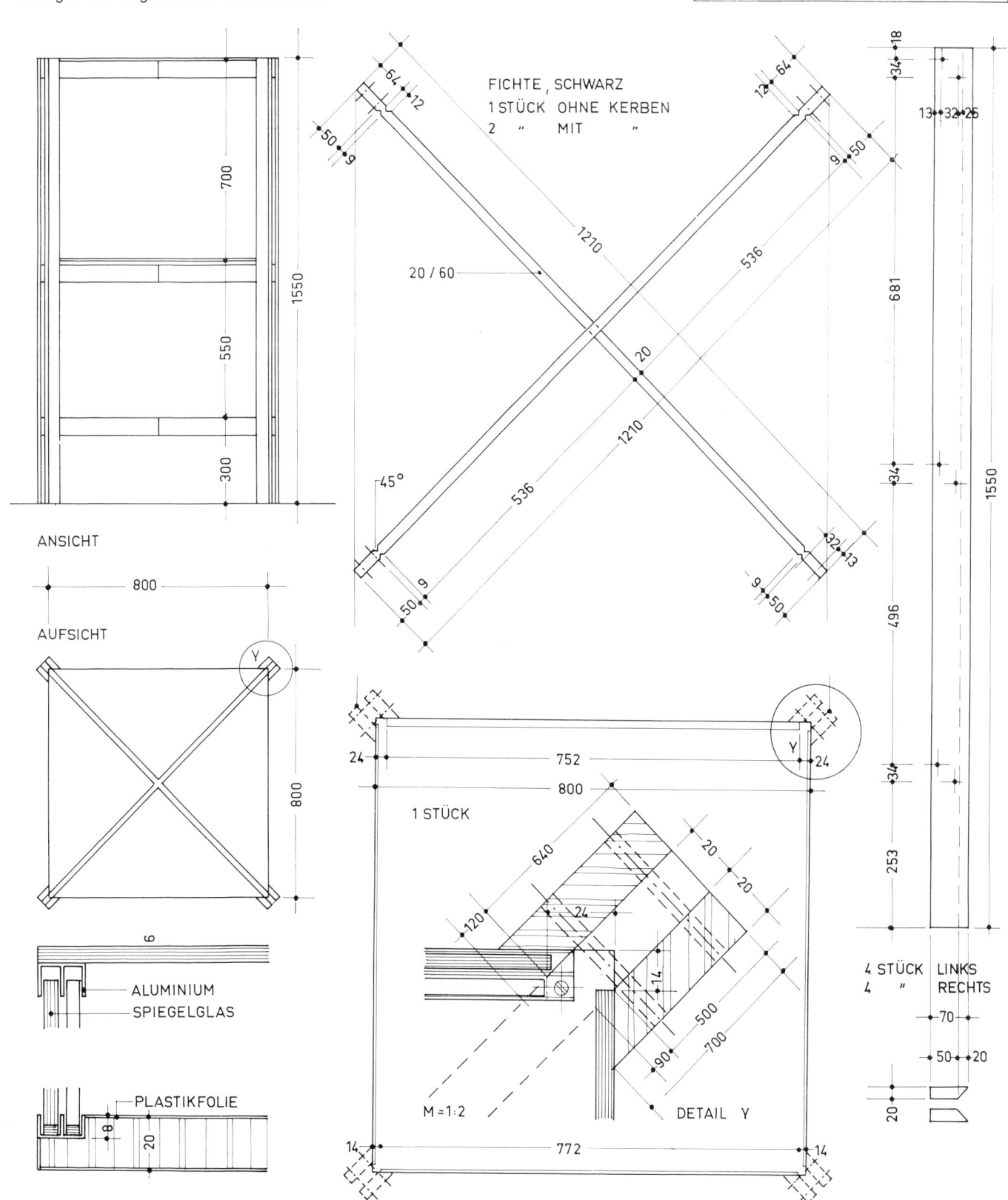

ANSICHT

AUFSICHT

FICHTE , SCHWARZ
1 STÜCK OHNE KERBEN
2 " MIT "

ALUMINIUM
SPIEGELGLAS

PLASTIKFOLIE

1 STÜCK

M = 1:2

DETAIL Y

4 STÜCK LINKS
4 " RECHTS

## Verkaufstisch

Das Möbel wird durch verschiedene Höhen und Abmessungen den Einzelfunktionen, die im Stehen und Sitzen ausgeführt werden, gerecht: Kassieren, Warenverpackung und -ausgabe. Eine Taschenablage auf der Ladenseite schafft den Kunden Bequemlichkeit. Die Registrierkasse steht auf der Fläche, die in der Zeichnung mit Y bezeichnet ist, und wird im Sitzen bedient. Zur Linken des Kassierers dienen Tablettböden zur Belegablage, zur Rechten bieten Kästen Bergeraum. Korpus X ist offen, um schnell Packmaterial entnehmen zu können. Korpus Z ist gegen Einsicht durch Kunden durch Schiebetüren geschützt. Der Aufsatz W war als Barriere für den Kassierer gedacht und sollte dem Kunden die Zahlungsabwicklung in nicht gebückter Haltung ermöglichen. Dieser Aufbau wurde jedoch nicht ausgeführt. Er wäre als Schranke empfunden worden und hätte gestalterisch die Kasse ungünstig überschnitten.

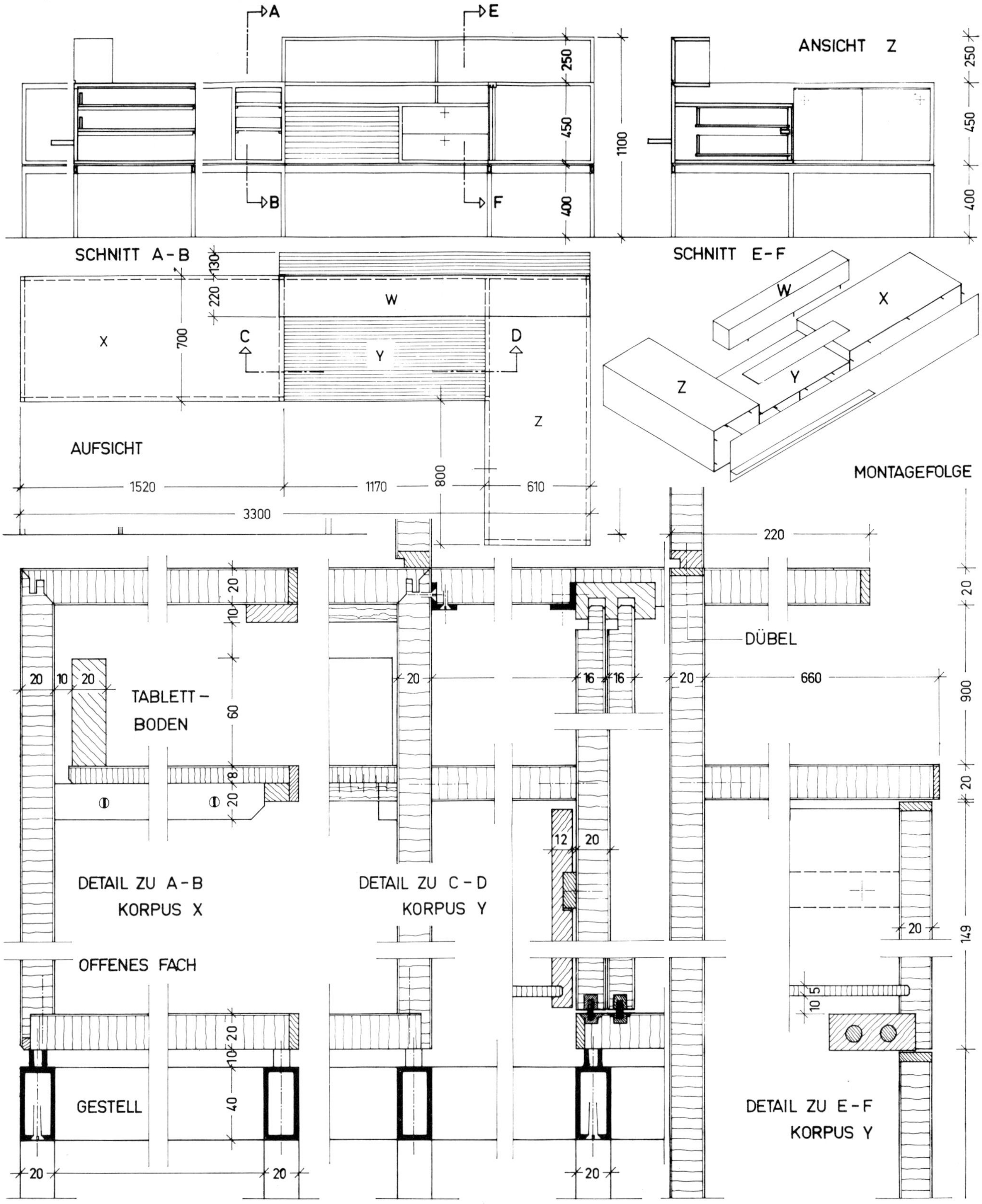

ANSICHT Z

SCHNITT A - B

SCHNITT E - F

AUFSICHT

MONTAGEFOLGE

TABLETT-BODEN

DÜBEL

DETAIL ZU A - B
KORPUS X

DETAIL ZU C - D
KORPUS Y

OFFENES FACH

GESTELL

DETAIL ZU E - F
KORPUS Y

**Verkaufstisch**

Der Tisch wird stark belastet. Damit stand die Forderung nach äußerster Stabilität im Vordergrund. Das Stahlbein wird über einen Eckklotz durch einen Bolzen mit den Holzzargen verbunden. Der Eckklotz ist mit den Zargen verleimt und verschraubt. Der Bolzen wird in das Bein diagonal eingeschlitzt. Die Verbindung wird durch das eingeschlitzte Winkelprofil unter der Zarge so verstärkt, so daß auch Zugkräfte aufgefangen werden.

# Möbel im öffentlichen Bereich

**Ladenmöbel**

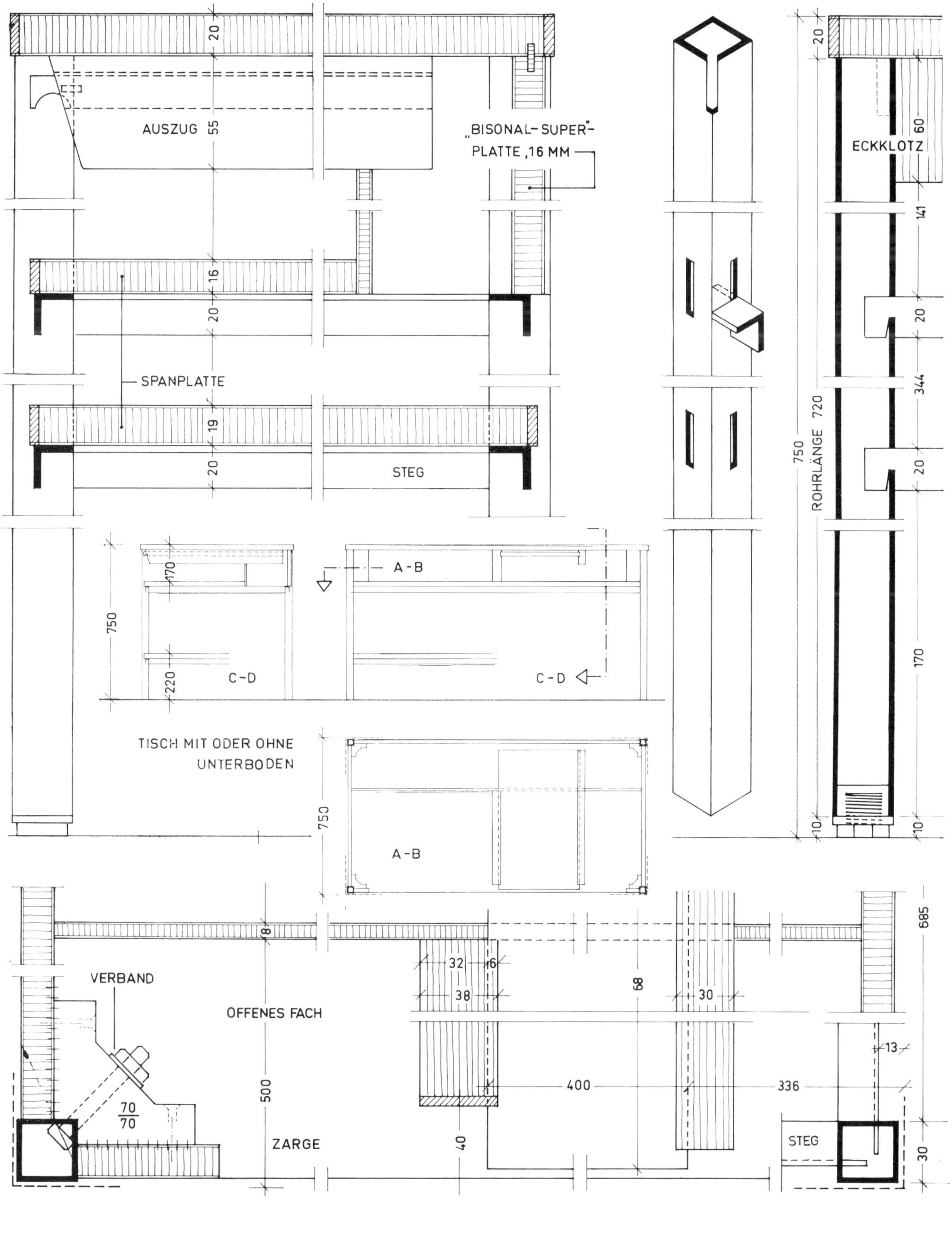

AUSZUG 55

„BISONAL-SUPER"-PLATTE ,16 MM

SPANPLATTE

STEG

ECKKLOTZ

ROHRLÄNGE 720

TISCH MIT ODER OHNE UNTERBODEN

A - B

C - D

VERBAND

OFFENES FACH

ZARGE

70/70

STEG

## Frisiertisch

Das hier gezeigte Tischchen hat strenge Formen, die Gestaltung beschränkt sich fast ganz auf Materialwahl, gute Proportionen und solide Ausführung. Das dunkle Palisanderholz steht mit seinen schwarzen und braunen Tönen im spannungsvollen Kontrast zu den zierlichen kühlen Metallgestängen. Die Verbindung der Teile ist unsichtbar. Der Schubkasten für den Schmuck, durch ein Schloß gesichert, liegt in einer umlaufenden Nut, durch die der Korpus des Möbels stark gegliedert wird. Durch die Nut werden die beweglichen Fugen des Ka-

stens sowie des Spiegelrahmens fast unsichtbar. Von der eingekröpften Zarge im Deckel des Schminkfaches wird der Spiegel gehalten und das tiefe Fach geschlossen, in dem auch größere Flaschen untergebracht werden können.

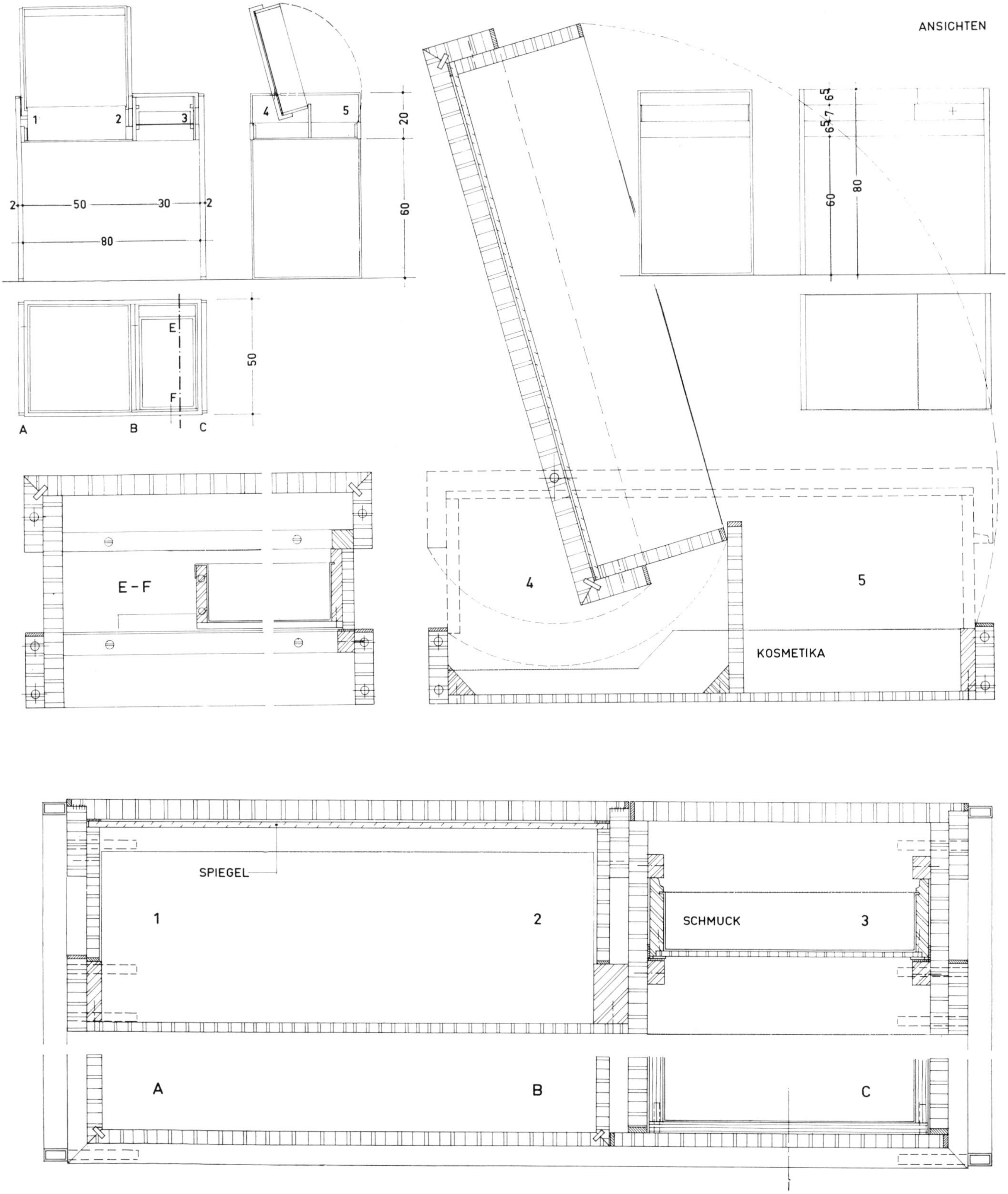

ANSICHTEN

1    2    3    4    5

20

60

2 — 50 — 30 — 2

80

50

E

F

A    B    C

65 · 7 · 65

60

80

E – F

4      5

KOSMETIKA

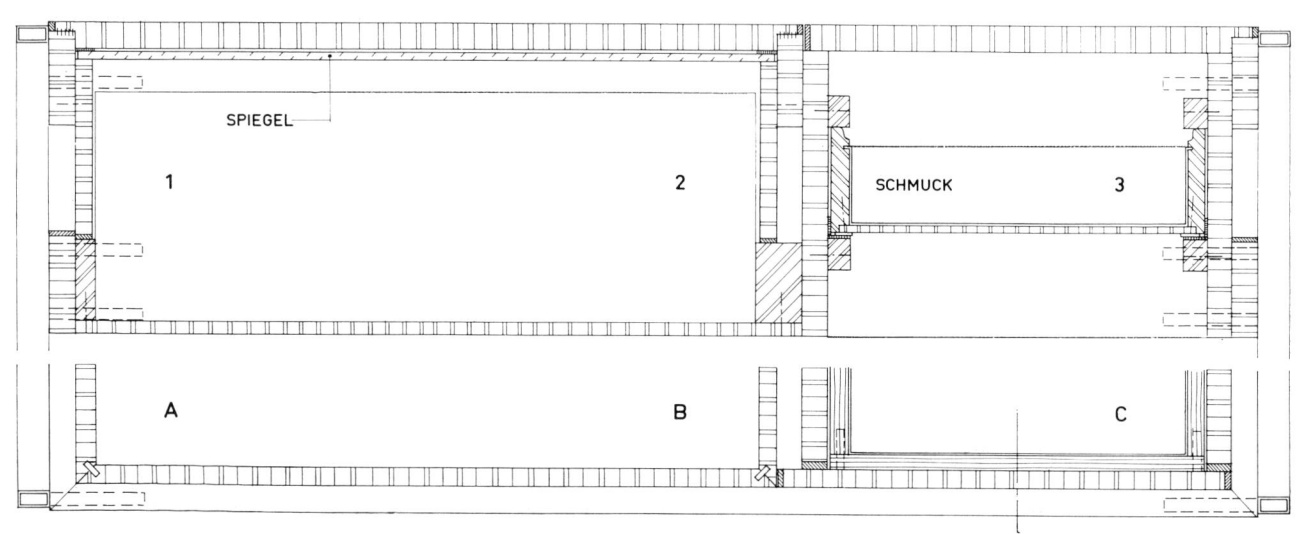

SPIEGEL

1       2      SCHMUCK    3

A         B         C

**Frisiertisch und Kofferablage**
Körper und Flächen Spanplatten furniert, außen Palisander natur, geölt und anpoliert, innen Ahorn mattiert; Gestelle Vierkantrohr
20×20 mm, verchromt; Kofferbankabdeckung
Mipolam graphitgrau; Kristallspiegel auf Filzstreifen in Falzleisten auf Gehrung mit Linsenkopfschrauben (Messing); Griffe Aluminium
schwarz eloxiert; Spiegelklappe mit Vici-Band,
Abstoppung zweiteilige Schere, einseitig.

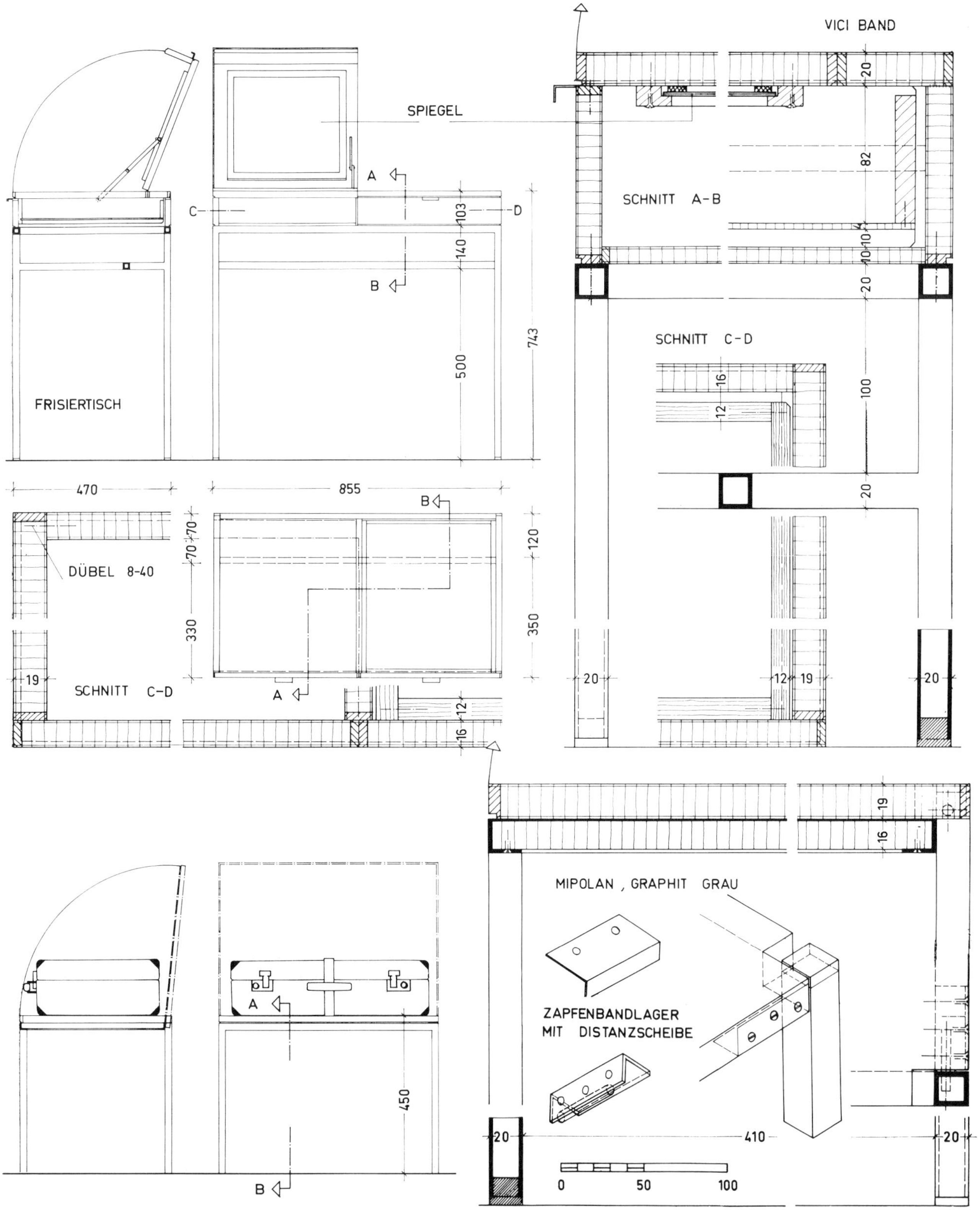

# Möbel im öffentlichen Bereich

Hotelmöbel

VICI BAND

SPIEGEL

20

82

SCHNITT A-B

40 10

20

A

103

D

140

B

500

743

SCHNITT C-D

16

12

100

FRISIERTISCH

20

470

855

B

70 70

DÜBEL 8-40

330

120

350

20

12 19

20

19

SCHNITT C-D

A

16 12

MIPOLAN , GRAPHIT GRAU

19

16

ZAPFENBANDLAGER
MIT DISTANZSCHEIBE

450

20

410

20

B

0    50    100

Innenausbauten umfassen vor allem fünf Bereiche:
- Innentüren
- Trennwände
- Wandbekleidungen
- Deckenbekleidungen
- Einbauschränke

## Innenausbau

**Übersicht**

### Innentüren

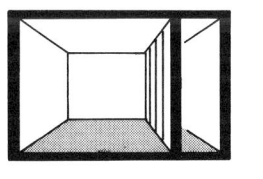

**Innentüren**
- Öffnungsarten: Dreh-, Pendel-, Schiebe- und Falttüren
- Bauarten: Latten-, Bretter-, Rahmen- und glatte Türen
- Beschläge: Bänder, Schlösser, Befestigungsmittel
- Dichtungen: Tapeten- und Schallschlucktüren
- Anschläge: Blend-, Block- und Zargenrahmen
- Fertigtüren: Zargen, Blätter und Dichtungsprofile

### Trennwände

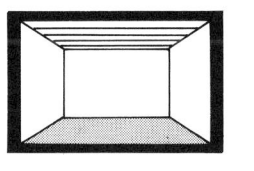

**Trennwände**
- Gestaltungs- und Nutzungsfragen
- Systeme: Band- und Achsraster
- Bauarten: Rippen und Tafeln, einschalig und zweischalig, gedämmt und ungedämmt
- Ausstattungen: geschlossene und transparente Wände

### Deckenbekleidung

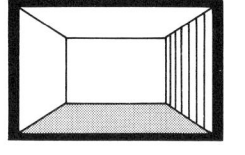

**Deckenbekleidungen und Unterdecken**
- Gestaltungsfragen, Raumwirkungen
- Bauarten: Bretter, Platten, Kassetten
- Konstruktionen
- Bauphysik: Akustikdecken und Brandschutz, Deckenverbindungen

### Wandbekleidung

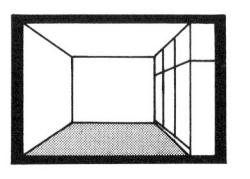

**Wandbekleidungen**
- Gestaltungsfragen und Paneelanordnung
- Bauarten: Rahmen, Bretter, Platten
- Bauphysik: Schalldämmung und Bekleidungen
- Heizkörperbekleidungen: Funktionen, Gestaltung, Bauarten und Aufhängungen

### Abgrenzungen

**Innenausbauten** wie Einbauschränke unterscheiden sich von Möbeln oft nur durch den festen Einbau, doch werden sie von diesen exakt getrennt.

**Ausbauten,** wie Treppen, Fenster, Außentüren und Fassaden, werden ganz offiziell von Innenausbauten abgegrenzt. Überschneidungen ergeben sich bei Türen, da sich Außentüren ggf. nur durch Gesichtspunkte wie Wetterbeständigkeit und Einbruchsicherheit von Innentüren unterscheiden.

Bei **Bodenbelägen,** wie Dielen und Parkett, handelt es sich mehr um Fußbodenleger- als um Tischlerarbeiten. Als Teil des Deckenaufbaus werden sie eher den Ausbauarbeiten zugerechnet. Darum werden sie im Rahmen dieses Buches nicht näher behandelt.

### Einbauschränke

**Einbauschränke**
- Gestaltungs- und Nutzungsfragen
- Dimensionen: Höhen, Tiefen, Breiten
- Bauarten: Rahmen, Körper, Gestelle
- Positionen: Wände, Ecken, Nischen, frei im Raum
- Anschlüsse: Wand-, Decken-, Boden- und Mittelanschlüsse
- Ausstattung: Türen und Durchreichen, ein- und zweiseitige Erschließung
- Vorfertigung: Systeme und Programme
- Sonderformen: Hängeschränke

**Systemplanung** verfolgt das Ziel, den Planungsprozeß durchsichtig zu machen:
● Die Herstellung von Bau- und Ausbauteilen wird immer stärker rationalisiert.
● Die Vorfertigung wird intensiviert, sie beruht auf der Trennung von Produktion und Montage.
● Systematische Planung wird damit immer notwendiger.
● Der Entwurf, als projektorientierte Raumgestaltung, wird von der prozeßorientierten Systemplanung immer stärker bestimmt.
● Der Einsatz von Bausystemen in der Entwurfsplanung erfordert zunehmende Systematisierung.
● Systemplanung bedingt die Strukturierung aller Bauwerksteile.
● Die Primärstruktur umfaßt die Tragwerksteile, also Stützen, Träger, Rahmen und Platten. Statisch günstige Stützweiten bieten auch Wirtschaftlichkeit und Flexibilität.
● Die Sekundärstruktur umfaßt die raumbildenden Elemente, also den Innenausbau. Trennwände, Unterdecken und Wandbekleidungen als nicht tragende Bauglieder gehören zur Sekundärstruktur, die bei Rastertrennung vom Primärraster unabhängig von diesem ist.
● Die Tertiärstruktur umfaßt die Installationen, also den technischen Ausbau, wie Heizung, Lüftung, Beleuchtung und Sanitäranlagen.

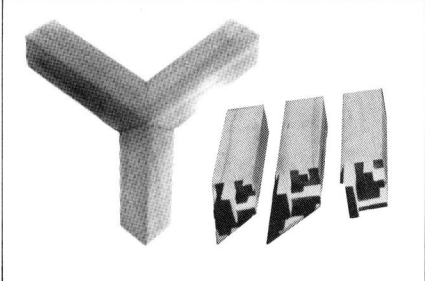

Oben: Konventionelle Lösung einer Vitrinenecke. Alle Teile auf Gehrung auf Kosten des Verbandes.
Unten: Alle Teile gleich, der Verband schmuckvoll.

## Technik

In der Neufassung der DIN 4103 werden Begriffe, Anforderungen und Ausführung leichter Trennwände festgelegt. Leichte Trennwände sind danach nichttragende Raumtrennwände bis zu einem Gewicht von 150 kp/qm, die zu statischen Aufgaben nicht herangezogen werden. Sie müssen jedoch auf ihre Fläche wirkende Lasten aufnehmen und auf tragende Bauteile abtragen können. Ferner sollen sie zur Befestigung und Aufnahme senkrecht wirkender Lasten geeignet sein. Die Standfestigkeit leichter Trennwände wird durch die Verbindung mit den angrenzenden Bauteilen erreicht.
● Nach dieser neuen DIN 4103 können leichte Trennwände fest eingebaut oder versetzbar ausgebildet sein und aus einer oder mehreren, auch voneinander getrennten Schalen bestehen.
● Bei entsprechender Ausbildung können leichte Trennwände Aufgaben des Brand-, Wärme-, Feuchtigkeits- und Schallschutzes übernehmen. In diesem Fall sind DIN 4102 »Brandverhalten von Baustoffen und Bauteilen«, DIN 4108 »Wärmeschutz im Hochbau« und DIN 4109 »Schallschutz im Hochbau« zusätzlich zu berücksichtigen.
● Der Anwendungsbereich leichter Trennwände wird nach zwei Bedarfsgruppen gegliedert:
**1.** Trennwände für Räume mit geringer Verkehrsfrequenz, wie z. B. Wohnräume einschließlich der Flure, Kranken-, Hotel- und Büroräume u. ä.
**2.** Trennwände für Räume mit großer Verkehrsfrequenz, wie z. B. Verkaufs- und Ausstellungsräume, Schul- und Versammlungsräume, Hörsäle usw.
Bei diesen Trennwänden müssen Biegesteifigkeit und Biegegrenztragfähigkeit gegenüber horizontalen Streifenlasten (Verkehrslasten) in 90 cm über dem Fußboden nachgewiesen werden.
Leichte Trennwände im Anwendungsbereich 1 müssen 50 kp/m und leichte Trennwände im Anwendungsbereich 2 müssen 100 kp/m aufnehmen.

## Vorfertigung und Formgebung

Die wirtschaftliche Bedeutung der Vorfertigung ist unbestritten, ihre architektonische Aussagefähigkeit wird hingegen manchmal in Frage gestellt. Der Haupteinwand lautet, Fertigteile führen zur Uniformität. Dieser Einwand wird jedoch durch die Praxis widerlegt. Ebenso wie eine konventionelle Bauweise Ausgangspunkt für einförmige Gestaltung sein kann, kann das Zusammenfügen von Fertigteilen durchaus spezifischen Ausdruck haben und über die technische Funktion hinaus zum formenden Element werden.

## Maßordnung

Eine klare Maßordnung ist die Voraussetzung für den Einsatz vorgefertigter Bauteile und für ihre Fertigung. Maßordnungen sind Hilfsmittel; ihr Wesen liegt in der geistigen Durchdringung der Materie, ihr Wert in der allgemeinen Gültigkeit und der Breite der Anwendung. Das Metersystem bietet hierbei den Vorteil leichter Teilbarkeit.
Das geschlossene Vorfertigungssystem, also die Elementierung, ist nur ein Übergangsstadium. Angestrebt werden offene Systeme. Sie ermöglichen das Zusammensetzen verschiedenster Bauteile.

### Maßordnung nach DIN 4172

In der Bundesrepublik Deutschland gilt für alle Maßbeziehungen die DIN 4172 »Maßordnung im Hochbau«.
● Das Kernstück der Normung ist die Festlegung von Baunormzahlen. Daraus ergeben sich Vorzugsreihen für den Rohbau und für den Ausbau. Diese Maßordnung mit der Teilung von 12,5 cm basiert im Prinzip auf dem Mauerwerksbau.
● Die Baunormzahlen sind tabellarisch in Reihen zusammengefaßt, ausgehend von der internationalen Längeneinheit 1 m = 100 cm. Es gibt 8 Reihen von Baunormzahlen. Jede unterteilt die Längeneinheit von 100 cm in gleiche Abschnitte. Die einzelnen Reihen unterscheiden sich durch Maßsprünge. Sie bilden auch die Ausgangsmaße der Reihen.
Richtmaß = Nennmaß ± 1 cm.
● Nennmaße sind bei Bauarten ohne Fugen zugleich Baurichtmaße. Bei Bauarten mit Fugen werden die Baunennmaße durch Abzug oder Zuschlag der Fugen abgeleitet. Als Regel gilt: Bauteile werden so bemessen, daß ihre Baurichtmaße im Verband Baunormzahlen sind. Für Planung und Ausführung gelten Baunormzahlen.
● Baunormzahlen sind theoretische Maße für die Planung (Richtmaße). Die tatsächlichen Maße, die auch in Bauzeichnungen eingetragen werden, heißen Nennmaße. Im Mauerwerksbau differieren Richtmaß und Nennmaß stets um die Dicke der Mörtelfuge. Die Stoßfugen werden dabei mit 1 cm und die Lagerfugen mit 1,2 cm angenommen: Richtmaß = Nennmaß ± 1 (bzw. 1,2) cm.

MASSORDNUNG
VORAUSSETZUNG FÜR VORFERTIGUNG

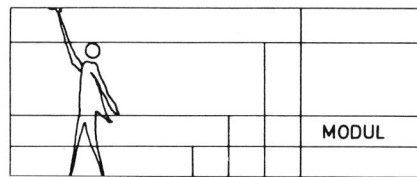

MODUL

# Innenausbau

## Maß- und Modulordnung

### Baunormzahlen

Reihen vorzugsweise
für den Rohbau a–d
für Einzelmaße e
für den Ausbau f–i

| a | b | c | d | e | f | g | h | i |
|---|---|---|---|---|---|---|---|---|
| 25 | $\frac{25}{2}$ | $\frac{25}{3}$ | $\frac{25}{4}$ | $\frac{25}{10}=\frac{5}{2}$ | 5 | 2×5 | 4×5 | 5×5 |
| | | | | 2,5 | | | | |
| | | | 6¼ | 5 | 5 | | | |
| | | 8⅓ | | 7,5 | | | | |
| | | | | 10 | 10 | 10 | | |
| | 12½ | | 12½ | 12,5 | | | | |
| | | | | 15 | 15 | | | |
| | | 16⅔ | 18¾ | 17,5 | | | | |
| | | | | 20 | 20 | 20 | 20 | |
| | | | | 22,5 | | | | |
| 25 | 25 | 25 | 25 | 25 | 25 | | | 25 |
| | | | | 27,5 | | | | |
| | | | 31¼ | 30 | 30 | 30 | | |
| | | 33⅓ | | 32,5 | | | | |
| | | | | 35 | 35 | | | |
| | 37½ | | 37½ | 37,5 | | | | |
| | | 41⅔ | | 40 | 40 | 40 | 40 | |
| | | | 43¾ | 42,5 | | | | |
| | | | | 45 | 45 | | | |
| | | | | 47,5 | | | | |
| 50 | 50 | 50 | 50 | 50 | 50 | 50 | | 50 |
| | | | | 52,5 | | | | |
| | | | 56¼ | 55 | 55 | | | |
| | | 58⅓ | | 57,5 | | | | |
| | | | | 60 | 60 | 60 | 60 | |
| | 62½ | | 62½ | 62,5 | | | | |
| | | | | 65 | 65 | | | |
| | | 66⅔ | 68¾ | 67,5 | | | | |
| | | | | 70 | 70 | 70 | | |
| | | | | 72,5 | | | | |
| 75 | 75 | 75 | 75 | 75 | 75 | | | 75 |
| | | | | 77,5 | | | | |
| | | | 81¼ | 80 | 80 | 80 | 80 | |
| | | 83⅓ | | 82,5 | | | | |
| | | | | 85 | 85 | | | |
| | 87½ | | 87½ | 87,5 | | | | |
| | | | | 90 | 90 | 90 | | |
| | | 91⅔ | 93¾ | 92,5 | | | | |
| | | | | 95 | 95 | | | |
| | | | | 97,5 | | | | |
| 100 | 100 | 100 | 100 | 100 | 100 | 100 | 100 | 100 |

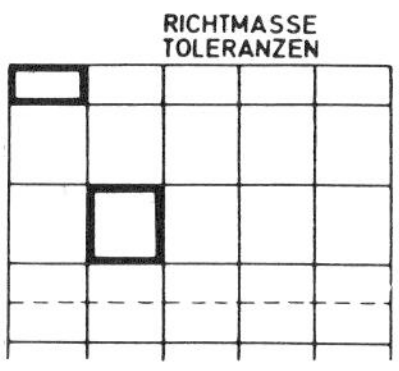
RICHTMASSE
TOLERANZEN

RASTER

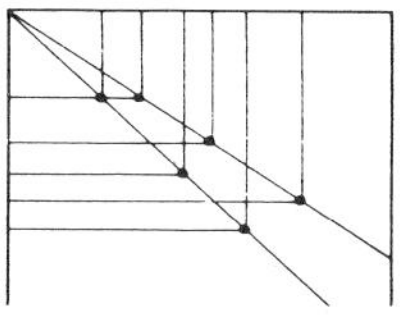

DIMENSION
PROPORTION

### Modulordnung nach DIN 18000

Als Modul wird die Einheitsgröße bezeichnet oder die Größeneinheit, die als ein Maßsprung in der Maßordnung verwendet wird. Der Modul muß zu einem umfassenden Maßsystem erweitert werden können. Es ist schwer, eine gemeinsame Basis für alle Dimensionen und für alle Bereiche der Planung, Konstruktion, Fertigung, Installation und den Ausbau zu finden.

- In den Ländern der EWG wird seit 1959 der Europa-Modul 1 M = 10 cm angewandt. Die Dezimalordnung bleibt Grundlage.
- Die modularen Maße sind Baurichtmaße.
- Es kann zweckmäßig sein, für die Planung eines Bauwerks Raster mit verschiedenen Maßen zu verwenden und sie als Primär- und Sekundär-Raster gegeneinander zu versetzen.
- Bei jedem Bauteil ist zu entscheiden, welche seiner Maße mit Rücksicht auf den Zusammenbau mit anderen Bauteilen (oder auf seine Herstellung) Koordinierungsmaße, also modulare Maße, sein müssen.
- Nicht alle Abmessungen eines Bauwerkes können modular sein. Besonders Wand- und Deckenstärken lassen sich oft nicht modular bemessen. In solchen Fällen entstehen nichtmodulare Raum- und Ausbaumaße.
- Wenn Raum- und Ausbaumaße modular sein müssen, ist das Rasternetz zu unterbrechen und eine »neutrale Zone« einzuführen. Die neutrale Zone braucht nicht modular zu sein.
- Für eine wirtschaftliche Vorfertigung ist ein Sekundärraster von 120/120 cm anzustreben. Durch Rastertrennung zwischen Primär- und Sekundärraster wird gegenseitige Unabhängigkeit erreicht.
- Die Sekundärstruktur kann vollständig von der Primärstruktur durch einen Raster-Versatz getrennt werden. Der Versatz beträgt meist 30 oder 60 cm. Dadurch werden schwierige Anschlüsse bei Stützen und Unterzügen vermieden. Allerdings stehen dann die Stützen im Raum.

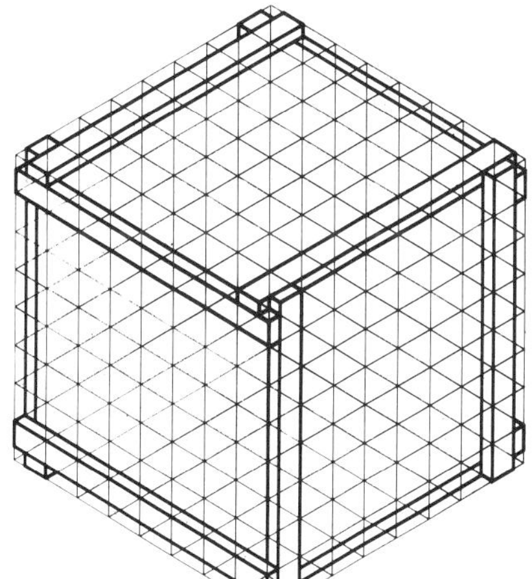

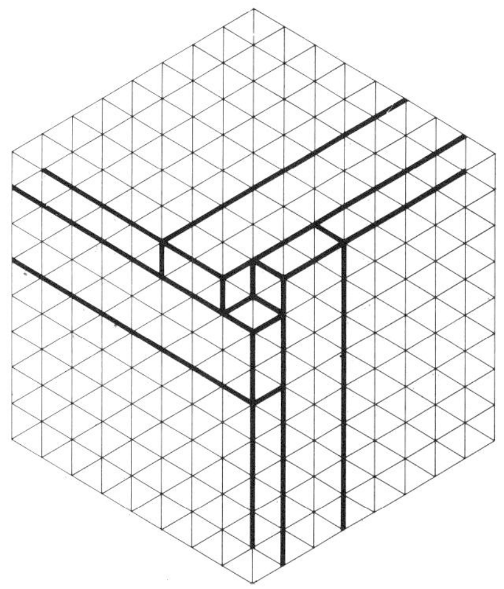

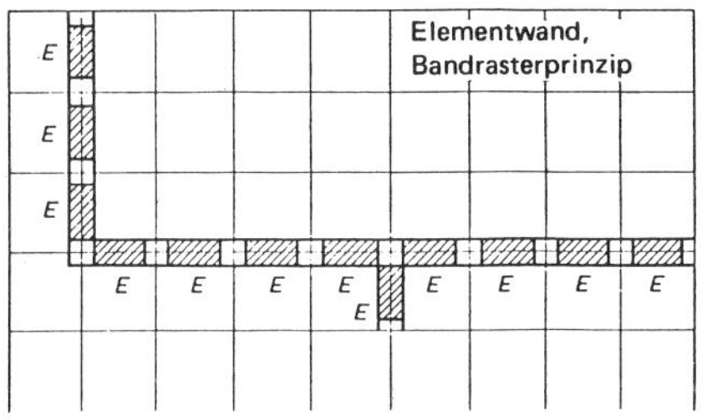
Elementwand,
Bandrasterprinzip
E
E
E
E
E
E
E
E
E
E
E
E

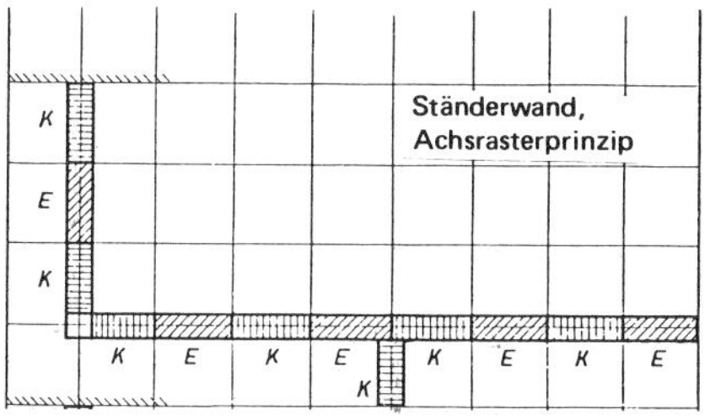
Ständerwand,
Achsrasterprinzip
K
E
K
K
E
K
E
K
K
E
K
E

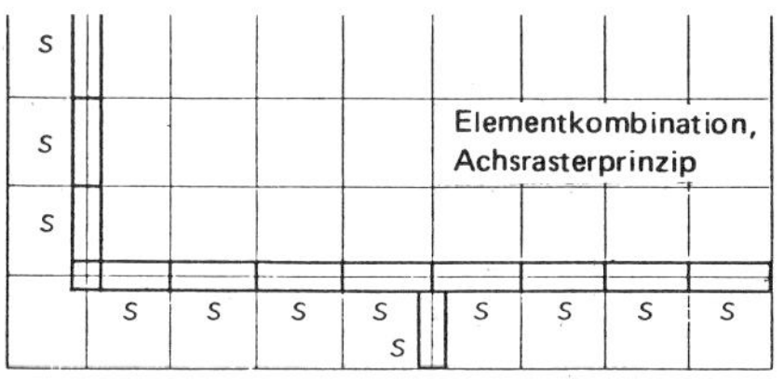
Elementkombination,
Achsrasterprinzip
S
S
S
S
S
S
S
S
S
S
S
S

## Holzschutz

Bei der Verwendung von Holz im Bauwesen haben der bauliche und der chemische Holzschutz gleichermaßen große Bedeutung. Der bauliche Holzschutz umfaßt vorbeugende Maßnahmen, also alle technischen und bauphysikalischen Vorkehrungen, die eine unzuträgliche Veränderung des Feuchtigkeitsgehaltes von Holz und Holzstoffwerken verhindern.

● Holz ist mit dem Feuchtegehalt einzubauen, der während der Nutzung als Normalwert auftritt. Alle anderen Bau- und Dämmstoffe müssen trocken eingesetzt werden. Feuchtigkeit schafft Voraussetzungen für Pilzbefall und Verformungen.

● Der chemische Holzschutz mit öligen oder wasserlöslichen Holzschutzmitteln kann den baulichen, konstruktiven Holzschutz nur unterstützen, nicht ersetzen.

● Der chemische Holzschutz dient als zusätzliche, vorbeugende oder bekämpfende Maßnahme. Die Maßnahmen sind dem jeweiligen Gefährdungsgrad des zu verbauenden Holzes anzupassen.

● Der Holzschutz wird unter kontrollierbaren Verhältnissen in der Produktionsstätte, ungehindert durch Witterungseinflüsse, durchgeführt. Zur Anwendung gelangen nur im Holzschutzmittelverzeichnis aufgeführte Mittel (Herausgeber: Institut für Bautechnik, Berlin).

● Holzschutzverfahren: Spritzen, Streichen, Tauchen, Trogtränkung, Kesseldruckimprägnierung.

● Holzwerkstoffe, die der Feuchtigkeitseinwirkung ausgesetzt sind, müssen gemäß den Güteüberwachungsrichtlinien angemessene Verleimqualitäten besitzen und gegebenenfalls ein eingearbeitetes Holzschutzmittel (G) normengerecht ausweisen.

● Gegen Pilz- und Insektenbefall gibt es bewährte Holzschutzmittel, die aufgrund bauaufsichtlicher Bestimmungen Prüfzeichen speziell für ihre Anwendungsgebiete haben müssen.

## Wärmeschutz

DIN 4108 »Wärmeschutz im Hochbau« ist die Grundnorm, die den veränderten Verhältnissen auf dem Energiesektor angepaßt wurde.

● Das »Beiblatt zu DIN 4108« gibt Erläuterungen und Beispiele für einen erhöhten Wärmeschutz und soll einen Anstoß geben, durch bautechnische Entwicklungen zu heizenergiesparenden Bauarten zu kommen. Zusätzlich ist die »Wärmeschutzverordnung« – Verordnung über einen energiesparenden Wärmeschutz bei Gebäuden – in Kraft. DIN 4701 regelt die Berechnung des Wärmebedarfs von Gebäuden.

● Einer beim sommerlichen Wärmeschutz wichtigen ungehinderten Sonneneinstrahlung, und somit einer unerwünschten Aufheizung von Räumen, begegnet man durch eine sinnvolle Anordnung, Konstruktion, Dimensionierung, Reflexion und Beschattung der Fenster.

● Eine günstige Temperaturamplitudendämpfung wird bei mehrschaligen Bauteilen durch die Anordnung von relativ schweren Schalen auf der Innenseite erreicht. Holz und Holzwerkstoffe bieten sich hierfür an.

● Besonderes Augenmerk sollte auf die Winddichtigkeit der Bauteile gelenkt werden; eine Holzschalung allein genügt den Ansprüchen nicht. Es sind zusätzlich Pappen, Folien, plattenförmige Werkstoffe o. ä. vorzusehen. Holz und Holzwerkstoffe unterstützen den Wärmeschutz der Bauteile und die Behaglichkeit in den Räumen durch ihre speziellen wärmetechnischen Eigenschaften. Holz besitzt eine relativ geringe Wärmeeindringzahl, die sich bei direkter Berührung mit dem Körper überaus vorteilhaft auswirkt.

● Eine unangenehme Temperaturausstrahlung ist von Holz nicht zu erwarten.

● Die positiven technischen Eigenschaften verbinden sich mit dem wirkungsvollen optischen Eindruck des organischen, altbewährten Werkstoffes.

● In der Landwirtschaft hat Holz seinen festen Platz dort, wo es um die Aufzucht gesunder Tiere und den wirtschaftlichen Erfolg geht.

## Feuchteschutz

Feuchtigkeit im Bau kann zu Schäden führen. Durchfeuchtete Wärmedämmstoffe haben einen weitaus geringeren Wärmedämmwert als trockene. Hierdurch steigen die Heizkosten im Winter, die Oberflächentemperatur sinkt ab, und eine Tauwasserbildung an der Bauteiloberfläche kann auftreten. Feuchtigkeit kann als Wasser oder Wasserdampf in die Konstruktion gelangen. Wasser fällt von außen durch Witterungsfeuchtigkeit, von innen als Gebrauchs- oder Abwasser an.

● Wasserdampf befindet sich in der Luft. Je nach Temperatur und relativer Luftfeuchtigkeit entsteht ein Wasserdampfdruck, der zwischen außen und innen unterschiedlich sein kann.

● Unterschiedliche Dampfdrücke versuchen sich auszugleichen, so daß es zu einem Dampfstrom durch die Bauteile hindurch kommt, falls die Bauteile nicht dampfsperrend ausgebildet sind.

● Kühlt der Dampfstrom auf dem Wege von der warmen zur kalten Seite durch einen ungünstigen Wandaufbau bis zur Dampfsättigung ab, so fällt überschüssige Feuchte als Kondensat aus.

● Der Aufbau der Bauteile sollte so erfolgen, daß eine zunehmende Porösität von der warmen zur kalten Seite vorhanden ist, um zu erreichen, daß der Dampfstrom innen stärker als außen gebremst wird und somit eine Feuchtigkeitsabwanderung erfolgen kann.

● Sind die Verhältnisse nicht eindeutig, so wird man auf der warmen Seite der Dämmschicht eine Dampfbremse oder Dampfsperre anordnen oder eine hinterlüftete Fassade wählen. Bei beidseitig dichten Bauteilen müssen auch die Kanten in die Überlegungen einbezogen werden. Als Dampfsperre gelten z. B. mind. 333er Bitumendachpappe, mind. 0,2 mm Polyäthylenfolie, Metallfolien, Vaporex.

● Luftbewegungen dürfen sich nicht durch das geschlossene Bauteil hindurch bemerkbar machen und zu Zuglufterscheinungen in Innenräumen führen. Luftbewegung in Dämmschichten führt zum Abfall der Wärmedämmung.

---

**Baustoffklassen** gemäß Ergänzender Bestimmung zu DIN 4102

| Baustoff-klasse | Bauaufsichtliche Benennung |
|---|---|
| A | nicht brennbare Baustoffe |
| A 1 | |
| A 2 | |
| B | brennbare Baustoffe |
| B 1 | schwerentflammbare Baustoffe |
| B 2 | normalentflammbare Baustoffe |
| B 3 | leichtentflammbare Baustoffe |

**Feuerwiderstandsklassen von Bauteilen gemäß DIN 4102, Blatt 2**

| Feuerwider-standsklasse | Feuerwider-standsdauer (min) | Bauaufsichtliche Benennung |
|---|---|---|
| F 30 | ≧ 30 | feuerhemmend |
| F 60 | ≧ 60 | |
| F 90 | ≧ 90 | feuerbeständig |
| F 120 | ≧ 120 | |
| F 180 | ≧ 180 | hochfeuerbe-ständig |

**Brandschutzangaben** von Rigips-Montagewänden

| Konstruktion | Wand-dicke in mm | Feuer-widerstands-klasse |
|---|---|---|
| Einfachwände mit Holzunter-konstruktion in Ständerbauart | 85 90 112 117 | F 30 F 60 F 30 F 60 |
| Doppelwände mit Holzunter-konstruktion in Ständerbauart | 175 180 220 | F 30 F 60 F 60 |
| Einfachwände mit Streifenbündel-Unterkonstruktion in Ständerbauart | 75 100 115 120 | F 30 F 30 F 90 F 90 |

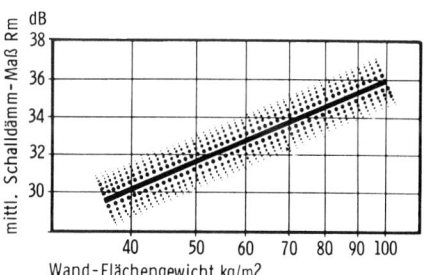

## Brandschutz

Holz und Holzwerkstoffe gelten mit den im Bauwesen üblichen Dicken gemäß DIN 4102 »Brandverhalten von Baustoffen und Bauteilen« ohne Nachweis als »normal entflammbare Baustoffe« (Baustoffklasse B 2). Durch einen Anstrich mit einem schaumbildenden Flammschutzmittel läßt sich auch das Prädikat »schwer entflammbar« (B 1) erreichen. Spezielle Holzwerkstoffe sind als »schwer entflammbar« eingestuft.

● Träger und Stützen erreichen bei entsprechenden Querschnitten Feuerwiderstandszeiten, die durch die Feuerwiderstandsklassen F 30 oder F 60 gemäß DIN 4102 ausgewiesen sind. Bauteile mit tragender Konstruktion aus Holz lassen sich nicht in die Gruppe »feuerbeständig« einreihen.

● Trennwände und untergehängte Decken sind keine eigenen Bauteile. Sie können nur gemeinsam mit der Primär-Konstruktion feuertechnisch untersucht und bewertet werden.

● In den Landesbauordnungen der Bundesländer sind auf der Grundlage der Musterbauordnung (MBO) die Vorschriften für den vorbeugenden baulichen Brandschutz niedergelegt. Die grundlegende Forderung lautet: »Bauliche Anlagen sind so anzuordnen, zu errichten und zu unterhalten, daß der Entstehung und der Ausbreitung von Schadensfeuern vorgebeugt wird und bei einem Brand wirksame Löscharbeiten und die Rettung von Menschen und Tieren möglich ist.«

● Die Verwendung von Holz und Holzwerkstoffen ist in Wohn- und Verwaltungsgebäuden bis zu zwei Vollgeschossen uneingeschränkt möglich, dies gilt auch für Dächer von Objekten aller Art.

## Schallschutz

Durch den baulichen Schallschutz wird die Schallübertragung von der Schallquelle zum Empfänger vermindert. Befinden sich Schallquelle und Empfänger in verschiedenen Räumen, so spricht man von Schalldämmung. Breitet sich der Schall in der Luft aus, handelt es sich um Luftschalldämmung.

● Das Schalldämm-Maß R' kennzeichnet die Luftschalldämmung eines Bauteils. R' wird unter üblichen Baubedingungen einschließlich etwaiger Übertragungen auf Nebenwegen ermittelt.

● Das Luftschallschutzmaß LSM dient zur Bewertung der Luftschalldämmung eines Bauteils.

● Die Mindestanforderungen für den Schallschutz im Hochbau und Vorschläge für einen erhöhten Schallschutz sind in Tabelle 1 der DIN 4109, Blatt 2, angegeben. Bei Einfamilienhäusern und bei Außenwänden bestehen keine Anforderungen hinsichtlich des Schallschutzes.

● Bei einschaligen Wänden ist die Luftschalldämmung durch das Flächengewicht bestimmt. Je größer das Flächengewicht einer Wand ist, desto besser ist ihre Luftschalldämmung.

● Zweischalige Wände bestehen aus Wandschalen, die miteinander nicht in starrer Verbindung stehen und durch Luftschichten oder Dämmstoffe voneinander getrennt sind. Trotz geringer Dicke und niedrigem Gewicht erreichen diese Wände eine sehr gute Luftschalldämmung.

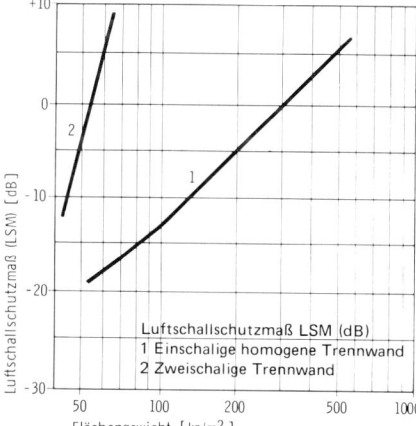

Luftschallschutzmaß LSM (dB)
1 Einschalige homogene Trennwand
2 Zweischalige Trennwand

| Wand Mindestanforderungen nach DIN 4109 | Luftschallschutzmaß (LMS) in dB Mindestanforderung |
|---|---|
| Zwischen Wohnungen und fremden Arbeitsräumen | 0 |
| Zwischen Übernachtungs- und Krankenräumen in Hotels, Gasthäusern und Krankenhäusern | − 3 |
| Zwischen Unterrichtsräumen in Schulen | + 3 |
| Zwischen Unterrichtsräumen und Fluren in Schulen | 0 |

**Im Bau zu fordernde Mindestwerte des mittleren Schalldämm-Maßes R' bzw. des Luftschallschutzmaßes LSM**

| | R' | LSM |
|---|---|---|
| Mindestanforderungen bei Bürobauten | 30 dB | 20 dB |
| Normale Anforderungen für Verwaltungsbauten | 35 dB | 15 dB |
| Gehobene Ansprüche für geistige Arbeit | 40 dB | 5/10 dB |
| Wahrung der Vertraulichkeit bei Gesprächen | 45 dB | |

| Richtwerte für Bürotrennwände | Mittleres Schalldämm-Maß in dB |
|---|---|
| Nur funktionelle Unterteilung, z. B. zwischen Zeichenbüros, Labors und Werkstattbüros | 35 |
| Zwischen normalen Büros | 40 |
| Zwischen Direktionsräumen und Fluren oder Vorzimmern | 45 |

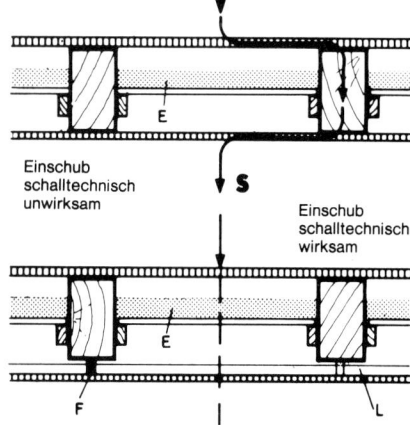

Ein Einschub mit schwerem Schüttgut zwischen den Holzbalken ist als Schallschutz nur wirksam, wenn der Weg S unterbrochen ist, z. B. durch Aufhängung der Unterdecke über Leisten L mit Federbügeln F.

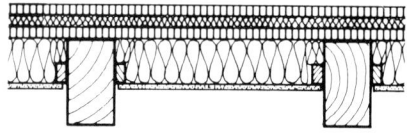

Wenn die Balken von unten sichtbar sein sollen, genügt in schalltechnischer Hinsicht eine Verkleidung zwischen den Balken.

**Innentüren** trennen und verbinden Räume unterschiedlicher Nutzung und Gestaltung. Den damit gestellten Aufgaben wird durch verschiedene Bauarten, Materialien, Beschläge und Ausführungen entsprochen. Die Lösungen müssen auch wirtschaftlich überzeugen.

**Bezeichnungen,** Darstellungen, Öffnungs- und Anschlagarten der Türen sind nach DIN 612 festgelegt. Einheitliche Regelungen und ihre Einhaltung sind eine Voraussetzung für die reibungslose Durchführung von Arbeiten im Bauwesen. Maßkennzeichen klären z.B. die zulässige Größe von Maßtoleranzen am Bau.

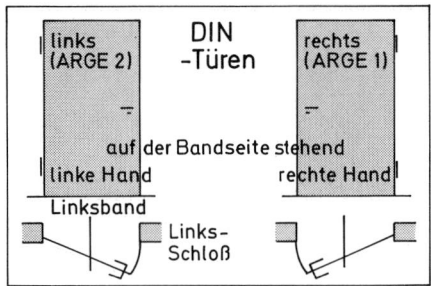

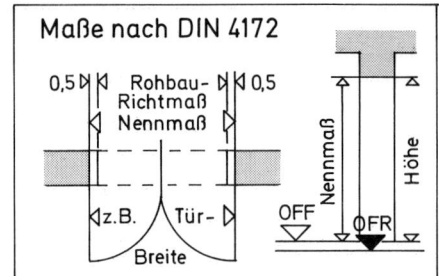

**Darstellungen** von Türen mit und ohne Schwellen und mit Angabe von Drehrichtungen, sind heute in Europa einheitlich festgelegt.

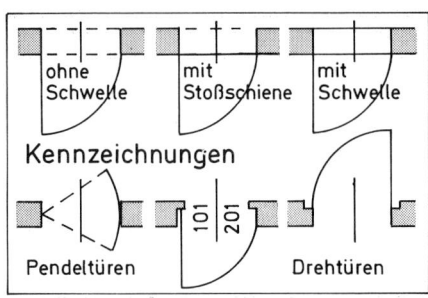

Nach ihrer **Öffnungsart** werden Drehtüren, Pendel- und Drehkreuztüren, Schiebe- und Teleskop-, Falt- und Harmonikatüren durch Symbole gekennzeichnet.

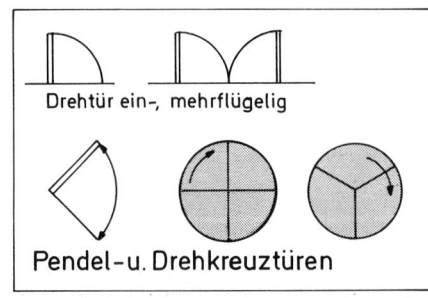

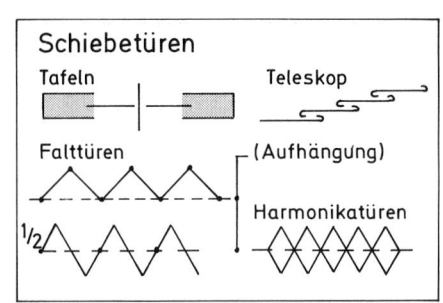

**Türanschlagarten,** Futter- und Bekleidungen, ein- und zweiteilige Rahmen, werden den Türstärken entsprechend verschieden ausgeführt.

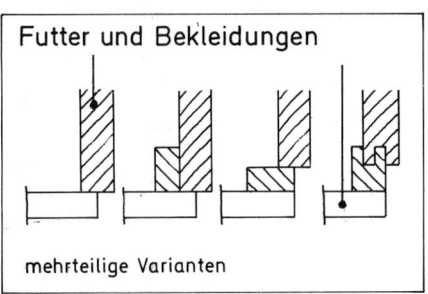

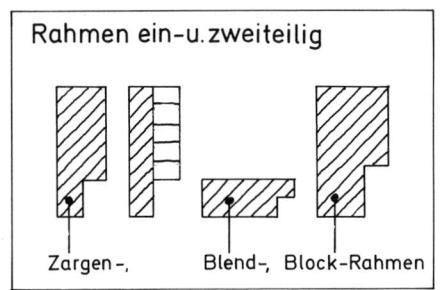

**Rahmenpositionen,** mit und ohne Maueranschlag, zwischen und auf den Mauern, entsprechen Türen, die in ihrer Bedeutung und Durchgangsbreite unterschiedlich sind.

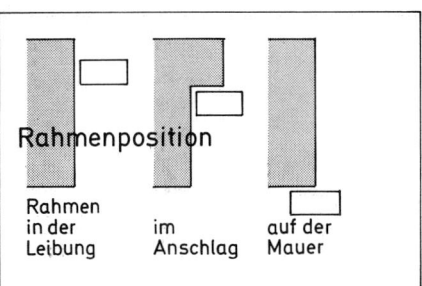

**Putzanschlüsse** gegen imprägnierte Werkstoffe, gegen Platten, Vollholzleisten oder Metallschienen, dienen zur Sicherung sichtbarer Begrenzungen oder abgedeckter Putzkanten.

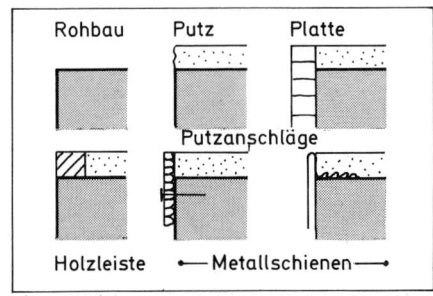

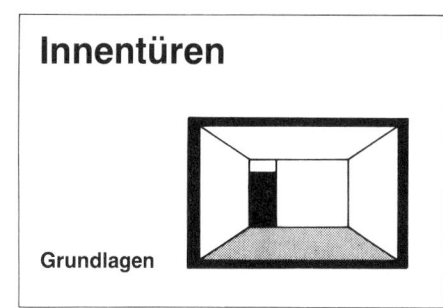

**Innentüren**

Grundlagen

**Bauarten:** Latten- und Brettertüren aus Vollholz, Rahmentüren mit Füllungen und glatte Türen mit oder ohne Ausschnitten, sind die gebräuchlichsten Typen.

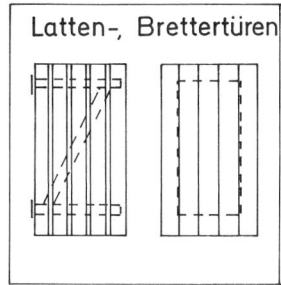

Latten-, Brettertüren

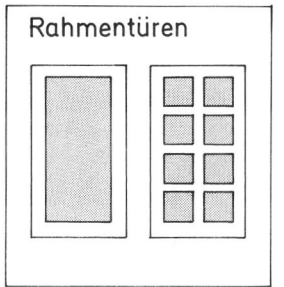

Rahmentüren

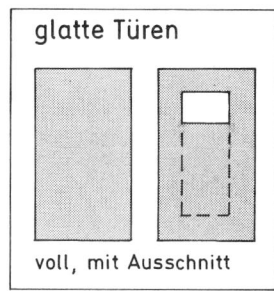

glatte Türen

voll, mit Ausschnitt

**Beschläge:** Bänder sind gerade oder gekröpft, eingelassen oder gebohrt. Schlösser mit Einfach- oder Sicherheitsschließung sichern die Türen. Dichtungen schützen durch Türanschläge und Zusatzprofile gegen Zugluft und Schall.

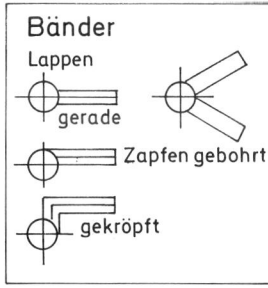

Bänder

Lappen

gerade

Zapfen gebohrt

gekröpft

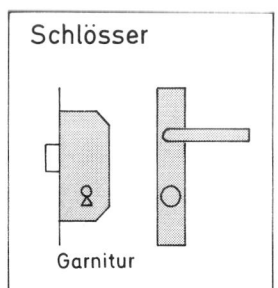

Schlösser

Garnitur

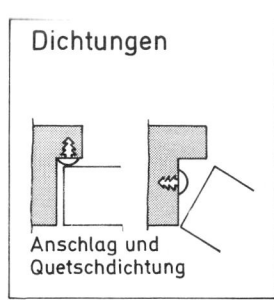

Dichtungen

Anschlag und
Quetschdichtung

**Drehtüren:** Verschiedene Rahmen bieten den Türen Anschlag in unterschiedlichen Positionen, auf der Mauer, in der Mauer oder in der Leibung. Türfutter werden massiv oder auf Rahmen gearbeitet, mit Dichtungs- und Anschlagbekleidung. Fertigtüren haben standardisierte Zargen und Blätter.

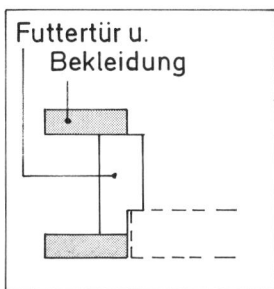

Futtertür u.
Bekleidung

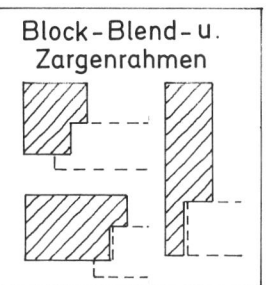

Block-Blend-u.
Zargenrahmen

vorgefertigte
Zargen, zweiteilig

**Sonderkonstruktionen:**
● Pendeltüren mit Bommer oder Federband erlauben Türblattdrehungen in beiden Richtungen. Dafür haben sie keine Anschlagdichtungen und sind damit nicht sehr dicht.
● Tapetentüren liegen möglichst unsichtbar in Wandflächen unterschiedlicher Oberflächengestaltung.
● Schalldämmende Türen unterscheiden sich durch ihre Dämmwerte von schallschluckenden Türen. Beispiel rechts außen mit dreifachem Falz, schwerem und gedämmtem Blatt.

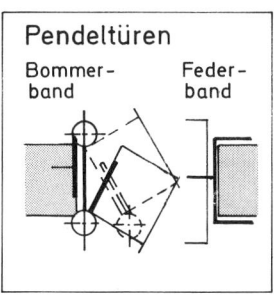

Pendeltüren

Bommer-
band

Feder-
band

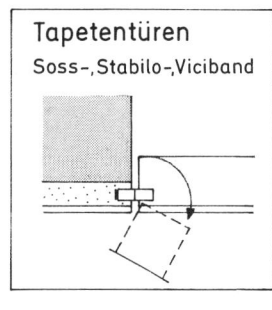

Tapetentüren

Soss-,Stabilo-,Viciband

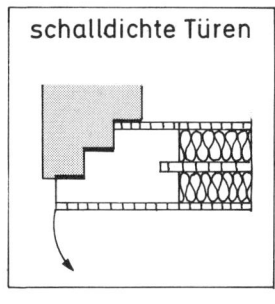

schalldichte Türen

**Schiebetüren** laufen frei vor der Wand oder verdeckt in Mauertaschen bzw. hinter Paneelen und werden ein- oder zweiseitig ausgeführt.

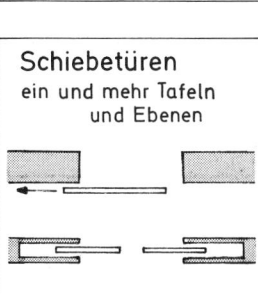

Schiebetüren
ein und mehr Tafeln
und Ebenen

Falttüren
seitlich aufgehängt
mit Bodenführung

Harmonikatüren
axial aufgehängt
ohne Bodenführung

**Falttüren** unterscheiden sich durch seitliche Aufhängung von **Harmonikatüren** mit mittigen Laufachsen. Letztere erlauben breitere und schwerere Türflächen, auch ohne Bodenführung.

**Latten- und Brettertüren** haben offene bzw. geschlossene Flächen aus Vollholz. Die Verbindung der Bretter erfolgt durch aufgenagelte oder eingegratete Leisten bzw. durch verschraubte Rahmen. Die Aussteifung wird durch Diagonalstreben oder durch starre Rahmenverbindungen erreicht.

**Glatte Türblätter** werden auf Rahmen gearbeitet mit durchlaufenden Abdeckungen, sog. Decks aus Sperrholz, Hartfaser oder Spanplatten. Sie sind furniert, gestrichen oder kunststoffbeschichtet. Es gibt aber auch volle Türblätter ganz aus Spanplatten, die aus Fertigungs- wie auch aus Gründen der Gewichtsersparnis Hohlräume haben.

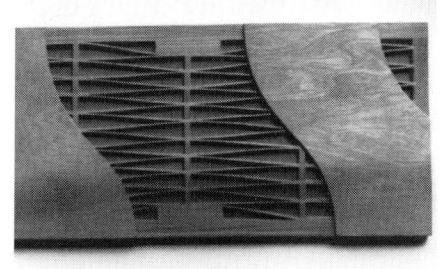

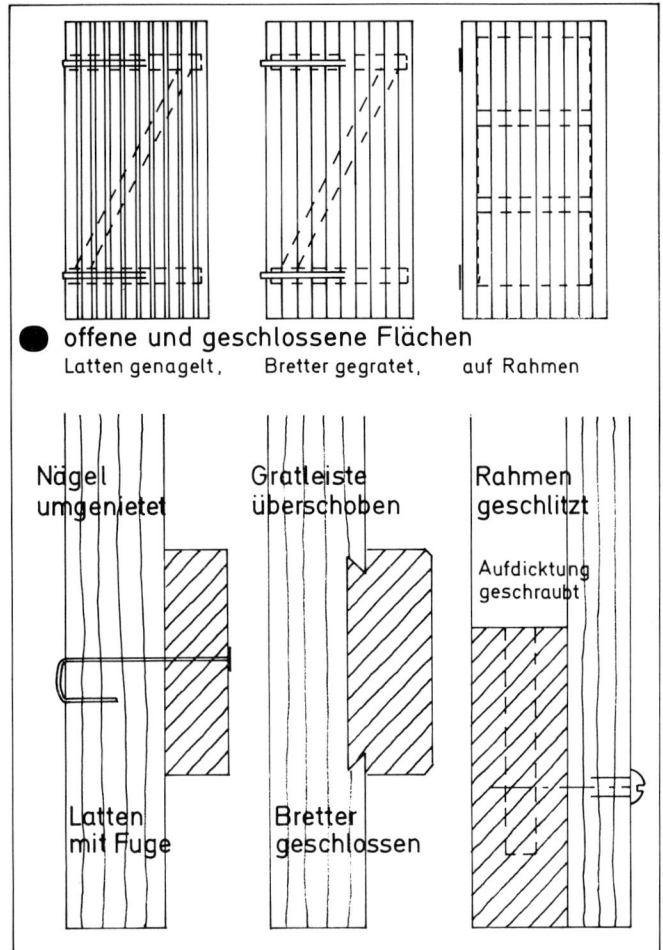

● **offene und geschlossene Flächen**
Latten genagelt,   Bretter gegratet,   auf Rahmen

Nägel umgenietet

Gratleiste überschoben

Rahmen geschlitzt

Aufdickung geschraubt

Latten mit Fuge

Bretter geschlossen

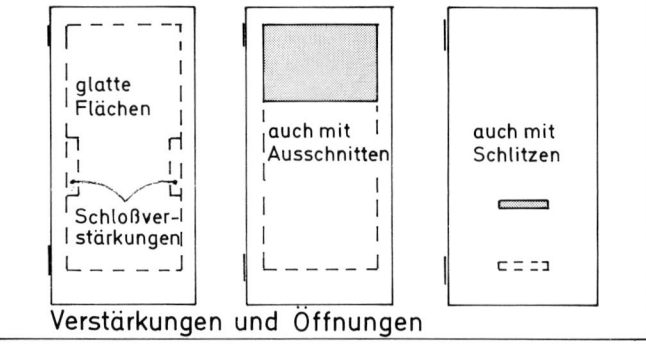

glatte Flächen

Schloßverstärkungen

auch mit Ausschnitten

auch mit Schlitzen

**Verstärkungen und Öffnungen**

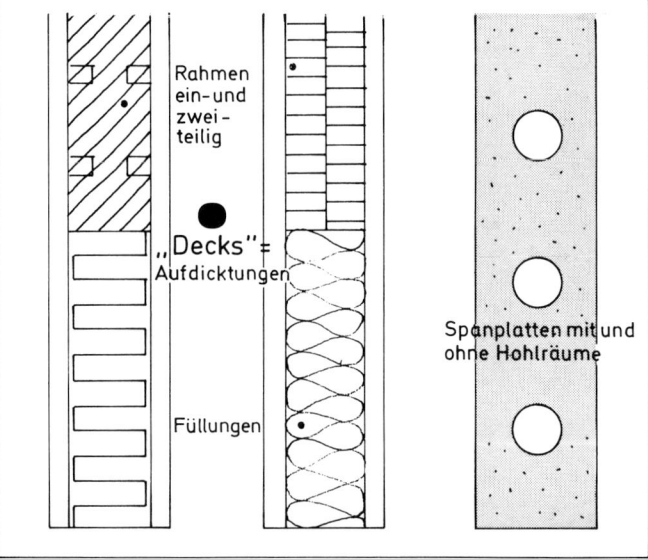

Rahmen ein- und zweiteilig

● „Decks" = Aufdickungen

Füllungen

Spanplatten mit und ohne Hohlräume

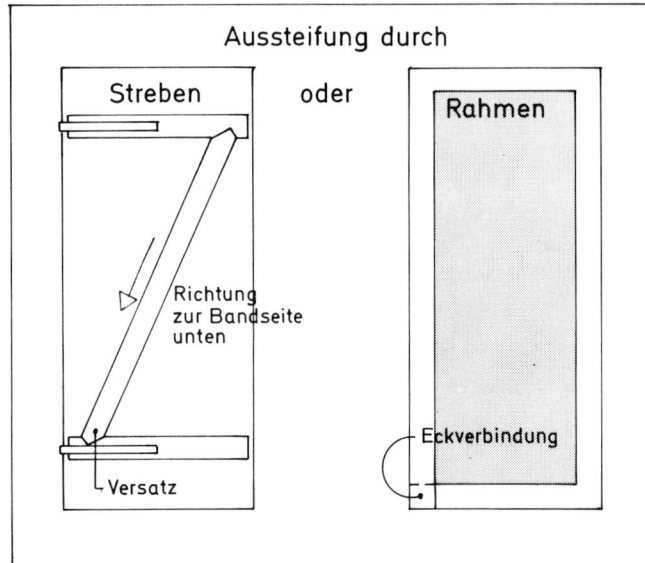

**Aussteifung durch**

Streben   oder

Rahmen

Richtung zur Bandseite unten

Versatz

Eckverbindung

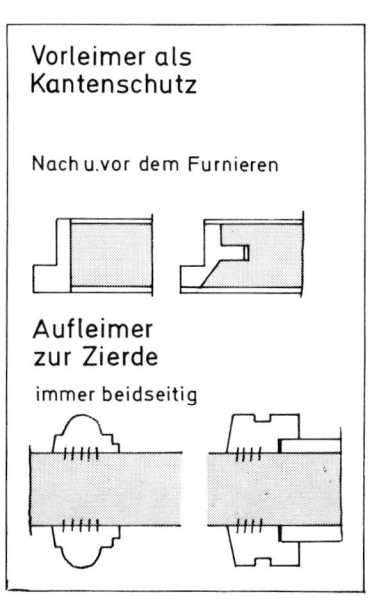

**Vorleimer als Kantenschutz**

Nach u. vor dem Furnieren

**Aufleimer zur Zierde**

immer beidseitig

Die **Rahmenhölzer** der glatten Türen sind oft nicht einmal miteinander fest verbunden, sondern nur geheftet. Sie bilden eigentlich nur Kantenabschlüsse der Türblätter und sind aus diesem Grund an verschiedenen Stellen verstärkt, z. B. seitlich für Schloßeinbohrungen und an Stellen, an denen Ausschnitte möglich sind.

**Füllungen** verbinden die Decks, steifen sie aus und dämmen das Türblatt. Verwendung finden meist leichte Materialien und Konstruktionen, z. B. Leisten, Stege, Lamellen, Waben und Späne. Diese stehen hochkant und erlauben Luftzirkulation.

**Rahmentüren** bestehen aus fest miteinander verbundenen querliegenden und aufrecht stehenden Rahmenhölzern und Sprossen. Die Rahmenfelder werden mit durchsichtigen bzw. undurchsichtigen Füllungen geschlossen, die fest oder herausnehmbar durch Leisten gehalten werden. Breite Rahmenhölzer müssen zweiteilig gearbeitet oder abgesperrt werden.

## Innentüren

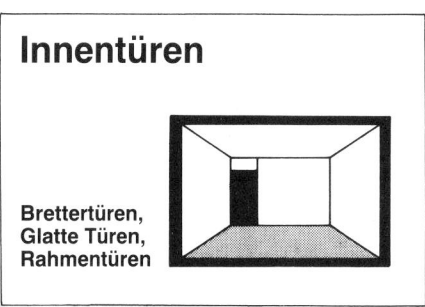

**Brettertüren,
Glatte Türen,
Rahmentüren**

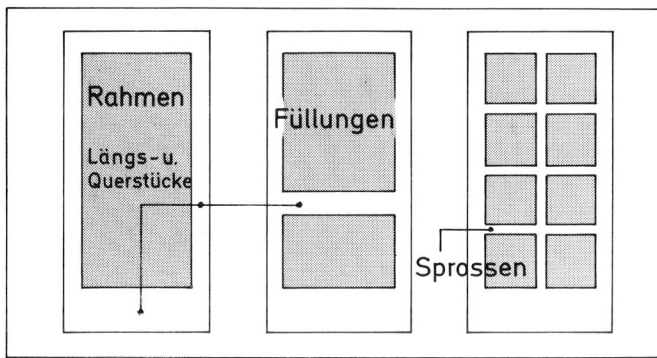

Rahmen
Längs- u. Querstücke

Füllungen

Sprossen

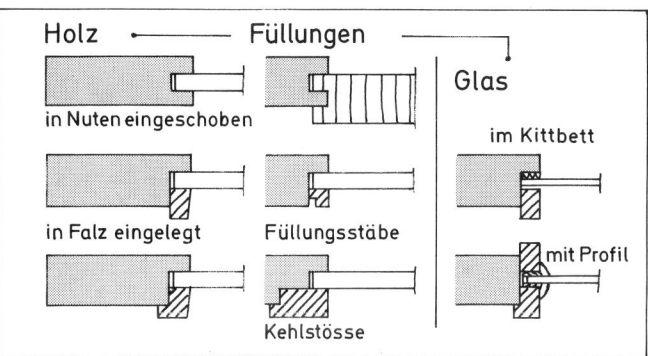

Holz ◄— Füllungen —►

in Nuten eingeschoben

in Falz eingelegt

Füllungsstäbe

Kehlstösse

Glas

im Kittbett

mit Profil

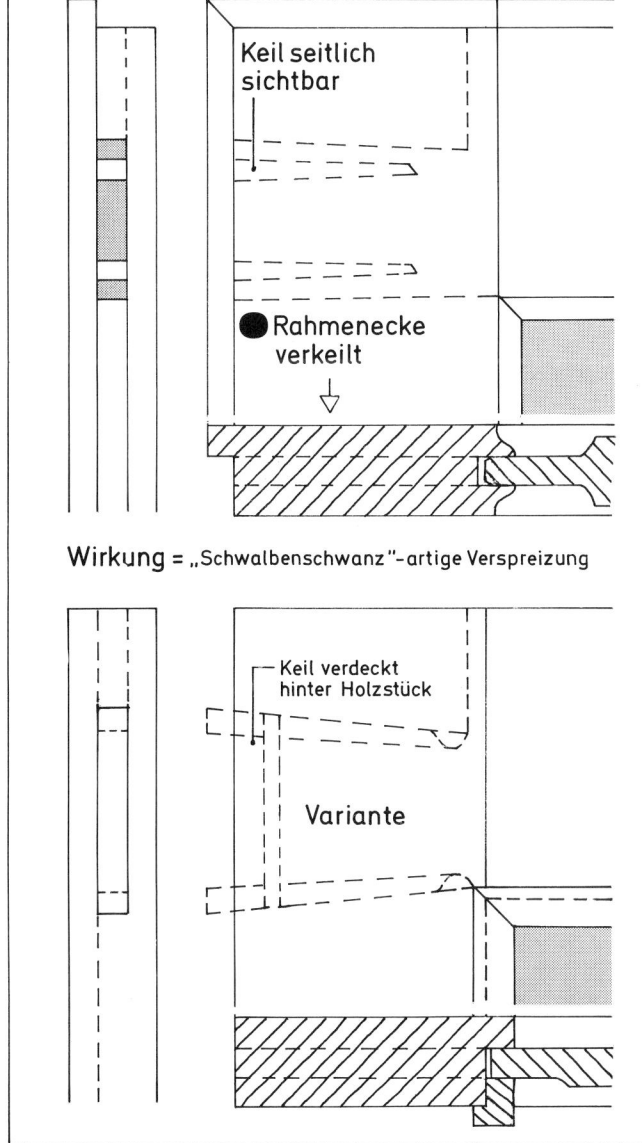

Keil seitlich sichtbar

● Rahmenecke verkeilt

Wirkung = „Schwalbenschwanz"-artige Verspreizung

Keil verdeckt hinter Holzstück

Variante

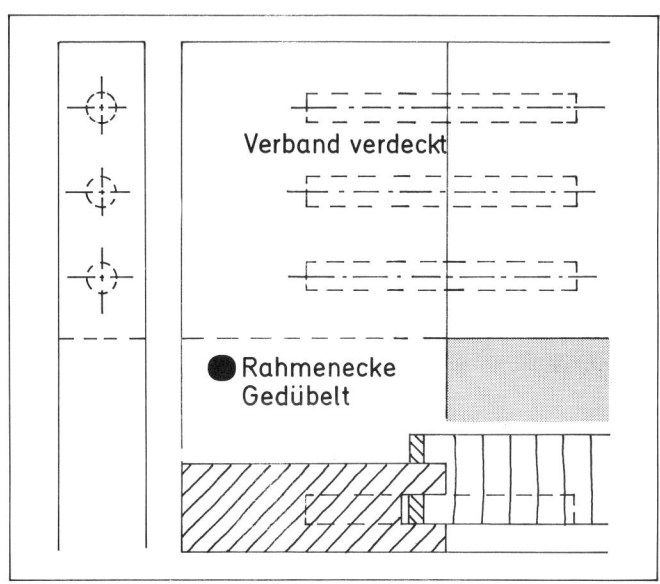

Verband verdeckt

● Rahmenecke Gedübelt

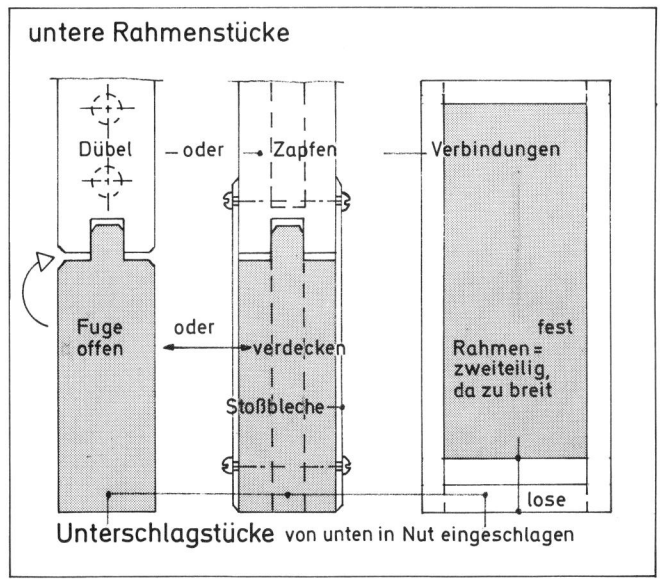

untere Rahmenstücke

Dübel — oder — Zapfen

Verbindungen

Fuge offen — oder — verdecken

Stoßbleche

fest
Rahmen = zweiteilig, da zu breit

lose

**Unterschlagstücke** von unten in Nut eingeschlagen

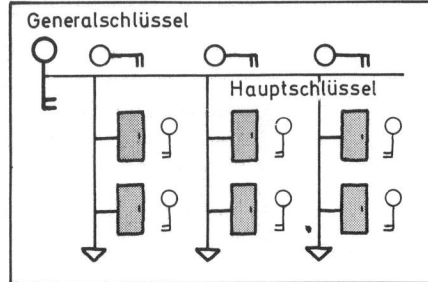

Generalschlüssel

Hauptschlüssel

**Schlösser und Schlüssel** dienen der Zuhaltung, Verriegelung bzw. Öffnung von Türen. Sie haben je nach Sicherheitsbedürfnis, Gestaltungsanliegen und Türkonstruktion verschiedene Ausführungen.

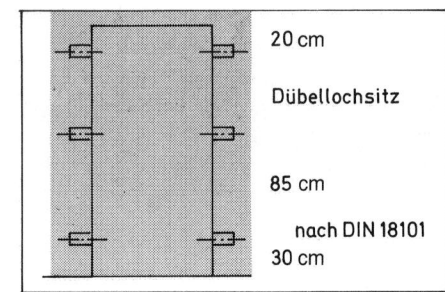

20 cm

Dübellochsitz

85 cm

nach DIN 18101

30 cm

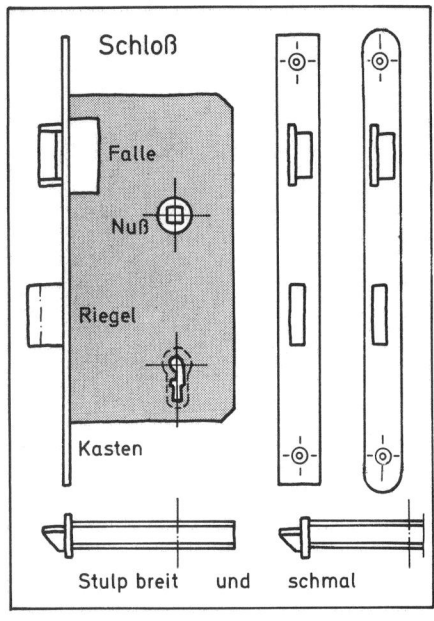

Schloß

Falle

Nuß

Riegel

Kasten

Stulp breit und schmal

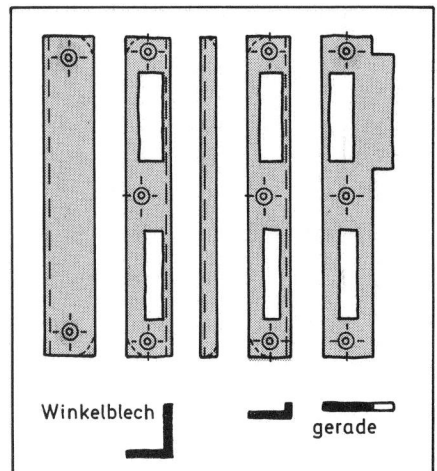

Winkelblech       gerade

**Schließbleche** sind für stumpf einschlagende Türen gerade, für überfälzte abgekantet. Bei letzteren werden damit auch die Kanten der Anschlagbekleidung vor Beschädigungen durch die Schloßfalle geschützt.

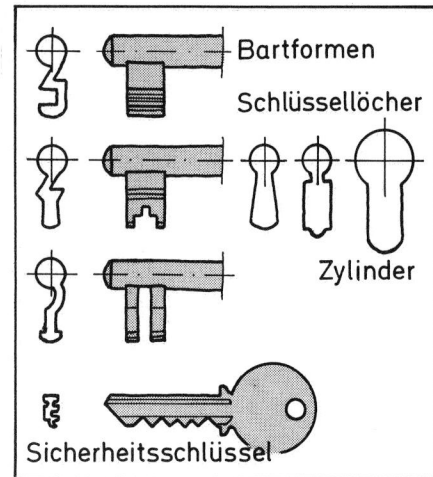

Bartformen

Schlüssellöcher

Zylinder

Sicherheitsschlüssel

**Schlüssel** mit mehr oder weniger komplizierten Schließungen bieten ein unterschiedliches Maß an Sicherheit.
● Schlüssellöcher werden durch Schlüsselschilder oder Rosetten eingefaßt.

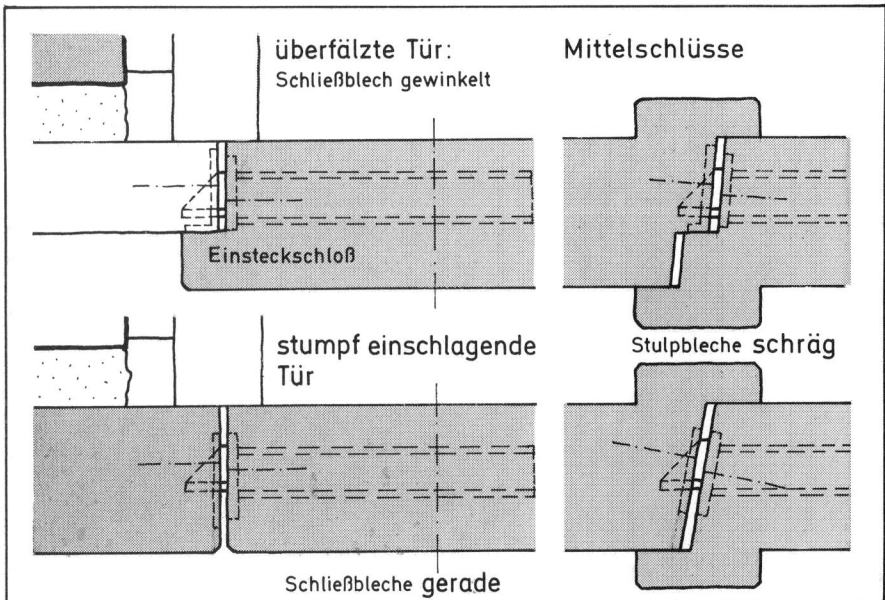

überfälzte Tür:
Schließblech gewinkelt

Mittelschlüsse

Einsteckschloß

stumpf einschlagende Tür

Stulpbleche schräg

Schließbleche gerade

**Schlösser** für Innentüren liegen in der Regel verdeckt in den Türrahmen oder Blättern eingesteckt.
● Türdrücker, -knöpfe und Schlüssel erlauben die Türbedienung.
● Stulp- und Schließbleche sind bei stumpf einschlagenden Türen gerade, bei überfälzten schmal bzw. abgewinkelt.
● Sonderformen sind Knopftürschlösser, die vor allem im europäischen Ausland bekannt sind.

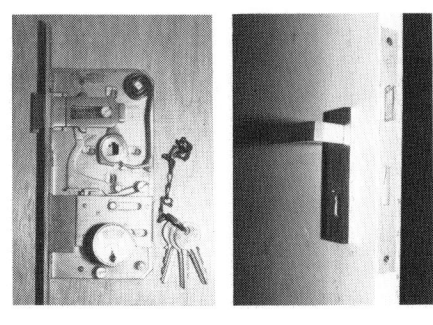

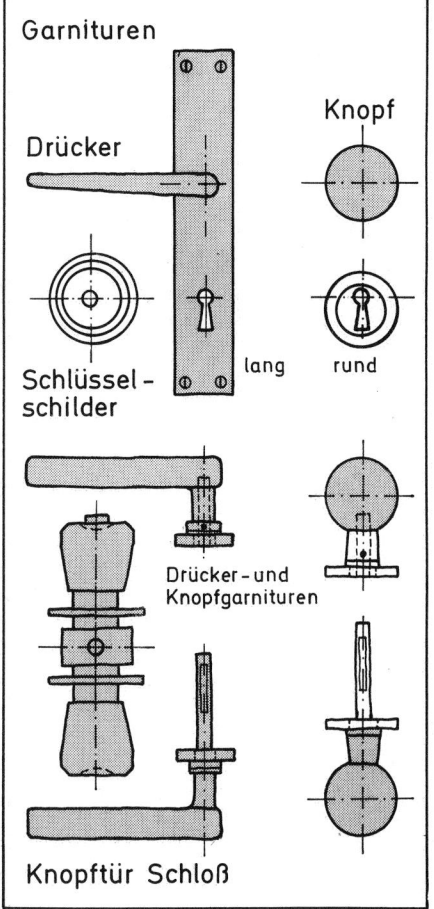

Garnituren

Drücker

Knopf

Schlüssel-
schilder

lang       rund

Drücker- und
Knopfgarnituren

Knopftür Schloß

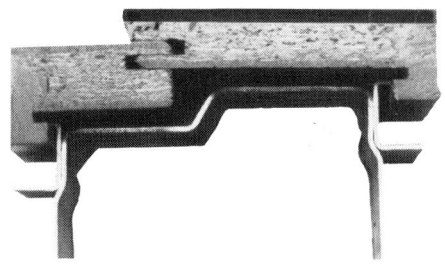

Neuentwickelte **Montagekleber** mit schneller Anfangshaftung und hoher Festigkeit machen das Bohren, Dübeln, Schrauben oder Nageln überflüssig.

**Klammern** umfassen das Mauerwerk. Sie werden aufgenagelt oder mit Schraubendruck aufgeklemmt.

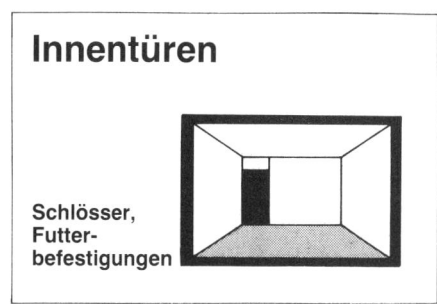

**Innentüren**

Schlösser,
Futter-
befestigungen

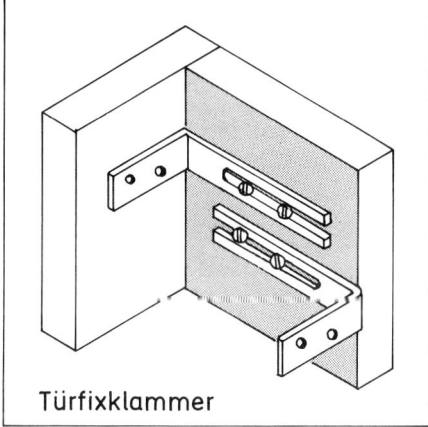

Türfixklammer

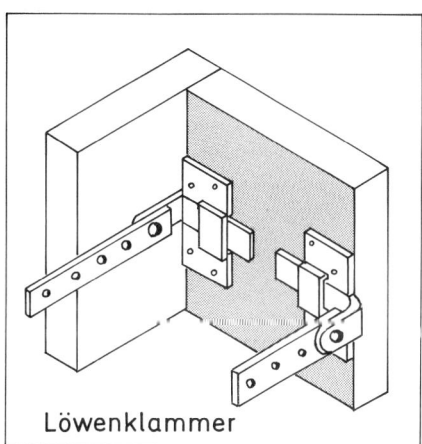

Löwenklammer

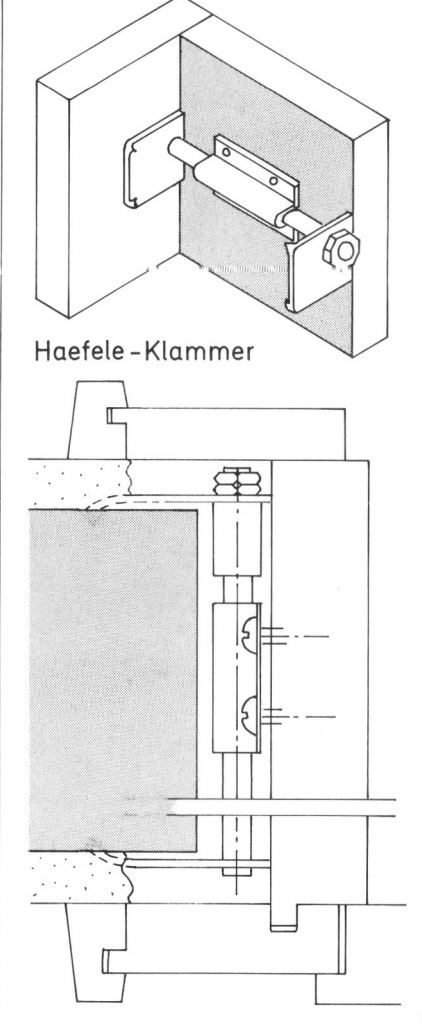

Haefele – Klammer

**Spreizdübel** erlauben schnelle Montage durch einfaches Durchbohren und Verspreizen.

**Metalldübelhülsen** werden ebenfalls eingemauert, aber in sie werden Bolzen eingedreht.

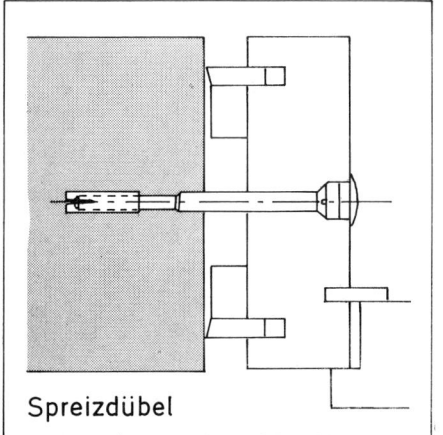

Spreizdübel

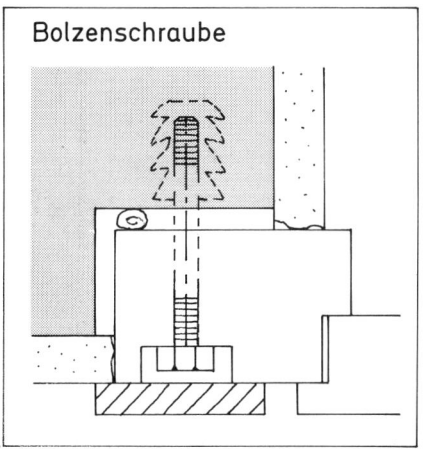

Bolzenschraube

**Mauerdübel** werden in die Laibung eingesetzt. Sie dienen als Nagelgrund für die Futterbefestigung.

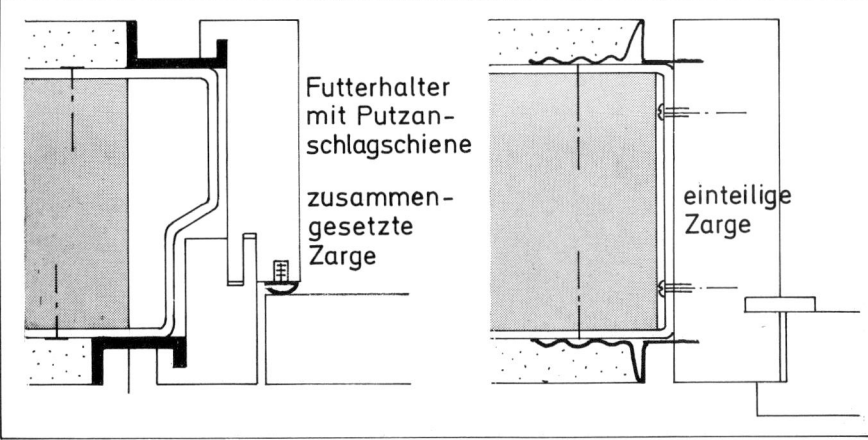

Futterhalter
mit Putzan-
schlagschiene

zusammen-
gesetzte
Zarge

einteilige
Zarge

**Futter ohne Bekleidungen** müssen einen Putzanschlag bieten (Ausnahme: Sichtmauerwerk).
● Putzanschlagschienen in Kombination mit Futterbefestigungen haben sich bewährt.
● Zusammengesetzte Futter haben gegenüber einteiligen den Vorteil, daß sie nach dem Verputzen eingesetzt werden und so vor Beschädigungen und Feuchtigkeit geschützt sind.

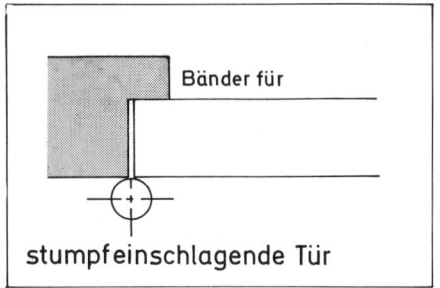

Bänder für

stumpfeinschlagende Tür

**Türbänder,** gerade oder gekröpft, entsprechen unterschiedlichen Türanschlägen. Sie sind aushängbar oder als Scharniere nicht aushängbar. Sie sind verschieden in der Montage, werden eingelassen, eingestemmt oder eingebohrt und haben damit sichtbare Lappen oder verdeckte Zapfen und Fitschen.

gerade Bänder          gekröpfte Bänder

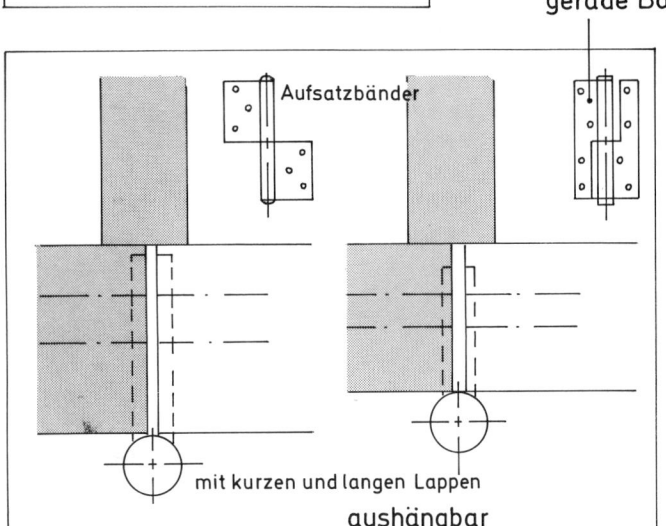

Aufsatzbänder

mit kurzen und langen Lappen

aushängbar

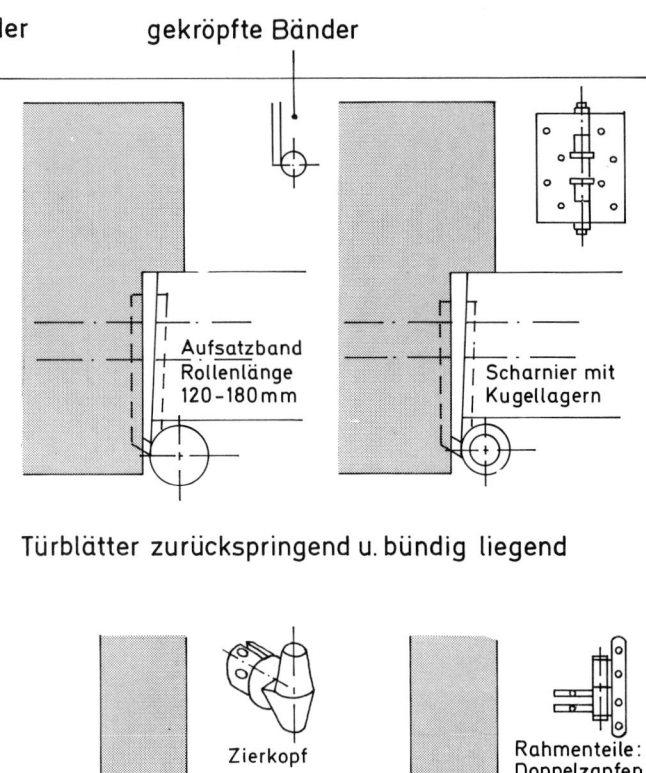

Aufsatzband
Rollenlänge
120–180 mm

Scharnier mit
Kugellagern

Türblätter zurückspringend u. bündig liegend

Zierkopf

Rahmenteile:
Doppelzapfen

Halbrundzapfen          Lappen u. Zapfenband

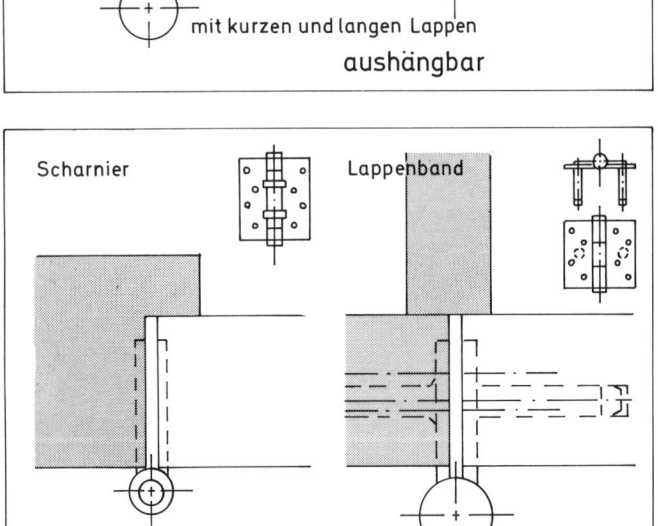

Scharnier          Lappenband

mit Kugellager

mit Tragzapfen

nicht aushängbar

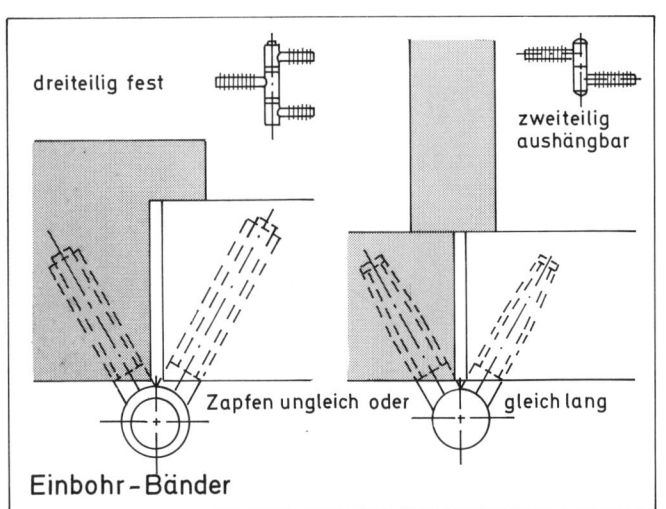

dreiteilig fest

zweiteilig
aushängbar

Zapfen ungleich oder    gleich lang

Einbohr-Bänder

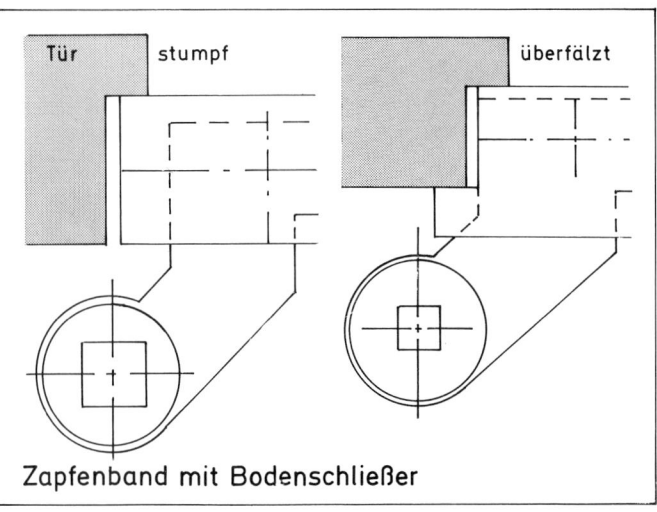

Tür    stumpf          überfälzt

Zapfenband mit Bodenschließer

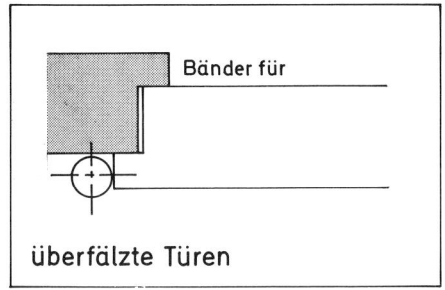

Bänder für

überfälzte Türen

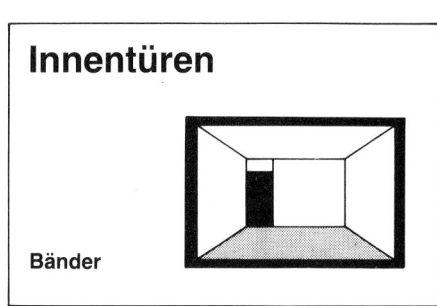

Bänder

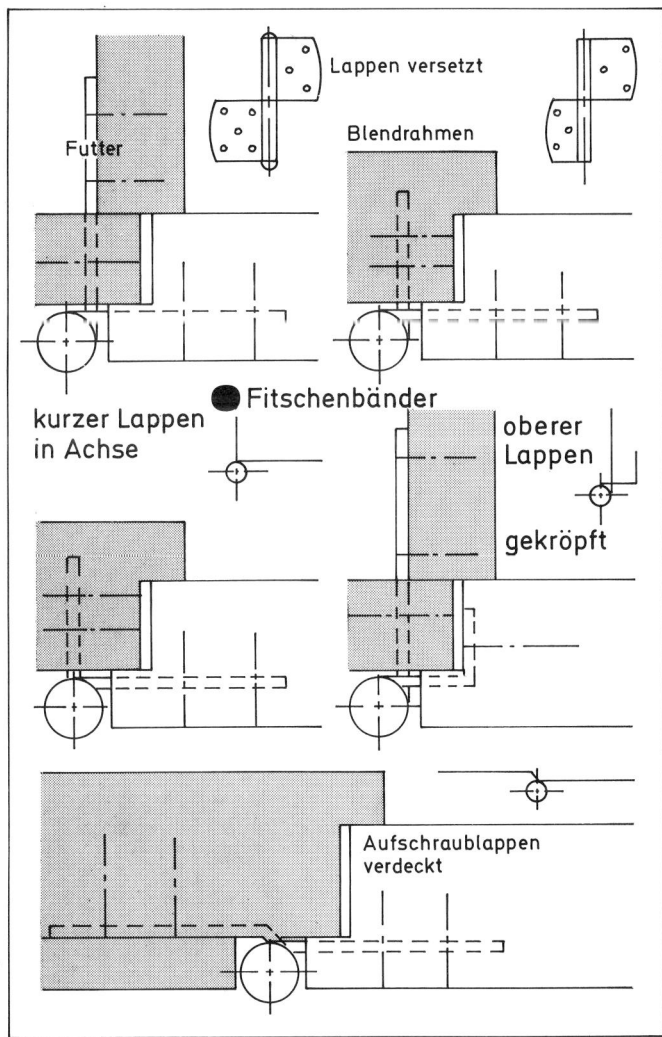

Lappen versetzt

Blendrahmen

Futter

kurzer Lappen
in Achse

● Fitschenbänder

oberer
Lappen

gekröpft

Aufschraublappen
verdeckt

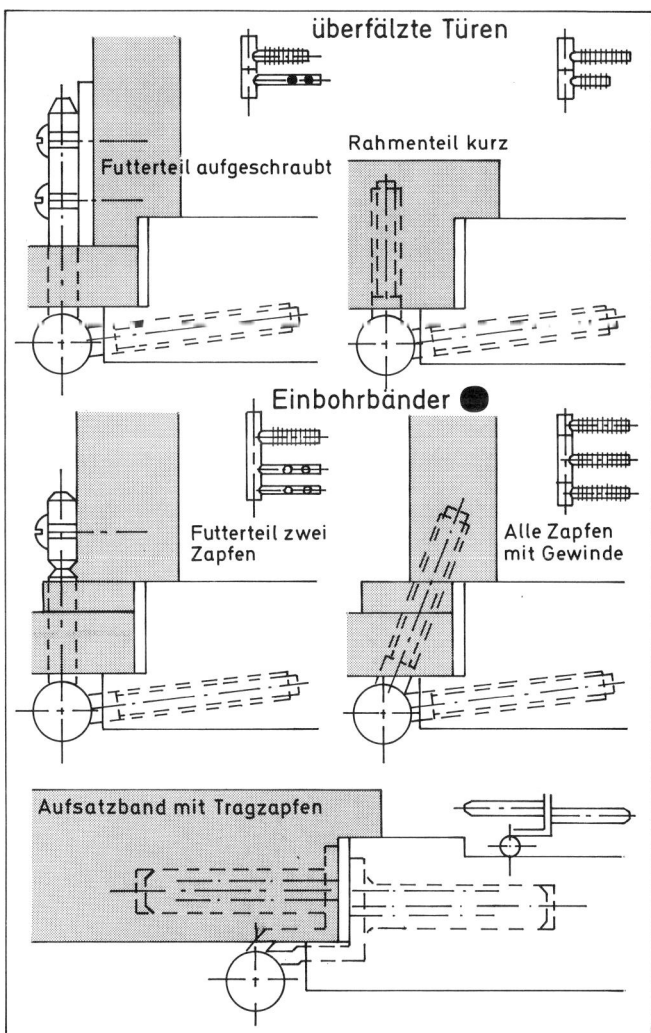

überfälzte Türen

Futterteil aufgeschraubt

Rahmenteil kurz

Einbohrbänder ●

Futterteil zwei
Zapfen

Alle Zapfen
mit Gewinde

Aufsatzband mit Tragzapfen

**Fitschenbänder** werden eingestemmt oder eingefräst und anschließend verstiftet. Die Lappen sind je nach Einsatz gleich oder ungleich breit, im Sonderfall auch mit einseitiger Kröpfung ausgeführt.

**Einbohrbänder,** fest und aushängbar, sind schnell zu montieren. Die Zapfen werden je nach Anschlag und Türausbildung gerade oder schräg eingebohrt oder von hinten angeschraubt.

**Zapfenbänder** liegen an den Ober- und Unterkanten der Türen. Bei exzentrischer Anordnung sind sie sichtbar und werden bei schweren Ausführungen oft mit Bodenschließern gekoppelt.

**Lappenbänder,** fest oder aushängbar, werden eingelassen. Ihre Länge beträgt die halbe oder ganze Gewerbe- oder Rollenhöhe.

**Bänder mit Lappen und Zapfen** haben erhöhte Tragfähigkeit.

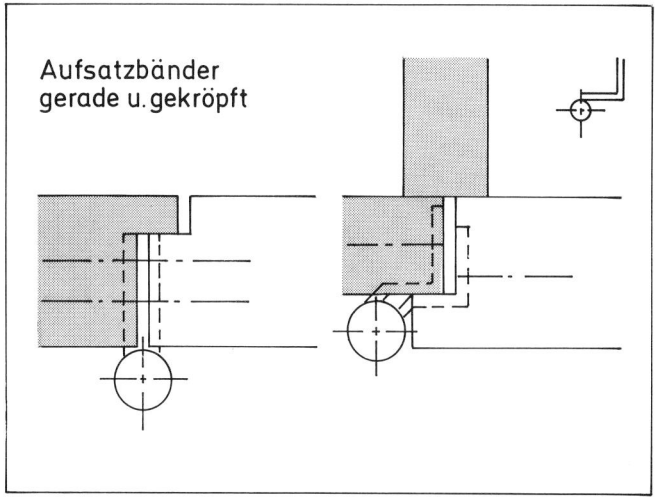

Aufsatzbänder
gerade u. gekröpft

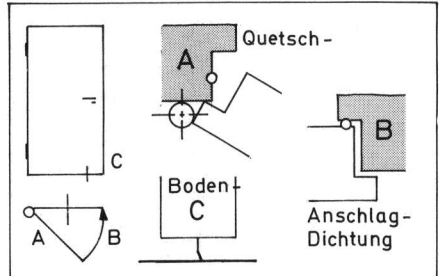

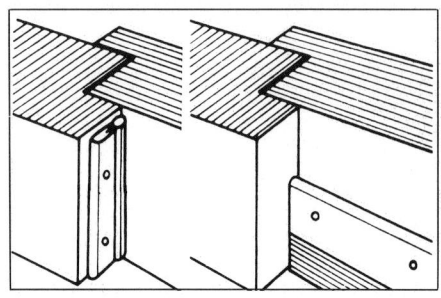

**Dichtungsprofile** werden bei der Türherstellung gleich mit ausgeführt oder nachträglich eingebaut. Man unterscheidet je nach Anordnung Falz-, Boden- und Schwellendichtungen. Fast alle lassen sich zur Erneuerung auswechseln, sind in Nuten eingesteckt oder im Falz eingeklebt.

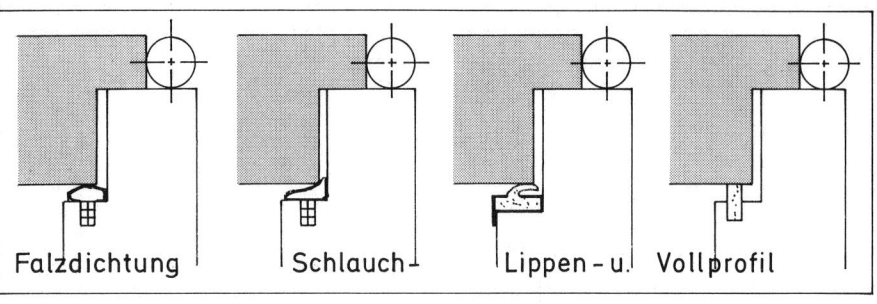

Falzdichtung | Schlauch- | Lippen- u. | Vollprofil

**Falzdichtungen,** hohl oder voll, haben Schlauch- oder Lippenform, werden im Falz eingenutet oder aufgeklebt.

Zusatzdichtung | nachträglich | geschraubt

**Zusatzdichtungen** werden als Profile direkt oder in Verbindung mit Holz oder Aluminium außen seitlich oder an den Unterkanten der Türblätter aufgeschraubt oder von unten eingelassen.

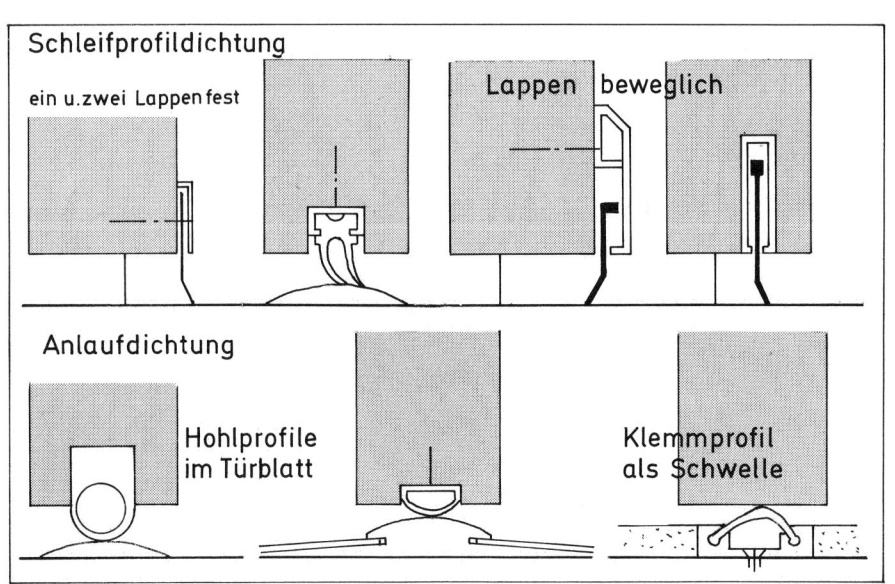

Schleifprofildichtung

ein u. zwei Lappen fest

Lappen beweglich

Anlaufdichtung

Hohlprofile im Türblatt

Klemmprofil als Schwelle

**Bodendichtungen,** von unten in die Türblätter eingenutet, als Lappen- oder Hohlprofile ausgeführt, haben Anschlag-, Schleif-, Anlaufoder Anpreßdichtungen.

**Schleifdichtungen** haben ein oder zwei feste oder in der Höhe bewegliche Lappen.

**Anlaufdichtungen** haben in der Tür und im Boden oder nur im Boden federnde Profile.

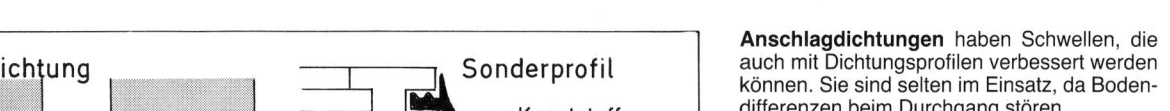

Anschlagdichtung

Schwellen u. Profile

Sonderprofil

Kunststoff

Drehpunkt
Kantenschutz

**Anschlagdichtungen** haben Schwellen, die auch mit Dichtungsprofilen verbessert werden können. Sie sind selten im Einsatz, da Bodendifferenzen beim Durchgang stören.

**Sonderprofile** bilden Türanschläge und Dichtungen in einem Stück aus. Siehe auch unter Fertigtüren.

**Türdichtungen:** Man unterscheidet harte von weichen Türanschlägen, d. h. gedämmte von ungedämmten. Zwei Anschläge sind besser als einer. Mehr sind in ihrer Effektivität kaum zu kontrollieren. Von zwei Anschlagdichtungen soll eine hart ausgeführt sein, sie soll das Türblatt stoppen, da die weichen nicht hart angeschlagen werden dürfen.

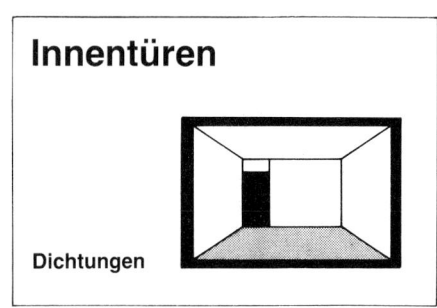

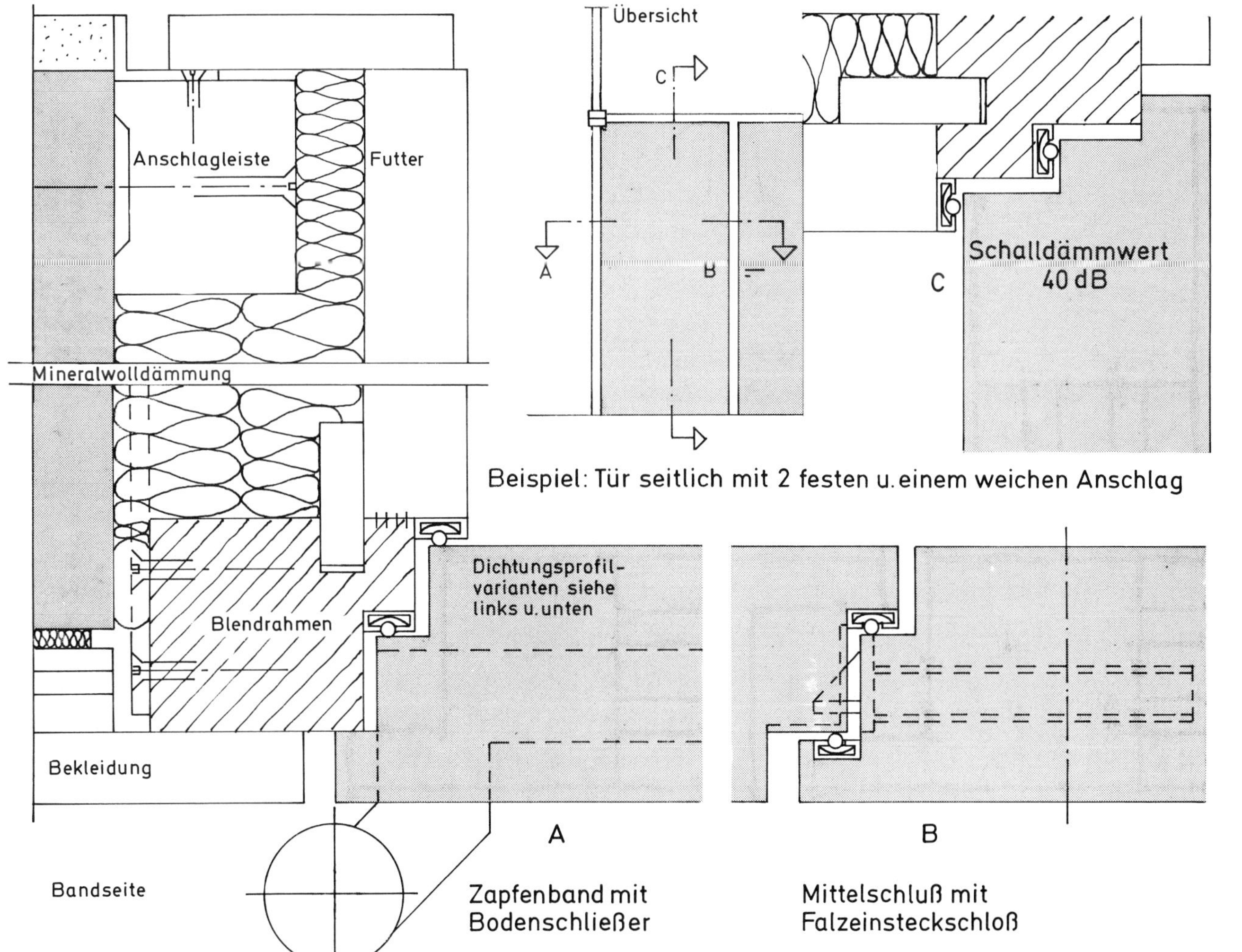

# Innentüren

**Dichtungen**

---

Anschlagleiste   Futter

Mineralwolldämmung

Übersicht

C

A   B

C

**Schalldämmwert 40 dB**

Beispiel: Tür seitlich mit 2 festen u. einem weichen Anschlag

Dichtungsprofil-varianten siehe links u. unten

Blendrahmen

Bekleidung

Bandseite

**A**
Zapfenband mit Bodenschließer

**B**
Mittelschluß mit Falzeinsteckschloß

**Anpreßprofile** werden durch Federn oder Knöpfe, die im seitlichen Türfalz liegen, gegen den Boden gepreßt. Ihre Funktionsfähigkeit hängt von einer regelmäßigen Wartung ab!

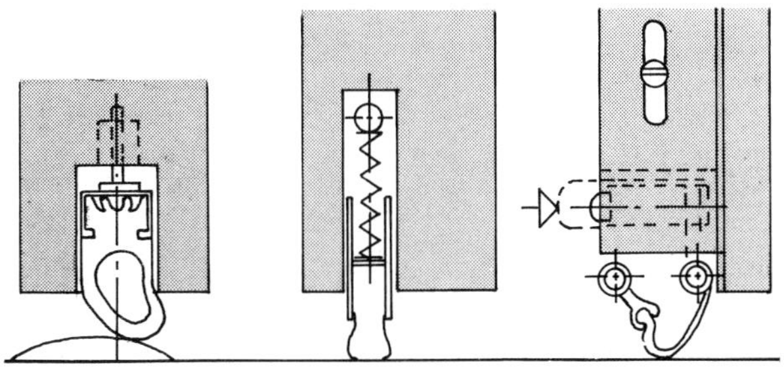

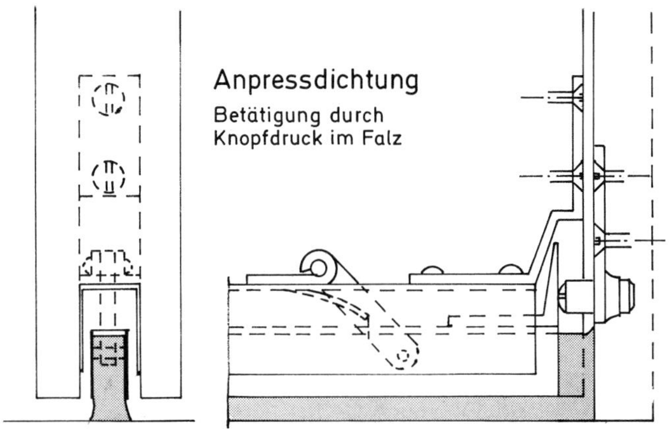

**Anpressdichtung**
Betätigung durch Knopfdruck im Falz

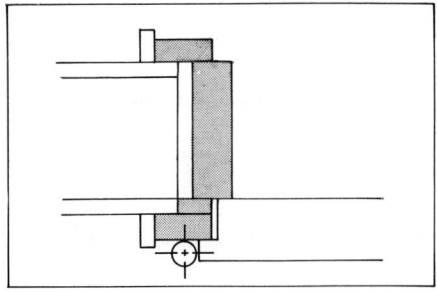

**Türfutter** bieten den Türen Anschlag und umkleiden die Mauerlaibung und deren Kanten. (Türfutterbefestigungen siehe Beschläge.)
- Schmale Türfutter werden aus Vollholz, breite werden als Rahmen ausgeführt oder abgesperrt.
- Die Ausbildung des Türanschlags führt zum verstärkten oder zweiteiligen Futter.
- Die Verbindungen der Türfutter sind fest oder aus Transportgründen zerlegbar.
- Tragende Futter sind mit der Verkleidung steif verbunden.

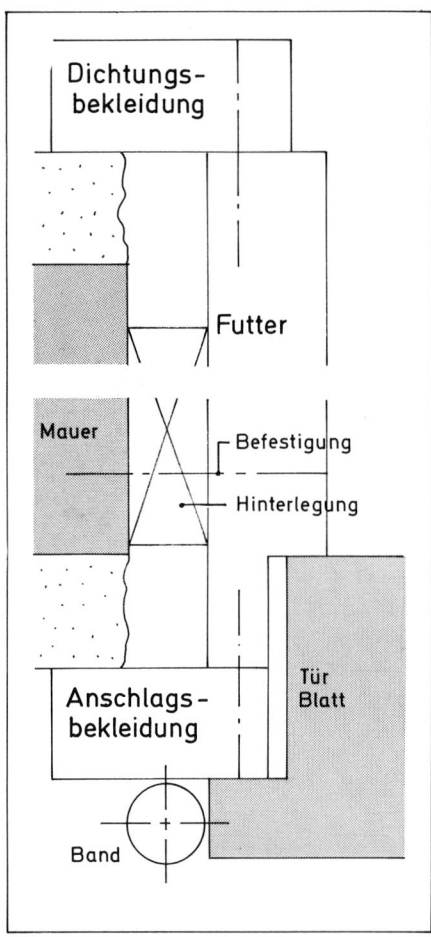

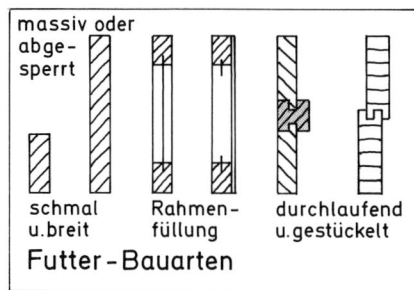

Futter - Bauarten

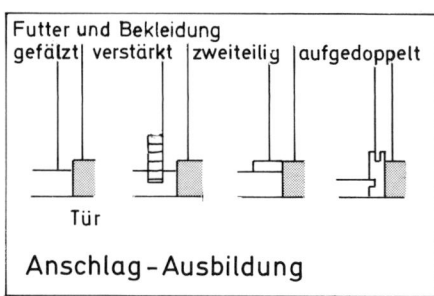

Anschlag - Ausbildung

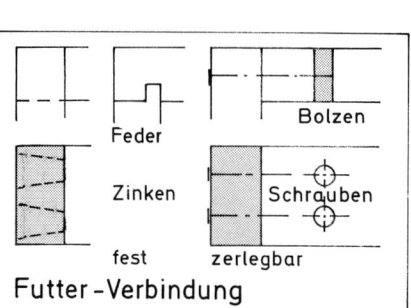

Futter - Verbindung

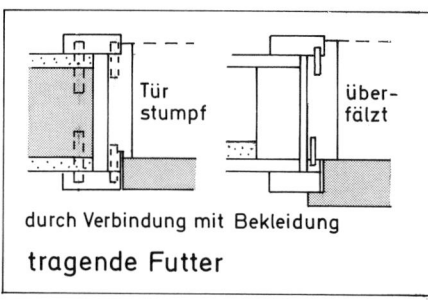

tragende Futter

**Bekleidungen** sind gegen die Wände aus akustischen wie gestalterischen Gründen besonders zu dichten. Die Bekleidungsstöße, stumpf oder auf Gehrung, sind gegen Reißen zu sichern.

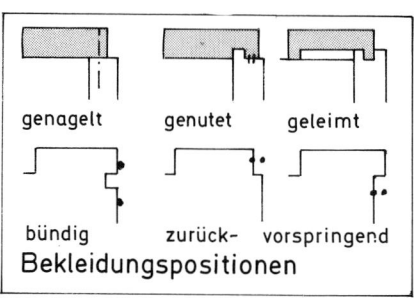

Bekleidungspositionen

**Blindfutter** bieten Putzabschlüsse. Sie werden vor allem als Unterkonstruktion für wertvolle, oft vorgefertigte Futter- und Bekleidungselemente verwendet.

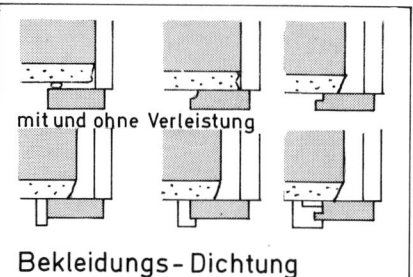

Bekleidungs - Dichtung

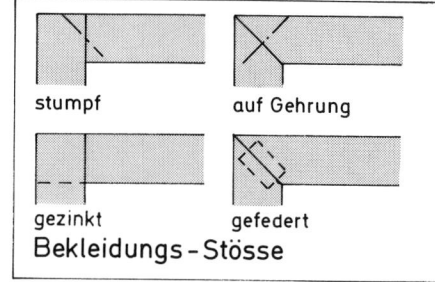

Bekleidungs - Stösse

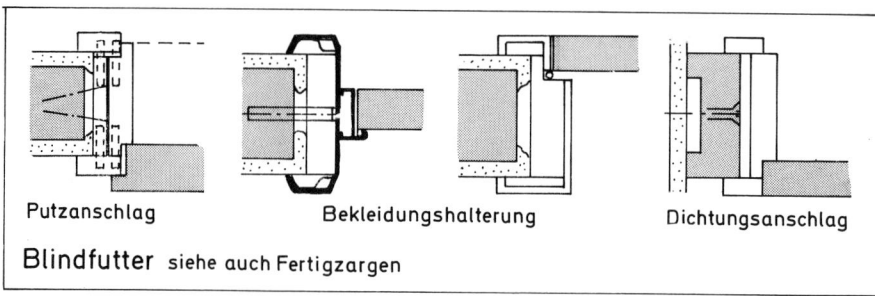

Blindfutter siehe auch Fertigzargen

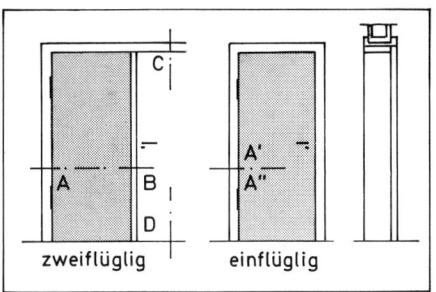

zweiflüglig    einflüglig

**Türen mit Futter und Bekleidung** sind häufig, ihre Konstruktionen sind hoch entwickelt, längst erprobt und genormt.
● Die Beispiele zeigen DIN-gerechte Lösungen im Vergleich zu besonders ungewöhnlichen.

# Innentüren

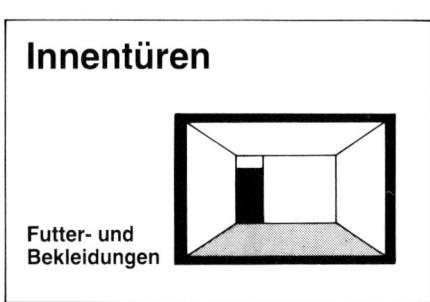

Futter- und
Bekleidungen

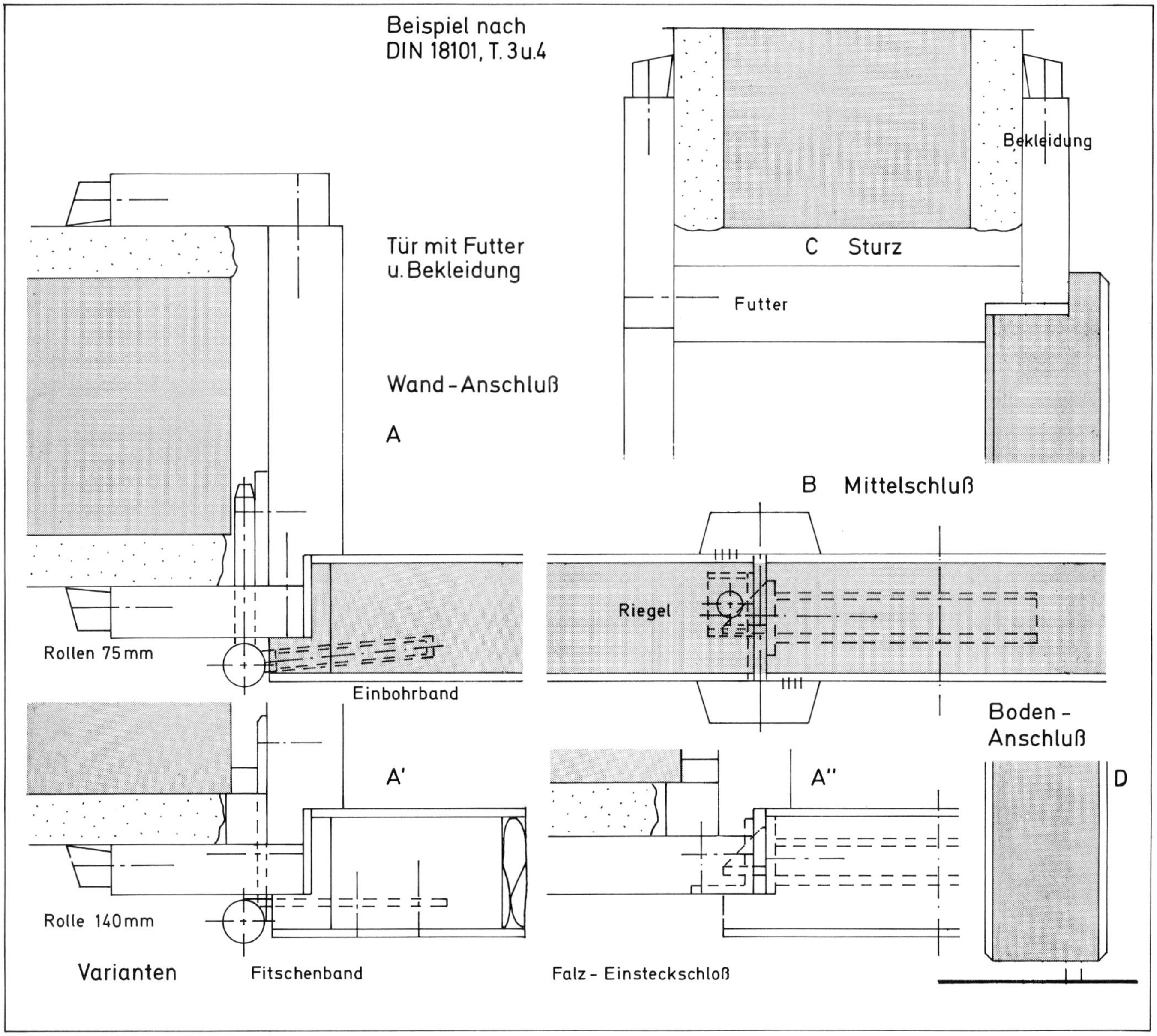

Beispiel nach
DIN 18101, T. 3 u. 4

Bekleidung

C    Sturz

Futter

Tür mit Futter
u. Bekleidung

Wand – Anschluß

A

Rollen 75 mm

Einbohrband

B    Mittelschluß

Riegel

Boden –
Anschluß

A'

A''

D

Rolle 140 mm

Varianten    Fitschenband

Falz – Einsteckschloß

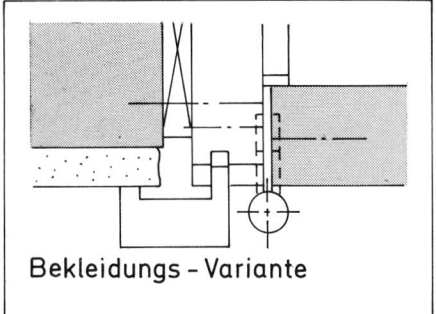

Bekleidungs – Variante

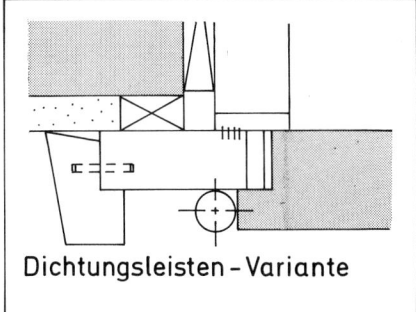

Dichtungsleisten – Variante

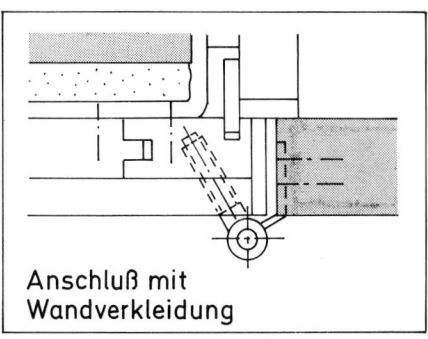

Anschluß mit
Wandverkleidung

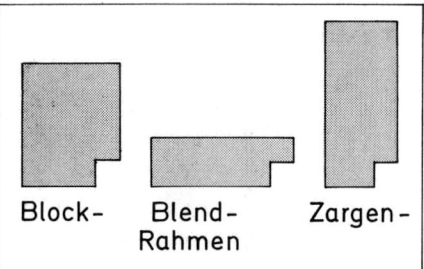

Block- Blend- Zargen-
Rahmen

**Block-, Blend- und Zargenrahmen**
Die Rahmen nehmen die Türblätter auf und
schließen an die Mauerlaibung an. Sie unterscheiden sich durch ihre quadratischen oder
rechteckigen, liegend oder stehend eingesetz-
ten Profilformen und durch ihre Lage, in der
Mauerlaibung, im Maueranschlag oder auf den
Mauerkanten.

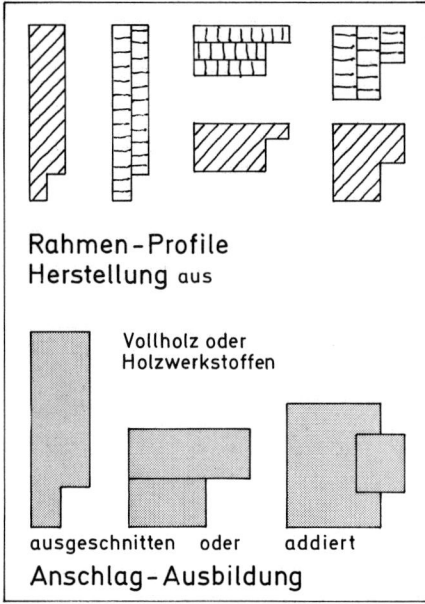

Rahmen-Profile
Herstellung aus

Vollholz oder
Holzwerkstoffen

ausgeschnitten oder addiert
Anschlag-Ausbildung

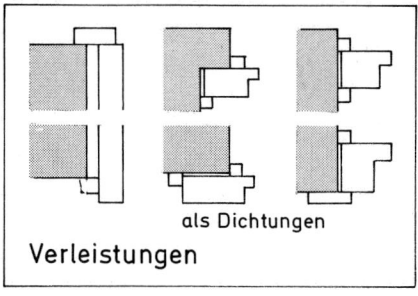

als Dichtungen
Verleistungen

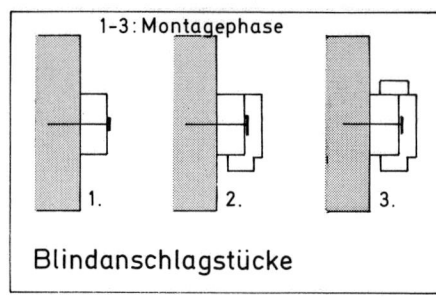

1-3: Montagephase

1.   2.   3.
Blindanschlagstücke

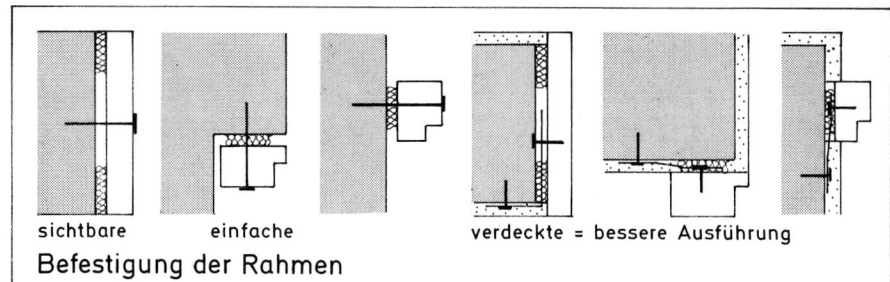

sichtbare   einfache   verdeckte = bessere Ausführung
Befestigung der Rahmen

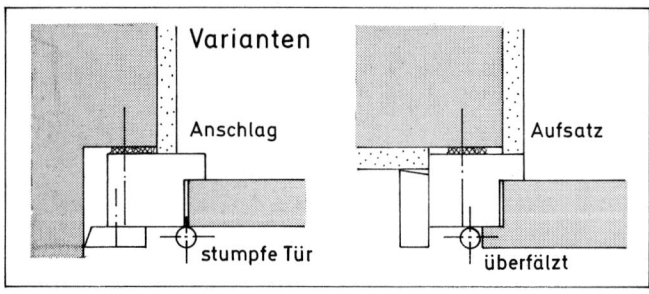

Varianten

Anschlag

stumpfe Tür

Aufsatz

überfälzt

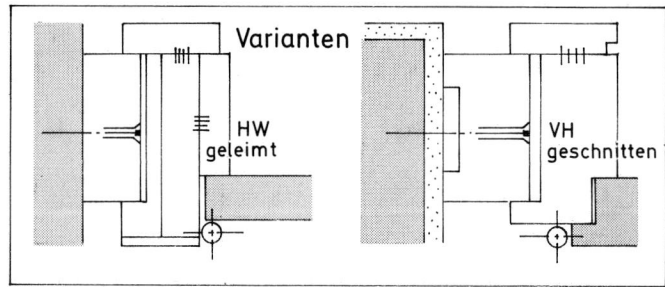

Varianten

HW
geleimt

VH
geschnitten

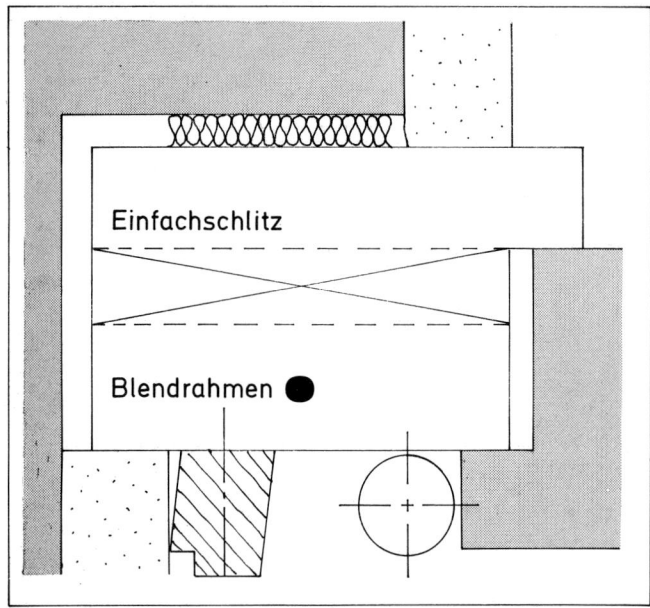

Einfachschlitz

Blendrahmen ●

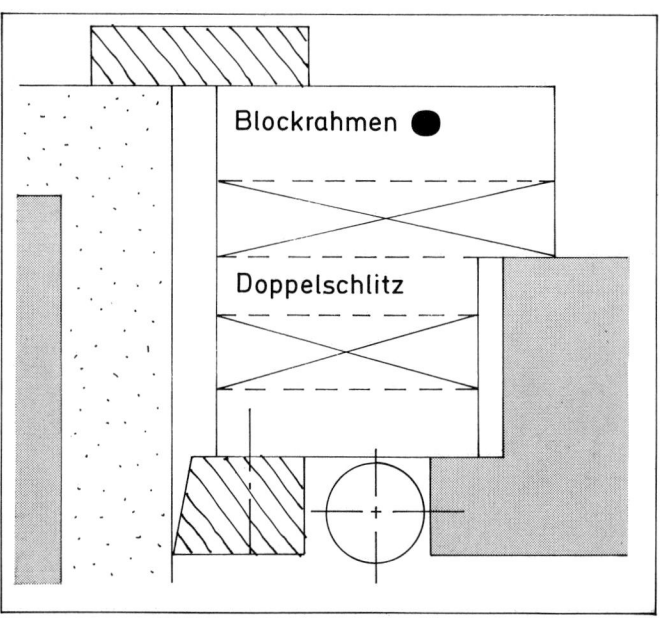

Blockrahmen ●

Doppelschlitz

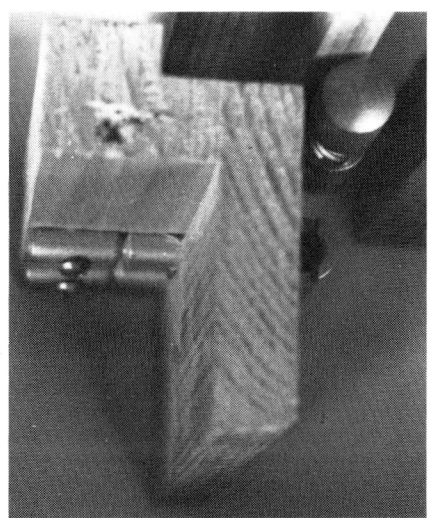

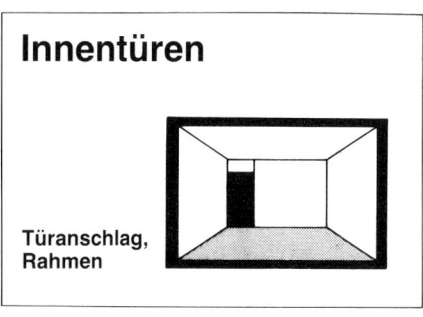

# Innentüren

Türanschlag, Rahmen

**Zargenrahmen** werden zur Dichtung ihres Maueranschlusses nicht immer verleistet (wie Blend- und Blockrahmen), sondern mit mehr oder weniger breiten Bekleidungsbrettern wenigstens auf einer Seite frontal abgedeckt. Damit sind sie auch den Futtertüren mit Bekleidung zuzurechnen. Hergestellt werden sie aus Vollholz oder Holzwerkstoffen, ein- oder mehrteilig, gezinkt, gefedert oder geschlitzt.

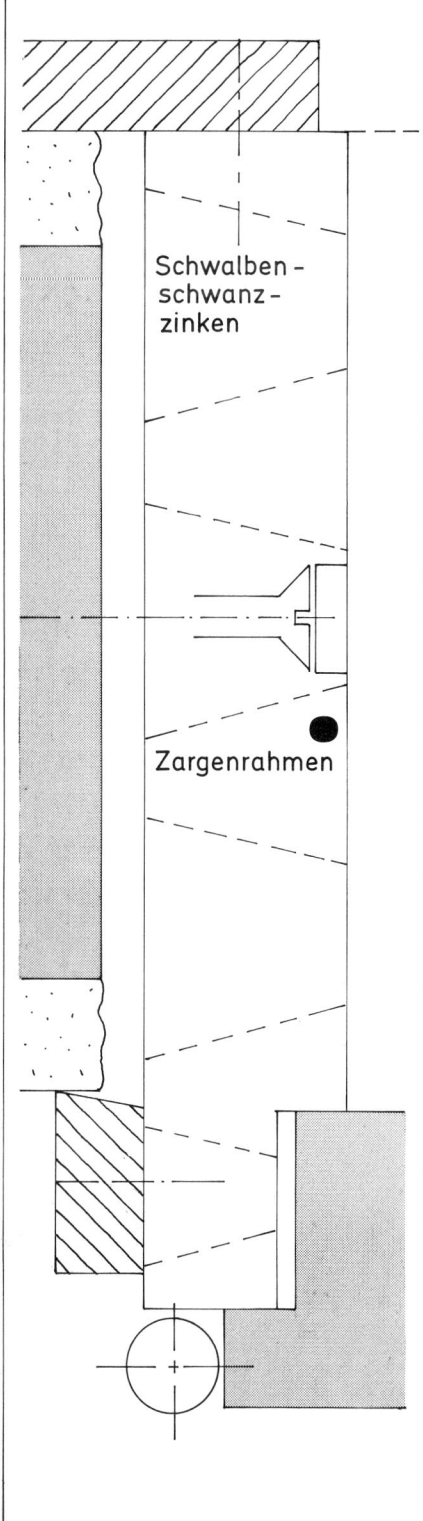

Schwalben-schwanz-zinken

Zargenrahmen

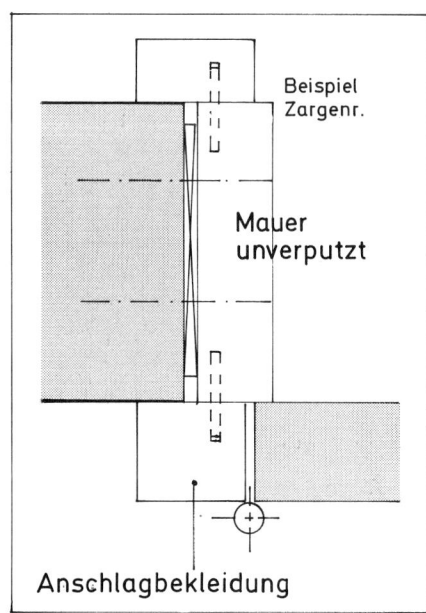

Beispiel Zargenr.

Mauer unverputzt

Anschlagbekleidung

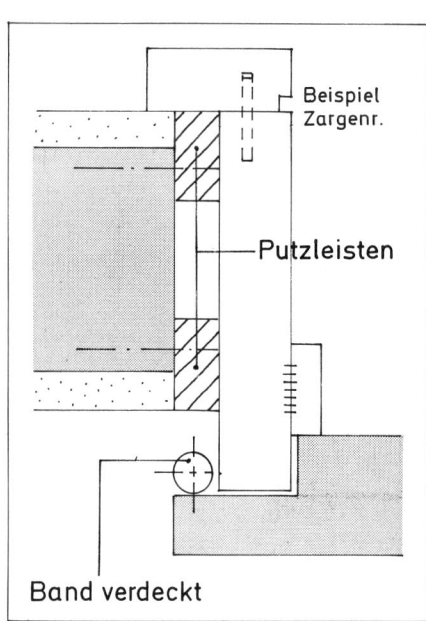

Beispiel Zargenr.

Putzleisten

Band verdeckt

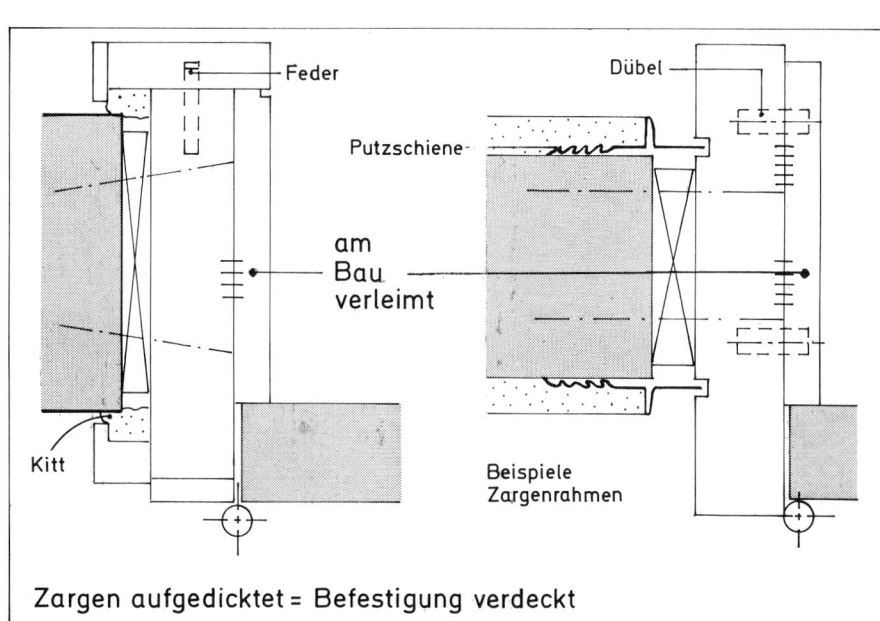

Feder

Dübel

Putzschiene

am Bau verleimt

Kitt

Beispiele Zargenrahmen

Zargen aufgedickt = Befestigung verdeckt

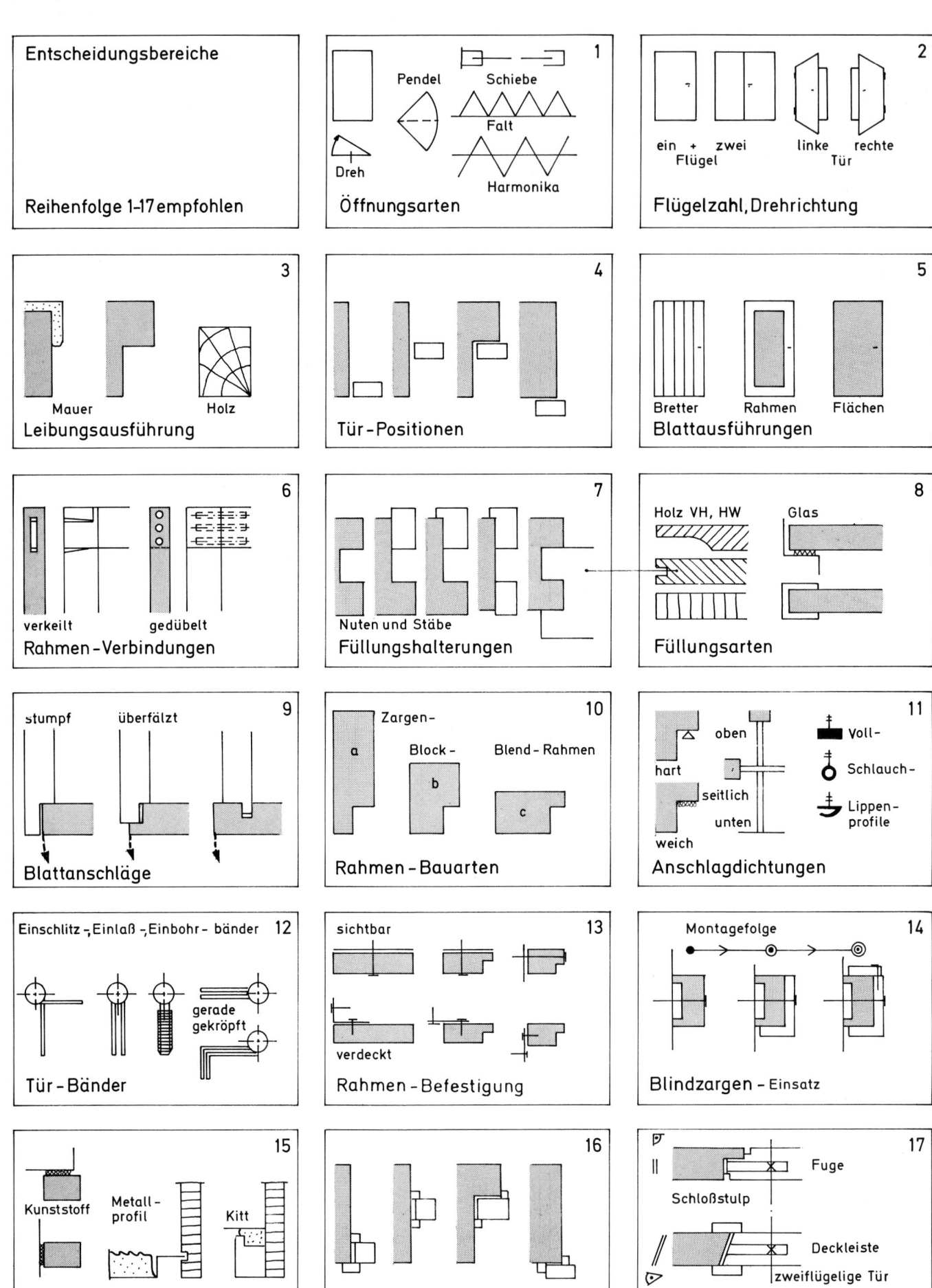

**Entscheidungsbereiche**

Reihenfolge 1–17 empfohlen

**1** Öffnungsarten
Pendel · Schiebe · Falt · Dreh · Harmonika

**2** Flügelzahl, Drehrichtung
ein + zwei Flügel · linke rechte Tür

**3** Leibungsausführung
Mauer · Holz

**4** Tür-Positionen

**5** Blattausführungen
Bretter · Rahmen · Flächen

**6** Rahmen-Verbindungen
verkeilt · gedübelt

**7** Füllungshalterungen
Nuten und Stäbe

**8** Füllungsarten
Holz VH, HW · Glas

**9** Blattanschläge
stumpf · überfälzt

**10** Rahmen-Bauarten
Zargen- a · Block- b · Blend-Rahmen c

**11** Anschlagdichtungen
hart · weich · oben · seitlich · unten · Voll- · Schlauch- · Lippen-profile

**12** Tür-Bänder
Einschlitz-, Einlaß-, Einbohr-bänder · gerade gekröpft

**13** Rahmen-Befestigung
sichtbar · verdeckt

**14** Blindzargen-Einsatz
Montagefolge

**15** Dichtungsanschlüsse
Kunststoff · Metall-profil · Kitt

**16** Dichtleisten-Position

**17** Mittelschlüsse
Schloßstulp · Fuge · Deckleiste · zweiflügelige Tür

**Planungsbeispiel** einer einflügeligen Glasrahmentür mit Beschreibung des Entscheidungsablaufes. Die Planung und Konstruktion einer Tür macht Entscheidungen über Einzelbereiche nötig, die hier in ihrer empfohlenen Reihenfolge zusammengestellt sind.

**Innentüren**

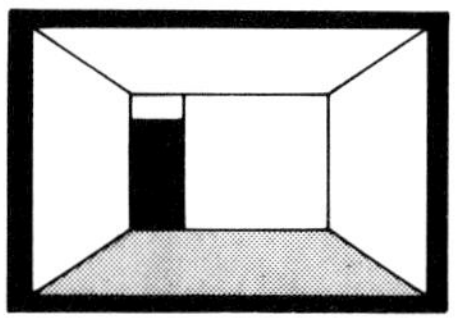

Planung

**Wie man eine Tür „programmieren" kann**

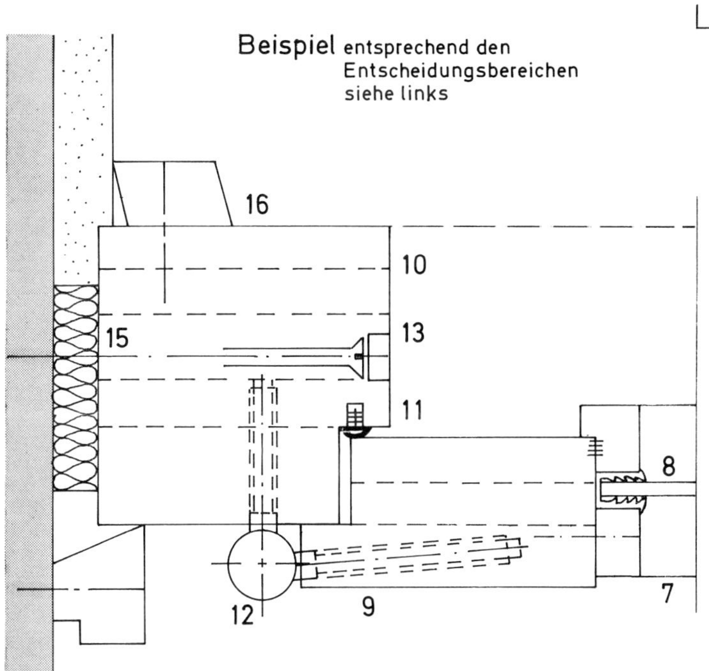

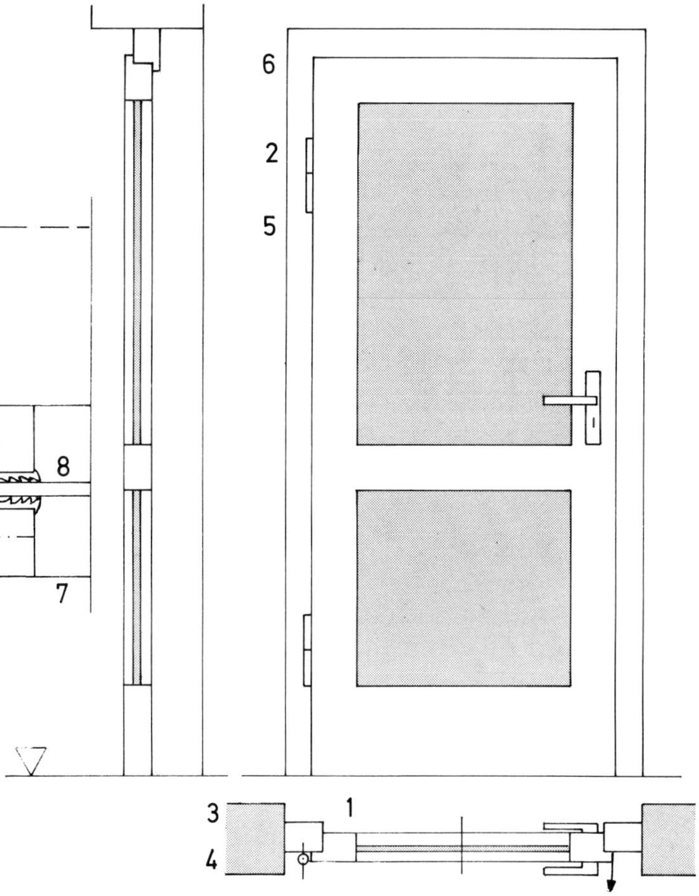

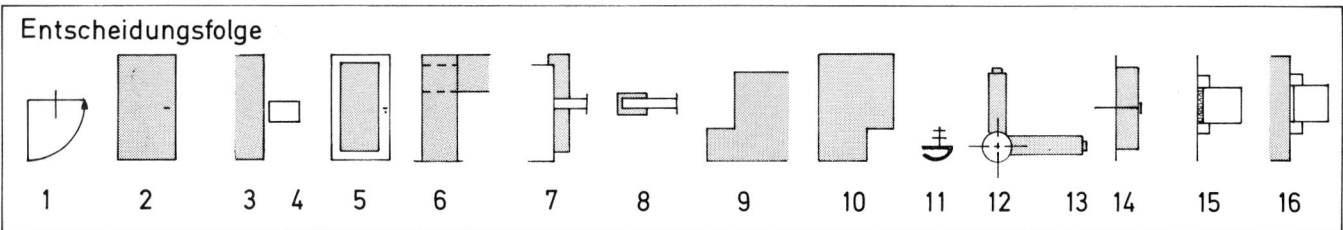

Beispiel entsprechend den Entscheidungsbereichen siehe links

16
10
15
13
11
8
7
12
9

**Beschreibung der Entscheidungen 1–16**

Einflügelige DIN Links-Drehtür, stumpf mittig, in Mauerleibung angeordnet, als Rahmentür mit Glasfüllung. Kehlstoß und Füllungsstab überfälzt, angeschlagen im Blockrahmen mit Lippendichtung und Einbohrband; verdeckt befestigte Dichtung; Schaumstoff und Holzleisten.

6
2
5
3
4
1

**Entscheidungsfolge**

1 2 3 4 5 6 7 8 9 10 11 12 13 14 15 16

**Klassische Beispiele** Für Rahmenausbildungen, Türanschläge und Dichtungen

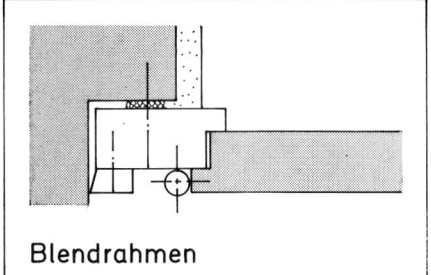

Blendrahmen

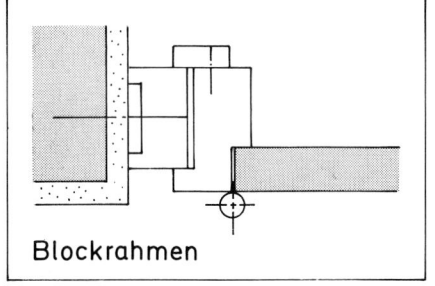

Blockrahmen

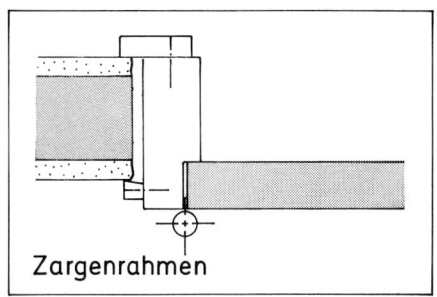

Zargenrahmen

**Pendeltüren,** ein- oder zweiflügelig, erlauben durch ihre besonderen Bänder das wechselweise Aufschlagen von Drehtüren in beiden Richtungen sowie das selbständige Zurückfedern in die Ausgangsposition.

**Sog. Bommerbänder** haben Drehrollen mit Federspannung auf beiden Türseiten, die – über einen dritten gemeinsamen Bandlappen miteinander verbunden – abwechselnd beim Pendeln betätigt werden.

**Zapfenbänder** in Verbindung mit Bodenschließern haben Beschlagteile, die im Fußboden eingelassen werden.

**Pendeltürschlösser** haben auf Grund ihrer beidseitigen Öffnungsart Rollen als Schloßfallen, die aber auch im Türanschlag eingearbeitet sein können.

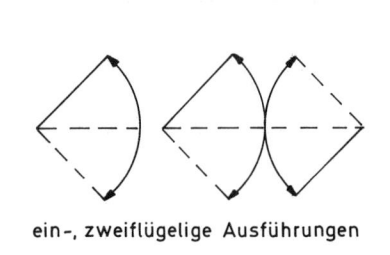

ein-, zweiflügelige Ausführungen

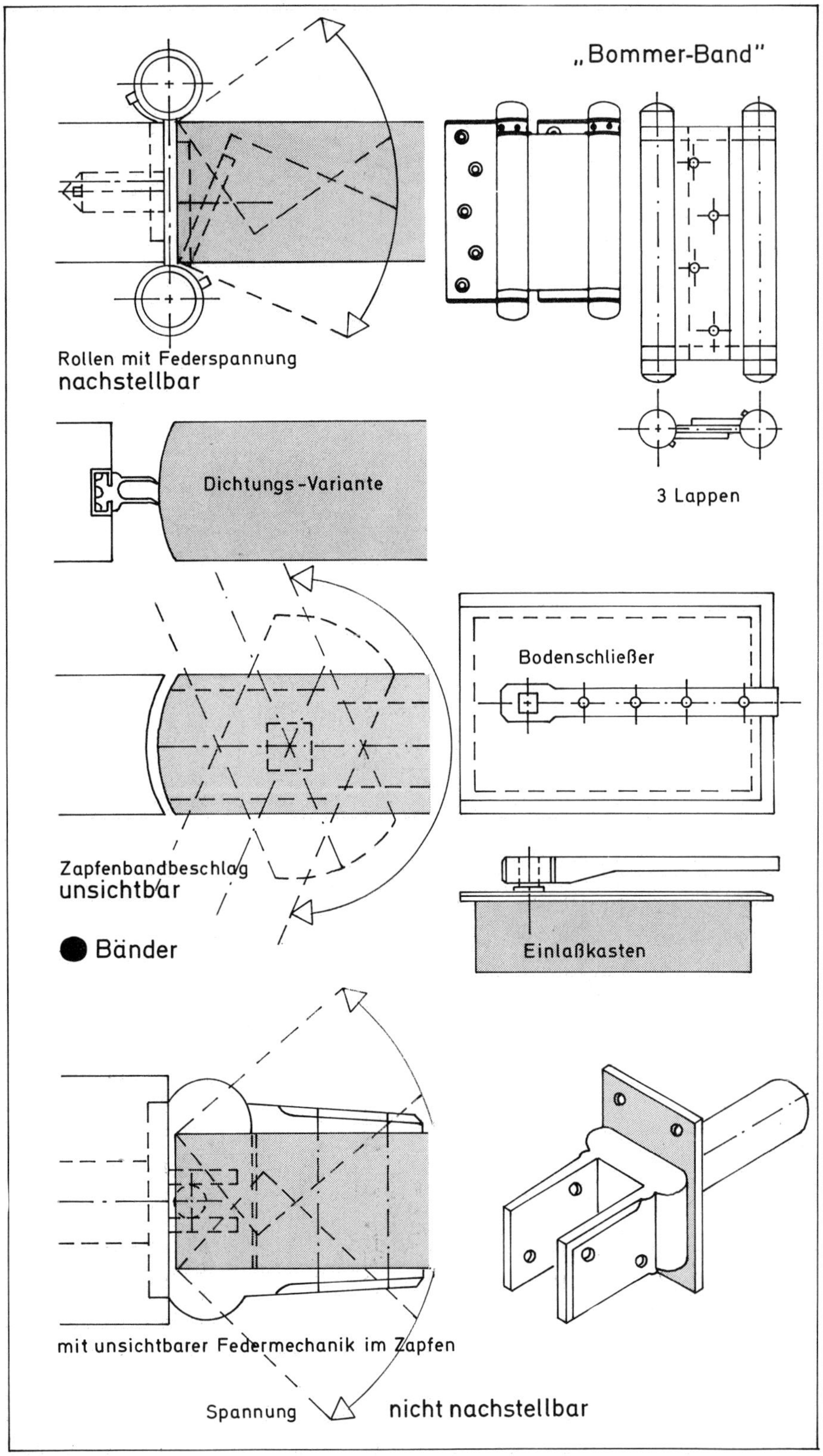

„Bommer-Band"

Rollen mit Federspannung
**nachstellbar**

Dichtungs-Variante

3 Lappen

Zapfenbandbeschlag
**unsichtbar**

● Bänder

Bodenschließer

Einlaßkasten

mit unsichtbarer Federmechanik im Zapfen

Spannung  **nicht nachstellbar**

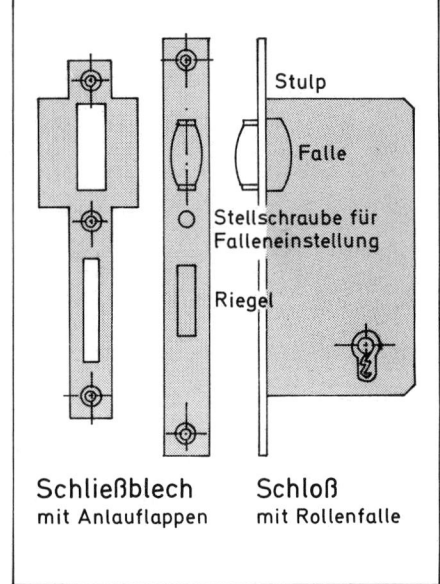

Stulp

Falle

Stellschraube für
Falleneinstellung

Riegel

**Schließblech**
mit Anlauflappen

**Schloß**
mit Rollenfalle

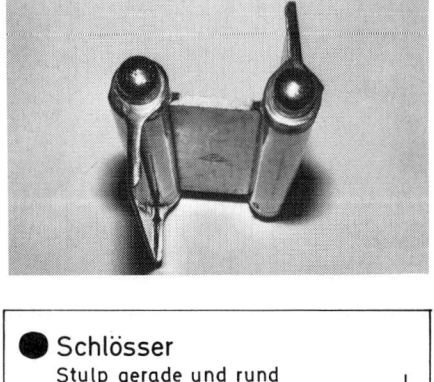

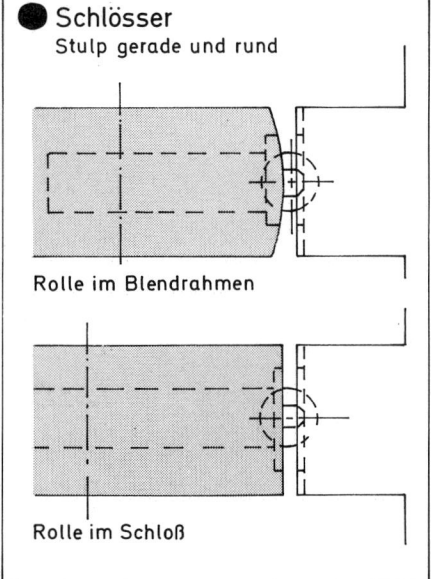

● Schlösser
Stulp gerade und rund

Rolle im Blendrahmen

Rolle im Schloß

**Tapetentüren** sollen möglichst unauffällig oder sogar unsichtbar in die Wand oder deren Verkleidung eingearbeitet sein, in geöffnetem Zustand aber uneingeschränkten Durchgang erlauben. Sie werden als glatte Türen konstruiert und mit verdecktliegenden Bändern als Drehtüren angeschlagen.

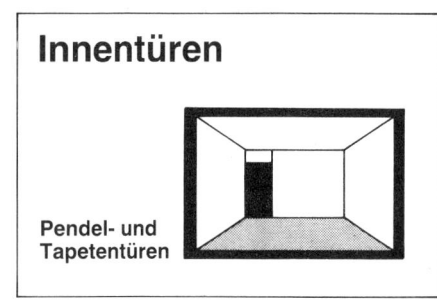

# Innentüren

Pendel- und
Tapetentüren

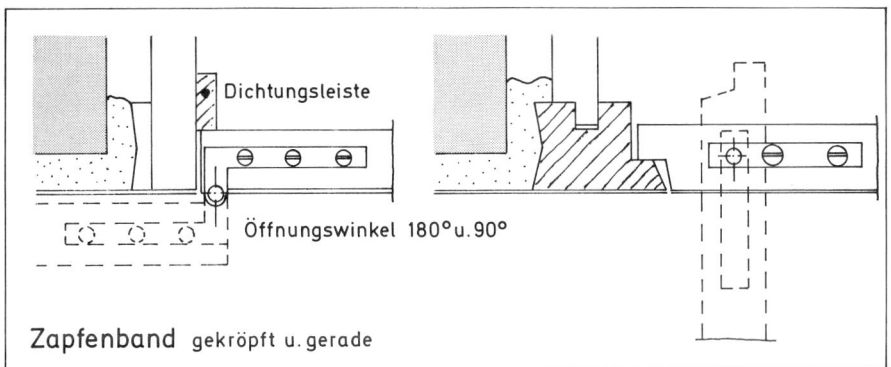

Dichtungsleiste

Öffnungswinkel 180° u. 90°

**Zapfenband** gekröpft u. gerade

**Zapfenbänder,** gerade oder gekröpft, d. h. mit zentrischen oder exzentrischen Drehpunkten, liegen verdeckt oder sind punktweise sichtbar. Letzteres widerspricht an sich der Forderung nach Unsichtbarkeit von Tapetentüren, hat aber den Vorteil, daß eine weite Türöffnung bis zu 180° anstatt 90° möglich ist. Türen mit geradem Zapfenband schlagen hinter einen Falzanschlag, was für die Dichtung der Längskanten ideal ist.

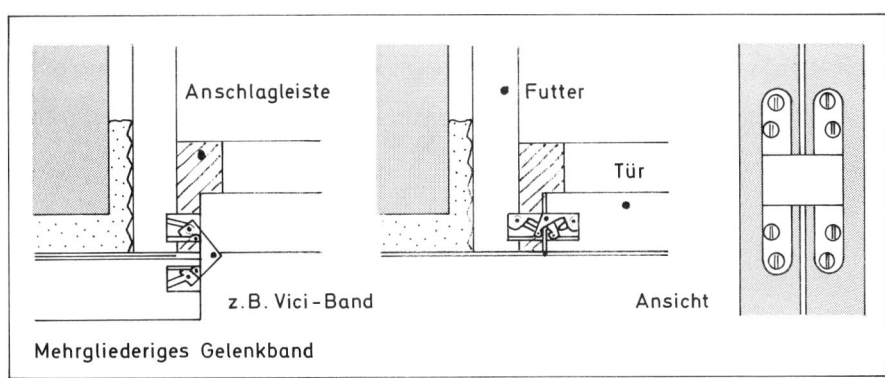

Anschlagleiste

Futter

Tür

z. B. Vici-Band

Ansicht

**Mehrgliederiges Gelenkband**

**Mehrgliedrige Gelenkbänder,** allgemein als Viciband bekannt, erlauben optimale Öffnungen bis 180°. Ausführungen in verschiedenen Größen werden auch stärkeren Türen gerecht.

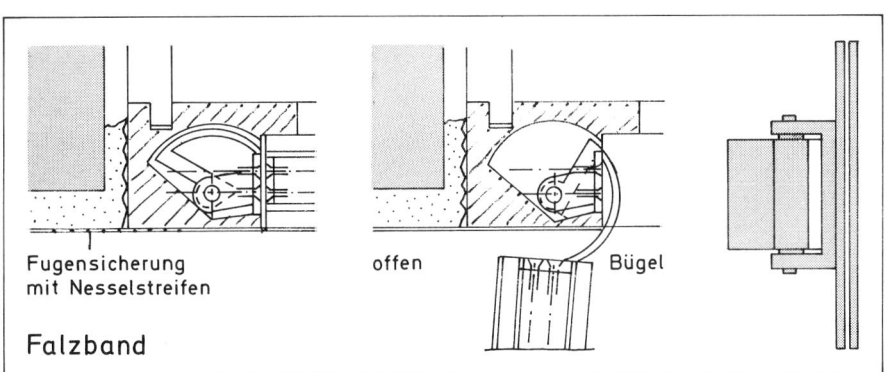

Fugensicherung
mit Nesselstreifen

offen

Bügel

**Falzband**

**Falzbänder mit Bügeln** erlauben Türöffnungen um 95° und vollen Durchgang in Rahmenbreite.
Nachteil: Das Band hat großen Platzbedarf, braucht breite Anschlagrahmen, so daß die sichtbare Fuge Probleme aufwerfen kann.

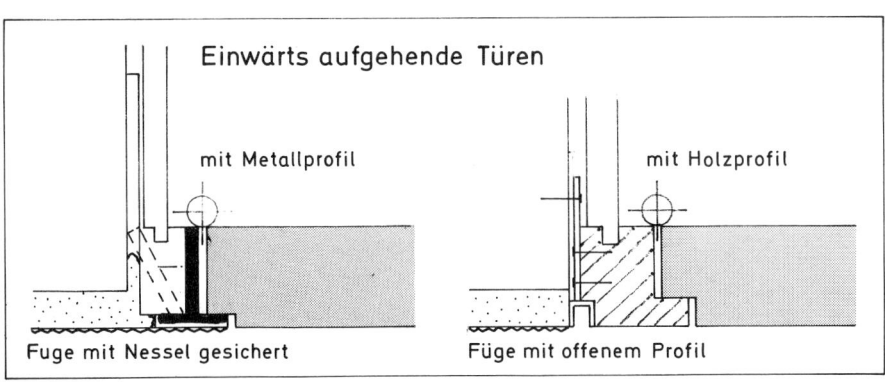

Einwärts aufgehende Türen

mit Metallprofil

mit Holzprofil

Fuge mit Nessel gesichert

Füge mit offenem Profil

**Einwärtsschlagende Tapetentüren** können mit üblichen Drehtürbändern angeschlagen werden, da diese verdeckt liegen.
● Türanschläge mit Metallprofilen erlauben Putzanschläge und rißfreies Übertapezieren.
● Holzrahmen können nicht rißfrei an Putz oder Tapete angeschlossen werden.
Nesselstreifen sichern als Fugenarmierung vor Rissen. Besser sind Lösungen mit betonter Fuge.

**Schiebetüren** hängen an Rollen und werden durch Schieben geöffnet. Geöffnet hängen sie sichtbar vor der Wand oder verdeckt in Mauertaschen bzw. hinter Paneelen. Sie bleiben in Laufrichtung stehen, werden versetzt, parallel zueinander abgestellt oder im rechten Winkel abgeschwenkt.
● Vorteil: Kein Verstellen des Raumes wie bei geöffneten Drehtüren.
● Nachteil: Schlechte Dichtung, langsame Betätigung.

**Schiebetüren** laufen je nach Flügelzahl nach ein oder zwei Seiten. Sie haben eine Laufebene, bei **Teleskop-Bauart** auch zwei.

Die **Wartung**, d. h. das Justieren und Ölen der Beschläge, muß uneingeschränkt möglich sein. Das ist bei der Verkleidung der Rollapparate zu bedenken.

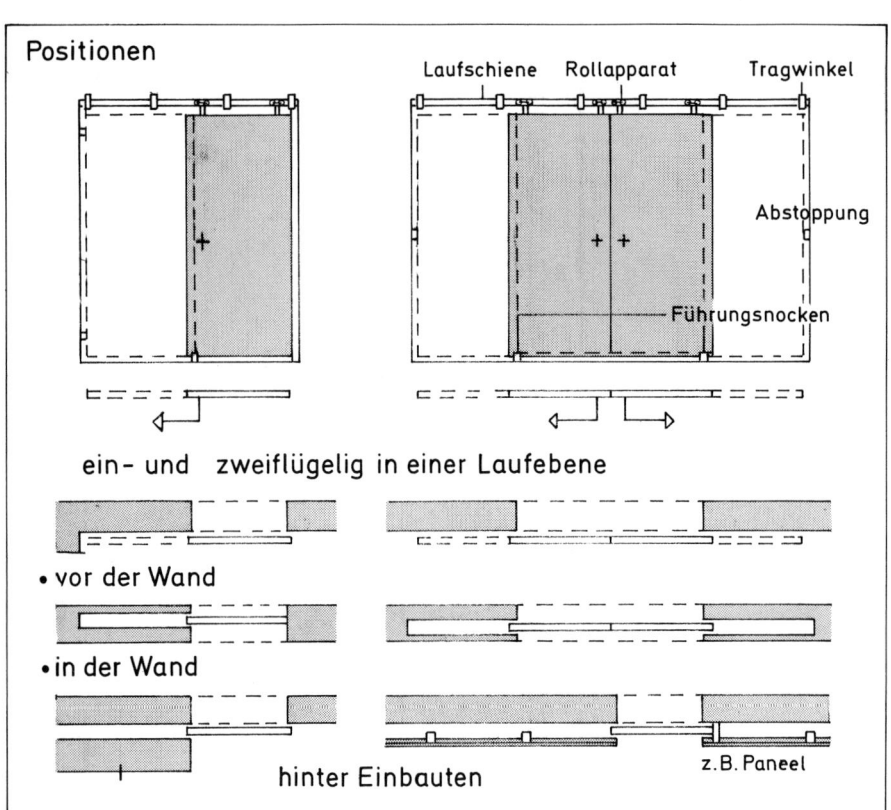

Positionen

Laufschiene    Rollapparat    Tragwinkel

Abstoppung

Führungsnocken

ein- und zweiflügelig in einer Laufebene

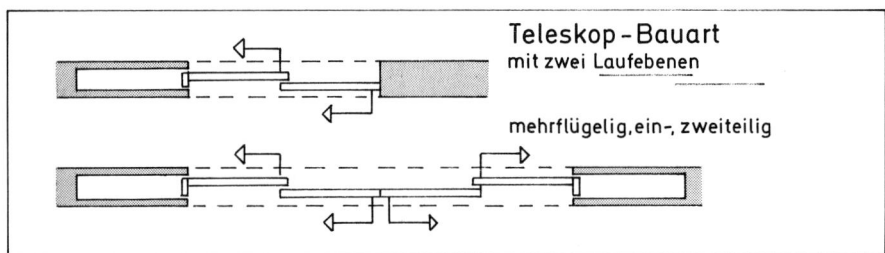

● vor der Wand

● in der Wand

hinter Einbauten                    z.B. Paneel

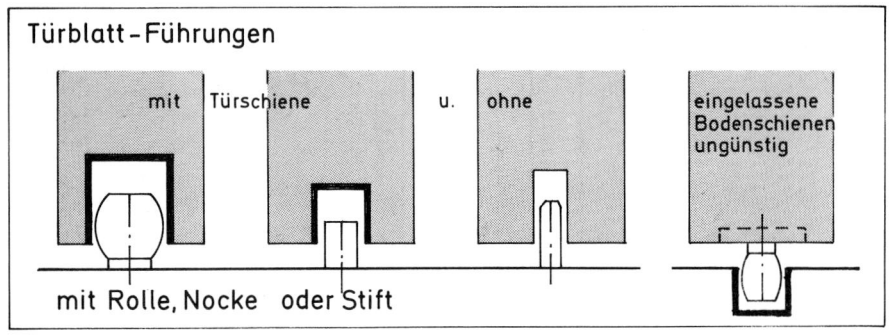

Teleskop-Bauart
mit zwei Laufebenen

mehrflügelig, ein-, zweiteilig

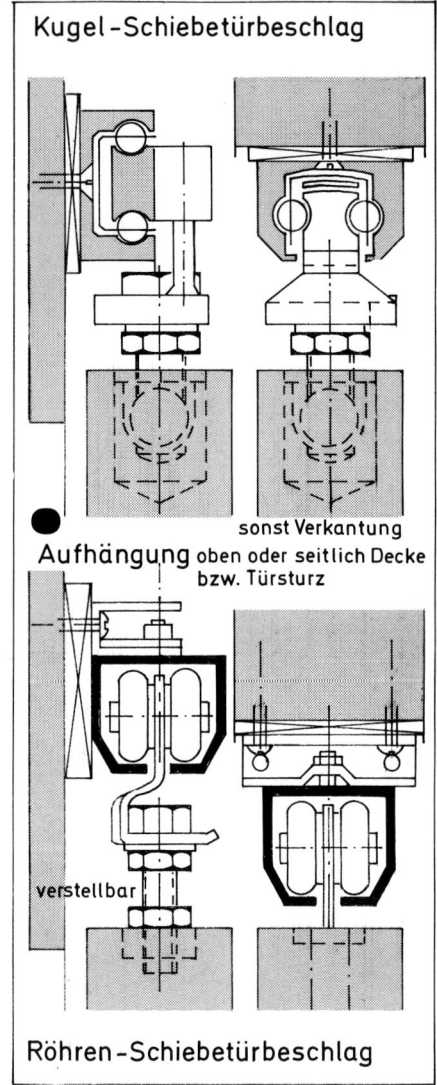

Kugel-Schiebetürbeschlag

sonst Verkantung

**Aufhängung** oben oder seitlich Decke bzw. Türsturz

verstellbar

Röhren-Schiebetürbeschlag

Die **Führung** von Schiebetüren erfolgt im Durchgangsbereich möglichst ohne Schwellen und Nuten, was allerdings die Dichtigkeit beeinträchtigt. Führungsrollen oder Stifte sichern die Türblätter seitlich gegen Pendeln.

Die **Aufhängung** der Türblätter mit sog. Rollapparaten erfolgt immer zentrisch an Rollen oder Kugellagern in Laufschienen. Sie werden an der Decke oder über Tragwinkel seitlich am Türsturz befestigt.

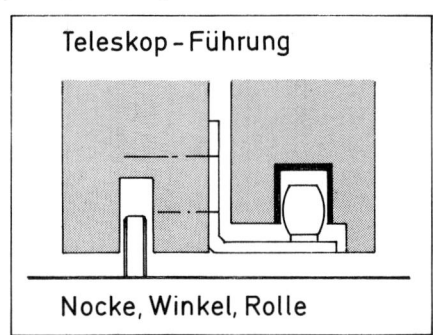

Türblatt-Führungen

mit Türschiene    u.    ohne    eingelassene Bodenschienen ungünstig

mit Rolle, Nocke oder Stift

Teleskop-Führung

Nocke, Winkel, Rolle

# Innentüren

Schiebetüren

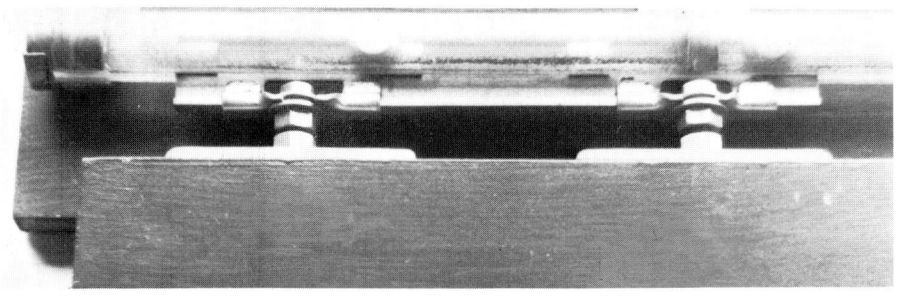

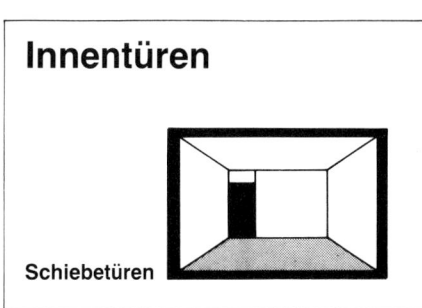

Aufhängung oben
unter Decke, Unterzug oder Türsturz
C
A
B
Führungsnocke
in Mauertasche
Haken-, Zirkel-, oder Flügelriegelschloß
Beispiel mit Kugellager-Schiebetürbeschlag montiert, Unterzug verkleidet
C
A
+ + B
A
B
2-flügelige Schiebetür
Ansicht- u. Horizontalschnitt

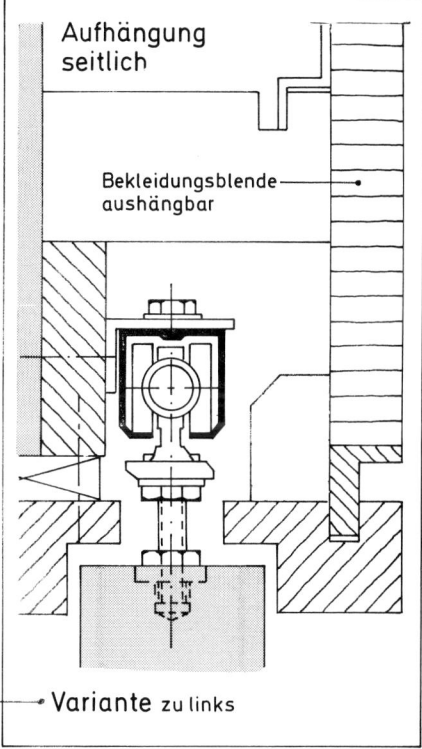

Aufhängung seitlich
Bekleidungsblende aushängbar
Variante zu links

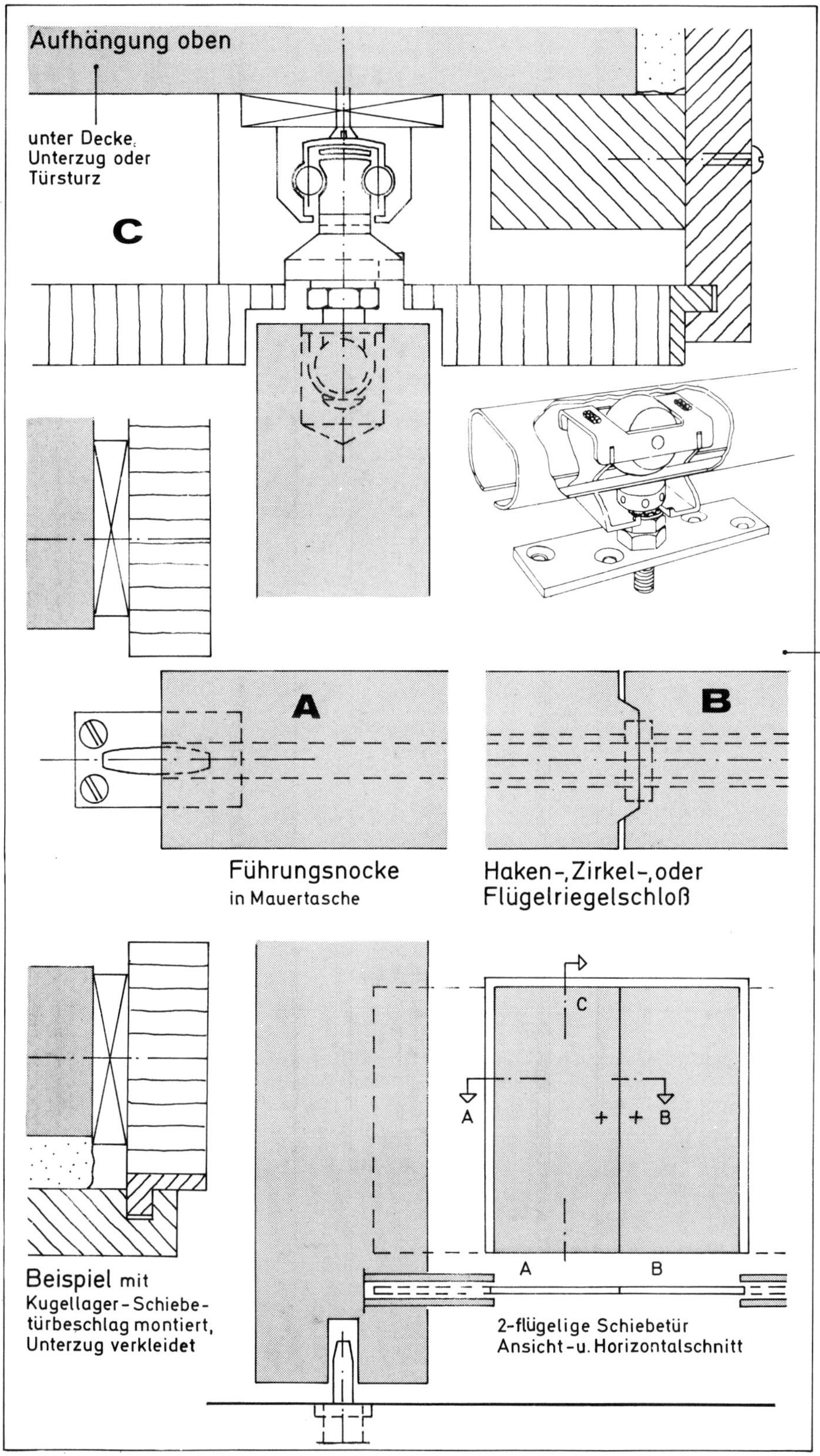

Das **Öffnen** ist in einer Ebene ein- oder zweiflügelig möglich, bei der Teleskop-Bauart mit zwei Ebenen auch mehrflügelig.

Die **Aufhängung** kann seitlich erfolgen oder oben am Sturz. Sie ist bei den Beispielen durch eine abschraubbare bzw. aushängbare Bekleidungsblende verdeckt.

**Schlösser** dienen bei Schiebetüren oft auch als Griff. Ihre ringartig ausgebildeten Schloßfallen springen auf Knopfdruck heraus.

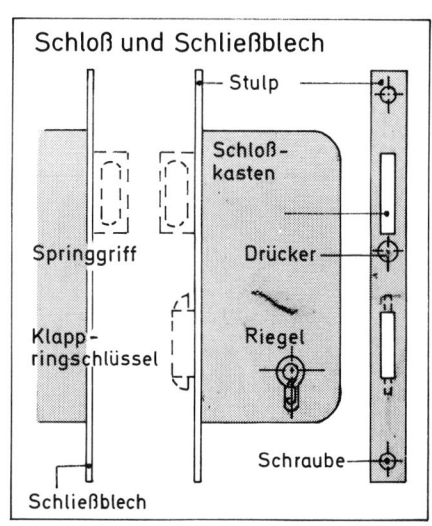

Schloß und Schließblech
Stulp
Schloß-kasten
Springgriff
Drücker
Klapp-ringschlüssel
Riegel
Schraube
Schließblech

**Falttüren** werden an je einer Tafelkante aufgehängt. Eine untere Führung ist damit zwingend notwendig, um Verkantungen zu verhindern. Die Rollen- oder Schwellenführungen wirken störend, bieten jedoch auch eine Dichtung.
● Die Koppelung der Tafeln ist erforderlich, dennoch sind viele Stellungen möglich.

**Falt-** und **Harmonikatüren** sind Schiebetüren, deren Tafeln gefaltet werden. Sie dienen insbesondere der Unterteilung von Räumen. Die Aufhängung durch Rollapparate an Laufschienen erfolgt wie bei Schiebetüren.
● Unterdecken werden bis zum Laufwerk heruntergezogen.

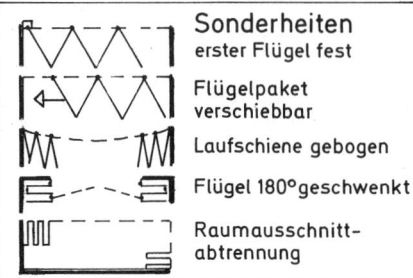

Sonderheiten
erster Flügel fest
Flügelpaket verschiebbar
Laufschiene gebogen
Flügel 180° geschwenkt
Raumausschnittabtrennung

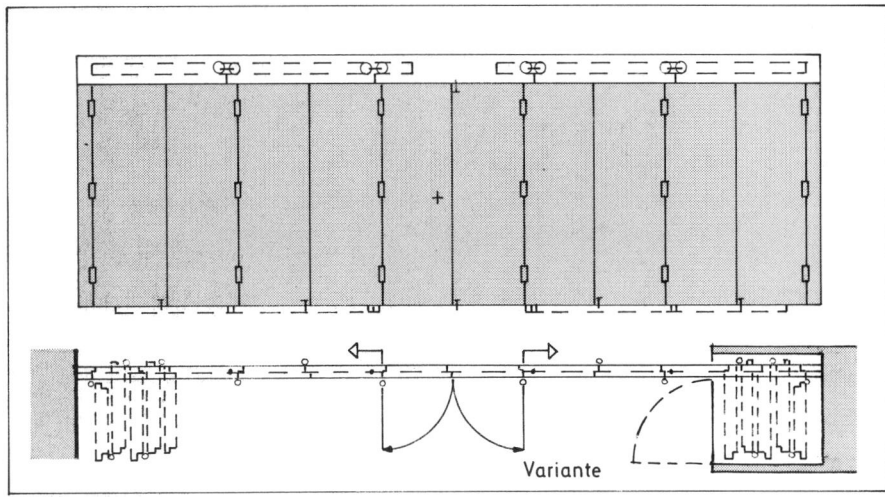

Variante

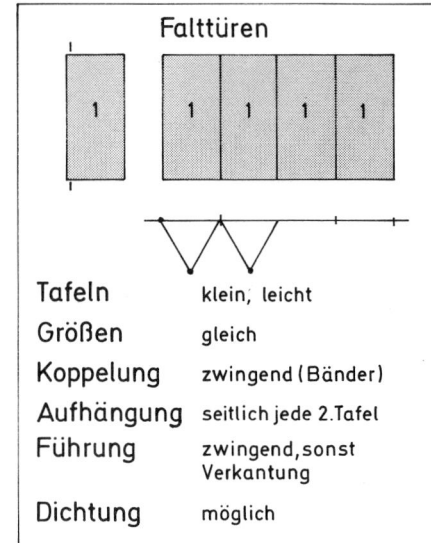

Falttüren

| | |
|---|---|
| 1 | 1  1  1  1 |

| | |
|---|---|
| Tafeln | klein, leicht |
| Größen | gleich |
| Koppelung | zwingend (Bänder) |
| Aufhängung | seitlich jede 2.Tafel |
| Führung | zwingend, sonst Verkantung |
| Dichtung | möglich |

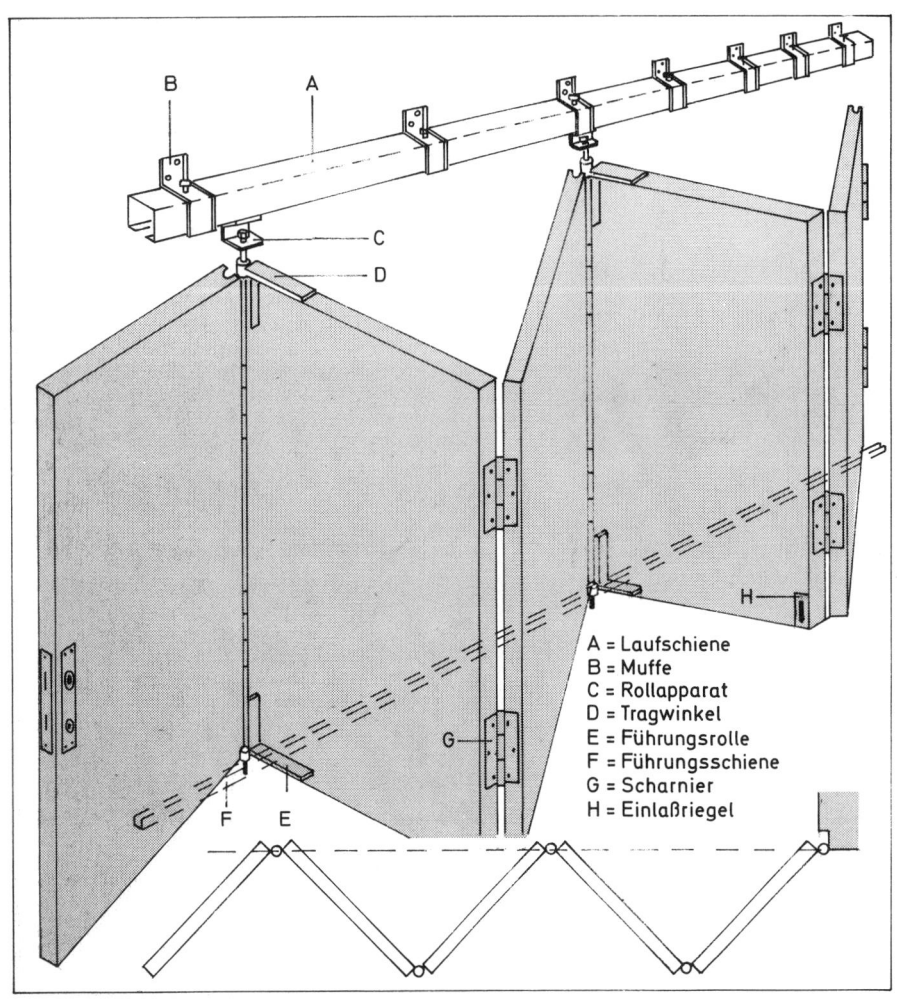

A = Laufschiene
B = Muffe
C = Rollapparat
D = Tragwinkel
E = Führungsrolle
F = Führungsschiene
G = Scharnier
H = Einlaßriegel

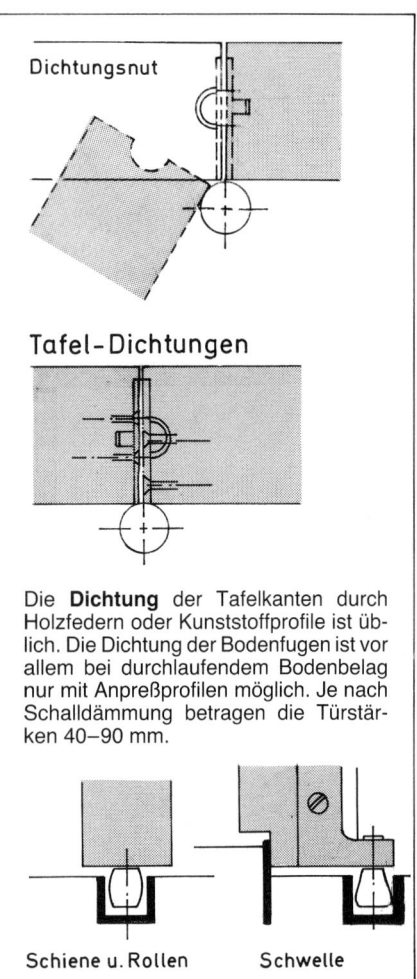

Dichtungsnut

Tafel-Dichtungen

Die **Dichtung** der Tafelkanten durch Holzfedern oder Kunststoffprofile ist üblich. Die Dichtung der Bodenfugen ist vor allem bei durchlaufendem Bodenbelag nur mit Anpreßprofilen möglich. Je nach Schalldämmung betragen die Türstärken 40–90 mm.

Schiene u. Rollen                    Schwelle

Konstruktionen **aus anderen Materialien** werden hier nicht besprochen. Sie sollen jedoch kurz erwähnt werden. Gedämmte Tafeln auf Aluminiumrahmen erreichen mit Magnetkoppelung und Bodenanpreßdichtungen eine Schalldämmung von 48 dB bei variabler Einzelaufhängung.

**Harmonikatüren** werden in Tafelmitte aufgehängt. Sie befinden sich daher im Gleichgewicht und bedürfen keiner unteren Führung, was einen durchlaufenden Fußboden erlaubt.
● Eine Koppelung der Tafeln ist nicht erforderlich. Damit ist das getrennte Verschieben einzelner Tafeln möglich.

## Innentüren

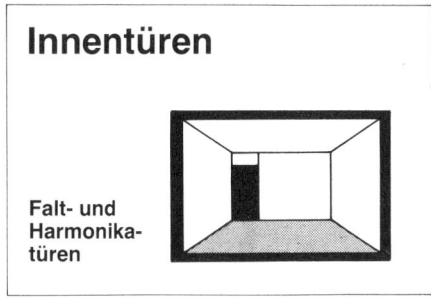

Falt- und
Harmonikatüren

### Harmonikatüren

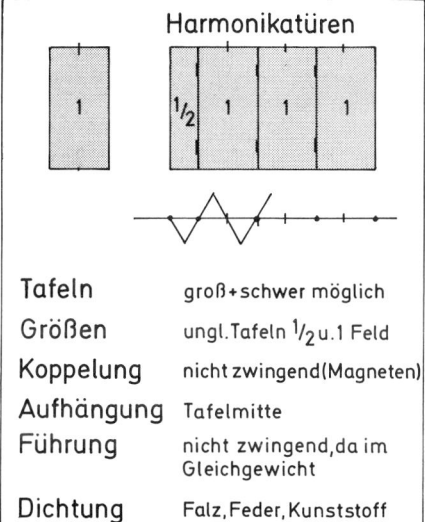

| Tafeln | groß+schwer möglich |
|---|---|
| Größen | ungl. Tafeln $\frac{1}{2}$ u. 1 Feld |
| Koppelung | nicht zwingend (Magneten) |
| Aufhängung | Tafelmitte |
| Führung | nicht zwingend, da im Gleichgewicht |
| Dichtung | Falz, Feder, Kunststoff |

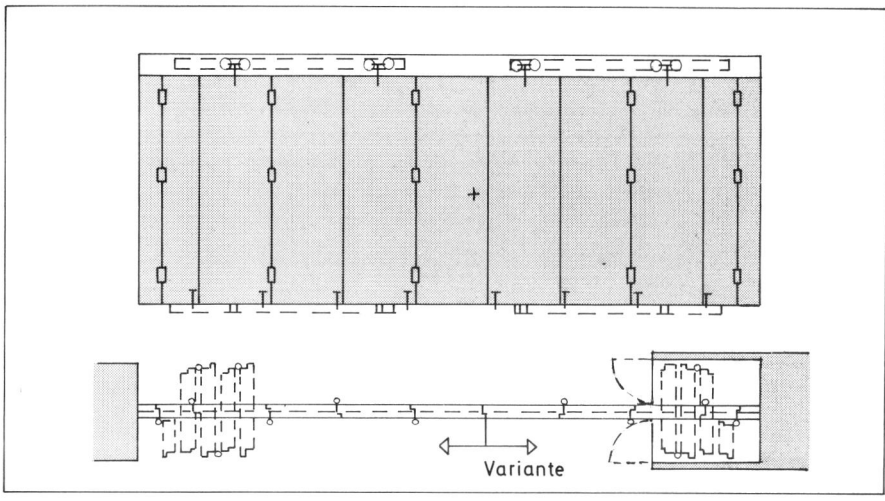

Variante

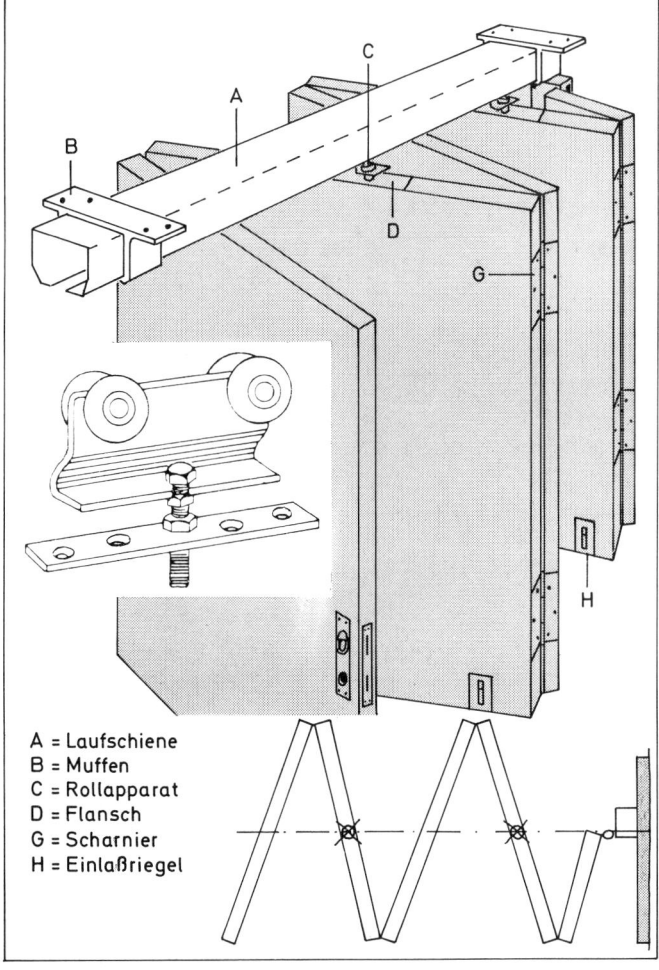

A = Laufschiene
B = Muffen
C = Rollapparat
D = Flansch
G = Scharnier
H = Einlaßriegel

Aufhängung oben
seitlich

Muffe

Laufschiene

Rollen

Rollapparate zugänglich
halten, daher Bekleidungen
abnehmbar

Justierschraube

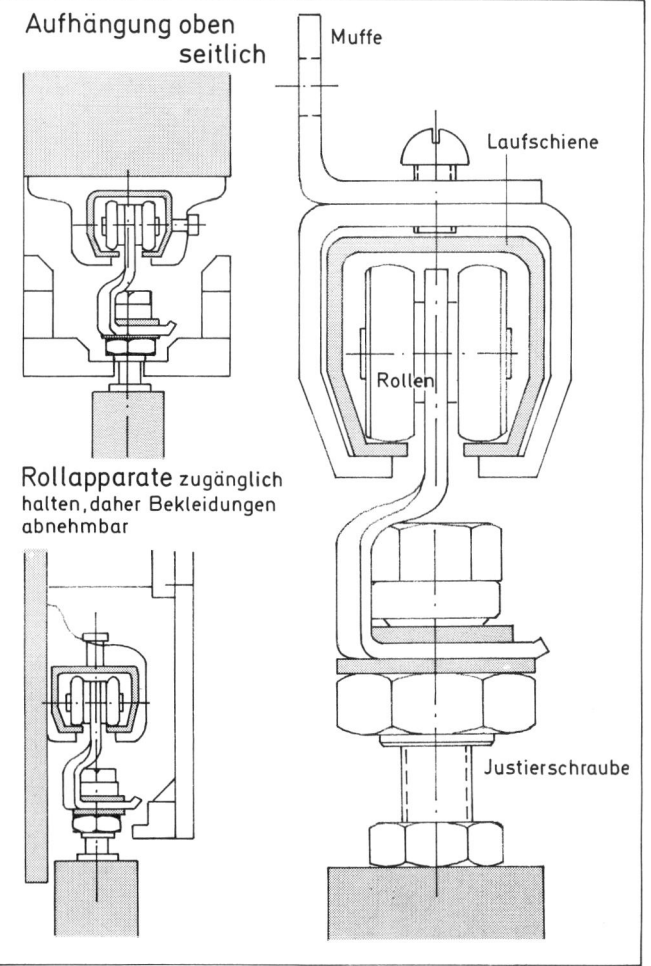

**Bewegliche Trennwände** bestehen aus Einzelelementen, die in Deckenschienen unabhängig voneinander verfahrbar und verstellbar sind. Sie erlauben schnell veränderbare offene und geschlossene Wandstellungen und damit unterschiedliche Raumgliederungen entsprechend der Anordnung der Schienen im Deckenfeld.

Die **Kosten** leichter Trennwände steigen mit dem Grad ihrer Mobilität sowie mit den Anforderungen an den Schall-, Wärme- und Brandschutz. Weitere Einflußgrößen sind die Werkstoffauswahl, die Oberflächengestaltung und besondere Ausrüstung.

Die **Unterbringung** der »Türpakete« in geöffnetem Zustand der Trennwände vor einer Wand, in einer Nische oder Mauertasche ist durch verschiedene Schienen oder Weichen gut möglich. Die Türtafeln werden je nach System ein- oder mehrfach geführt bzw. aufgehängt.

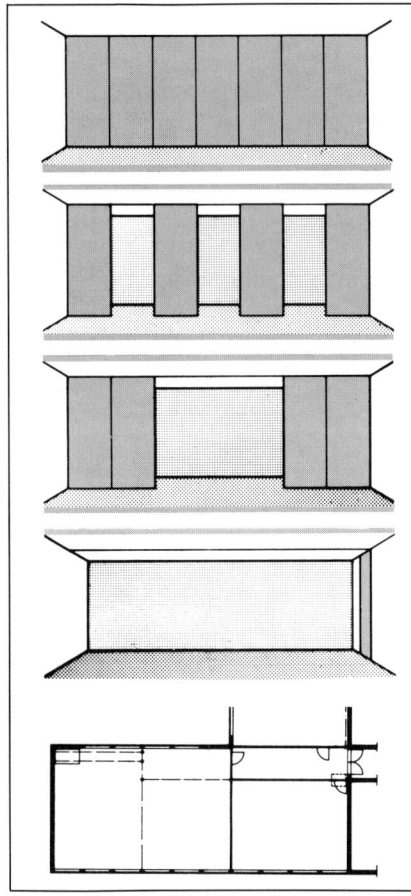

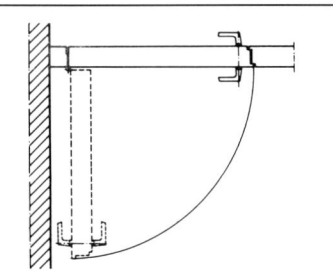

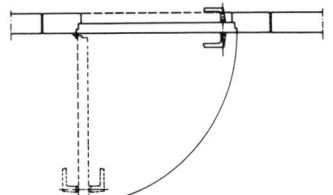

Grundriß für fest angeschlagenes Element als Durchgangstür. Gleiche Materialstärke wie bewegliche Trennwandelemente.

Grundrißdarstellung eines Elementes mit Durchgangstür in Stärke eines handelsüblichen Türblattes.

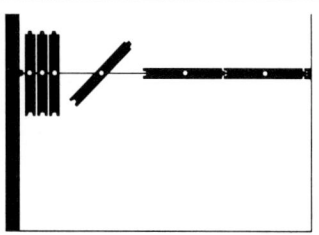

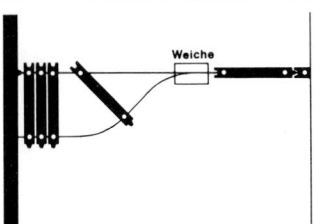

Bei der 1-Punkt-Aufhängung werden die Elemente um die Mittelachse gedreht und vor die Wand oder in die Nische gestellt.

Bei der 2-Punkt-Aufhängung erfolgt das sichere Abschwenken über eine automatische Deckenweiche.

Trennwand mit Mittelaufhängung, Parkstellung an einer Wandseite.

Ausführung wie nebenstehend, jedoch mit 2-Rollen-Aufhängung und Weiche. Parkstellung von der Achse her nach einer Seite versetzt.

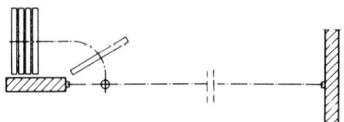

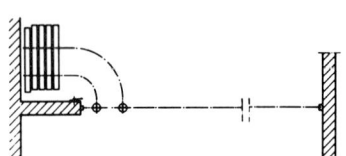

Parkstellung neben einem Mauervorsprung. Die Achse liegt in der Mitte der Mauer. Mittelaufhängung, abfahrbar über Drehscheibe und gebogene Schiene.

Grundriß und Parkstellung wie nebenstehend, jedoch mit 2 Rollen aufgehängt. Abfahrbar über Doppeldrehscheibe mit gebogenen Schienen.

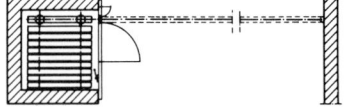

Alle Elemente in einer verschließbaren Mauernische abgestellt. Achse in der Mitte der Nische, Elemente nach rechts und links über Drehscheiben abzuschieben.

Grundriß und Parkstellung wie nebenstehend, Achsen jedoch an einer Seite der Nische. Elemente über Doppeldrehscheibe nach einer Seite verschiebbar.

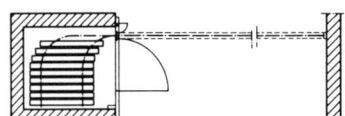

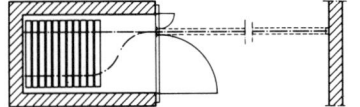

Parkstellung über automatische Weiche, Nische verschließbar, 2-Rollen-Aufhängung.

Grundriß wie nebenstehend, jedoch Elementstellung quer zur Achse. Größere Nischentiefe, da Weiche innerhalb der Nische liegen muß.

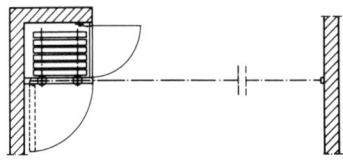

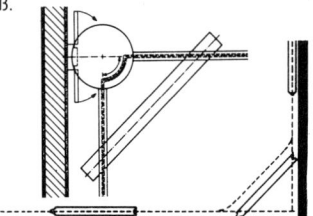

Trennwandachse so gelegt, daß alle Elemente in der Ecke des Raumes geparkt werden. Die Stirnseiten der Elemente werden mit einem Türblatt verdeckt. Das vordere Element ist fest angeschlagen und wird gleichzeitig als Nischenabschlußtür verwendet.

Grundriß zur Darstellung der Funktion einer auf der Ecke liegenden automatischen Schwenkdrehscheibe.

# Innentüren

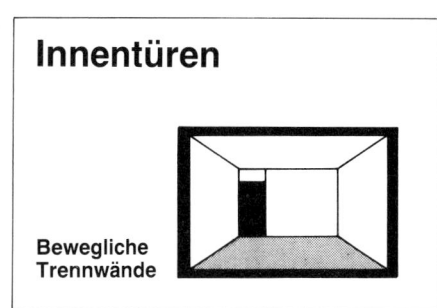

**Bewegliche Trennwände**

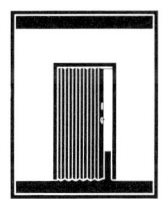

Wohnraumtür in genormten Maßen

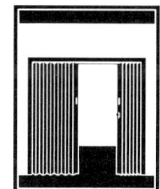

Tür bis zu einer Höhe von 3,5 m

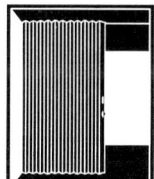

verstärkte Wand für Höhen bis zu 5 m

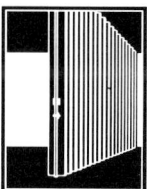

Faltwand über 5 m Höhe mit extra starker Konstruktion

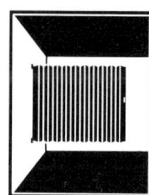

selbsttragende Faltwand ohne Decken- und Bodenführung

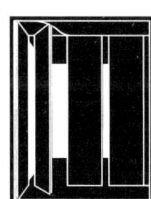

Bewegliche Trennwand mit hoher Schalldämmung

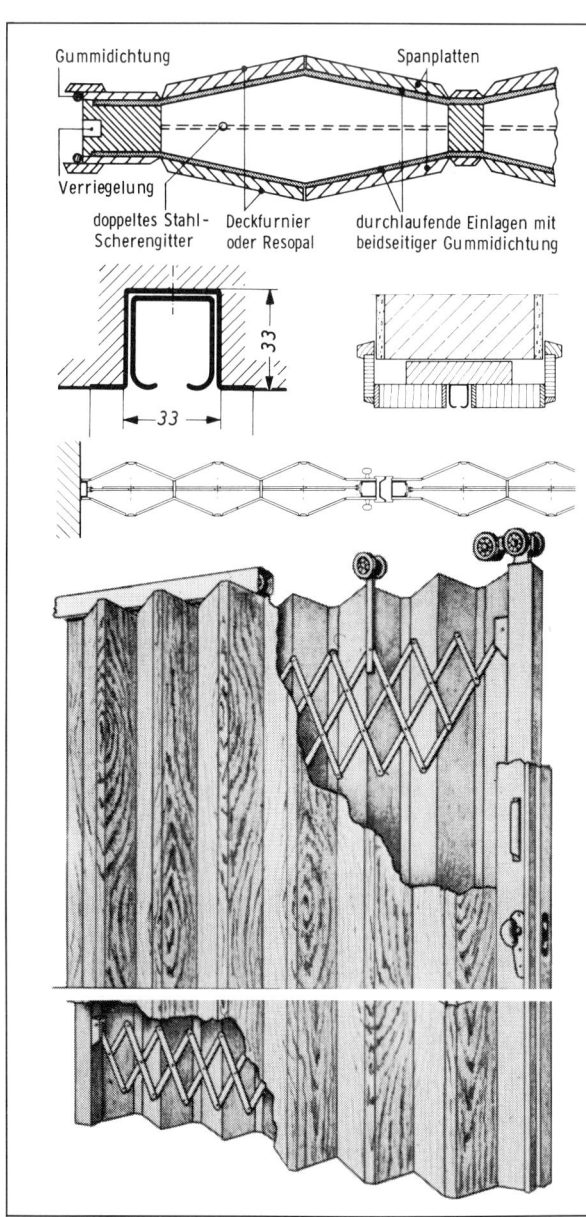

Gummidichtung    Spanplatten

Verriegelung

doppeltes Stahl-Scherengitter    Deckfurnier oder Resopal    durchlaufende Einlagen mit beidseitiger Gummidichtung

33

33

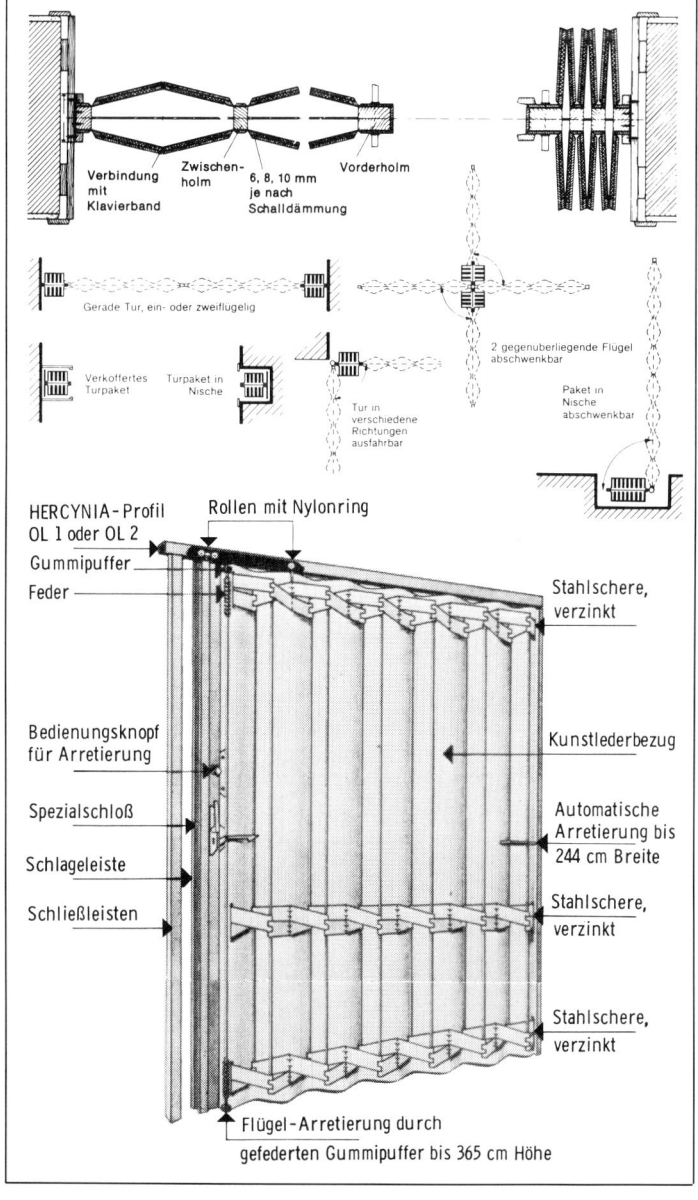

Verbindung mit Klavierband    Zwischen-holm    6, 8, 10 mm je nach Schalldämmung    Vorderholm

Gerade Tür, ein- oder zweiflügelig

2 gegenüberliegende Flügel abschwenkbar

Verkoffertes Türpaket    Türpaket in Nische    Tür in verschiedene Richtungen ausfahrbar    Paket in Nische abschwenkbar

HERCYNIA-Profil OL 1 oder OL 2    Rollen mit Nylonring

Gummipuffer

Feder

Stahlschere, verzinkt

Bedienungsknopf für Arretierung

Kunstlederbezug

Spezialschloß

Automatische Arretierung bis 244 cm Breite

Schlagleiste

Stahlschere, verzinkt

Schließleisten

Stahlschere, verzinkt

Flügel-Arretierung durch gefederten Gummipuffer bis 365 cm Höhe

**Fertigtüren** decken heute einen großen Teil des Bedarfs. Das Angebot ist groß, die Qualität unterschiedlich.

**Lieferbar** sind Fertigtüren in folgenden Ausführungen und Abmessungen:
- Höhen 200–270 cm
- Breiten 65–120 cm
- Blattstärken 38–70 mm
- Tiefen 7–60 cm
- Gerader oder runder Sturz
- Ein- oder zweiflügelig
- Oberflächen in Holz oder Kunststoff, in allen gewünschten Naturtönen und Farben.

---

## Zargenbausysteme

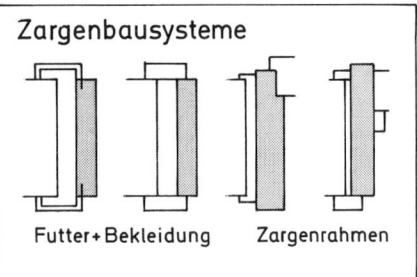

Futter+Bekleidung      Zargenrahmen

## Zargengrößen

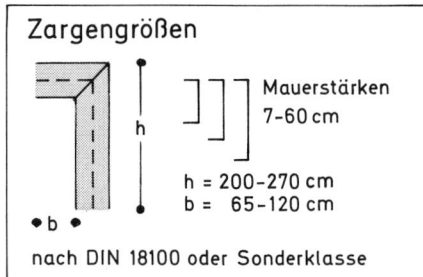

Mauerstärken 7–60 cm

h = 200–270 cm
b = 65–120 cm

nach DIN 18100 oder Sonderklasse

## Sonderausführungen

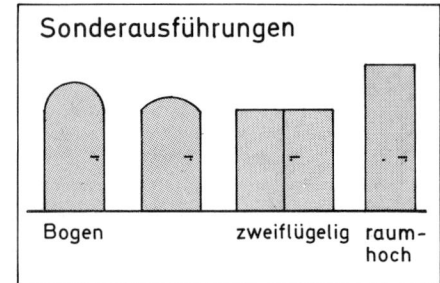

Bogen          zweiflügelig   raum-hoch

---

## Zargenmaterial
Holzwerkstoff nicht Vollholz

Tischlerplatte, Spanplatte, Sperrholz
Faserplatte

Oberflächen:
Furnier, Folien,
Schichtstoffplatten

## Zargenlieferform

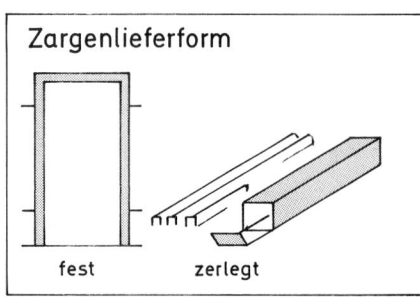

fest            zerlegt

Die **Bauarten** reichen von Türen mit Futter oder Bekleidung bis hin zu Türen mit Zargenrahmen.

**Lieferform:** fest verbunden oder zerlegt

**Blätter:** mit stumpfen oder gefälzten Kanten und unterschiedlichen Ausschnitten

**Bänder:** eingebohrt oder an den Zargen hinterschraubt

---

## Türblätter

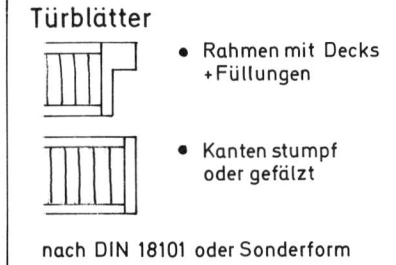

- Rahmen mit Decks +Füllungen
- Kanten stumpf oder gefälzt

nach DIN 18101 oder Sonderform

## Bänder          DIN 18101/6
eingebohrt      hintergeschraubt

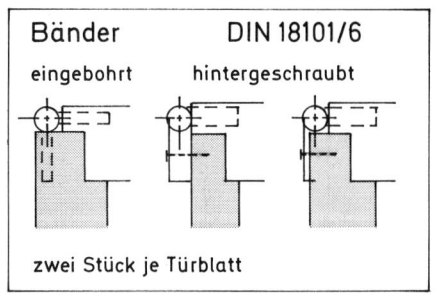

zwei Stück je Türblatt

## Dichtungsprofile

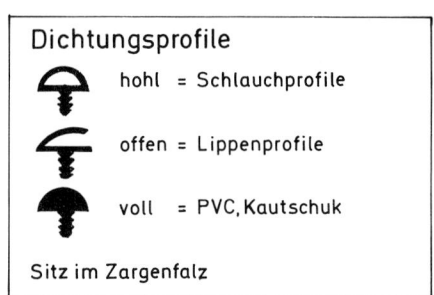

hohl = Schlauchprofile

offen = Lippenprofile

voll = PVC, Kautschuk

Sitz im Zargenfalz

---

## Mauerdicken-Anpassung

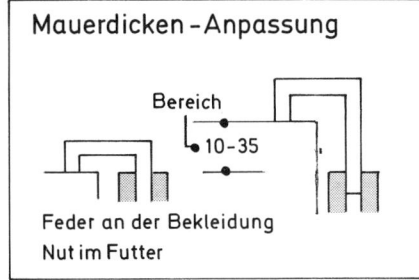

Bereich
10–35

Feder an der Bekleidung
Nut im Futter

## Bekleidungen

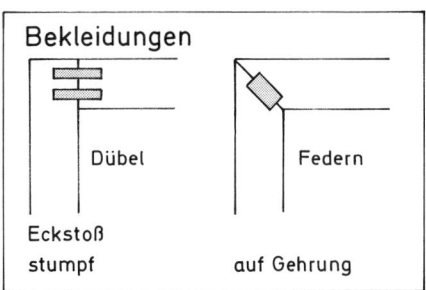

Dübel          Federn

Eckstoß
stumpf          auf Gehrung

**Dichtungsprofile:** hohl oder voll

**Bekleidung:** stumpf oder auf Gehrung gedübelt bzw. gefedert

**Befestigung:** sichtbar oder verdeckt

---

## Zargenbefestigung
sichtbar oder verdeckt

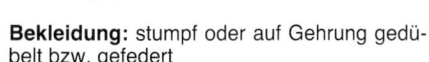

Arten: nageln, schrauben, klammern, kleben, anschäumen!

## =sichtbar
einfache Ausführung

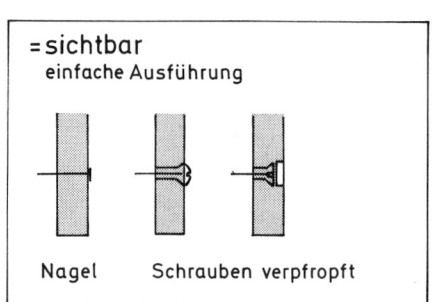

Nagel     Schrauben verpfropft

## =verdeckt
bessere Ausführung

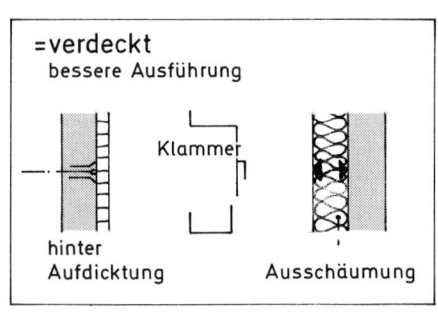

Klammer

hinter Aufdickung          Ausschäumung

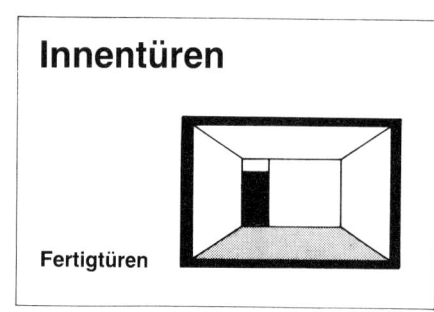

**Innentüren**

**Fertigtüren**

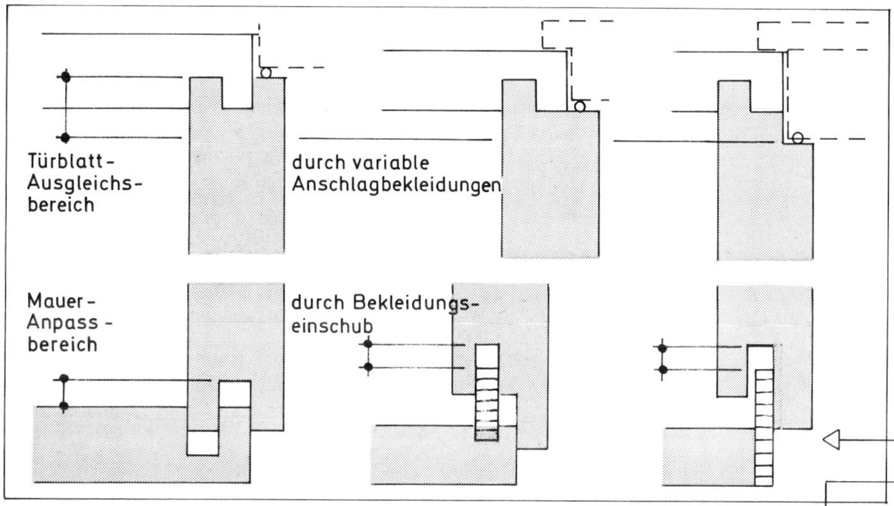

Futter- u.
Bekleidungs-
zargen

Türblatt-
Ausgleichs-
bereich

durch variable
Anschlagbekleidungen

Mauer-
Anpass-
bereich

durch Bekleidungs-
einschub

Bekleidungen
a – brettartig

b – winkelformig

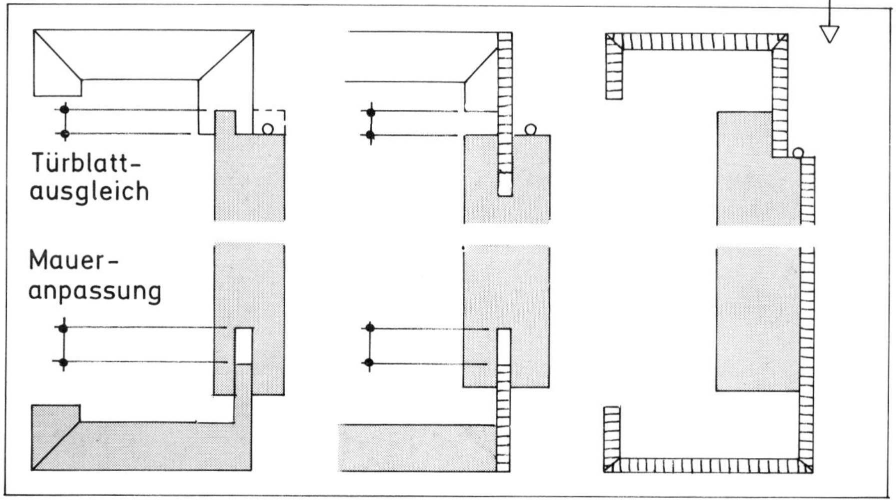

Türblatt-
ausgleich

Mauer-
anpassung

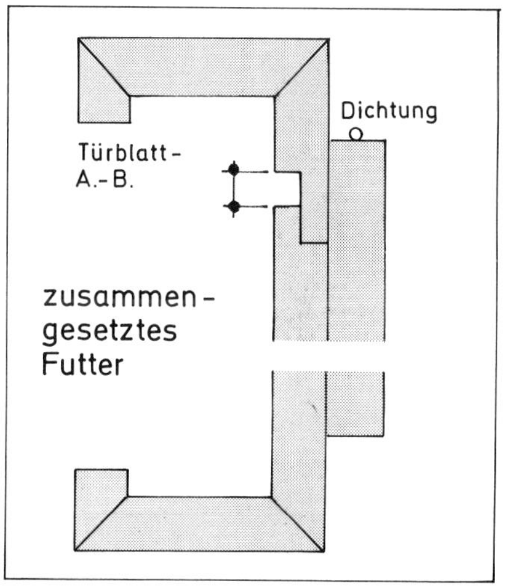

Türblatt-
A.-B.

Dichtung

zusammen-
gesetztes
Futter

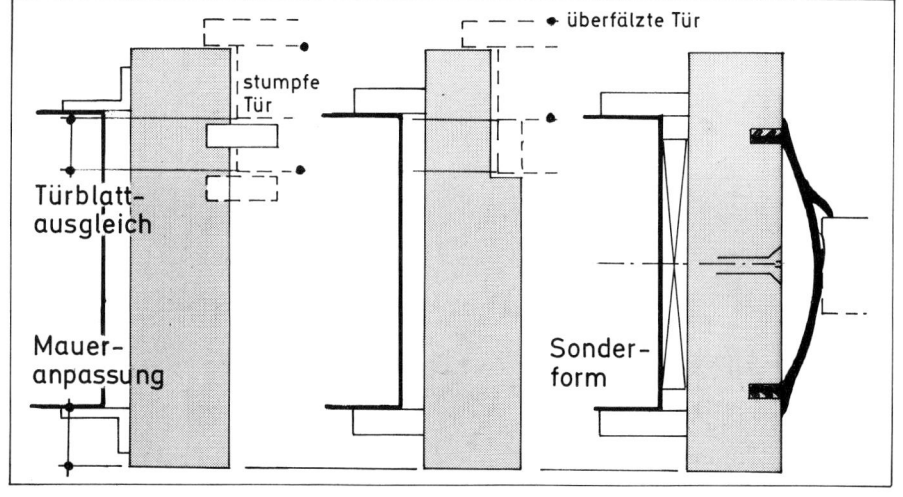

Türblatt-
ausgleich

stumpfe
Tür

überfälzte Tür

Mauer-
anpassung

Sonder-
form

Zargen-Rahmen

Die **Anpassungsfähigkeit** an unterschiedlichen Mauerstärken und Türblattkonstruktionen und Dicken ist entscheidend für die Einsatzfähigkeit und Wirtschaftlichkeit von Fertigtüren.
● Der Ausgleich der Türblattstärken wird durch variable Anschlagbekleidungen erzielt.
● Die Anpassung an die Mauerstärken wird durch den Einschub der Bekleidung erreicht.
● Zargenrahmen werden verleistet, die Maueranpassung ist daher einfach.

**Dichtungsprofile:** Positionen immer im Türanschlagfalz.

**Innenausbauten** sind im privaten Bereich sehr viel spezieller als im öffentlichen.
● Privathäuser sind als Bauaufgabe kleiner und differenzierter, die Kundenwünsche sind oft ausgefallen.
● Öffentliche Bauten sind dagegen größer und gleichförmiger, die Einbauten werden daher öfter in Serie gefertigt und unter ökonomischen Aspekten abgewickelt, mit Ausnahme einiger spezieller Räume, z. B. in der Direktionsetage. Diese sind dann fast schon wieder Privaträume. Daher sind Abgrenzungen schwierig.

**Im Privatbereich** sind individuell gestaltete, handwerklich ausgeführte Einzelanfertigungen anzutreffen, wie sie hier durch einige Beispiele demonstriert werden:
● Dachausbau mit Klappcouch, Einbauschrank und Abstellkammer

● Küchenschrank mit zweiseitig benutzbaren Fächern und Durchreiche zum Eßplatz
● Schreibschrankeinbauten mit Klappen, Stützen und Beleuchtung
● Einbauklappbett mit Schrankwand
● Schrankwand mit Durchgangstür

● Raumtrennungsschrankwand mit Podestsprung
● Trennwände, umsetzbar zur variablen Raumgestaltung
● Schrankwände zwischen Schlafbereich und Bad, Wohnraum und Küche.

## Zweiseitiger Schrankeinbau zwischen Eßplatz und Küche

Der Einbauschrank ist teilweise von der Küche, zum anderen Teil vom Eßplatz aus erschlossen. In der Durchreiche befinden sich die von beiden Seiten aus zugänglichen Besteckkästen. Die Differenzstufe innerhalb der Durchreiche gleicht den Höhenunterschied zwischen Eßtischhöhe (74 cm) und der Arbeitstischhöhe in der Küche (85 cm) aus; sie ist als Schubkastenzone ausgebildet.

Ausführung: Flächen aus kunststoffbeschichteten Fertigplatten »Thermopal-Spaan«. Farbe Weiß; Herstellerfirma: Krages, Bremen; Vorleimer aus Afzelia, natur geölt; Drahtbügel-Griffe durchgehend, verschraubt.

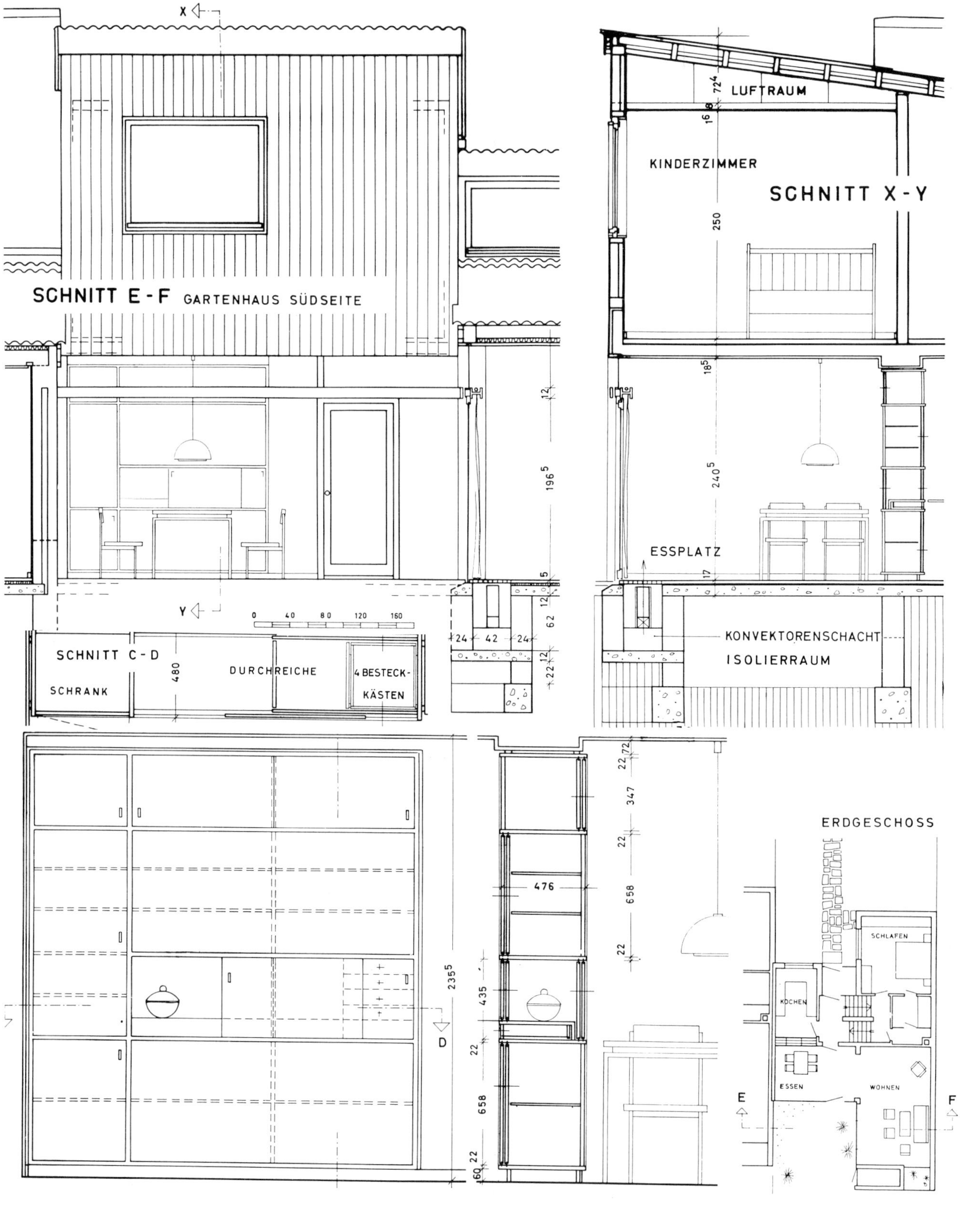

SCHNITT E-F GARTENHAUS SÜDSEITE

LUFTRAUM

KINDERZIMMER

SCHNITT X-Y

ESSPLATZ

SCHNITT C-D

SCHRANK    DURCHREICHE    4 BESTECK-KÄSTEN

KONVEKTORENSCHACHT
ISOLIERRAUM

0  40  80  120  160

ERDGESCHOSS

SCHLAFEN

KOCHEN

ESSEN    WOHNEN

E    F

**Einbau in einem Dachgeschoß**
Durch den Einbau wurden die vorhandenen Raumproportionen positiv korrigiert. Hinter dem Einbau ergibt sich ein Abstellraum, der durch die Rückwand des Kleiderschrankes begehbar ist; sie ist als Tür ausgebildet. Konstruktiv war der Raum hinter dem Bett auch notwendig, um das Ausschwenken der Couchrückenlehne zu ermöglichen. Durch sie wird die Liegefläche des Bettes auf eine bequeme Sitztiefe als Couch reduziert.

# Innenausbauten im privaten Bereich

**Kücheneinbau,
Dachgeschoßeinbau**

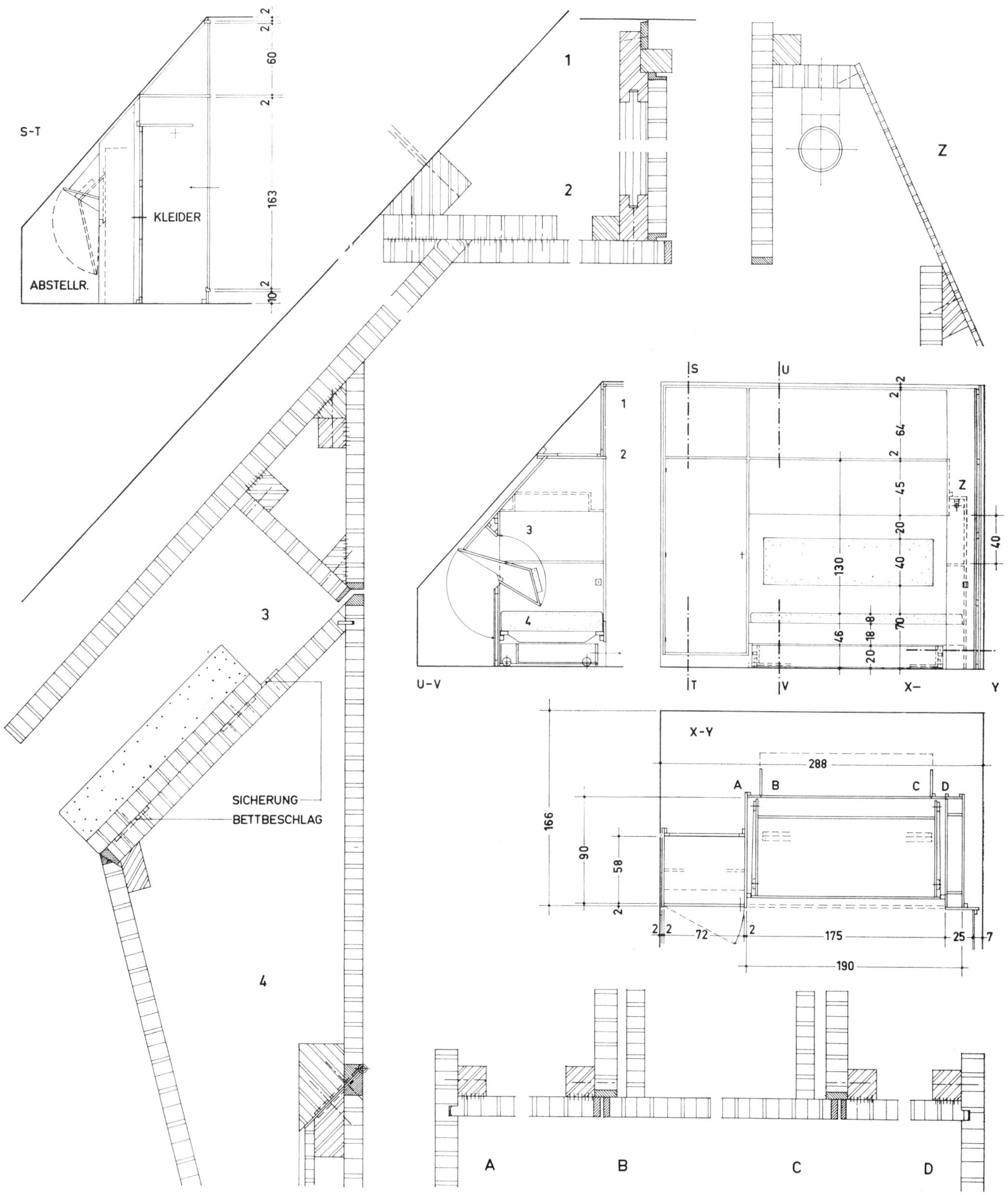

S-T

KLEIDER

ABSTELLR.

1

2

Z

1

2

3

4

U-V

S    U

64

45

Z

130    40    40

46    70

20-18-8

T    V    X—    Y

3

SICHERUNG
BETTBESCHLAG

4

X-Y

288

A    B         C  D

166

90

58

2    2   72      2    175         25   7

190

A         B              C         D

## Schreibschrank

Die Gestaltung von Möbeln wird außerordentlich schwierig, wenn man bemüht ist, einen Entwurf zu schaffen, der nicht nur dem derzeitigen Geschmack entspricht, sondern darüber hinaus gültig bleiben soll. Hier ein einwandfreier Beitrag von heute. Aus der Sicht von morgen wird an ihm wenigstens nichts falsch sein. Die Gestaltung beschränkt sich auf gute Proportionen, Materialwahl und Beschlagteile.

Ausführung: Körper Massivkiefernholz 16 mm gedübelt; Klappe 20 mm Spanplatte mit Kiefernholzumleimern und beidseitiger Benelit-

folie hellblau; Einbau auf Bodenträger verstellbar aus Spanplatten kieferfurniert; Schubkastengriffe und Führung sowie Brieffacheinteilung aus Plexiglas; Klappe durch 2 Scharniere mit Innenboden bündig liegend angeschlagen, Rundlappen sichtbar; Stütze mit Sonderbeschlag und Magneten gehalten.

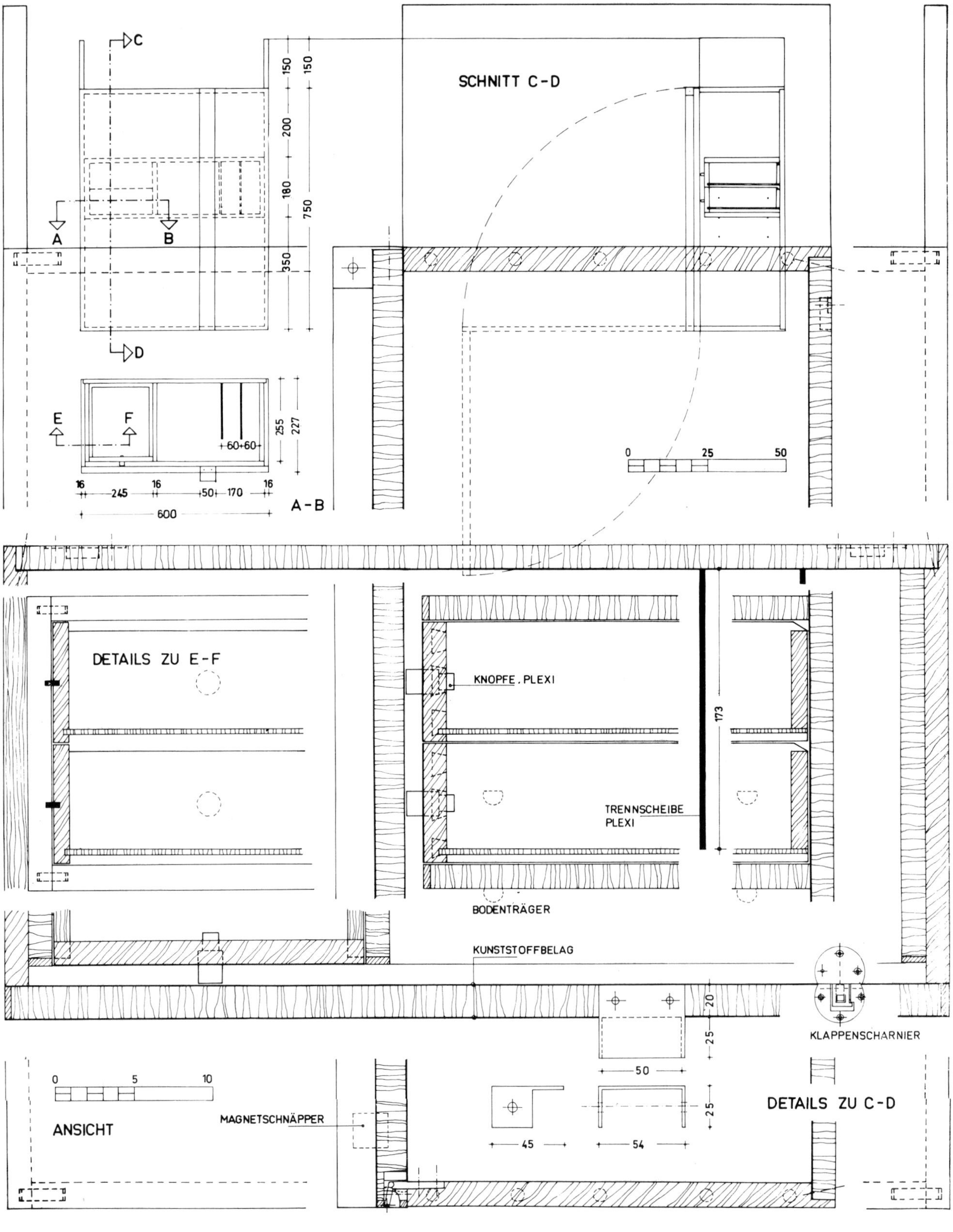

SCHNITT C-D

150
150
200
180
750
350

C

A
B

D

E
F
255
227
+60+60

16   245   16   50   170   16
600
A-B

0   25   50

DETAILS ZU E-F

KNOPFE . PLEXI

173

TRENNSCHEIBE
PLEXI

BODENTRÄGER

KUNSTSTOFFBELAG

20
25

KLAPPENSCHARNIER

0   5   10

ANSICHT

MAGNETSCHNÄPPER

50

45   54

25

DETAILS ZU C-D

**Bett und Schreibklappe**
Durch den Ausbau eines Giebelzimmers wurde ein vollwertiger Schlaf- und Studierraum geschaffen. Die geringe Raumbreite reichte einerseits für das Klappbett aus und machte zum anderen einen Klapptisch nötig, um eine gewisse Großzügigkeit zu erhalten. Beide Einbauten haben konstruktiv gesehen etwas Gemeinsames. Durch einen Handgriff werden Bett und Schreibklappe ausgeriegelt und durch das ausschwenkende Bein am freien Ende abgestützt.

# Innenausbauten im privaten Bereich

### Schreibschränke

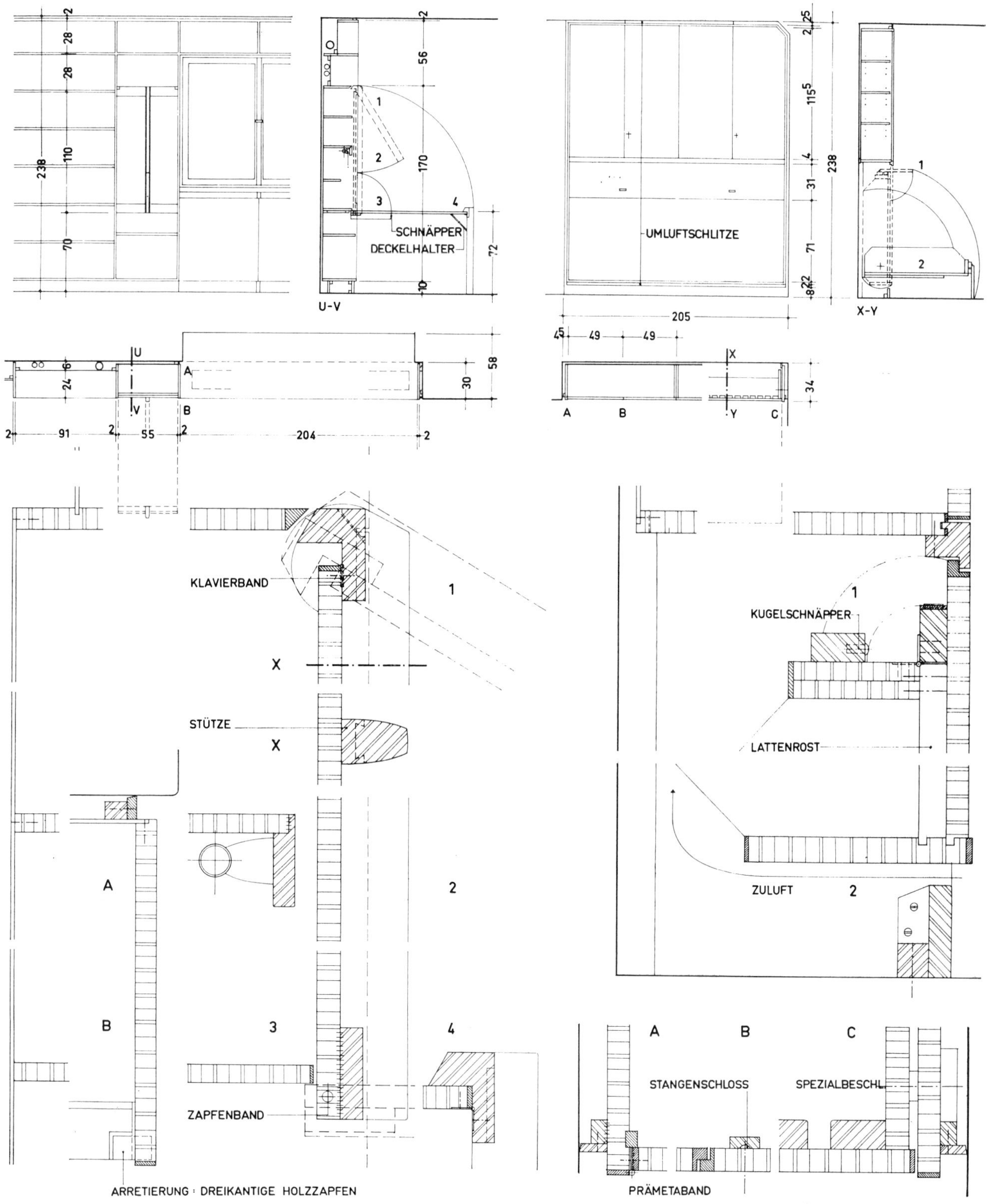

U-V

SCHNÄPPER
DECKELHALTER

UMLUFTSCHLITZE

X-Y

KLAVIERBAND

STÜTZE

KUGELSCHNÄPPER

LATTENROST

ZULUFT

STANGENSCHLOSS          SPEZIALBESCHL

ZAPFENBAND

ARRETIERUNG · DREIKANTIGE HOLZZAPFEN

PRÄMETABAND

## Schrankwand mit Durchgang

Ausführung: Schränke Korpusseiten 16 mm Spanplatten, beidseitig Mahagoni furniert. Türflächen 20 mm Tischlerplatten, blind furniert und weiß gespritzt mit Zwei-Komponenten-Lack. Besteckkästen als englische Züge ausgebildet aus Mahagoni massiv. Rückwände 6 mm Sperrholz, einseitig Mahagoni und anderseitig blind furniert. Möbelbänder: System Heinze. Schnäpper: Kunststoff weiß. Griffe vernickelt, durchgehend mit Tür verschraubt. Zimmertür (Küchenzugang): Rahmenunterkonstruktion Kiefer erste Wahl, 32×120 mm mit beidseitiger Spanplattenaufdickung Palisander furniert, geölt und anpoliert. Umleimer massiv. Türfutter 22 mm Spanplatten hellgrau gestrichen. Blendrahmen gefälzte Rotbuchenprofile aus 80×42 mm. Oberes Türfeld als eingehängtes Paneel ausgebildet. Quetschleisten greifen in gefälzte Unterkonstruktionen ein.

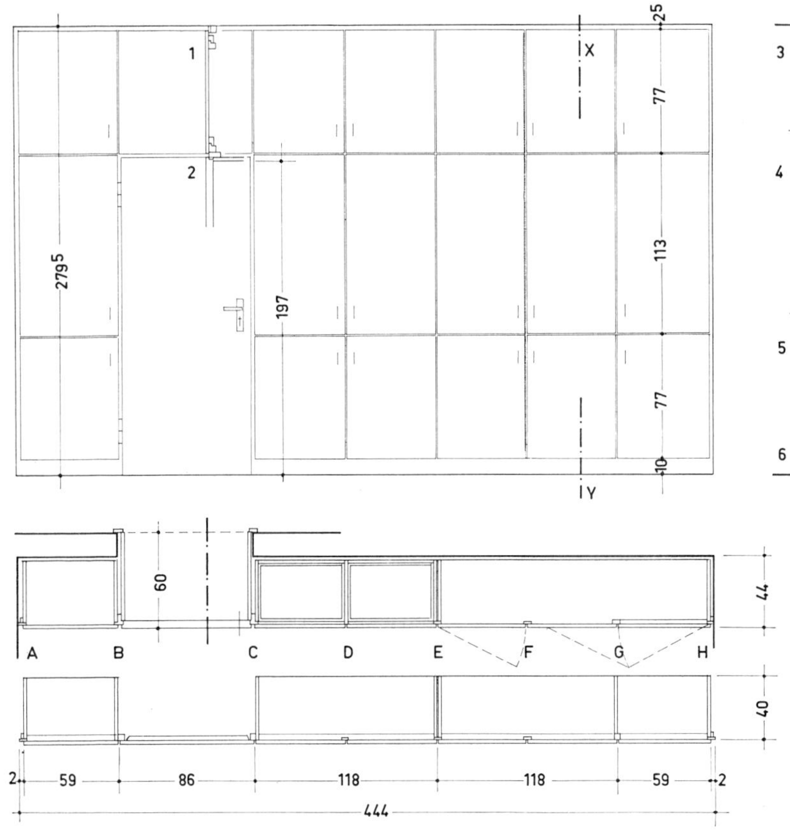

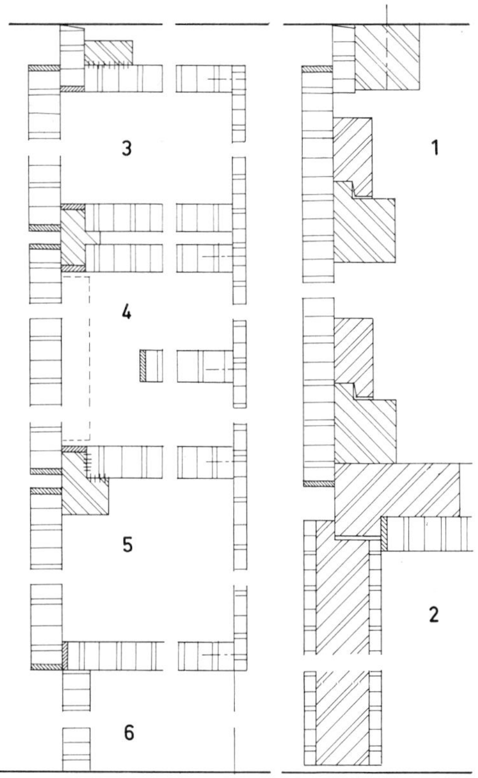

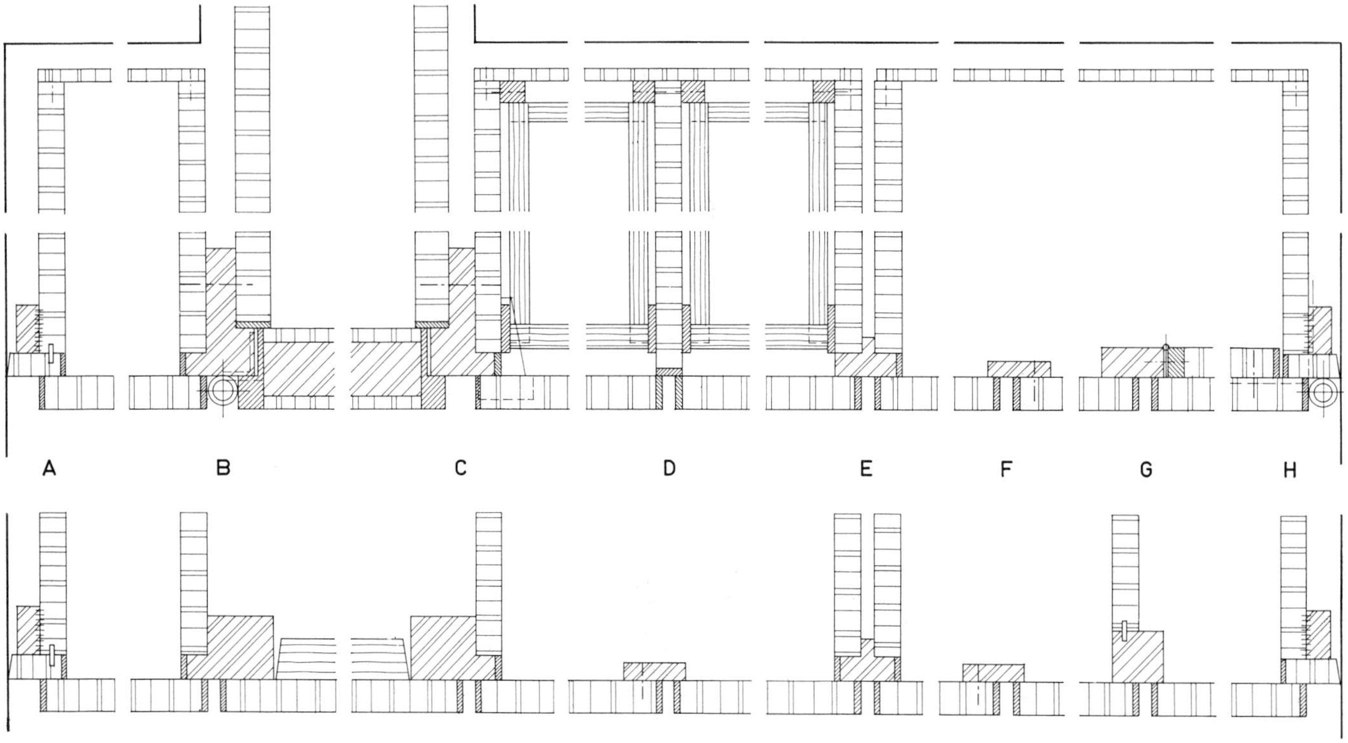

**Schrankwand am Podest**
Doppelseitiger Einbau als Raumtrennung. Die Ansichtsflächen der Seiten, Böden und Lisenen sind zum Arbeitsplatz hin anstelle der Vorleimer mit weißem Resopal beklebt. Die Türen sind mit Häfele-Bändern angeschlagen. Magnetschnäpper dienen als Zuhaltungen. Griffnuten ermöglichen das Öffnen. Hinter den Türen befinden sich verstellbare Einlegeböden, englische Züge und spezielle Vorkehrungen für Plattenspieler, Radio und Fernsehapparat.

# Innenausbauten im privaten Bereich

**Schrankwände**

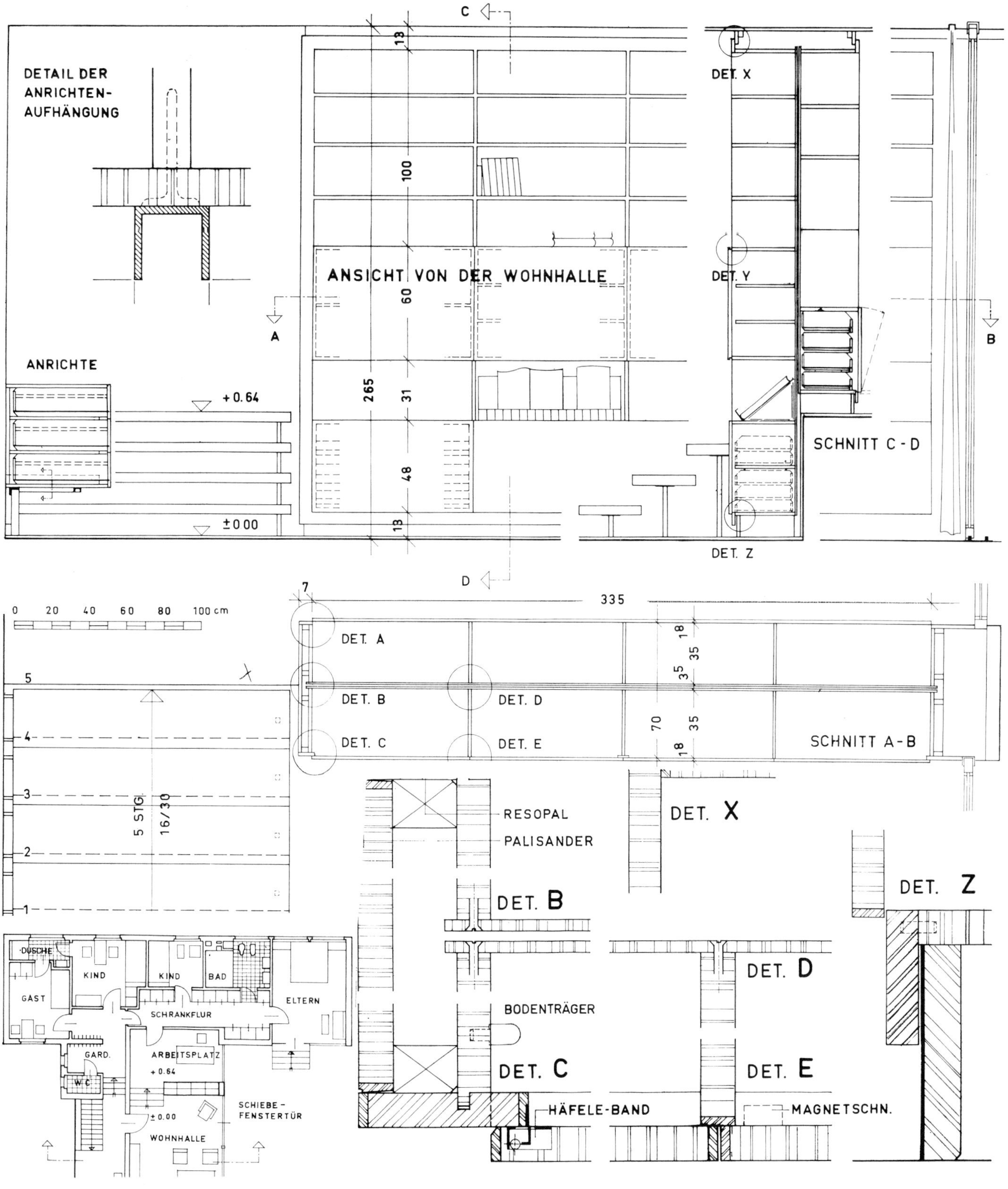

DETAIL DER ANRICHTEN-AUFHÄNGUNG

DET. X

ANRICHTE

ANSICHT VON DER WOHNHALLE

DET. Y

A

B

+ 0.64

265    60    31    48    13    100    13

±0.00

SCHNITT C - D

DET. Z

C

D

7    335

DET. A    18 35 35

DET. B    DET. D    70 18 35

DET. C    DET. E    SCHNITT A-B

0  20  40  60  80  100 cm

5

4    5 STG 16/30

3

2

1

RESOPAL

PALISANDER    DET. X

DET. B    DET. Z

BODENTRÄGER    DET. D

DET. C    DET. E

HÄFELE-BAND    MAGNETSCHN.

DUSCHE
KIND  KIND  BAD
GAST  ELTERN
SCHRANKFLUR
GARD.  ARBEITSPLATZ +0.64
WC
SCHIEBE-FENSTERTÜR
±0.00
WOHNHALLE

**Umsetzbare Trennwände**
Ausführung: Rahmen Kiefernholz geschlitzt, Aufdoppelung beidseitig Feinspanplatten Kunststoff beschichtet, weiß. Dämmung Glaswolle auf Pappe gesteppt. Türen Westag-Fertigteile. Decke kanadische Fichtenbretter, beidseitig genutet mit 1 cm offener Fuge verdeckt genagelt. Dachkonstruktion verleimte Wellstegträger. Nuten, Sockel, Profilstähle, Beschlag und Garnitur anthrazitfarben gestrichen. Decke natur geölt und mattiert. Türgarnitur Wehag, Hamburger Einbohrbänder.

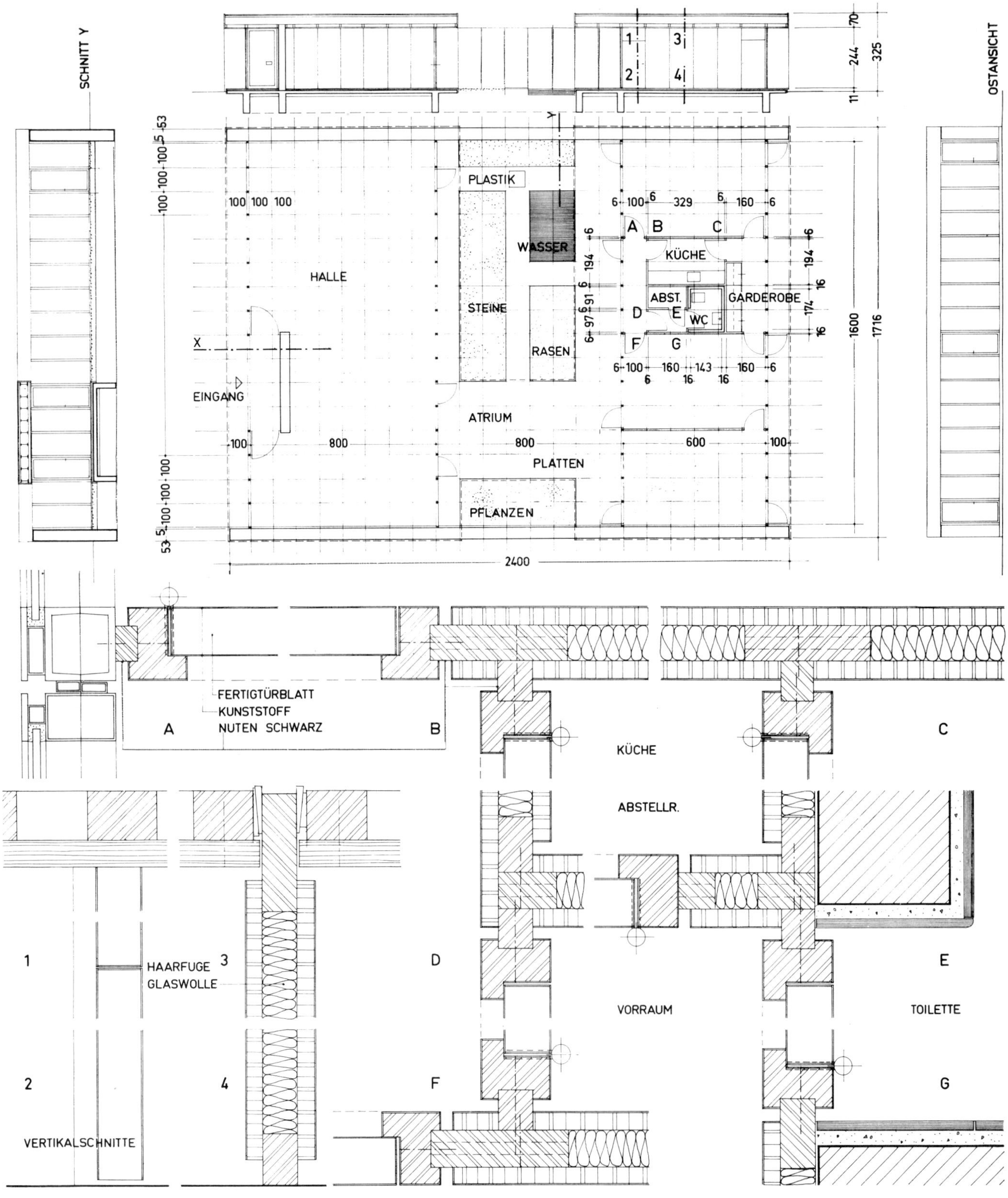

SCHNITT Y

OSTANSICHT

PLASTIK

WASSER

HALLE

STEINE

KÜCHE

100 100 100

A B C

ABST. GARDEROBE

RASEN

D E

WC

F G

X

EINGANG

ATRIUM

PLATTEN

PFLANZEN

100 800 800 600 100

2400

FERTIGTÜRBLATT
KUNSTSTOFF
NUTEN SCHWARZ

A B C

KÜCHE

ABSTELLR.

HAARFUGE
GLASWOLLE

1 3 D E

VORRAUM TOILETTE

2 4 F G

VERTIKALSCHNITTE

## Einbauschränke als Trennwände

Die Einbauschränke eines Ferienhauses, zum Teil zur Raumbildung herangezogen, wurden zu Funktionseinheiten entwickelt, die eine unterschiedliche Aufstellung erlauben. Der Vorteil liegt in der Vorfertigung und der damit gegebenen preiswerten Ausführung. Die Schränke sind raumhoch. Über den Drehtüren liegen Oberschränke hinter nach oben aufschlagenden Klappen, die durch Schnäpper zugehalten und durch Spezialbänder offen gehalten werden. Die Drehtüren sind mit Prämetabändern angeschlagen und durch Baskülschlösser verriegelt. Alle Flächen sind aus Stäbchenplatten mit Vorleimern gefertigt. Die Seiten sind gedübelt, die Rückseiten gefälzt. Nur ausnahmsweise treten Mittelwände auf. Die Einlegeböden sind damit sehr breit, sie werden durch Alu-T-Profile gegen Durchbiegen gesichert, sie sind gleichzeitig Kantenschutz.

# Innenausbauten im privaten Bereich

**Trennwände**

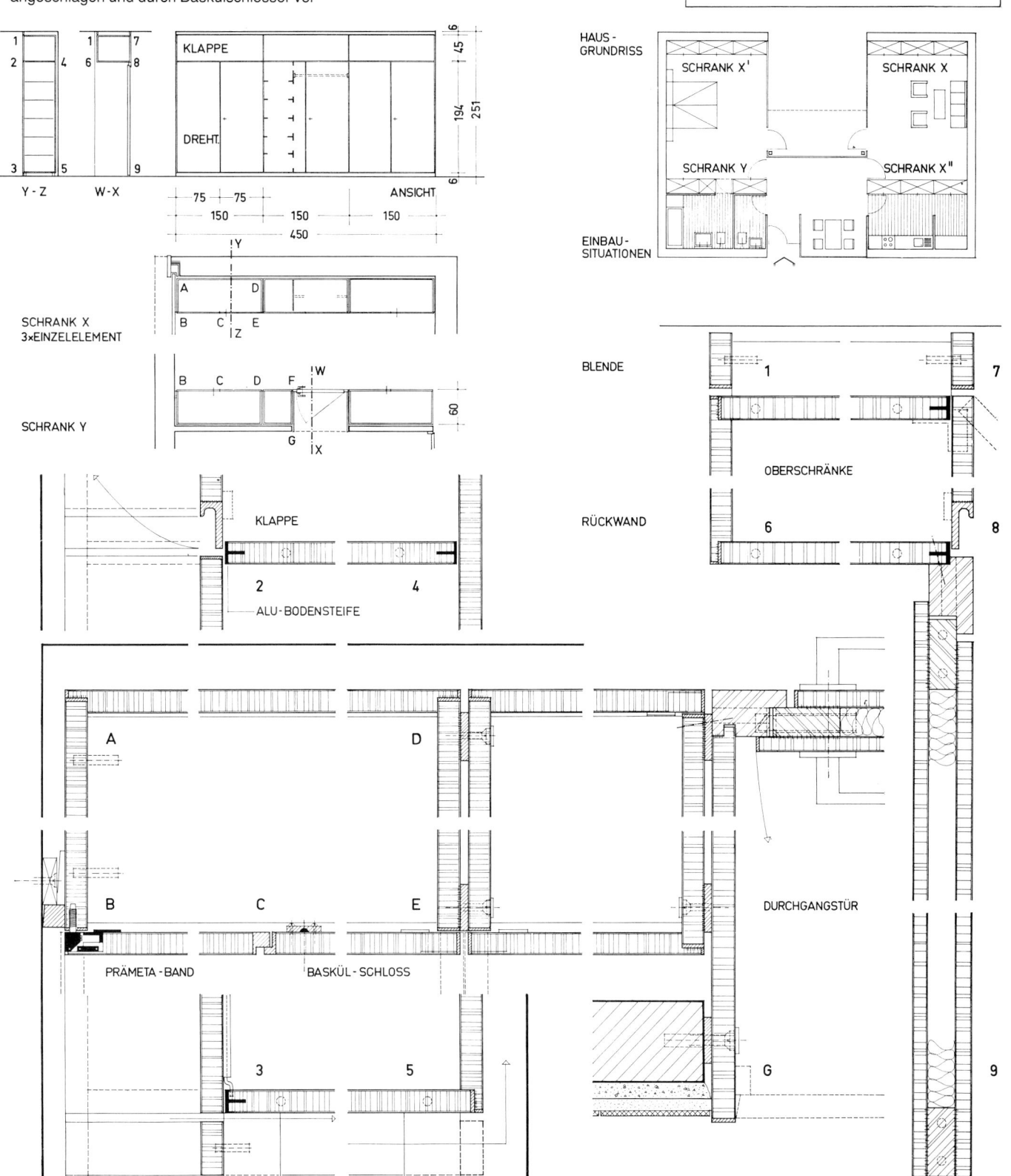

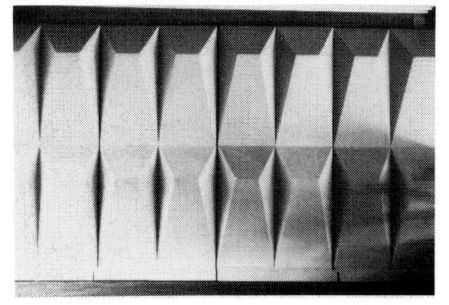

**Gestaltung** ist wohl das Hauptargument für Wandbekleidungen neben bauphysikalisch-technischen Gründen. Der Wohnwert von Räumen wird durch Wandbekleidungen optisch, akustisch und klimatisch verbessert.

Die Bekleidungen werden auch Paneele genannt. Mit ihrer Höhe nehmen sie Raumbezüge auf: Brüstung, Tür oder Decke. Zum Einsatz kommen Bretter, Rahmen mit Füllungen sowie Tafeln.

Die **Paneele** bestehen aus Holz, Holzwerkstoffen sowie anderen Materialien mit Holzunterkonstruktion. Die Flächen können waagrecht, senkrecht oder diagonal gegliedert sein. Sie haben durchlaufende oder versetzte Fugen, die betont oder durch Stoßfugen unterdrückt werden können.

Die **Anordnung** im Raum beschränkt sich entweder auf Bereiche, z.B. Nischen, Stützen, Pfeiler, oder erstreckt sich über den ganzen Raum – vielleicht auch mit unterschiedlicher Farbgebung oder Gliederung.

**Gründe** für das Bekleiden von Wänden:
● gestalterische Absicht
● Überdeckung von Fugen und Unebenheiten an Wand und Decke
● Erhöhung der Wärmedämmung, meist in Verbindung mit zusätzlichen Dämmstoffen
● Verbesserung des Schallschutzes und der Raumakustik
● Abdecken von Leitungen und Installation, auch bei gleichzeitiger leichter Zugänglichkeit.

**Optisch** können Räume durch Wandbekleidungen verändert werden.
● Die Betonung der Horizontalen läßt den Raum größer, aber niedriger erscheinen.
● Die Betonung der Senkrechten läßt den Eindruck eines kleineren, aber höheren Raumes entstehen.

**Wandbekleidungen** waren zu allen Zeiten beliebt. Neue Materialien und Bearbeitungsmethoden haben die Fülle der Ausführungen und Varianten erweitert. Zur Verfügung stehen
● Paneele        ● Kassetten
● Stäbe          ● Lamellen
● Tafeln         ● Geflechte
● Rahmen         ● Rasterelemente

Bei **Massivholz** sind Bekleidungen in Form von Brettern, Stäben, Rahmen und Füllung materialbedingt kleingliedrig.

**Holzwerkstoffplatten** ermöglichen eine Gestaltung mit größeren Elementen. Das Quell- und Schwundvermögen, das bei Spanplatten, Faserplatten und Sperrholz nur gering ist, vereinfacht die Ausführung.

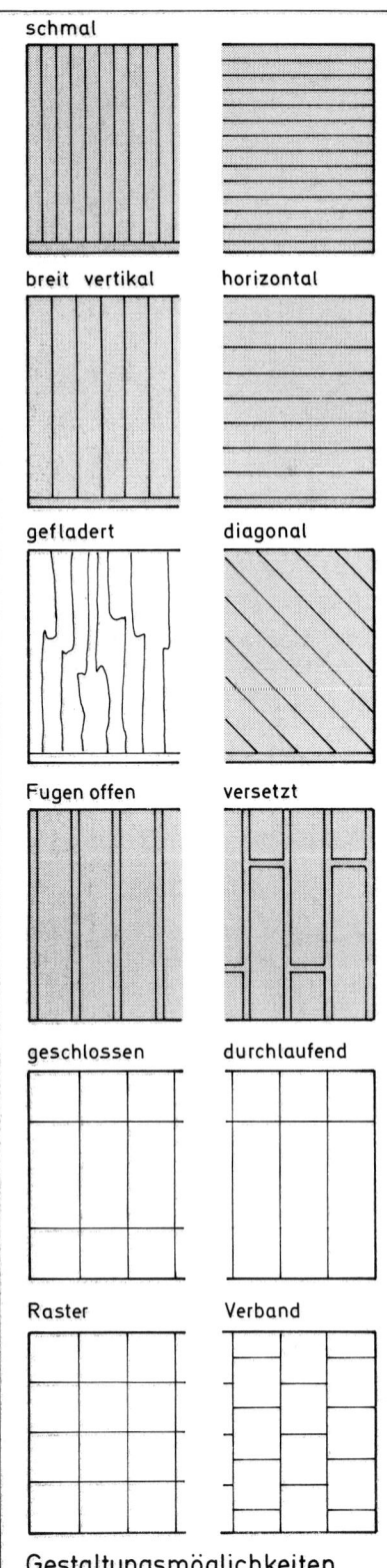

schmal — breit vertikal — horizontal — gefladert — diagonal — Fugen offen — versetzt — geschlossen — durchlaufend — Raster — Verband

**Gestaltungsmöglichkeiten**

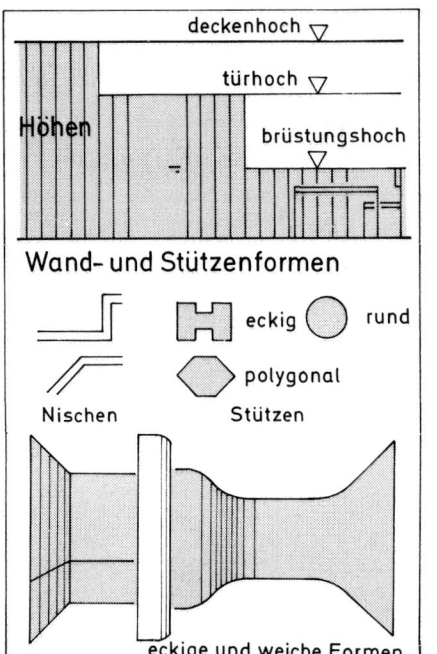

Höhen: deckenhoch — türhoch — brüstungshoch

**Wand- und Stützenformen**

Nischen — Stützen: eckig, rund, polygonal

eckige und weiche Formen

**Bauarten**

Bretter, Stäbe, Leisten, Rahmen, Füllungen, Platten, Tafeln

Oberfläche:  furniert, gestrichen, tapeziert, beschichtet

**Material** = alle Farben:

| Holz | Holz, Holzwerkstoff |
| Kunststoff | Tafeln, Platten, Bahnen |
| Textil | gespannt, geklebt |
| Metall | Blech, Folien |
| Leder | glatt, profiliert |

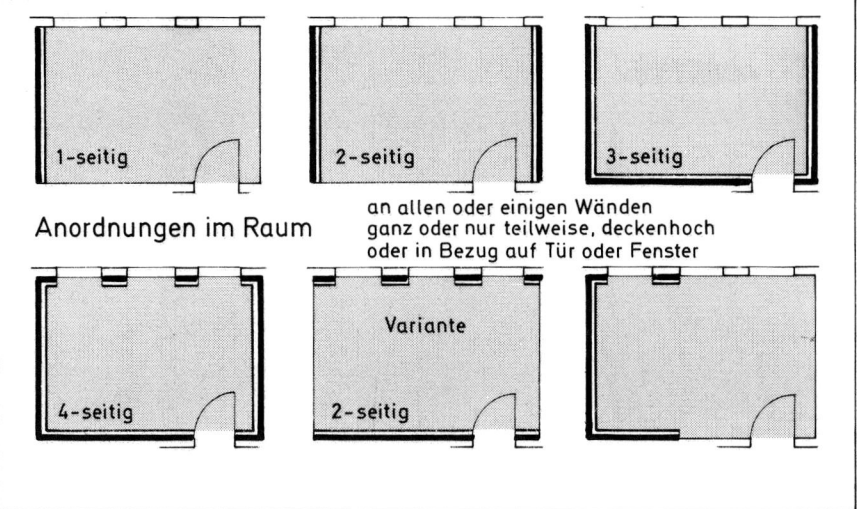

1-seitig — 2-seitig — 3-seitig

4-seitig — 2-seitig Variante

**Anordnungen im Raum**  an allen oder einigen Wänden ganz oder nur teilweise, deckenhoch oder in Bezug auf Tür oder Fenster

Die **Konstruktion** von Wandbekleidungen erfolgt in der Regel im Abstand von der Wand. Da Wände nur selten plan sind, müssen die Unregelmäßigkeiten durch Unterkonstruktionen ausgeglichen werden. Die Befestigung jedes einzelnen Bekleidungselements direkt an der Wand wäre oft auch zu aufwendig. Der Abstand von der Wand soll außerdem die Luftzirkulation ermöglichen, da sich sonst leicht Feuchtigkeit bilden könnte. Darüber hinaus wird durch den Zwischenraum die Schallübertragung verringert.

**Rahmen** können verdeckt als Unterkonstruktion dienen, sichtbar angeordnet sind sie darüber hinaus ein Gestaltungsmittel. Ihre Verbindungen sind geschlitzt, gezapft oder gedübelt. Sichtbare Rahmen nehmen die Füllungen auf, die eingelegt oder eingeschoben werden und damit auswechselbar oder fest sind.

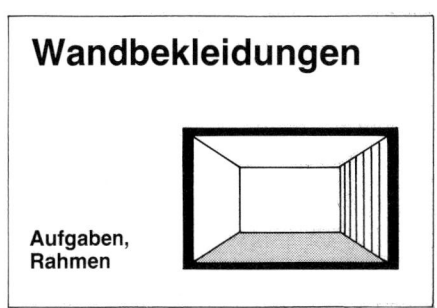

**Wandbekleidungen**

**Aufgaben, Rahmen**

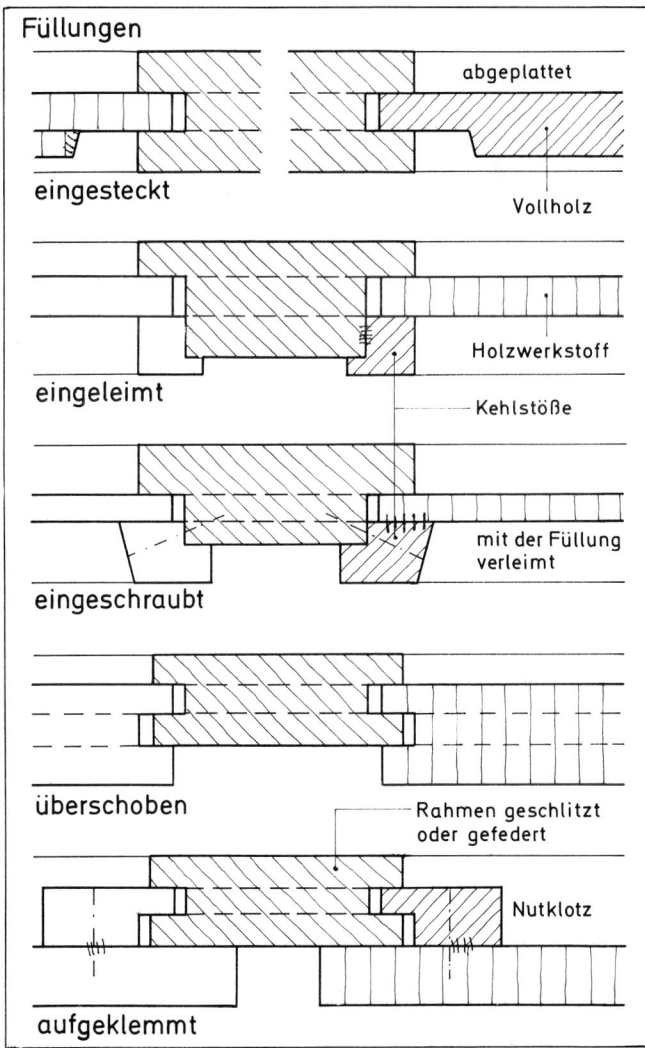

Füllungen: eingesteckt, eingeleimt, eingeschraubt, überschoben, aufgeklemmt

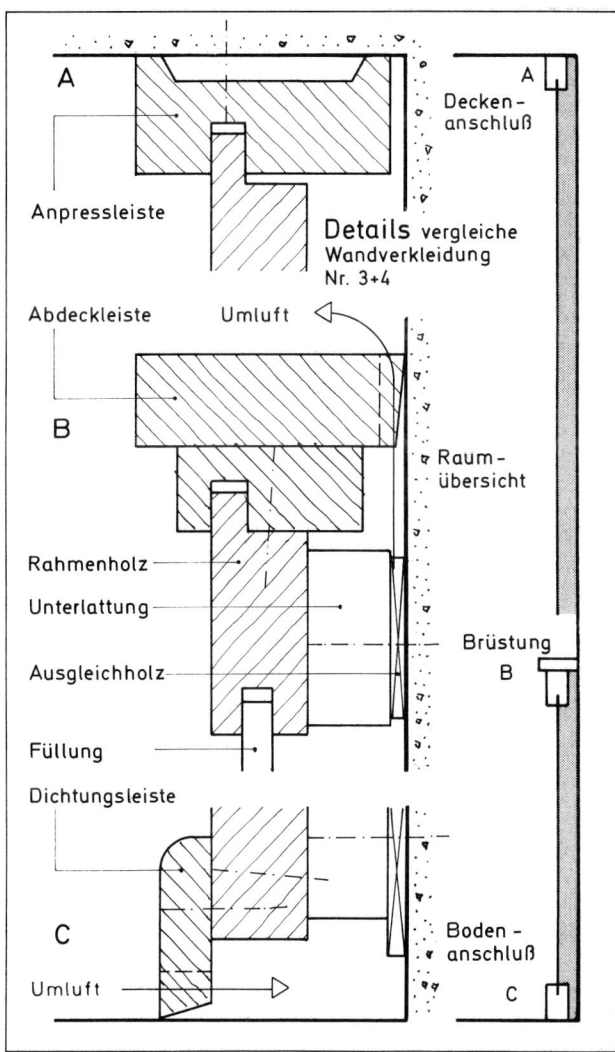

Details

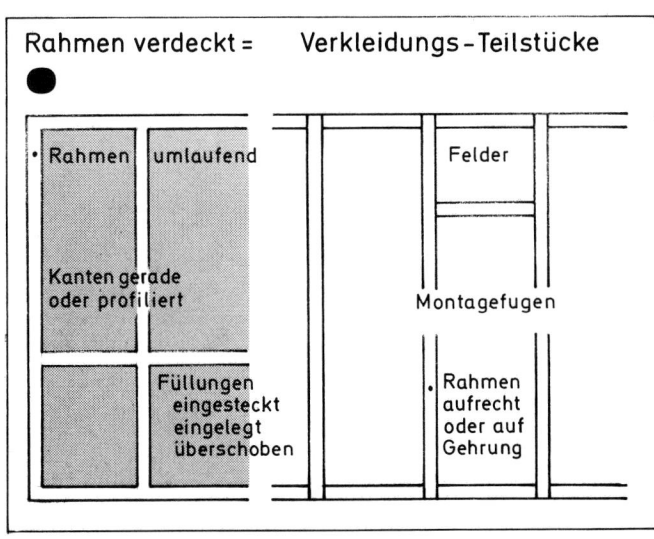

Rahmen verdeckt = Verkleidungs-Teilstücke

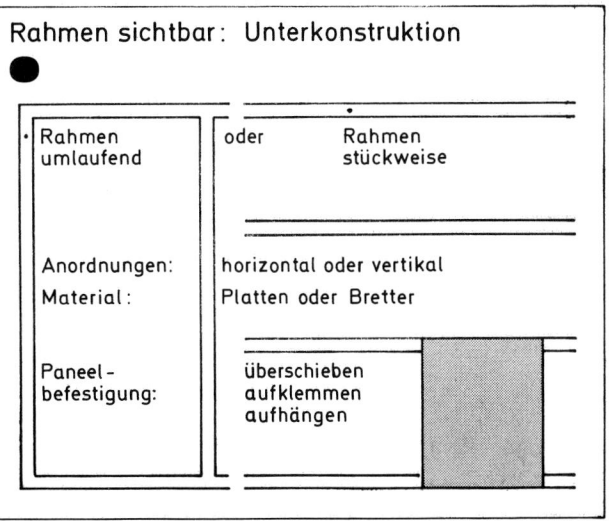

Rahmen sichtbar: Unterkonstruktion

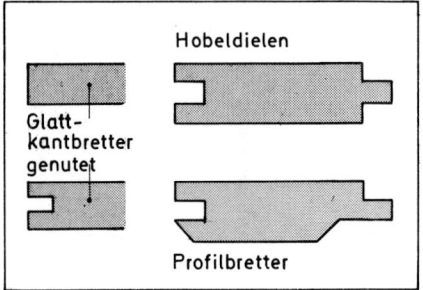

**Die Anordnung** der Bretter kann waagerecht, senkrecht oder diagonal sein, in ein oder in zwei Ebenen. Die Bretter können einzeln oder als Flächen vorgefertigt aufgebracht werden.

● Bei breiten Brettaufdoppelungen ist darauf zu achten, daß rechte und linke Brettseiten im Wechsel aufeinanderliegen, damit die Verbindungen dicht sind.

● Schmale Bretter wird man hingegen mehr nach ästhetischen Gesichtspunkten, Maserung und Ästigkeit, zusammenstellen.

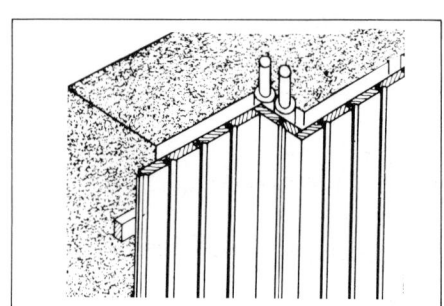

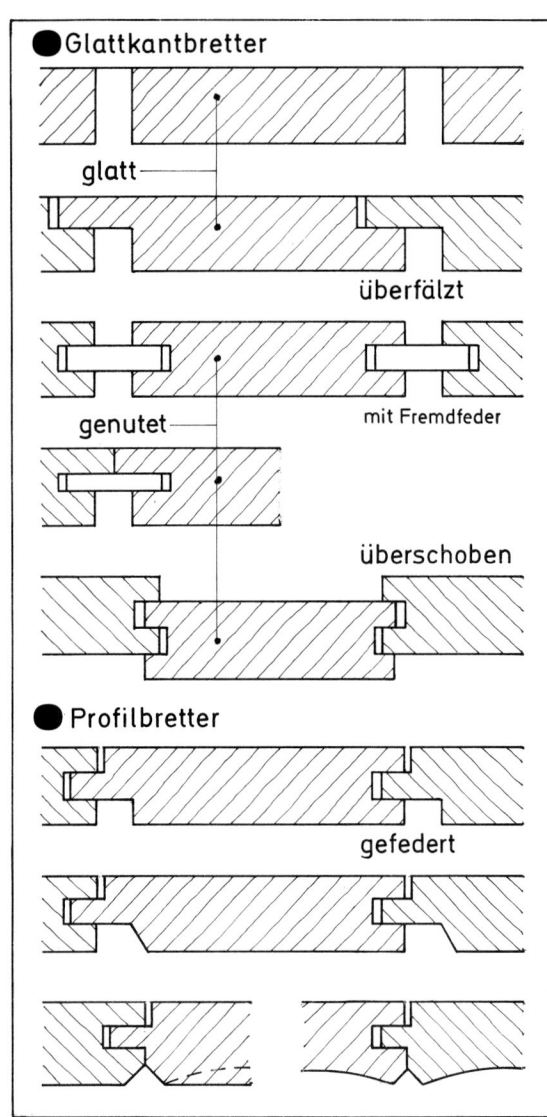

● Glattkantbretter

glatt

überfälzt

mit Fremdfeder

genutet

überschoben

● Profilbretter

gefedert

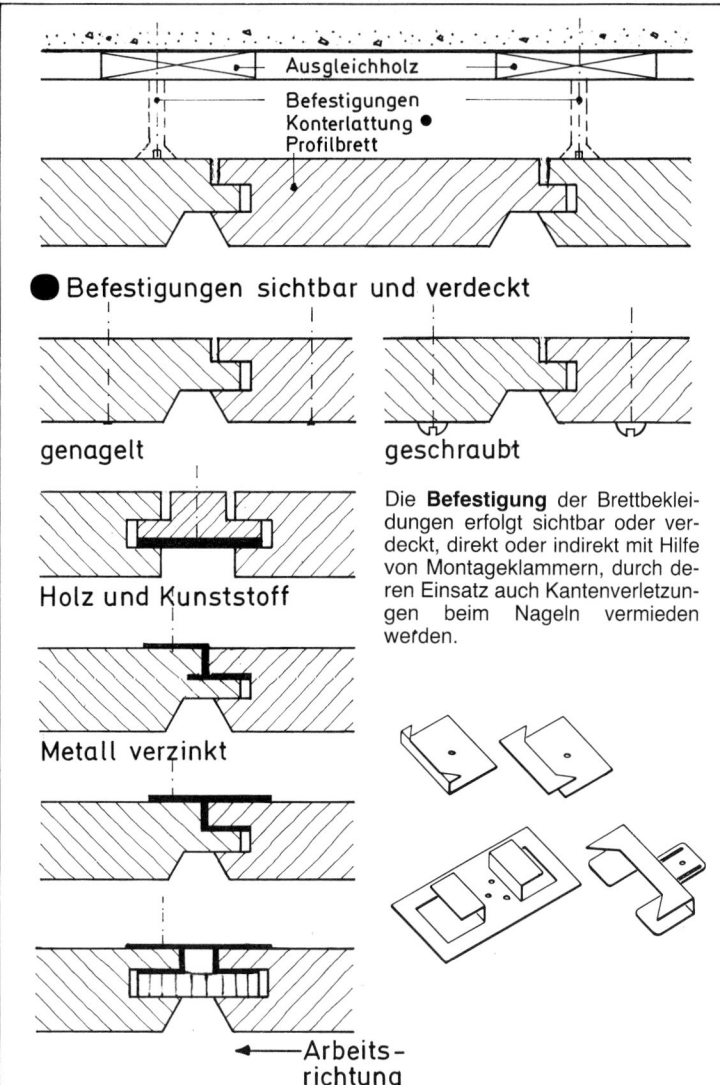

Ausgleichholz

Befestigungen
Konterlattung ●
Profilbrett

● Befestigungen sichtbar und verdeckt

genagelt

geschraubt

Holz und Kunststoff

Metall verzinkt

Die **Befestigung** der Brettbekleidungen erfolgt sichtbar oder verdeckt, direkt oder indirekt mit Hilfe von Montageklammern, durch deren Einsatz auch Kantenverletzungen beim Nageln vermieden werden.

← Arbeits-
richtung

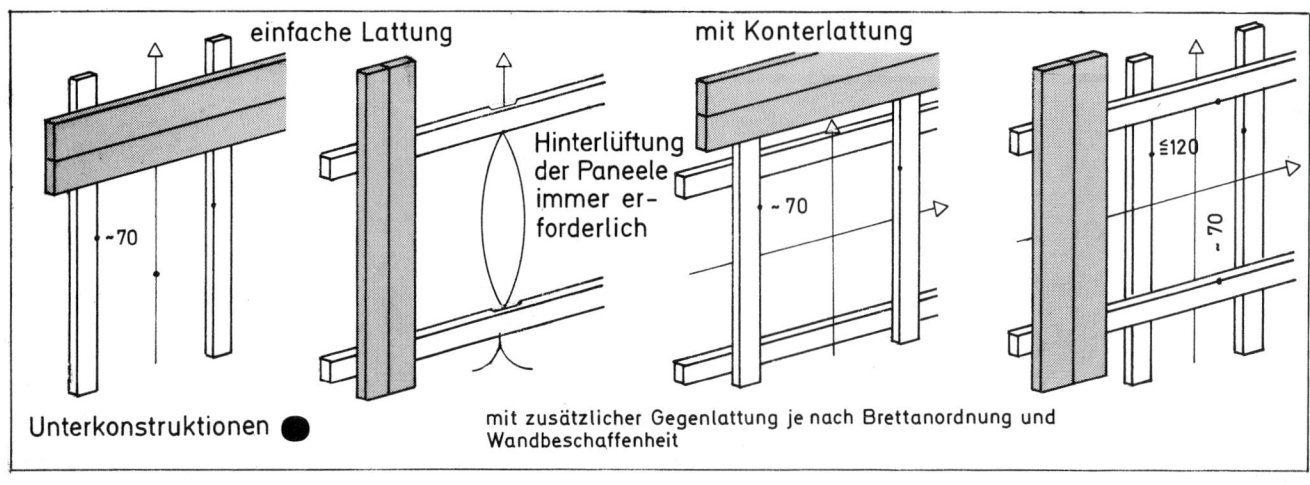

einfache Lattung

mit Konterlattung

~70

Hinterlüftung der Paneele immer erforderlich

~70

≦120

~70

**Unterkonstruktionen** ●

mit zusätzlicher Gegenlattung je nach Brettanordnung und Wandbeschaffenheit

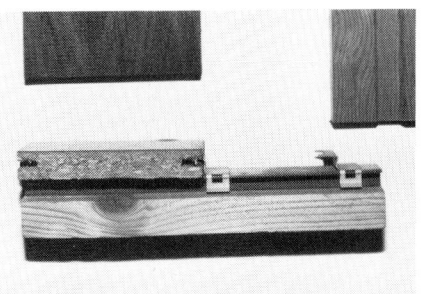

**Brettbekleidungen** sind als Hobeldielen, Glattkant- oder Profilbretter im Handel. Sie werden lose zusammengesteckt und auf ausgerichteten Unterkonstruktionen befestigt. Diese sind in Form von Lattungen als Nagelgrund quer zur Fugenrichtung der Brettbekleidungen anzubringen.

● Konterlattungen dienen nicht nur der Hinterlüftung, sondern auch als ausgleichende Unterkonstruktion.

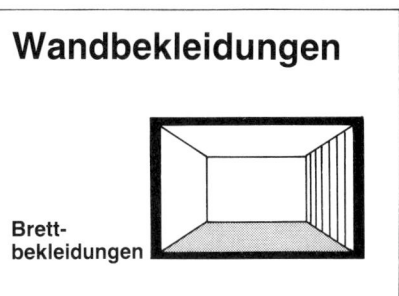

Brettbekleidungen

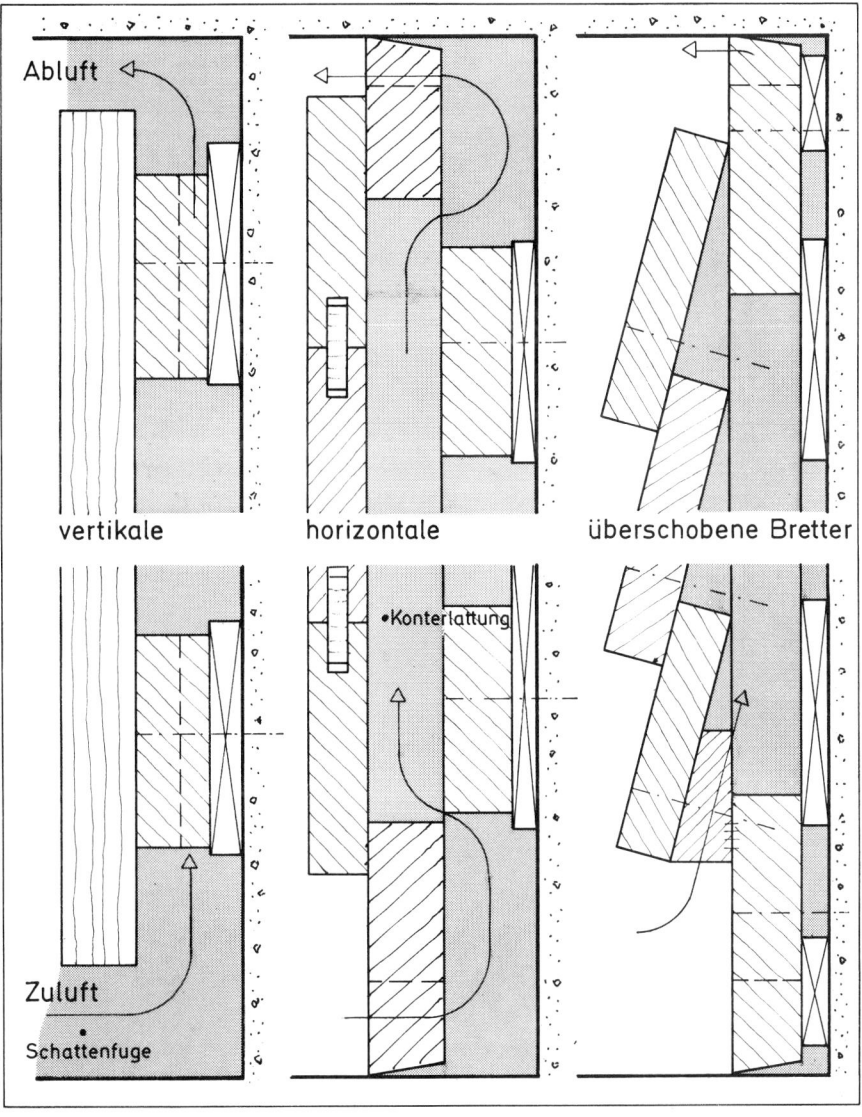

Abluft

Zuluft

Schattenfuge

vertikale    horizontale    überschobene Bretter

Konterlattung

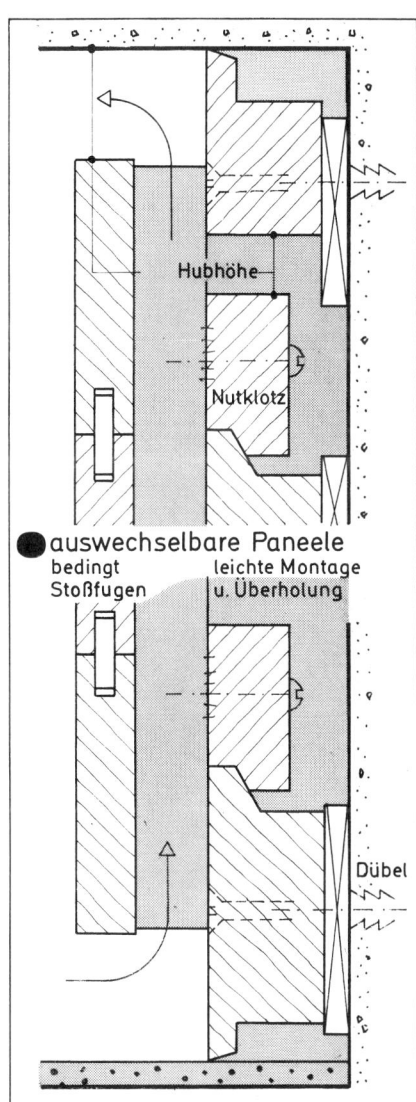

Hubhöhe

Nutklotz

● auswechselbare Paneele
bedingt        leichte Montage
Stoßfugen      u. Überholung

Dübel

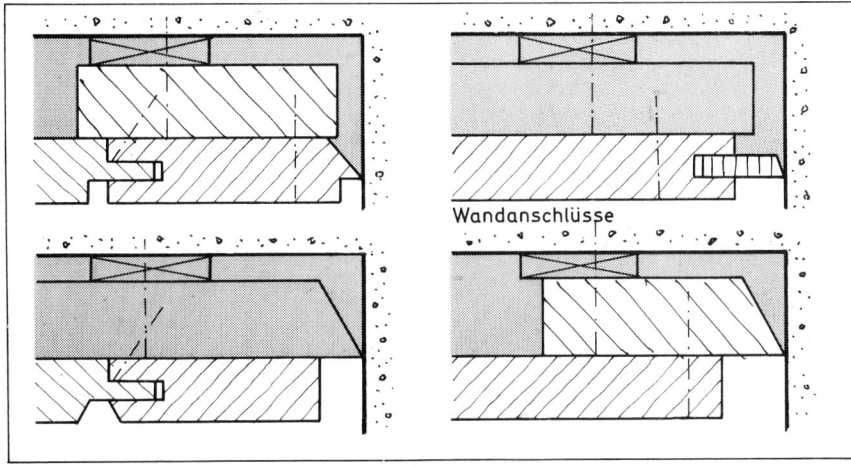

Wandanschlüsse

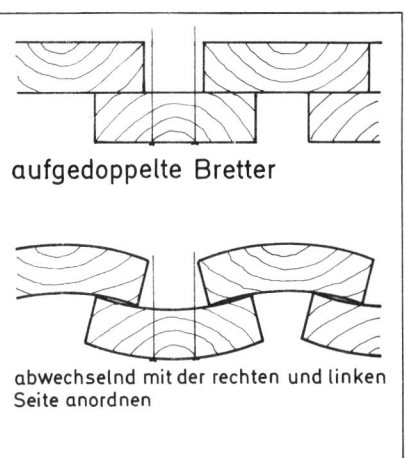

aufgedoppelte Bretter

abwechselnd mit der rechten und linken Seite anordnen

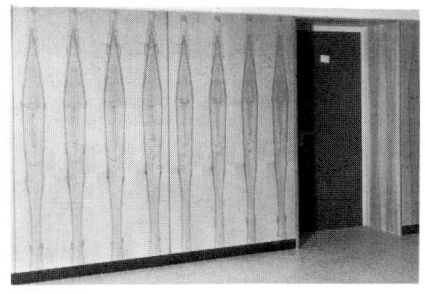

**Wand-, Decken-** und **Bodenanschlüsse** haben häufig keine besondere Dichtung, vor allem bei aufgehängten Platten, die konstruktiv eine Hubhöhe benötigen.

**Eckanschlüsse,** nach innen oder außen gekehrt, kommen bei Wandversprüngen, Mauervorlagen, Nischen und Stützen vor. Haben sie Nut- und Federverbindungen, lassen sich die am Ort herstellen. Gehrungsstöße bedingen Vorfertigung.

**Dichtleisten** und **Plattenstreifen** bilden feste Anschlüsse, die aus gestalterischen Gründen entweder bündig oder vertieft angeordnet werden.

**Deckleisten** entsprechen nicht heutigen Geschmacksvorstellungen. Die Platten oder ihre Dichtungen werden an die Wand-, Boden- oder Deckenflächen herangeschoben und auf den Unterkonstruktionen befestigt.

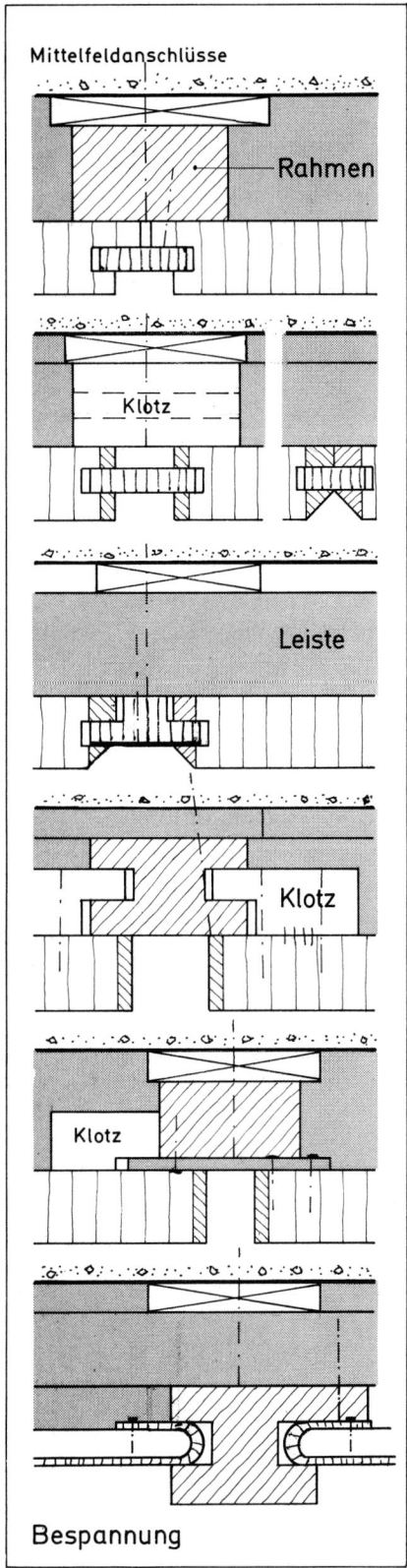

Mittelfeldanschlüsse

Rahmen

Klotz

Leiste

Klotz

Klotz

Bespannung

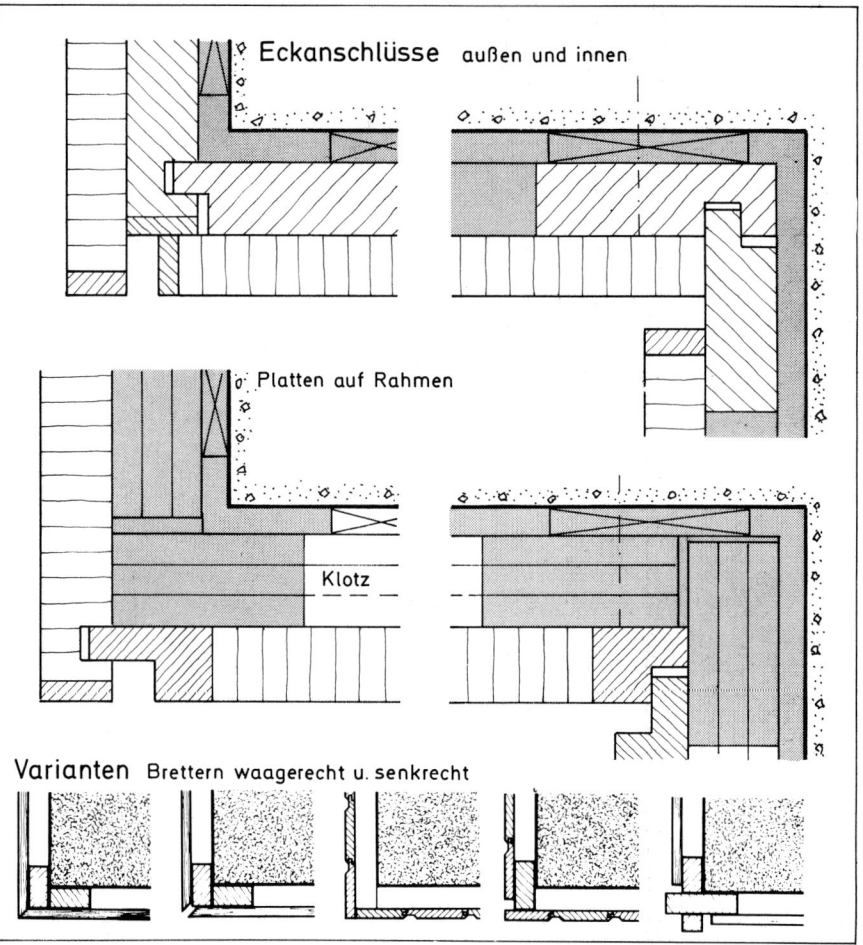

Eckanschlüsse   außen und innen

Platten auf Rahmen

Klotz

Varianten   Brettern waagerecht u. senkrecht

Die **Unterkonstruktionen** bestehen aus verleimten Rahmen und Rahmenstücken, die einzeln montiert werden.
• Die Befestigung der Platten erfolgt festverschraubt oder aushängbar mittels Holzleisten oder Klötzen, aber auch mit Metallbeschlägen, Klammern und Haken.

**Demontierbare Flächen** lassen sich besser vorfertigen, leichter installieren und später renovieren (z. B. Abschleifen der Oberflächen und Neubehandlung in der Werkstatt).

**Luftzirkulation** hinter den Bekleidungen ist bei Platten dann erforderlich, wenn mit Baufeuchtigkeit gerechnet werden muß.

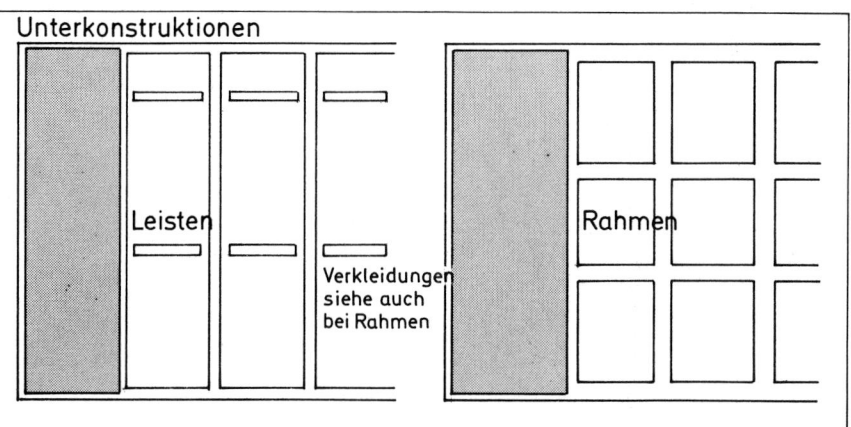

Unterkonstruktionen

Leisten

Verkleidungen siehe auch bei Rahmen

Rahmen

**Plattenbekleidungen** haben geschlossene Flächen aus Holzwerkstoffen, z.B. Tischler-, Span- und Furnierplatten. Ihre Stärke richtet sich nach der Größe, Proportion und Unterkonstruktion der Flächen. Je dünner die Platten, desto mehr Unterstützungen und Befestigungen sind erforderlich.

Die **Oberflächen** der Platten lassen uneingeschränkte Gestaltung zu: Furniere, Bespannungen, Beschichtungen und Anstriche in allen Strukturen und Materialien, z.B. Holz, Kunststoff, Textilien und Metalle.

Die **Anschlüsse** der Platten untereinander sind aus konstruktiven Gründen immer sichtbar, aber unterschiedlich in der Gestaltung. Geschlossene Anschlüsse mit Nut und Feder stehen offenen Fugen mit sichtbaren Unterkonstruktionen gegenüber.

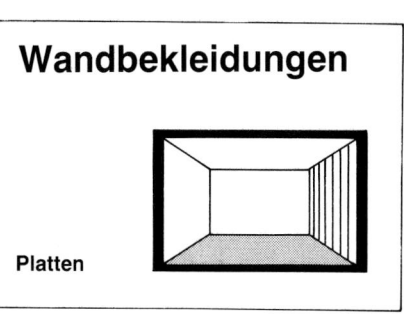

# Wandbekleidungen

**Platten**

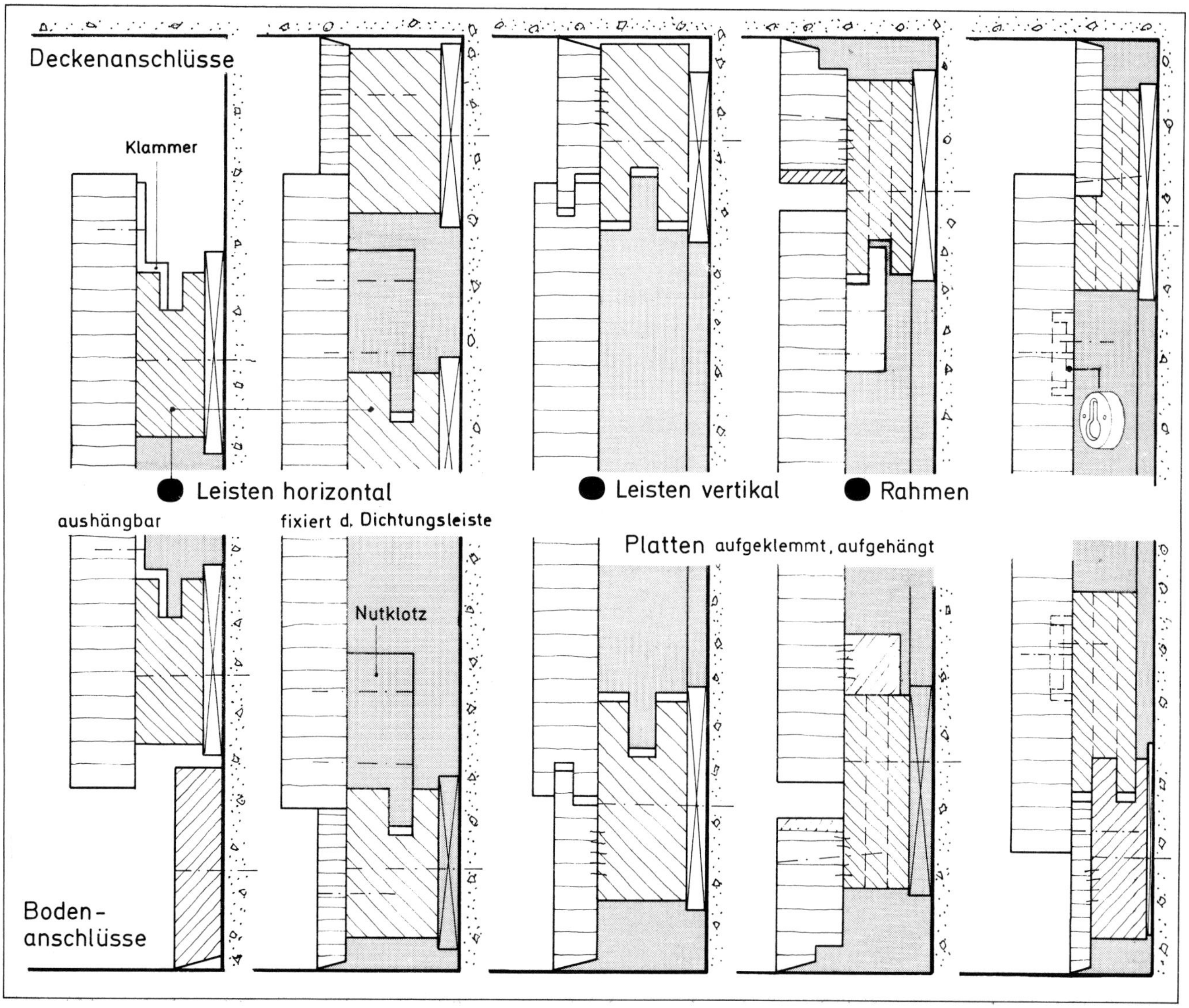

Deckenanschlüsse

Klammer

● Leisten horizontal ● Leisten vertikal ● Rahmen

aushängbar    fixiert d. Dichtungsleiste

Nutklotz

Platten aufgeklemmt, aufgehängt

Boden-
anschlüsse

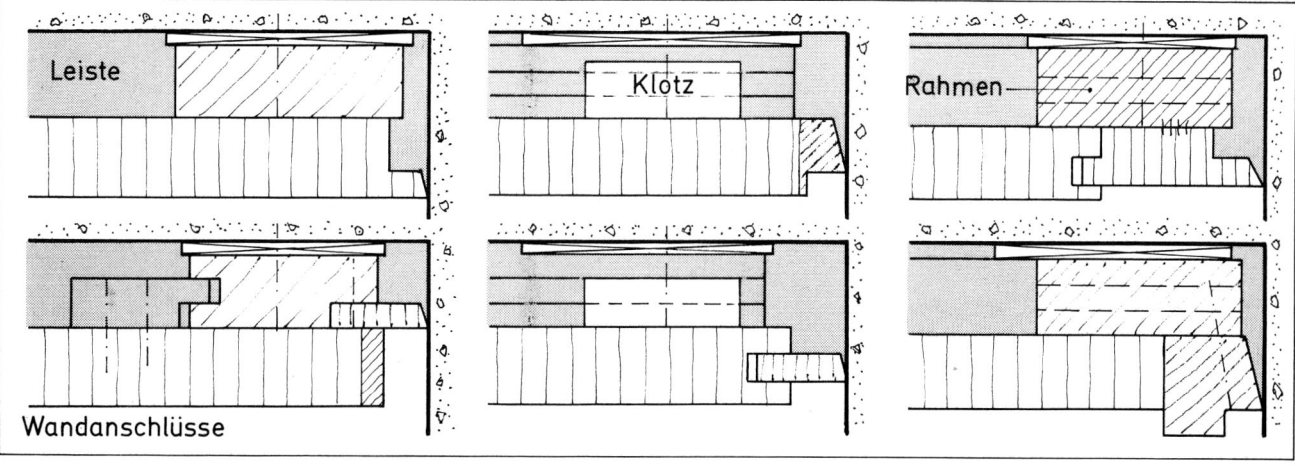

Leiste

Klotz

Rahmen

Wandanschlüsse

Auch **Holzwerkstoffplatten** sind für raumseitige Bekleidungen von Wänden geeignet. Vor allem kommen Sperrholz, Holzspanplatten und Faserplatten zum Einsatz. Holzwerkstoffplatten unterscheiden sich durch die Herstellungsverfahren sowie durch ihre technologischen und bauphysikalischen Eigenschaften.

Das **unterschiedliche Arbeiten** des gewachsenen Holzes längs und quer zur Faser (Anisotropie) ist bei Holzwerkstoffplatten praktisch aufgehoben.

Die **Oberflächen** von Holzwerkstoffplatten können deckend gestrichen werden, sie lassen sich tapezieren, bespannen, furnieren oder mit Kunststoffen beschichten.

Die **Befestigung** der Holzwerkstoffplatten auf dem Untergrund erfolgt durch Nageln, Schrauben, Klammern, Heften oder Kleben. Die Verbindung kann direkt erfolgen oder auf einer Unterkonstruktion aus waagrechten und senkrechten Latten bzw. auf Dämmaterialien. Der Abstand der Latten ist abhängig von der Stärke und der Biegesteifigkeit der verwendeten Holzwerkstoffplatten.

**Spanplatten** mit drei- und mehrschichtigem Aufbau mit den Verleim- und Festigkeitseigenschaften gemäß den drei Normtypen V 20, V 100, V 100 G nach DIN 68763 sind die unter den Holzwerkstoffplatten am meisten gebräuchlichen Wandbekleidungen.

Bestimmte **Holzwerkstoffklassen** (20, 100, 100 G) sind nach DIN 68800, Blatt 2, für tragende Teile aus Holzwerkstoffplatten vorgeschrieben. Wandbekleidungen sind zwar weder tragend noch aussteifend, die Auswahl der Platten erfolgt aber doch häufig nach den dortigen Vorgaben. Für viele Zwecke können Holzwerkstoffplatten auch ohne diese Einstufung verwendet werden.

Die **Durchfeuchtung** der Wandbekleidungen ist durch entsprechende konstruktive Maßnahmen zu verhindern. Eine übermäßige Durchfeuchtung könnte z.B. entstehen durch Spritzwasser in Bädern, durch Dampfdiffusion und -kondensation sowie durch die Überleitung von mangelhaft isoliertem Mauerwerk.
● Bei der inneren Bekleidung von Außenwänden werden Feuchtewanderungen vom Mauerwerk in das Holzwerk verhindert durch das Zwischenlegen von Sperrschichten.
● Bei Betonwänden wird zwischen Holzwerkstoffplatten und Dämmschicht eine durchgehende Dampfsperre angeordnet.
● Bei feuchten Wänden werden zwischen Holzwerkstoffplatten und Dämmschicht und zusätzlich zwischen Dämmstoff und Mauerwerk Dampfsperren angeordnet.
● Das Durchnageln der Dampfsperre bedeutet keine Beeinträchtigung. Dagegen sind erhebliche Beschädigungen durch Fehlstellen usw. zu vermeiden. Das Stoßen der Folien, die die Sperrschicht bilden, ist möglich. Es ist für eine ausreichende Überlappung zu sorgen von 20 bis 30 cm.

Die **Ausdehnung** einer Holzspanplatte durch Feuchtigkeitsaufnahme beträgt maximal 0,25%. Eine Platte von 100 cm × 100 cm kann also in der Länge und in der Breite um jeweils 2,5 mm größer werden. Allein schon durch die Veränderung der relativen Luftfeuchtigkeit können merkliche Längen- und Breitenänderungen eintreten. Beträgt z.B. die durchschnittliche Feuchte in einem Wohnraum im Sommer 60% und im Winter 30%, so ändert sich dadurch die Materialfeuchte eines Holzwerkstoffes um etwa 4%. Die hiervon ausgehende Längenänderung beträgt etwa 1,5 mm pro Meter.
● Um Schäden durch Schwundrisse und Formveränderungen der Bekleidung zu vermeiden, muß der möglichen Ausdehnung in konstruktiver Hinsicht Rechnung getragen werden.
● Bei Faserplatten ist die Ausdehnung etwa gleich groß wie bei Spanplatten oder geringfügig höher, bei Sperrholz ist die Ausdehnung etwas geringer.

Die **Montage** von Wandbekleidungen erfolgt auf Lattenrosten oder einer einfachen Blindlattung von etwa 20 mm Dicke, senkrecht oder waagerecht.
● Unebenheiten des Mauerwerks werden durch Hinterlegen der Latten ausgeglichen.
● Rohre, Versprünge, Unebenheiten des Putzes oder des Mauerwerks, Installationsleitungen usw. können ohne größeren Aufwand innerhalb dieser Unterkonstruktion untergebracht werden.
● Ein freier Abstand von 20 mm, wie bei Außenwandbekleidungen empfohlen, kann bei inneren Bekleidungen an Außenwänden oder beim Bekleiden von Innenwänden bis auf 0 reduziert werden.
● Bei planen und ebenen Untergründen können anstelle der Latten auch Spanplatten- oder Sperrholz-Streifen verwendet werden.
● Der Abstand der Latten ist abhängig von der Dicke und Biegesteifigkeit der Bekleidungsmaterialien.
● Für Holzspanplatten und Sperrholz wird als Richtwert für den Abstand der Auflager das Fünfzigfache der Plattendicke angenommen.
● Durch Furniere oder Kunststoffbeschichtungen kann die Steifigkeit von Holzspanplatten und Sperrholz wesentlich erhöht werden.
● Bei Faserplatten ergeben sich aufgrund der geringen Materialdicke und des niedrigen Raumgewichts geringere Auflagerabstände.
● Je nach Plattendicke können zur Ausnutzung des größtmöglichen Auflagerabstandes und des Plattenmaßes die Verkleidungsplatten aufrecht oder waagerecht angebracht werden.

| Plattendicke | Auflagerabstand |
|---|---|
| 10 mm | bis ca. 50 cm |
| 13 mm | bis ca. 65 cm |
| 16 mm | bis ca. 80 cm |
| 19 mm | bis ca. 95 cm |

Die **Belüftung des Zwischenraums** wird durch senkrechte Lattung nicht behindert.
● Bei waagerecht angebrachter Blindlattung oder bei einem Lattenrost werden die querlaufenden Hölzer ausgeklinkt, mit Einkerbungen versehen oder in ausreichendem Maße durchbohrt, damit keine abgeschotteten Kammern entstehen, die eine Belüftung behindern.
● Die Anschlüsse an Fußboden und Decke sind mit ausreichenden Be- und Entlüftungsöffnungen zu versehen, die optisch nicht störend in Erscheinung treten müssen.

**Schäden** durch Quellen und Schwinden werden dadurch vermieden, daß die Holzwerkstoffplatten rechtzeitig der auf der Baustelle herrschenden Temperatur und Luftfeuchtigkeit ausgesetzt werden. Eine Lagerung der Platten und Zuschnitte auf planer Unterlage mit Abstand zum Boden etwa 48 Stunden lang, reicht im allgemeinen dafür aus. Die sonst später erst eintretende Längen- und Breitenänderung wird dadurch vorweggenommen und kann sich nach dem Einbau nicht mehr nachteilig auswirken.

**Bekleidungen in Feuchträumen**
Für Feuchträume sind laut DIN 68800 Blatt 2 (Holzschutz im Hochbau) Wandbekleidungen der Holzwerkstoffklasse 100 zu verwenden, bei erschwerten Bedingungen auch der Holzwerkstoffklasse 100 G.

Ist der **Schutzanstrich** für die Lattung und evtl. auch für die Plattenrückseite in Räumen mit normaler Luftfeuchtigkeit eine Ermessensfrage, so ist der Schutzanstrich bei Feuchträumen eine Voraussetzung.
● Der Gebrauch von Bezeichnungen wie „wasserfest", „wetterfest" und „kochfest" für Platten der Holzwerkstoffklasse 100 ist irrig. Diese Eigenschaften kommen allein der Verleimung zu, auf die Platten sind sie jedoch nicht anwendbar.

**Schnittkanten** und **Plattenflächen** müssen gegen die Aufnahme von Feuchtigkeit mit großer Sorgfalt geschützt werden durch:
● dickere elastische Folien (z.B. PVC);
● Flüssigbeschichtungen auf Polyester, PU-, Alkydharzbasis oder auf anderer Grundlage;
● Keramische Beläge. Sie müssen mit geeigneten Lösungsmittelklebern aufgebracht und wasserundurchlässig verfugt werden.
● Übergänge zum massiven Mauerwerk sind dauerelastisch auszuspritzen.
● Durch konstruktive Maßnahmen, z.B. Tropfkanten und das Vermeiden sichtbarer Befestigungen, kann die Sicherheit weiter erhöht werden.

Fugenlose Bekleidungen,
Großformate,
Rasterelemente

## Fugenlose Bekleidungen

Bei Bekleidungen aus Holz entstehen zwischen den Profilbrettern oder Paneelen Trennfugen. Holzwerkstoffplatten können hingegen auch in großen Formaten verarbeitet werden, bis hin zur fugenlosen Bekleidung ganzer Wände.

● Bei Wandflächen bis zu 4 m Breite ist es üblich, die Holzwerkstoffplatten ohne sichtbare Stöße zu verleimen, so daß eine zusammenhängende Wandschale entsteht. Ein zusätzliches Abkleben der Stöße ist nicht erforderlich.

● Auch bei Holzwerkstoffplatten müssen mögliche maßliche Veränderungen berücksichtigt werden. Darum werden Holzwerkstoffplatten nicht genau passend eingebaut. Maßliche Veränderungen müssen an den Raumecken, Fußboden- und Deckenanschlüssen aufgenommen werden. Konstruktiv eignen sich dafür Schattenfugen.

● Größere Wandflächen werden gewöhnlich nicht fugenlos verkleidet, weil dazu ein hoher Aufwand für eine Unterkonstruktion mit beweglicher Befestigung erforderlich ist.

● Fugenlose Wandbekleidungen können erst am Ort des Einbaues hergestellt werden; eine werkstattmäßige Vorfertigung ist nur im ganz groben Rahmen – wenn überhaupt – möglich.

**Plattenstöße** in Richtung der Lattung sollten aus Gründen der Steifigkeit unterstützt sein. Sie werden daher am besten auf der Lattung angeordnet.

● Wandbekleidungen ohne besondere Beanspruchung können aus Verschnittgründen auch so verlegt werden, daß einzelne Plattenstöße im freien Feld liegen, wenn im Verband verlegt wird.

● Plattenstöße rechtwinklig zum Auflager benötigen keine Unterstützung.

● Das Verleimen aller Plattenstöße ist zweckmäßig. Geeignet ist dafür PVC-Leim, weißer Kunstharzleim mit möglichst langer offener Zeit.

● Das Nut- und Feder-Profil der sogenannten Verkleidungsplatte sichert bündige Plattenstöße und vereinfacht die Handhabung. Ein stumpfer Plattenstoß ist zwischen den Latten nicht möglich.

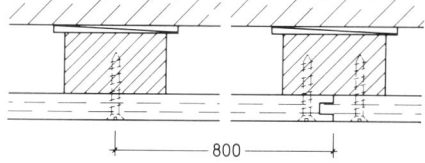

Waagerechter Schnitt durch eine fugenlose Wandbekleidung aus miteinander verleimten Einzelteilen.

Bei großflächigen fugenlosen Bekleidungen werden die möglichen Längen- und Breitenänderungen im Bereich der angrenzenden Wände sowie der Decke und des Fußbodens in Schattenfugen aufgenommen.

Die **Großformate** der Holzwerkstoffplatten sind anlagetechnisch bedingt. Zu beachten ist, daß der Transport (insbesondere auf der Baustelle) im allgemeinen nur bei kleineren Abmessungen möglich ist.

● Durch das Aufteilen dieser Standardmaße in kleinere Plattenformate, ringsum mit einem Nut- und Feder-Profil versehen, werden gleich zwei Probleme gelöst: die etwa türblattgroßen Elemente können überall ohne Anstände transportiert und an der Verwendungsstelle wieder zu großen Flächen zusammengesetzt werden.

Die **Befestigung** der Platten auf der Lattung erfolgt mit Senkkopfschrauben, mit Nägeln oder Klammern. Die Köpfe bzw. Rücken der Befestigungsmittel liegen etwas tiefer als die Plattenoberfläche; so können sie verspachtelt und überschliffen werden. Unterbleibt das Abspachteln, so besteht die Gefahr einer Reaktion des Metalls mit aggressiven Klebern, Farben usw. und das wiederum kann sich in einer Fleckenbildung innerhalb der fertigen Oberfläche äußern.

● Müssen Wandschalen oder Teile davon häufiger entfernt werden (z.B. bei Revisionsschächten), so bleibt nur die Möglichkeit einer Verschraubung mit sichtbar-bleibenden Linsenkopf- oder Rundkopfschrauben.

● In seltenen Fällen werden größerformatige Platten alleine durch Ankleben befestigt. Für die dabei üblichen Kleber – meist auf Neoprene- oder Kunstkautschukbasis – werden Trägerbänder mitgeliefert, die entsprechend präpariert sind. Trotz bester Erfahrungen, auch im Langzeitverhalten, ist das Ankleben in diesem Anwendungsgebiet nur vereinzelt anzutreffen.

Je nach Plattendicke können zur Ausnutzung des größtmöglichen Auflagerabstandes und des Plattenmaßes die Bekleidungsplatten aufrecht oder waagerecht angebracht werden.
Es wurde hier von einem handelsüblichen Deckmaß, 204×91,5 cm, ausgegangen.

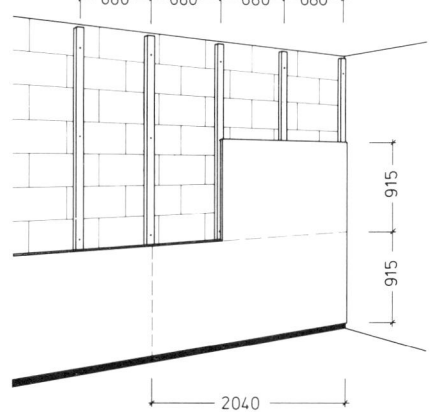

## Wandbekleidungen mit Rasterelementen

Aus Gründen der Rationalisierung wird angestrebt, die lohnintensiven Arbeiten auf der Baustelle auf die reine Montage zu reduzieren. Das führt zur Verwendung von vorgefertigten Rasterelementen.

Bei der **objektbezogenen Vorfertigung** werden die Einzelteile (Unterkonstruktion und die Rasterelemente der Bekleidung) nach dem Aufmaß hergestellt. Die Plattenzuschnitte sind meist raumhoch, fertig oberflächenbehandelt und besitzen eine entsprechende Kantenausbildung. Alle Teile sind aber noch auf ein bestimmtes Objekt bezogen und mit denen eines anderen Objektes nicht austauschbar.

**Handelsübliche Rasterelemente** sind einbaufertig vorbereitet – Längsseiten genutet – für eine unsichtbare Befestigung. Verbindungsfedern werden mitgeliefert. Auch die sichtbaren Längskanten sind passend zu den Ansichtsflächen ausgebildet. Die Rasterbreiten sind unterschiedlich und reichen von etwa 10 bis 60 cm.

Durch die **betonten Fugen** ist die Aufteilung der Rasterelemente auf die Wände gestalterisch zu lösen:

● Bei der symmetrischen Aufteilung einer Wand wird das verbleibende Restmaß gleichmäßig auf die erste und die letzte Platte einer Wand verteilt.

● Eine Wand kann auch so aufgeteilt werden, daß die verbleibende Restbreite auf die letzte Platte entfällt.

● Auch die Ecken können besonders gestaltet werden.

● Im allgemeinen sind senkrechte Unterteilungen üblich. Bei hohen Räumen kann auch eine waagrechte Unterteilung erfolgen.

Der **Plattenstoß** ist bei Rasterelementen im allgemeinen stark betont. Er kann auf unterschiedliche Arten ausgeführt werden:
● mit angefräster Nut und Feder
● mit Fremdfeder
● mit Überfälzung
● mit Abdeckleiste.

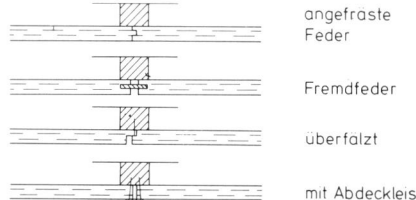

angefräste
Feder

Fremdfeder

überfalzt

mit Abdeckleiste

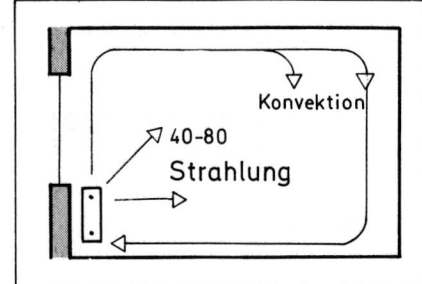

Konvektion

40-80
Strahlung

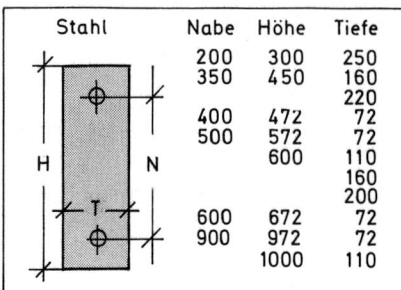

| Stahl | Nabe | Höhe | Tiefe |
|---|---|---|---|
| | 200 | 300 | 250 |
| | 350 | 450 | 160 |
| | | | 220 |
| | 400 | 472 | 72 |
| | 500 | 572 | 72 |
| | | 600 | 110 |
| | | | 160 |
| | | | 200 |
| | 600 | 672 | 72 |
| | 900 | 972 | 72 |
| | | 1000 | 110 |

H    N
T

**Radiatoren** sind Rippenheizkörper mit Strahlungs- und Konvektionswirkung. Am besten liegen sie unter den Fenstern, nicht in Nischen, sondern vor der Wand und bleiben unbekleidet. Ihre Bekleidung wird aus gestalterischen Gründen dennoch oft verlangt.

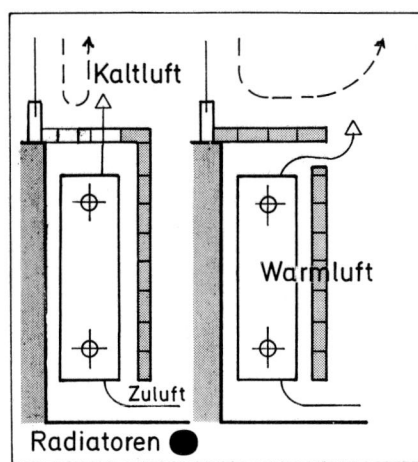

Kaltluft

Warmluft

Zuluft

Radiatoren ●

Die **Aufhängung** der Bekleidungen erfolgt an oder vor den Radiatoren mit Schlaufen, Haken oder Scharnieren. Die Zugänglichkeit der Heizkörper zum Zweck ihrer Bedienung und Reinigung wird durch Riegel oder Magnete gewährleistet.

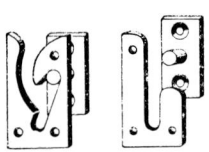

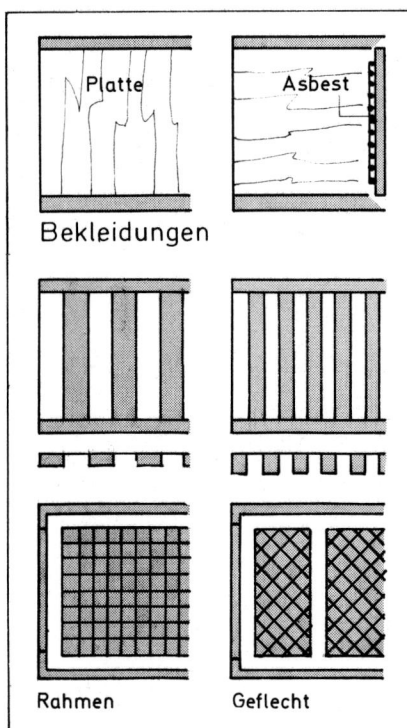

Bekleidungen

Platte     Asbest

Rahmen     Geflecht

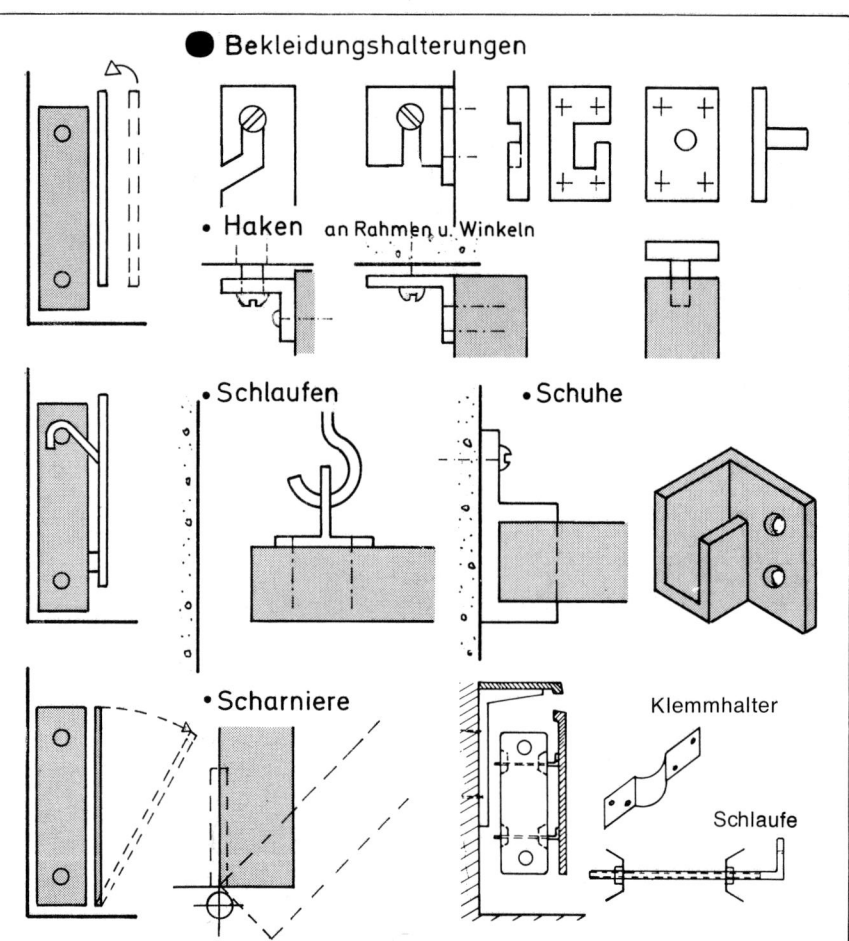

● Bekleidungshalterungen

• Haken     an Rahmen u. Winkeln

• Schlaufen        • Schuhe

• Scharniere

Klemmhalter

Schlaufe

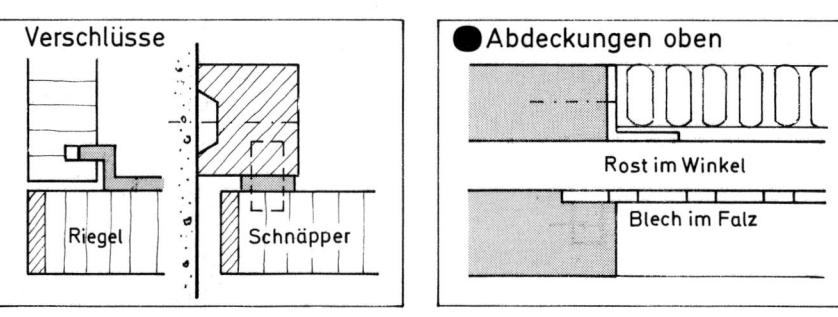

Verschlüsse

Riegel     Schnäpper

● Abdeckungen oben

Rost im Winkel

Blech im Falz

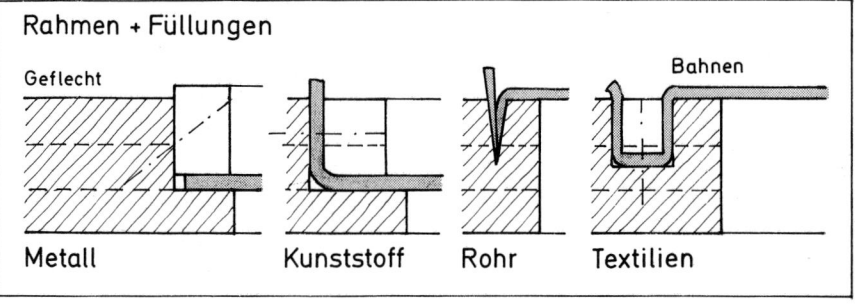

Rahmen + Füllungen

Geflecht                                        Bahnen

Metall     Kunststoff     Rohr     Textilien

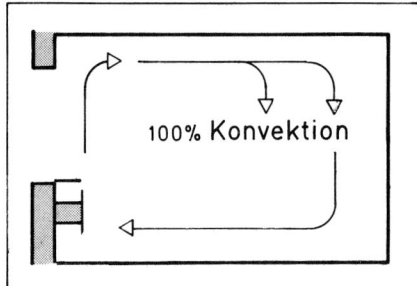

100% Konvektion

**Heizkörperbekleidungen** bestehen aus Rahmen und Stäben bzw. Platten. Aus Holz gefertigt, sind sie durch Asbesttafeln gegen Strahlungswärme abzuschirmen. Ihre Wirkung ist extrem gegensätzlich:

● Sie kaschieren die Radiatoren aus gestalterischen Gründen. Das reduziert die Wärmestrahlung.
● Sie steuern die Zu- und Abluft bei Konvektoren und optimieren deren Wirkung. Sie sind dann Teil der Heizung selbst.

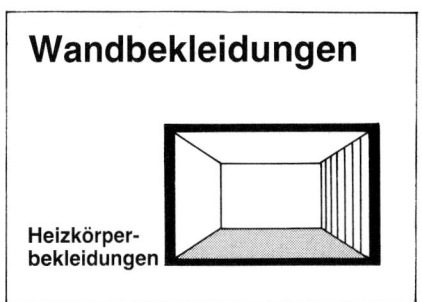

# Wandbekleidungen

Heizkörperbekleidungen

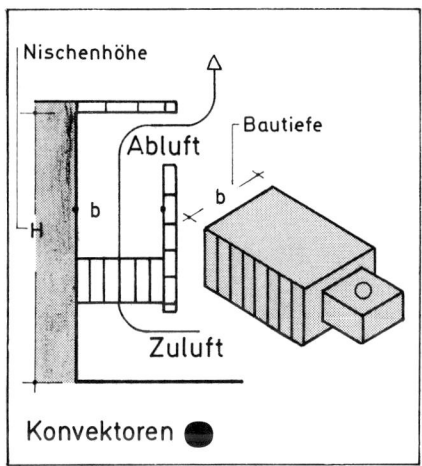

Konvektoren ●

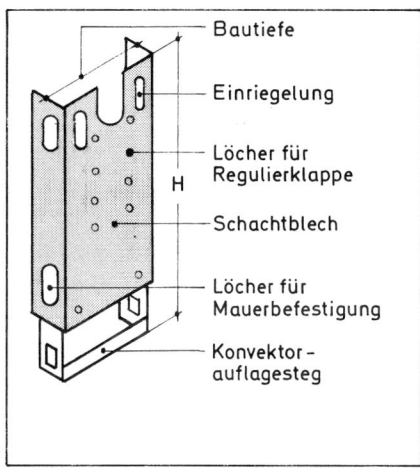

- Bautiefe
- Einriegelung
- Löcher für Regulierklappe
- Schachtblech
- Löcher für Mauerbefestigung
- Konvektor-auflagesteg

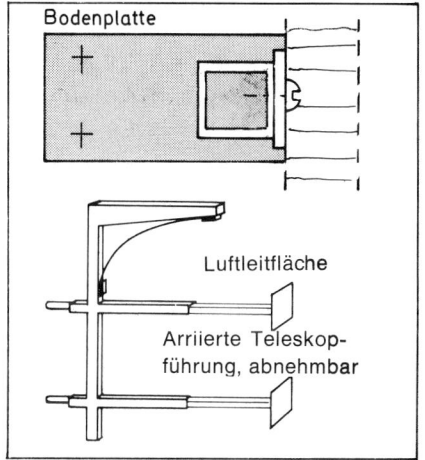

Bodenplatte

Luftleitfläche

Arriierte Teleskopführung, abnehmbar

| Tiefe | Nischenlänge Höhe | | | | |
|---|---|---|---|---|---|
| | 300 | 400 | 500 | 600 | ab700 |
| 100 | 80 | 80 | 100 | 100 | 100 |
| 150 | | 100 | 100 | 100 | 100 |
| 200 | | | 120 | 120 | 12C |
| 250 | | | | 140 | 140 |
| 300 | | | | | 160 |

Zu-und Abluftöffnungen

**Konvektoren** benötigen für ihre Funktion Blenden, die damit im eigentlichen Sinn keine Bekleidung, sondern Leittafeln sind.

Die **Anordnung von Konvektoren** erfolgt aus wärmetechnischen, praktischen und gestalterischen Gründen nicht nur an Wänden, sondern auch unter Möbeln und überall, wo Luft angesaugt und abgegeben werden kann.

**Plattenheizkörper** haben Konvektions- und Strahlungswirkung. Darum sind Bekleidungen zu vermeiden. Die Heizkörper sind flächig (ein-, zwei- oder dreireihig hintereinander) und können gut aussehen, so daß Heizkörperbekleidungen aus gestalterischen Gründen auch nicht erforderlich sind.

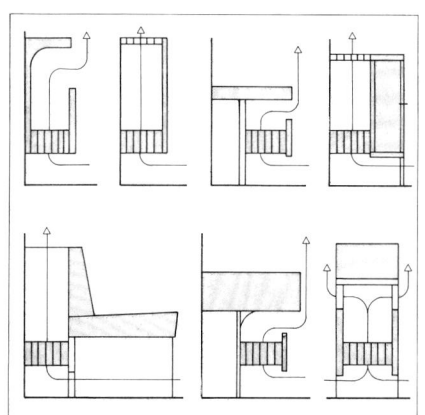

Anordnungs- und Ausführungsbeispiele von Konvektoren

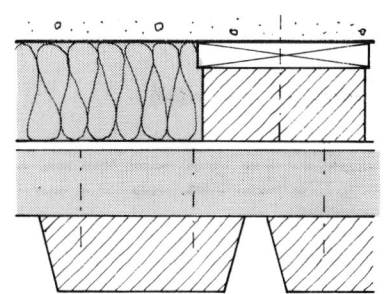

Bretter und offene Fugen

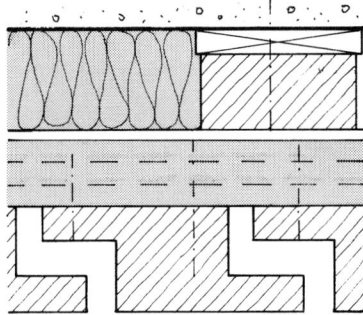

Leisten und Labyrinthfugen

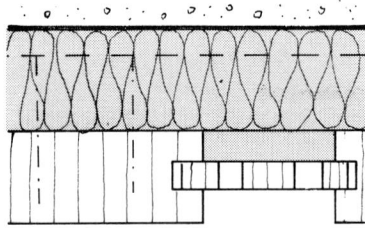

Perforierte Federn

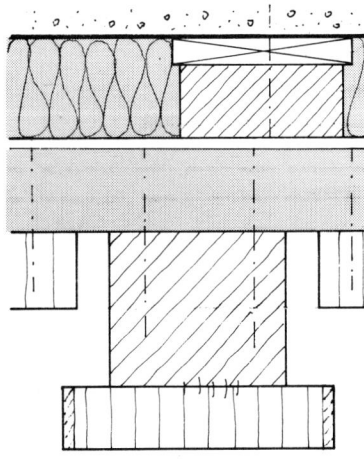

Verdeckte Schlitze

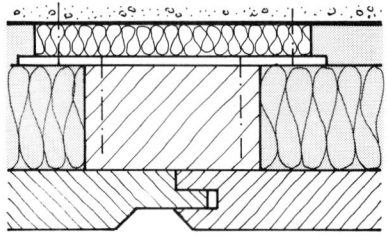

Schwingplatte mit Bandeisen auf Dämmstreifen

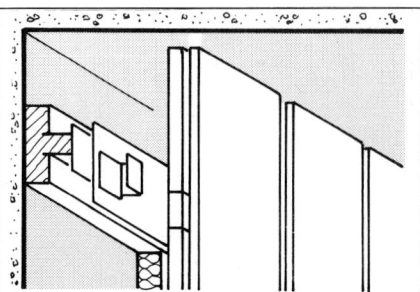

Die **Beispiele links** zeigen verschiedene Ausführungen von Wand- und Deckenbekleidungen. Sie wurden auf eine Unterkonstruktion aus ausgerichteten Konterlatten und horizontalen Tragleisten aufgebracht.

Die **Beispiele rechts** zeigen Ausführungen von Bekleidungen mit unterschiedlich wirksamen Schallschluckprofilierungen bzw. -perforationen.

**Schalldämmende Wandbekleidungen** erfüllen immer mehrere Funktionen:
- Sie bestimmen die Gestaltung des Raumes durch Material, Anordnung und Farbe.
- Sie schützen die Wand vor Beschädigungen (z.B. durch Stühle).
- Sie verbessern die Schalldämmung und Wärmedämmung einer Wand.

Einfache Wandbekleidungen erfüllen bereits alle drei Funktionen bis zu einem gewissen Grad.

Eine **höhere Schalldämmung** wird erreicht durch den Einsatz von Dämmstoffen hinter den Bekleidungen und durch Konstruktionen ohne Schallbrücken zwischen Wand und Bekleidung.
- Das Dämmaterial muß so beschaffen sein, daß es nicht in sich zusammenrutschen kann, damit die Dämmschicht ohne Unterbrechung geschlossen ist.
- Schallbrücken lassen sich zwischen in sich steifen Wänden und Bekleidungsschalen am besten dadurch vermeiden, daß ihre Verbindung nur punktweise und nicht starr, sondern elastisch erfolgt.
- Schwingende Konstruktionen, z.B. mit Draht- oder Bandeisen auf Dämmstreifen befestigt, sind dann optimale Lösungen, wenn keine Bauanschlüsse gegeben sind, die Schwingungen der Wand auf andere Teile übertragen.
- Die Luftschalldämmung solcher Wandbekleidungen erhöht sich mit ihrem Gewicht. Sie sollen deshalb schwer, aber biegeweich und relativ dünn sein.

**Schallschluckende Wandbekleidungen** unterscheiden sich von schalldämmenden dadurch, daß sie über ihre Dämmwirkung hinaus Schall absorbieren. Offene Fugen, Schlitze, Löcher oder verdeckte Nuten erlauben dem Schall das Eindringen in die Hohlräume, die mit Dämmaterial ausgekleidet, den Schall vielfach brechen und reduzieren.

Zur **Erhöhung des Schallschutzes,** z.B. bei besonders leichtem Mauerwerk oder bei ausgemauertem Fachwerk, kann eine innere Wandbekleidung durchaus erforderlich sein. Die Trennung der beiden Wandscheiben voneinander ist ausschlaggebend für das Ausmaß der Verbesserung.
- Die Vorsatzschale wird entweder im Abstand zur eigentlichen Wand montiert oder es werden weich-federnde Dämmstreifen zwischen Lattung und Wand angeordnet. Mit einer solchen Vorsatzschale wird das Schalldämm-Maß $R'_w$ einer massiven Außenwand mit einem Flächengewicht von 10 kg/m$^2$ von ca. 39 dB auf ca. 49 dB verbessert.
- DIN 4109 legt nähere Einzelheiten fest, die sich zum Teil erheblich von der bisherigen Praxis unterscheiden.

**Schalldämm-Maßnahmen** durch eine Wandbekleidung sind umso wirkungsvoller:
- je biegeweicher die dazu verwendeten Holzwerkstoffplatten sind. Materialien mit einer Dicke von mehr als 16 mm können nicht mehr als biegeweich gelten,
- je größer der Luftraum zwischen Wand und Bekleidung ist, der wenigstens teilweise mit mineralischen Dämmstoffen ausgefüllt wird, und
- je weniger direkt die Verbindung zwischen Wand und Vorsatzschale ist. Die vollkommene Trennung bringt die besten Ergebnisse.

**Raum- und Bauakustik** ist ein spezielles Gebiet der Architektur und Baukonstruktion. Größere Bauaufgaben können und sollten deshalb nur unter Hinzuziehung von spezialisierten Fachleuten – den Akustikern – geplant und ausgeführt werden.

# Wand- und Deckenbekleidungen

## Akustik

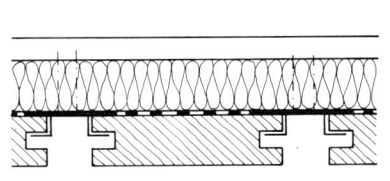

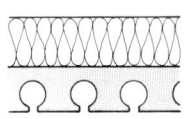
Massivholzbretter

Röhrenspanplatten

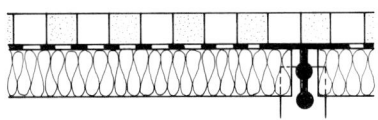
Gipskartonplatten

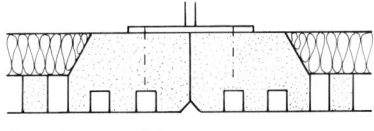
Gipselementtafeln

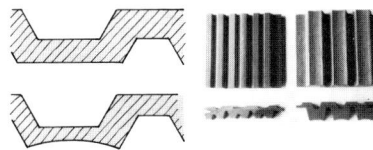
Profilierte Holzwerkstoffelemente

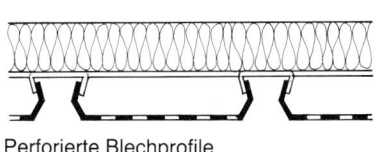
Perforierte Blechprofile

**Schallschutz** und **Raumakustik** bei Unterdecken:
- Die Schallabsorption soll bei lärmerfüllten Räumen 60 bis 80% betragen.
- Die Hörsamkeit soll Nachhallzeiten von 0,5 bis 1,2 Sekunden haben.
- Das Schalldämmaß soll bei erhöhten Anforderungen den Frequenzbereich von 3200 Hz nicht überschreiten.
- Das Trittschallschutzmaß wird durch Unterdecken im allgemeinen verbessert.
- Starre Befestigungen beeinträchtigen den Schallschutz der gesamten Deckenkonstruktion.

**Akustisch wirksame Decken** werden abgehängt. Bei Deckenbekleidungen bleibt zwischen Decke und Bekleidung ein Hohlraum von höchstens 50–60 mm. Für eine Schallabsorption ist das jedoch meist unzureichend. Eine Decke, die mehr als einen Bekleidungseffekt haben soll und als Akustikdecke wirksam ist, wird man mindestens 20 cm abhängen. Gewöhnlich beträgt die Abhängung 50–80 cm, aber auch 100 cm sind üblich.

**Akustikdecken** dienen vorrangig der Verbesserung der Schallqualität von Räumen. Gleichzeitig sind sie ein Gestaltungselement. Unterscheiden lassen sich Decken mit Lamellen und Rastern von Decken mit waagerechten Flächen, schrägen Tafeln oder Faltwerk.
- Die Flächen dämmen oder schlucken den Schall durch ihre Oberflächenstruktur und Ausstattung. Bretter oder Plattenstreifen mit offenen Fugen, bzw. Gipsplatten und Blechprofile mit perforierter Oberfläche und Isoliermattenabdeckung haben hervorragende Eigenschaften.
- Ebene Bekleidungen mit glatten und harten Oberflächen reflektieren den Schall.
- Gegliederte rauhe Flächen brechen den Schall durch ihre Oberflächenstruktur.
- Gedämmte, relativ geschlossene Flächen absorbieren tiefe Töne.
- Offene Verkleidungen, die mit Dämmstoff hinterlegt sind, absorbieren hohe Töne.
- Poröse Schallschluckmaterialien, hinter den Öffnungen der Bekleidungen verlegt, reduzieren die Schallreflexion. Verwendet werden Mineral- und Glaswollematten oder Platten mit rauhen Oberflächen.
- Rieselschutz bieten Vliese, die über die Öffnungen gelegt oder mit den Schallschluckmatten verbunden werden.
- Lufträume, nicht nur in und zwischen den Materialien und Konstruktionen, sondern auch hinter den Konstruktionen, wirken schallabsorbierend. Unterdecken sind darum den Deckenbekleidungen hinsichtlich ihres Schallschluckwertes grundsätzlich überlegen.
- Paneeldecken gliedern den Raum stärker als ebene Akustikdecken.
- Paneeldecken haben ein geringeres Gewicht.
- Paneeldecken eignen sich nicht zur Längsschalldämmung.

Bei **ebenen Akustikdecken** schließt Akustikplatte an Akustikplatte. Sie sind auf Holzlatten oder Metallroste montiert, eingelegt oder eingehängt.

Bei **flächigen Paneeldecken** sind die Paneele in der Regel zwischen 90 und 200 mm breit mit einem Fugenabstand, der nach Art, Größe und Nutzung des Raumes vom Akustiker vorher festzulegen ist. Die Fugen bleiben offen oder können mit schalldurchlässigem Material optisch geschlossen werden.

**Wabendecken** bestehen aus senkrecht stehenden, im Rechteck, Dreieck, Sechs- oder Achteck miteinander verbundenen, meist 25–30 cm hohen Platten. Sie sind nach der Rohdecke zu offen und mindestens im Maß ihrer eigenen Höhe von dieser abgehängt.
- Wabendecken werden aus gestalterischen Gründen schon sehr viel länger verwendet als aus akustischen Gründen. Bei als zu hoch empfundenen Räumen bieten sie einen angenehmeren oberen Abschluß, ohne den Luftinhalt des Raumes zu verringern. Darum eignen sie sich besonders für Versammlungsräume.

**Schürzendecken** unterscheiden sich von Wabendecken dadurch, daß die Platten parallel zueinander in einer Richtung verlaufen.

Bei **Parallel-** und **Kreuzbandrasterdecken** bildet ein Bandrost aus Spanplatten oder Metall das tragende Element, an dem die Akustikplatten befestigt sind.
- Das System der Bandrasterdecken ist nicht trennbar von der gleichzeitigen Entwicklung der flexiblen Innenwände. Es wurde ursprünglich geschaffen, um ganze Geschosse mit einem durchgehenden Deckensystem zu versehen und den gesamten Deckenhohlraum dadurch von trennenden Mauerwerksflächen freizuhalten. Die Montagewände werden unter die Bandraster gesetzt.
- Kreuzbandrasterdecken sind vor allem aus Kostengründen in den letzten Jahren von den Parallel-Bandrasterdecken abgelöst worden.

**Körperdecken** bestehen aus vorgefertigten Spanplattenelementen in runder, vier-, sechs- oder achteckiger Form, aus nach oben oder unten zeigenden Pyramiden oder Pyramidenstümpfen, Kegeln bzw. anderen Formen.
- Körperdecken setzen dem Gestaltungswillen des Architekten keine Grenzen. Darum nimmt die Verbreitung dieser Akustikdecken ständig zu.

Die **Montage** von Akustikplatten läßt sich nicht in Tabellen erfassen oder in einfache Grundregeln zwängen, da beispielsweise für einen einzigen Typ von Akustikplatten etwa vierzig verschiedene Grundkonstruktionen möglich sind.

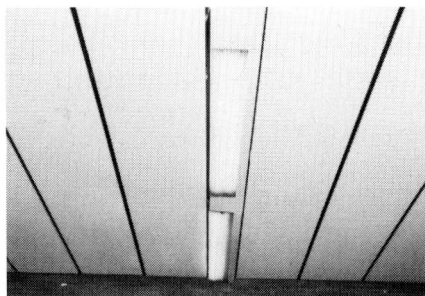

**Deckenbekleidungen** werden mit ihren Unterkonstruktionen direkt unter Geschoßdecken oder Dachkonstruktionen geschraubt.
● Als Unterkonstruktion dienen Latten oder Rahmen mit Nut- und Zapfhölzern, die mit Unterlegstücken oder Keilen ausgerichtet werden.
● Laufen bei Brettern, Platten oder Tafeln die Sichtfugen in Richtung der Lattung, so ist eine zusätzliche Konterlattung erforderlich.

**Bei Bauvorlagen** sind nach DIN 18168 Leichte Deckenbekleidungen und Unterdecken einschließlich ihrer Verankerung sowie die Befestigung leichter Trennwände an ihnen anzugeben.

Die **Durchbiegung** darf höchstens ⅟₅₀₀ der Stützweite, maximal jedoch nur 4 mm betragen.

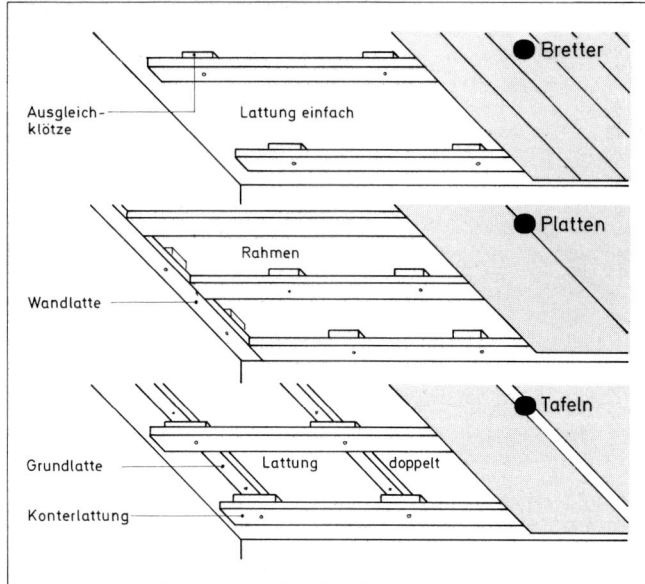

**DIN 18168** unterscheidet Deckenbekleidungen und Unterdecken.
Bei **Deckenbekleidungen** ist die Unterkonstruktion immer unmittelbar am tragenden Bauteil verankert.
Bei **Unterdecken** ist die Unterkonstruktion vom tragenden Bauteil abgehängt.
Tragende Bauteile werden nach DIN 18168 von tragenden Teilen unterschieden.
**Tragende Bauteile** umfassen alles das, was bisher als Rohdecke bezeichnet wurde: Betondecke, Balkenlage, Stahl- oder Holzkonstruktion.
**Tragende Teile** umfassen alles das, was zwischen Rohdecke und raumabschließender Decklage montiert ist:
● Verankerungselemente sind die Teile, die die Abhänger direkt mit dem tragenden Bauteil verbinden.
● Abhänger sind die Teile, die die Verankerungselemente mit der Unterkonstruktion verbinden.
Unterkonstruktionen sind die Teile, die die Decklagen tragen.
● Decklagen sind die Teile, die den raumseitigen Abschluß bilden. Es kommen dafür genormte und nicht genormte Baustoffe in Betracht, soweit sie für den Verwendungszweck geeignet sind.
● Verbindungselemente sind die Teile, die die Verankerungselemente, Abhänger, Unterkonstruktionen und Decklagen mit- oder untereinander verbinden.
● Verankerungselemente für Deckenbekleidungen und Unterdecken müssen vom Institut für Bautechnik in Berlin zugelassen sein.
**Holz-Unterkonstruktionen** nach DIN 18168:
● Das Holz der Unterkonstruktion muß mindestens der Güteklasse II entsprechen und scharfkantig sein. Es soll beim Einbau einen den Baubedingungen entsprechenden Feuchtigkeitsgehalt – höchstens 20% – haben.
● Die Holzunterkonstruktion besteht in der Regel aus einer Grundlattung und einer quer dazu verlaufenden Traglattung.
● Die Latten sind an jedem Kreuzungspunkt miteinander durch hierfür zugelassene Verbindungselemente zu verbinden.
● Die Einschraubtiefe muß das Fünffache des Schraubenschaftdurchmessers betragen, jedoch nicht weniger als 24 mm.
● Bei Deckenbekleidungen muß der Querschnitt der Grundlattung mindestens 24×48 mm betragen.
● Bei abgehängten Unterdecken muß der Querschnitt der Traglattung mindestens 24×48 mm, der Querschnitt der Grundlattung mindestens 40×60 mm betragen. Andernfalls muß der Querschnitt beider Lattungen mindestens je 30×50 mm sein.
● Abhänger aus Holz müssen einen Mindestquerschnitt von 10 cm² und eine Mindestdicke von 20 mm aufweisen und einen sicheren Anschluß durch Schrauben oder Nägel bieten.
**Verankerung** der Holz-Unterkonstruktion im tragenden Bauteil:
● Nach DIN 18168 ist die Zahl der Verankerungsstellen so zu bemessen, daß die zulässige Tragkraft der Verankerungselemente nicht überschritten wird.
● Auf 1,5 m² Deckenfläche muß mindestens eine Verankerungsstelle kommen.
● Einbetonierte Halterungen dürfen nur mit Brauchbarkeitsnachweis verwendet werden.

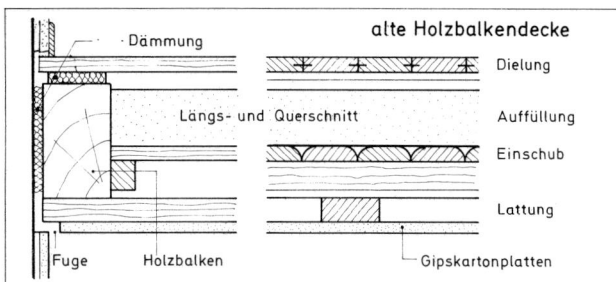

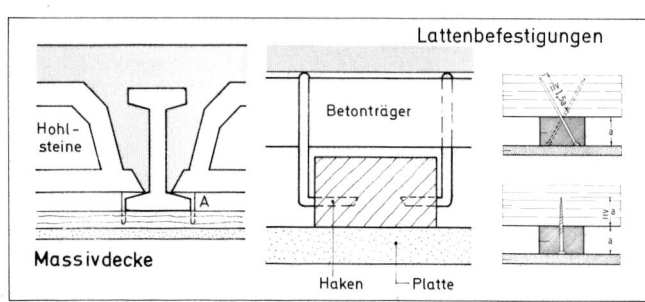

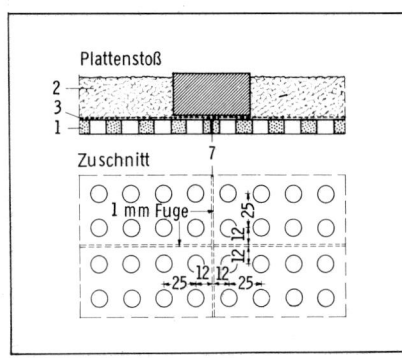

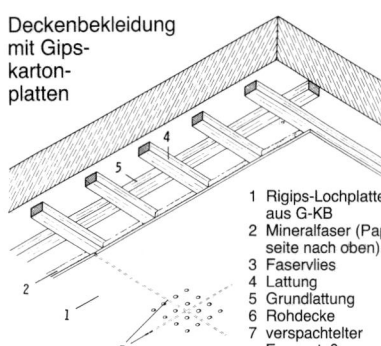

Deckenbekleidung mit Gipskartonplatten

1 Rigips-Lochplatten aus G-KB
2 Mineralfaser (Papierseite nach oben)
3 Faservlies
4 Lattung
5 Grundlattung
6 Rohdecke
7 verspachtelter Fugenstoß

**Akustikdecken** erhalten Isolierplatten unter der Lattung. Bei schallschluckender Ausbildung werden gern gelochte Platten eingesetzt, die dann mit Faservlies abgedeckt werden.

**DIN 18168 „Leichte Deckenbekleidungen und Unterdecken"** gilt für leichte Deckenbekleidungen und Unterdecken mit einer Eigenlast bis 0,5 kN/m² einschließlich aller Einbauten. Sie haben keine wesentliche Tragfähigkeit, Unterdecken dürfen nicht betreten werden.

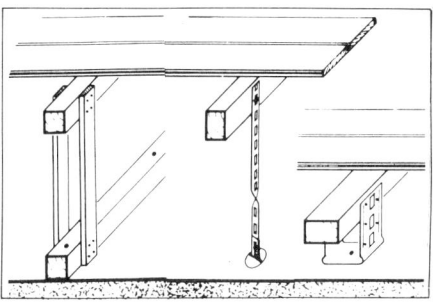

Unterdecken werden mit Abstand unter tragende Decken oder Dächer gehängt. Sie verändern die Höhe, die Formen und Proportionen des Raumes und verbergen störende Installationen.

## Deckenbekleidungen und Unterdecken

Übersicht

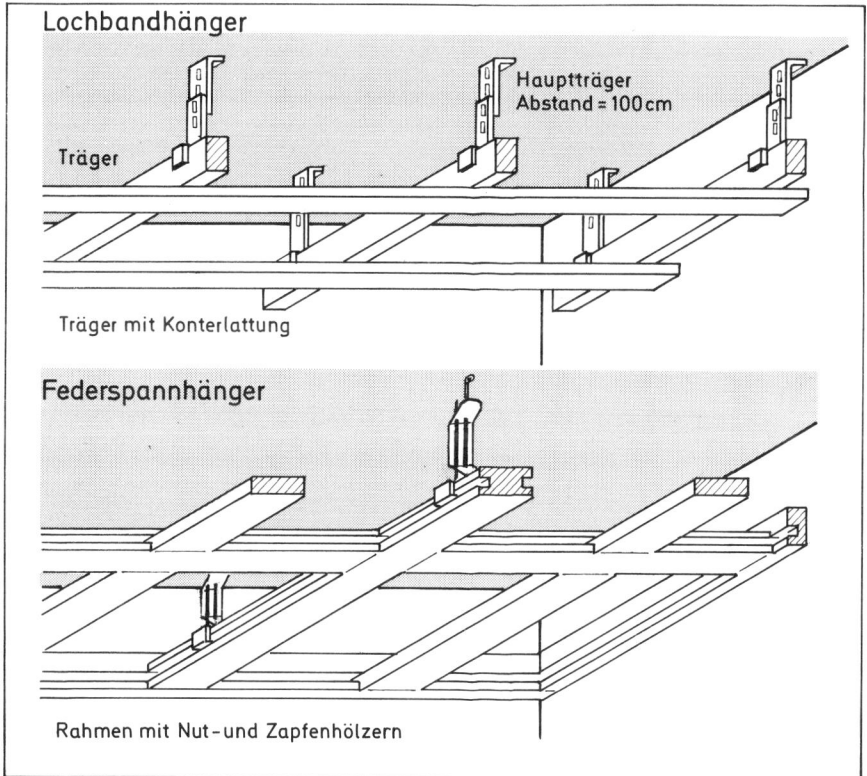

Lochbandhänger

Hauptträger Abstand = 100 cm

Träger

Träger mit Konterlattung

Federspannhänger

Rahmen mit Nut- und Zapfenhölzern

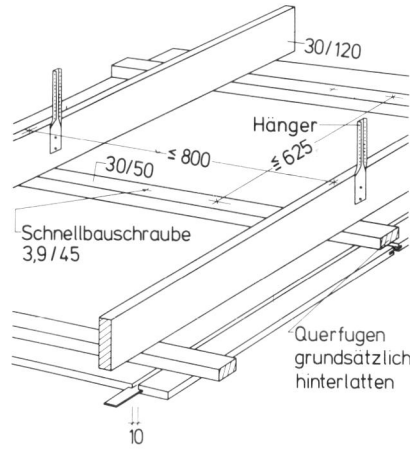

30/120

Hänger

30/50  ≤ 800  ≤ 625

Schnellbauschraube 3,9/45

Querfugen grundsätzlich hinterlatten

10

Die **Abhängung** erfolgt am besten über Träger, die sich justieren lassen. Federspannträger, die sich stufenlos einstellen lassen, sind geeigneter als Lochbandträger.
● Die Abhängung darf nur mit Metalldübeln nach DIN 4121 korrosionsbeständig erfolgen.

Die **Unterkonstruktionen** aus Latten, Rahmen und Kanthölzern tragen die Deckenbekleidungen und steifen sie aus.
● Die Abstände der Tragschienen untereinander: 50–62 cm; von der Wand: 20 cm; von der Decke: 10 cm. Abstand der Abhänghalter untereinander ca. 100 cm.
● Einfachausführungen sind Schlaufen aus verzinktem Draht, die gerödelt werden.
● Die Befestigung der Halter und Drähte an den Geschoßdecken erfolgt über gebohrte Dübel, angeschossene Bolzen oder Ankerschienen an Konstruktionsgliedern der Decken und Dächer.
● Die Bewegung der Rohdecke und der Wände muß von der Unterdecke ohne Beschädigungen aufgenommen werden können.
● Die Aufnahme zusätzlicher Lasten, z.B. für Installationen, soll bis 30 kg pro qm möglich sein.
● Die Konstruktionshöhe der Montagedecke sollte 7 cm nicht überschreiten. Innerhalb dieser Höhe müssen sich die Deckenplatten aushängen lassen.
● Trennwandanschlüsse müssen auch schalltechnisch an den Unterdecken oder Rohdecken möglich sein.
● Der Unterhalt der Decken, also Reinigungsarbeiten und Reparaturen, soll einfach, Nachinstallationen sollen möglich sein.

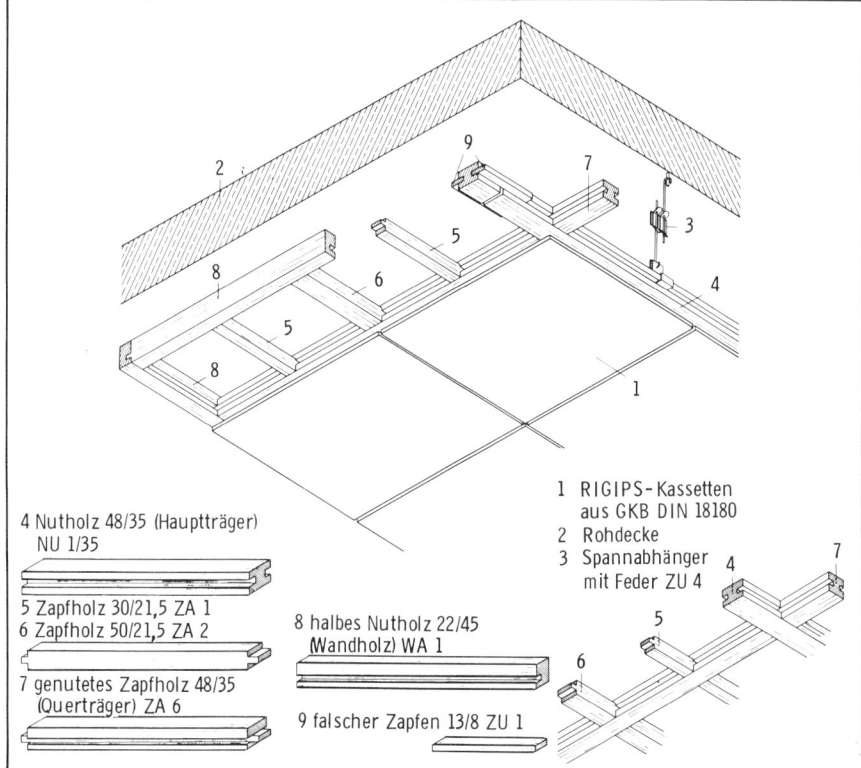

4 Nutholz 48/35 (Hauptträger) NU 1/35

5 Zapfholz 30/21,5 ZA 1
6 Zapfholz 50/21,5 ZA 2

7 genutetes Zapfholz 48/35 (Querträger) ZA 6

8 halbes Nutholz 22/45 (Wandholz) WA 1

9 falscher Zapfen 13/8 ZU 1

1 RIGIPS-Kassetten aus GKB DIN 18180
2 Rohdecke
3 Spannabhänger mit Feder ZU 4

Ausführungsbeispiel einer Unterdecke mit Gipskartonplatten.

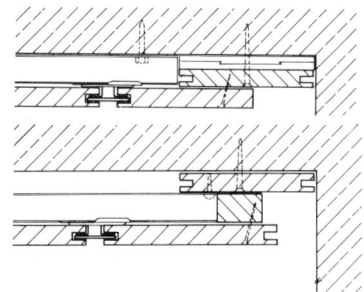

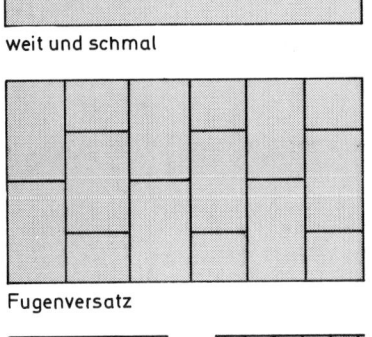

Fugen längs und quer

weit und schmal

Fugenversatz

Raster

Waben    Diagonalen

Sonderformen

## Gestaltung

Durch Deckenbekleidungen und Unterdecken werden Räume in ihren Formen, Proportionen und Dimensionen verändert und gestaltet.

● Die Gliederung der Decken hängt von dem Material, der Struktur, der Größe und dem Gewicht des Bekleidungsmaterials sowie der Befestigung ab.

● Das Fugenbild ist nahezu unbegrenzt variabel.

**Deckenbekleidungen** werden unter konstruktiven Geschoßdecken bzw. Dächern befestigt.

**Unterdecken** werden mit Abstand abgehängt und verkleiden meist Konstruktionen oder Installationen für Heizung, Lüftung, Klimatisierung und Beleuchtung.

Die **Form der Decke** hat Einfluß auf die Akustik des Raums. Sie ist daher mit Rücksicht auf Beschallung und Hörsamkeit entsprechend der Raumnutzung zu wählen.

## Standardisierung

Unterdecken sollen maßlich auf Raster und konstruktiv auf Installationen und Wandanschlüsse abgestimmt sein. Sie sollen unabhängig von anderen Ausbauteilen montiert werden können und das Austauschen von einzelnen Deckenelementen erlauben.

**Akustikbretter** nach DIN 68127 gibt es als Glattkantbretter und als Profilbretter.

● Normalprofile haben Längen von 150 bis 600 cm und Breiten von 9 cm.

● Die Befestigung berücksichtigt das Arbeiten der Vollholz-Bretter.

● Die Halterung der Befestigungskrallen liegt durch einen Versatz der rückseitigen Nutwangen um 3 mm verdeckt.

● Bei Akustikbekleidungen kann durch das Einschieben von Federn Einfluß auf die Schallreflexion genommen werden.

**Gipskartonplatten** haben ein geringes Gewicht, bieten hohe Festigkeit und Wärmedämmung. Sie lassen sich einfach bearbeiten und anstreichen.

● Gipskartonplatten für Wand- und Deckenbekleidungen auf Unterkonstruktionen haben volle und abgeflachte Kanten, durch die sie fugenlos miteinander verbunden werden können.

● Die Qualität F ist frei von brennbaren Zuschlagstoffen. Die Platten genügen damit Anforderungen an den Brandschutz.

● Schallschluckplatten haben Löcher oder Schlitze mit Dämmstoffen auf der Rückseite. Loch- und Schlitzplatten haben durchgehende Perforation.

| Bauformen | |
|---|---|
| Streifen | |
| Platten | |
| Kassetten | |

| Bauarten | |
|---|---|
| | Unterdecke |
| Luftraum | abgehängte Decke |

| Material: | alle Farben |
|---|---|
| Holz | Vollholz u. Holzwerkstoff |
| Metall | Blechtafeln |
| Kunststoff | Tafeln u. Bahnen |
| Glas | Platten u. Fasern |

| Technische Decken | |
|---|---|
| Akustikdecken | Formen Isolierstoffe |
| Lichtdecke | Leuchter u. Strahler |
| Klimadecke | Heizung u. Kühlung |

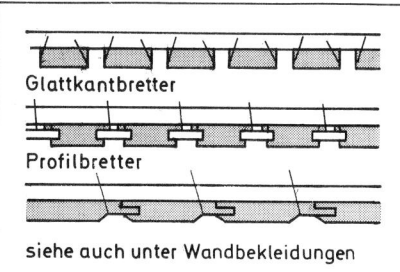

Glattkantbretter

Profilbretter

siehe auch unter Wandbekleidungen

**Deckenbekleidungen** und **Unterdecken** mit Brettern sind ein- und zweilagig, schrägliegend und hochkant gestellt.
● Die Anschlüsse der Bretter in Längsrichtung erfolgen meist mit versetztem Stoß.
● Die Wandanschlüsse bilden offene Fugen, dichte Schattennuten, Profilbretter und Leisten.
● Die geläufigen Handelsformen von Brettern sind Glattkant- und Profilbretter sowie Bretter mit Nut und Feder.

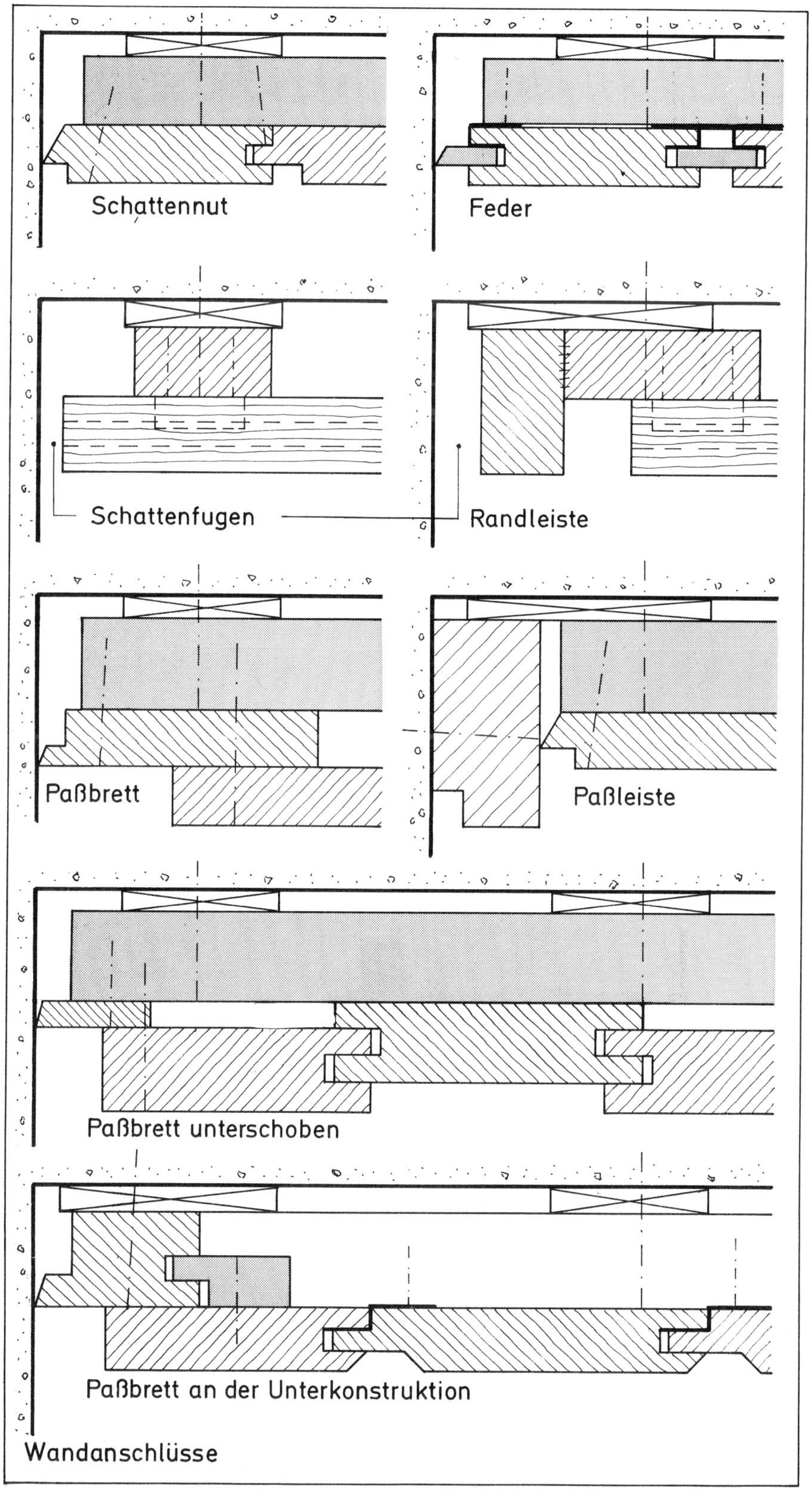

# Deckenbekleidungen und Unterdecken

**Gestaltung, Brettbekleidungen**

Schattennut

Feder

Schattenfugen

Randleiste

Paßbrett

Paßleiste

Paßbrett unterschoben

Paßbrett an der Unterkonstruktion

Wandanschlüsse

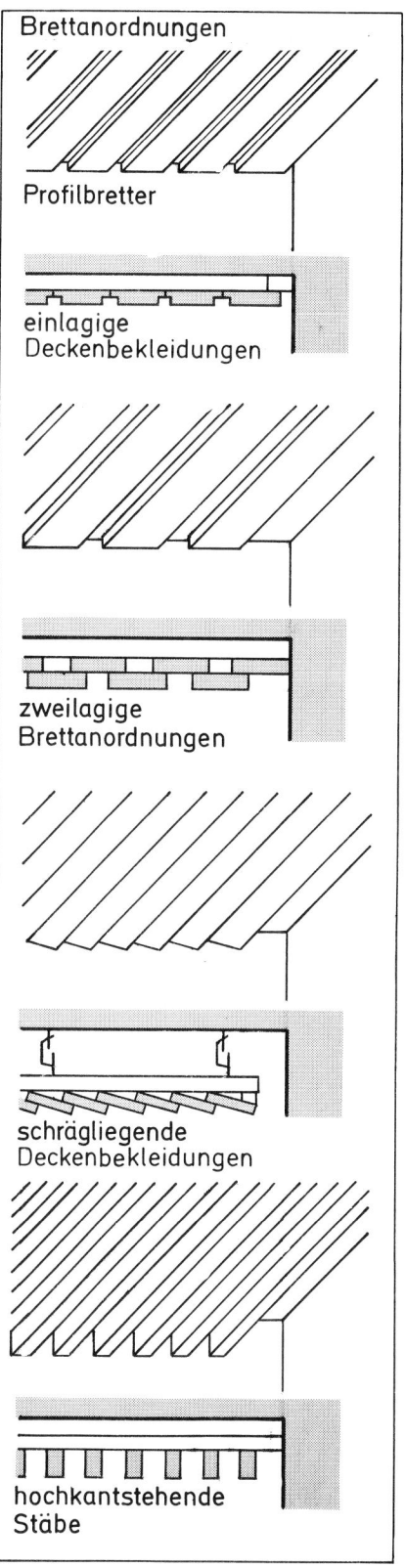

Brettanordnungen

Profilbretter

einlagige Deckenbekleidungen

zweilagige Brettanordnungen

schrägliegende Deckenbekleidungen

hochkantstehende Stäbe

## Anordnungen

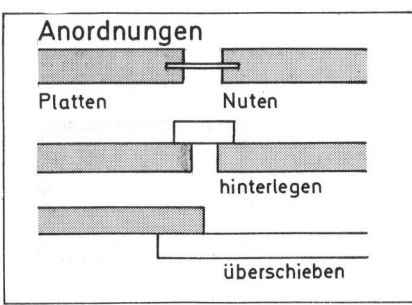

Platten      Nuten

hinterlegen

überschieben

**Plattenbekleidungen** aus Holzwerkstoffen werden fast immer mit Kantenvorleimern ausgestattet, es sei denn, sie liegen außerhalb des Sichtbereiches und Kosteneinsparungen entscheiden über die Ausführung.

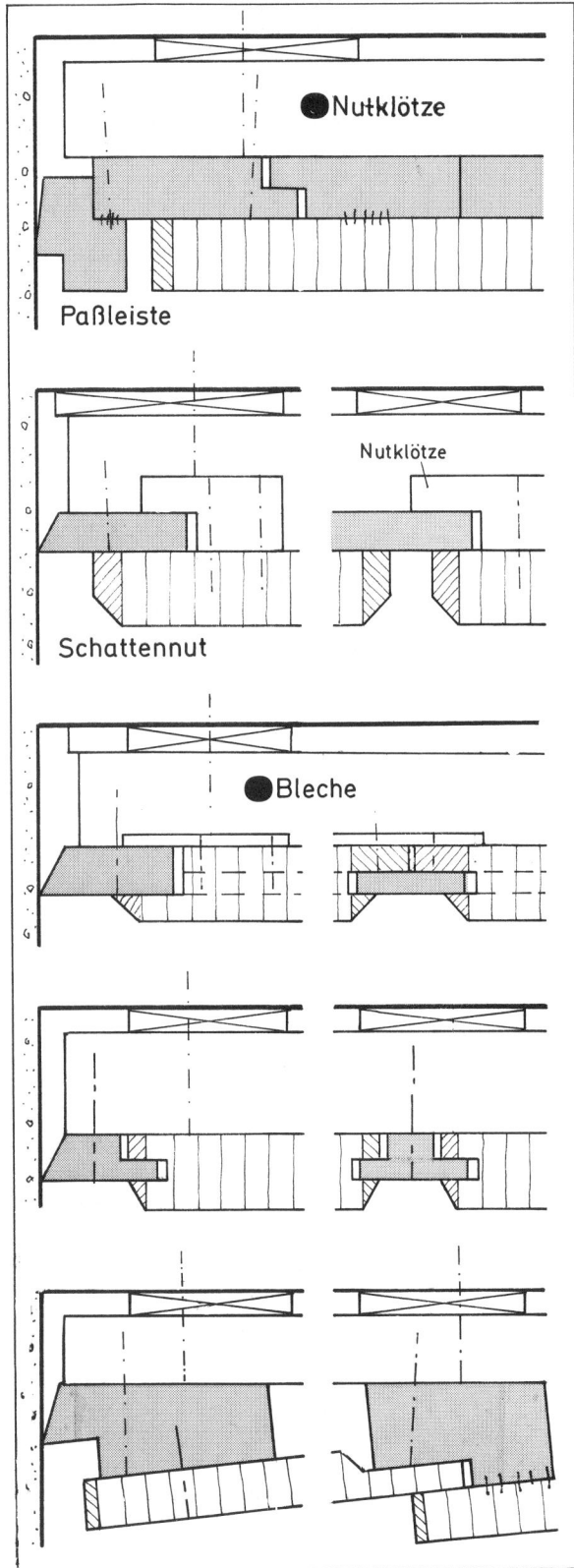

● Nutklötze

Paßleiste

Nutklötze

Schattennut

● Bleche

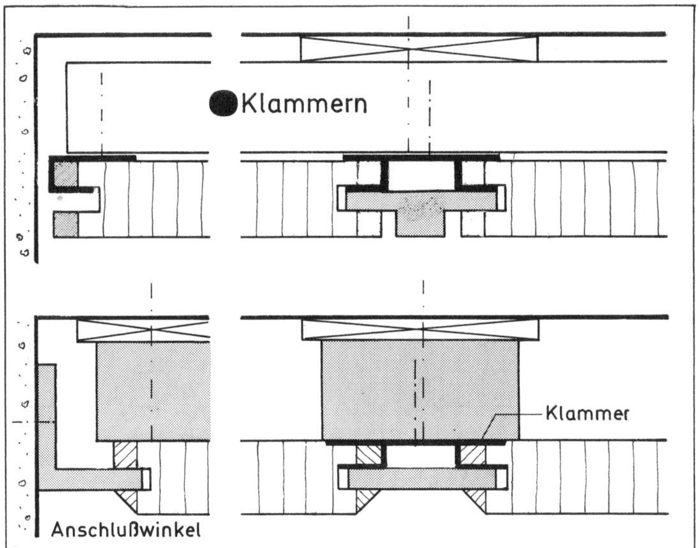

● Klammern

Klammer

Anschlußwinkel

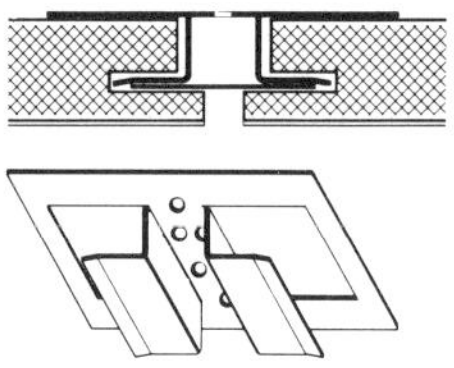

Die **Befestigung** der Platten erfolgt durch Nutklötze, Bleche, Klammern und Profile. Unterkonstruktionen sind ausgerichtete Leisten, Rahmen oder Trägerprofile.

**Wandanschlüsse** werden gern vermieden. Das ist gestalterisch vertretbar und preiswert, da Paßleisten und Anschlußwinkel sehr aufwendig sind.

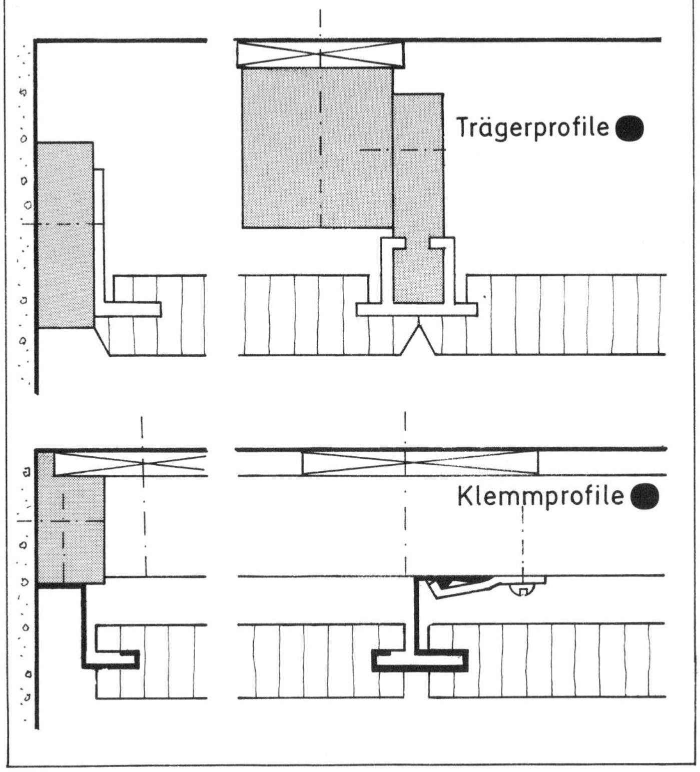

Trägerprofile ●

Klemmprofile ●

Kassetten sind wegen ihrer plastischen Wirkung und starken Deckengliederung sehr beliebt. Ihren Ursprung haben sie in den historischen Holzbalkendecken, die bei großen Spannweiten oft gewaltige Querschnitte hatten. Diese Decken wurden durch Einfügung von Querstücken in Kassetten gegliedert und durch gekröpfte Leisten profiliert.

# Deckenbekleidungen und Unterdecken

Platten,
Kassetten

**Deckenbalken** werden häufig imitiert. Als Imitationen gestalterischer wie konstruktiver Art sind sie nicht zu akzeptieren und werden daher nicht näher behandelt.

**Gegliederte Decken** können auch ohne imitierte Deckenbalken erreicht werden. Kassetten lassen sich so konstruieren, daß sie auch keine ungewollte Ähnlichkeit mit Deckenbalken haben, z. B. durch schlanke Profile und Gehrungsstöße.

Der **Brandschutz** von Unterdecken wird durch die Anforderungen der Bauordnungen der Länder bestimmt. Zu unterscheiden sind die Brandlasten von der Raumseite, vom Deckenhohlraum, von der konstruktiven Decke und von der Unterdecke.

**Holzwerkstoffplatten** kommen in unterschiedlicher Art für Deckenbekleidungen und Unterdecken zum Einsatz.
● Als rein dekorative Deckenbekleidungen werden beschichtete und furnierte Span- und Sperrholzplatten verwendet.
● Aus dekorativen Gründen und zu optisch raumabschließenden Zwecken werden beschichtete Span- bzw. Sperrholzplatten in Form von Einzelelementen, Deckenkörpern oder Wabenkörpern verwendet.
● Eine zusätzliche schallschluckende Funktion können furnierte Spanplatten-Paneele mit entsprechendem Fugenanteil übernehmen.
● Für schallabsorbierende Bekleidungen und Unterdecken werden Holzfaserdämmplatten und Spanplatten gemäß DIN 68762 verwendet. Sie erfüllen akustische und ästhetische Funktionen.

## einteilige Stäbe

A

## geschlossene Körper

B

## zusammengesetzte Profile

C

## profilierte Felder

D

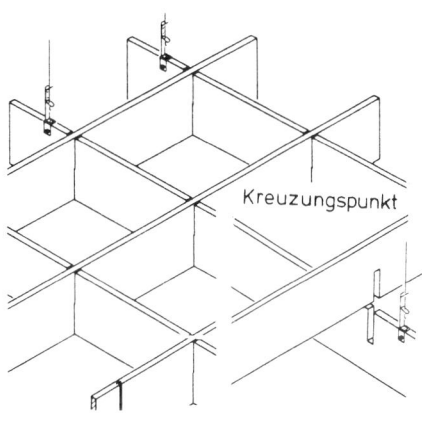

Kassetten in Form von Lamellenrastern als Unterdecke

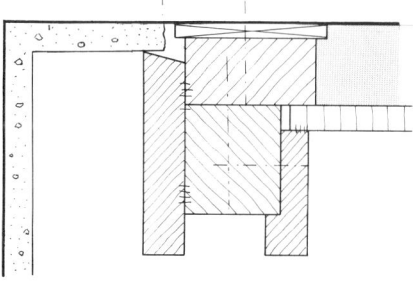

Seitendichtungen mit stehenden und liegenden Rastern

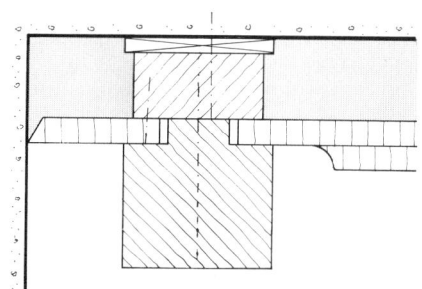

Beispiel einer Sonderform: Prismatische Körper wurden in Gegenrichtung montiert. Konstruktion Gipskartonplatten auf Lattenrost.

Schnitt 2   Deckenuntersicht          2

A

B

Schnitt 1          C

D

Punkt C

Punkt D

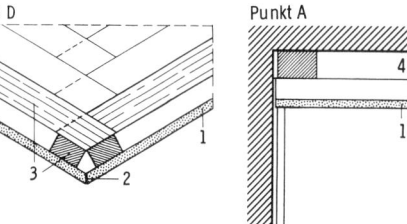

Punkt A

1 Rigips-Platten
2 Verspachtelung
3 Lattung
4 Grundlattung
5 Rohdecke

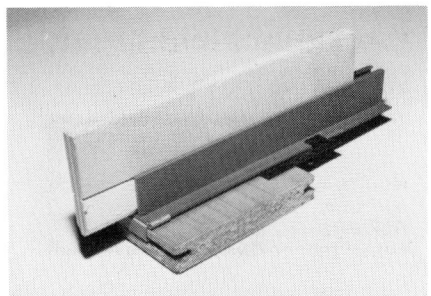

**Montagesysteme** aus Holz, Kunststoff und Metall haben sich bewährt. Die beiden Beispiele zeigen unterschiedliche Systeme.
**Oben:** Hauptträger mit vertikalen Sperrholzstegen, auf die Kunststoff-T-Profile aufgeschoben sind. Die Schenkel der Profile nehmen Steck-Abstandkrallen auf, welche die Lasten der Profilbretter abtragen.
**Unten:** Auswechselbare Kassettenfelder mit Aussteifungsrippen, die auf T-Profilen aufliegen, welche sie überdecken.

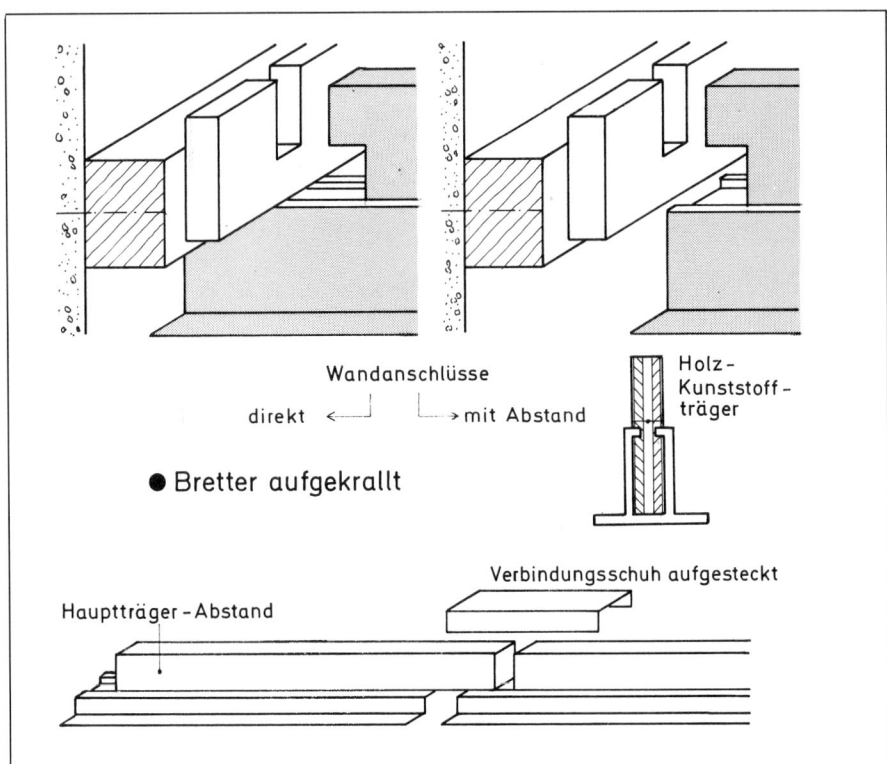

Wandanschlüsse

direkt ←——┤     ├——→ mit Abstand

Holz-
Kunststoff-
träger

● Bretter aufgekrallt

Verbindungsschuh aufgesteckt

Hauptträger - Abstand

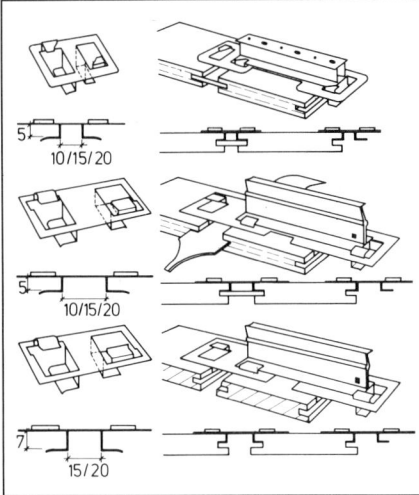

**Klipse für Paneelmontage** mit unterschiedlicher hinterer Nutwangenstärke und unterschiedlicher Fugenbreite.

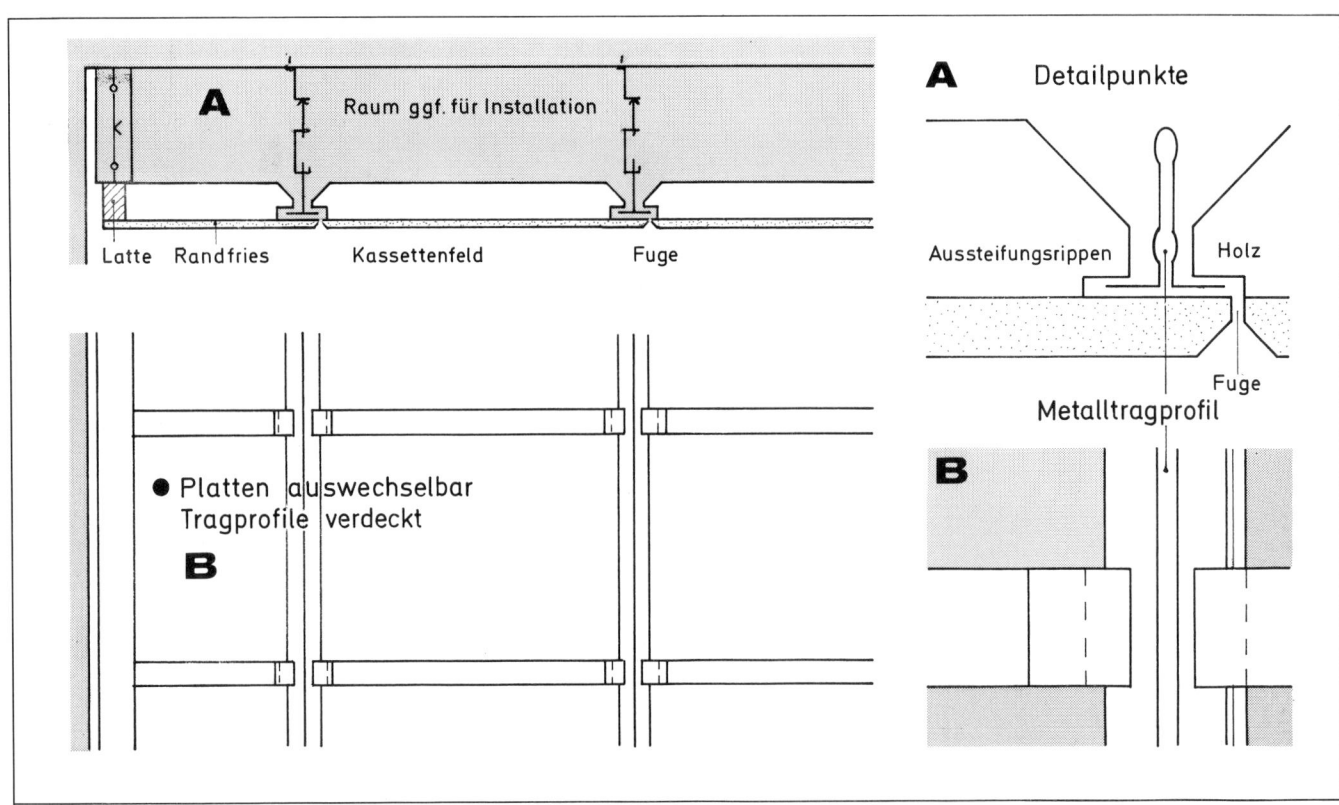

**A**   Raum ggf. für Installation

Latte   Randfries   Kassettenfeld   Fuge

● Platten auswechselbar
Tragprofile verdeckt

**B**

**A**   Detailpunkte

Aussteifungsrippen   Holz

Fuge

Metalltragprofil

**B**

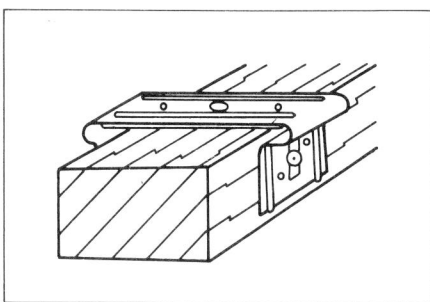

**Abhängevorrichtungen** für Unterdecken bestehen aus Trägern und Haltern.
- Die Halter unterscheiden sich in ihrer Höhenverstellbarkeit, die zum Ausgleich von Höhendifferenzen wichtig sind.
- Die Träger aus Holz oder Metall haben liegende oder stehende, rechteckige oder dreieckige, T- und U-förmige Profile.
- Die Befestigung der Halter, gelocht, geschlitzt oder mit Federspannung, erfolgt an den Unterdecken über Bügel, Bolzen, Ösen oder Schienen bzw. durch Nägel und Schrauben an den Konstruktionen.

# Deckenbekleidungen und Unterdecken

**Montage-systeme, Abhänge-vorrichtungen**

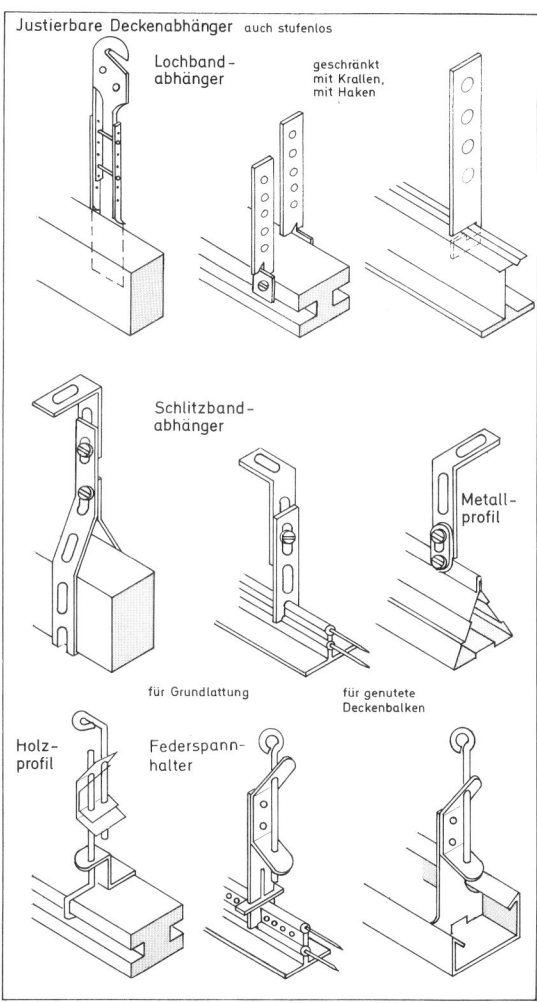

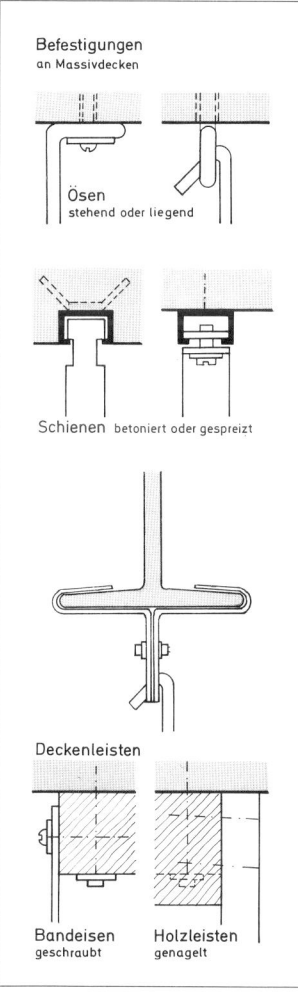

**Parallel-Bandrasterdecke**
1 Akustikplatten, 2 U-Starrhänger, 3 Trageprofil, 4 Bandrasterstreifen, 5 Eckwinkel zur Verbindung zweier Trageprofile, 6 Wandanschlußleiste, 7 Profillängsverbinder

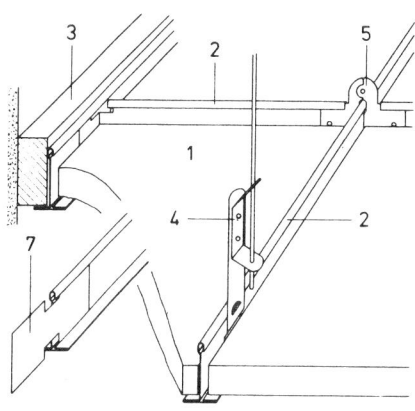

**Herkömmlichen Einlegekonstruktion**
1 Akustikplatte, 2 Trageprofil, 3 Wandanschlußleiste, 4 Spannhänger, 5 Kreuzverbinder zum Verbinden der Querprofile mit dem Hauptprofil, 7 Profil-Längsverbinder

**Ballwurfsichere Unterdecke**
- Querfugen grundsätzlich hinterlatten!

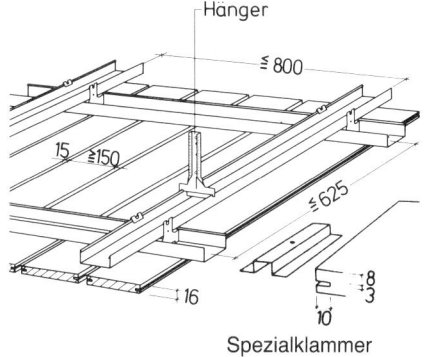

Spezialklammer

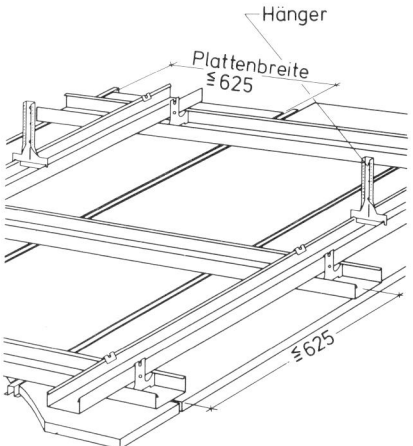

Eine **nichtbrennbare Unterdecke** läßt sich mit dieser Konstruktion herstellen, wenn für die Decklage Spanplatten der Brandklasse A 2 verwendet werden.

## Außenwände

unbelüftet und
hinterbelüftet

## Wände

Unbelüftet　　Hinterlüftet

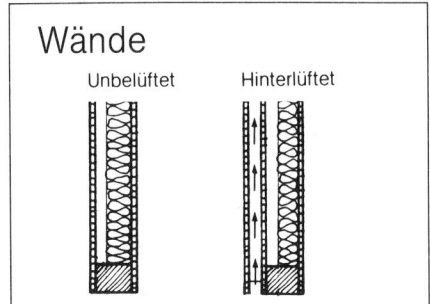

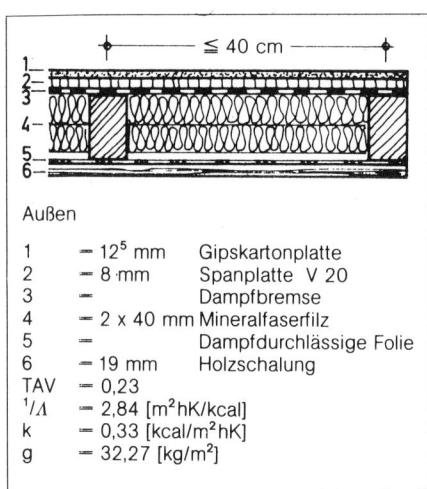

Außen

| | | | |
|---|---|---|---|
| 1 | = | $12^5$ mm | Gipskartonplatte |
| 2 | = | 8 mm | Spanplatte V 20 |
| 3 | = | | Dampfbremse |
| 4 | = | 2 x 40 mm | Mineralfaserfilz |
| 5 | = | | Dampfdurchlässige Folie |
| 6 | = | 19 mm | Holzschalung |

TAV = 0,23
$1/\Lambda$ = 2,84 [m²hK/kcal]
k = 0,33 [kcal/m²hK]
g = 32,27 [kg/m²]

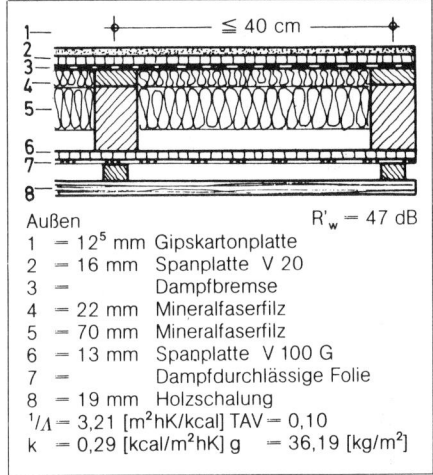

Außen　　　　　　　　　$R'_w$ = 47 dB

| | | | |
|---|---|---|---|
| 1 | = | $12^5$ mm | Gipskartonplatte |
| 2 | = | 16 mm | Spanplatte V 20 |
| 3 | = | | Dampfbremse |
| 4 | = | 22 mm | Mineralfaserfilz |
| 5 | = | 70 mm | Mineralfaserfilz |
| 6 | = | 13 mm | Spanplatte V 100 G |
| 7 | = | | Dampfdurchlässige Folie |
| 8 | = | 19 mm | Holzschalung |

$1/\Lambda$ = 3,21 [m²hK/kcal] TAV = 0,10
k = 0,29 [kcal/m²hK] g = 36,19 [kg/m²]

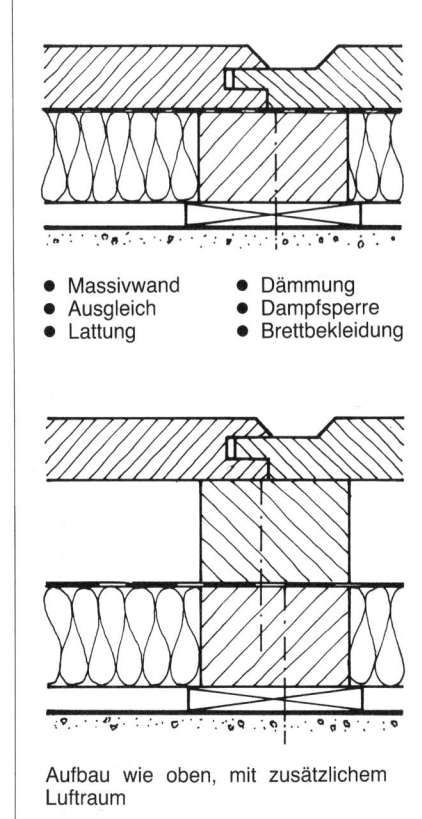

- Massivwand
- Ausgleich
- Lattung
- Dämmung
- Dampfsperre
- Brettbekleidung

Aufbau wie oben, mit zusätzlichem
Luftraum

**Raumseitige Bekleidung** einer Außenwand
zur nachträglichen Verbesserung des Wärmeschutzes. Aufgebracht wird eine Wandbekleidung aus 16 mm dicken Spanplatten auf einer
Lattung von 40×40 mm Querschnitt, Latten-
abstand 500 mm. Zwischen den Latten eine
Mineralfaserdämmschicht von 40 mm. Der
Wärmedurchgangs-Koeffizient k wird von 1,35
auf 0,52 verbessert und der ursprüngliche
Wärmeverlust auf 40% reduziert.

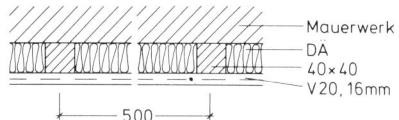

Die **Oberflächen** von Wand- und Decken-
kleidungen können auf vielfältige Weisen behandelt werden. Beliebt ist lasiertes Naturholz.
Den Lasuren wird oft eine Substanz zugesetzt,
die durch Aufschäumen bei Temperatureinwir-
kung gegen Brand schützt.

Die **Wärmedämmung** von Wand- und Dek-
kenbekleidungen im Innenausbau ist dann zu
beachten, wenn sie an Bauteile montiert werden, die das Gebäude nach außen abschließen, z.B. bei Außenwänden, Flachdächern,
Dachausbauten sowie bei Geschoßdecken
über unbeheizten Räumen.
- Holzbekleidungen haben bereits einen gewissen Wärmedämmwert durch die Dämm-
qualität des Holzes und durch den Luftraum
zwischen Wand und Paneelen.
- Eine höhere Wärmedämmung bei Holzbekleidungen wird durch zusätzliche Dämmstoffe, z.B. Glaswolle oder Kunststoffschaum,
erreicht.
- Dampfbremsen aus Kunststoff- oder Alu-
miniumfolien sind bei Außenwänden oder
Dachbekleidungen erforderlich, um Kondenswasserbildung zu verhindern. Sie werden auf
der Raumseite der Wärmedämmschicht angeordnet und sind mit ihr verklebt oder versteppt.
- Die Hinterlüftung von Wand- und Dachbekleidungen dient ebenfalls der Vermeidung
von Kondenswasserbildung.

**Hinterlüftete Außenwände** bedingen größere
Stärken und aufwendigere Montage als unbelüftete. Als Außenhaut sind Bretter oder Tafeln
verschiedener Materialien wirtschaftlich.

**Wand- und Deckenbekleidungen** mit Wärmedämmung werden bei Neubauten sofort,
bei Altbauten nachträglich unter gestalterischen und bauphysikalischen Aspekten eingebaut.
- Wand- und Deckenbekleidungen müssen
technisch wie gestalterisch den gleichen Anforderungen entsprechen. Eine Ausnahme besteht darin, daß Deckenbekleidungen keinen
Stoßbeanspruchungen ausgesetzt sind.

**Deckenbekleidungen** als Teil der konstruktiven Decken gehören zum Roh- und Ausbau
und werden daher hier nur kurz abgehandelt.
- Unter Decken werden gewöhnlich nur Geschoßdecken verstanden. Bei flach geneigten
Decken spricht man auch von Dachdecken.

Bei **Dächern** werden belüftete und unbelüftete
Dachkonstruktionen unterschieden. Beim un-
belüfteten Dach, das auch als Warmdach bezeichnet wird, sind die Balken oder Sparren im
allgemeinen im Innenraum sichtbar. Beim belüfteten Dach, das auch Kaltdach heißt, wird
die Konstruktion meist nicht gezeigt.

**Dachbekleidungen** zählen je nach Dachnei-
gung zu den Decken- oder Wandbekleidungen.

**Sperrholz** und **Spanplatten** müssen in Räumen mit zu erwartender hoher Luftfeuchtigkeit
wasserfest verleimt sein.

# Geschoßdecken

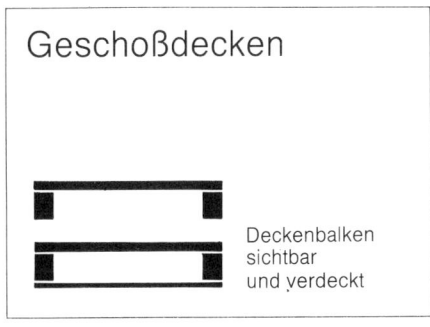

Deckenbalken
sichtbar
und verdeckt

# Dächer

flach und geneigt

kalt und warm

# Innenbekleidungen

**Dach, Decke,
Außenwand**

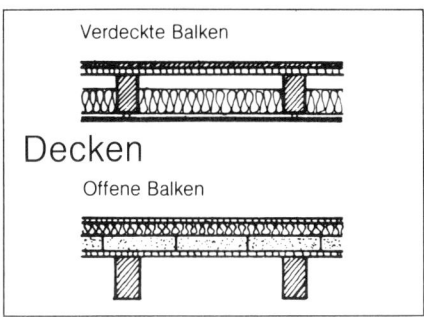

Verdeckte Balken

## Decken

Offene Balken

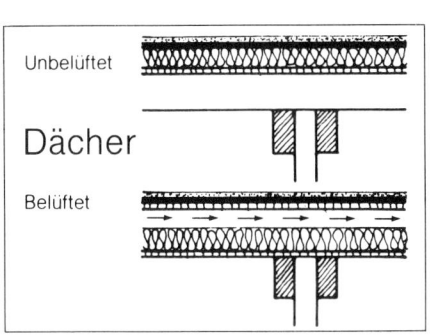

Unbelüftet

## Dächer

Belüftet

**Dächer** werden belüftet und unbelüftet, flach und geneigt, als Sparren- oder Pfettenkonstruktionen ausgeführt.

## Balken sichtbar

Je nach Anforderung können leichte oder aufwendige Konstruktionen ausgeführt werden. Die Balken sind sichtbar oder verdeckt.

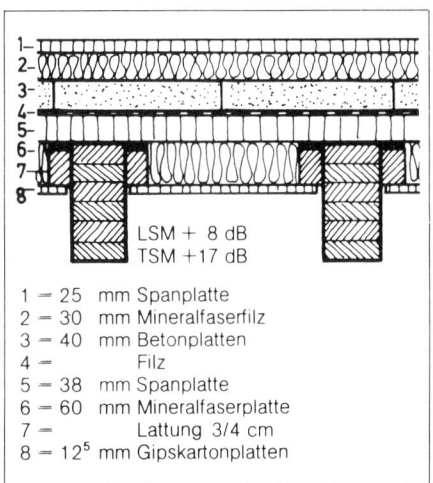

LSM + 8 dB
TSM +17 dB

1 = 25 mm Spanplatte
2 = 30 mm Mineralfaserfilz
3 = 40 mm Betonplatten
4 = Filz
5 = 38 mm Spanplatte
6 = 60 mm Mineralfaserplatte
7 = Lattung 3/4 cm
8 = 12⁵ mm Gipskartonplatten

## Sparren sichtbar

Die innere Verkleidung des Daches wird mit Profilbrettern oder Platten und Tafeln ausgeführt. Die Sparren sind sichtbar oder verdeckt.

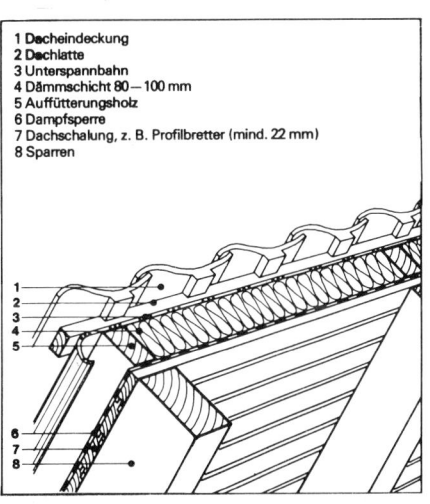

1 Dacheindeckung
2 Dachlatte
3 Unterspannbahn
4 Dämmschicht 80 — 100 mm
5 Auffütterungsholz
6 Dampfsperre
7 Dachschalung, z. B. Profilbretter (mind. 22 mm)
8 Sparren

## Warmdach, unbelüftet

Bei Warmdachkonstruktionen bildet die Dachschalung gleichzeitig die Raumdecke. Die Balken werden in die Gestaltung einbezogen.

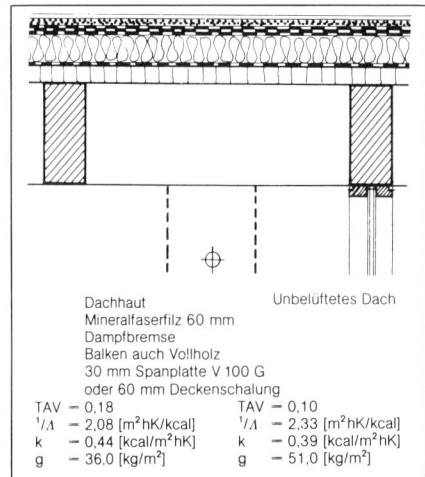

| Dachhaut | Unbelüftetes Dach |
|---|---|
| Mineralfaserfilz 60 mm | |
| Dampfbremse | |
| Balken auch Vollholz | |
| 30 mm Spanplatte V 100 G | |
| oder 60 mm Deckenschalung | |

TAV = 0,18    TAV = 0,10
$1/\Lambda$ = 2,08 [m² hK/kcal]    $1/\Lambda$ = 2,33 [m² hK/kcal]
k = 0,44 [kcal/m² hK]    k = 0,39 [kcal/m² hK]
g = 36,0 [kg/m²]    g = 51,0 [kg/m²]

## Kaltdach, belüftet

Bei Kaltdachkonstruktionen liegen die Balken meist verdeckt. Sie können auch als Fachwerkträger ausgebildet sein (Querlüftung).

## Balken verdeckt

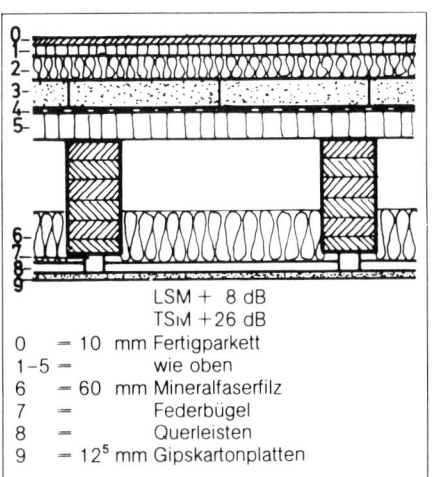

LSM + 8 dB
TSM +26 dB

0 = 10 mm Fertigparkett
1-5 = wie oben
6 = 60 mm Mineralfaserfilz
7 = Federbügel
8 = Querleisten
9 = 12⁵ mm Gipskartonplatten

## Sparren verdeckt

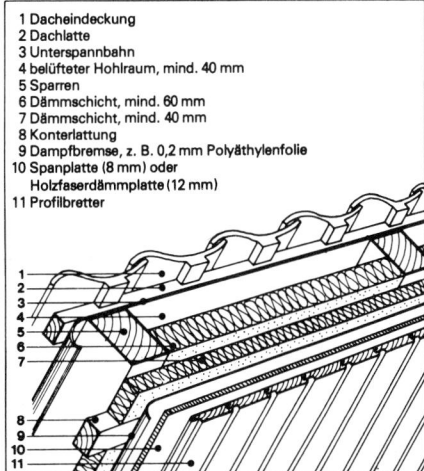

1 Dacheindeckung
2 Dachlatte
3 Unterspannbahn
4 belüfteter Hohlraum, mind. 40 mm
5 Sparren
6 Dämmschicht, mind. 60 mm
7 Dämmschicht, mind. 40 mm
8 Konterlattung
9 Dampfbremse, z. B. 0,2 mm Polyäthylenfolie
10 Spanplatte (8 mm) oder Holzfaserdämmplatte (12 mm)
11 Profilbretter

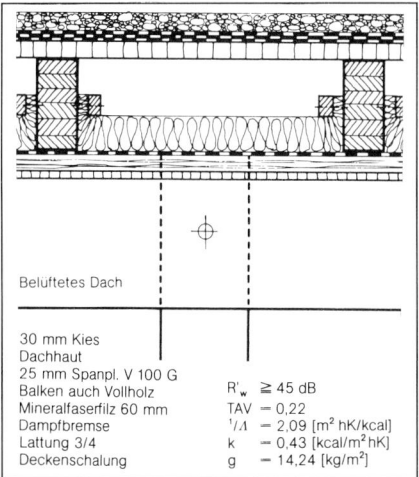

Belüftetes Dach

30 mm Kies
Dachhaut
25 mm Spanpl. V 100 G
Balken auch Vollholz    R'w ≧ 45 dB
Mineralfaserfilz 60 mm    TAV = 0,22
Dampfbremse    $1/\Lambda$ = 2,09 [m² hK/kcal]
Lattung 3/4    k = 0,43 [kcal/m² hK]
Deckenschalung    g = 14,24 [kg/m²]

# Innenausbauten im öffentlichen Bereich

**Ausgeführte Beispiele**

**Einbauten** im öffentlichen Bereich umfassen alle Gebiete des Innenausbaus: Decken- und Wandbekleidungen, Türen, Trennwände und Einbauschränke. Die Beispiele sollen zeigen, daß bei guter Zusammenarbeit zwischen Gestaltern und Handwerkern, den Architekten, Innenarchitekten und Tischlern, auch heute überzeugende Lösungen möglich sind.

Die **Beispiele** stehen stellvertretend für vielfältige Varianten und stammen aus unterschiedlichen Bereichen.
● Deckenbekleidungen:
Deckenbekleidung mit Saalbeleuchtung,
Deckenbekleidung in einem Musiksaal.
● Wandbekleidungen:
Wandbekleidung mit indirekter Beleuchtung,
beschichtete Paneelwände in einem Konferenzraum,
Akustikbekleidung in einem Vortragssaal,
Wandbekleidung mit Lüftungsschlitzen.
● Heizkörperbekleidungen:
Konvektoreinbau in einem Besprechungsraum,
Schrankwand mit Radiatorenbekleidung.
● Falttüren:
raumhohe Trennwand in einem Restaurant,
Falttür als Garderobenabtrennung.
● Schiebetüren:
Teleskopschiebetür in einem Hotel,
Schiebetafeln in einem Museum.
● Schalldämmtüren:
schallgedämmte Zugangstür für ein Sitzungszimmer,
Doppeltüranlage für ein Direktionszimmer.
● Trennwandschränke:
Trennwandschränke in einem Rathaus,
zweiseitige Schrankeinbauten als Trennung zwischen Büroräumen und Flur.
● Einbauschränke:
Schrankwand in einer Schule,
deckenhoher Einbauschrank in einem Atelier.
● Pförtnerlogen:
freistehende Pförtnerloge mit Telefonbox,
Pförtnerloge mit Postfächern.

## Deckenbekleidung mit Saalbeleuchtung

Am Anfang der Planung war eine geschlossene Lichtdecke vorgesehen. Die Lichtausbeute derartiger Vorschläge war gering. Durch die damit gegebene Unwirtschaftlichkeit führten diese Bemühungen zu keinem Erfolg. Gleichzeitig mit lichttechnischen Fragen standen akustische und feuerpolizeiliche Belange zur Diskussion. Zur Ausführung kam dann die hier gezeigte indirekte Beleuchtung. Zwischen Holztafeln liegen verdeckt Leuchtröhrenbänder, deren Licht durch weiße Blenden, die mit Abstand unter den Deckenfeldern hängen, re-flektiert und gestreut wird. Diese Reflektoren verdecken gleichzeitig die Installationen bei Schrägeinsicht. Die Maßnahmen oberhalb der Decke dienen der Schallabsorption und wurden auch aus feuerpolizeilichen Gründen vorgeschrieben.

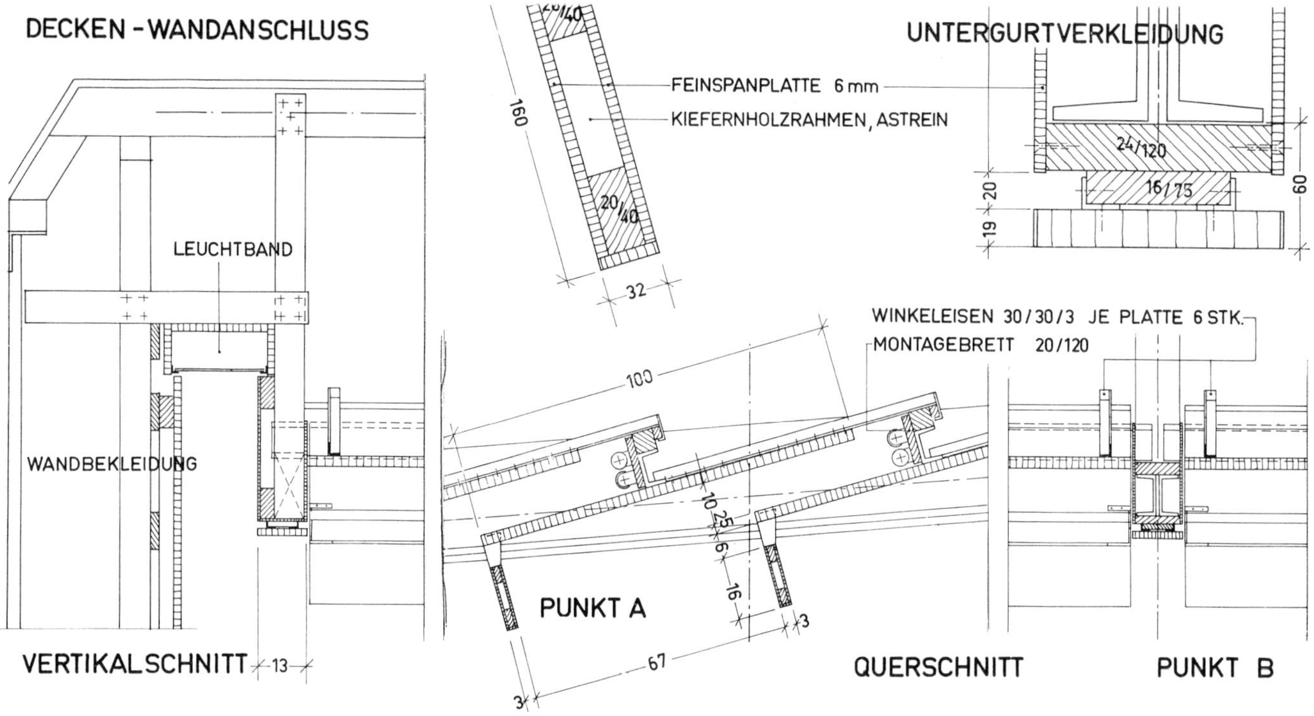

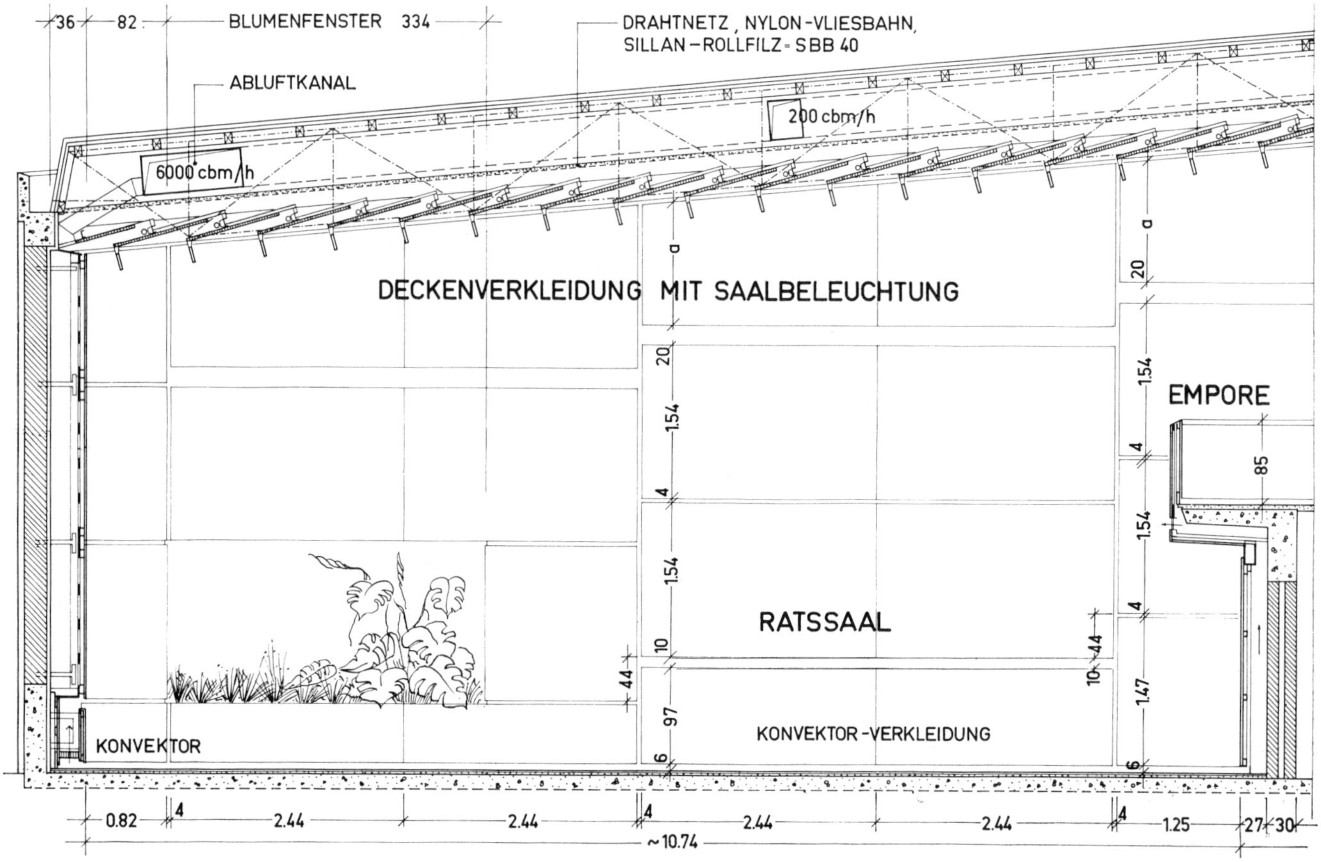

**DECKEN - WANDANSCHLUSS**

LEUCHTBAND

WANDBEKLEIDUNG

VERTIKALSCHNITT 1:3

FEINSPANPLATTE 6 mm
KIEFERNHOLZRAHMEN, ASTREIN

160
20/40
32

**UNTERGURTVERKLEIDUNG**

24/120
16/75
20
19
60

WINKELEISEN 30/30/3 JE PLATTE 6 STK.
MONTAGEBRETT 20/120

100

10 25 6
16

**PUNKT A**

67
3
3

**QUERSCHNITT**

**PUNKT B**

36  82  BLUMENFENSTER 334

ABLUFTKANAL

DRAHTNETZ, NYLON-VLIESBAHN,
SILLAN-ROLLFILZ-SBB 40

200 cbm/h

6000 cbm/h

**DECKENVERKLEIDUNG MIT SAALBELEUCHTUNG**

20
1.54
4
1.54
10
44
97

20
a
a

1.54
85
1.54
4
10.44
1.47
6

**EMPORE**

**RATSSAAL**

KONVEKTOR-VERKLEIDUNG

KONVEKTOR

0.82  4  2.44  2.44  2.44  2.44  4  1.25  27  30
~10.74

# Innenausbauten im öffentlichen Bereich

### Deckenbekleidungen

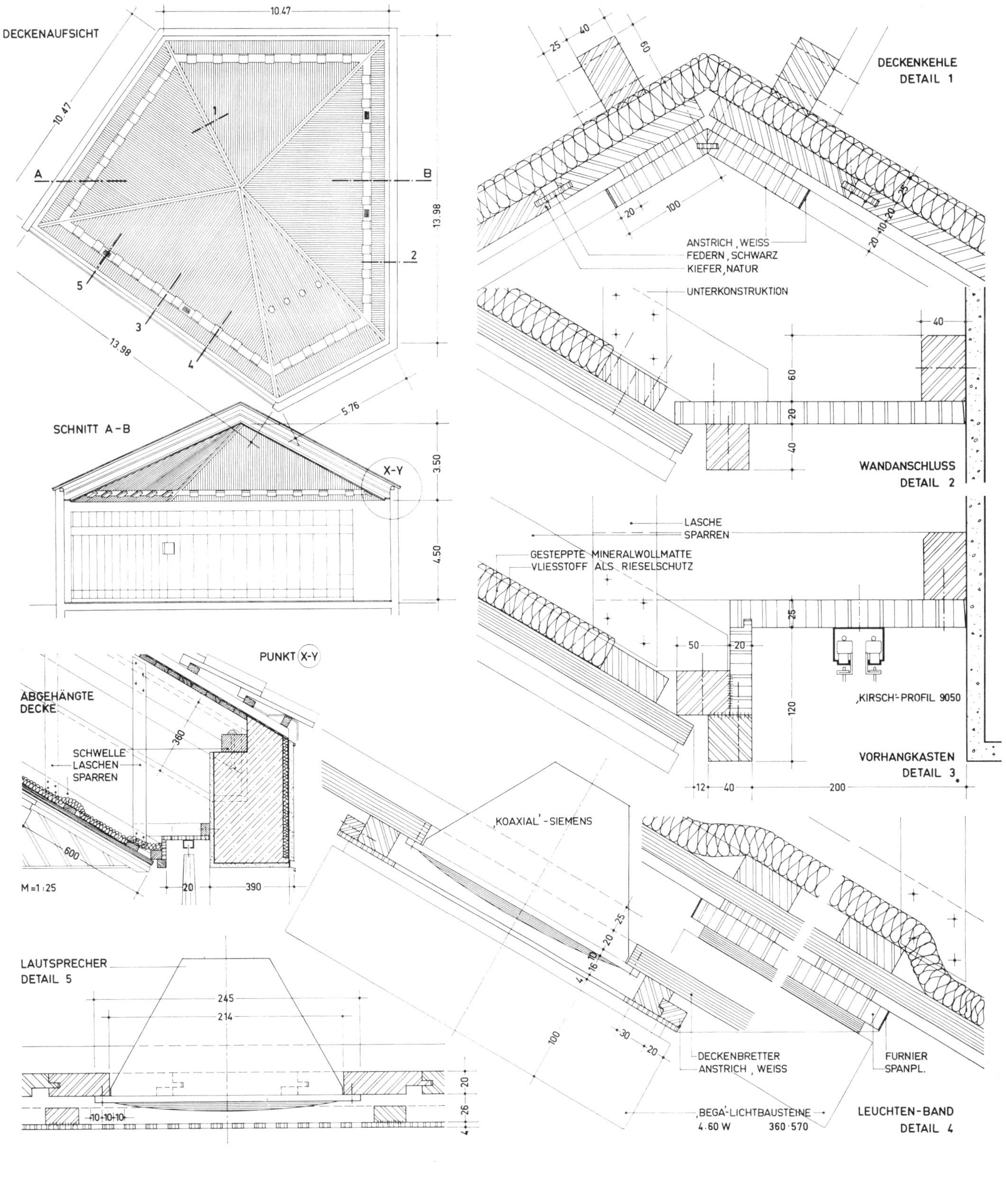

## Deckenbekleidung in einem Musiksaal

Neben akustischen Gründen spielt die Ausrichtung der Zuhörerschaft auf eine bestimmte Stelle des Raumes, z. B. das Orchesterpodium, eine entscheidende Rolle für einen Musiksaal. Der gewählte Fünfeck-Grundriß wurde aus diesem Gesichtspunkt mit je zwei Seiten spiegelsymmetrisch auf die fünfte Wand ausgerichtet.

Die Raumdecke ist aus Gründen der Isolation mit einem Abstand von 80 cm unter die Dachhaut gehängt worden.

DECKENAUFSICHT

10.47

10.47

13.98

13.98

5.76

A

B

1

5

3

4

2

SCHNITT A – B

3.50

4.50

X-Y

PUNKT X-Y

ABGEHÄNGTE DECKE

SCHWELLE
LASCHEN
SPARREN

360

600

M = 1:25

20

390

LAUTSPRECHER
DETAIL 5

245

214

20

26

-10-10-10

DECKENKEHLE
DETAIL 1

25   40   60

20   100

20-10-20

ANSTRICH, WEISS
FEDERN, SCHWARZ
KIEFER, NATUR

UNTERKONSTRUKTION

40

60

20

40

WANDANSCHLUSS
DETAIL 2

LASCHE
SPARREN

GESTEPPTE MINERALWOLLMATTE
VLIESSTOFF ALS RIESELSCHUTZ

25

50   20

120

,KIRSCH'-PROFIL 9050

VORHANGKASTEN
DETAIL 3

12   40   200

KOAXIAL'-SIEMENS

20   25

16   10

100

30

20

DECKENBRETTER
ANSTRICH, WEISS

FURNIER
SPANPL.

,BEGA'-LICHTBAUSTEINE
4.60 W      360·570

LEUCHTEN-BAND
DETAIL 4

## Wandbekleidung mit indirekter Beleuchtung

Die Lichtausbeute einer indirekten Beleuchtung ist geringer als die einer direkten. Auch wenn die Reflexion an Wand und Decke den Lichteffekt verstärkt, so sind doch mehr Lichtquellen notwendig. Im vorliegenden Fall sind die Leuchtstoffröhren zu Bändern und Rinnen zusammengefaßt. Sie liegen in diesen so überlappend, daß sie sich im einzelnen nicht abzeichnen. Beleuchtungsart und -körper bestimmen den Raumeindruck. Die Wandpaneele sowie die Textilien mildern die gewisse optische Kühle, welche durch die Möblierung und die korrespondierenden Lichtbänder in Form, Farbe und Material hervorgerufen wird.

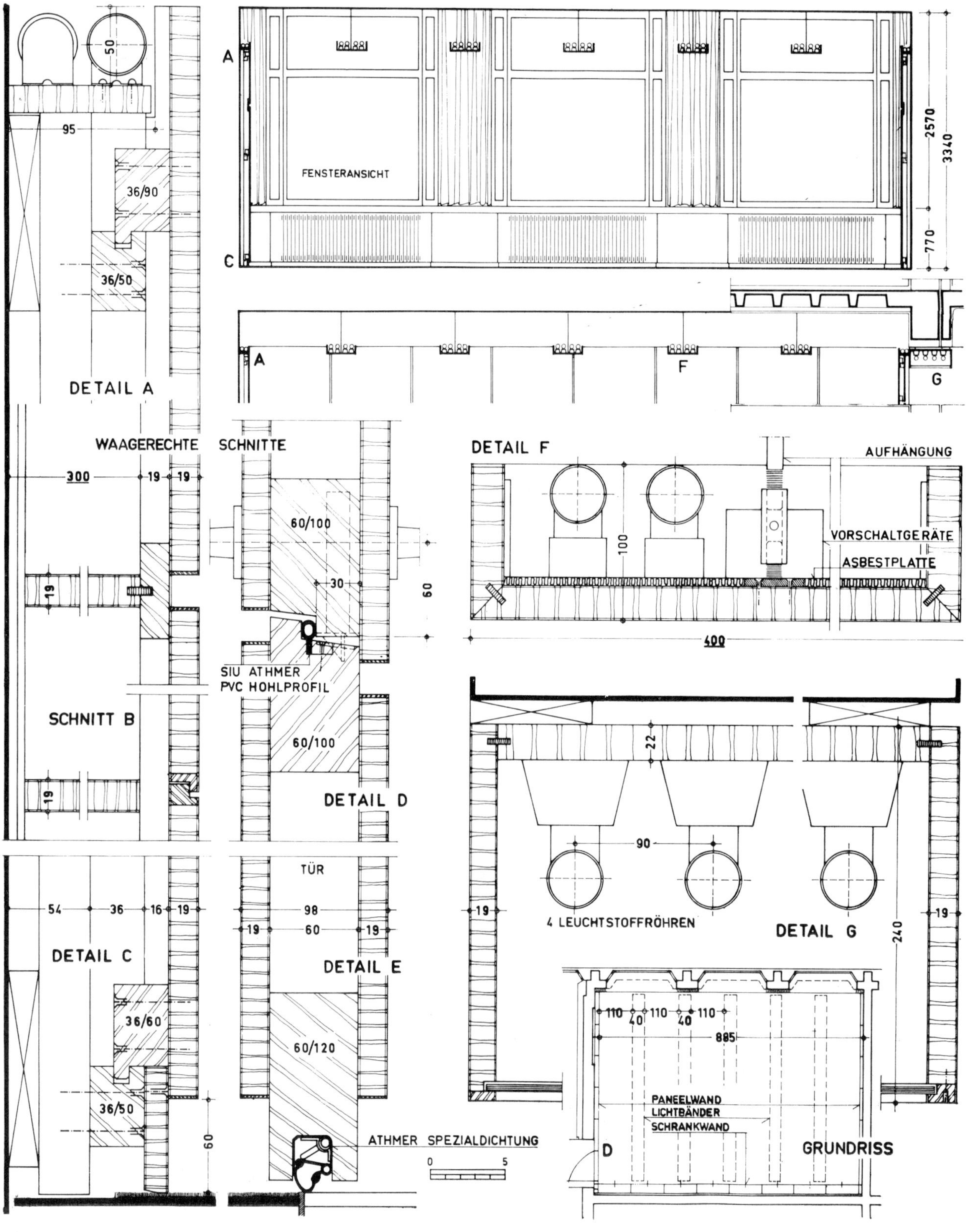

DETAIL A

95
50
36/90
36/50

A
FENSTERANSICHT
C
2570
3340
770

A
F
G

WAAGERECHTE SCHNITTE
300 · 19 · 19
19
19
SCHNITT B
19

60/100
30
60
SIU ATHMER
PVC HOHLPROFIL
60/100
DETAIL D

DETAIL F
AUFHÄNGUNG
100
VORSCHALTGERÄTE
ASBESTPLATTE
400

22
90
19
4 LEUCHTSTOFFRÖHREN
DETAIL G
19
240

TÜR
98
19 · 60 · 19
DETAIL E
60/120
ATHMER SPEZIALDICHTUNG
0    5

DETAIL C
54 · 36 · 16 · 19
36/60
36/50
60

110 · 110 · 110
40    40
885
PANEELWAND
LICHTBÄNDER
SCHRANKWAND
D
GRUNDRISS

**Beschichtete Paneelwände in einem Konferenzraum**
Die Wände des Konferenzraumes sind an drei Seiten verkleidet. Paneelfelder Spanplatten 22 mm mit Thermopal-Schichtstoffplatten, hellgrau matt, Kanten Renolitfolien, Unterkonstruktion imprägnierte Kiefernleisten, Distanzfedern, Sockel- und Paßleisten Birnenholz schwarzgefärbt und mattbehandelt, Türdichtungen Gummischlauchprofile in Metallzarge, Bodendichtung »Kältefeind«.

## Innenausbauten im öffentlichen Bereich

**Wandbekleidungen**

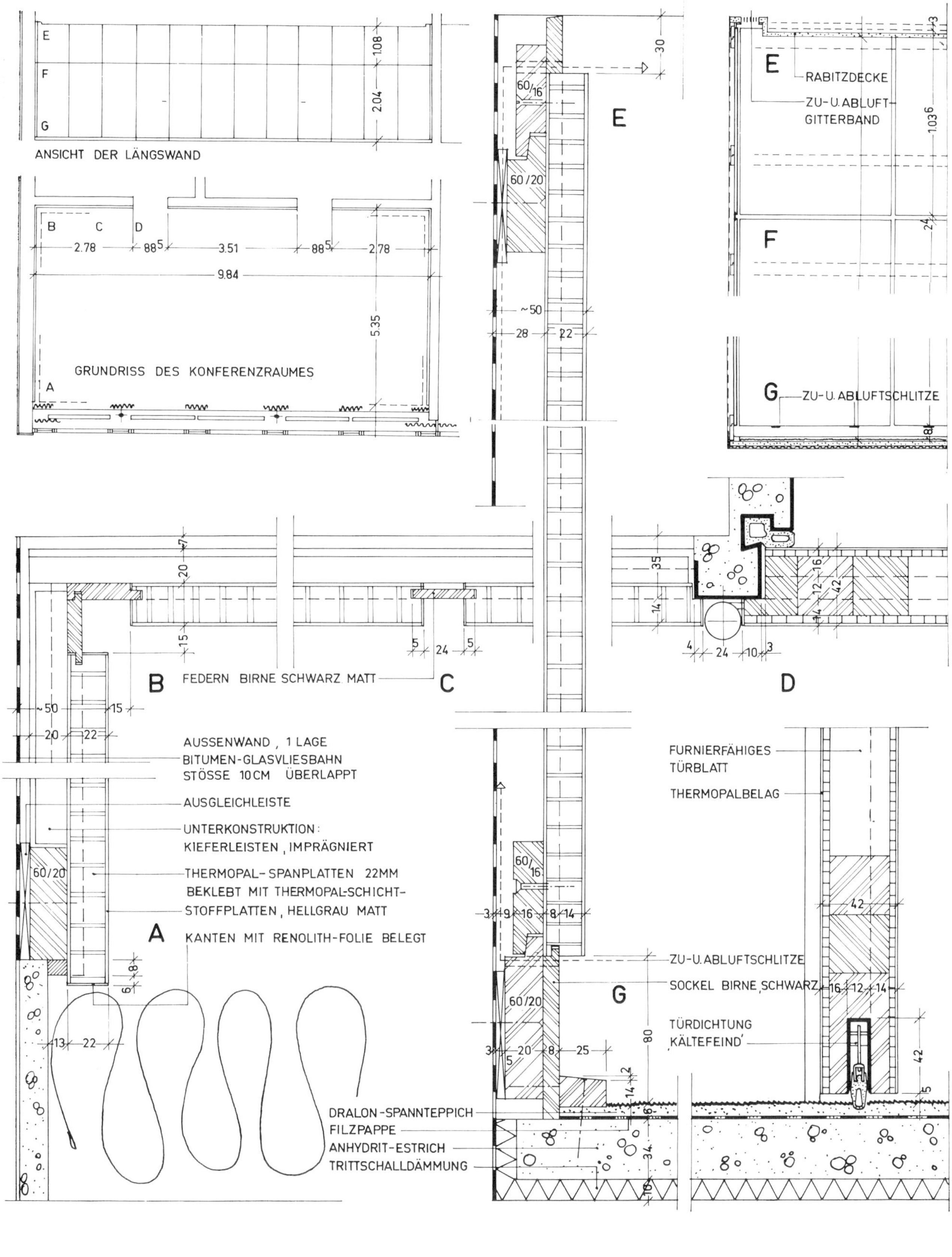

---

108
2.04

E
F
G

ANSICHT DER LÄNGSWAND

B   C   D
2.78   88 5   3.51   88 5   2.78
9.84
5.35

A

GRUNDRISS DES KONFERENZRAUMES

E
60/16
60/20
~50
28   22

E

F

G   ZU-U. ABLUFTSCHLITZE

E   RABITZDECKE
ZU-U. ABLUFT-GITTERBAND
1.03 6
24

---

7
20
15
60/20

B   FEDERN BIRNE SCHWARZ MATT   C

35
14
12 16
42
4   24   10 3

D

~50   15
20   22

60/20

A

AUSSENWAND, 1 LAGE BITUMEN-GLASVLIESBAHN STÖSSE 10 CM ÜBERLAPPT

AUSGLEICHLEISTE

UNTERKONSTRUKTION: KIEFERLEISTEN, IMPRÄGNIERT

THERMOPAL-SPANPLATTEN 22MM BEKLEBT MIT THERMOPAL-SCHICHTSTOFFPLATTEN, HELLGRAU MATT

KANTEN MIT RENOLITH-FOLIE BELEGT

6   8

13   22

60/16
3   9   16   8   14

60/20
3   20   8   25
5

G

80

14
2

DRALON-SPANNTEPPICH
FILZPAPPE
ANHYDRIT-ESTRICH
TRITTSCHALLDÄMMUNG

FURNIERFÄHIGES TÜRBLATT

THERMOPALBELAG

42

ZU-U. ABLUFTSCHLITZE

SOCKEL BIRNE, SCHWARZ   16   12   14

TÜRDICHTUNG ›KÄLTEFEIND‹

42
5

**Akustikbekleidung in einem Vortragssaal**
Die Felder der Wand sind im oberen Drittel flächig perforiert, um der dahinter liegenden Absauganlage – der Saal ist fensterlos und vollklimatisiert – die Funktion zu ermöglichen. Die Türen sind als plastische Körper betont aus der Wand herausgezogen. Damit wurden die sonst gegebenen Anschlußschwierigkeiten vermieden. Die Deckenplatten sind zwischen die sichtbaren Betonunterzüge schräg eingehängt, und zwar bis zur Saalmitte spiegelbildlich gekippt. Aus den Deckenschlitzen ist die indirekte Beleuchtung der Vortragswand gegeben, vor der die im übrigen regelmäßig angeordneten Punktstrahler sparsamer placiert sind. Die Saalseitenwände bestehen aus prismatisch ausgehöhlten Kalksandsteinen, eine schalltechnische Maßnahme, wie sie auch für die Saalrückwand ausschlaggebend war. Die beiden Lösungen stehen sich in Material und Form als Kontrast gegenüber.

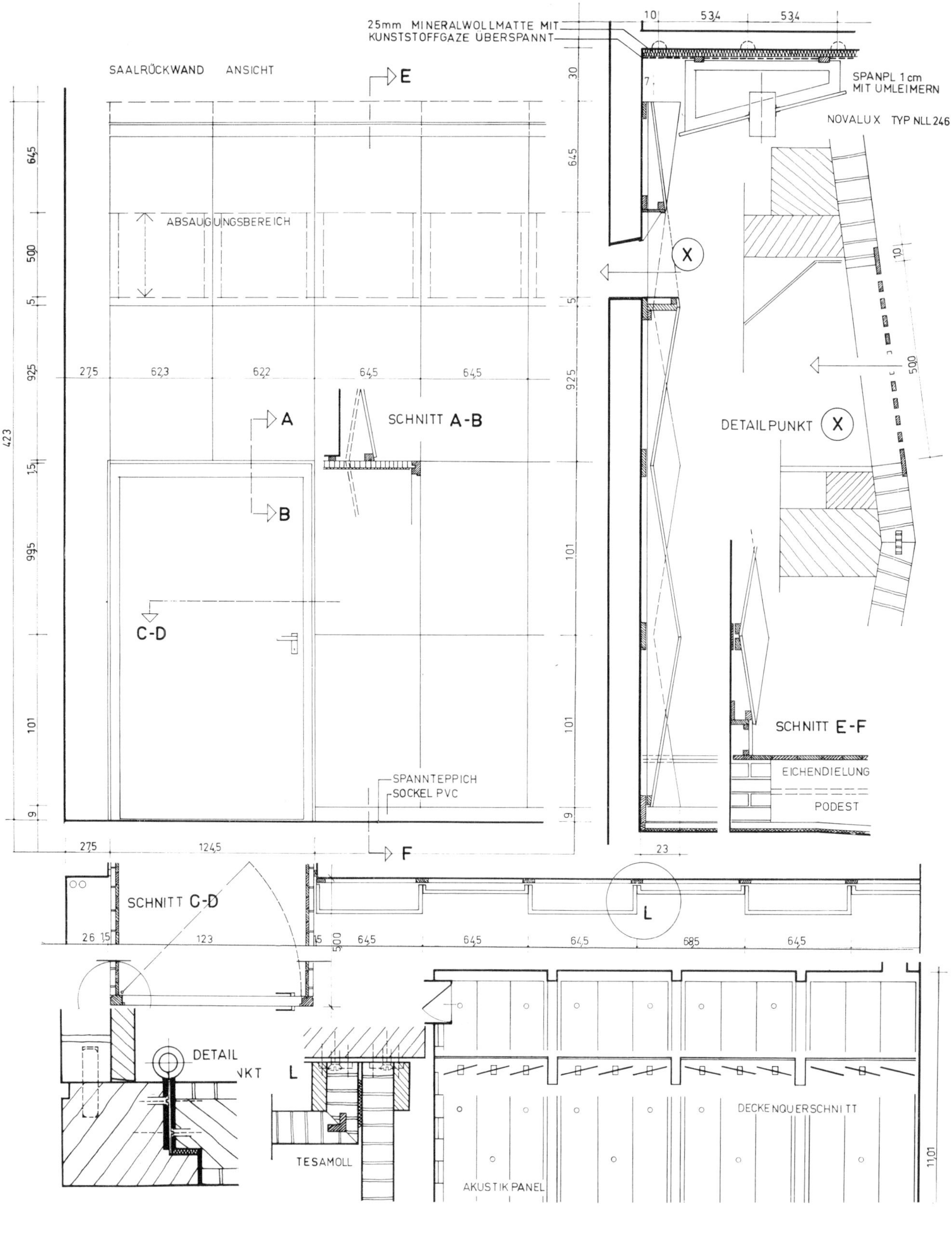

SAALRÜCKWAND ANSICHT

E

25mm MINERALWOLLMATTE MIT
KUNSTSTOFFGAZE ÜBERSPANNT

SPANPL 1 cm
MIT UMLEIMERN

NOVALUX TYP. NLL 246

ABSAUGUNGSBEREICH

X

DETAILPUNKT X

A

SCHNITT A-B

B

C-D

SCHNITT E-F

EICHENDIELUNG

PODEST

SPANNTEPPICH
SOCKEL PVC

F

SCHNITT C-D

L

DETAIL
PUNKT L

TESAMOLL

AKUSTIK PANEL

DECKENQUERSCHNITT

**Wandbekleidung mit Lüftungsschlitzen**
Der warme Holzton der Vertäfelung korrespondiert mit der mattglänzenden Aluminiumdecke. Der dunkle Bodenbelag bildet einen wohltuend ruhigen Fond, auf dem Tische und Stühle je nach Bedarf in Reihen oder Hufeisenform bzw. einzeln aufgestellt werden können. Die Wahl der Lamellendecke wurde nach funktionellen Gesichtspunkten getroffen. Hinter den Schlitzen liegen die Zuluftöffnungen der Lüftungsanlage.

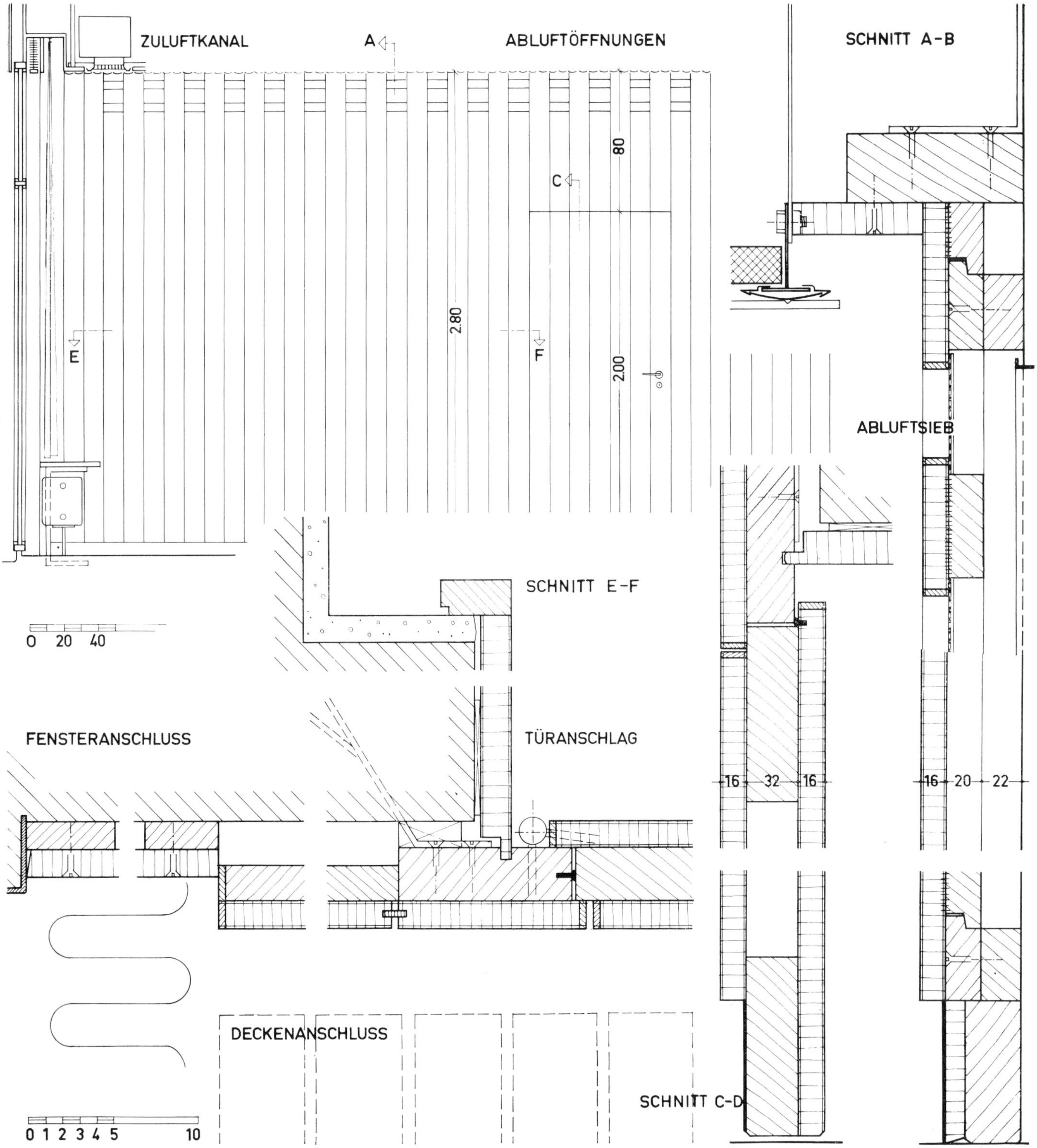

# Innenausbauten im öffentlichen Bereich

**Wandbekleidungen**

ZULUFTKANAL    A    ABLUFTÖFFNUNGEN

SCHNITT A-B

80

C

2.80

2.00

F

E

ABLUFTSIEB

SCHNITT E-F

O   20   40

FENSTERANSCHLUSS

TÜRANSCHLAG

16   32   16

16   20   22

DECKENANSCHLUSS

0 1 2 3 4 5      10

SCHNITT C-D

## Konvektoreinbau in einem Besprechungsraum

Die Heizkörper sind hinter der durchlaufenden Sitzbank angeordnet. Die übliche Installation an der Fensterseite hätte die Öffnung des Raumes zur Dachterrasse beeinträchtigt. Aus Gründen des Platzmangels wurden Plattenheizkörper gewählt. Die Bekleidung der rechten Wand war notwendig, um einen dahinter liegenden, nur durch das Besprechungszimmer zugänglichen Installationsraum zu verbergen. Die Chintzbespannung ist auf gelochte Sperrholzpaneelfelder aufgebracht, von denen eines als sog. Tapetentür ausgebildet ist. Sie wird ohne sichtbaren Beschlag mittels Magnetschnäpper geschlossen gehalten. Die Umkleidung der Installationszelle wird durch folgende Funktion zusätzlich begründet: Ihr Abstand von der Wand dient als Luftzirkulationszone der Klimaanlage.

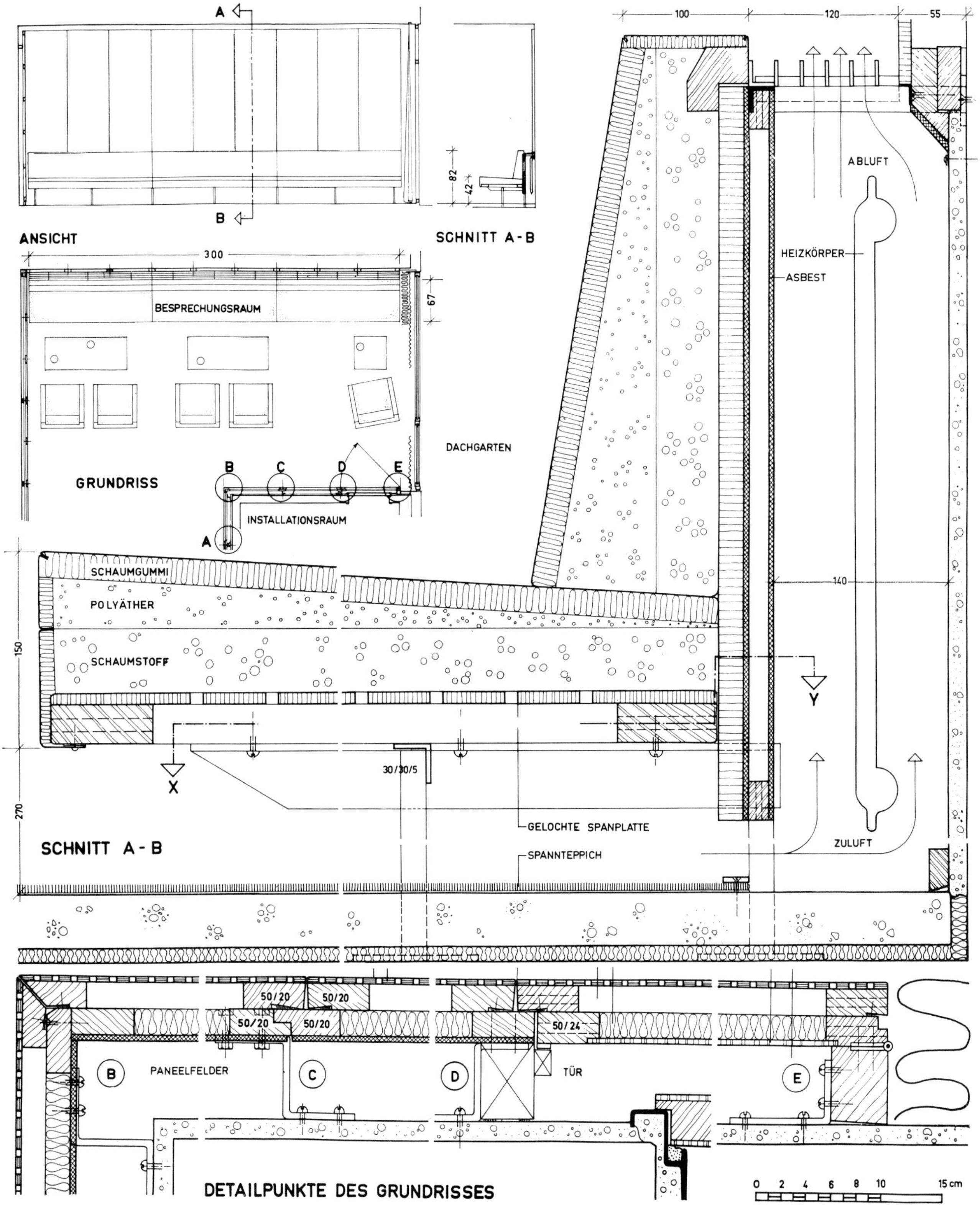

**ANSICHT**

A ◁

B ◁

82

42

**SCHNITT A-B**

300

67

BESPRECHUNGSRAUM

**GRUNDRISS**

DACHGARTEN

B  C  D  E

INSTALLATIONSRAUM

A

100   120   55

ABLUFT

HEIZKÖRPER

ASBEST

SCHAUMGUMMI

POLYÄTHER

SCHAUMSTOFF

150

270

Y

140

X

30/30/5

**SCHNITT A-B**

GELOCHTE SPANPLATTE

SPANNTEPPICH

ZULUFT

50/20   50/20

50/20   50/20

50/24

B   PANEELFELDER     C          D   TÜR        E

**DETAILPUNKTE DES GRUNDRISSES**

0  2  4  6  8  10     15 cm

**Schrankwand mit Radiatorenbekleidung**
Paneelierung: Flächen aus Dreischichten-Spanplatten; Saalseite Eiche furniert, hell, Pendeltür mit Bodenschließer.
Heizkörperbekleidung als Kippflügel an Vierkant-Stahlrohrunterkonstruktion mit Scharnierbändern angeschlagen und mit Magnetschnäppern gehalten. Streifen aus Asbest halten die Wärme von den Holzsprossen fern. Eine schräggestellte Platte leitet die Wärme aus der Heizkörpernische.

# Innenausbauten im öffentlichen Bereich

**Heizkörperbekleidungen**

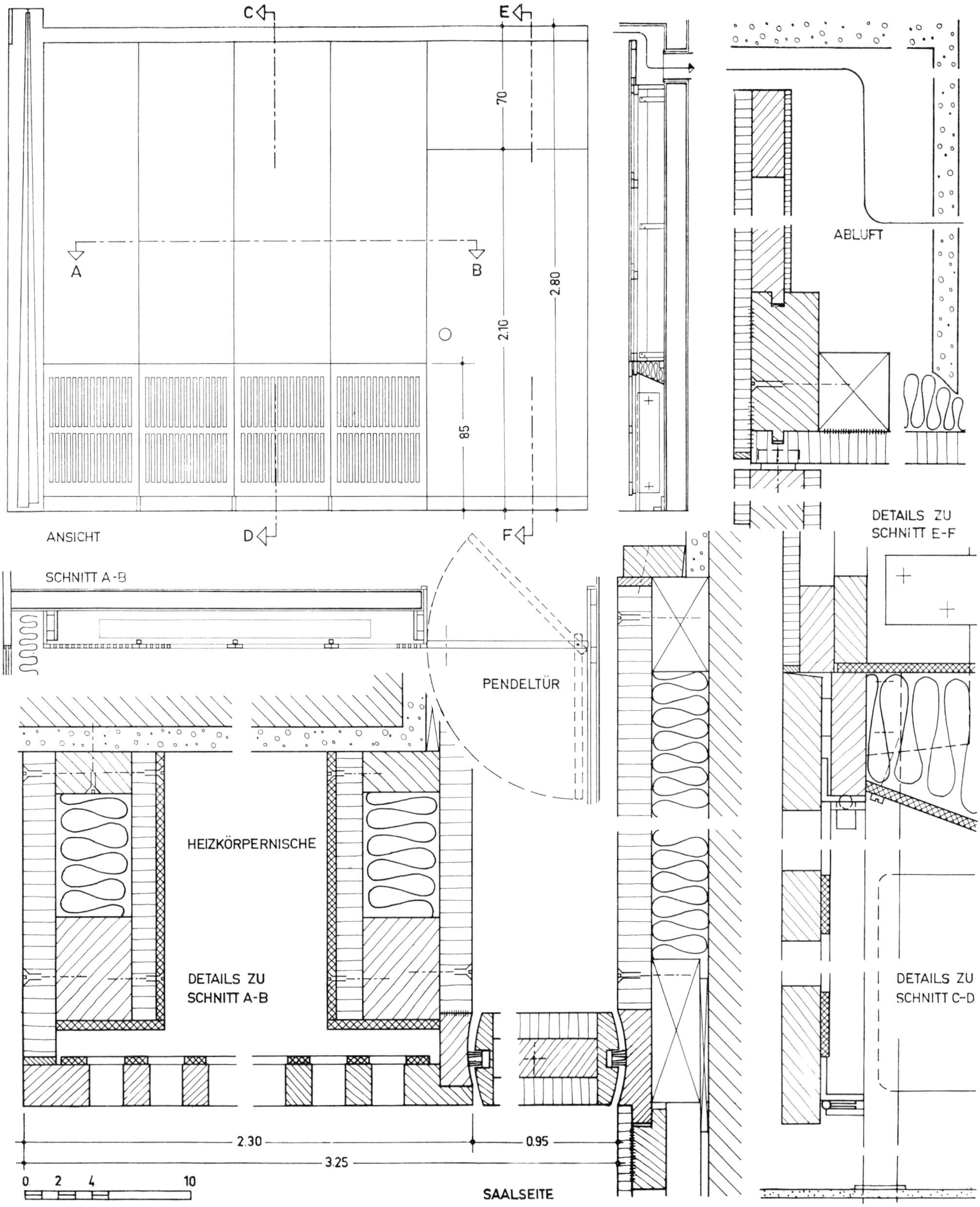

ANSICHT

70

2.80

2.10

85

C

E

A

B

D

F

SCHNITT A-B

PENDELTÜR

ABLUFT

DETAILS ZU
SCHNITT E-F

HEIZKÖRPERNISCHE

DETAILS ZU
SCHNITT A-B

DETAILS ZU
SCHNITT C-D

2.30

0.95

3.25

0   2   4        10

SAALSEITE

## Raumhohe Trennwand in einem Restaurant

Die neun Türfelder trennen bei Bedarf den Saal in zwei unterschiedlich große, separat erschlossene Räume.

Aufhängung jedes zweiten Türblattes an doppelseitigem Rollenlaufwerk in Laufschiene, durch Befestigungsmuffe an Massivdecke gehalten, untere Rollenführung in Messing-U-Schiene 33/37/3. Im geöffneten Zustand wird diese Schiene durch ein Paßprofil geschlossen, fugendicht und bündig. Verbindung der Türblätter miteinander durch je vier dreiteilige Anubabänder. Türblätter: 58 mm starke Kiefernholzrahmen mit beidseitiger 10 mm Spanplattenaufdickung massiv umleimt, Eiche furniert und gekalkt; Schallschluckmaßnahmen: 9,5 mm Rigips-Karton und 13 mm Dämmplatten; Dichtung Hohlkehlprofilausbildung der Blattstöße (Eiche massiv) mit einseitig eingeschlossener Schaumgummidichtung; Bodendichtung doppelseitig durch Filzstreifen als Schleifprofile; Deckenanschlußdichtung einseitig eingefälzter Dämmstreifen.

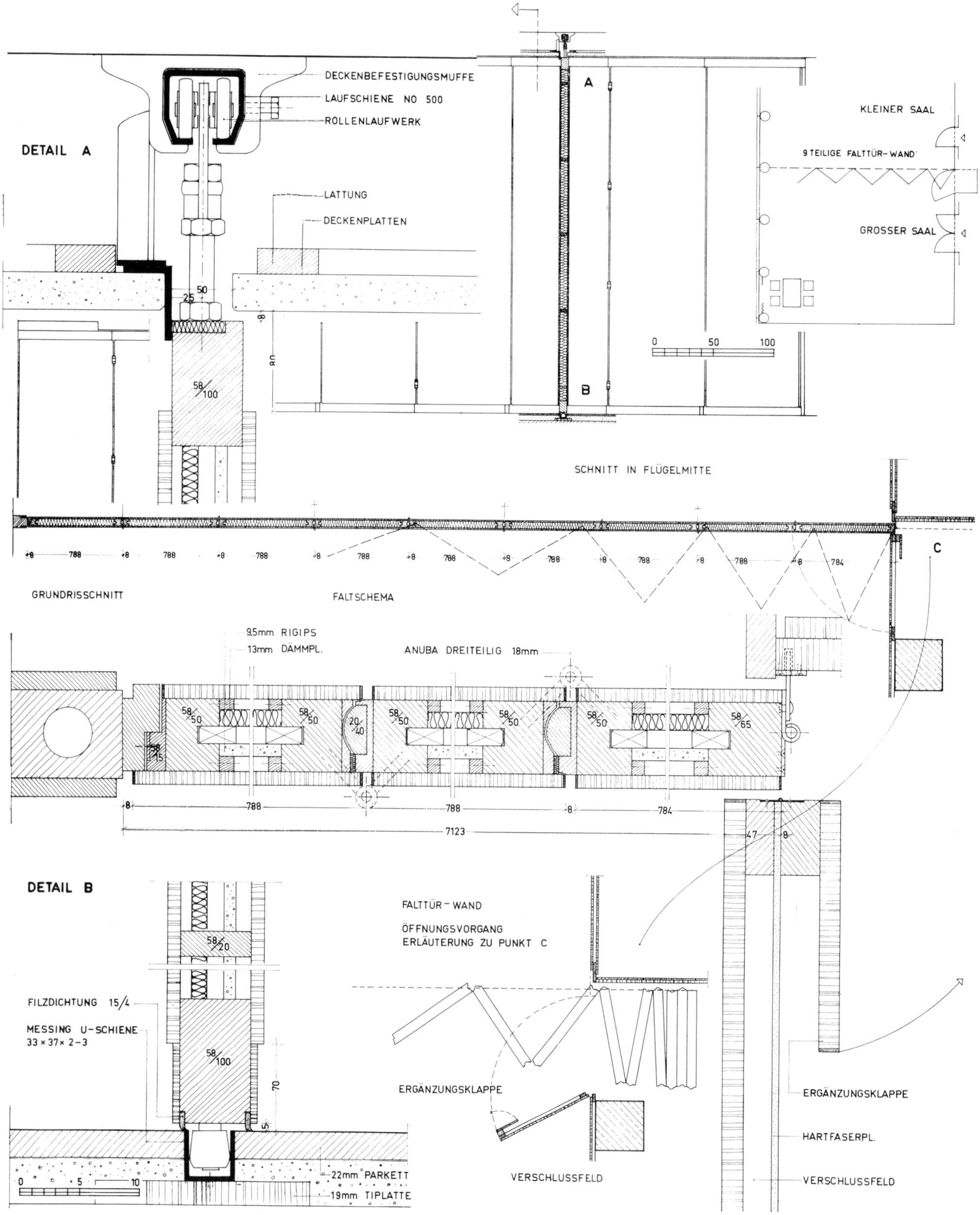

DETAIL A

DECKENBEFESTIGUNGSMUFFE
LAUFSCHIENE NO 500
ROLLENLAUFWERK

LATTUNG
DECKENPLATTEN

25    50
58/100

KLEINER SAAL
9 TEILIGE FALTTÜR-WAND
GROSSER SAAL

0    50    100

A
B

SCHNITT IN FLÜGELMITTE

GRUNDRISSCHNITT          FALTSCHEMA

+8  788  +8  788  +8  788  +8  788  +8  788  +8  788  +8  784

C

9,5mm RIGIPS
13mm DÄMMPL.          ANUBA DREITEILIG 18mm

58/50   58/50   20/40   58/50   58/50   58/50   58/65
15

+8  ——788——  ——788——  +8  ——784——

——————7123——————

47  +8

DETAIL B

58/20

FILZDICHTUNG 15/4

MESSING U-SCHIENE
33×37× 2-3

58/100

70

FALTTÜR-WAND

ÖFFNUNGSVORGANG
ERLÄUTERUNG ZU PUNKT C

ERGÄNZUNGSKLAPPE

ERGÄNZUNGSKLAPPE

HARTFASERPL.

0   5   10

22mm PARKETT
19mm TIPLATTE

VERSCHLUSSFELD          VERSCHLUSSFELD

**Falttür als Garderobenabtrennung**
Ausführung: Türblätter in Rahmenkonstruktionen aus Kiefernholz 28 mm mit beidseitiger Sperrholz-Aufdoppelung 6 mm. Außenflächen Nußbaumholz furniert und mattiert. Sockelbelag Thermopal-Homotex 6 mm. Türbeschlag Firma Hespe und Wölm; Laufschiene Helm 100, Rollapparat Nr. 186, doppelpaarig. Tragwinkel für Ausführung B Nr. 197. Führungsschiene U-Profil Nr. 340 (25×25). Führungsrolle Nr. 250.

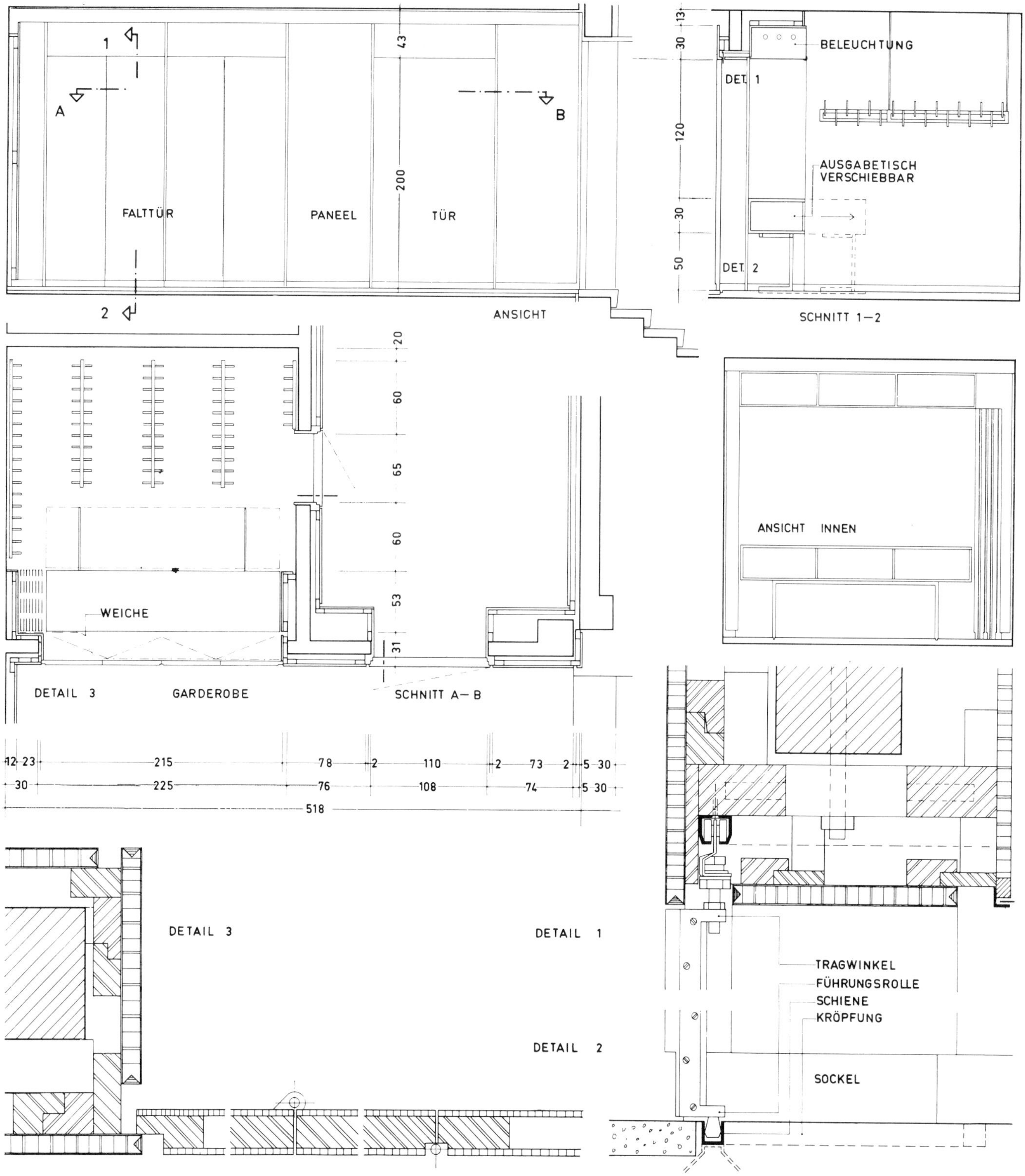

# Innenausbauten im öffentlichen Bereich

**Falttüren**

FALTTÜR  PANEEL  TÜR

43  200

1  A  2  B

ANSICHT

BELEUCHTUNG

DET. 1

AUSGABETISCH VERSCHIEBBAR

DET. 2

30  13  120  30  50

SCHNITT 1—2

WEICHE

DETAIL 3  GARDEROBE

SCHNITT A—B

20  60  65  60  53  31

ANSICHT INNEN

12  23  215  78  2  110  2  73  2  5  30
30  225  76  108  74  5  30
518

DETAIL 3

DETAIL 1

DETAIL 2

TRAGWINKEL
FÜHRUNGSROLLE
SCHIENE
KRÖPFUNG

SOCKEL

**Teleskopschiebetür in einem Hotel**
Die dreiteilige Wand hat ein festes und zwei bewegliche Schiebefelder. Die großen Holzflächen sind in Rechtecke gegliedert, die gegeneinander versetzt sind. Die Fugen ziehen sich als feines Netz über die Flächen. Die Schlupftür wird von diesem Netz unauffällig aufgenommen. Durch die Wand ist der hintere Teil des Raumes für Festlichkeiten in geschlossenem Rahmen abzutrennen. In geöffnetem Zustand bildet der Raum eine Einheit. Das verbleibende Wandpaket wirkt nunmehr als hölzerne Scheibe.

Alle Wandtafeln, in Montagerahmen vorgefertigt aus 50×50 mm Kiefer mit gefederten Holzverbindungen; beidseitig mit 11 mm Spanplatte aufgedickt, Eiche furniert und gekalkt. Schallschutz: doppelte Rigipsplatten, welche drei 10–12 mm starke Luftkisseneinschlüsse bilden. Dichtung: Schleifprofile, z. T. doppelt, aus Gummi bzw. Filz.

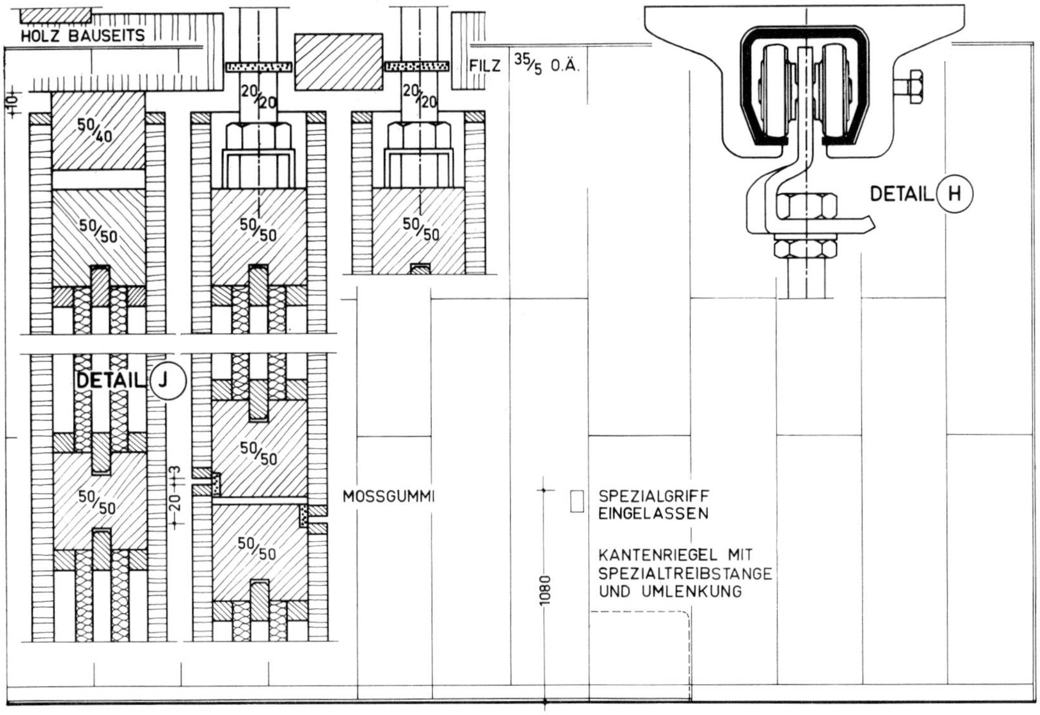

HOLZ BAUSEITS

FILZ 35/5 O.Ä.

20/20   20/20

50/40

50/50   50/50   50/50

DETAIL H

DETAIL J

50/50

20+3

50/50

50/50

MOSSGUMMI

50/50

SPEZIALGRIFF
EINGELASSEN

KANTENRIEGEL MIT
SPEZIALTREIBSTANGE
UND UMLENKUNG

1080

ANSICHT DER SCHIEBETÜRWAND

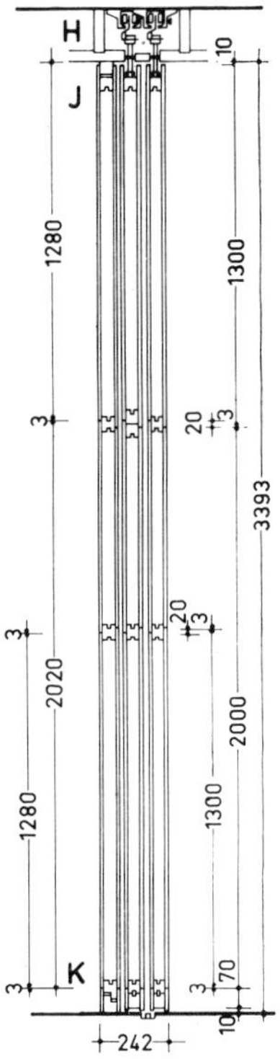

H

J

1280   1300

3393

3   20+3

2020   2000

1280   1300

3   3

K   3   70

10

242

VERTIKALSCHNITT

5295

1740   1740   1790   25

433   433   433   432   433   433   433   432   445   445   445   446

497   497

A   B   C   D   E   F   G   I

449   449   449   449   388   413   413   517   436   435   435   435

453   501

1805   1740   1750

11 12 8 10 8 12 11 13   72   13   72

DÄMMPLATTE
RIGIPS   DETAIL K

DETAIL F

50/50   50/50

+3

60/45

50/50

50/50   50/50

50/50

3+

50/70   50/50   50/50

80

50/50   50/50

50/50

DICHTUNGSFILZ 40/6 O.Ä.

I P 100 O.Ä.

25

FILZ/GUMMI

50/50

DETAIL G

0   5

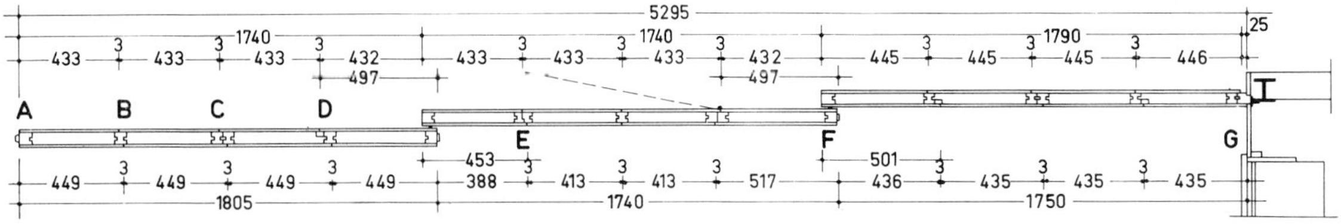

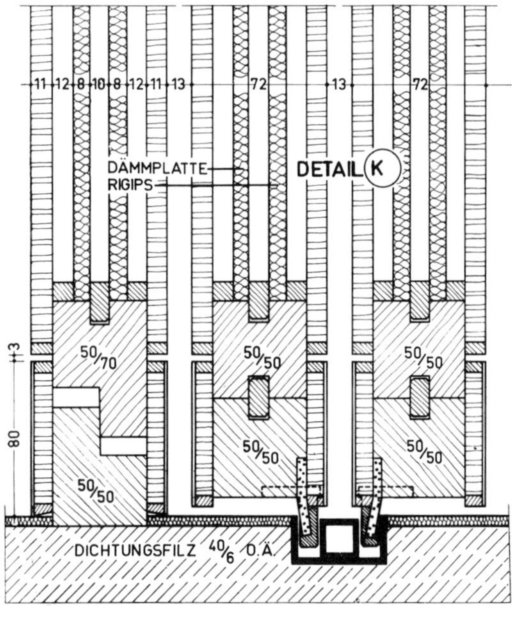

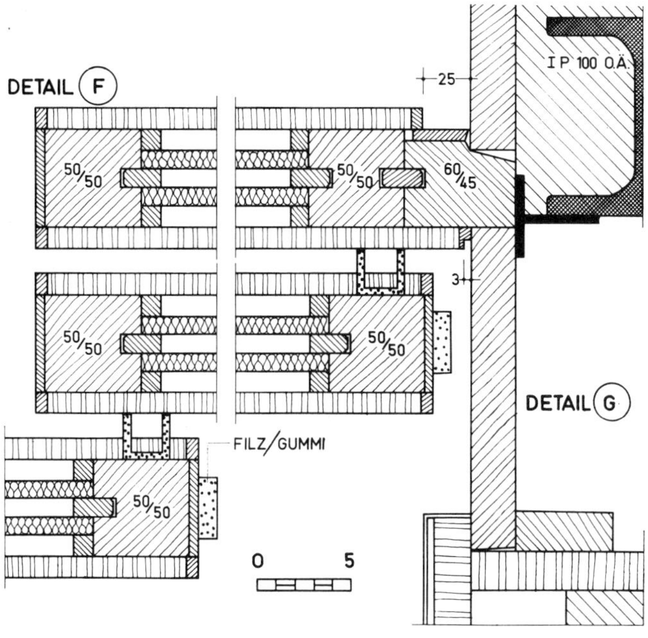

**Schiebetafeln in einem Museum**
Ausführung: Paneelfelder und Schiebewände, 16 mm Tischlerplatte, Eiche furniert, aus 8 cm breiten Streifen mit Federn verbunden. Unterkonstruktion Kiefer. Oberfläche grünlichgrau gebeizt und mit Artiplaster mattiert. Mipolam-Sockel dunkelgrau. Schiebewandelemente in zwei Teilen gearbeitet und am Bau mit Schloßschrauben verbunden. Bekleidungsbretter im Bereich der Rollapparate mit Linsenkopfbettbeschlag aushängbar. Schiebetürlaufbeschlag Fabrikat Helm, Profil Nr. 400 mit Wandbefestigungsmuffen und doppelpaarigen Rollenapparaten. Untere Führung ein Stift im Bereich der Vertäfelungen. Hakenriegelschlösser mit Klappringschlüsseln und Schiebetürmuscheln in Leichtmetall. Anschlagnut mit Moosgummi ausgekleidet.

## Innenausbauten im öffentlichen Bereich

**Schiebetüren**

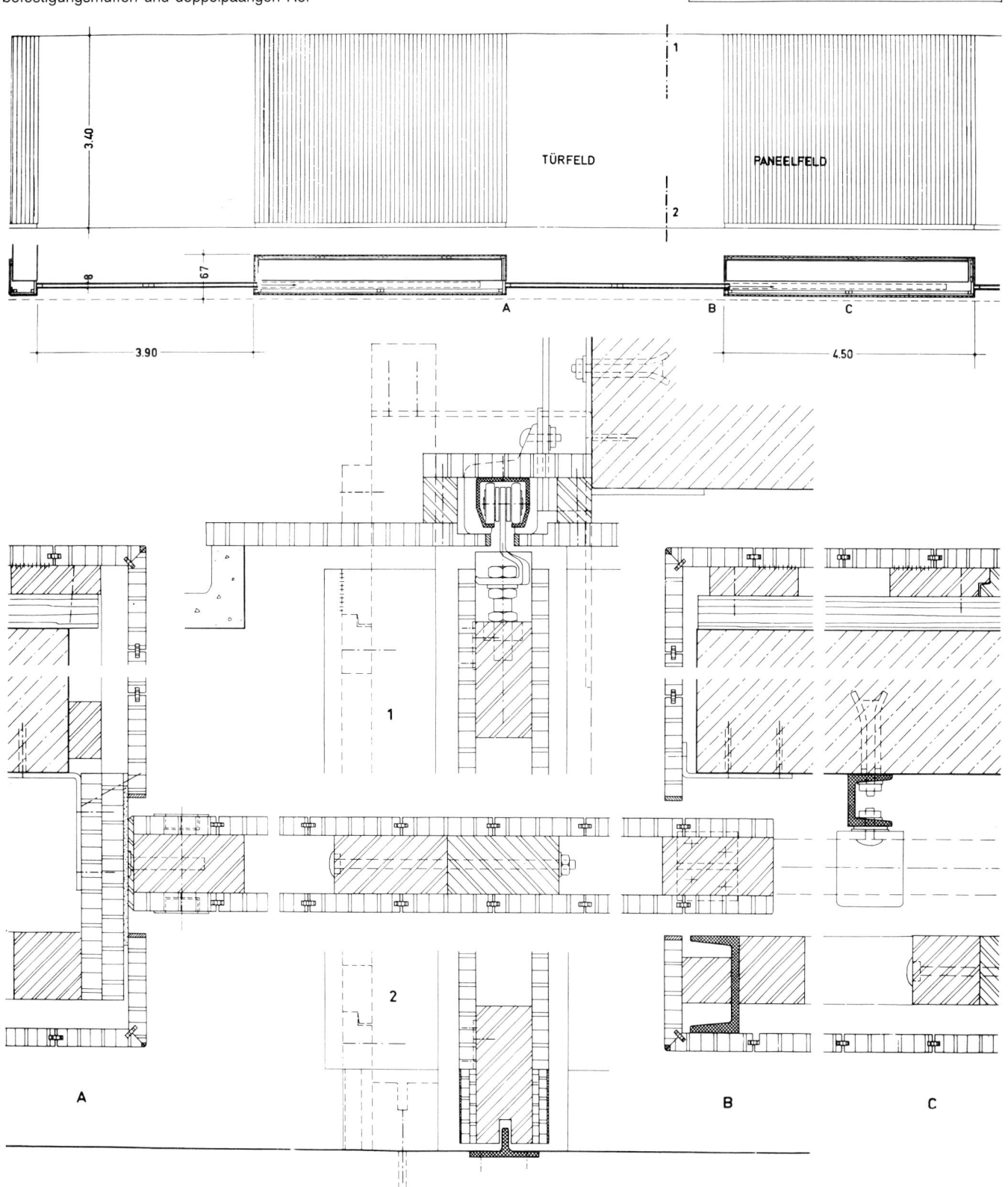

**Schallgedämmte Zugangstür für ein Sitzungszimmer**

Die Paneelfelder der Trennwände sind in Sichthöhe aufklappbar und geben Magnetflächen für das Anheften von Zeichnungen und Bildern zu Demonstrationszwecken frei.

Alle Flächen aus Dreischichten-Spanplatten, Saalseite Nußbaum furniert und mattiert, Flurseite kanadisches Rüsternholz geölt und anpoliert. Innenseiten der offenen Regalablagen mit schilfgrünem Resopal belegt. Magnettafelbleche Magnetoplan, aufgeklebt, Haftmagnete tragend.

Beschläge: Schallhemmende Tür mit drei Bändern mit losem Dorn, BKS-Einsteckschloß, Agro-Drücker-Garnitur mit verdeckt verschraubten Rosetten, aluminiumfarben eloxiert. Dichtungen: seitlich und oben dreifacher Falz mit auswechselbarer Gummilippendichtung; Sede-Fußbodendichtung. Einbetonierte Konsoleisen aus T-Profilen tragen frei vor der Wand die offene Regalablage.

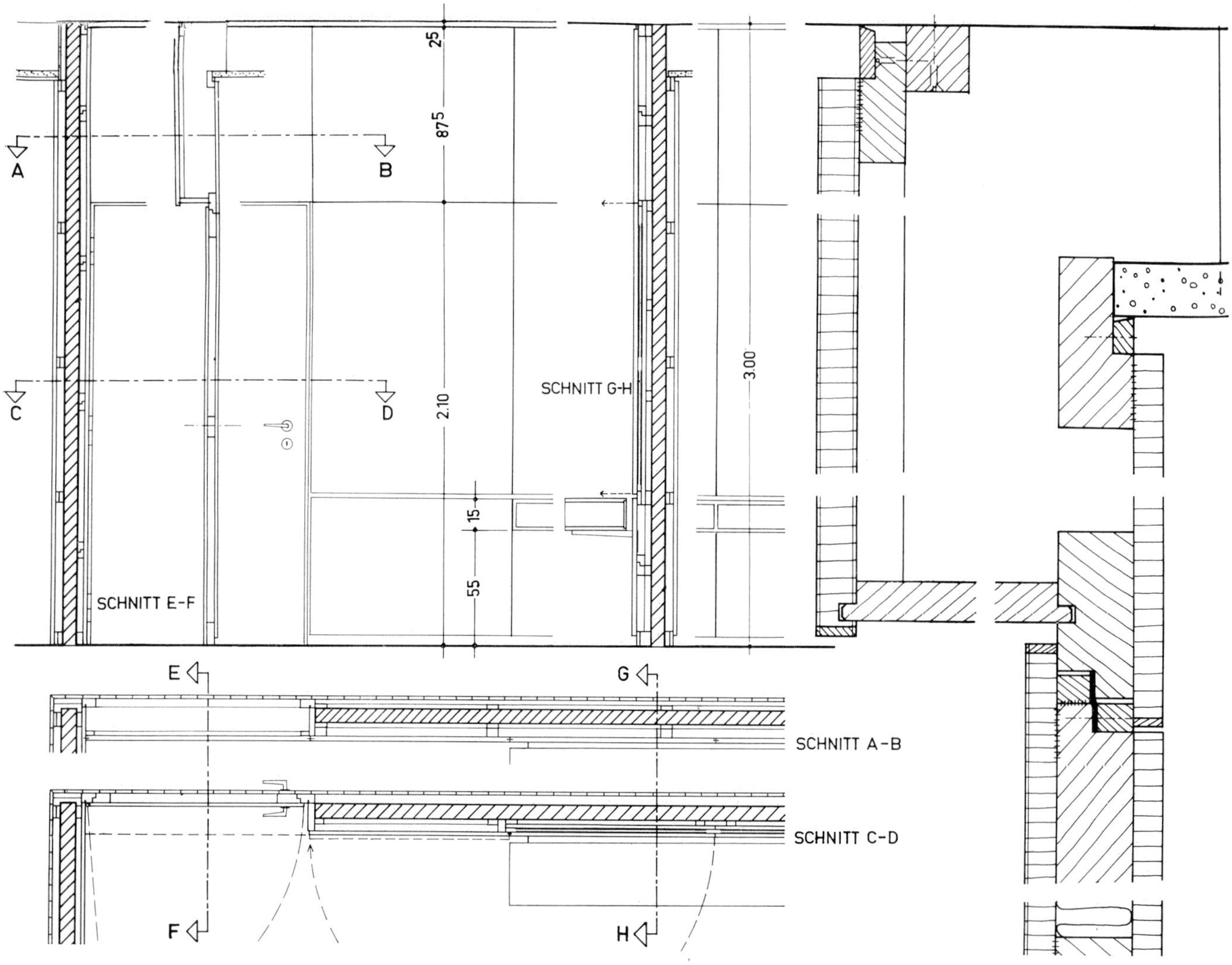

25

875

A

B

SCHNITT G-H

C

D

2.10

3.00

15

55

SCHNITT E-F

E

G

SCHNITT A-B

SCHNITT C-D

F

H

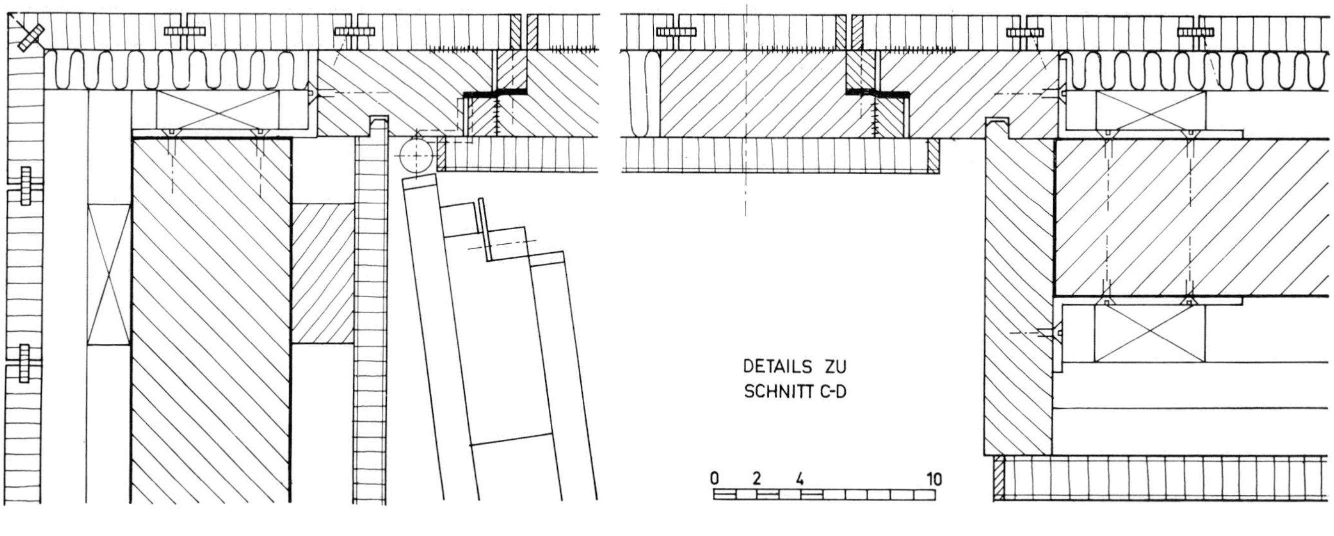

DETAILS ZU SCHNITT C-D

0  2  4        10

**Doppeltüranlage für ein Direktionszimmer**
Durch die Anordnung von zwei Türen (mit dem Zweck, auch im Flur eine gerade Front zu erhalten) wird eine Luftschleuse gebildet, welche der akustischen Isolierung dient. Die notwendigen Ausstattungen, wie Garderobenschrank und Waschbecken, sind in den Einbau einbezogen und treten damit optisch nicht gesondert in Erscheinung. Der Nischenraum ist durch die Unterbringung eines Tresors fast in seiner ganzen Tiefe ausgenutzt.

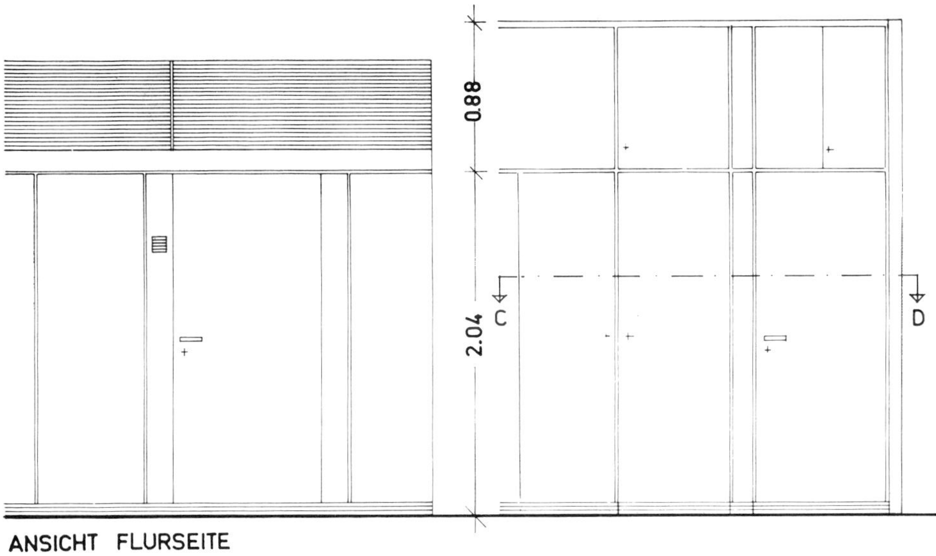

## Innenausbauten im öffentlichen Bereich

**Schalldämmtüren**

0.88

2.04

C

D

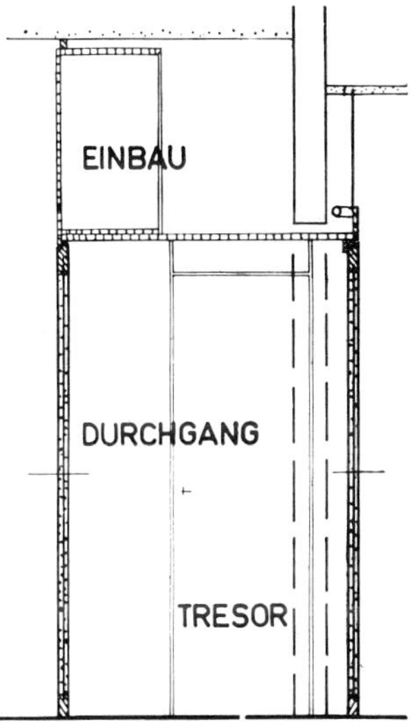

EINBAU

DURCHGANG

TRESOR

ANSICHT FLURSEITE

SCHNITT A-B

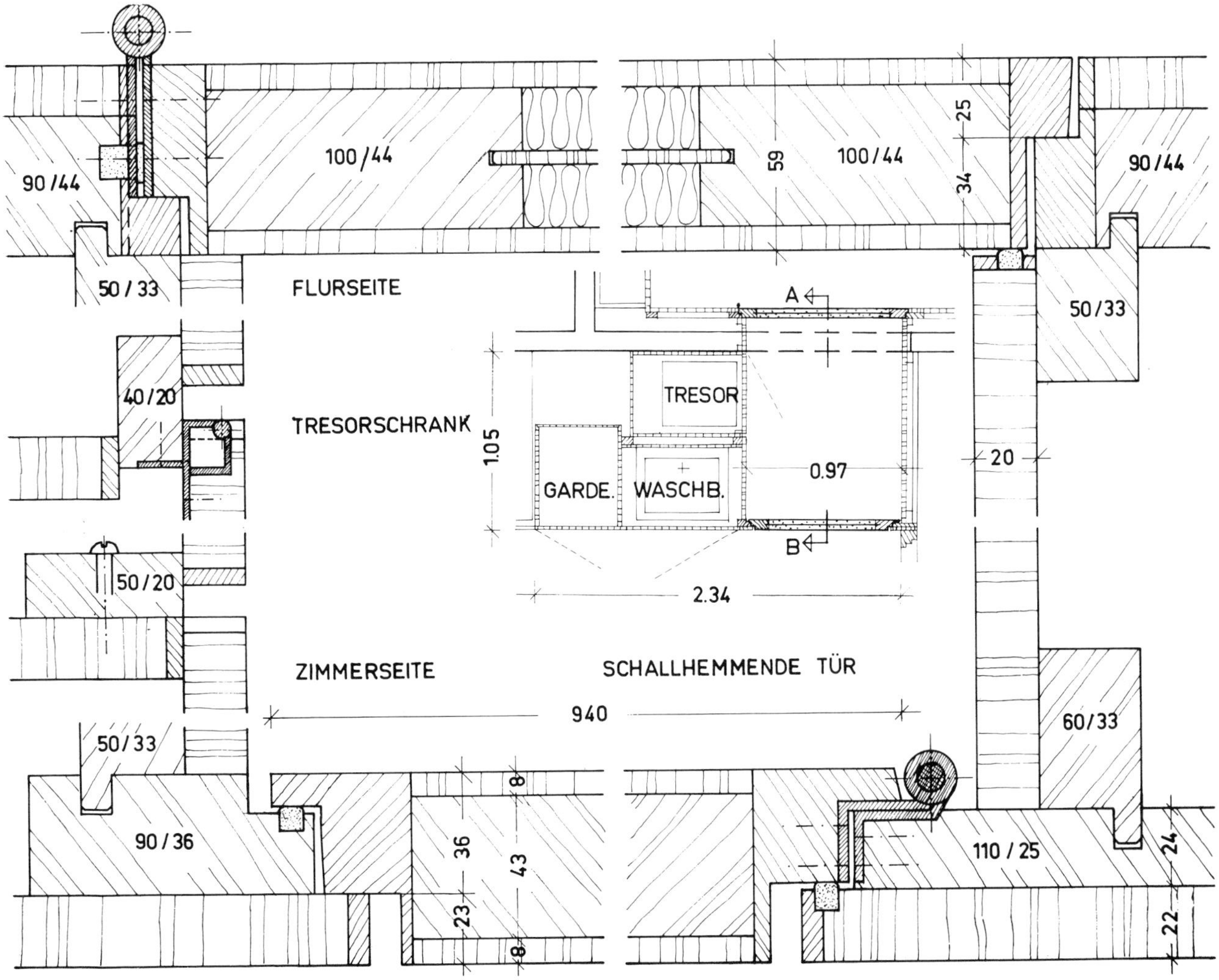

100/44

90/44

59

100/44

25

34

90/44

50/33

FLURSEITE

50/33

40/20

TRESORSCHRANK

1.05

TRESOR

GARDE. WASCHB.

0.97

20

50/20

B

2.34

ZIMMERSEITE

SCHALLHEMMENDE TÜR

60/33

940

50/33

8

90/36

36

43

23

8

110/25

24

22

A

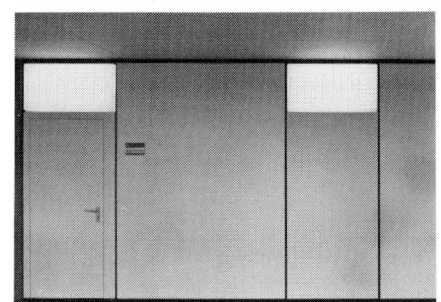

### Trennwandschränke in einem Rathaus

Die Entwicklung der Wände wurde von den Architekten in engster Zusammenarbeit mit der Herstellerfirma betrieben. Die hier gebrachte Zeichnung stellt noch nicht die Endausführung dar, ist jedoch in sich vollgültig.
Aufbau: Tragekonstruktion Kiefernholzrahmen, im Mittel 80 mm stark; Aufdicktungen, Raumseite Tischlerplatten übertapeziert, Flurseite Thermopalbeschichtete Spanplatten; Nuten und Sockelfälze schwarz gebeizt; Isolierung: im Kern Porengipsplatten, beidseitig Mineralwollematten; Filzstreifen verhüten

Schallbrücken; Türblätter: Honold-Fertigtüren mit Gummischlauchdichtung; Anschlag: ONI-Einbohrbänder, schalldämmende Ausführung System Käfer, zweischalig mit Bleifolieneinlage und Schallschluckkammern mit Mineralwollfilzfüllung; Installation: Leuchtröhren hinter Acrylglaswannen mit Asbestplattenauskleidung der Montageflächen.

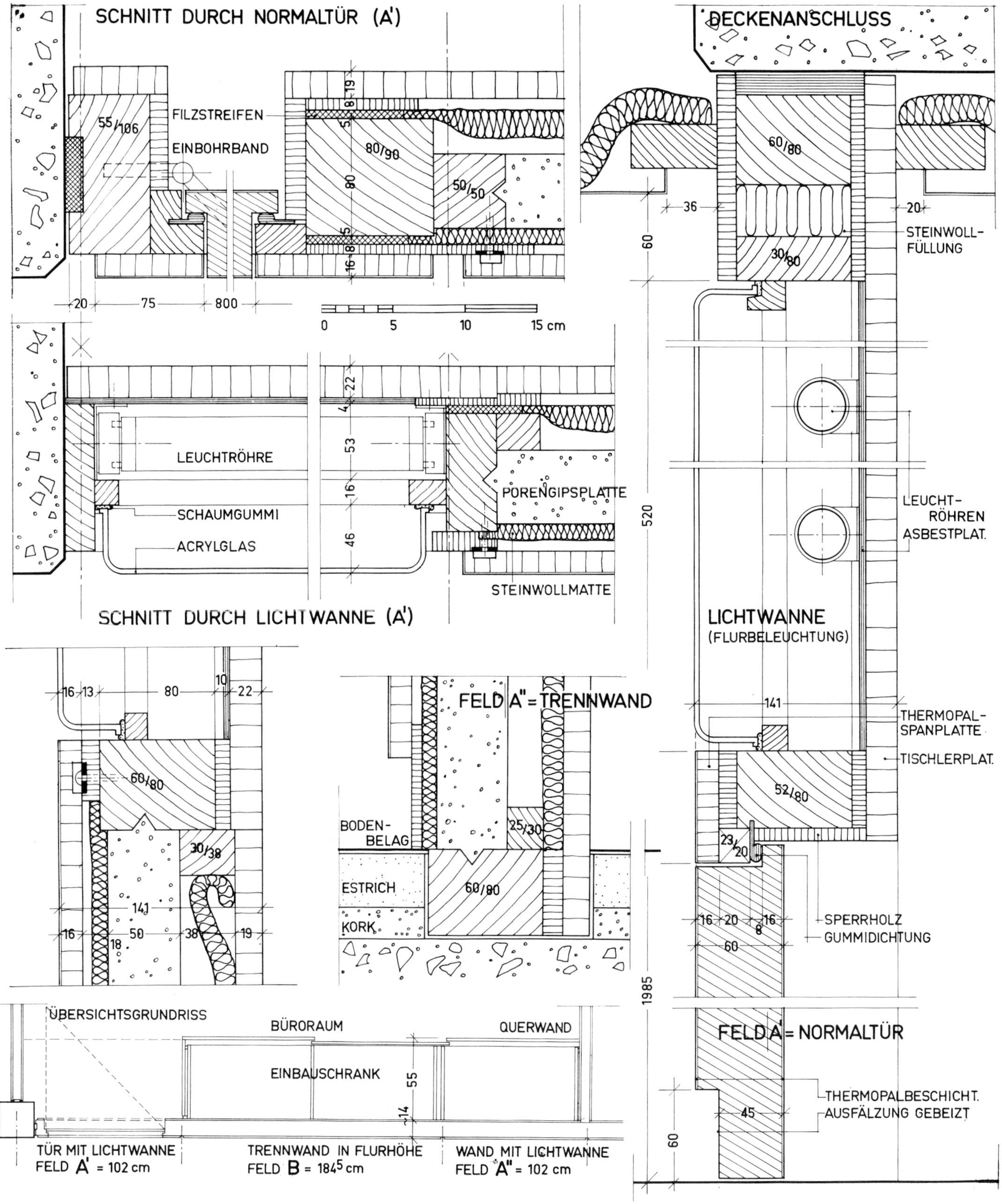

## SCHNITT DURCH NORMALTÜR (A')

FILZSTREIFEN
EINBOHRBAND
55/106
80/90
80
50/50
19
5
8
16
8
5

20 — 75 — 800

0    5    10    15 cm

LEUCHTRÖHRE
SCHAUMGUMMI
ACRYLGLAS
PORENGIPSPLATTE
STEINWOLLMATTE
4
22
53
16
46
520

## SCHNITT DURCH LICHTWANNE (A')

16  13 — 80 — 10 — 22
60/80
30/38
14
16   50   38   19
18

## FELD A'' = TRENNWAND

BODEN-BELAG
ESTRICH
KORK
60/80
25/30
1985

## ÜBERSICHTSGRUNDRISS

BÜRORAUM          QUERWAND
EINBAUSCHRANK
55
14

TÜR MIT LICHTWANNE
FELD A' = 102 cm

TRENNWAND IN FLURHÖHE
FELD B = 1845 cm

WAND MIT LICHTWANNE
FELD A'' = 102 cm

## DECKENANSCHLUSS

60/80
30/80
36
20
60
STEINWOLL-FÜLLUNG
LEUCHT-RÖHREN
ASBESTPLAT.

## LICHTWANNE
(FLURBELEUCHTUNG)

141
52/80
23/20
16  20  16
8
60
THERMOPAL-SPANPLATTE
TISCHLERPLAT.
SPERRHOLZ
GUMMIDICHTUNG

## FELD A' = NORMALTÜR

45
60
THERMOPALBESCHICHT.
AUSFÄLZUNG GEBEIZT

**Zweiseitige Schrankeinbauten als
Trennung zwischen Büroräumen und Flur**
Die Schränke enthalten verstellbare Einlegeböden für Akten, Kleiderstangen für Gardero-
ben, Nischen mit Handwaschbecken. Im Sonderfall sind auch Tresore und Feuerlöscher in
die Einbauten einbezogen. Die Oberlichtbän-
der sind mit mattiertem Riffelglas fest verglast.
Dichtungen: Sede-Fußbodendichtung mit
Kunststoff-Schwellanlaufprofil, seitlich und
oben mit eingenuteten Moosgummistreifen.

# Innenausbauten im öffentlichen Bereich

**Trennwandschränke**

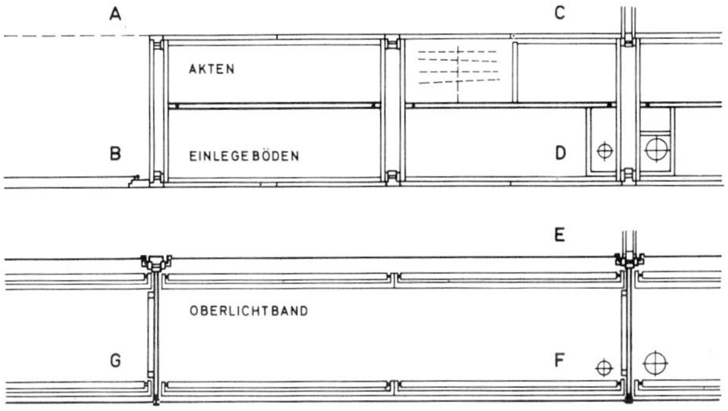

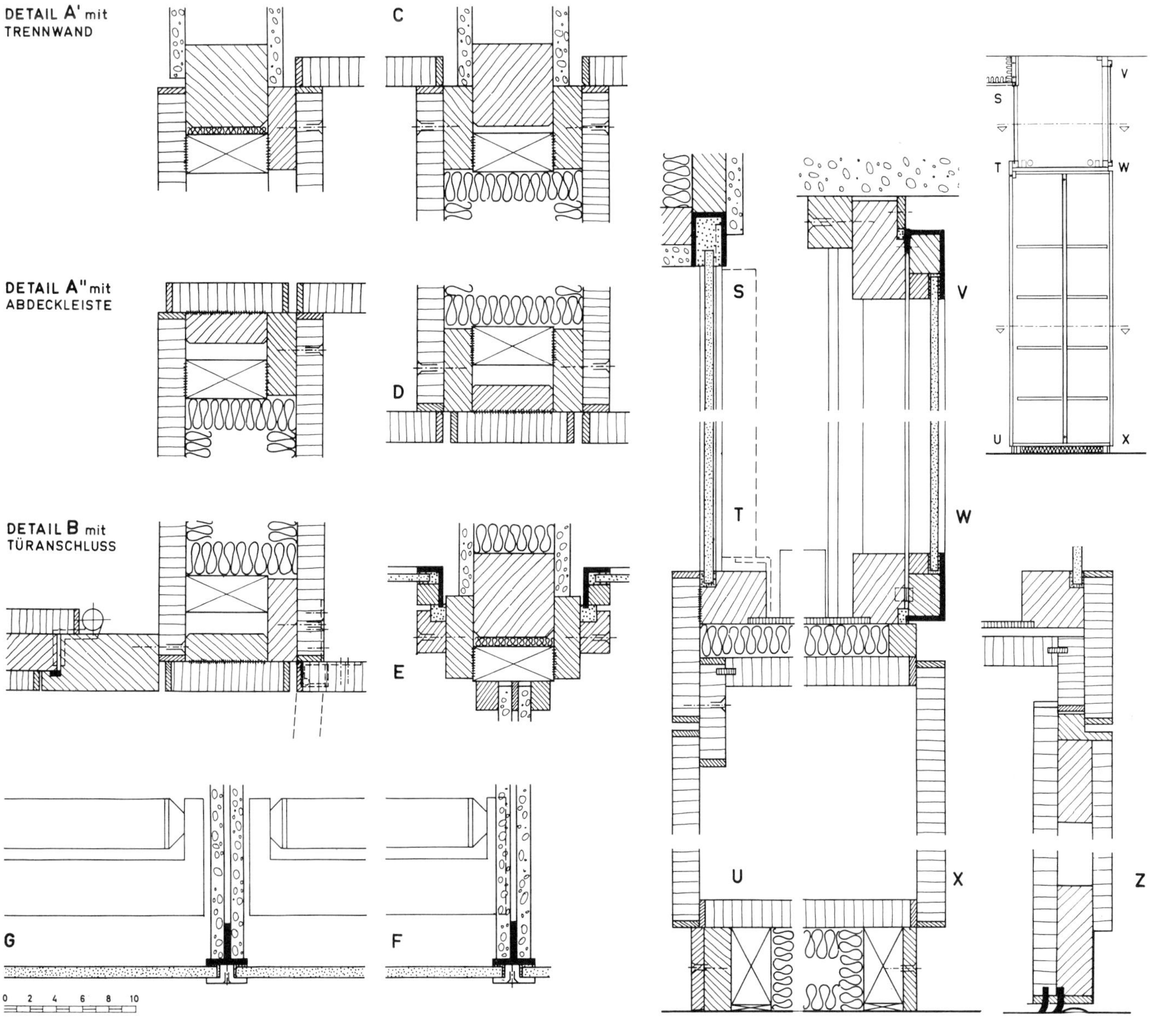

0  20  40  60  80  100

A        C

AKTEN

B        EINLEGEBÖDEN        D

E

OBERLICHTBAND

G        F

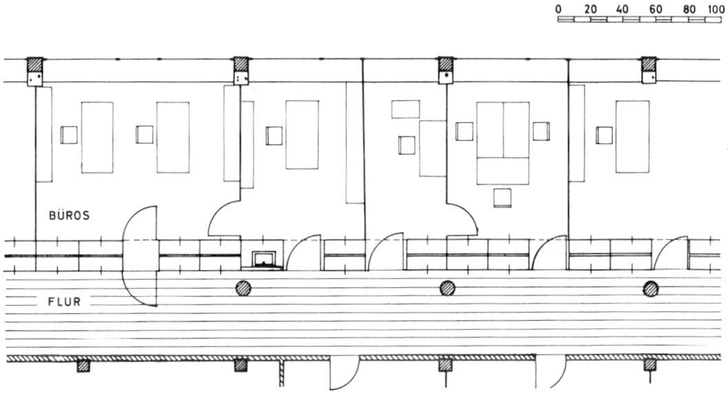

BÜROS

FLUR

**DETAIL A' mit
TRENNWAND**

C

**DETAIL A" mit
ABDECKLEISTE**

D

S

V

**DETAIL B mit
TÜRANSCHLUSS**

E

S

V

T

W

G        F

U        X        Z

0  2  4  6  8  10

## Schrankwand in einer Schule

Die Schrankwand mit auskragenden Schubkastenkörpern und Oberschränken mit Leiter steht unter einem Betondeckenbalken inmitten eines Zeichensaales, den sie damit in zwei Räume aufteilt. Sie sind mit einer Tür untereinander verbunden. Neben der Unterbringung von Akten und anderem Bürobedarf in Schränken wurde die Anordnung von fast 80 cm tiefen Schubkästen für Zeichnungen verlangt. Sie wurden in Korpuseinheiten untergebracht, die auf einer Seite bündig liegen und auf der anderen weit herausstehen.

Die Schränke sind etwas über einen Meter breit, ihre Drehtüren stehen damit geöffnet nur 50 cm in den Raum. Bei einer Höhe von 3,40 m wurde ein Oberschrank notwendig, er ist über eine Leitertreppe zu erreichen. Da Drehtüren von einer Leiter aus schlecht zu bedienen sind, wurden hier Schiebetüren angeordnet. Ihr Format reicht über zwei untere Türfelder, sie lassen sich damit gut schieben. Die Montage der Oberschränke erfolgt auf starken, durchlaufenden Ausgleichshölzern, an denen auch das Brett befestigt ist, in das die Leiter eingeklinkt ist.

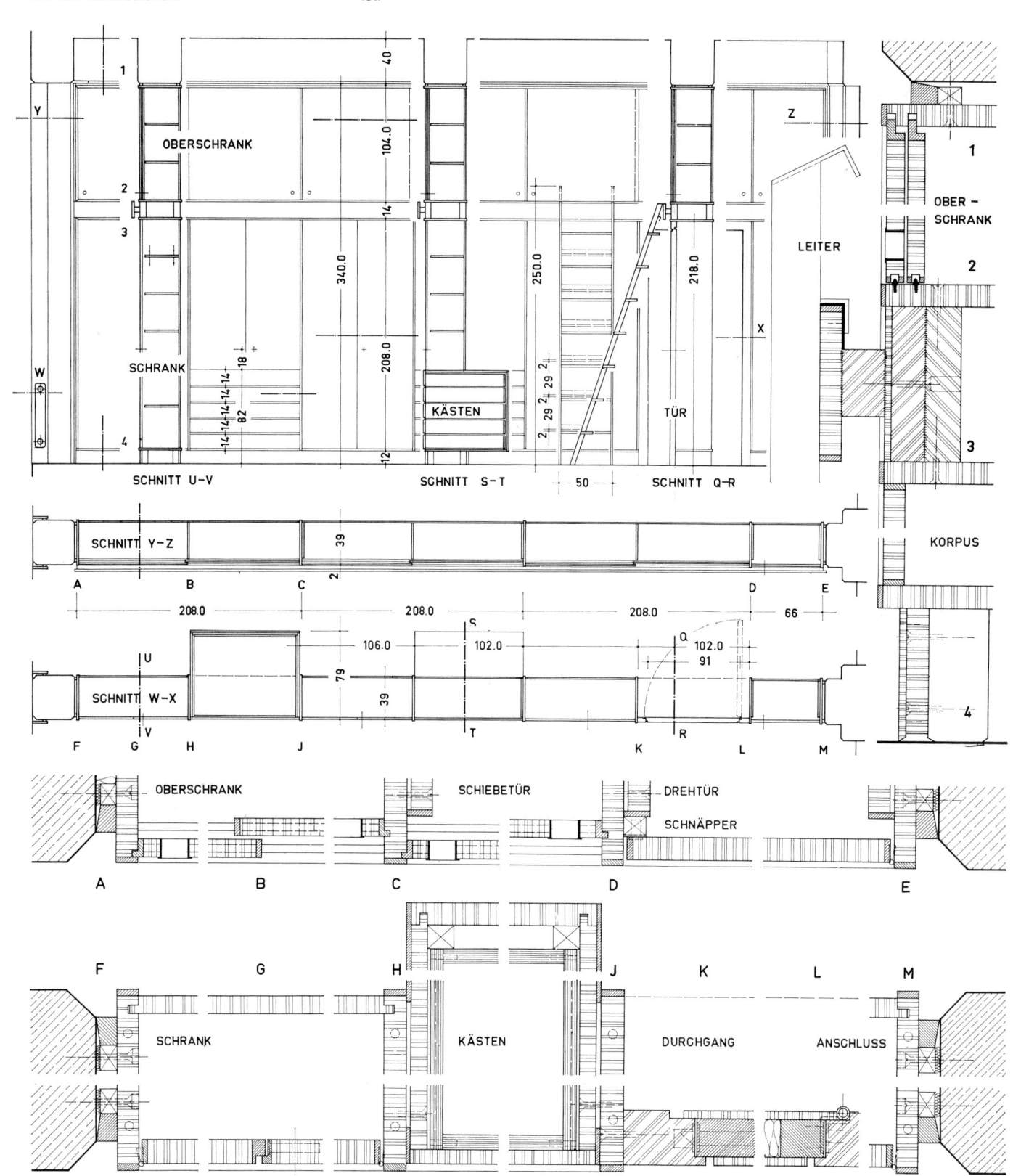

**Deckenhoher Einbauschrank in einem Atelier**

Ausführung: Unterkonstruktionen Kiefer massiv. Sichtbare Teile graphitgrau gestrichen. Wände zweischalig mit Rigipsplatten 9,5 mm und beidseitiger Aufdicktung, Spanplatte 20 mm, Formica beschichtet, außen weiß, innen Gegenmaterial. Schrankkorpusteile und Zimmertür ebenfalls. Türblatt System Westag. Kanten Teakholz massiv. Schranksockel Mipolambelag grau. Oberlicht und Türseitenfelder doppeltes Ornamentglas, im Kittbett.

Beschlag: Zimmertür dreiteilige Anubabänder 16 mm vernickelt. Doppelfallenschloß mit Zylinder und automatischer Sicherheitssperrung. Schranktüren je drei Heinze-Bänder, verdeckt. Espangolette-Schlösser mit Zylinder.

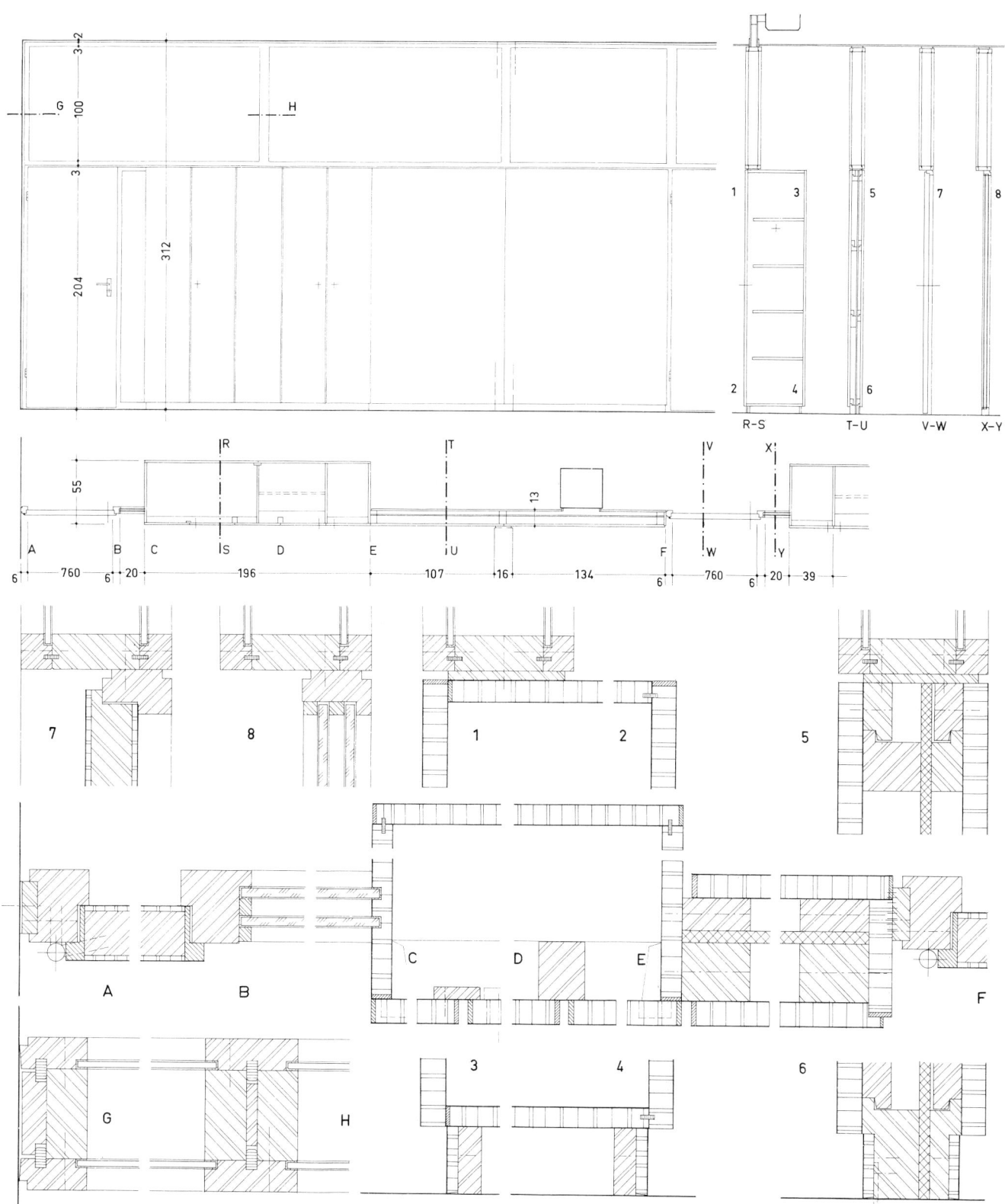

**Freistehende Pförtnerloge mit Telefonbox**
Die Funktionen eines Pförtnerplatzes sollten bei dieser schwierigen Aufgabe mit den Anforderungen der Repräsentation einer Eingangshalle verbunden werden. Vorliegendes Beispiel zeigt eine ebenso eigenwillige wie überzeugende Lösung.
Tresen und Schrankkörper mit graphitgrau-blauem, mattgebürstetem Getalit beklebt; Telefonzelle innen mit gelochten Hornitexplatten ausgekleidet, Zellenwände zur Schallisolierung zweischalig mit einliegender Glaswolle-isolierung. Tresensockel aus 10–12 mm star-

kem Kristallspiegelglas, zusätzlich vier Stahlrohrstützen mit elektrischen Zuleitungen. Gläser oberhalb des Tresens im Blatt eingenutet und auf Gehrung zusammengeklebt. Ganzglastür aus Sekurit-Sicherheitsglas, mit Bodenschließer angeschlagen. Bodenbelag der Halle und Telefonzelle italienischer Marmor, Boden der Pförtnerloge aus Wärmegründen Holz mit Unterkonstruktion und Spannteppich.

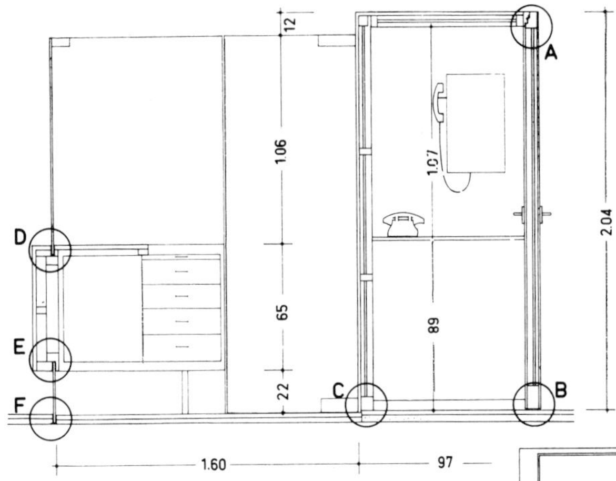

SCHNITT A-B

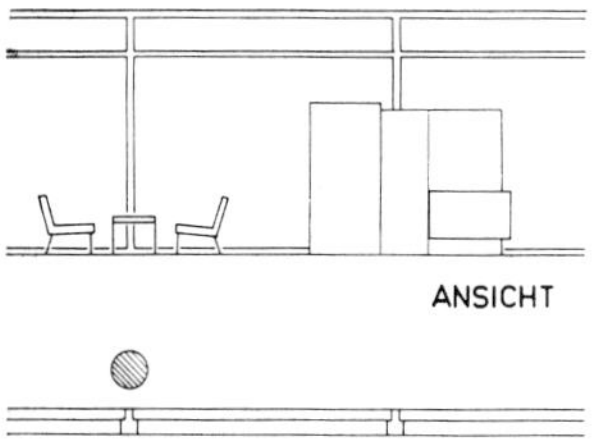

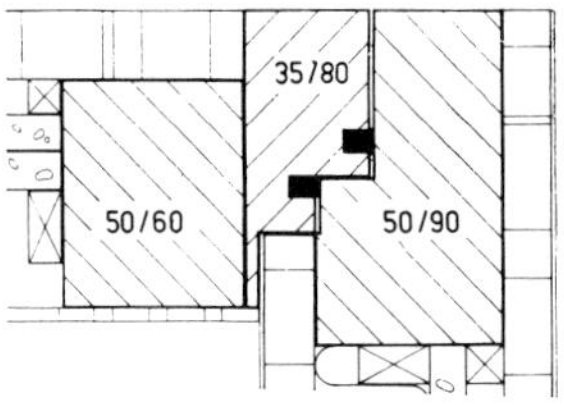

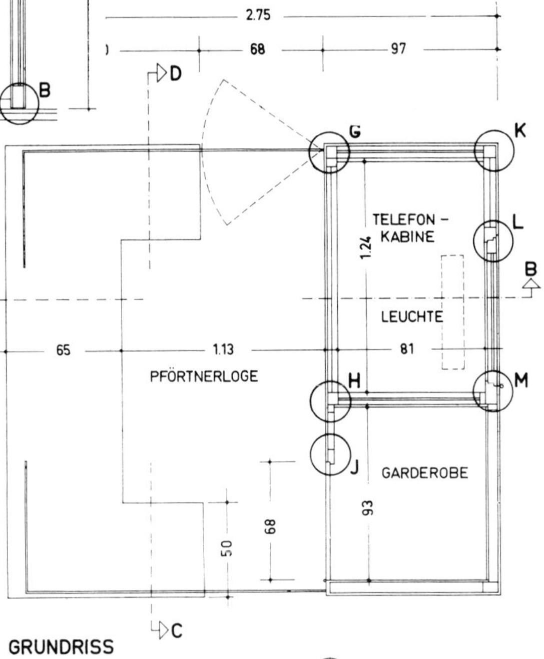

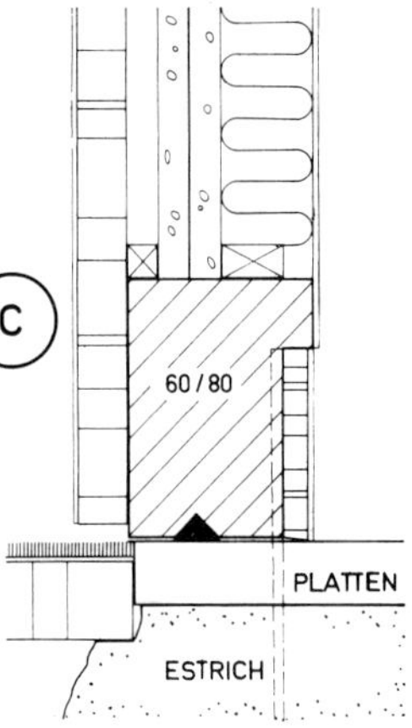

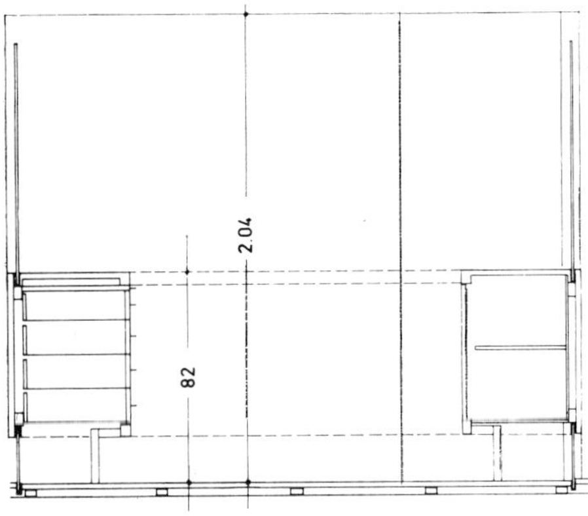

SCHNITT C-D

GRUNDRISS

ANSICHT

TELEFON-KABINE

LEUCHTE

PFÖRTNERLOGE

GARDEROBE

PLATTEN

ESTRICH

HORNITEX
SILAN
RIGIPS
SPANPLATTE
KUNSTSTOFF

PLATTENBELAG

ESTRICH

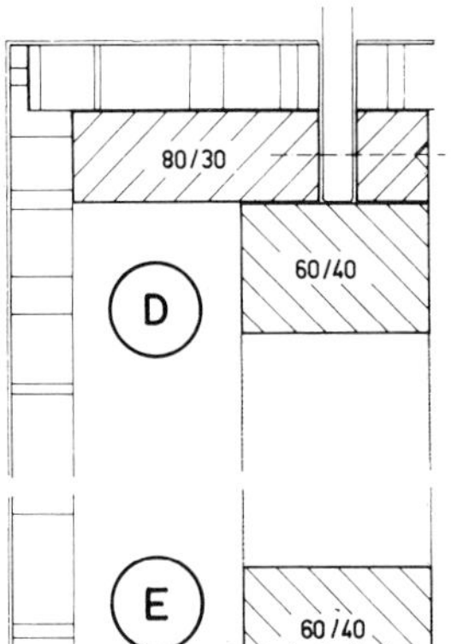

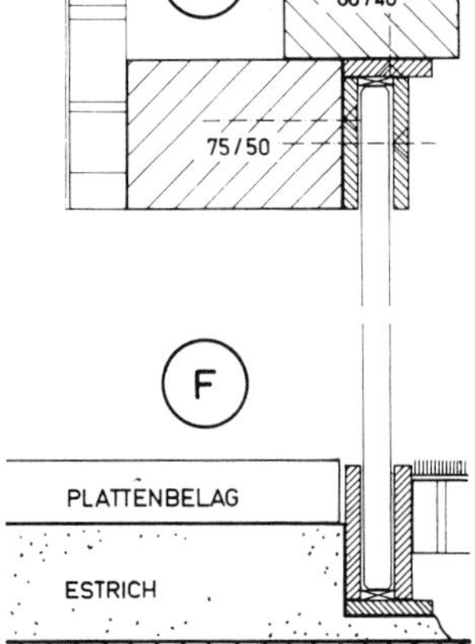

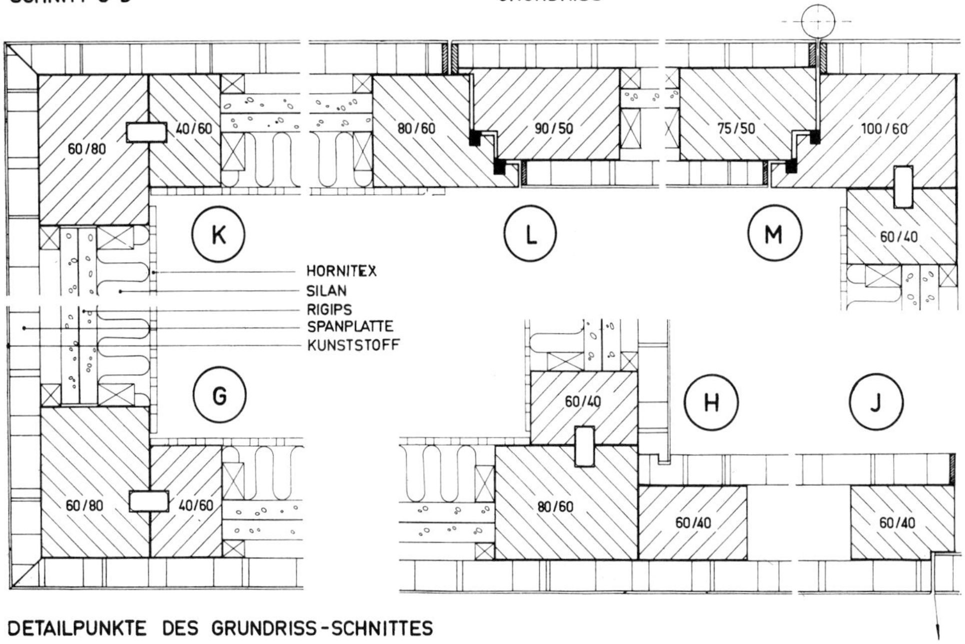

DETAILPUNKTE DES GRUNDRISS-SCHNITTES

**Pförtnerloge mit Postfächern**
Schrankfachtüren, Durchgangstürblatt und Paneele mit Aluminium beschichtet, silbergrau (Fabrikat Kellpax); Sockel und Fugen schwarz gestrichen; offene Fächer auf der Pförtnerseite weiß lackiert; Beschläge: Schranktüren Prämeta-Schnellband verdeckt, Magnetschnäpper, Aluminiumwinkelgriffe aufgeschraubt, Durchgangstür Anuba-Band; Glasschiebetüren mit Kugellaufwerk Uranus; Holzschiebetüren auf Laufrollen mit Führungsriegel.

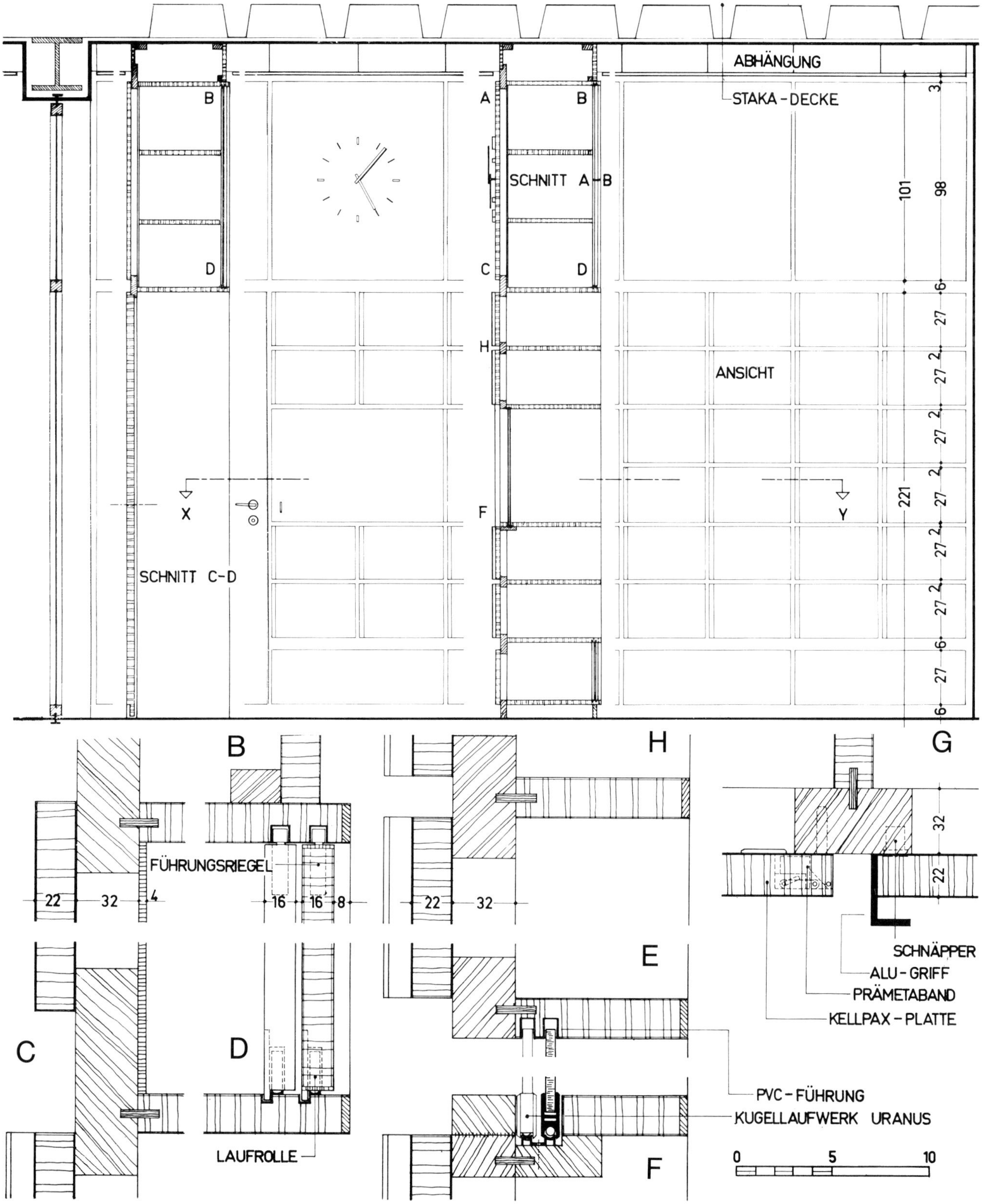

# Innenausbauten im öffentlichen Bereich

**Pförtnerlogen**

ABHÄNGUNG

STAKA – DECKE

B

A B

SCHNITT A-B

C D

H

ANSICHT

F

X

SCHNITT C-D

Y

101    98

3

6

27    2

27    2

221    27    2

27    2

27    2

6

27

6

**B**

FÜHRUNGSRIEGEL

22    32    4    16    16    8

**H**

22    32

**G**

32

22

SCHNÄPPER
ALU – GRIFF
PRÄMETABAND
KELLPAX – PLATTE

**C**    **D**

LAUFROLLE

**E**

**F**

PVC – FÜHRUNG
KUGELLAUFWERK  URANUS

0    5    10

**Trennwände** unterteilen Räume je nach Anforderung mehr oder weniger stark voneinander. Zu unterscheiden sind feste, umsetzbare oder bewegliche Trennwände, sie haben geschlossene, durchsichtige oder durchscheinende Flächen.

**Leichte Trennwände** sind Innenwände mit geringem Gewicht und geringen Dicken. Sie tragen keine Lasten und sind an angrenzenden Bauteilen befestigt.

Die **Gestaltung** von Trennwänden wird durch Nutzungsanforderungen, Material und Konstruktion bestimmt. Dennoch bleibt neben technischen Qualitäten die ästhetische Komponente bei allen Lösungen ausschlaggebend. Da sich Geschmacksvorstellungen wandeln, werden auch dann neue Lösungen verlangt, wenn alte technisch perfekt waren. Deckleisten bieten z. B. hervorragende Fugenabdichtung, lange galten sie jedoch ästhetisch als nicht akzeptabel. Heute diskutiert man wieder über ihren Einsatz.

**Ausführungen** von Trennwänden unterscheiden sich gestalterisch durch die Anordnung der Fugen (durchlaufend oder versetzt), durch die Oberflächen (beschichtet, bespannt oder furniert), durch die Farbgebung (Materialton, Lasuren, Beizen und Anstriche), durch die Kombination mit Schränken und Regalen.

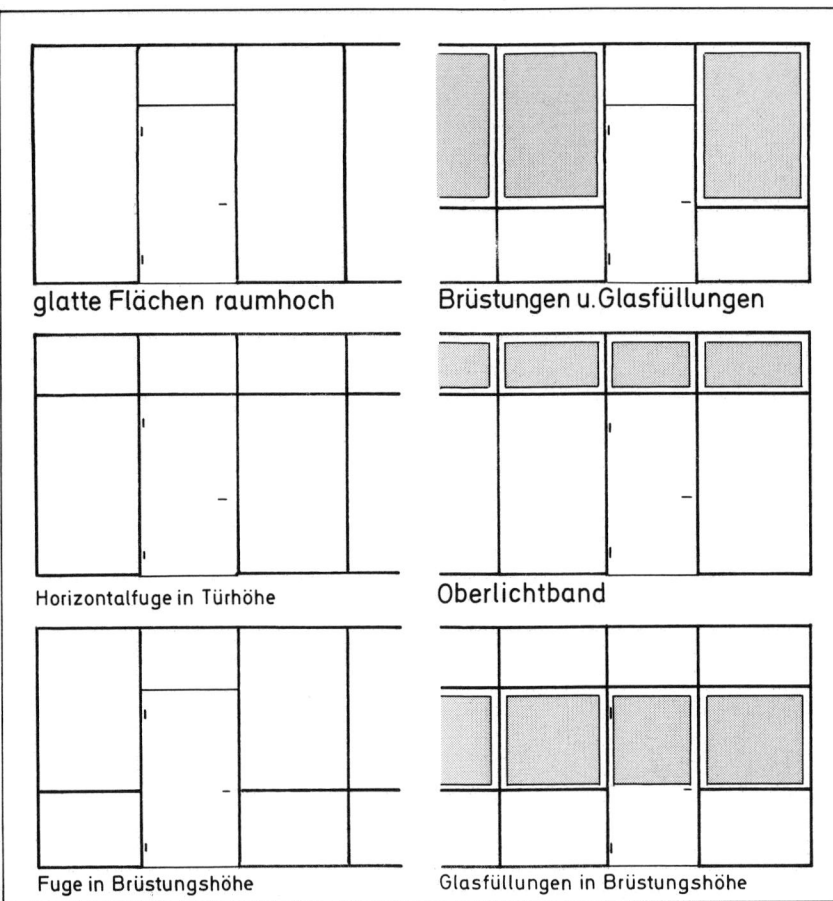

glatte Flächen raumhoch

Brüstungen u. Glasfüllungen

Horizontalfuge in Türhöhe

Oberlichtband

Fuge in Brüstungshöhe

Glasfüllungen in Brüstungshöhe

Als **Konstruktionen** von Trennwänden sind die ein- und zweischalige sowie die Rippen- und die Tafelbauweise zu unterscheiden:

Die **Rippenbauweise** hat Pfosten, Riegel und ggf. diagonale Verstrebungen (Holzstärken 3 cm × 5 cm oder 4 cm × 6 cm). Trennwände in Rippenbauweise werden am Ort zimmermannsmäßig errichtet.

Die **Tafelbauweise** hat vorgefertigte Elemente, die am Ort nur montiert werden müssen.

**Einschalige** Konstruktionen bieten keine gute Schalldämmung.

**Zweischalige** Trennwände haben bei vollständig getrennten Tragwerken keine Schallbrücken und sind sehr schalldämmend.

Die **Befestigung** erfolgt fest durch Schrauben oder lösbar durch Spreizen.

Die **Dichtung** der Anschlüsse an Wand, Decke und Boden erfolgt durch Isolierungen und Leisten.

**Flexible Trennwandsysteme** sind von großer Bedeutung für sich verändernde Raumbedürfnisse im Wohnbau und im Verwaltungsbau.

**Umsetzbare Innenwände** sind dazu bestimmt, bei Bedarf umgesetzt zu werden. Die Montagen müssen ohne Nacharbeitung möglich sein.

Die **Anschlüsse** von Trennwänden an Decken, Böden und Raumwänden oder Stützen sind vor allem dort für die Gesamtqualität entscheidend, wo es auf akustische Trennungen ankommt.
● Wandanschlüsse müssen je nach Beschaffenheit der anschließenden Materialien und Konstruktionen dicht, fest, elastisch oder beweglich ausgeführt werden.
● Die Deckenanschlüsse der Innenwände erfolgen an den Rohdecken.
● Unterdecken werden an die Wände angeschlossen.

Ein Grundriß, zwei Nutzungsvarianten:

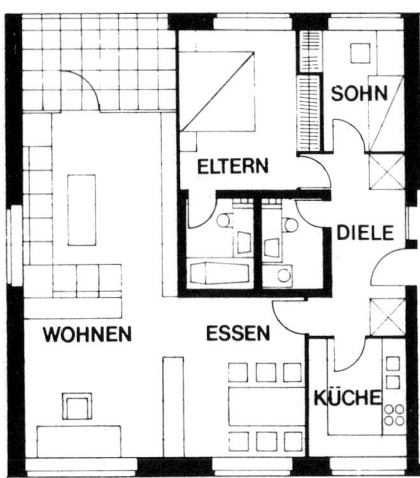

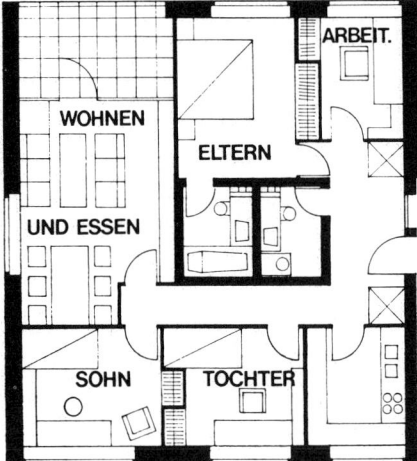

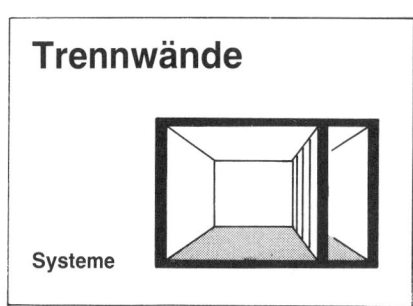

# Trennwände

Systeme

**Rastersysteme** unterscheiden sich in der Koppelung der Elemente, die vor allem bei Serienherstellung mit angestrebter Universalität entscheidend ist.
● Achsraster bedingen im Unterschied zu Bandrastern wenigstens zwei unterschiedliche Elementgrößen.

Die **Kombination** von Trennwänden mit Schränken ist bewährt. Sie bietet Raumtrennung und schafft Bergeräume mit ein- oder zweiseitiger Erschließung.

**Bedingt umsetzbare Innenwände,** sind zwar nicht dazu bestimmt, umgesetzt zu werden, erlauben es jedoch. Beim Abbau dürfen angrenzende Bauteile nicht beschädigt werden; beim Wiederaufbau sind wesentliche Teile weiter zu verwenden.

**Flexibilität** bieten Trennwände mit verschiebbaren Elementen, die auch zu den Türen gezählt werden können.
● Wenn die Flexibilität nicht genutzt wird, sind ortsfeste Trennwände angebracht, da sie preiswerter zu erstellen sind.

Die **Montage** umsetzbarer Trennwände erfolgt durch ihre Verspannung zwischen Decke und Boden.

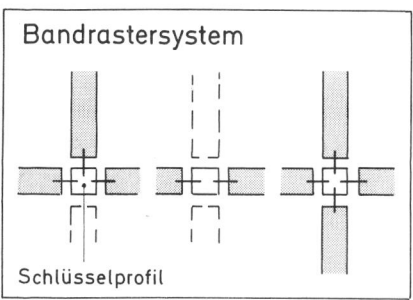

Bandrastersystem

Schlüsselprofil

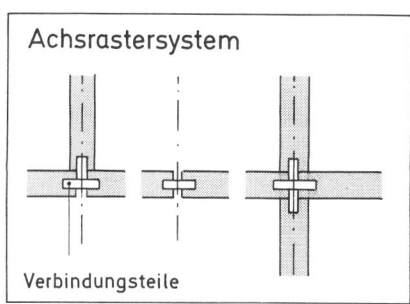

Achsrastersystem

Verbindungsteile

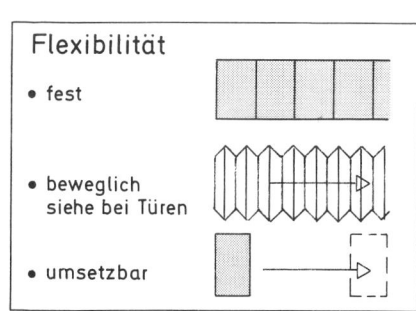

Flexibilität

● fest

● beweglich siehe bei Türen

● umsetzbar

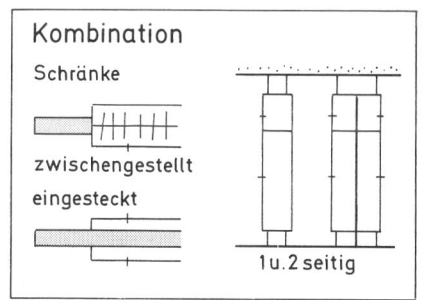

Kombination

Schränke

zwischengestellt

eingesteckt

1 u. 2 seitig

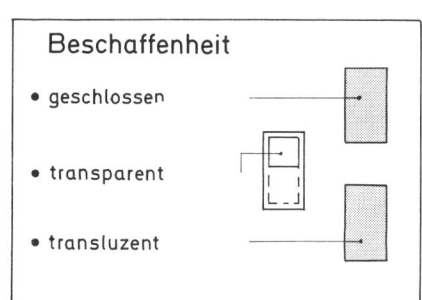

Beschaffenheit

● geschlossen

● transparent

● transluzent

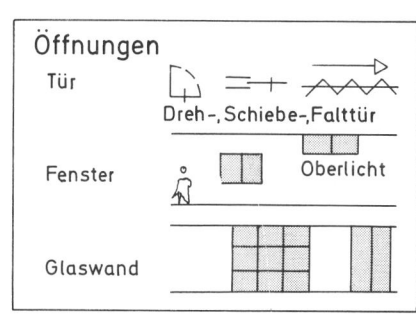

Öffnungen

Tür

Dreh-, Schiebe-, Falttür

Fenster

Oberlicht

Glaswand

**Schall-** und **Wärmedämmung** ist je nach Nutzungsanforderung zu leisten. Bei niedrigen Ansprüchen genügen aus wirtschaftlichen Gründen einschalige ungedämmte Trennwände.
● Bei einschaligen Konstruktionen werden die Platten beidseitig auf eine Rippenreihe aufgenagelt oder -geschraubt.
● Bei zweischaligen Konstruktionen werden zwei Rippenreihen entweder parallel hintereinanderstehend angeordnet, oder sie werden aus Gründen der Raumersparnis ineinander versetzt aufgestellt.

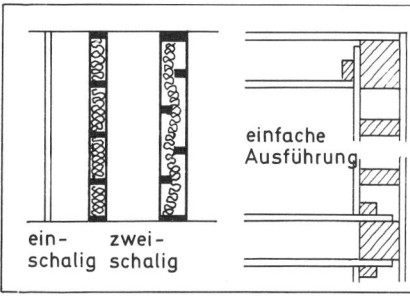

ein-  zwei-
schalig  schalig

einfache Ausführung

wärmedämmend

schalldämmend

Die **Installation** von Elektroleitungen in den Trennwänden erfordert Platz. Verdeckte Kabelführungen werden heute als selbstverständlich erwartet, sie bedingen Vorkehrungen durch sogenannte Leerrohre.

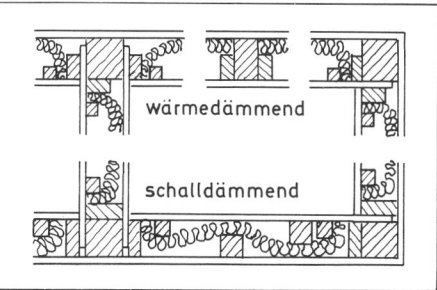

Rigips-Nagel

Bukama-Klammer (S)

Kreuzschlitz schraube

Blind Niet mit Senkkopf

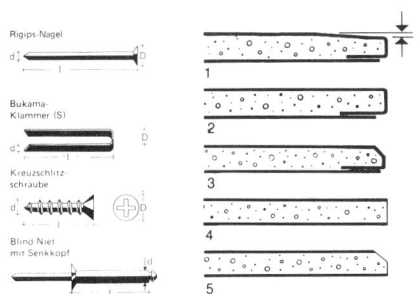

**Gipskartonplatten** werden für Trennwände häufig eingesetzt.
Kantenausbildung von Gipskartonplatten:
1 abgeflachte Längskante
2 volle Längskante
3 winkelförmig gebrochene, kartonummantelte Längskante
4 scharfkantig geschnittene Kante
5 scharfkantig geschnittene und gefaste Kante

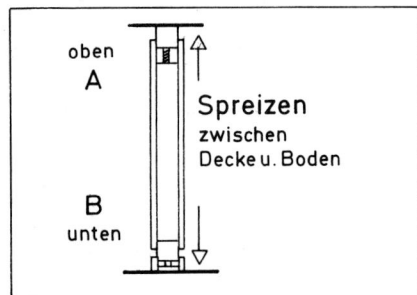

oben
A

Spreizen
zwischen
Decke u. Boden

B
unten

Die **Montage umsetzbarer Trennwände** erfolgt durch Verspannen mittels Spannschrauben. Zur Vermeidung von Beschädigungen an Böden und Decken sowie zur Druckverteilung werden gern Deckenleisten und Schwellprofile eingesetzt, die auch bessere Dichtungsmöglichkeiten bieten.

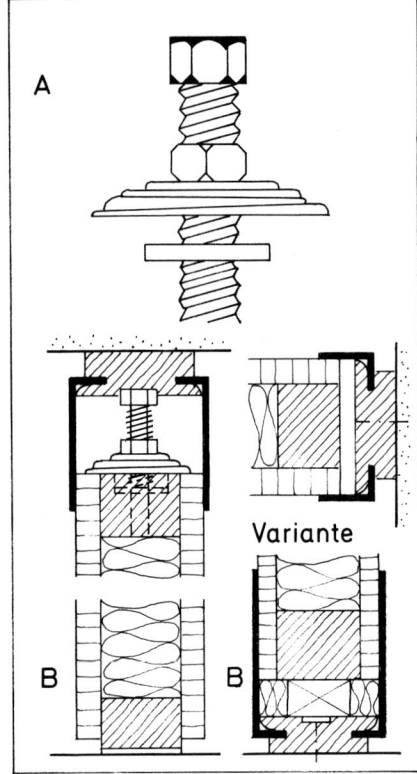

A

B          B

Variante

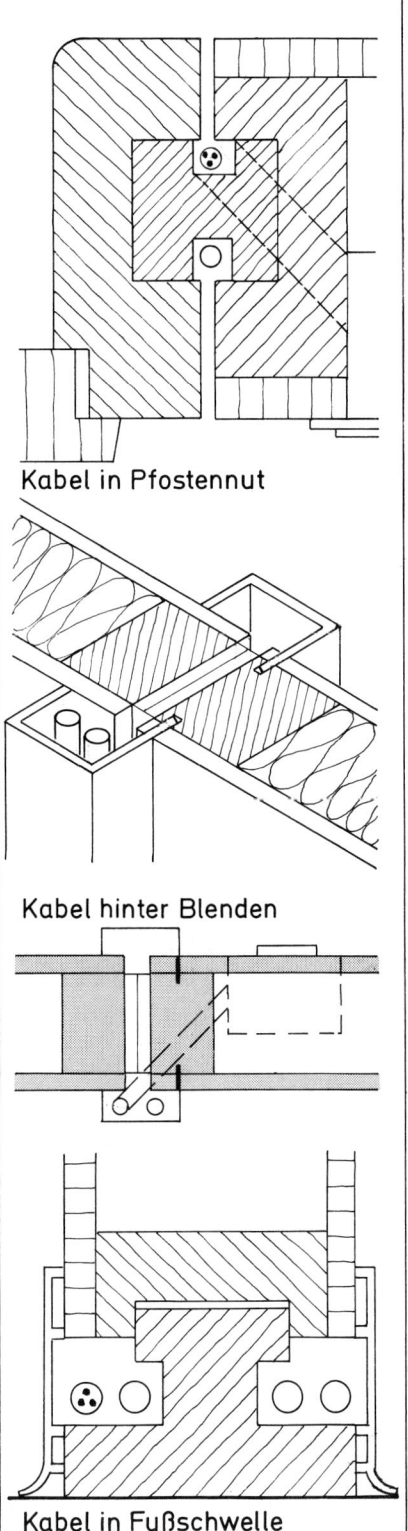

Deckenspreizen

Kabel in Pfostennut

Kabel hinter Blenden

Bei der Montage von **Elektroinstallationen** sind nach gestalterischen Gesichtspunkten die Kabel verdeckt zu führen. Die Kabel werden in Elementstöße eingelegt oder unter Deckleisten hochgeführt. Die Querverbindung erfordert Durchbohrungen der Rahmen. Schalter und Steckdosen lassen sich in den Hohlräumen zweischaliger Konstruktionen gut unterbringen.

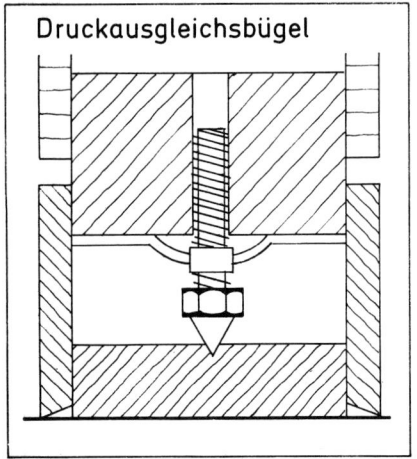

Druckausgleichsbügel

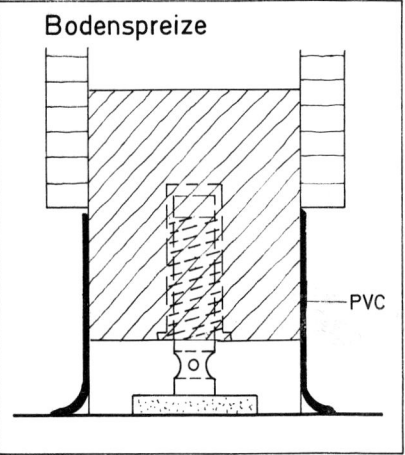

Bodenspreize

PVC

Kabel in Fußschwelle

## Bauarten von Trennwänden

Trennwände werden als Elemente vorgefertigt oder in Rippenbauweise am Ort hergestellt. Nutzungsanforderungen und Preise entscheiden über ihre Ausführungen.
● Durch Kombinationen lassen sich die Vorzüge der einen Bauart mit denen der anderen verbinden.
● Es gilt vor allem Arbeitszeiten einzusparen und rationellen Maschineneinsatz zu ermöglichen.

**Elementanschlüsse** müssen fest und dicht, meist auch gedämmt und gestalterisch akzeptabel sein. Gestalterisch werden Lösungen mit vertieft liegenden sog. Schattennuten bevorzugt. Deckleisten bieten jedoch technisch bessere Lösungen.

Die **Dichtung** der Fugen mit Isolierstoffen ist zwischen den Anschlußblenden gut möglich. Sie ist davon abhängig, wie oft und schnell die Wand umgesetzt werden soll.

# Trennwände

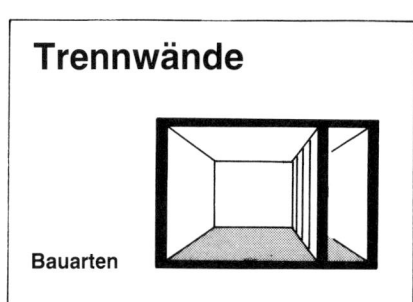

**Bauarten**

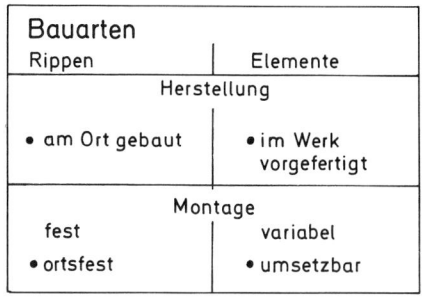

| Bauarten | |
|---|---|
| Rippen | Elemente |
| Herstellung | |
| ● am Ort gebaut | ● im Werk vorgefertigt |
| Montage | |
| fest | variabel |
| ● ortsfest | ● umsetzbar |

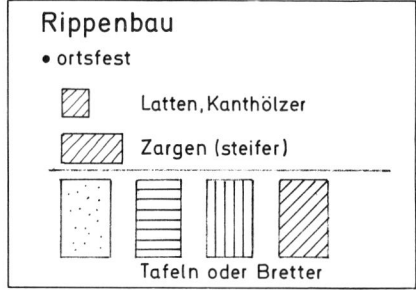

Rippenbau
● ortsfest
▨ Latten, Kanthölzer
▨ Zargen (steifer)
Tafeln oder Bretter

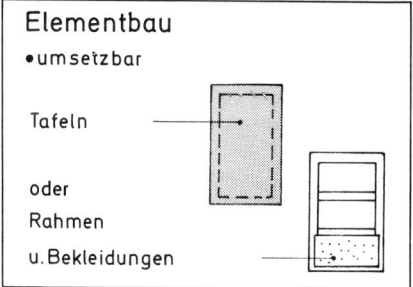

Elementbau
● umsetzbar
Tafeln
oder
Rahmen
u. Bekleidungen

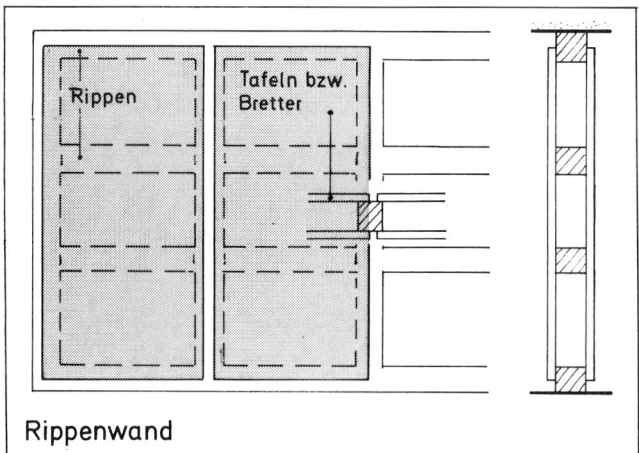

Rippenwand

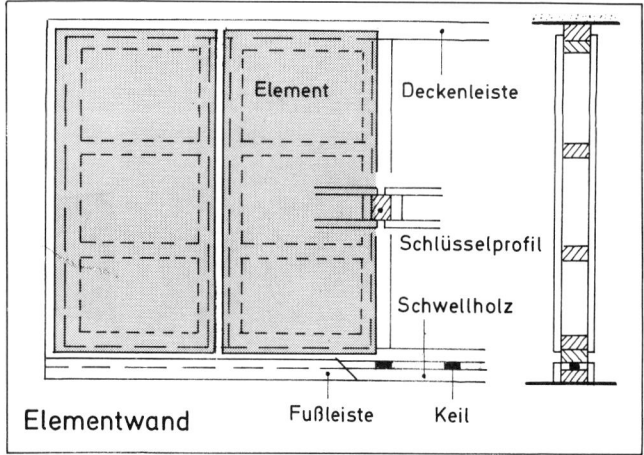

Elementwand

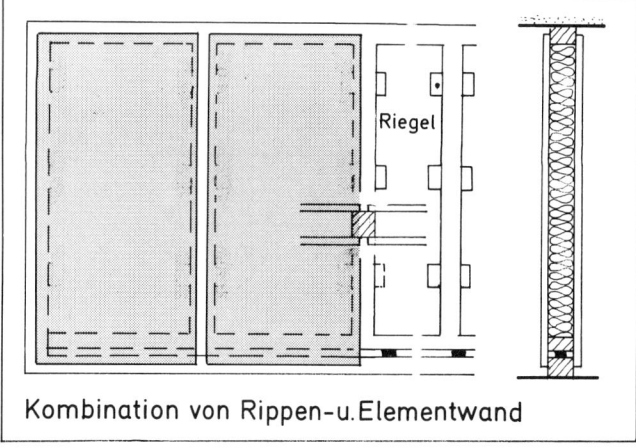

Kombination von Rippen- u. Elementwand

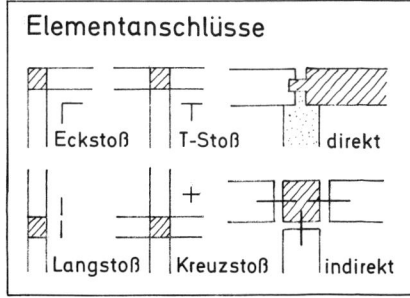

Elementanschlüsse
Eckstoß | T-Stoß | direkt
Langstoß | Kreuzstoß | indirekt

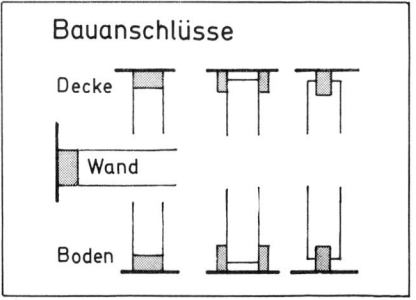

Bauanschlüsse
Decke
Wand
Boden

**Bauanschlüsse** lassen sich nicht immer genau planen. Sie sind bei aller Umsicht doch immer arbeitsintensiv in der Herstellung, vor allem wenn hohe Anforderungen an die Schalldämmung gestellt werden.

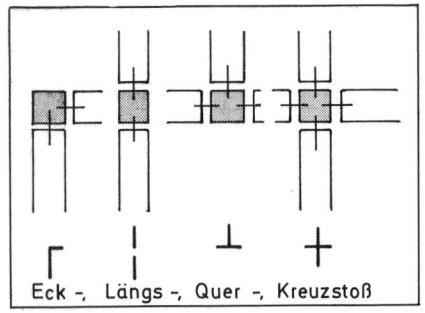

Eck -, Längs -, Quer -, Kreuzstoß

**Bandraster** erlauben gleiche Elementgrößen. Ihre Anschlüsse untereinander werden durch sog. Schlüsselprofile gelöst. Damit sind alle Wandstellungen möglich, die Auswechselbarkeit einzelner Elemente ist gegeben.

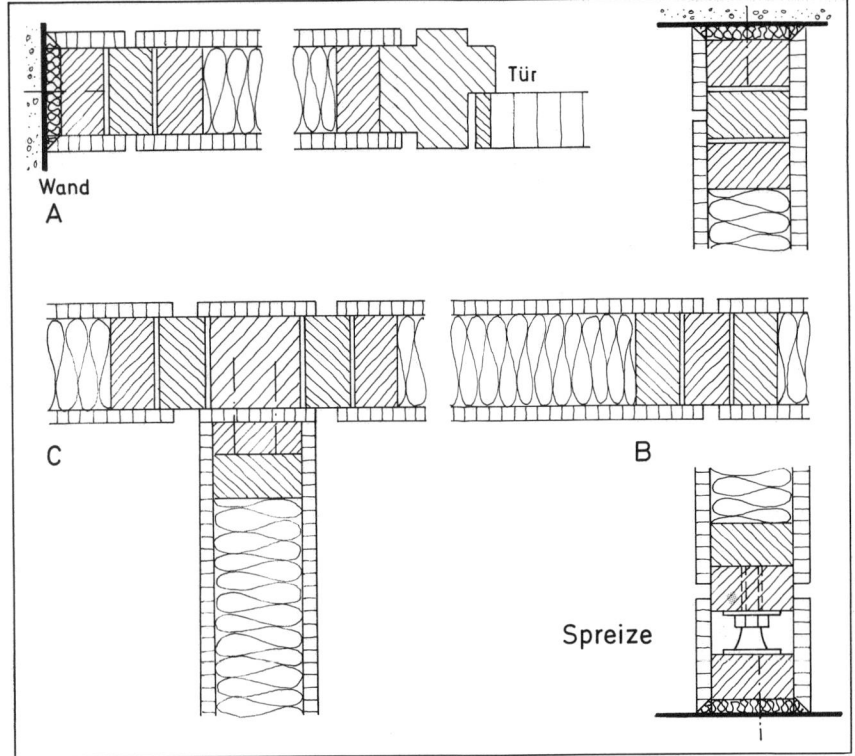

Wand
A

Tür

C

B

Spreize

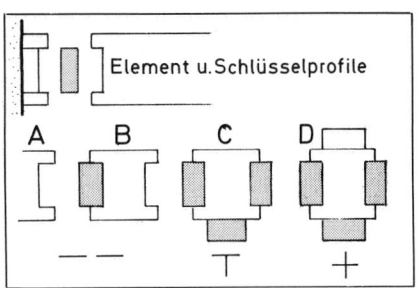

Element u. Schlüsselprofile

A   B   C   D

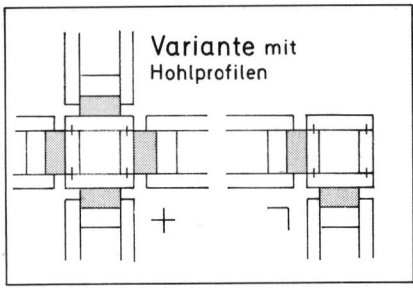

Variante mit Hohlprofilen

Die **Elemente** werden mit einem Standardprofil gekoppelt, welches mit einem Zusatzstück verbunden ist. Auch die Variante ist mehrteilig konstruiert und damit aufwendig.

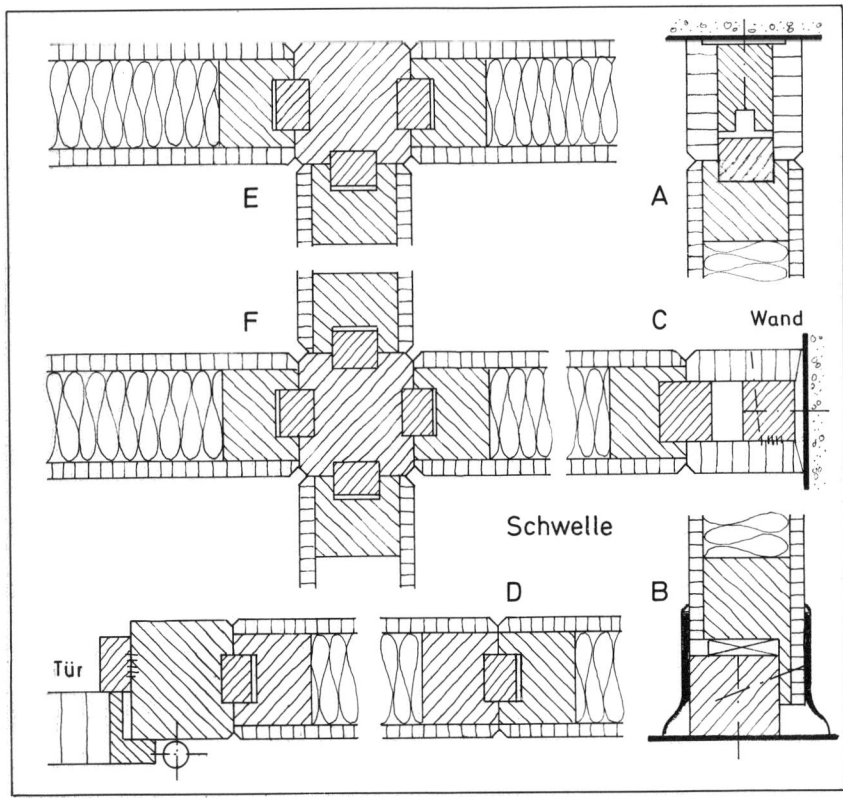

E

F

A

C   Wand

Schwelle

D

B

Tür

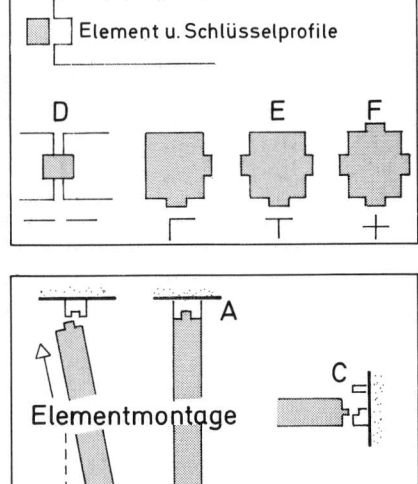

Element u. Schlüsselprofile

D   E   F

Elementmontage

A

C

B

**Schlüsselprofile** bestehen aus einem Vollholzstück mit leicht einzusteckenden Federleisten. Die Herstellung und Montage ist einfach.

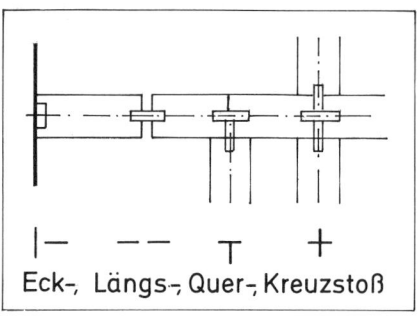

Eck-, Längs-, Quer-, Kreuzstoß

**Achsraster** bedingen ungleich große Elemente, sind dafür aber direkt miteinander zu verbinden. Die Schlüsselprofile der Bandrasterkonstruktion entfallen, damit aber auch die Möglichkeit, einzelne Tafeln auszuwechseln.

# Trennwände

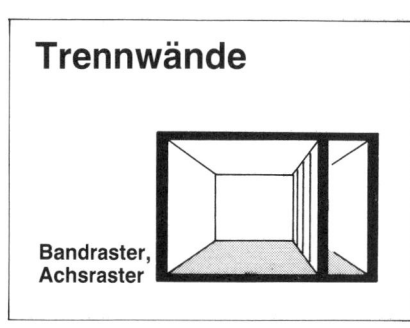

**Bandraster, Achsraster**

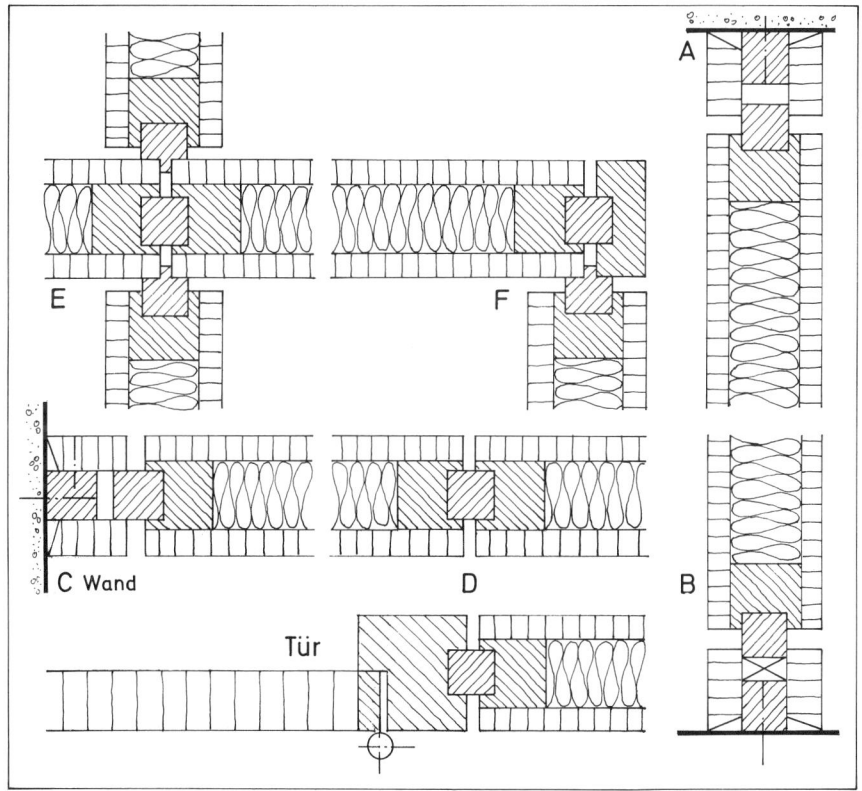

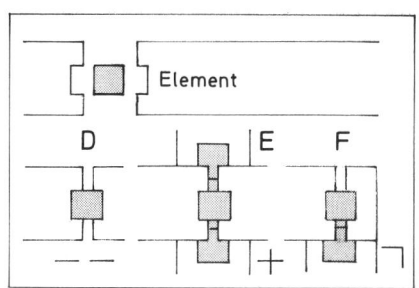

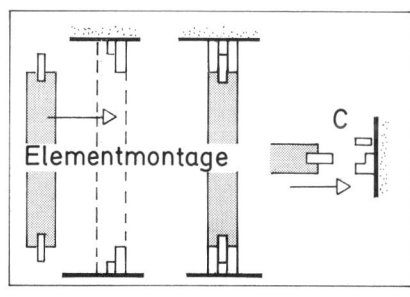

Zwei **Vollholz-Federprofile** verbinden die Elemente: eine einfache und gute Lösung. Die Wandanschlüsse erfolgen mit zweiteiligen Dichtungsprofilen.

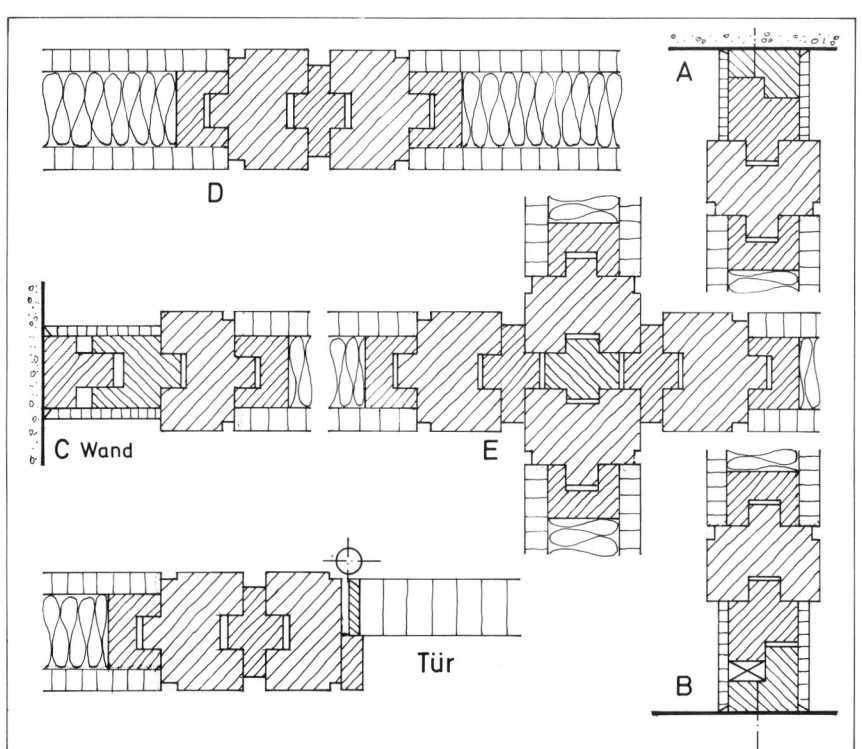

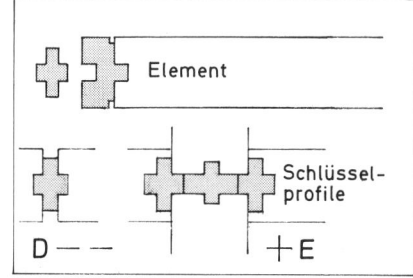

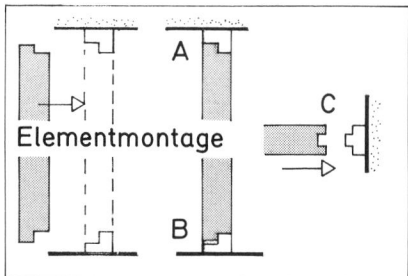

Die **Elemente** sind mit starken Profilen umleimt, diese verunklären das System, vor allem durch die Nuten. Im Prinzip handelt es sich nur um einen Kreuzprofilanschluß, mit dem alle Elementstöße gelöst werden können.

**Holzwerkstoffe** sind als Beplankung von nichttragenden Trennwänden allgemein gebräuchlich und bewährt. Insbesondere werden Spanplatten verwendet.
● Stellvertretend für alle Holzwerkstoffe (z.B. für Furniersperrholz sowie für harte und mittelharte Holzfaserplatten) werden hier Konstruktionen unter Verwendung von Spanplatten behandelt.

**Einfache Trennwände** lassen sich durch das Bekleiden von Holzstielen mit Holzwerkstoffplatten herstellen. Das Ständerwerk wird beidseitig bekleidet. Hier gilt, was bereits über Wandbekleidungen mit Holzwerkstoffplatten gesagt wurde. Hinzu kommen eine Reihe von Abweichungen und Besonderheiten, die sich aus der Verwendungsart einfacher Trennwände ergeben.
● Einfache Trennwände sind nur innerhalb einer Wohnung, nicht aber zwischen zwei Wohnungen zulässig.
● Trennwände aus Holz und Holzwerkstoffen zwischen zwei Wohnungen sind nicht üblich, weil sie aus Gründen des Schallschutzes und vor allem des Brandschutzes besondere Maßnahmen erfordern.

Nach der **Konstruktion** werden einfache Trennwände unterschieden in
● Fachwerkwände und
● Wände in Holztafelbauart.

Bei **Fachwerkwänden** werden alle Kräfte (lotrecht und waagerecht) durch die Holzkonstruktion selbst aufgenommen. Holzwerkstoffplatten oder auch andere Materialien dienen nur zur Bekleidung.

**Wände in Tafelbauart** haben schwächere Massivholzquerschnitte, weil die Platten über tragende Verbindungsmittel wie Schrauben, Nägel, Klammern und die Verleimung statisch mit herangezogen werden können. Die Holzwerkstoffplatten haben hierbei praktisch eine Doppelfunktion, nämlich Bekleidung und Beplankung.

**Nichttragende Trennwände** sind nach DIN 4103 Wände, die überwiegend nur durch ihr Eigengewicht beansprucht werden. Sie müssen aber in der Lage sein, Konsollasten und senkrecht auf ihre Fläche wirkende statische und stoßartige Belastungen aufzunehmen.

Folgende Ausführungsarten von Trennwänden werden unterschieden:

**Feste Trennwände.** Sie bestehen meist aus großflächigen fugenlosen Wandschalen.

**Bedingt umsetzbare Trennwände.** Sie lassen sich demontieren und wieder aufbauen. Einige Teile sind nicht mehr verwendbar und müssen ersetzt werden.

**Umsetzbare Trennwände.** Die meist raumhohen Elemente bleiben vollwertig erhalten, nur Dichtungsmaterialien und Befestigungsmittel sind zu ersetzen.
● Erfahrungsgemäß wird ein Großteil der umsetzbaren Trennwände nie von ihrem Standort entfernt. Die Schalldämmung versetzbarer Trennwände ist im Vergleich zu festen Trennwänden geringer, die Kosten liegen jedoch erheblich höher.
Die Hohlräume von Trennwänden können aus Gründen des Schall- und Wärmeschutzes mit Dämmstoffen ganz oder teilweise ausgefüllt werden.

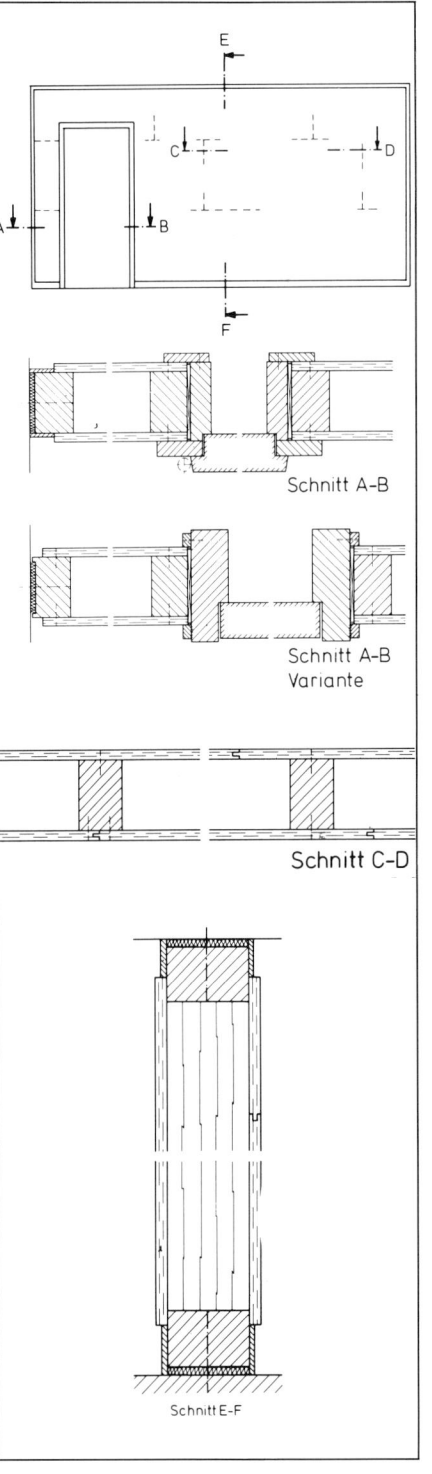

Systemskizze einer Trennwand mit großflächigen, fugenlosen Wandschalen aus Holzwerkstoffplatten (Verkleidungsplatten mit Nut und Feder).

Schnitt A-B

Schnitt A-B Variante

Schnitt C-D

Schnitt E-F

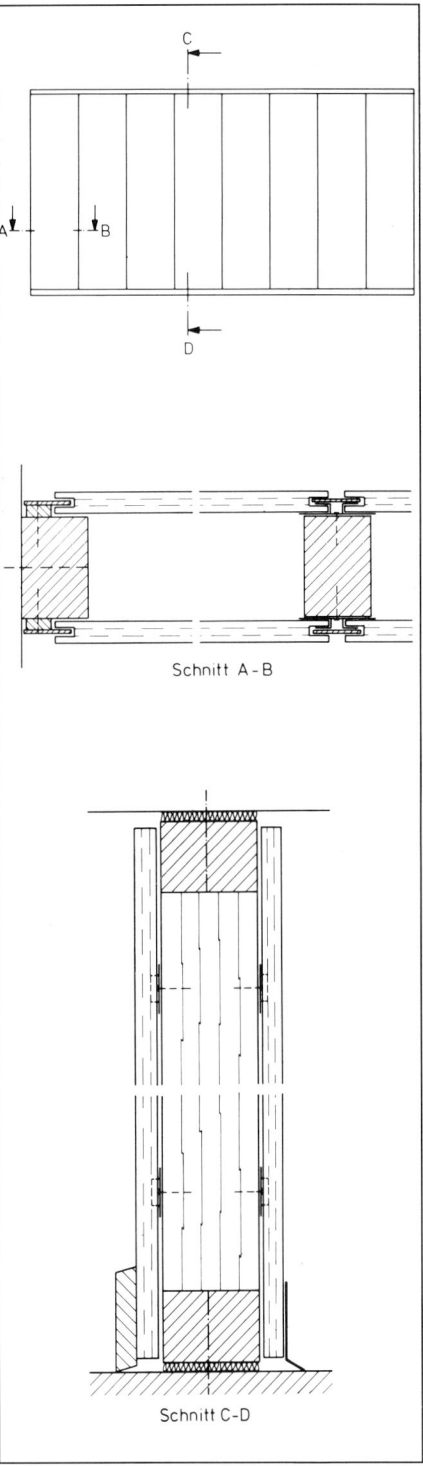

Systemskizze einer Trennwand mit vorgefertigten Schalenelementen

Schnitt A-B

Schnitt C-D

Für die **Bemessung** werden Vorschläge gemacht in DIN 4103, Teil 1 – Leichte Trennwände; Anforderungen, Arten – Entwurf Dezember 1974 sowie in DIN 4103, Teil 2 – Leichte Trennwände; Nachweise bei statischer und stoßartiger Belastung – Entwurf März 1975. Mitgeteilt wird das Ergebnis von Versuchen sowie von Berechnungen unter Anwendung der DIN 1052 Teil 1 und der Holzhaus-Richtlinie.
● In absehbarer Zeit sollen die Entwürfe 1974 und 1975 zu DIN 4103 Teil 1 und Teil 2 ersetzt werden durch einen neuen Entwurf DIN 4103 Teil 1 mit teilweise geänderten Bemessungskriterien, die aber bei Trennwänden aus Holz und Holzwerkstoffen kaum zu anderen Maßen führen werden.

Zwei **Anwendungsbereiche** für Trennwände werden bei der Bemessung unterschieden.
● Anwendungsbereich I:
geringe Menschenansammlung, z. B. in Wohnungen.
● Anwendungsbereich II:
große Menschenansammlung, z. B. in großen Versammlungsräumen, Schulen.

**Bemessungsbeispiele** von ein- und zweischaligen nichttragenden Trennwänden für die Anwendungsbereiche I und II nach DIN 4103 Teil 1 und 2.
Angenommen wurden:
**h** Wandhöhen von 2,50 m; 3,25 m und 3,75 m
**a** Rippenabstände von 400 mm und 625 mm
**b₁** Rippenbreite 40 mm
**d₂** Spanplattendicke 8 mm (für a = 1250/3) und Spanplattendicke 13 mm (für a = 1250/2)
Ermittelt wurden:
**d₁** erforderliche Rippenhöhe
**t** maximaler Nagelabstand für die Verbindung Beplankung – Rippe.
Ausführliche Angaben hierzu sind in den Informationsdiensten Holz der Entwicklungsgemeinschaft Holzbau „Außenwände und Dächer" (Ausgabe 1977) und „Innenwände und Decken".

Als **Mindestdicken** der Beplankungen sind für die beiden häufigsten Rippenabstände a auf der Grundlage der Entwürfe zu DIN 4103 Teil 1 und 2 folgende Spanplattendicken $d_2$ erforderlich:

| a | 1250/3 mm | 1250/2 mm |
|---|-----------|-----------|
| $d_2$ | 8 mm | 10 mm |

Zur Vermeidung von optisch nachteiligen Formänderungen der Spanplatten aus klimatischen Einflüssen sollten jedoch größere Plattendicken gewählt werden, wenn die Platten nicht zusätzlich bekleidet werden.
Vorgeschlagen werden:

| a | 1250/3 mm | 1250/2 mm |
|---|-----------|-----------|
| $d_2$ | 13 mm | 16 mm |

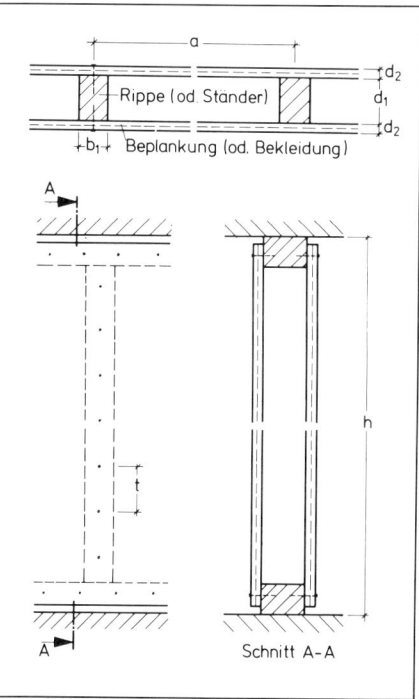

Schnitt A–A

Die **Schalldämmung** kann bei zweischaligen Trennwänden mit versetzt angeordneten Stielen noch weiter verbessert werden, wenn die Bekleidungsmaterialien mit unterschiedlicher Materialdicke verwendet werden, beispielsweise einseitig 13 und auf der Gegenseite 28 mm dicke Platten. Hierdurch wird der sogenannte Spurangleichungseffekt sehr positiv beeinflußt. Jede Plattendicke eines Bekleidungsmaterials ist schalltechnisch vorteilhaft für einen bestimmten Frequenzbereich. Durch zwei unterschiedliche Plattendicken wird über einen größeren Frequenzbereich eine hohe Schalldämmung erreicht.

Auch **vorgefertigte Plattenelemente** können anstelle der großflächigen und meist fugenlosen Bekleidungen für Trennwände verwendet werden.
● Die Stiele werden mit ihrem Achsabstand auf die Elementbreite abgestellt, damit jeder Stoß aufgelagert und eine Befestigung an dieser Stelle möglich ist.
● Verglichen mit einer fugenlosen Bekleidung können die zahlreichen Plattenstöße in schalltechnischer Hinsicht Schwachstellen bedeuten. Eine merkliche Verbesserung wird im Bedarfsfall erreicht durch das Abkleben der Stiele mit dünnen, einseitig selbstklebenden Weichschaumstreifen. Sie sorgen für eine einwandfreie Abdichtung.

| Anwendungs-bereich | h (mm) | ≈400 | | 625 | | ≈400 | | 625 | |
|---|---|---|---|---|---|---|---|---|---|
| | | d₁ (mm) | t (mm) | d₁ (mm) | t (mm) | d₁ (mm) | t (mm) | d₁ (mm) | t (mm) |
| I (z. B. Wohngebäude) | 2500 3250 3750 | 60 80 80 | 100 | 80 | 100 | 60 60 80 | 100 60 100 | 60 80 80 | 70 100 100 |
| II (z. B. Versammlungs-räume) | 2500 3250 3720 | 80 | 100 100 60 | 100 | 100 | 80 | 100 | 80 | 100 70 60 |

**Spanplatten** erlauben den Bau einschaliger Trennwände, erst recht aber zweischaliger Ausführungen mit Unterkonstruktionen, die wiederum auch aus Spanplatten hergestellt werden können.

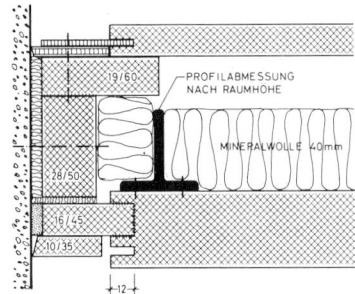

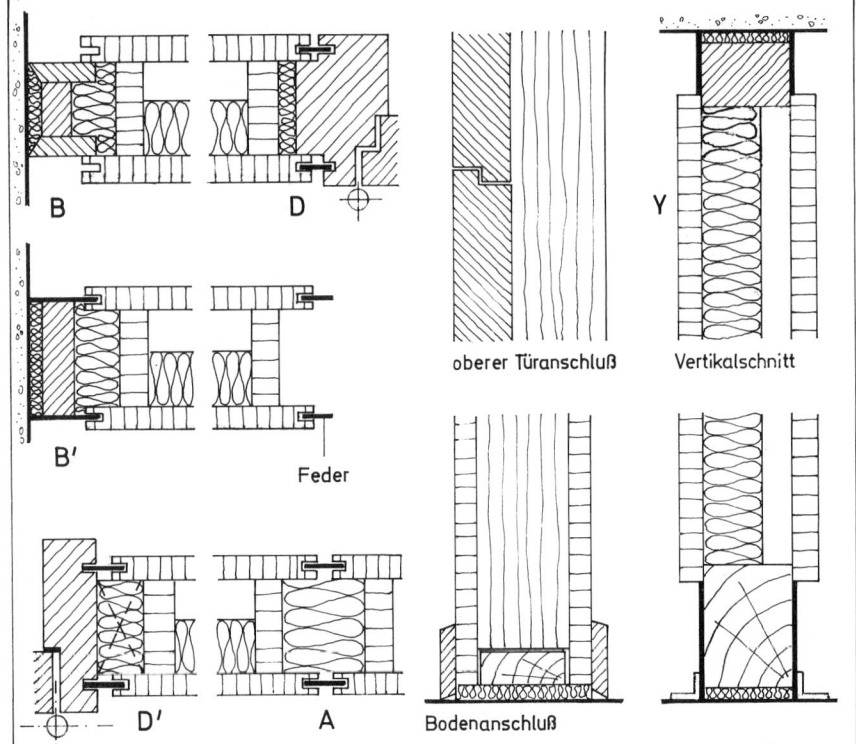

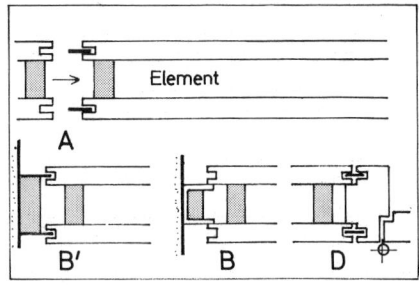

**Spanplatten** im Einsatz für ein- oder mehrschalige Trennwände. Links: Koppelung durch Spanplattenstreifen als geleimte Verbindungsstücke.

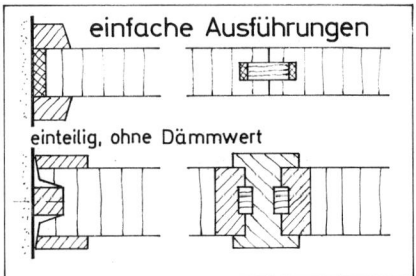

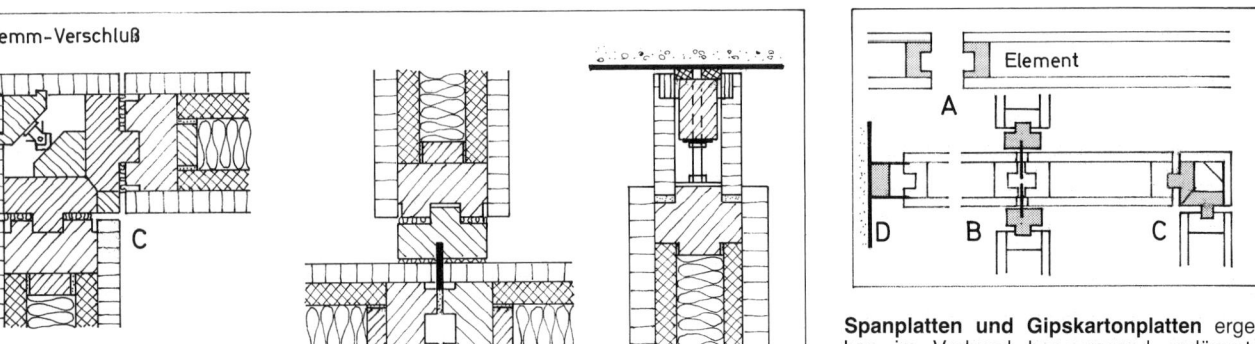

**Spanplatten und Gipskartonplatten** ergeben im Verbund hervorragend gedämmte Trennwandkonstruktionen. Eine Platte schafft die Steifigkeit und Stoßfestigkeit, die andere bringt das Gewicht, welches neben Isolierstoffen wichtig ist für die Schallabsorption.

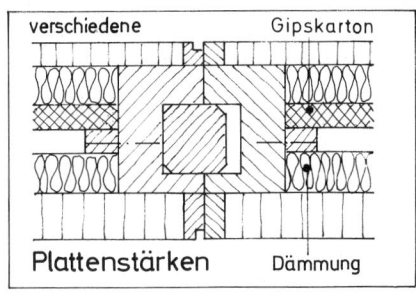

**Gipskartonplatten** sind preiswert und ebenso einfach wie vielseitig einsetzbar. Ein besonderer Vorteil der Gipskartonplatten ist, daß sich die Plattenfugen perfekt zuspachteln lassen. Das ist sonst bei keinem anderen Material ohne Rißbildung möglich. Sie dienen nicht nur zur Flächenbildung bei Trennwänden, sondern auch als Einlage zur Schalldämmung.

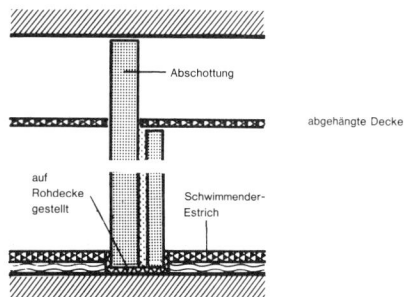

Abschottung

abgehängte Decke

auf Rohdecke gestellt

Schwimmender-Estrich

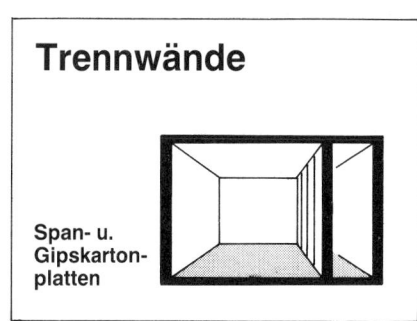

# Trennwände

Span- u. Gipskartonplatten

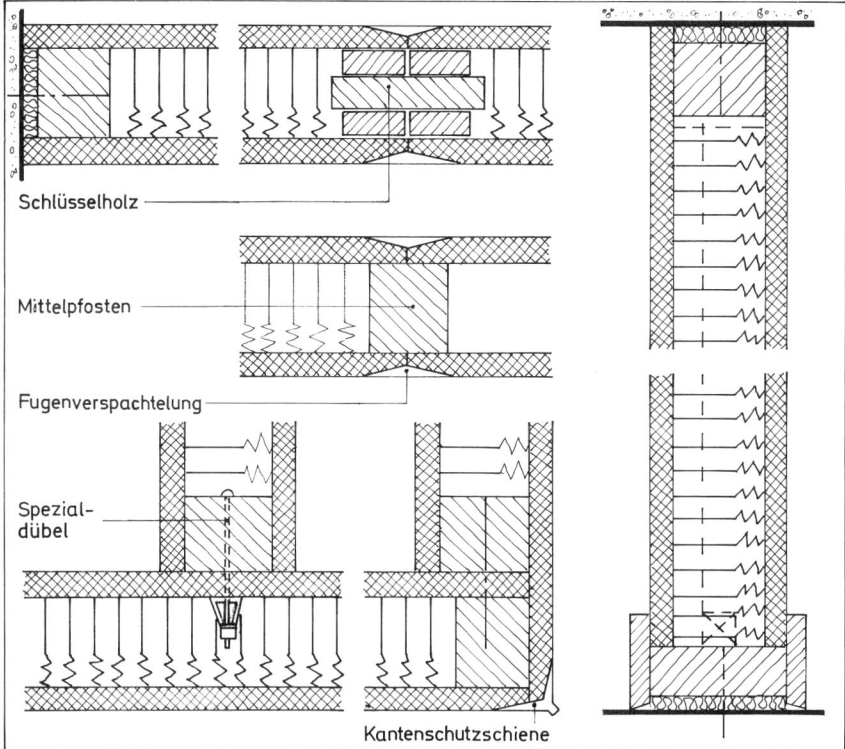

Schlüsselholz

Mittelpfosten

Fugenverspachtelung

Spezialdübel

Kantenschutzschiene

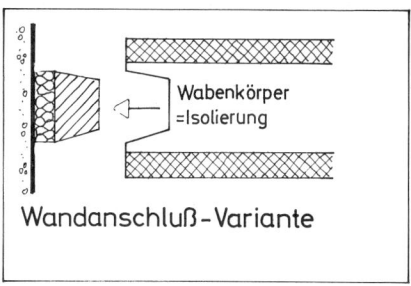

Wabenkörper =Isolierung

Wandanschluß-Variante

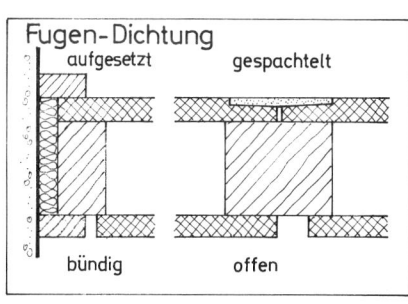

Fugen-Dichtung

aufgesetzt   gespachtelt

bündig   offen

Bei **Gipskarton-Wabenkörpern** sind die äußeren Platten mit Einlagen aus Wellstegpappe zu Montageelementen verbunden. Sie haben zum Kantenschutz und zur Aussteifung Holzleisten.

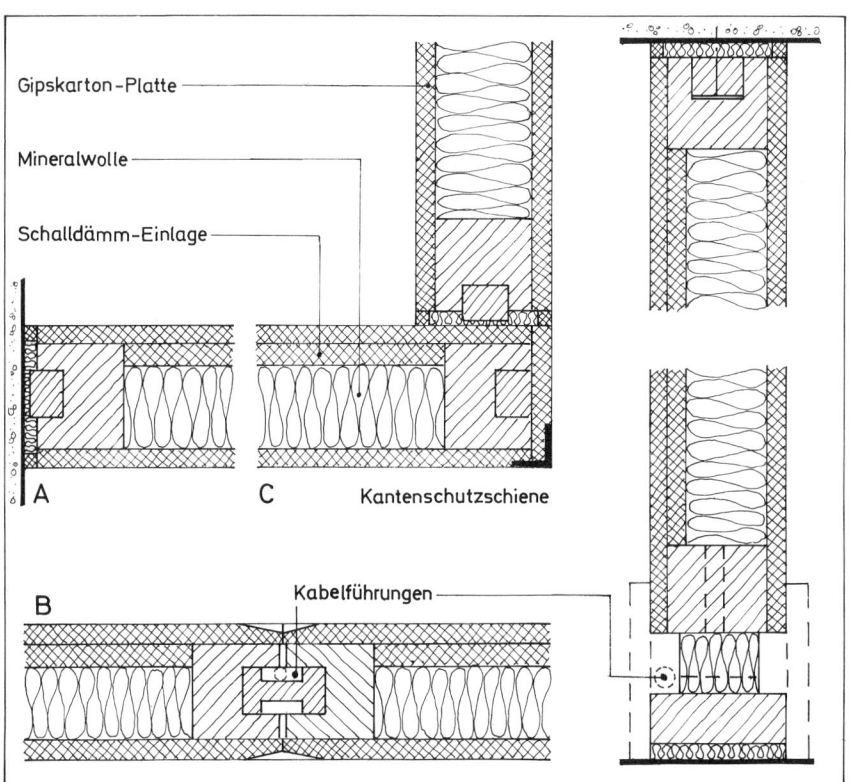

Gipskarton-Platte

Mineralwolle

Schalldämm-Einlage

A    C    Kantenschutzschiene

B    Kabelführungen

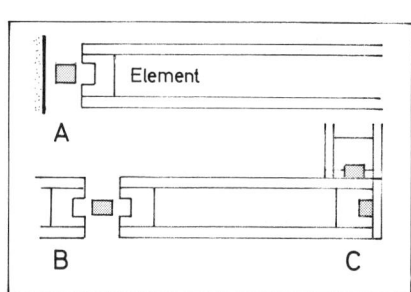

Element

A

B    C

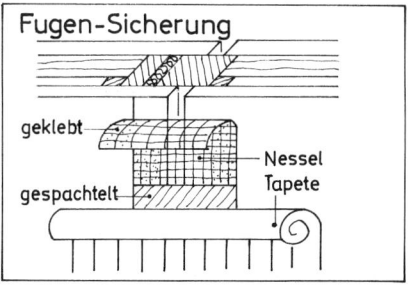

Fugen-Sicherung

geklebt

gespachtelt

Nessel Tapete

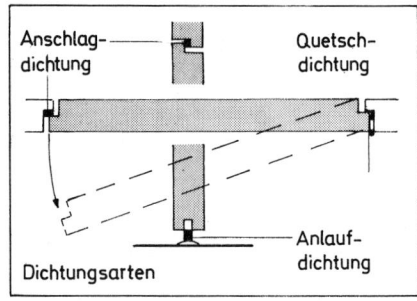

Anschlag-dichtung · Quetsch-dichtung · Anlauf-dichtung

Dichtungsarten

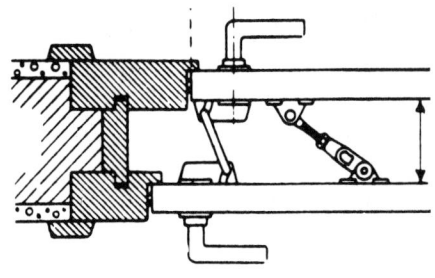

**Schalldämmende Türen** bei ein- und zwei-schaligen Wänden sind ebenso sorgfältig zu konstruieren wie die Wände.
● Zweischalige Türen und gegliederte Anschläge sind zur Vermeidung von Schallbrükken besser als einschalige.
● Futterdichtungen erhalten Isolierstoffeinlagen.

**Doppeltüranlagen** mit größerem Luftpolster bringen eine weitere Verbesserung des Dämmwerts. Gekoppelte Türdrücker sind für unterschiedliche Türabstände erhältlich.

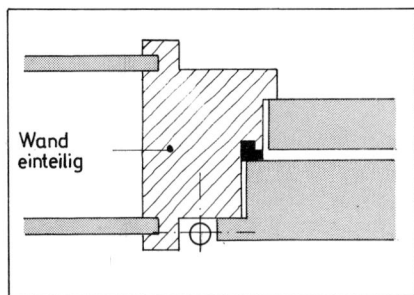

Wand einteilig

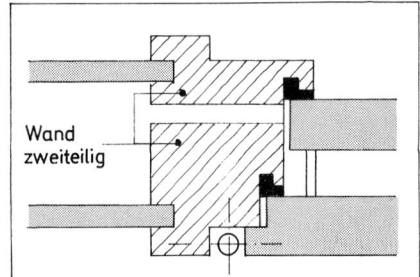

Wand zweiteilig

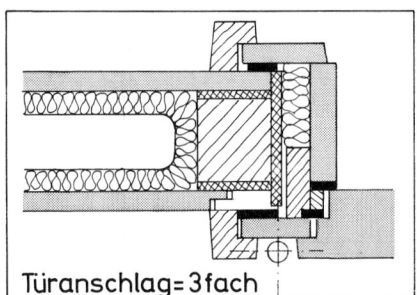

Türanschlag = 3 fach

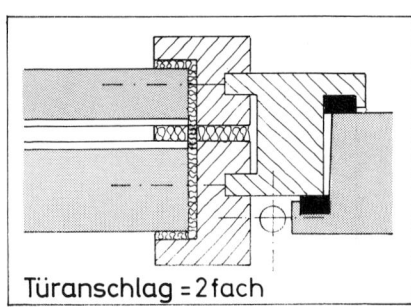

Türanschlag = 2 fach

**Begehbare Doppeltüranlagen** mit tiefem Futter, die aus zwei unabhängigen Türen bestehen, bieten beste Schalldämmung, sind aber langsam im Durchgang.

**Zweischalige Türkonstruktionen** haben beweglich oder starr miteinander verbundene Türblätter, in die dann auch Dämmplatten eingebaut sein können.

**Dichtungen** siehe speziell unter Türen.

**Schallschluckzargen** ergänzen Türdichtungen wirksam. An allen Türrahmen, aber auch an Blendrahmenkanten können durchlaufende Aussparungen angelegt werden, die mit Isoliermaterial ausgefüllt und mit perforierten Blechen abgedeckt werden.

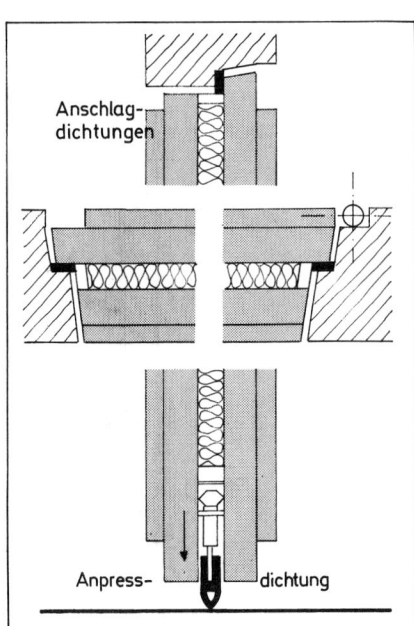

Anschlag-dichtungen

Anpress- dichtung

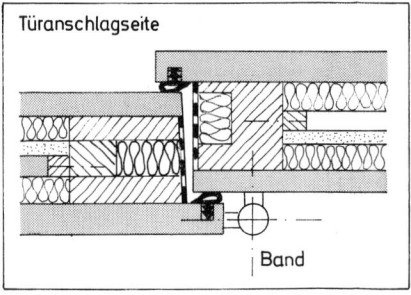

Türanschlagseite

Band

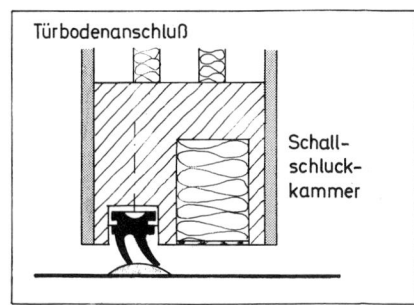

Türbodenanschluß

Schall-schluck-kammer

**Trennwand-Verglasungen** werden wandhoch oder teilweise, in oder über Augenhöhe, durchsichtig oder nur lichtdurchlässig ausgeführt.

**Mehrfachverglasungen** sind ebenso wie zweischalige Wandkonstruktionen zur Vermeidung von Schallbrücken erforderlich.
● Isolierverbundglas mit hoher Wärmedämmung ist bei Innentrennwänden gegenüber gekoppelten Verglasungen nachteilig. Es bildet leicht Schallbrücken.
● Gekoppelte Verglasungen sind schwierig einzusetzen, da der Hohlraum staubfrei sein und auch bleiben muß.

# Trennwände

Türen und
Verglasungen

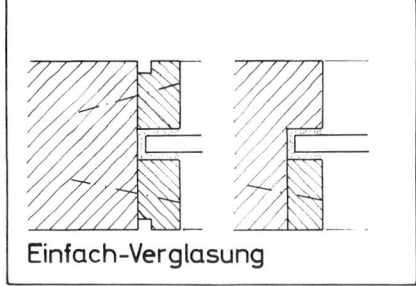

Einfach-Verglasung

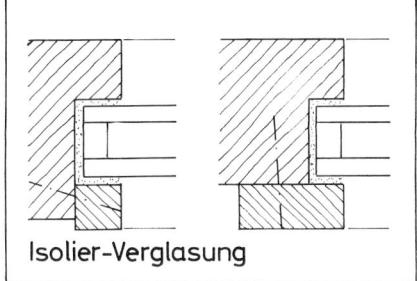

Isolier-Verglasung

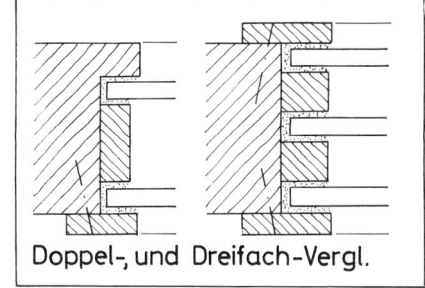

Doppel-, und Dreifach-Vergl.

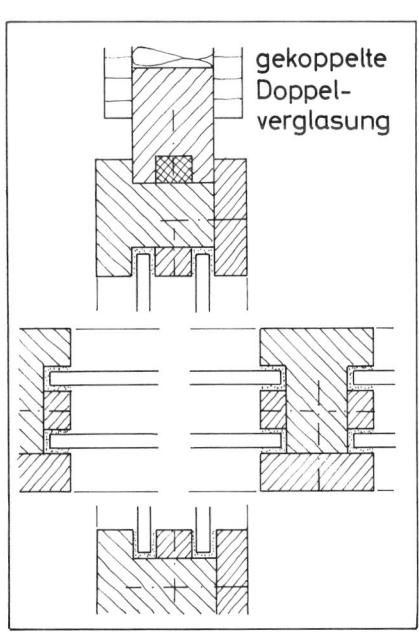

gekoppelte Doppel-verglasung

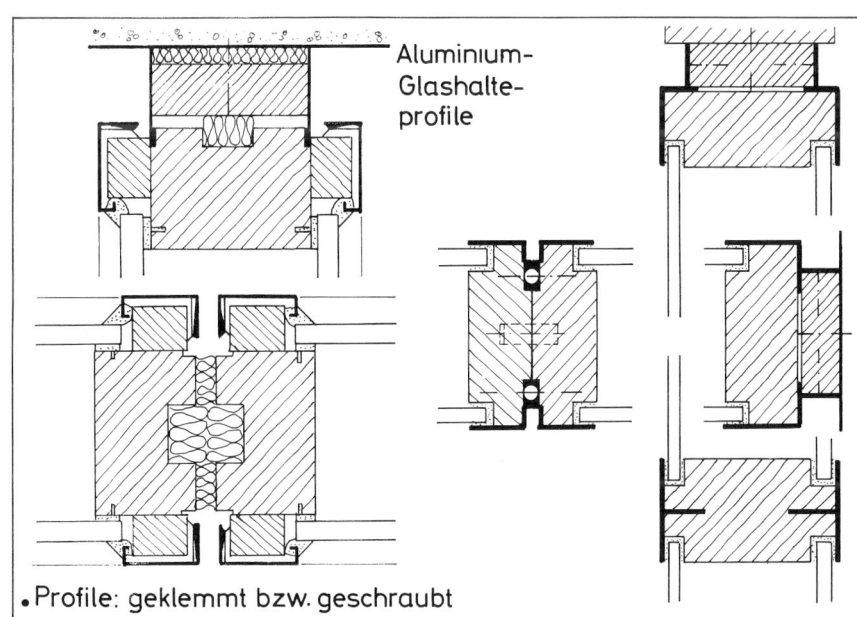

Aluminium-Glashalte-profile

● Profile: geklemmt bzw. geschraubt

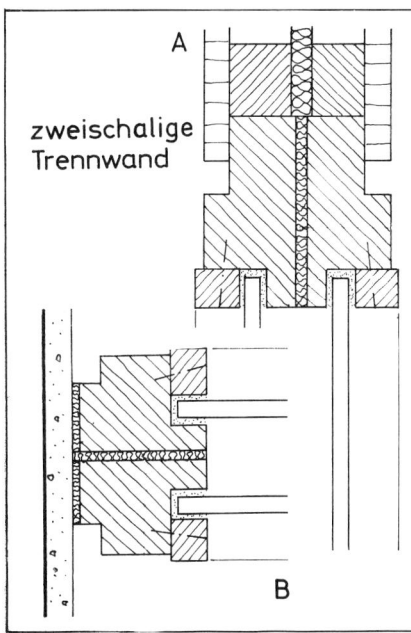

zweischalige Trennwand

A

B

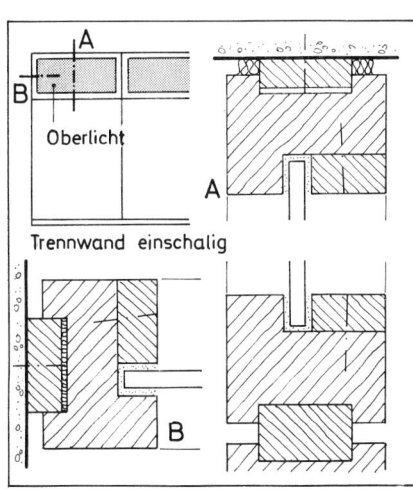

Oberlicht

A

Trennwand einschalig

B

**Glashalterungen,** Kitte, Leisten und Profile, liegen im Falz oder bei Platzmangel auch auf den Rahmenflächen. Sie werden stumpf oder auf Gehrung eingepaßt und sichtbar genagelt bzw. geschraubt oder verdecktliegend aufgeklemmt (z.B. Aluminiumhohlprofile).

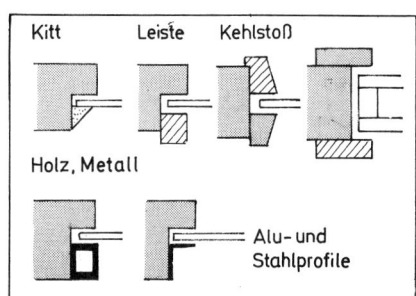

Kitt    Leiste    Kehlstoß

Holz, Metall

Alu- und
Stahlprofile

**Schalldämmende Trennwände** unterscheiden sich durch ihre Bauart (Rahmen- oder Plattenkonstruktionen), durch das Vorhandensein oder Nichtvorhandensein von Luftschichten und damit durch die Höhe der Dämmwerte, die bei 35 db noch zulässig sind, aber besser 48 db betragen sollten.

Die **Gegenüberstellung** ausgeführter Lösungen zeigt prinzipielle Unterschiede auf. Die Dämmwerte wurden durch die Bauarten von 35 db auf 48 db erhöht. Zweischaligkeit, unterschiedliche Tafelstärken und große Luftschichten sind für die Qualität der Schalldämmung ausschlaggebend.

**Links oben:** ein Rahmen, mit Gummi beschichtet, voll isoliert, ohne Luftschicht.
**Rechts oben:** zwei Rahmen, versetzt mit Dämmung umwickelt, mit Luftschicht.
**Links unten:** Platten, verschieden stark, mit Dämmung zwischen versetzten Leisten.
**Rechts unten:** wie links unten, mit Dämmung zwischen getrennten Rahmen.

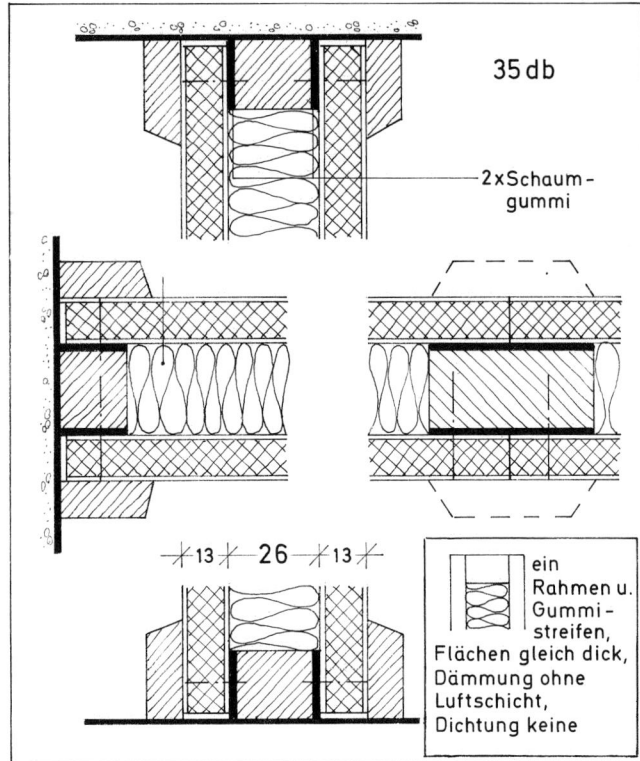

35 db

2 x Schaum-gummi

13 – 26 – 13

ein Rahmen u. Gummi-streifen, Flächen gleich dick, Dämmung ohne Luftschicht, Dichtung keine

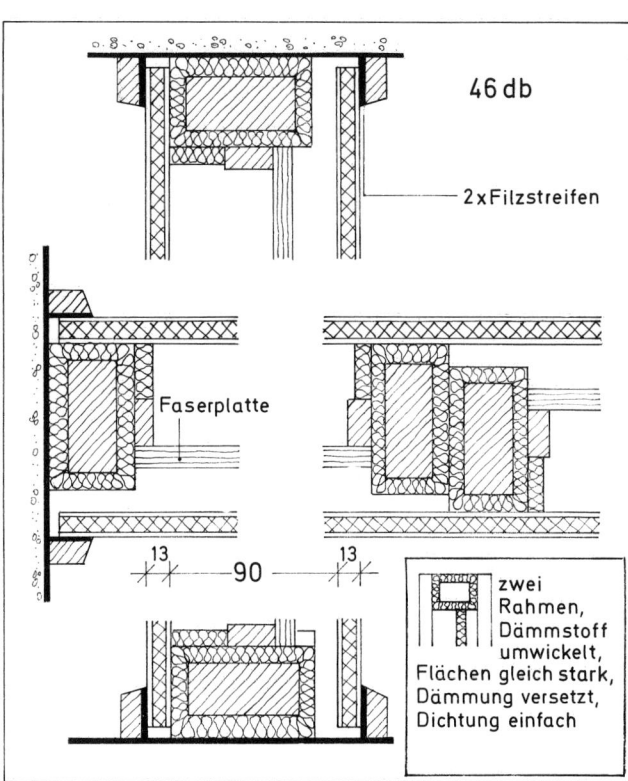

46 db

2 x Filzstreifen

Faserplatte

13 – 90 – 13

zwei Rahmen, Dämmstoff umwickelt, Flächen gleich stark, Dämmung versetzt, Dichtung einfach

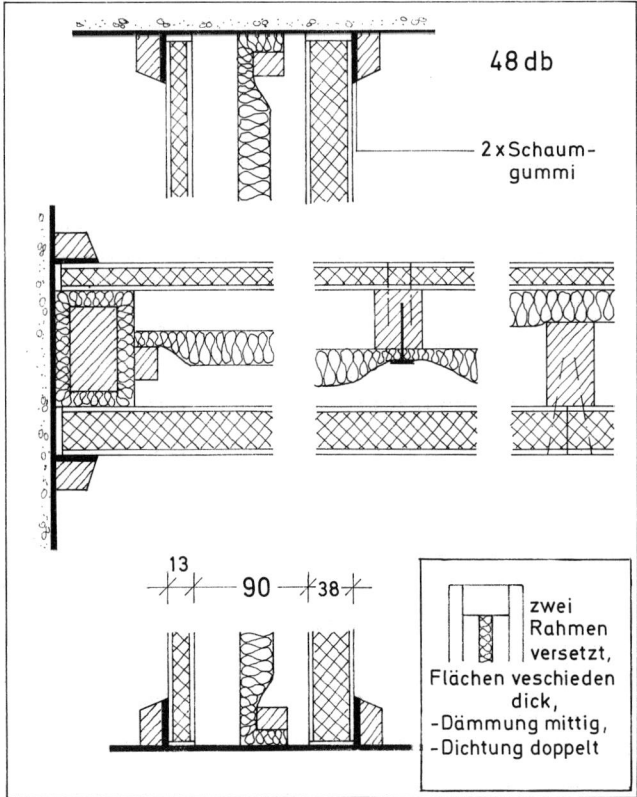

48 db

2 x Schaum-gummi

13 – 90 – 38

zwei Rahmen versetzt, Flächen veschieden dick, -Dämmung mittig, -Dichtung doppelt

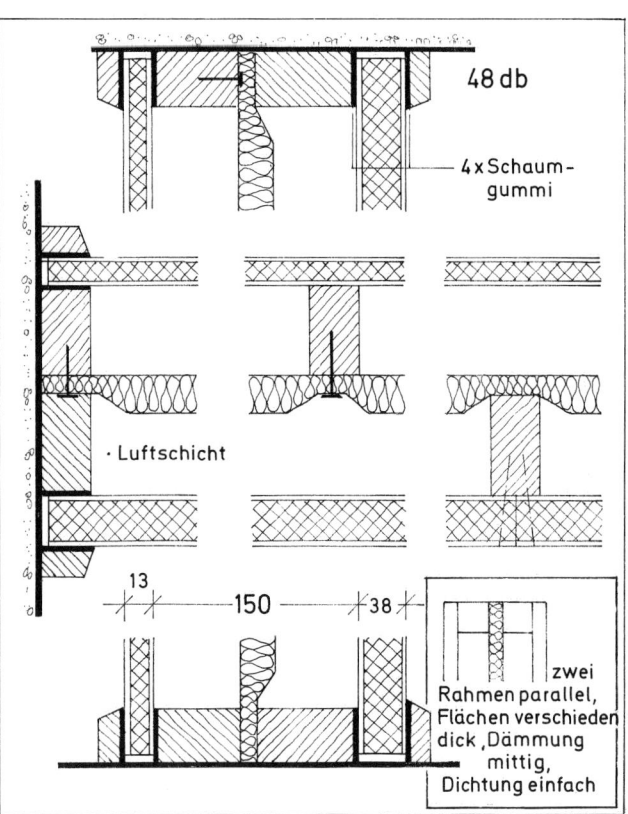

48 db

4 x Schaum-gummi

Luftschicht

13 – 150 – 38

zwei Rahmen parallel, Flächen verschieden dick, Dämmung mittig, Dichtung einfach

**Anwendungsbeispiel** einer zweischaligen Trennwand, schallgedämmt, mit versetzten Rippenversteifungen der Platten. Schaumstoffprofile trennen die Rippen dort, wo ihre Gegenüberstellung konstruktiv nicht vermeidbar war, z.B. bei den Wand-, Tür- und Deckenanschlüssen. Diese sind mehrfach gesichert.

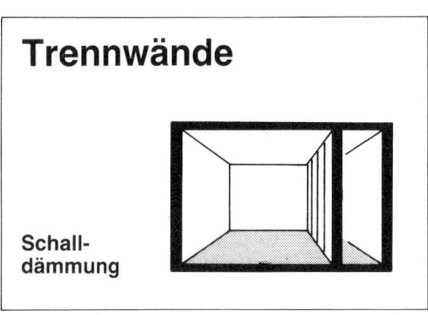

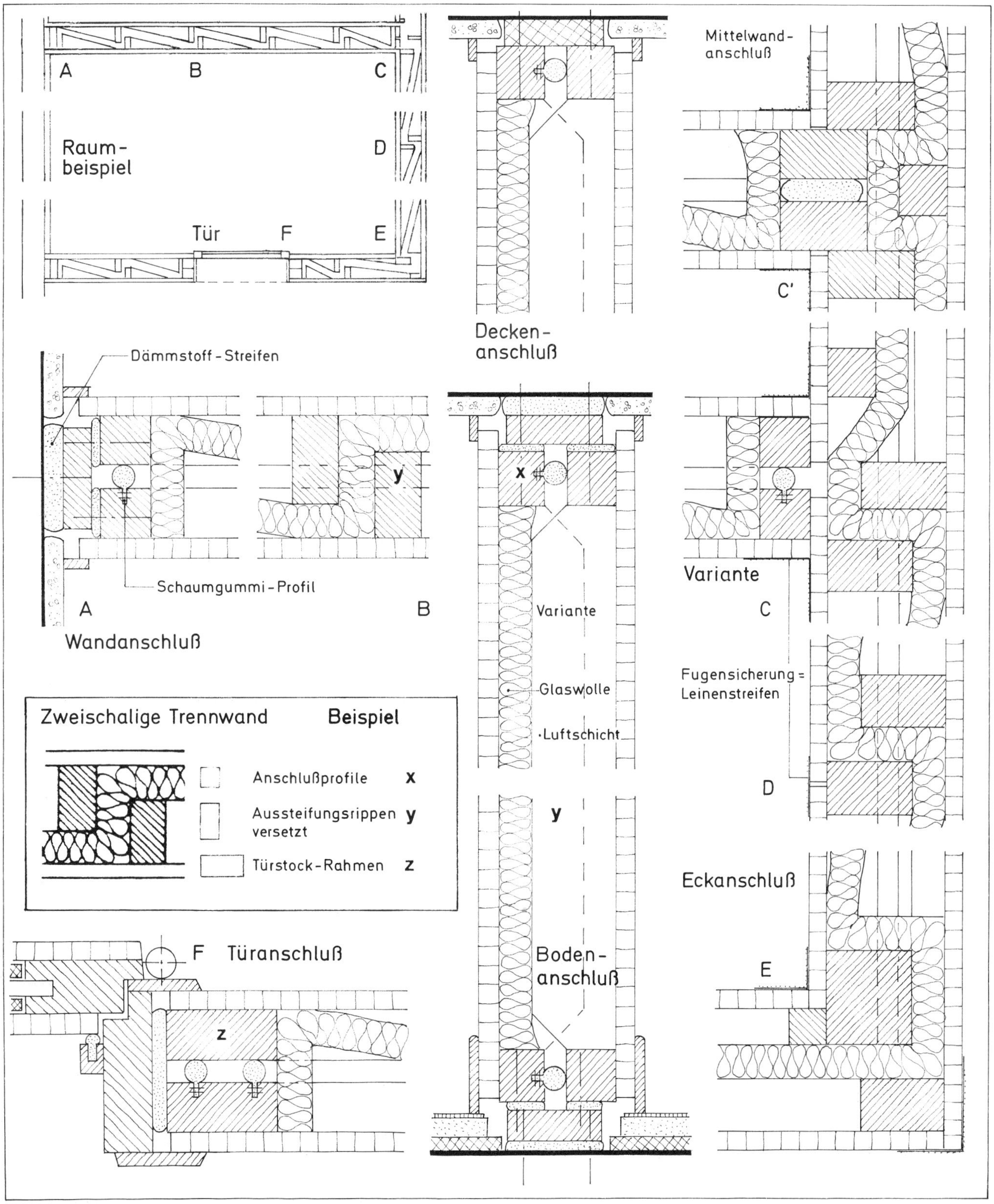

# Trennwände

**Schalldämmung**

A    B          C

Raumbeispiel         D

Tür    F      E

Deckenanschluß

Mittelwandanschluß

C'

Dämmstoff-Streifen

y

x

Schaumgummi-Profil

A                    B

**Wandanschluß**

Variante

Variante       C

Glaswolle

Fugensicherung = Leinenstreifen

·Luftschicht

D

**Zweischalige Trennwand    Beispiel**

| | | |
|---|---|---|
| | Anschlußprofile | **x** |
| | Aussteifungsrippen versetzt | **y** |
| | Türstock-Rahmen | **z** |

y

Eckanschluß

E

F   **Türanschluß**

z

Bodenanschluß

**Schalldämmende Trennwände** sind vielseitig in der Anwendung und in der Ausführung.

**Einzelanfertigungen** bleiben für besondere Aufgaben immer von Bedeutung.
Links: Schalldämmende Trennwände für eine Telefonzelle.
Rechts: Schalldämmende Trennwand mit eingehängten Tafeln, die durch Schlauchprofile von der Unterkonstruktion getrennt sind.

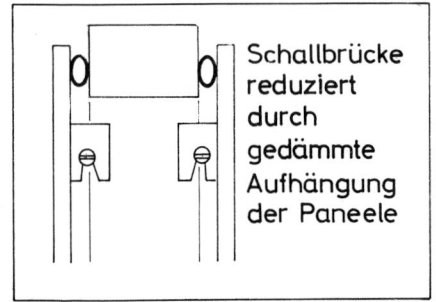

Schallbrücke reduziert durch gedämmte Aufhängung der Paneele

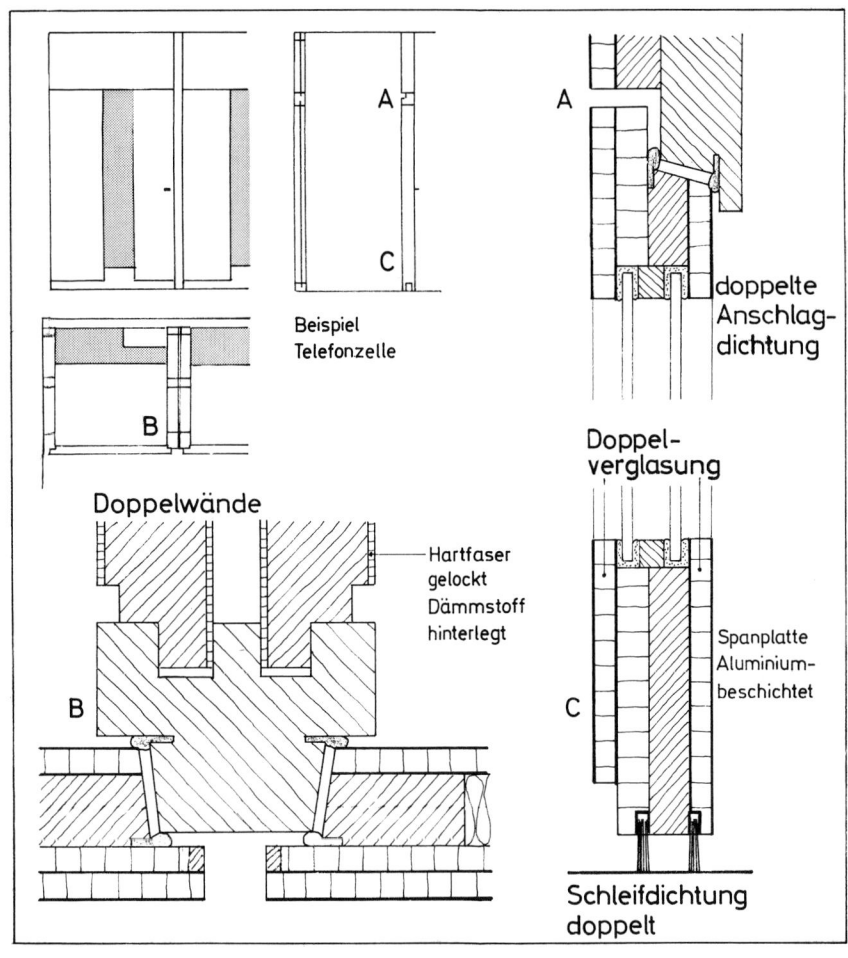

A
C
Beispiel Telefonzelle
B
Doppelwände
Hartfaser gelockt Dämmstoff hinterlegt
B
A
doppelte Anschlagdichtung
Doppelverglasung
Spanplatte Aluminiumbeschichtet
C
Schleifdichtung doppelt

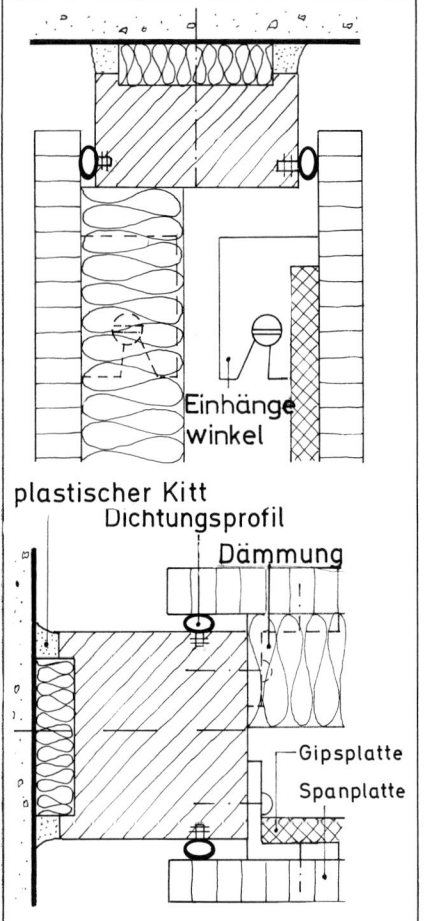

Einhängewinkel
plastischer Kitt
Dichtungsprofil
Dämmung
Gipsplatte
Spanplatte

**Schalldämmende Trennwände** sind sorgfältig zu planen. In ihrer Wirkung sind sie nicht nur abhängig von ihrer Konstruktion und Ausführung, sondern in hohem Maße auch von den Bauteilen, an die sie angeschlossen werden und von den Anschlüssen.
● Die Konstruktionen sollten zweischalig sein.
● Die Tragglieder bestehen aus Holzrippen, die am Ort verbunden werden oder als Rahmen vorgefertigt sind. Sie sind untereinander und gegenüber den Paneeltafeln zu dämmen.
● Die Bekleidungstafeln sollen unterschiedlich stark, möglichst schwer, aber dünn, nicht starr, sondern biegeweich sein.
● Verwendet werden können sowohl Span- als auch Furnierplatten, je nach Beanspruchung auch Gipskartonplatten. Ggf. werden sie durch aufgeklebte Blechtafeln oder Gipsplatten beschwert.
● Die Verbindung zwischen der Verkleidung und der Tragkonstruktion der Trennwand muß elastisch sein, damit sich Schwingungen nicht übertragen. Gummistreifen und Kunststoffprofile haben sich dafür bewährt.
● Mineralwolleplatten als Dämmaterial füllen die Zwischenräume der Trennwandkonstruktionen ganz oder auch nur teilweise.

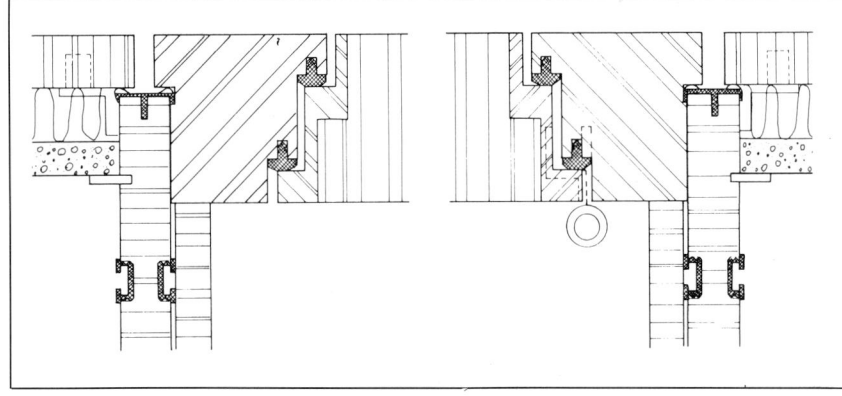

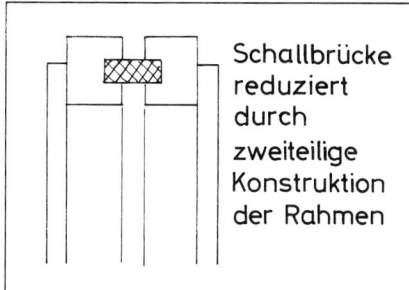

Schallbrücke
reduziert
durch
zweiteilige
Konstruktion
der Rahmen

Beispiel für **Serienherstellung** eines schalldämmenden Trennwandsystems mit einer
nach DIN 52210 gemessenen Luftschalldämmung von R' = 43 db für die geschlossene
Wandausführung. Die Ausführungen lassen
sich individuell variieren, z.B. mit Glasfüllungen und Schrankeinbauten. Die Wandstärke
ist einheitlich 14,5 cm, die Breiten und Höhen
können individuell angepaßt werden.

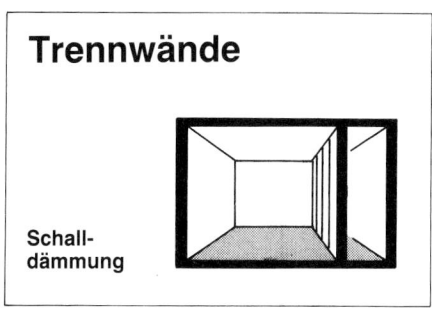

**Trennwände**

Schall-
dämmung

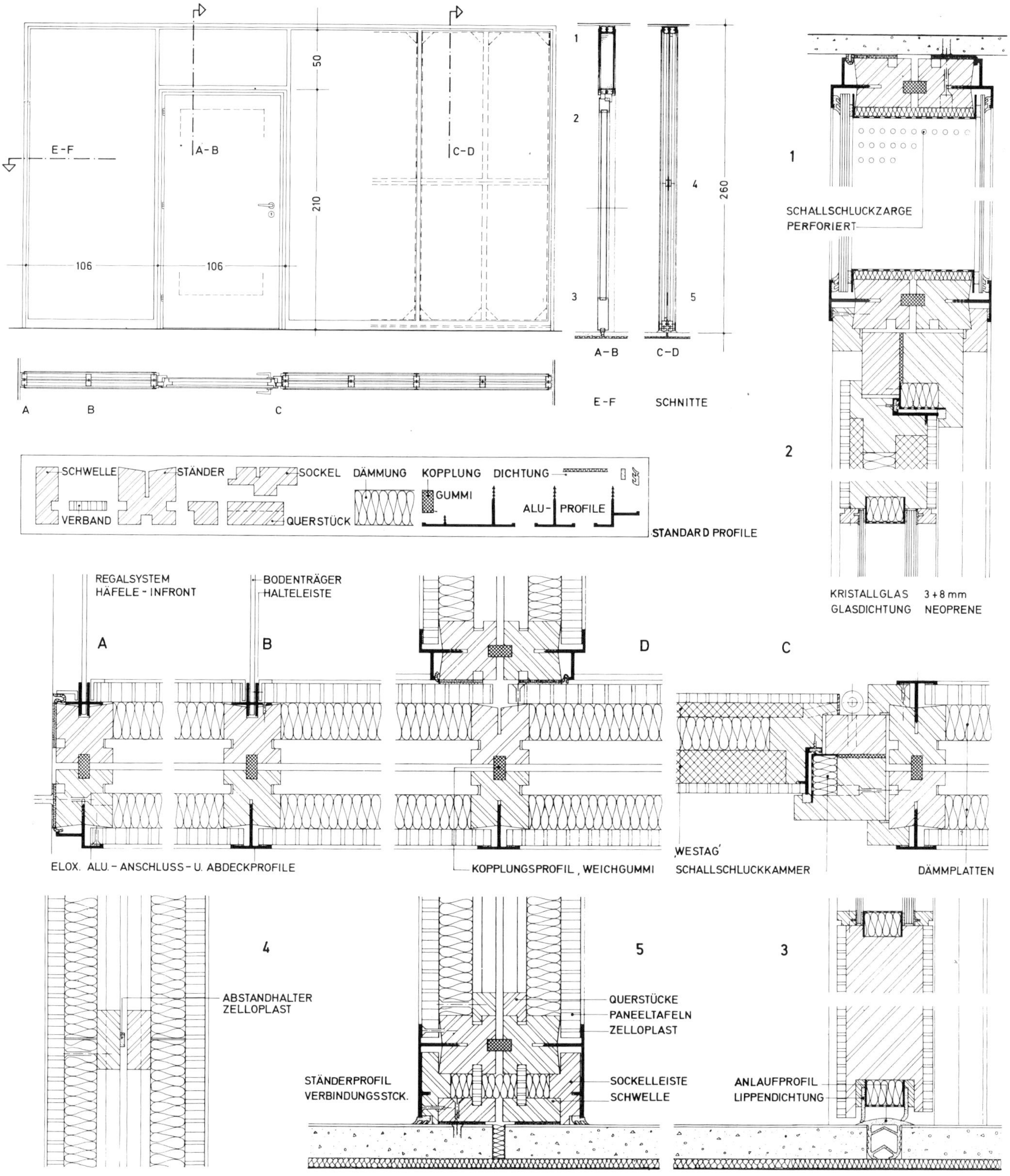

---

50

E-F    |A-B    |C-D

210    106    106

260

1
2
3
A-B    4    5    C-D

E-F    SCHNITTE

A    B    C

---

SCHWELLE    STÄNDER    SOCKEL    DÄMMUNG    KOPPLUNG    DICHTUNG
GUMMI
VERBAND    QUERSTÜCK    ALU- PROFILE
STANDARD PROFILE

---

1    SCHALLSCHLUCKZARGE
PERFORIERT

2    KRISTALLGLAS    3+8 mm
GLASDICHTUNG    NEOPRENE

---

REGALSYSTEM    BODENTRÄGER
HÄFELE - INFRONT    HALTELEISTE

A    B    D    C

ELOX. ALU.-ANSCHLUSS-U. ABDECKPROFILE    KOPPLUNGSPROFIL , WEICHGUMMI    WESTAG'
SCHALLSCHLUCKKAMMER    DÄMMPLATTEN

---

4    5    3

ABSTANDHALTER
ZELLOPLAST

QUERSTÜCKE
PANEELTAFELN
ZELLOPLAST

STÄNDERPROFIL
VERBINDUNGSSTCK.    SOCKELLEISTE
SCHWELLE    ANLAUFPROFIL
LIPPENDICHTUNG

Die **Schalldämmung** einer Trennwand ist – ohne Berücksichtigung der Schallübertragung über angrenzende Bauteile – umso höher
- je größer bei gleichbleibender Beplankung der Abstand a der Rippen ist,
- je weicher die Verbindung zwischen den beiden Schalen ist,
- je besser die Hohlraumdämpfung in den Gefachen ist, z. B. durch eingelegte mineralische Faserdämmstoffe (keine Schaumstoffplatten oder ähnliche steife Materialien),
- je schwerer und je biegeweicher die Schalen sind; bei einer Spanplattenbeplankung ist aus diesem Grunde die zusätzliche Bekleidung mit einer Gipskartonplatte vorteilhaft.
- In jedem Fall ist eine zweilagige Beplankung besser als eine gleichschwere einlagige.

Die **Verbindung** der Schalen einer zweischaligen Trennwand miteinander sollte so gering und „weich" wie möglich sein, wenn eine hohe Schalldämmung angestrebt wird. Die Verbindungen in der Reihenfolge ihrer Schalldämmung:
- Die völlige Trennung der beiden Schalen (Doppelwand) ist am besten.
- Punktweise Verbindung der beiden Schalen über Unterkonstruktion, z. B. über Zwischenlattung.
- Schalen linienförmig über Nägel, Schrauben, Klammern mit der Unterkonstruktion nachgiebig verbunden.
- Die starre Verbindung der Schalen mit der Unterkonstruktion durch Verleimen ist am schlechtesten.

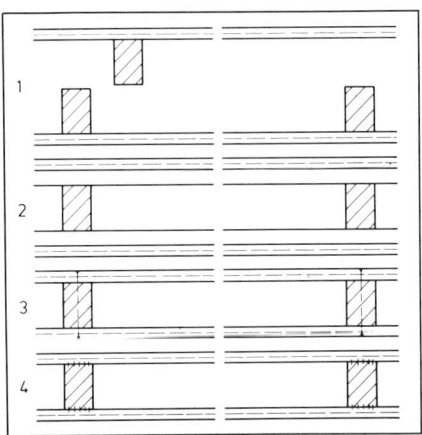

Die **Schallübertragung** im Bereich des Anschlusses Trennwand – flankierende Wand kann verringert werden
- durch Dämpfung des Hohlraums in der flankierenden Wand mit Dämmstoffen,
- durch Abschottung,
- durch Unterbrechung der raumseitigen Beplankung.

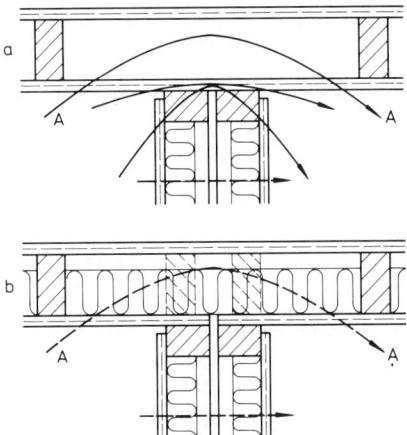

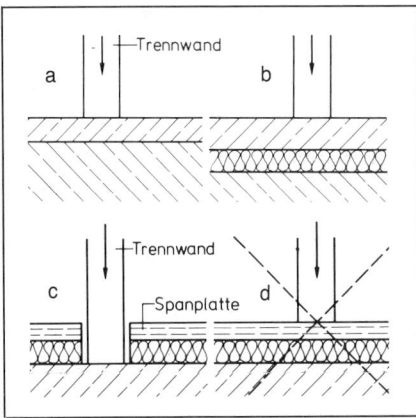

Die **Schallübertragung** im Bereich des Anschlusses Trennwand – Fußboden
- ist auf Verbundestrich (a) geringer als auf schwimmendem Estrich (b).
- Vollflächig verlegte Spanplattenunterböden sollten in jedem Falle unterbrochen werden (c).
- Der Anschluß an einen durchgehenden Spanplattenunterboden (d) ist zu vermeiden (Schallbrücke).

**Schalldämm-Maße R'_w** (resultierende Schalldämmung) von Trennwänden in Holzbauart
- im Prüfstand mit den im Masivbau üblichen Nebenwegen,
- in ausgeführten Holzhäusern.
Angenommen wurde ein einheitlicher Rippenabstand $a \geqq 600$ mm und eine Rippenbreite $b_1 \leqq 600$ mm. Verwendet wurden ausschließlich mechanische Verbindungsmittel (keine Verleimung).
- Die niedrigeren Werte im Holzhaus sind auf die dort vorhandene höhere Schallübertragung über die angrenzenden Bauteile zurückzuführen.

FP  Spanplatte DIN 68763
MiFa  Mineralischer Faserdämmstoff nach DIN 18165 Teil 1, Typ WZ-w oder W-w, längenbezogener Strömungswiderstand $5 \cdot 10^3 \leqq \Xi \leqq 50 \cdot 10^3$ N s/m⁴
QL  Querlattung, $a \geqq 500$ mm
GK  Gipskartonplatte DIN 18180
Tr  Durchgehende Trennfuge zwischen beiden Hälften der Doppelwand

**Schalldämm-Maße R'_w** für mehrere Trennwand-Konstruktionen unter Verwendung von Holzrippen und Spanplatten-Beplankungen, die nach DIN 4109 Teil 3, Entwurf 2/79, ohne weiteren bauakustischen Nachweis beim Einsatz in Massivbauten verwendet werden dürfen.
- Der Rippenabstand $a \geqq 600$ mm und die Rippenbreite $b_1 \leqq 60$ mm sind einheitlich. Ausschließlich wurden mechanische Verbindungsmittel verwendet, keine Verleimung.

FP  Spanplatte DIN 68763
MiFa  Mineralischer Faserdämmstoff nach DIN 18165 Teil 1, Typ WZ-w oder W-w, längenbezogener Strömungswiderstand $5 \cdot 10^3 \leqq \Xi \leqq 50 \cdot 10^3$ N s/m⁴
QL  Querlattung, $a \geqq 500$ mm
GK  Gipskartonplatte DIN 18180
Tr  Durchgehende Trennfuge zwischen beiden Hälften der Doppelwand

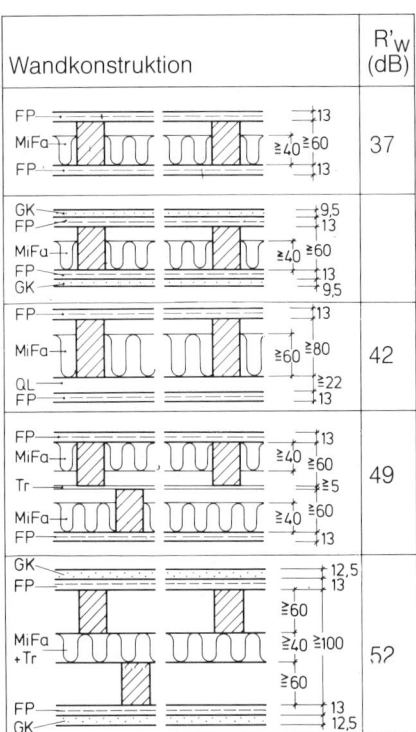

| Wandkonstruktion | R'_w (dB) |
|---|---|
| (FP / MiFa / FP) | 37 |
| (GK / FP / MiFa / FP / GK) | 42 |
| (FP / MiFa / QL / FP) | 49 |
| (FP / MiFa / Tr / MiFa / FP) | 52 |

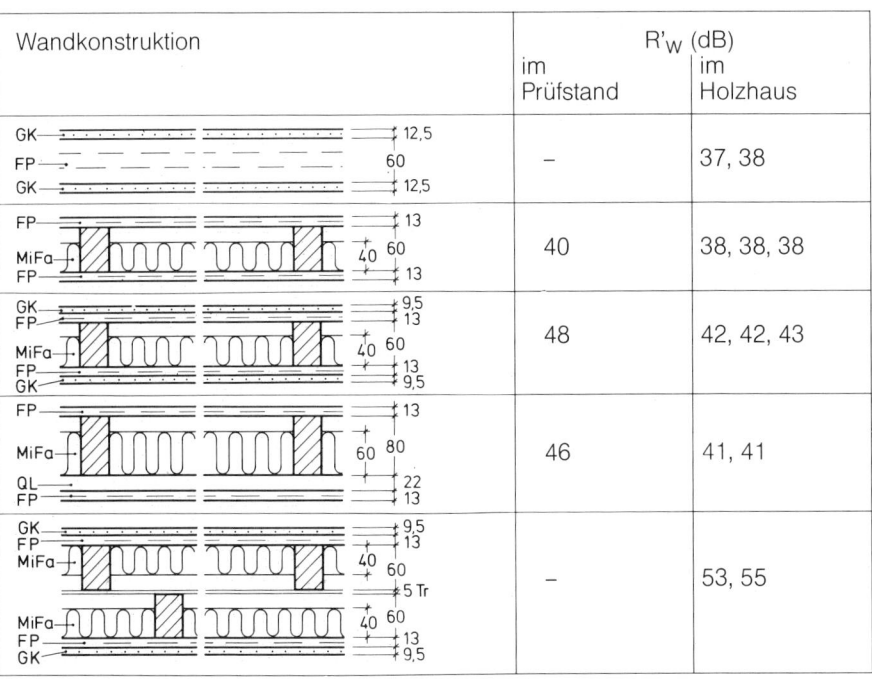

| Wandkonstruktion | R'_w (dB) im Prüfstand | R'_w (dB) im Holzhaus |
|---|---|---|
| (GK / FP / GK) | – | 37, 38 |
| (FP / MiFa / FP) | 40 | 38, 38, 38 |
| (GK / FP / MiFa / FP / GK) | 48 | 42, 42, 43 |
| (FP / MiFa / QL / FP) | 46 | 41, 41 |
| (GK / FP / MiFa / Tr / MiFa / FP / GK) | – | 53, 55 |

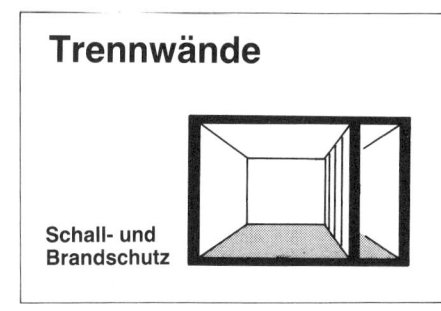

**Trennwände**

Schall- und
Brandschutz

**Angrenzende Bauteile** können die Schalldämmung einer Trennwand verringern. Deshalb ist auf die Konstruktion der angrenzenden
Bauteile und auf die Ausbildung der Anschlüsse eine ebenso große Sorgfalt zu legen wie auf
die Trennwand selbst.
Die Schalldämmung an der Anschlußstelle ist
umso höher
● je geringer die Übertragung über den Weg A
ist. Das kann durch Einlegen von mineralischen Dämmstoffen erreicht werden oder
durch Abschottung im Gefach des angrenzenden Bauteils an der Anschlußstelle.
● je schwerer und biegeweicher die raumseitige Schale des angrenzenden Bauteils ist. Eine
zweilagige Beplankung ist besser als eine
gleichschwere einlagige.

**Anschlußmöglichkeiten** der Trennwand T
an eine angrenzende Wand F im Vergleich.
Die Anschlüsse müssen schallschutztech-
nisch dicht ausgeführt werden, damit sie wirksam sind.

Die **Baustoffe** der Trennwände mit Vollholz-
rippen und Spanplatten-Beplankungen sind im
allgemeinen normalentflammbar und entsprechen der Baustoffklasse B 2 nach DIN 4102,
wenn man einmal von schwerentflammbaren
Spezialplatten (B 1) absieht. Mit einer zusätzlichen Bekleidung aus Gipskartonplatten lassen sich nichtbrennbare Oberflächen (Klasse
A 2) erreichen.

Die **Feuerwiderstandsdauer** von Wänden in
Holzbauweise ist vor allem abhängig von
● den Abmessungen der Rippen
● der Belastung der Wand
● der Art und Dicke der Beplankungen
● der Art und Dicke der eingelegten Dämmschicht.

Der **Nachweis über das Brandverhalten** gilt
bei den in DIN 4102 Teil 4 enthaltenen Ausfüh-
rungsmöglichkeiten bereits als erbracht. Für
andere Konstruktionen ist der Nachweis durch
Brandversuche oder Gutachten zu leisten.

**Konstruktionen** nach DIN 4201 Teil 4 für
nichttragende raumabschließende Trennwände in Holzbauart der Feuerwiderstandsklassen F 30-B und F 90-B. Die in der Norm ge-
nannten Randbedingungen (Verarbeitung,
Ausbildung der Anschlüsse) sind einzuhalten.

Im Zusammenhang dieses Kapitels sei auf
den Informationsdienst Holz, Holzwerkstoffe
im Bauwesen, Teil 2 Ausbau, der Entwicklungsgemeinschaft Holzbau in der Deutschen
Gesellschaft für Holzforschung hingewiesen.

VH   Vollholz DIN 4074 Teil 1, Schnittklasse
     S oder A
FP   Spanplatte DIN 68 673, $p \geqq 600$ kg/m³
GKF  Gipskarton-Feuerschutzplatte   DIN
     18 180
MiFa Mineralischer Faserdämmstoff DIN
     18 165 Teil 1, Klasse A, Schmelzpunkt
     $\geqq 1000°C$

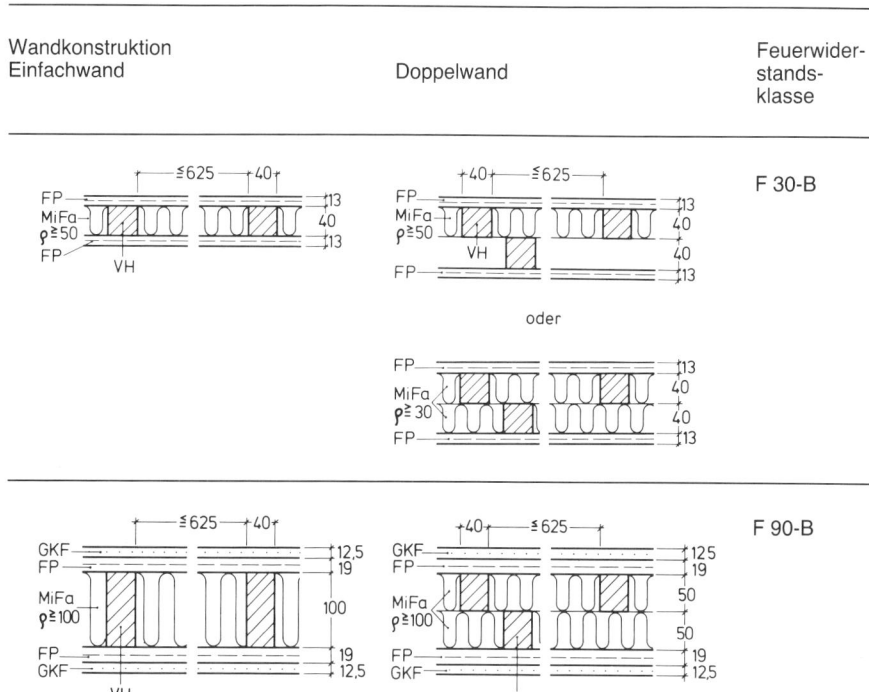

| Wandkonstruktion Einfachwand | Doppelwand | Feuerwider- stands- klasse |
|---|---|---|
| | | F 30-B |
| | oder | |
| | | F 90-B |

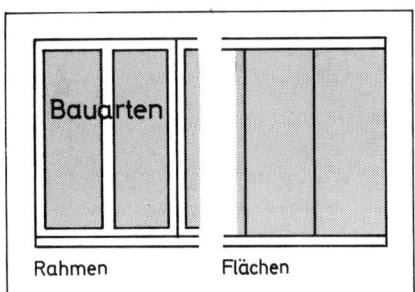

Bauarten

Rahmen     Flächen

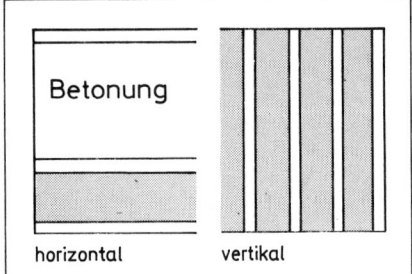

Betonung

horizontal     vertikal

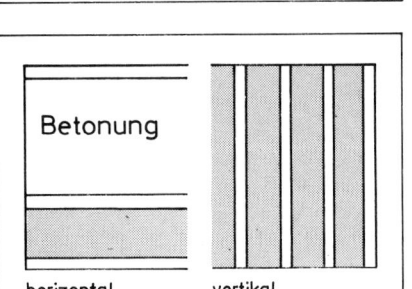

Gliederung

ruhig     bewegt

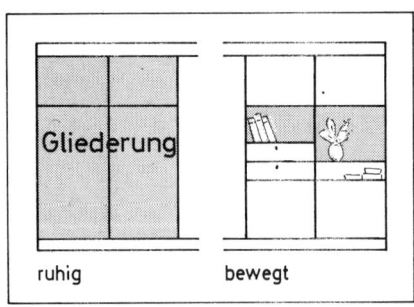

Transparenz

verglast     offen

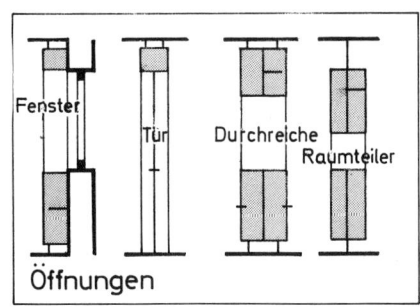

Fenster     Tür     Durchreiche     Raumteiler

Öffnungen

Kleiderschrank im Schlafbereich

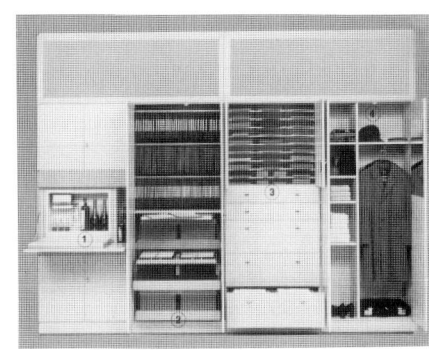

Aktenschrank für Büros und Arbeitszimmer

Die Montage einer System-Schrankwand

Die Addition von Teilen zu Körpern

Das Ansetzen der Rückwände und Einhängen der Fronten

Die Vollendung der Raumtrennung. Befestigung, Dichtung und Dämmung der Anschlüsse

**Einbauschränke** sind im privaten und öffentlichen Bereich sehr verbreitet. Sie bieten viel Bergeraum, vor allem bei deckenhoher Ausführung. Die Oberschränke sind allerdings meist schwer zugänglich. Ein weiterer Nachteil ist, daß Einbauschränke die Räume optisch verkleinern.
Über die gute Platzausnutzung hinaus können Einbauschränke gegenüber frei aufgestellten Schränken auch Material einsparen helfen, z.B. durch den Fortfall von Seiten- und Rückwänden, Böden und Sockeln. Deckenhohe Einbauschränke können auch die Funktion eines Raumteilers erfüllen.

Eine exakte **Definition** von Einbauschränken ist nicht möglich. Im allgemeinen versteht man darunter einen eingebauten Schrank, der sich von einem mobilen Schrank durch seinen festen Anschluß an eine bauliche Situation unterscheidet. Häufig werden auch verschließbare Dachschrägen und Wandnischen als Einbauschränke bezeichnet. Vielfach haben Einbauschränke auch offene Fächer, so daß sie nicht eindeutig gegenüber Regalen abgegrenzt werden können.

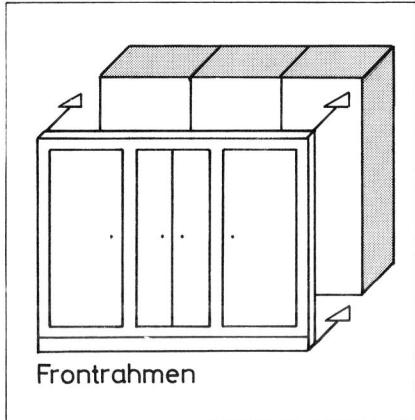

Frontrahmen

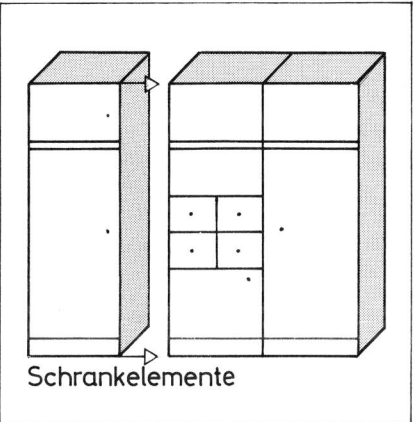

Schrankelemente

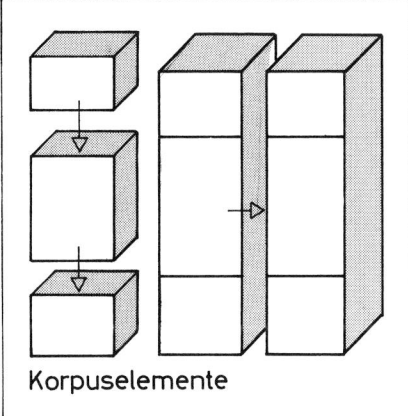

Korpuselemente

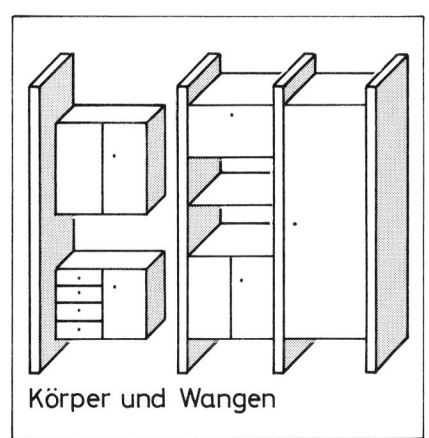

Körper und Wangen

Die **Bauarten** von Einbauschränken sind vielfältig.
● Eine klassische Bauweise ist die Addition ganzer Körper und Schrankelemente. Ihr Nachteil: doppelte Seiten und Böden.
● Die Montage einzelner Bauteile zu Schrankwänden hat den Nachteil längerer Montagezeiten.
● Das Aufhängen von Körpern zwischen Wangen rechtfertigt den Aufwand doppelter Seiten durch leichte Montage.

Die **Gestaltung** unterscheidet Einbauschränke nach ihren Fronten. Diese sind je nach ihrer speziellen Aufgabe offen oder geschlossen, ruhig oder bewegt, durch Rahmen oder Flächenstrukturen gegliedert, horizontal oder vertikal betont.

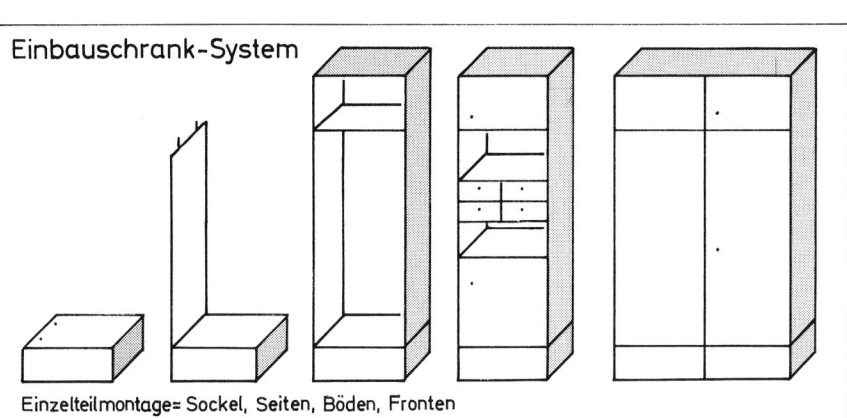

Einbauschrank-System

Einzelteilmontage= Sockel, Seiten, Böden, Fronten

**Einbauschranksysteme** vermeiden doppelten Materialeinsatz. Standardisierte Programme mit Funktionselementen wie Sockeln, Böden, Seiten, Rückwänden und Fronten erlauben die wirtschaftliche Erfüllung der Forderungen an Nutzung und Gestaltung.

**Schrankwände als Raumteiler** ersetzen Trennwände und bieten große Flexibilität in der Aufteilung der Geschoßflächen. Ähnlich wie bei Trennwänden wird zwischen festen und umsetzbaren Einbauschränken unterschieden. Die Nutzung des Schrankraumes der Raumteiler kann ein- und doppelseitig, auch mit unterschiedlichen Tiefen erfolgen, z.B. im Wechsel doppelt tief von der einen oder anderen Seite.

Die **Dimensionen** (Höhen, Breiten und Tiefen) von Schränken und Fächern müssen abgestimmt sein auf die aufzunehmenden Gegenstände. Kleiderschränke z.B. benötigen bei Quer- bzw. Längsaufhängung Tiefen von 40 cm bzw. 65 cm. Aktenschränke müssen z.B. die verschiedenen DIN-Formate berücksichtigen.

Die **Position** von Einbauschränken in den Räumen sind von speziellen Gegebenheiten abhängig, so daß hier nur grundsätzliche Lösungen aufgeführt werden können. Einbauschränke an Wänden oder in Ecken sind leichter zu montieren als Einbauschränke zwischen Wänden oder in Nischen.

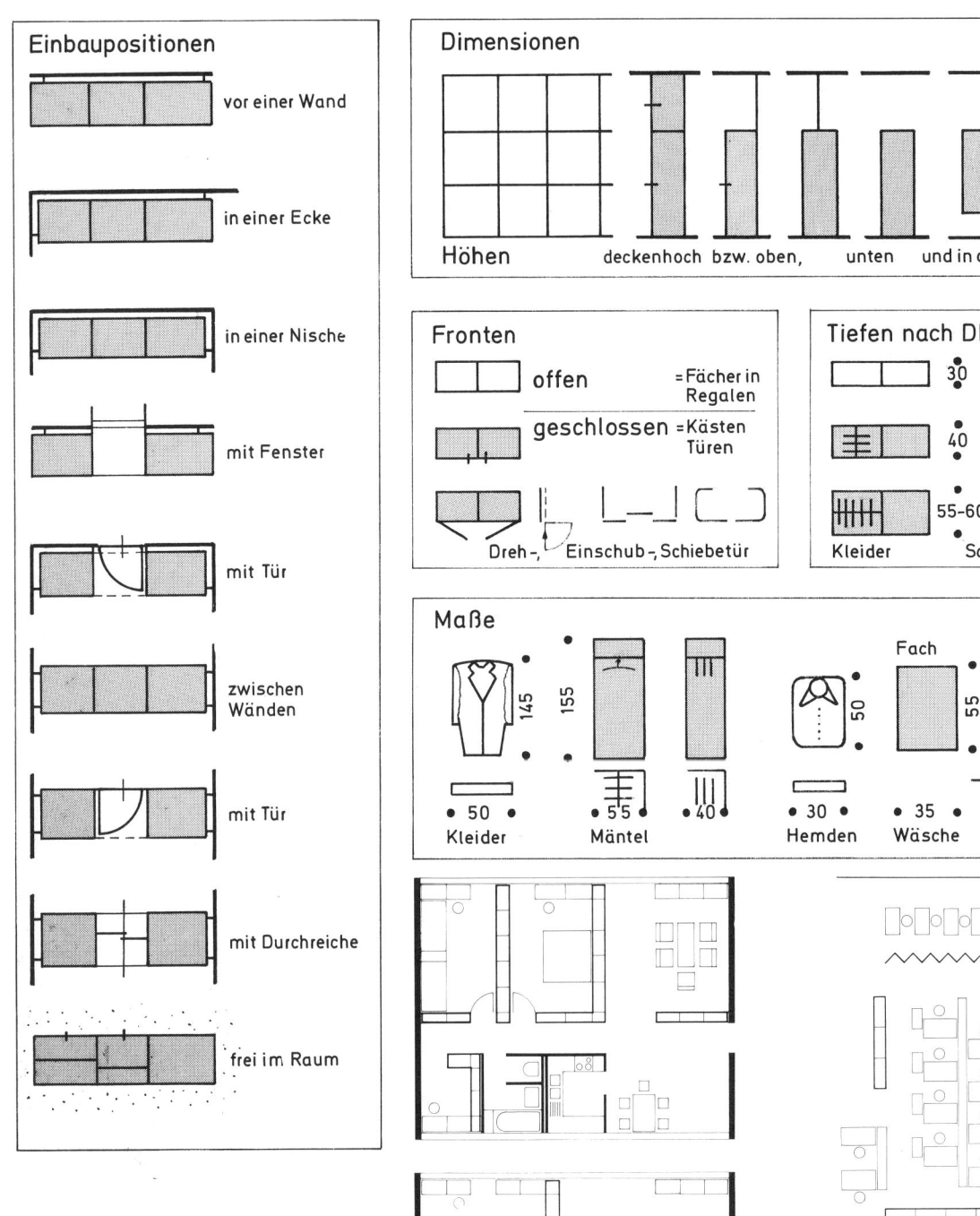

### Einbaupositionen

vor einer Wand

in einer Ecke

in einer Nische

mit Fenster

mit Tür

zwischen Wänden

mit Tür

mit Durchreiche

frei im Raum

### Dimensionen

Höhen — deckenhoch bzw. oben, unten und in der Mitte offen

### Fronten

offen = Fächer in Regalen

geschlossen = Kästen Türen

Dreh-, Einschub-, Schiebetür

### Tiefen nach DIN

30 Regale

40

55-60

Kleider   Schuhe

### Maße

145   155

Kleider   Mäntel   Fach   55   ~75   ~45   ~65   30

50   55   40   50   Tisch u. Stuhl

Kleider   Mäntel   30 Hemden   35 Wäsche

Die **Raumtrennung** als Zusatzfunktion von Einbauschränken hat für private wie öffentliche Gebäude Bedeutung. Stützenfreie Geschoßflächen lassen sich durch das Auf- und Umstellen deckenhoher Einbauschränke gliedern und an geänderte Nutzungen anpassen.
● Die Erschließung der Schränke kann ein- oder zweiseitig, auch im Wechsel, erfolgen.

Die **Herstellung** von Einbauschränken erfolgt einzeln oder in Serienfertigung. Beides hat nebeneinander seine volle Bedeutung, wirtschaftlich wie gestalterisch. Entscheidend ist die Auftragsgröße und der Einsatzort.

Für den **Transport** von Einbauschränken sind die Maße und Gewichte der Bauteile zu berücksichtigen.

Die **Montage** von Einbauschränken umfaßt das Aufstellen, Ausrichten, Befestigen und Dichten.

Das **Ausrichten** der Schränke erfolgt vor allem unter Beachtung der Gängigkeit von Türen, Klappen und Kästen.

# Einbauschränke

Positionen, Montage

## Herstellen

in kleinen Partien
in großen Mengen

in Einzelanfertigung
in Serie

in Einzelteilen
als Element (Systeme)
standardisiert

## Transportieren

von Hand
mit Hebezug          Gewichte u. Maße

durch : Türen, Fenster, Räume

über : Treppen, Aufzüge, Straßen

im : Auto, Bahn, Schiff, Flugzeug

## Montieren

Arten: fest, lose, umsetzbar

Bedingung    Luftzirkulation, Abstand vom Bau, Spielraum zum Einpassen

## Aufstellen

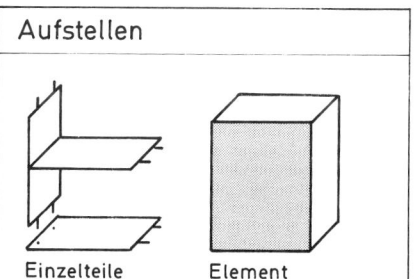

Einzelteile    Element

## Ausrichten

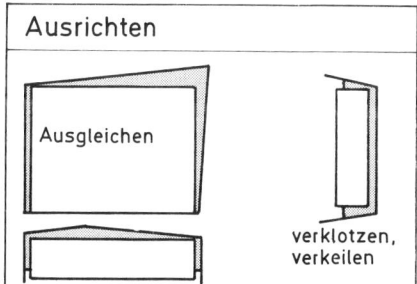

Ausgleichen

verklotzen, verkeilen

## Anschließen

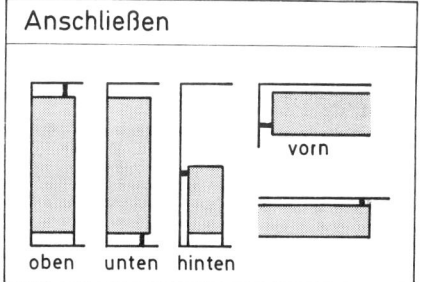

oben  unten  hinten    vorn

## Befestigen

seitlich    oben

vorn    Wo?

Wie?

Keile    Ansichts-schnitt

Schrauben sichtbar oder verdeckt

Seite    Aufsichts-schnitt

z.B. Tür

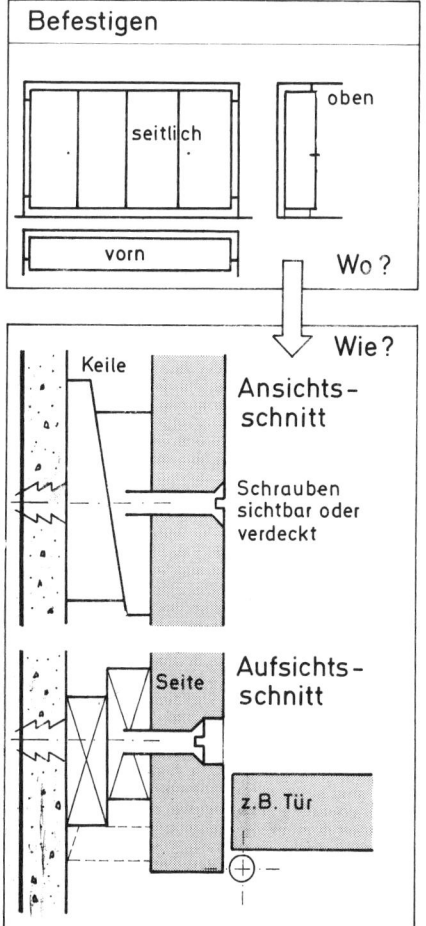

## Dichten

Anpassen    Decke

Boden

Wand    Wo?

Wie?

• Leisten
genagelt
geschraubt
geklemmt
geklebt

**Details**
siehe unter
Wand-, Decken-,
Boden- und
Seitenanschlüsse

• Profile
Holz
Metall
Kunststoff

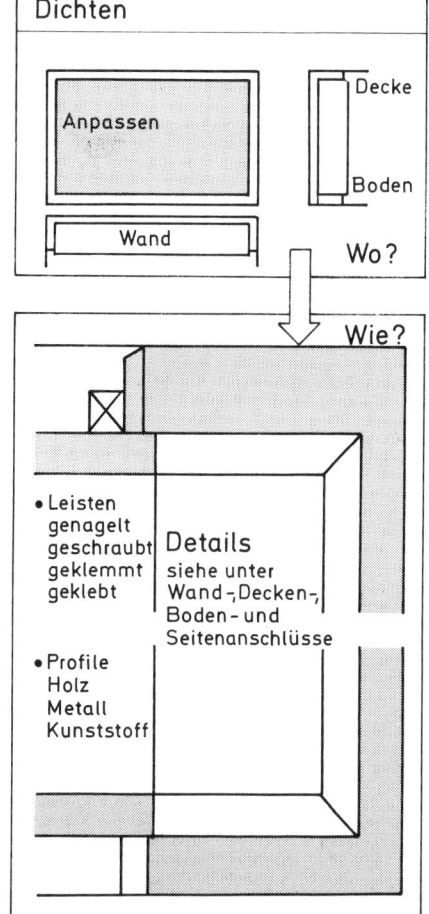

## Hinterlüften

oben
unten
seitlich

Umluft gegen Feuchte u. Muff

Wo?

Wie?

Schlitze

Siebe

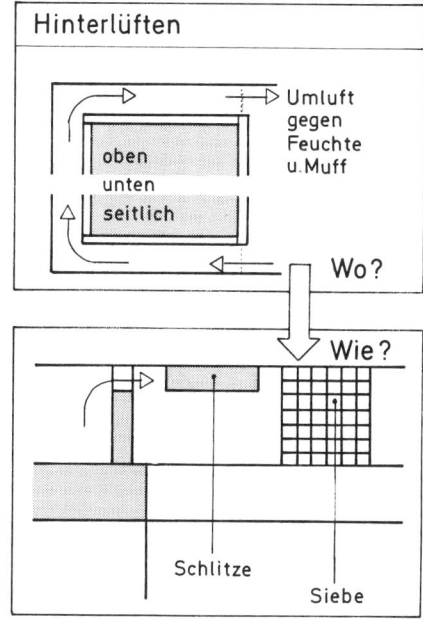

Die **Befestigung** erfolgt seitlich, vorn oder oben, auch verdeckt liegend, mit Hinterlegung von Keilen bzw. Ausgleichstücken.

Die **Dichtung** erfolgt allseitig durch Leisten oder Profile.

Die **Hinterlüftung** durch Zu- und Abluftschlitze oder Löcher ist eine Vorkehrung gegen die Bildung von Fäulnis und Schimmel durch Baufeuchte.

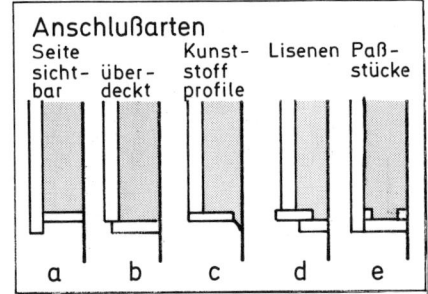

**Anschlußarten**

Seite sichtbar / überdeckt / Kunststoffprofile / Lisenen / Paßstücke

a · b · c · d · e

**Wandanschlüsse** von Einbauschränken dichten den Abstand zwischen Schrankkörpern und Wand in der vorderen Zone ab. Paßstücke in Form von Leisten oder Plattenstreifen werden zwischengesteckt oder aufgesetzt. Sie liegen bündig, springen vor oder zurück.

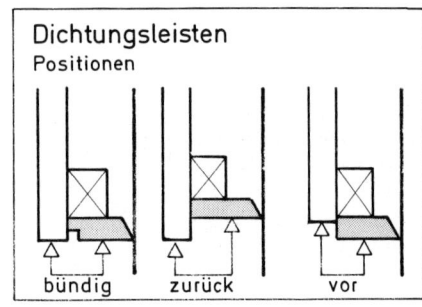

**Dichtungsleisten**
Positionen

bündig · zurück · vor

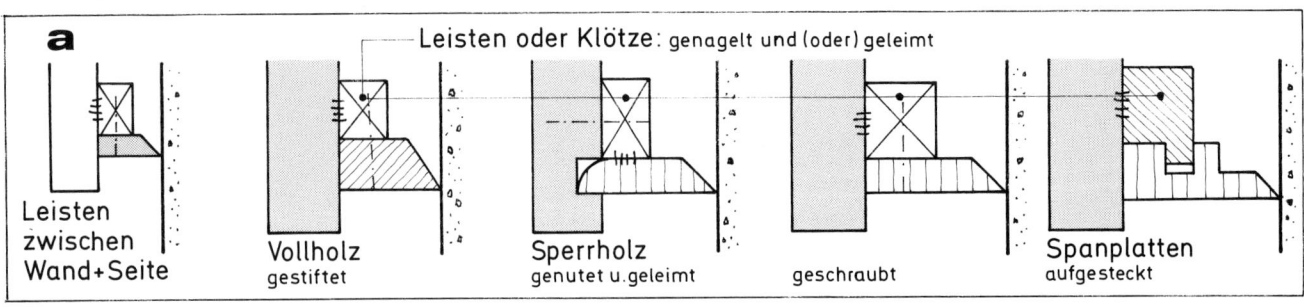

**a**

Leisten oder Klötze: genagelt und (oder) geleimt

Leisten zwischen Wand+Seite

Vollholz gestiftet · Sperrholz genutet u.geleimt · geschraubt · Spanplatten aufgesteckt

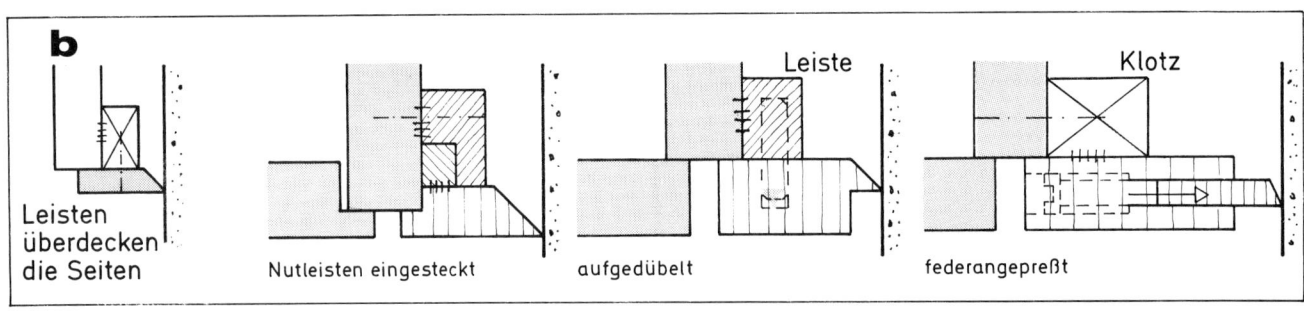

**b**

Leisten überdecken die Seiten

Leiste · Klotz

Nutleisten eingesteckt · aufgedübelt · federangepreßt

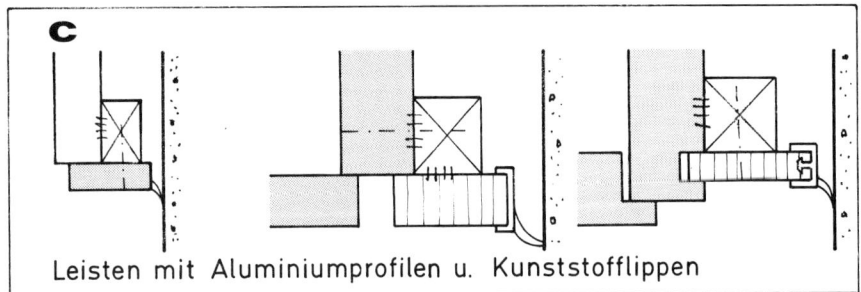

**c**

Die **Befestigung der Dichtung** erfolgt in der Regel nur an der Schrankseite, bei breiten Paßstücken auch an der Wand. Die Paßstücke werden verdeckt oder sichtbar genagelt, geklemmt, geschraubt, geleimt, gedübelt oder gefedert. Sie sind ein- oder zweiteilig und werden durch Metall- und Kunststoffprofile ergänzt. Elastische Profile erleichtern das Anpassen.

Leisten mit Aluminiumprofilen u. Kunststofflippen

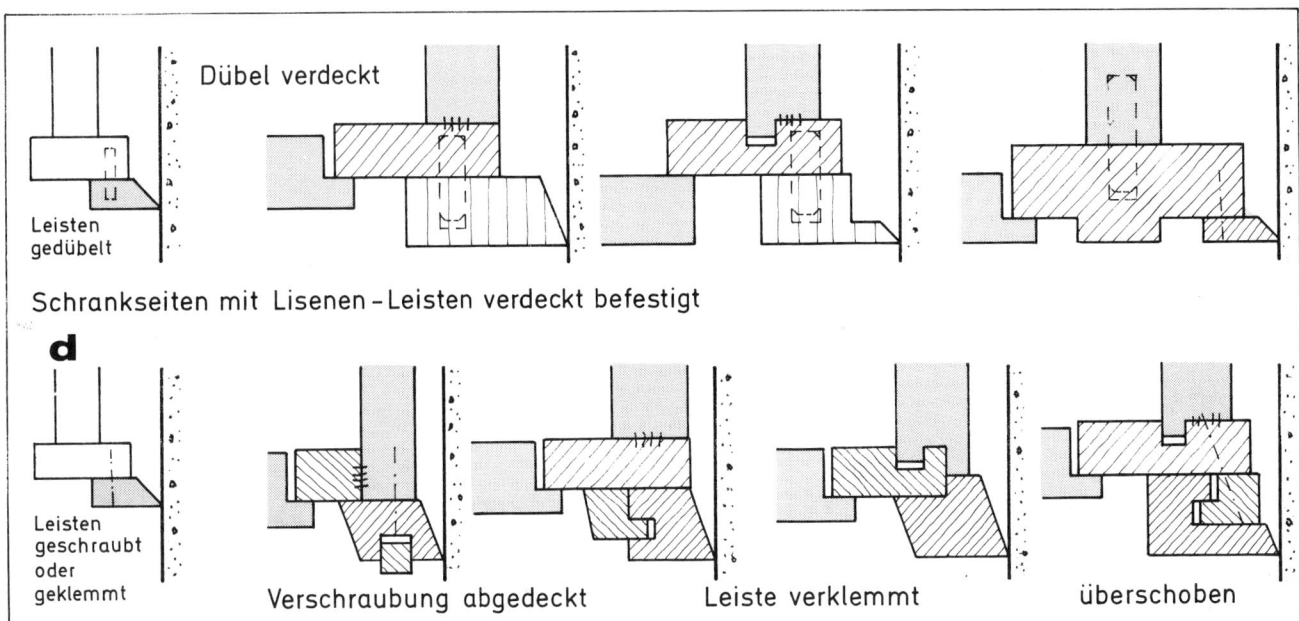

Dübel verdeckt

Leisten gedübelt

Schrankseiten mit Lisenen-Leisten verdeckt befestigt

**d**

Leisten geschraubt oder geklemmt

Verschraubung abgedeckt · Leiste verklemmt · überschoben

**Mittelanschlüsse** sind Kopplungen von Schrankseiten, die bei der Addition von Schrankkörpern häufig vorkommen. Sie dienen zur Befestigung der Bauteile und zur Dichtung der Fuge.

# Einbauschränke

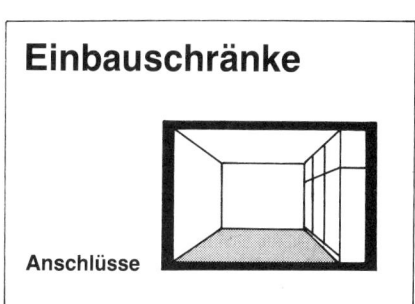

**Anschlüsse**

## breite Paßstücke mit

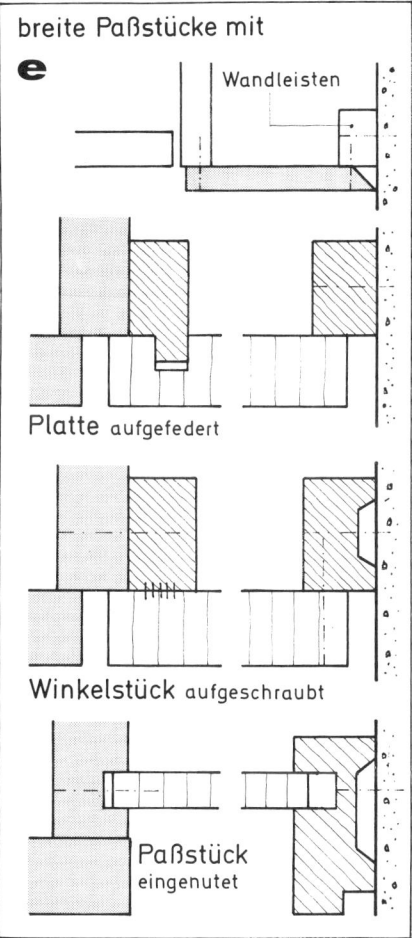

**e** Wandleisten

**Platte** aufgefedert

**Winkelstück** aufgeschraubt

**Paßstück** eingenutet

## Anschlußpositionen

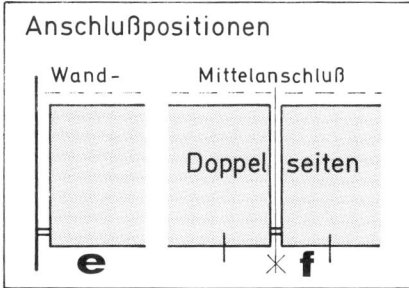

Wand- | Mittelanschluß

Doppel seiten

**e** | **f**

Die **Seiten** werden miteinander dicht verschraubt. Eine zusätzliche Leiste erlaubt eine bessere Montage.

Die **Fuge** wird durch Profilleisten oder Vorleimer überdeckt. Letztere sind einseitig aufgeleimt und greifen auf die andere Seite voll über, so daß eine breite Ansicht entsteht.

**Leistenaufdicktungen** bieten sich zur Vermeidung von Doppelseiten an, wenn nicht von vornherein Einbauschranksysteme ohne Doppelseiten gewählt werden.

## Ausführungsbeispiel

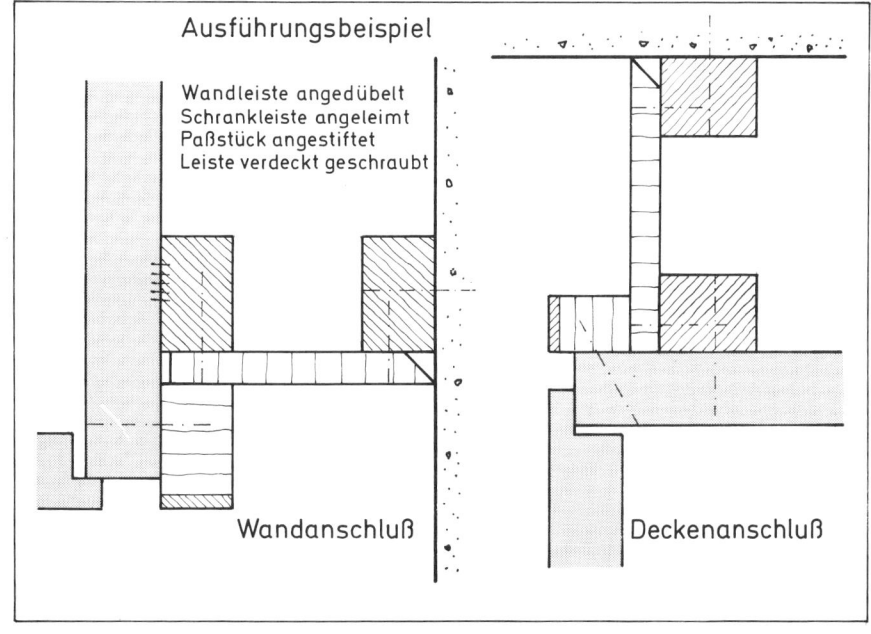

Wandleiste angedübelt
Schrankleiste angeleimt
Paßstück angestiftet
Leiste verdeckt geschraubt

**Wandanschluß** | **Deckenanschluß**

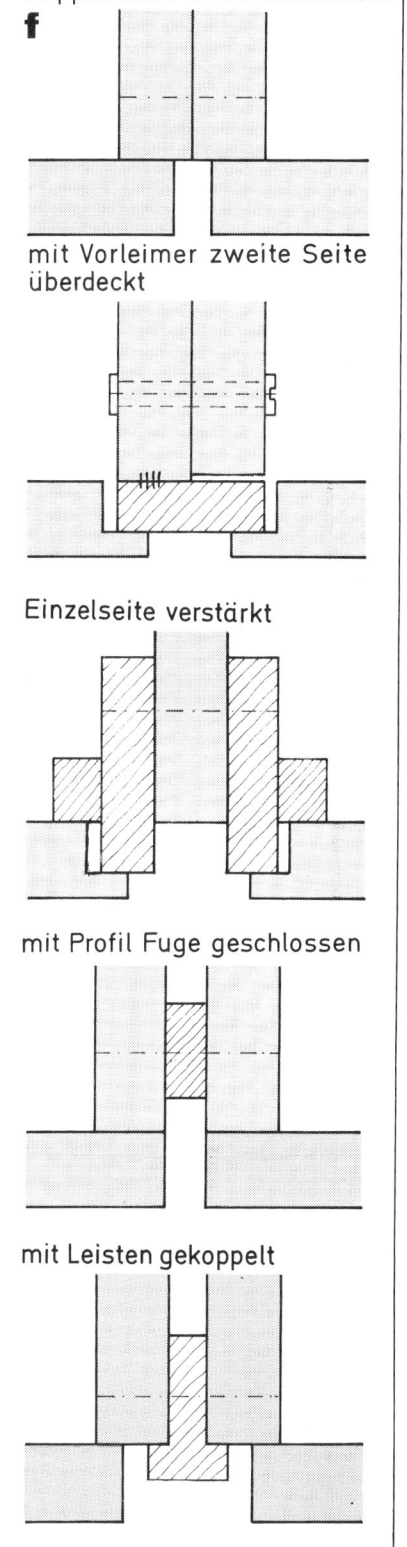

## Doppelseiten direkt verschraubt

**f**

## mit Vorleimer zweite Seite überdeckt

## Einzelseite verstärkt

## mit Profil Fuge geschlossen

## mit Leisten gekoppelt

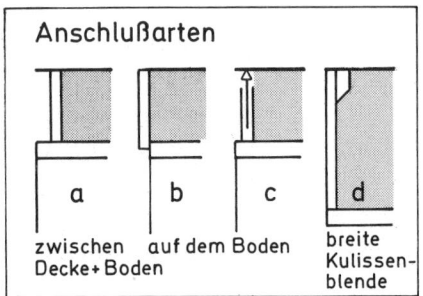

## Anschlußarten

a — zwischen Decke + Boden
b — auf dem Boden
c —
d — breite Kulissenblende

**Deckenanschlüsse** dichten nur, d.h. sie überbrücken die Distanz von der Schrankoberkante bis zur Decke. Konstruktiv sind sie meist den Wandanschlüssen gleich. Wandanschlüsse schließen jedoch auch die Befestigung der Einbauten ein.

Je nach Schrank- und Deckenhöhe sind schmale oder breite **Blenden** erforderlich. Sie bestehen aus Vollholz oder aus Holzwerkstoffplatten.

**Lösbare Deckenanschlüsse,** z. B. für umsetzbare Schrankwände, werden als sog. Kulissenblenden aus Holz oder Blechen gearbeitet. Sie erübrigen Anpaßarbeiten.

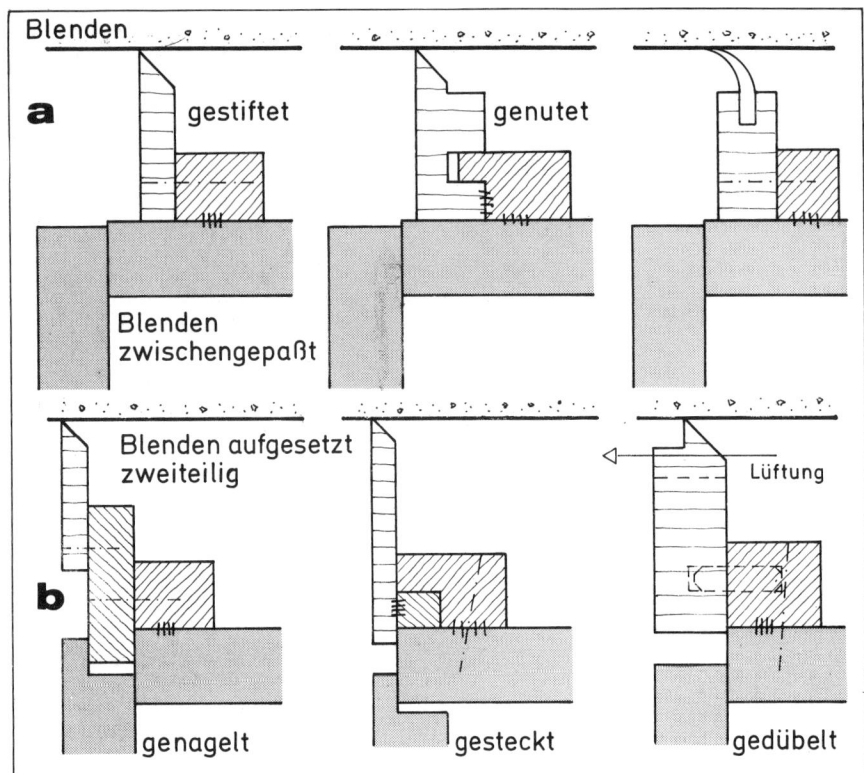

Blenden

**a**  gestiftet  genutet

Blenden zwischengepaßt

Blenden aufgesetzt zweiteilig

**b**  genagelt  gesteckt  Lüftung  gedübelt

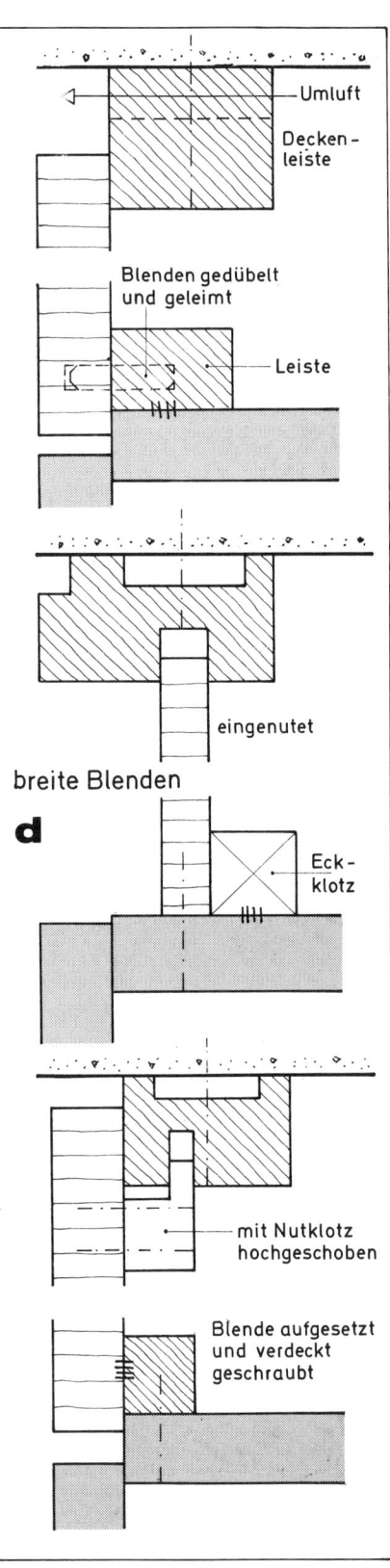

Umluft

Deckenleiste

Blenden gedübelt und geleimt

Leiste

eingenutet

breite Blenden

**d**  Eckklotz

mit Nutklotz hochgeschoben

Blende aufgesetzt und verdeckt geschraubt

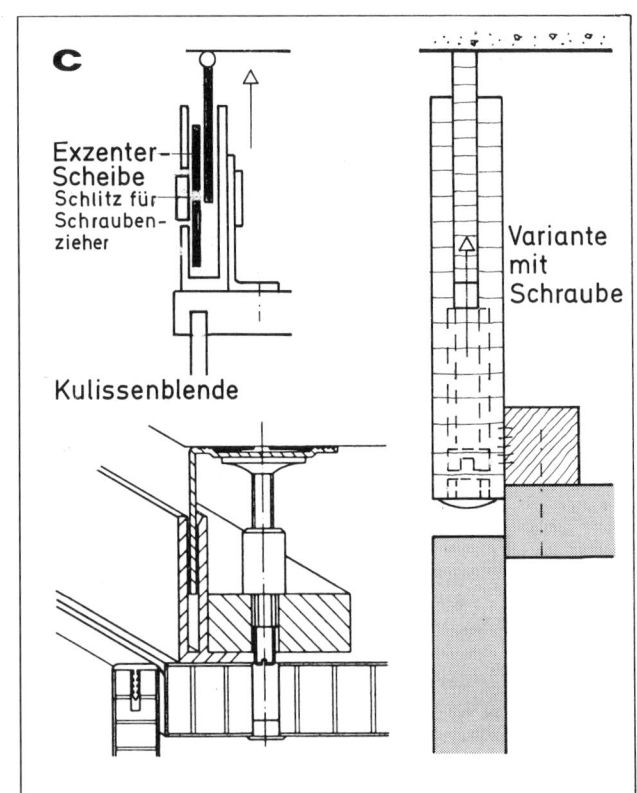

**c**

Exzenter-Scheibe
Schlitz für Schraubenzieher

Variante mit Schraube

Kulissenblende

**Bodenanschlüsse** haben zwei Funktionen. Sie regulieren die Standfestigkeit von Einbauschränken durch das Verkeilen fester Sockel oder durch Verspannen von Spreizen. Außerdem dichten sie die Sockel im Anschluß an den Bodenbelag.

Die **Dichtung** am Boden erfolgt durch Leisten und Streifen aus Holzwerkstoff. Sie wird auf Unterkonstruktionen geschraubt, geleimt oder geklemmt oder kommt ohne Unterkonstruktion aus, ist in sich steif und wird vor oder unter die Schrankböden eingearbeitet.

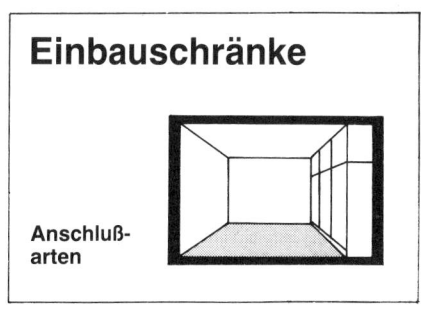

# Einbauschränke

**Anschluß-arten**

---

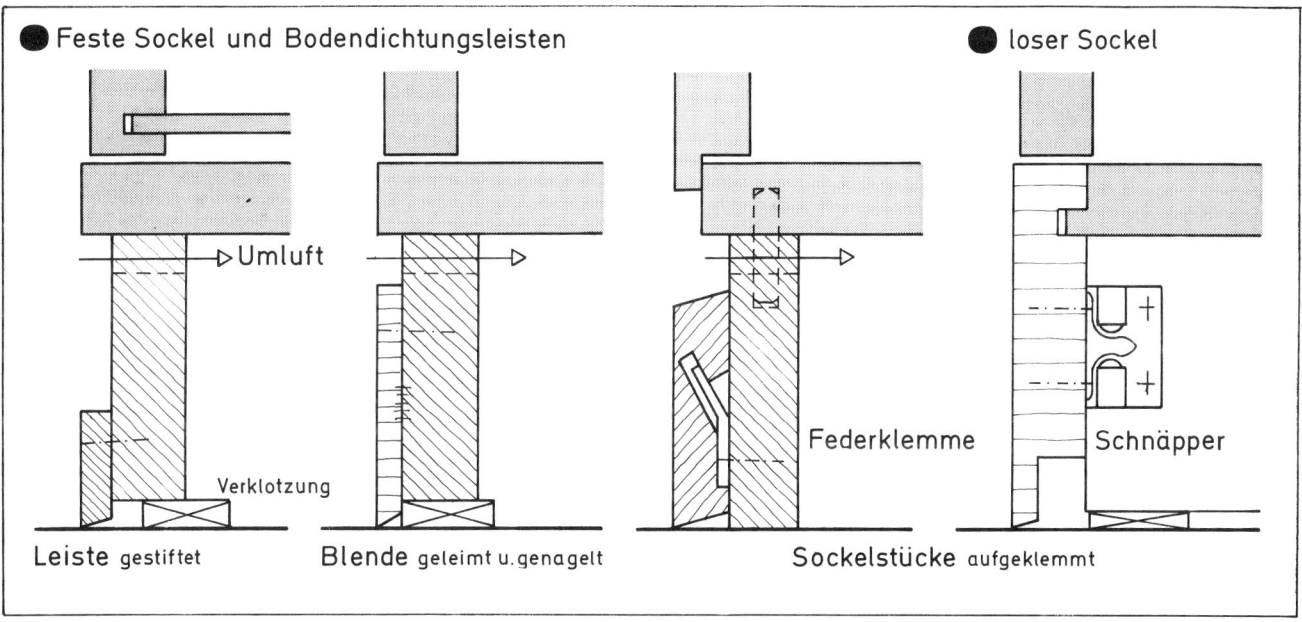

● Feste Sockel und Bodendichtungsleisten      ● loser Sockel

Umluft

Federklemme    Schnäpper

Verklotzung

**Leiste** gestiftet     **Blende** geleimt u. genagelt     **Sockelstücke** aufgeklemmt

---

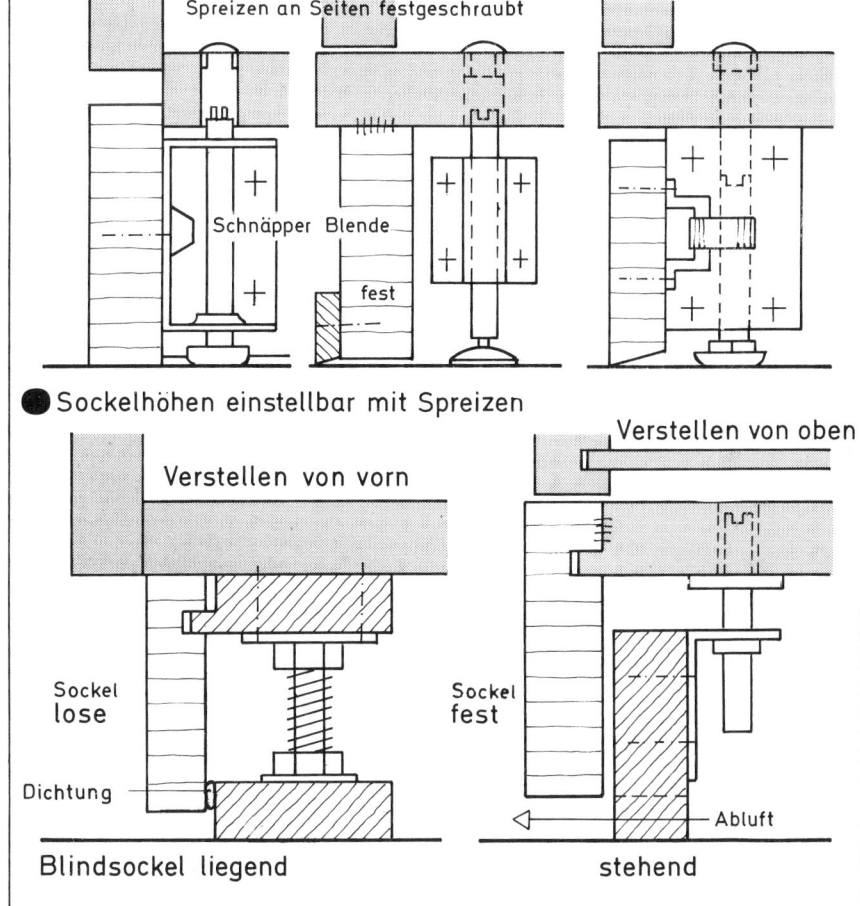

Spreizen an Seiten festgeschraubt

Schnäpper Blende

fest

● Sockelhöhen einstellbar mit Spreizen

Verstellen von vorn

Verstellen von oben

Sockel **lose**

Sockel **fest**

Dichtung

Abluft

**Blindsockel liegend**      **stehend**

---

**Spreizen** für die Höheneinstellung werden an die Schrankseiten angeschraubt oder zwischen Blindsockel und Unterböden verspannt. Die Bedienung der Ausgleichschrauben erfolgt bei festem Sockel durch die Schrankböden hindurch, bei losen Blenden vor deren Montage.

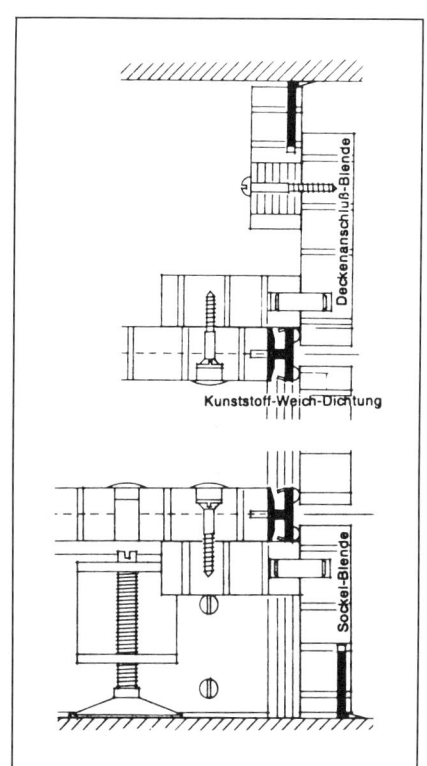

Deckenanschluß-Blende

Kunststoff-Weich-Dichtung

Sockel-Blende

**Einbauschränke als Trennwände** lassen sich nicht nur zwischen Küche und Eßplatz einsetzen, sie können auch ganze Wohnungen unterteilen. Zum Teil erhalten sie Durchgänge. Die Fronten können in Kunststoff oder in unterschiedlichen Holzarten ausgeführt sein.

Die **Typenhöhe** dieser Trennschränke beträgt 200 cm, die Höhe der Aufsätze beträgt 43,5 cm, so daß eine Gesamthöhe von 243,5 cm erreicht wird, die der baupolizeilich vorgeschriebenen Mindesthöhe von 250 cm entspricht. Die Trennwandtiefe beträgt 62 cm. Die Typen werden entweder beidseitig mit Türen oder einseitig mit Blenden geliefert.
Die Hohlräume zwischen Schrank und Zimmerdecke sowie zwischen Schrank und Zimmerwänden können bauseits mit Isolierwolle ausgefüllt werden. Hierdurch wird eine wesentlich höhere Schalldichte erzielt. Ein oberer und seitlicher Abschluß erfolgt durch die im Typenprogramm aufgeführten Paßstücke. Alle Einteilungen sind in verstellbare Lochleisten eingehängt. Sie können schnell und mühelos ausgewechselt und neu eingeteilt werden. Um eventuell auftretende Unebenheiten im Fußboden auszugleichen, befinden sich im Sockel Stellschrauben.

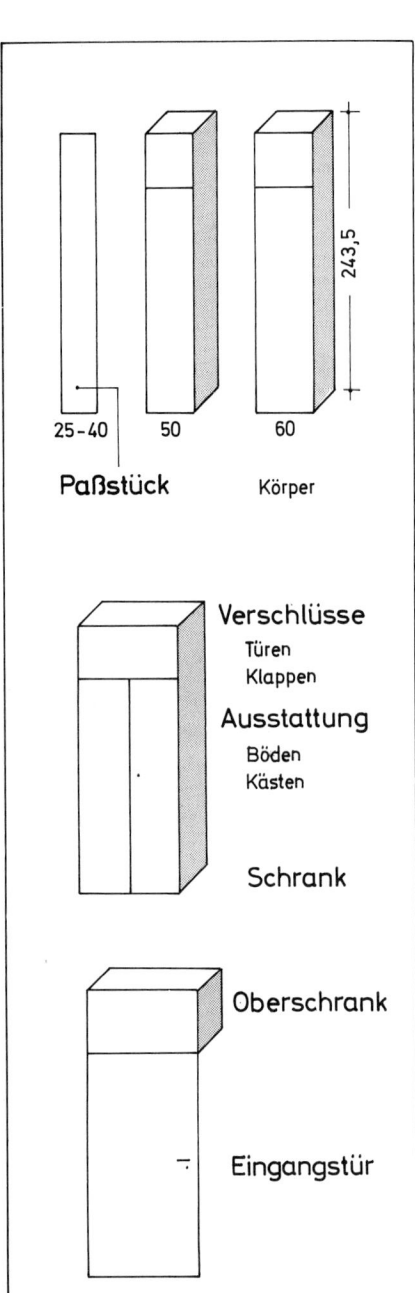

243,5

25–40    50    60

**Paßstück**    Körper

**Verschlüsse**
Türen
Klappen

**Ausstattung**
Böden
Kästen

Schrank

Oberschrank

Eingangstür

Tür

Schnitte

**Einsatzbeispiele** für Trennwandschränke:
**1** Schrank offen zwischen Eßplatz und Sitzecke im Wohnraum
**2** Kleiderschränke zwischen Eltern- und Kinderzimmer
**3** Bürotrennwand in einem Verwaltungsgebäude

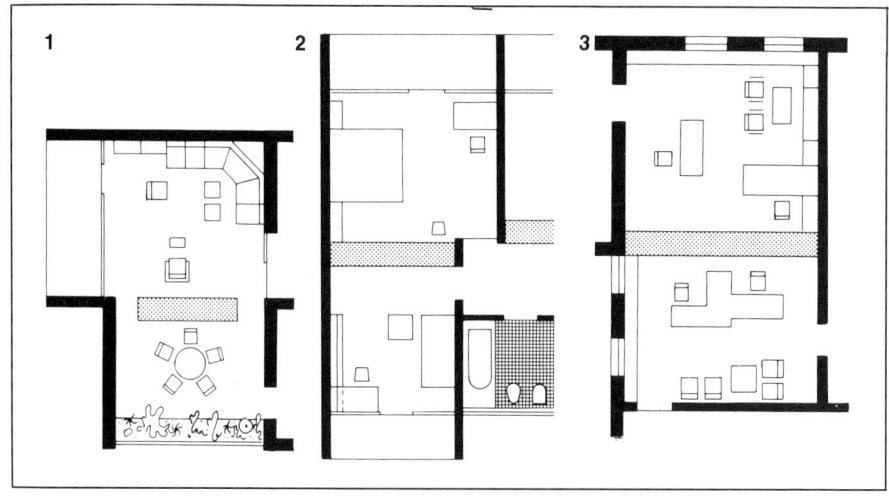

1                    2                    3

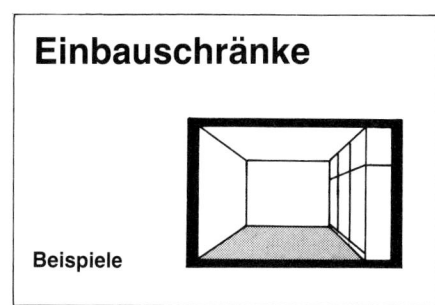

**Einbauschränke**

Beispiele

Die **Hauswirtschaftliche Funktionswand** besteht aus Einzelelementen, die anstelle von gemauerten Trennwänden in der Wohnung eingesetzt oder vor vorhandene Wände gestellt werden.
● Durchreiche-Schränke zwischen Küche und Eßplatz sind von beiden Seiten zu öffnen.
● Mehrzweckschränke haben höhenverstellbare Einlegeböden.
● Ausgleichselemente (Paßstücke) dienen zur Überbrückung von Maßunterschieden.
● Garderobenschränke haben Stangen und Einlegeböden.

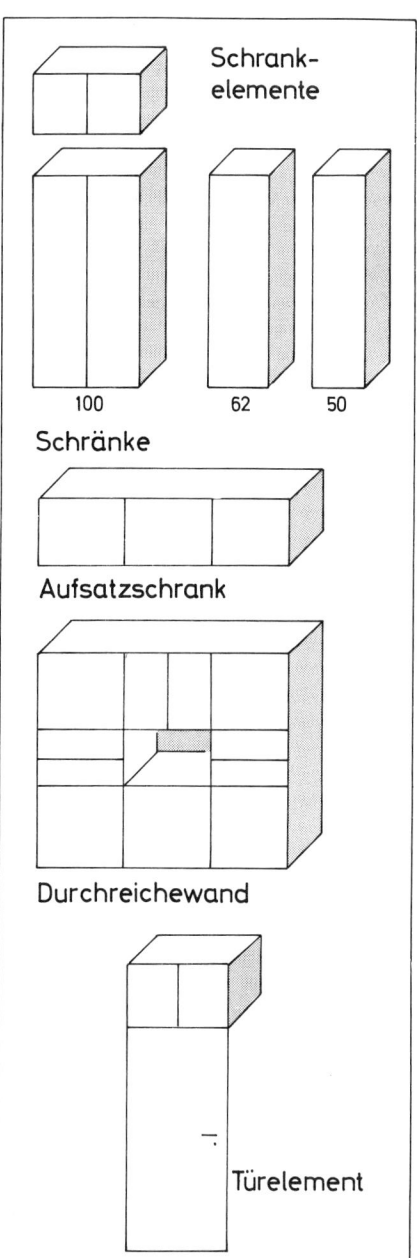

Schrankelemente

100   62   50

Schränke

Aufsatzschrank

Durchreichewand

Türelement

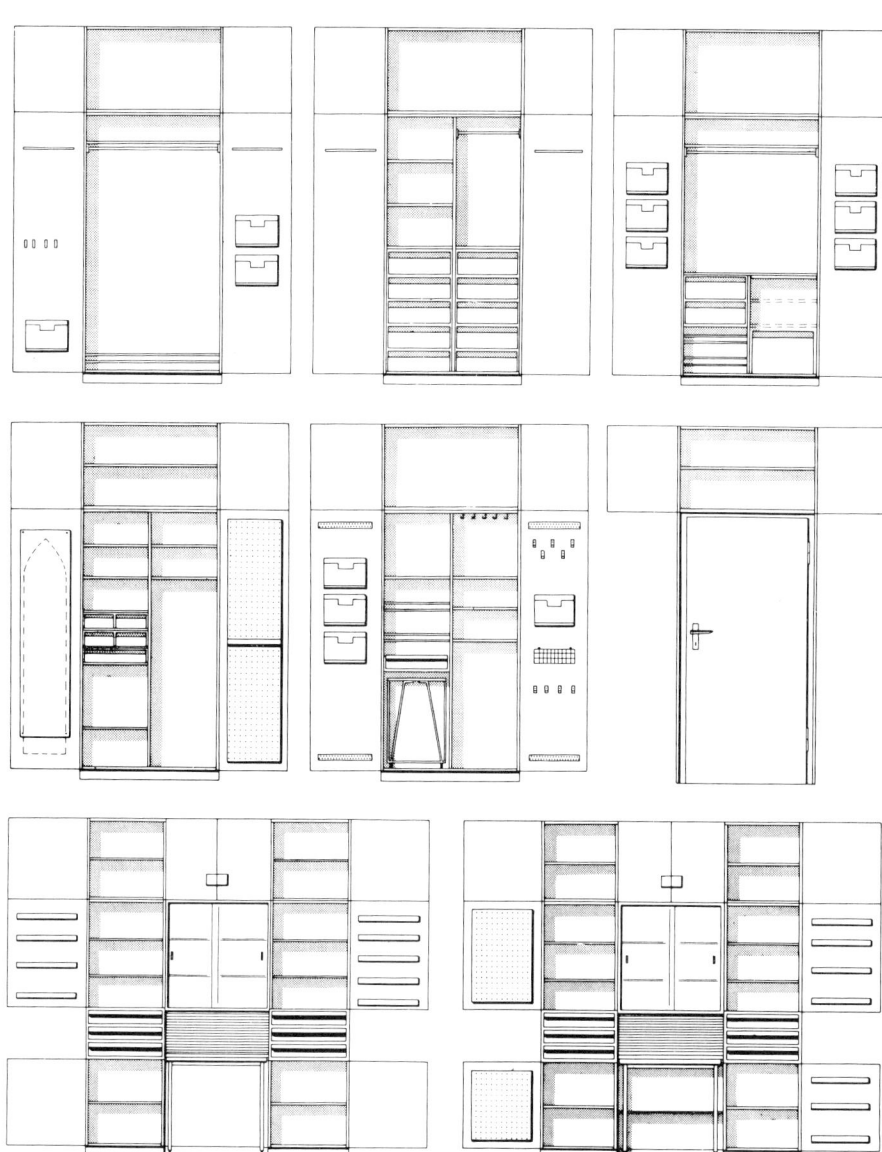

● Schränke für Kleider- und Leibwäsche haben Fächer, Kunststoffschalen, Schubladen und Kleiderstangen.
● Schränke für Bett- und Badewäsche haben höhenverstellbare Einlegeböden und ausziehbare Platten zur Wäscheablage.
● Kinderzimmerschränke sollen möglichst viele herausnehmbare Kästen, die auch als Spielzeugbehälter dienen können, aufweisen. Kleiderstangen sind ebenso erforderlich wie Ablageflächen.
● Besen- und Geräteschränke besitzen Einlegeböden, Abstelleisten für Schuhe und Haken für Besen. An den Türen: Einsteckleisten, Halter und Behälter.

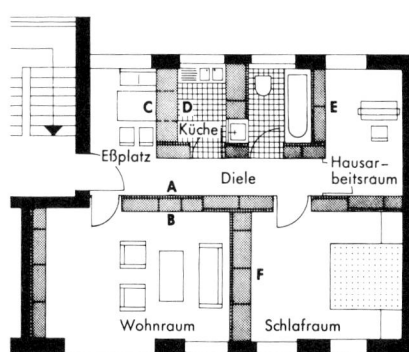

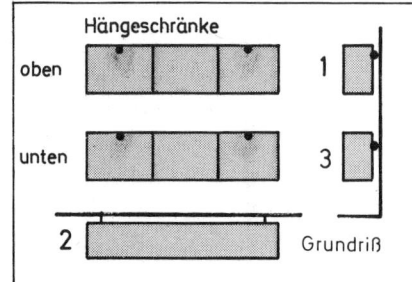

**Hängende Einbauschränke** werden an festen Wänden oft so befestigt, daß sie im deutlichen Abstand über dem Boden zu schweben scheinen. Das hat zwei Vorteile: kein störender Sockel beim Reinigen des Bodens, der Raum wird optisch nicht derart verkleinert wie bei stehenden und deckenhohen Einbauten. Ein Nachteil hängender Schränke ist die Festmontage.

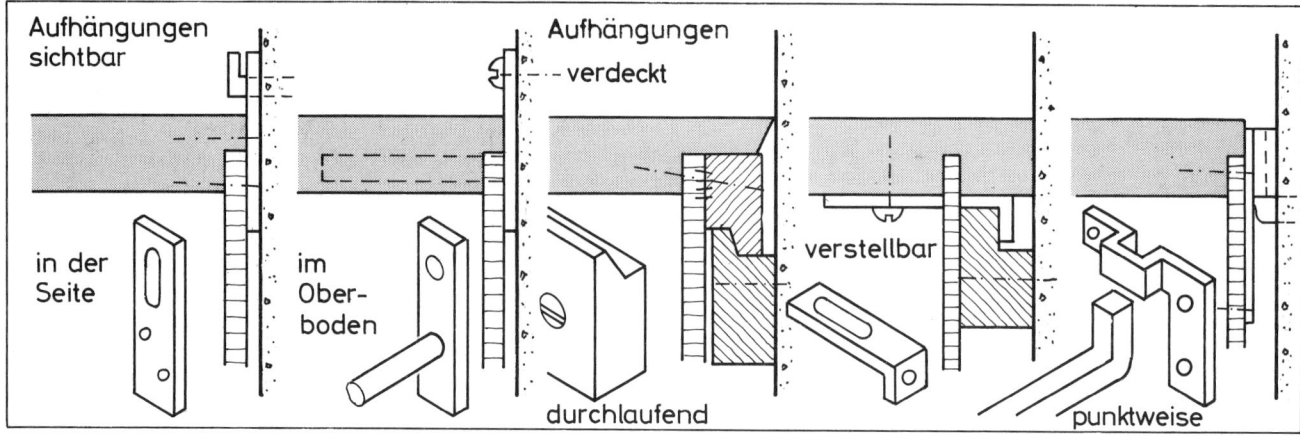

Aufhängungen sichtbar — in der Seite — im Oberboden — durchlaufend

Aufhängungen verdeckt — verstellbar — punktweise

Die **Aufhängung** erfolgt je nach Bauhöhe sichtbar oder unsichtbar, fest oder verstellbar, punktweise oder durchlaufend. Befestigungen an den Seiten sind oft stabiler als an den Böden.

Das **Dichten der Wandanschlüsse** erfolgt an allen Sichtkanten, also immer seitlich. Bei Hängeschränken mit Aufsicht auf die Oberböden müssen auch oben Anschlüsse geschaffen werden.

● Abdeckplatten sind dafür optisch besser geeignet als Abdeckleisten.
● Leisten schützen die Wände vor Beschädigungen, vor allem beim Reinigen der Platten.

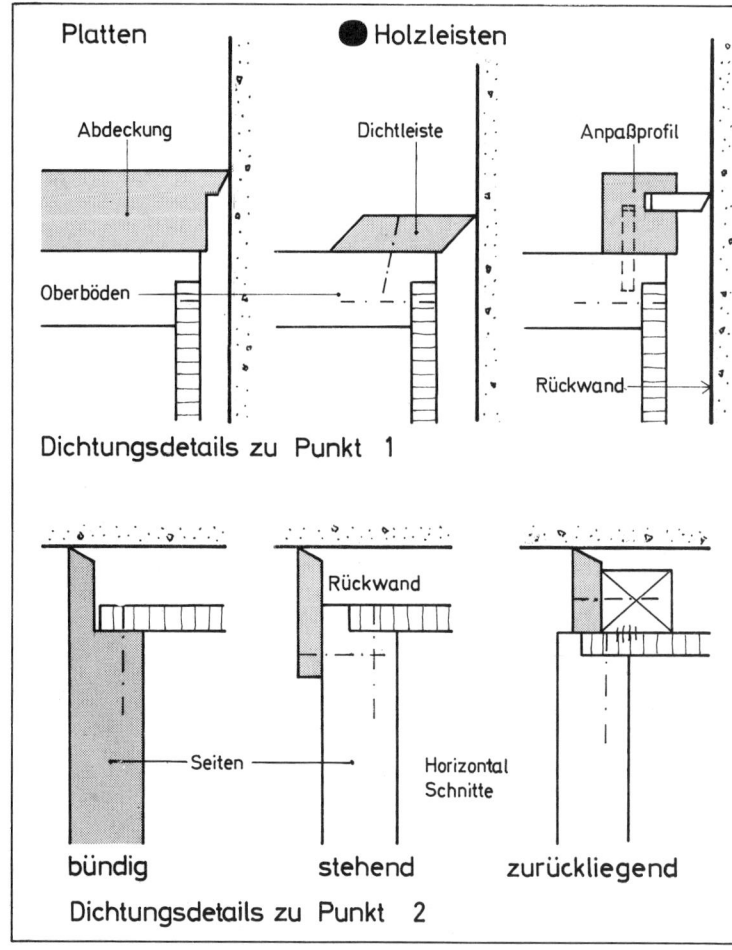

Platten — ● Holzleisten

Abdeckung

Dichtleiste

Anpaßprofil

Oberböden

Rückwand

Dichtungsdetails zu Punkt 1

Rückwand

Seiten

Horizontal Schnitte

bündig    stehend    zurückliegend

Dichtungsdetails zu Punkt 2

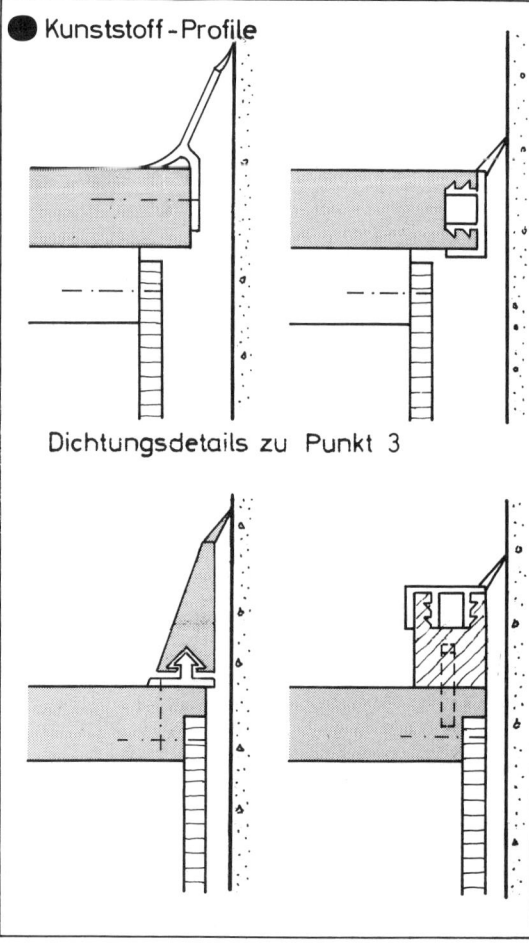

● Kunststoff - Profile

Dichtungsdetails zu Punkt 3

**Durchgesteckte Hängeschränke** sind seltene, aber interessante Ausnahmen. Die Schranktiefen werden auf zwei Räume verteilt. Die Bodenfreiheit ist praktisch und optisch günstig. Der Gestaltungseffekt beruht u. a. auf der Verblüffung, daß ein schwerer Schrankkörper zu schweben scheint.

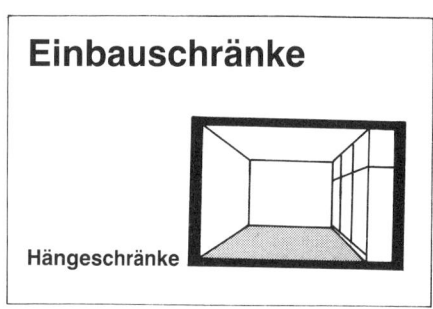

**Einbauschränke**

Hängeschränke

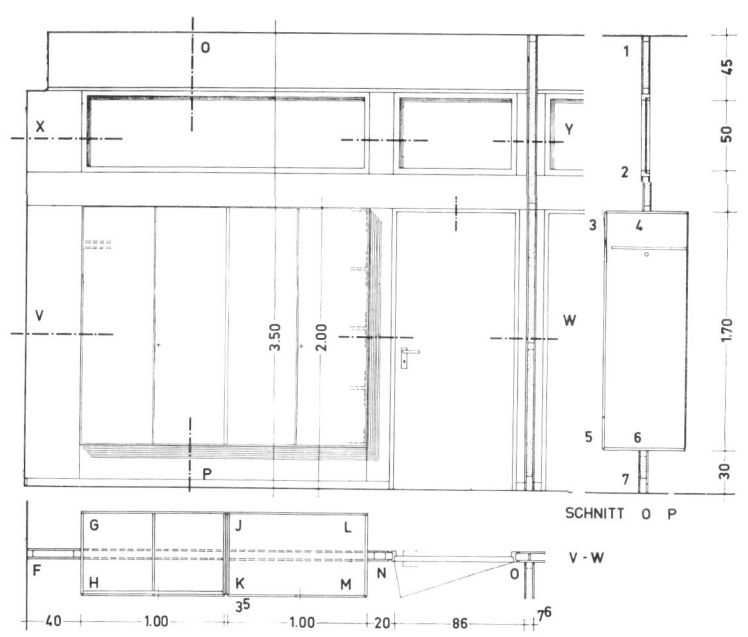

SCHNITT O P

V - W

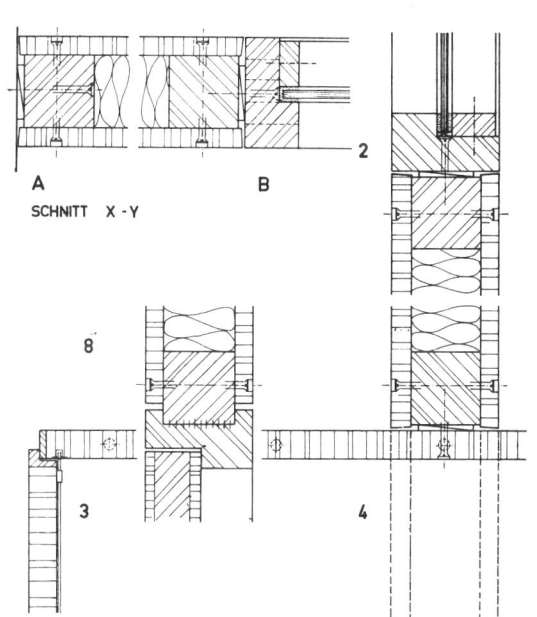

SCHNITT X - Y

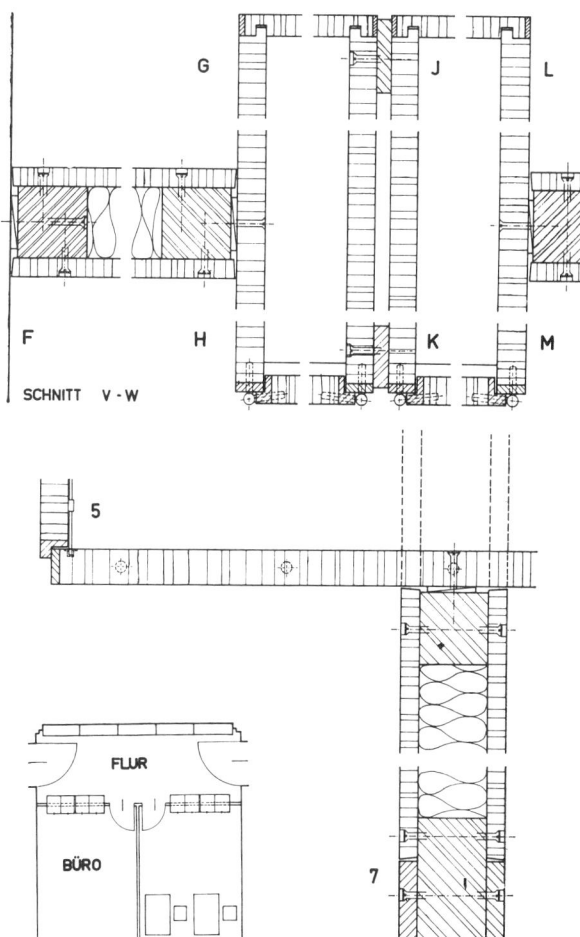

SCHNITT V - W

FLUR

BÜRO

# Stichwortverzeichnis

## Danksagung

Dank sage ich in erster Linie meinem alten Lehrmeister, Herrn Karst, sowie meinem ehemaligen Lehrherrn und Firmenchef, dem Innenarchitekten Schüßler. Mein Dank gilt ebenso allen, die zum Buch direkt oder indirekt beigetragen haben: den Tischlern und Architekten, den Bauherren und Fotografen sowie meinen Studenten, die einiges entworfen und anderes gezeichnet haben. Dank gebührt nicht zuletzt meiner Frau – ihr als Kollegin habe ich dieses Buch gewidmet.

**Literaturnachweis**

**Bildnachweis**

**Verfasser der Entwürfe**

**Literaturhinweis**

## Literaturnachweis

Flocken, J., Walkling, H., Buhrmester, E.: Lehrbuch für Tischler, Teil 1, 65. Auflage, Hermann Schroedel Verlag, Hannover, 1976 (S. 42, 84)
Flocken, J., Walkling, H., Buhrmester, E., Laudage, G.: Lehrbuch für Tischler, Teil 2, 58. Auflage, Hermann Schroedel Verlag, Hannover, 1975 (S. 18, 19, 48, 63, 67, 68, 69, 77, 86, 88, 89, 95, 112, 114, 115)
Griesdorn, A., Leufer, H.: Die sichtbaren Möbel-Flächen, Verlag für Wirtschaftsförderung, Darmstadt, 1976 (S. 34, 35)
Informationsdienst Holz: Holzwerkstoffe im Bauwesen, Teil 1 Materialkunde, Entwicklungsgemeinschaft Holzbau (EGH) in der Deutschen Gesellschaft für Holzforschung, München, o.J. (S. 31)
Informationsdienst Holz: Holzwerkstoffe im Bauwesen, Teil 2 Ausbau, Entwicklungsgemeinschaft Holzbau (EGH) in der Deutschen Gesellschaft für Holzforschung, München, o.J. (S. 202, 203, 209, 210, 213, 214, 215, 246, 247, 256, 257)
Meyer-Bohe, W.: Innenausbau. Trennwände, Montagedecken, Verlagsanstalt Alexander Koch, Stuttgart, 1976 (S. 158, 159, 208, 209, 212, 213, 240, 241, 248, 249, 254)
Pracht, K.: Holzbau-Systeme, Verlagsgesellschaft Rudolf Müller, Köln, 1978 (S. 50, 156, 216, 217)

**Bildnachweis:** Soweit nicht anders angegeben, stammen die Fotos vom Autor und die Zeichnungen von Studenten der Fachhochschule Hannover. Alco-Werkfoto: S. 269; Bofinger: S. 74; Bundesinstitut für Berufsbildung, Berlin: S. 30 (2); Carroux: S. 200; Gerhard Dielmann: S. 184; Hannes Fehn, Hannover: S. 205, S. 210, S. 234; Fa. Fischer, S. 54; Karl Grauel, Hannover: S. 10; H. Heidersberger, Wolfsburg: S. 220; Fa. Holzäpfel, Ebhausen: S. 258; Fa. Hüppe, Oldenburg: S. 183; Wolfgang Krebs, Hannover: S. 10 (2), S. 100, S. 101, S. 105, S. 142, S. 143, S. 144, S. 145, S. 146 (3), S. 150, S. 151, S. 152, S. 153, S. 154, S. 188, S. 189, S. 192, S. 193, S. 218, S. 219, S. 221, S. 225, S. 226, S. 227, S. 228, S. 230, S. 232, S. 233, S. 235; Reinhold Lessmann, Hannover: Umschlag; Fa. Heinrich Liebig, Pfungstadt: S. 55 l.o.; Foto Lill, Hannover: S. 229, S. 238; Werkfoto Pfannenberg, Solchendorf: S. 74, S. 205, S. 212; Wilhelm Schmeling, Hannover: S. 26, S. 222, S. 239; Günter Schöning, Kleinkems: S. 10, S. 98, S. 148; Werkbild Schwarze, Brackwede: S. 234; Friedhelm Thomas, Meerbusch: S. 223; Trexler: S. 194; Hans Wagner, Hannover: S. 10, S. 213, S. 224; Manfred Zimmermann, Misburg: S. 146 (2), S. 148 (3). Die vorgestellten Beispiele sind in der Zeitschrift Der Deutsche Tischlermeister, Haueisen Verlag, Berlin, als Vorabdruck erschienen.

**Verfasser der Entwürfe:** Brettschneider und Kärst, Hannover: S. 239; Fa. August Feise, Hildesheim: S. 100, S. 150, S. 151, S. 152, S. 210; Heinz-Adolf Kleinschmidt, Langenhagen: S. 193; Langer und Fries, Hannover: S. 205; Prof. Dieter Oesterlen, Hannover: S. 142, S. 143, S. 145, S. 146 (m), S. 153, S. 218, S. 225, S. 226, S. 227, S. 228, S. 230, S. 232, S. 233, S. 235, S. 238; Klaus Pracht, Bad Münder: S. 148; Roßbach und Priesemann, Hannover: S. 221; Günter Schöning, Kleinkems: S. 98; Schöning und Türcke, Kleinkems: S. 149; Werkkunstschule Hannover: S. 101, S. 105 (Sylvia Meinecke, Chr. Lilje); S. 146 l.u. (Werner Kallmorgen), S. 146 r., S. 147 (Grywarz, Pariwasch Diydidian), S. 190 (Bartelsheim); Witte, Brettschneider, Laessig und Kärst, Hannover: S. 220, S. 222, S. 229, S. 234; E. Zietschmann, Hannover: S. 224; Prof. Ernst Zinsser, Hannover: S. 223.

## Literaturhinweis

Arbeitskreis Aargauischer Schreinermeister (Hg.): Konstruktionsmappe Innenausbau, DRW-Verlag, Stuttgart, 1975
Baubeschlag-Taschenbuch 1981, 29. Ausgabe, Hg. Gerd Wohlfahrt GmbH, Verlag Fachtechnik und Mercator-Verlag, Duisburg, 1980
Detail-Bücherei: Trennwände in Holz, Architektur + Baudetail Verlag und Verlag Georg D. W. Callwey, München, 1966
Eichhorn, K., Gaugele, E., Heberer, A., Ruoff, C. und E.: Innenausbau im Wohnhaus, Konradin-Verlag Robert Kohlhammer, Stuttgart, 1958
Karg, F.: Möbel aus Massivholz, Rückkehr zu alten Konstruktionen, Deutsche Verlags-Anstalt, Stuttgart, 1978
Klatt, E.: Die Konstruktion alter Möbel, Form und Technik im Wandel der Stilarten, Julius Hoffmann Verlag, Stuttgart, 1961
Knobloch, A.: Innenausbau handwerklich gestaltet, Formen und Konstruktionen für Möbel und Einbauten, Deutsche Verlags-Anstalt, Stuttgart, 1978
Müller, U.: Das Meisterstück, Formen und Konstruktionen, Deutsche Verlags-Anstalt, Stuttgart, 1980
Müller, U., Dittrich, H.: Tischlerarbeiten im Altbau. Instandhaltung und Modernisierung, Deutsche Verlags-Anstalt, Stuttgart, 1980
Müller, W.: Innenarchitektur, 2. Auflage, Verlagsanstalt Alexander Koch, Leinfelden-Echterdingen, 1981
Mütsch-Engel, A.: Wohnen unter schrägem Dach, 3. neu bearbeitete Auflage, Verlagsanstalt Alexander Koch, Leinfelden-Echterdingen, 1982
Nutsch, W.: Handbuch der Konstruktion, Innenausbau, Deutsche Verlagsanstalt, Stuttgart, 1973
Nutsch, W.: Handbuch Technisches Zeichnen und Entwurfszeichnen, Holz, Deutsche Verlags-Anstalt, Stuttgart, 1980
Steinhöfel, O.: Holz im Bau, Konstruieren und Gestalten mit Holz, Verlagsanstalt Alexander Koch, Stuttgart, 1980
Steinhöfel, O.: Werkstoffe und Verarbeitung im Innenausbau, Julius Hoffmann Verlag, Stuttgart, 1965
Stolper, H.: Einbauten, Julius Hoffmann Verlag, Stuttgart, 1960